Kolbenmaschinen

Von Dipl.-Ing. Karl-Heinz Küttner
Professor an der Technischen Fachhochschule Berlin

5., neubearbeitete und erweiterte Auflage
Mit 338 Bildern, 25 Tafeln und 42 Beispielen

 B.G. Teubner Stuttgart 1984

CIP-Kurztitelaufnahme der Deutschen Bibliothek

Küttner, Karl-Heinz
Kolbenmaschinen / von Karl-Heinz Küttner. –
5., neubearb. u. erw. Aufl. – Stuttgart :
Teubner, 1984.
  ISBN 3-519-46316-4

Printed in Germany

Gesamtherstellung: Passavia Druckerei GmbH Passau
Umschlaggestaltung: W. Koch, Sindelfingen

Aus dem Vorwort der 1. bis 4. Auflage

Alle Gattungen von Kolbenmaschinen, vor allem Brennkraftmaschinen sowie Kolben-pumpen und -verdichter, aber auch Maschinen mit rotierendem Verdränger wie der Wankel-motor und die Rotationskompressoren, sind heute in Fahrzeugen wie auch kleinen und großen ortsfesten oder beweglichen Anlagen und Aggregaten zu finden. Trotz der verschiedenartigen Aufgaben der Kolbenmaschinen ist ihnen bezüglich Aufbau und Betriebsweise vieles ge-meinsam, z.B. die periodische Arbeitsweise, der Ladungswechsel sowie der Kompressions-und Expansionsvorgang. Hierbei sind die Pumpen als Grenzfall anzusehen.

Diese allen Maschinen eigenen Gemeinsamkeiten herauszustellen und so die scheinbare Vielfalt auf die für alle Maschinen gültigen Gesetzmäßigkeiten zurückzuführen, ist das Ziel einer neuzeitlichen, die Grundlagen betonenden Ingenieurausbildung. Daher behandelt dieses Lehrbuch auch die Kolbenmaschinen in zusammenfassender Darstellung.

So soll das Buch als straff gefaßter Leitfaden Studenten der Fachhochschulen und Technischen Hochschulen helfen, in die Materie hineinzufinden, und auch den Ingenieuren in der Praxis ein nützlicher Helfer sein besonders wenn sie sich außerhalb ihres Fachgebietes mit Kolben-maschinen befassen. An der Spitze des Buches stehen deshalb die physikalischen Grundlagen der Kolbenmaschinen. Abschnitt 1 behandelt das Wichtigste aus der an sich als bekannt vor-auszusetzenden Wärme- und Strömungslehre der Kolbenmaschine anhand des ersten Haupt-satzes für offene Systeme. Für die erforderlichen Kenntnisse über Maschinenelemente und Getriebe sei auf das Werk „Köhler-Rögnitz, Maschinenteile" in derselben Buchreihe ver-wiesen, in dessen Teil 2 auch der Kurbeltrieb und die Kreisbogennocken ausführlich darge-stellt sind. Abschnitt 1 faßt auch alle Konstruktionsgrundsätze zusammen, die für die Aus-legung einer Kolbenmaschine, z.B. für Massenausgleichsprobleme und Schwungradberech-nung zu beachten sind.

An den einführenden Abschnitt 1 schließen sich die Abschnitte 2 bis 4 für die Pumpen, Verdichter und Brennkraftmaschinen an. Diese Abschnitte beschreiben die Arbeitsweise und den Aufbau der Maschinentypen, sondern vermitteln auch alle Berechnungsverfahren, die für die Ermittlung der Hauptabmessungen erforderlich sind. Diese Verfahren werden anhand einer Zahl von der Praxis entnommenen durchgerechneten Zahlenbeispielen veranschaulicht. Die für Berechnungen benötigten Erfahrungswerte und Kenndaten werden in diesen Bei-spielen oder in Tabellen mitgeteilt.

Wegen der besonderen Bedeutung der sich immer noch weiterentwickelnden Brennkraft-maschinen und Verdichter sind diese Maschinen ausführlicher dargestellt worden. Die Dampf-maschinen, deren Verwendung weiter zurückgeht, werden lediglich im einführenden Ab-schnitt besprochen.

Die konstruktiven Besonderheiten der verschiedenen Kolbenmaschinen werden an Kon-struktionszeichnungen mit Photos vorgestellt. Steuerungs- und Regelungseinrichtungen sind nach den in DIN 19226 festgelegten Grundbegriffen behandelt. Auch Fragen des Betriebs und der Wartung wurde Aufmerksamkeit geschenkt. Leser, die sich über bestimmte Maschinen näher unterrichten wollen, werden auf Spezialwerke durch ein Literaturverzeichnis hingewiesen.

Den Professoren Dr. Altenhein, Dr. Florin, Dipl.-Ing. Köhler, Dipl.-Ing. Lugner und Dipl.-Ing. Weißbrod gebührt mein Dank, denn sie haben mich durch manche Ratschläge auf ihren Fachgebieten unterstützt. Herr Professor Dr. Christian von der Daimler-Benz AG, Werk Berlin-Marienfelde, gab mir viele praktische Konstruktionshinweise und lieferte Material für die Zahlenbeispiele. Meinen Dank spreche ich auch allen Firmen aus, die mir technische Unterlagen überlassen haben.

Berlin, im Herbst 1978   Karl-Heinz Küttner

Vorwort zur 5. Auflage

In den letzten Jahren beeinflussen die rasante Entwicklung der Elektronik und der Digitaltechnik sowie die Umweltprobleme und die Kraftstoffverknappung den Aufbau der Kolbenmaschinen, besonders aber der Motoren. Von den zahlreichen Neuerungen werden, auch individuell bedingt, nur die wichtigsten behandelt, damit der Umfang des Buches nicht zu stark anschwillt. Im einzelnen sind folgende Erweiterungen zu erwähnen:

Gemeinsame Eigenschaften. Ein Überblick über den Aufbau und den Einsatz von Kolbenmaschinen soll die allgemeinen Zusammenhänge vertiefen. Ein Abschnitt über Umweltaspekte liefert die Grundlagen zur Schadstoff- und Lärmbekämpfung bei Verdichtern und Motoren. Rechnerische Verfahren zur Ermittlung der Massen- und Tangentialkräfte sollen zur Programmierung selbst von Taschenrechnern anregen. Dabei wurden aber die graphischen Verfahren wegen ihrer Anschaulichkeit beibehalten.

Kolbenverdichter. Den Schraubenverdichtern, die sich ständig weiter ausbreiten, ist ein besonderer Abschnitt gewidmet und ein Kennfeld wird beschrieben.

Brennkraftmaschinen. Die Umweltprobleme sind hier mehrfach behandelt, sei es durch den Abschnitt Schadstoffreduktion, durch die Hybridmotoren und den Stirlingmotor sowie durch die Benzineinspritzung mit der Lambdaregelung. Die Verwendung der Elektronik, die sicher noch weitere Fortschritte macht, wird bei den Vergasern, der Benzineinspritzung und der Zündung gezeigt. Ein Kapitel über Aufladung trägt deren weite Verbreitung bei Dieselmotoren Rechnung.

Außerdem wurden kleinere Ergänzungen und Berichtigungen ausgeführt und die Normenänderungen berücksichtigt.

Ich danke allen, die zu diesen Verbesserungen beigetragen haben, insbesondere aber meinen Lesern für die günstige Aufnahme des Werkes. Anregungen und Hinweise sind mir auch weiterhin stets willkommen.

Berlin, im Sommer 1984   Karl-Heinz Küttner

Inhalt

Hinweise für die Benutzung des Werkes

1. Gleichungen sind – wie auch Bilder und Tafeln – nach Seiten numeriert. Sie werden nach DIN 1313 als Größengleichungen geschrieben.

Formelzeichen = physikalische Größe = Zahlenwert × Einheit.

Diese Schreibweise ermöglicht eine freie Wahl der Einheiten, die ihrerseits durch Einheitengleichungen wie $1 \text{ km} = 10^3 \text{ m} = 10^4 \text{ dm} = 10^5 \text{ cm}$ oder $1 \text{ h} = 60 \text{ min} = 3600 \text{ s}$ verknüpft sind. Durch zweckmäßige Wahl der Einheiten ist es möglich, unbequeme Zahlenwerte zu vermeiden, so werden z. B. Zehnerpotenzen nach DIN 1301 durch folgende Vorsätze für dezimale Vielfache und Teile ersetzt

G (Giga) $\triangleq 10^9$ M (Mega) $\triangleq 10^6$ k (Kilo) $\triangleq 10^3$ h (Hekto) $\triangleq 10^2$ da (Deka) $\triangleq 10^1$

n (Nano) $\triangleq 10^{-9}$ µ (Mikro) $\triangleq 10^{-6}$ m (Milli) $\triangleq 10^{-3}$ c (Zenti) $\triangleq 10^{-2}$ d (Dezi) $\triangleq 10^{-1}$

In Zahlenwertgleichungen – im Text besonders gekennzeichnet – bedeuten die Formelzeichen Zahlenwerte, für die die besonders angegebenen Einheiten gelten. Sie sind bei oft wiederkehrenden Rechnungen von Vorteil und können durch Dividieren der betreffenden Größengleichung durch die zugehörige Einheitengleichung abgeleitet werden, denn es ist Zahlenwert = Größe : Einheit.

Beispiel. Nach der Größengleichung für die Geschwindigkeit $c = s/t$ ergibt sich bei dem Weg $s = 10 \text{ m}$ in der Zeit $t = 2 \text{ s}$ die Größe $c = 10 \text{ m}/2 \text{ s} = 5 \text{ m/s}$. In der Einheit km/h ausgedrückt, beträgt diese Größe, da s = h/3600 und m = 10^{-3} km ist

$$c = 5 \cdot 10^{-3} \text{ km} \cdot 3600/\text{h} = 18 \text{ km/h}$$

oder, wenn mit 3600 s/h = 1 und 1000 m/km = 1 erweitert wird

$$c = 5 \, \frac{\text{m}}{\text{s}} \cdot \frac{3600 \text{ s/h}}{1000 \text{ m/km}} = 18 \text{ km/h}$$

Wird die Größengleichung $c = s/t$ durch die sich aus 1 km = 1000 m und 1 h = 3600 s ergebende Einheitengleichung 1 km/h = m/(3,6 s) dividiert, so folgt die auf diese Einheiten zugeschnittene Größengleichung

$$\frac{c}{\text{km/h}} = 3{,}6 \, \frac{s}{\text{m}} \cdot \frac{\text{s}}{t}$$

Werden jetzt den Formelzeichen lediglich Zahlenwerte zugeordnet, so entsteht die Zahlenwertgleichung

$$c = 3{,}6 \, s/t \text{ in km/h} \quad \text{mit} \quad c \text{ in km/h}, s \text{ in m} \quad \text{und} \quad t \text{ in s}$$

Für die gegebenen Zahlenwerte s = 10 in m und t = 2 in s folgt dann $c = 3{,}6 \cdot 10/2 = 18$ in km/h.

2. Formelzeichen sind nach DIN 1304 und 1345 ausgewählt und auf S. 395 zusammengestellt. Spezifische, also z. B. auf die Einheit der Masse bezogene Größen erhalten den lateinischen Kleinbuchstaben des betreffenden Formelzeichens. Massen m, Volumina V und Arbeiten W gelten bei Kolbenmaschinen, wenn nicht anders erwähnt, für ein Arbeitsspiel.

Die Formelzeichen von auf die Zeiteinheit bezogenen Größen erhalten einen Punkt. Bezeichnet also n_a die Zahl der Arbeitsspiele in der Zeiteinheit, so ist $\dot{m} = m \, n_a$ ein Massen-, $\dot{V} = V \, n_a$ ein Volumen- und $\dot{Q} = Q \, n_a$ ein Wärmestrom. Für „Strom" kann nach DIN 5492 auch „Durchsatz" oder „Durchfluß", nicht aber „Menge" stehen. Der Energiestrom $\dot{W} = W \, n_a$ wird durch die Leistung P ausgedrückt.

Zustandsgrößen und Volumina werden auf die betr. Diagrammpunkte bezogen. Die Drücke für den Saug- bzw. Förderbehälter erhalten die Indizes 1 und 2. Für den Zylinder werden noch ein Strich (′) beim Ansaugen und zwei Striche (″) beim Ausschieben hinzugesetzt. Der Ansauge- und Förderzustand wird bei Massen, Volumina und Temperaturen durch die Indizes a bzw. f unterschieden.

3. Einheiten. Nach dem „Gesetz über Einheiten im Meßwesen" vom 2.7.1969 und seiner Ausführungsverordnung vom 26.6.1970 ist ab 1.1.1978 das internationale oder SI-System verbindlich. Es heißt auch MKSAKC-System (Meter – Kilogramm – Sekunde – Ampere – Kelvin – Candela-System) mit den sechs Basiseinheiten

Länge m   Masse kg   Zeit s   Stromstärke A   Temperatur K   Lichtstärke cd

Die wichtigsten abgeleiteten Einheiten sind

Kraft 1 N (Newton) $= 1\,kg\,m/s^2$ Druck 1 Pa (Pascal) $= 1\,N/m^2 = 1\,kg/(m\,s^2)$

Arbeit 1 J (Joule) $= 1\,Nm = 1\,kg\,m^2/s^2$ Leistung 1 W (Watt) $= 1\,J/s = 1\,kg\,m^2/s^3$

Die hier abgeleiteten Einheiten sind kohärent, da sie nur die Basiseinheiten enthalten. In ihren Gleichungen steht nur der Faktor eins, so daß Zahlenwert- und Größengleichungen identisch sind. Für diese Einheiten sind nach dem Gesetz noch Vorsätze für ihre dezimalen Vielfachen und Teile (s. S. 9) verwendbar. Nach der Ausführungsverordnung werden auch die folgenden Einheiten und besondere Namen gesetzlich zugelassen:

Masse $1\,t = 1000\,kg$ Druck $1\,bar = 10^5\,Pa$ Zeit $1\,h = 60\,min = 3600\,s$

Volumen $1\,l = 10^{-3}\,m^3$ Temperatur $1\,^\circ C = 1\,K$ Winkel $1^\circ = \pi\,rad/180^1$)

Nach diesen Bestimmungen ist eine Zusammenstellung von Einheiten möglich, die wie bei den im Maschinenbau vorliegenden Größen, unbequeme Zehnerpotenz der Zahlenwerte vermeiden. Da diese Einheiten aber nicht mehr zu den Basiseinheiten kohärent sind, werden hier die wichtigsten Einheitenbeziehungen für dieses Buch zusammengestellt.

Kraft $1\,N \;= 1\,\dfrac{kg\,m}{s^2} = 10^5\,\dfrac{g\,cm}{s^2}$

Moment $1\,Nm = 1\,\dfrac{kg\,m^2}{s^2} = 10^7\,\dfrac{g\,cm^2}{s^2}$

Kraft pro
Längeneinheit $1\,\dfrac{N}{cm} = 10^2\,\dfrac{kg}{s^2} = 10^5\,\dfrac{g}{s^2}$

Spannung $1\,\dfrac{N}{mm^2} = 10^2\,\dfrac{N}{cm^2} = 10^6\,\dfrac{N}{m^2} = 10^7\,\dfrac{g}{cm^2\,s}$

Druck $1\,Pa \;= 1\,\dfrac{N}{m^2} = 1\,\dfrac{kg}{m\,s^2} = 10\,\dfrac{g}{cm\,s^2}$ $1\,bar = 10^5\,Pa = 10\,\dfrac{N}{cm^2}$

            $1\,N \;= 1\,Pa\,m^2 = 0,1\,bar\,cm^2$ $1\,mbar = 10^2\,Pa = 10^3\,\dfrac{g}{cm\,s^2}$

Arbeit $1\,J = 1\,Nm = 1\,\dfrac{kg\,m^2}{s^2} = 10^7\,\dfrac{g\,cm^2}{s^2}$ $1\,Nm = 10^{-2}\,bar\,l\,/\,1\,kJ = 0,278\,Wh$

Leistung $1\,W = 1\,\dfrac{Nm}{s} = 1\,\dfrac{kg\,m^2}{s^3} = 10^7\,\dfrac{g\,cm}{s^3}$ $1\,kW = 6\cdot 10^4\,\dfrac{Nm}{min} = 3600\,\dfrac{kJ}{h}$

            $1\,kW = 6\cdot 10^4\,\dfrac{Pa\,m^3}{min} = 600\,\dfrac{bar\,l}{min} = 36\,bar\,\dfrac{m^3}{h}$

Zähigkeit
dyn. $1\,Pa\,s = 1\,\dfrac{kg}{m\,s} = 10\,\dfrac{g}{cm\,s}$

kin. $1\,\dfrac{m^2}{s} = 1\,\dfrac{Pa\,s\,m^3}{kg} = 10^4\,\dfrac{cm^2}{s}$

Die Berechnung der Größen kann mit kohärenten oder inkohärenten Einheiten erfolgen. Im ersten Falle sind die gegebenen in kohärente Einheiten umzurechnen, im zweiten Falle ist die Gleichung aufzustellen, welche die vorgegebenen Einheiten verbindet.

---

[1]) Nach DIN 1301 kann beim Rechnen die Einheit rad durch 1 ersetzt werden.

Beispiel. Auf der Vorderseite eines Kolbens mit dem Durchmesser $D = 5$ cm lastet der Druck $p = 60$ bar auf seiner Rückseite der atmosphärische Druck $p = 1$ bar. Gesucht ist die Stoffkraft.

mit der Kolbenfläche $A_k = \dfrac{\pi}{4} D^2$ wird die Stoffkraft: $F_s = (p - p_a) A_k$

1. kohärente Einheiten. Hier wird mit 1 cm = 0,01 m und 1 bar = 10^5 Pa.

$$D = 0,05 \text{ m} \qquad p = 60 \cdot 10^5 \text{ N/m}^2 \qquad p = 10^5 \text{ N/m}^2$$

$$A_K = \frac{\pi}{4} 0,05^2 \text{ m}^2 = 0,00196 \text{ m}^2 \qquad F_S = (60 - 1) \cdot 10^5 \frac{\text{N}}{\text{m}^2} \cdot 0,00196 \text{ m}^2 = 11\,590 \text{ N}$$

2. inkohärente Einheiten. Da 1 bar = $10^5 \dfrac{\text{N}}{\text{m}^2} = 10 \dfrac{\text{N}}{\text{cm}^2}$ also $10 \dfrac{\text{N}}{\text{cm}^2 \text{ bar}} = 1$ ist, folgt

$$A_K = \frac{\pi}{4} 5^2 \text{ cm}^2 = 19,6 \text{ cm}^3 \qquad F_S = (60 - 1) \text{ bar} \cdot 10 \frac{\text{N}}{\text{cm}^2 \text{ bar}} \cdot 19,6 \text{ cm}^2 = 11\,590 \text{ N} = 11,59 \text{ kN}$$

Die Einheitenprobe für die Stoffkraft ergibt in beiden Fällen N. Das Beispiel zeigt, daß passend gewählte inkohärente Einheiten für praktische Rechnungen übersichtlicher sind.

Die folgenden Größen und Stoffwerte, die in diesem Buch oft benutzt werden, ändern ihre Zahlenwerte für die gesetzlichen Einheiten

Normzustand   physikalisch 1,01325 bar, 0°C   technisch 0,981 bar, 20°C

Gaskonstante   allgemeine $MR = 8315 \dfrac{\text{N m}}{\text{kmol K}}$ Luft $R = 287,1 \dfrac{\text{N m}}{\text{kg K}}$

spezifische Wärme   Wasser $c_p = 4,1868 \dfrac{\text{kJ}}{\text{kg K}}$ Luft 0°C $c_p = 1,004 \dfrac{\text{kJ}}{\text{kg K}}$

Heizwert Kraftstoffe   Diesel $H_u = 42\,000 \dfrac{\text{kJ}}{\text{kg}}$ Otto $H_u = 43\,000 \dfrac{\text{kJ}}{\text{kg}}$

Wärmeleitfähigkeit   Luft 100°C $\lambda = 0,0311 \dfrac{\text{W}}{\text{m K}}$ Stahl $\lambda = 58,3 \dfrac{\text{W}}{\text{m K}}$

Elastizitätsmodul   Stahl $E = 2,06 \cdot 10^5 \dfrac{\text{N}}{\text{mm}^2}$

Da während der Übergangsfristen und für ältere Verträge und Urkunden das technische bzw. das gemischte Maßsystem noch benutzt wird, seien hier die wichtigsten Beziehungen zu den gesetzlichen Einheiten angegeben.

Masse	1 kp s²/m = 9,81 kg	Kraft	1 kp	= 9,81 N[1])
Moment	1 kpm = 9,81 N m	Spannung	1 kp/cm²	= 9,81 N/cm²
Federrate	1 kp/cm = 0,981 N/mm	Trägheitsmoment	1 kpm s²	= 9,81 kg m²
Arbeit	1 kpm = 9,81 J	Wärme	1 kcal	= 4,1868 kJ
Leistung	1 PS = 0,736 kW = 2650 kJ/h		1 kcal	= 1,163 Wh
Druck	1 at = 0,981 bar = 9,81 · 10⁴ N/m²		1 mm WS	= 9,81 Pa
	1 kp/m² = 9,81 Pa = 0,0981 mbar		1 Torr	= 1,333 mbar
Zähigkeit dyn.	1 P = 0,1 Pa s	kin.	1 St	= 10⁻⁴ m²/s

---

[1]) Hier gilt die Newtonsche Beziehung 1 kp = g kg mit der Normalfallbeschleunigung g = 9,80665 m/s². Wird mit dem angenäherten Zahlenwert 9,81 gerechnet, so entsteht ein um 0,342⁰/₀₀ zu großer Wert.

Zur schnellen Umrechnung der Einheiten besonders für Anhalts- und Grenzwerte sind die folgenden Näherungsgleichungen vorteilhaft. Sie ergeben etwa um 2% zu große Werte.

$$1\,\text{kp} \approx 10\,\text{N} \qquad 1\,\text{at} \approx 1\,\text{bar} \qquad 1\,\text{mm WS} \approx 0{,}1\,\text{mbar}$$
$$1\,\text{kp/cm} \approx 1\,\text{N/mm} \qquad 1\,\text{PS} \approx 0{,}75\,\text{kW} \qquad 1\,\text{kal} \approx 4{,}2\,\text{kJ}$$

4. Maßstabsfaktoren („Maßstäbe") in graphischen Darstellungen sind der Quotient aus der betr. Größe und deren Länge in der Zeichnung. Sie werden mit $\bar{m}$ bezeichnet und erhalten das Formelzeichen der Größe als Index. So ist z.B. der Kraftmaßstab, wenn die Kraft $F = 500\,\text{N}$ mit der Länge $l = 40\,\text{mm}$ dargestellt wird

$$\bar{m}_F = \frac{F}{l} = \frac{500\,\text{N}}{40\,\text{mm}} = 12{,}5\,\frac{\text{N}}{\text{mm}}$$

In einem Diagramm werden Ordinaten- und Abszissenmaßstab und deren Produkt – der Flächenmaßstab – unterschieden (s. Beispiel 3, S. 28).

5. Sinnbilder für Leitungen, Schalter, Maschinen und Meßgeräte von Wärmekraftanlagen sind nach DIN 2481, von elektrischen Anlagen nach DIN 40710 bis 40719 und von hydraulischen Anlagen nach DIN 24300 dargestellt (s. S. 387).

6. DIN-Normen, s. S. 393. Hinweise auf DIN-Normen entsprechen dem Stand der Normung bei Abschluß des Manuskripts. Maßgebend sind die jeweils neuesten Ausgaben der Normblätter des DIN Deutsches Institut für Normung e.V. im Format DIN A 4, die durch den Beuth-Verlag GmbH, Berlin und Köln, zu beziehen sind. Sinngemäß gilt das gleiche für alle in diesem Buch erwähnten Richtlinien, Bestimmungen usw.

1 Gemeinsame Eigenschaften der Kolbenmaschinen

1.1 Grundlagen

Zu den Kolbenmaschinen zählen Brennkraft- und Dampfmaschinen, die als Kraftmaschinen Arbeit erzeugen und Pumpen und Verdichter, die als Arbeitsmaschinen zur Förderung bzw. Verdichtung des Mediums Arbeit aufnehmen.

Anwendungsgebiete sind Motoren für Fahrzeuge aller Art, Maschinen in fahrbaren Aggregaten, Verdichter für die verschiedensten Medien sowie Motoren und Pumpen bzw. Verdichter in der Hydraulik und Pneumatik.

Kennzeichen einer Kolbenmaschine (**14.**2a) ist ein veränderlicher Arbeitsraum, der mit einem Fluid bzw. Medium von wechselndem Druck gefüllt ist. Dabei erfolgt die Energieumwandlung durch Raumänderung. Bei Strömungsmaschinen hingegen wird die im Medium enthaltene Druck- und Geschwindigkeitsenergie über einen beschaufelten Rotor in die Arbeit an der Welle bzw. in entgegengesetzter Richtung umgesetzt. Bei Kolbenmaschinen spielt aber die Umwandlung von Druck- in Geschwindigkeitsenergie nur eine untergeordnete Rolle.

1.1.1 Arten und Wirkungsweise

In der Kolbenmaschine bewirkt ein beweglicher Kolben oder Verdränger den Ladungswechsel – das Ansaugen und Ausschieben –, sowie den Arbeitsvorgang – die Expansion und Kompression – in kontinuierlicher Folge. Bei Gasen überwiegen in Kraftmaschinen die zugeführten Ansauge- und Expansionsarbeiten, bei Arbeitsmaschinen die abgeführten Ausschub- und Kompressionsarbeiten. Bei den inkompressiblen Flüssigkeiten entstehen nur Ladungswechselarbeiten. Kennzeichnende Größe ist das Hubvolumen, das bei einem Arbeitstakt zweimal durchlaufen wird.

Arten

Kolbenmaschinen (**14.**1) werden nach dem Arbeitsverfahren, dem verwendeten Fluid und der Bewegung von Verdränger und Medium eingeteilt.

Verdränger. Oszillierende Verdränger mit geradliniger Bewegung sind die Hubkolben (**14.**2a). Sie werden von einem Kurbelgetriebe oder bei kleineren Arbeitsmaschinen von einem Nocken angetrieben. Hierbei sind meist spezielle Steuerungen wie Ventile, Schieber oder Schlitze für den Ein- bzw. Auslaß *1* und *2* nötig. Außerdem treten Massenkräfte und ungleichförmige Winkelgeschwindigkeiten auf. Trotzdem hat die Hubkolbenmaschine eine weite Verbreitung gefunden, da diese Nachteile zu beheben sind. Eine Sonderform ist der auf einer Kreisbahn schwingende Verdränger beim Wing-Kompressor (**14.**2b) bzw. bei der Handpumpe (**14.**2c).

Rotierende Verdränger. Sie treten bei den Wankelmotoren (**15.**1a), den Schrauben- und Rotationsverdichtern (**15.**3a und **15.**1b), den Rootsgebläsen (**15.**1c) und den Zahnradpumpen

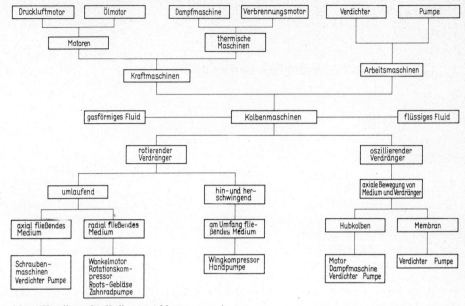

14.1   Einteilung der Kolbenmaschinen

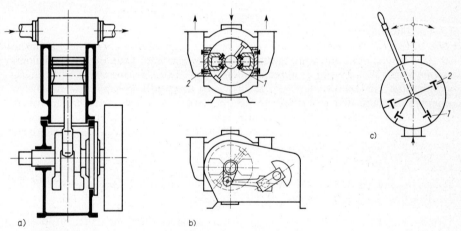

a)   b)

14.2   Maschinen für Verdränger mit oszillierender Bewegung

a) Hubkolbenmaschine, b) Wingkompressor, c) Handpumpe

(**15.**1d) auf. So vermeiden sie die Nachteile der oszillierenden Formen, begnügen sich mit Steuerkanten an den Gehäusen. Die Erwärmung an den Wänden des Arbeitsraumes bleibt aber örtlich konstant. Dadurch verformen sich die Gehäuse bzw. die Rotoren bei hohen Temperaturen, so daß Undichtigkeiten und Anlaufstellen entstehen.

Elastische Verdränger. Pumpen und Verdichter erhalten Membranen (**15.**2a) aus Gummi bzw. Stahl, die mechanisch bzw. hydraulisch betätigt werden. Sie ermöglichen hohe Drücke,

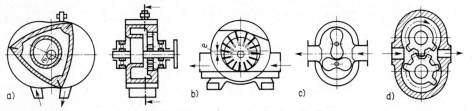

15.1 Maschinen mit rotierendem Verdränger und umlaufendem Medium

a) Wankelmotor, b) Rotationsverdichter, c) Rootsgebläse, d) Zahnradpumpe

fördern schmiermittelfrei und sind auch für aggressive Medien geeignet. Bei Pulsometern wird Luft als Verdränger verwendet. So drückt bei der Rubenspumpe (**15.**2 b) die vom Schwimmerventil S gesteuerte Luft L das Wasser über das Ventil 2 aus dem Behälter B. Dabei sinkt der Luftdruck allmählich, da das Schwimmerventil S immer weiter öffnet und die Pumpe saugt über das Ventil 1 an.

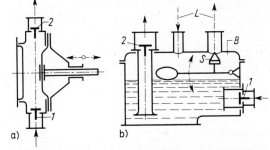

15.2
Maschinen mit elastischem Verdränger

a) Membranpumpe
b) Rubenspumpe

Fluid. In Hubkolben- und Schraubenmaschinen und in der Mohno-Pumpe (**15.**3 c) bewegt sich das Medium axial, also in der Mittellinie des Arbeitsraumes. Dabei haben Hubkolbenmaschinen den Vorteil, daß sich während eines Arbeitsspieles die Temperatur des Mediums und damit des Zylinders und Kolbens ständig ändern. Abgesehen von den Schraubenmaschinen (**15.**3 a und b) bewirken rotierende Verdränger ein im Arbeitsraum umlaufendes Medium.

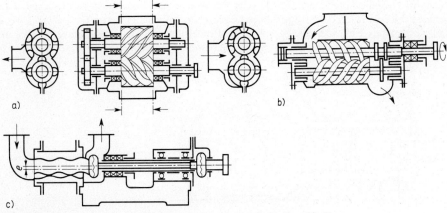

15.3 Maschinen mit rotierendem Verdränger und axial fließendem Medium

a) Schraubenverdichter, b) Schraubenpumpe, c) Mohnho-Pumpe

Aufbau und Wirkungsweise

Als Beispiel für eine Hubkolbenmaschine sei ein liegender Dieselmotor (**16.**1) gewählt. Hier bilden Zylinder *1*, Deckel *2* und die Stirnfläche des Kolbens *3* den Arbeitsraum. Die Bewegung des Kolbens verläuft periodisch im Zylinder; und zwar beim Hingang vom oberen Totpunkt *OT* zum unteren *UT* unter Vergrößerung, beim Rückgang in entgegengesetzter Richtung unter Verkleinerung des Arbeitsraumes. Der Kolbenweg x_K wird vom *OT* aus gerechnet, sein Maximum, der Hub *s*, entspricht dem Abstand der Totpunkte. Der Arbeitsraum besteht aus dem Hubraum V_h, der während eines Hubes von der Stirnfläche A_K des Kolbens durchlaufen wird, und dem Totraum *V'*, der alle in der Stellung *OT* des Kolbens vom Medium ausgefüllten Räume umfaßt. Die Kolbenringe *3a* dichten den Arbeitsraum gegenüber der Kolbenrückseite, die durch den Entlüfter *4* mit der Atmosphäre verbunden ist, ab.

Das Medium übt auf den Kolben die Stoffkraft aus und steht mit ihm im Energieaustausch. (Die Energie wird hier als Kraftstoff durch die Düse *2a* zugeführt.) Der Ladungswechsel, der zur Wiederholung des Arbeitsspieles notwendige Ersatz des verarbeiteten durch frisches Medium, erfolgt durch Ansaugen aus der Saugleitung *5* bzw. durch Ausschieben in die Abfluß-leitung *6*. Diese Leitungen sind am Zylinderdeckel *2* befestigt, der häufig die zur Steuerung des Ladungswechsels dienenden Ein- und Auslaßorgane *7* und *8* aufnimmt.

Das Triebwerk überträgt Kräfte und Energien an den Kolben. Es soll die hin- und her-gehende Bewegung des Kolbens in die zur Energieübertragung günstigere Drehbewegung umwandeln. Diese Aufgabe erfüllt der Kurbeltrieb [19], bei dem der Tauchkolben *3* durch die Schubstange *9* mit der in den Grundlagern *10* liegenden Kurbelwelle *11* verbunden ist. An den Wangen der Kurbelwelle sind Gegengewichte *12* zum Ausgleich der Fliehkräfte der rotierenden Massen befestigt; an ihrem freien Ende befindet sich ein Schwungrad *13* zur Ver-ringerung der Winkelgeschwindigkeitsschwankungen. Dieses ist als Riemenscheibe ausge-bildet oder mit einer Kupplung versehen.

Das Gestell *14* verbindet Zylinder und Triebwerk und nimmt die Beanspruchungen infolge der Kräfte des Mediums auf. Es wird am Fundament *15* durch Schrauben befestigt und ist öldicht gekapselt, um Schmierölverluste zu vermeiden. Das in den Lagerstellen umlaufende Öl wird dann in dem als Ölwanne ausgebildeten Gestellboden gesammelt.

Steht die Zylindermittellinie senkrecht oder waagerecht zum Fundament, so heißt die Ma-schine stehend (**23.**2) oder liegend (**16.**1). Liegende Zylinder größerer Abmessungen wer-den durch einen Fuß oder besser durch eine Pendelstütze *16*, die infolge ihrer gelenkigen Lagerung den Wärmedehnungen der Maschine besser folgen kann, abgestützt.

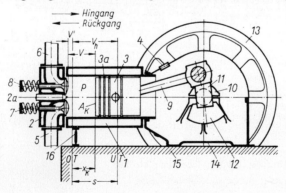

16.1
Aufbau einer Kolbenmaschine
(liegender Dieselmotor)

1.1.2 Berechnungsgrundlagen

Hubvolumen. Für eine Maschine mit z Zylindern und Tauchkolben (*3* in Bild **16.**1) vom Durchmesser D und damit der Kolbenfläche $A_K = \frac{\pi}{4} D^2$ sowie dem Hub s folgt das Hubvolumen

$$V_H = z\, V_h = z\, A_K\, s = z\, \frac{\pi}{4} D^2\, s \qquad (17.1)$$

wobei V_h das Hubvolumen (**16.**1) eines Zylinders ist.

Arbeitsraum. In einem Zylinder hat er beim Kolbenweg x_K den Inhalt

$$V = V' + x_K\, A_K \qquad (17.2)$$

Sein Minimum ist der Totrauminhalt V', sein Maximum beträgt $V' + s\, A_K = V' + V_h$.

Drehzahl. Sie entspricht der Zahl n der Umdrehungen der Kurbelwelle und der Doppelhubzahl des Kolbens in der Zeiteinheit sowie dem Kehrwert der Umlaufzeit T der Kurbel. Die Zahl der Arbeitsspiele n_a beträgt dann für die Zwei- bzw. Viertaktmaschine, die für ein Arbeitsspiel ein bzw. zwei Umdrehungen benötigen,

$$n_a = n\,\text{(Zweitakt)} \quad \text{und} \quad n_a = \frac{n}{2}\,\text{(Viertakt)} \quad \text{bzw.} \quad n_a = \frac{n}{a_T} \qquad (17.3)$$

Hierbei ist die Taktzahl $a_T = 1$ für Zweitakt- und $a_T = 2$ für Viertaktmaschinen. Bei allen anderen Kolbenmaschinen ist $n_a = n$ bzw. $a_T = 1$.
Die Winkelgeschwindigkeit $\omega = \varphi/t$ der Kurbelwelle, deren Drehwinkel φ vom OT aus zählt, beträgt, da nach einer Umdrehung $\varphi = 2\pi$ und $t = T = 1/n$ ist,

$$\omega = 2\pi/T = 2\pi n \qquad (17.4)$$

Wird Gl. (17.4) durch die Gleichung $1\,\text{s}^{-1} = 60\,\text{min}^{-1}$, die die üblichen Einheiten s^{-1} für ω und min^{-1} für n verbindet, geteilt, so ist die zugeschnittene Größengleichung und daraus die Zahlenwertgleichung

$$\frac{\omega}{\text{s}^{-1}} = \frac{\pi}{30} \cdot \frac{n}{\text{min}^{-1}} \quad \text{bzw.} \quad \omega = \frac{\pi n}{30} \text{ in s}^{-1} \quad \text{mit } n \text{ in min}^{-1} \qquad (17.5)$$

Mittlere Kolbengeschwindigkeit. Sie folgt, da der Kolben einen Doppelhub während der Umlaufzeit T der Kurbel zurücklegt, aus

$$c_m = 2s/T = 2sn \qquad (17.6)$$

Mit den üblichen Einheiten m/s für c_m, für s und min^{-1} für n ergibt sich die Gleichung $1\,\text{m/s} = 60\,\text{m/min}$. Wird Gl. (17.6) hierdurch geteilt, so entsteht die zugeschnittene Größengleichung und daraus die Zahlenwertgleichung

$$\frac{c_m}{\text{m/s}} = \frac{1}{30} \cdot \frac{s}{m} \cdot \frac{n}{\text{min}^{-1}} \quad \text{bzw.} \quad c_m = \frac{sn}{30} \text{ in m/s mit } s \text{ in m und } n \text{ in min}^{-1} \quad (17.7)$$

Stoffkraft. Sie wird vom Medium auf den Kolben ausgeübt und beträgt

$$F_S = (p - p_a)\, A_K \qquad (17.8)$$

Darin ist p der absolute Druck im Zylinder. Mit p_a wird der atmosphärische Druck berücksichtigt, der durch den Entlüfter auf die Kolbenrückseite wirkt. Ihr Maximalwert bei dem meist im OT auftretenden höchsten Zylinderdruck heißt Gestängekraft und dient zur Berechnung der Beanspruchungen von Maschine und Triebwerk.

Indizierte Arbeit heißt die zwischen Kolben und Medium während eines Arbeitsspieles ausgetauschte mechanische Energie. Ist p_i der hierbei auftretende mittlere Zylinderdruck, dann beträgt die Kraft des Mediums $F_i = p_i A_K$ und die indizierte Arbeit mit Gl. (17.1)

$$W_i = z\,p_i A_K\,s = p_i V_H \tag{18.1}$$

Bei Kraftmaschinen wird die indizierte Arbeit vom Medium an den Kolben abgegeben und zählt positiv, bei Arbeitsmaschinen wird sie vom Kolben auf das Medium übertragen und zählt negativ.

Effektive oder Kupplungsarbeit ist die Differenz zwischen indizierter Arbeit und Reibungsarbeit W_{RT} im Triebwerk. Diese ist als Verlust immer negativ. Für Kraft- bzw. Arbeitsmaschinen gilt dann

$$W_e = W_i - W_{RT} \quad \text{und} \quad W_e = -W_i - W_{RT} \tag{18.2}$$

Ist p_e der mittlere effektive Druck, so ist entsprechend Gl. (18.1)

$$W_e = z\,p_e A_K\,s = p_e V_H \tag{18.3}$$

Die mittleren Drücke p_e und p_i entsprechen nach den Gl. (18.1) und (18.3) Arbeiten je Einheit des Hubvolumens. Also ist $w_e = p_e = W_e/V_h$ und $w_i = p_i$ wird w in kJ/dm^3 und p_e in bar angegeben, so gilt, da $1\,\text{kJ/dm}^3 = 10^6\,\text{N/m}^2 = 10$ bar ist, die Zahlenwertgleichung

$$w_e = p_e/10 \text{ in kJ/dm}^3 \quad \text{mit } p_e \text{ in bar} \tag{18.4}$$

Mit Einführung eines mittleren Reibungsdruckes $p_{RT} = W_{RT}/V_H$ folgt aus Gl. (18.2) für Kraftbzw. Arbeitsmaschinen

$$p_e = p_i - p_{RT} \qquad\qquad |p_e| = p_i + p_{RT} \tag{18.5}$$

Indizierte und effektive Leistung betragen, da der Kolben in der Zeiteinheit n_a Arbeitsspiele nach Gl. (17.3) ausgeführt,

$$P_i = p_i V_H n_a = p_i \dot{V}_H \qquad\qquad P_e = p_e n_a V_H = p_e \dot{V}_H \tag{18.6 und 18.7}$$

Hierbei ist $\dot{V}_H = V_H n_a$ das in der Zeiteinheit vom Kolben durchlaufene Hubvolumen oder der theoretische Saugstrom.

In der Praxis werden die Einheiten kW für P_e, bar für p_e, min^{-1} für n_a und l für V_H benutzt. Sie sind durch die Einheitengleichung

$$1\,\text{kW} = 10^3\,\text{N m s}^{-1} = 6 \cdot 10^4\,\text{Pa m}^3\,\text{min}^{-1} = 600\,\text{bar l min}^{-1}$$

verbunden. Wird Gl. (18.7) hierdurch dividiert, so folgt die zugeschnittene Größengleichung

$$\frac{P_e}{\text{kW}} = \frac{1}{600} \cdot \frac{p_e}{\text{bar}} \cdot \frac{V_H}{1} \cdot \frac{n_a}{\text{min}^{-1}} \quad \text{oder} \quad P_e = \frac{1}{600\,\text{bar l min}^{-1}}\,\frac{\text{kW}}{}\,p_e n_a V_H \tag{18.8}$$

Hieraus ergibt sich dann die Zahlenwertgleichung

$$P_e = \frac{p_e n_a V_H}{600} \text{ in kW} \quad \text{mit} \quad p_e \text{ in bar}, \quad n_a \text{ in min}^{-1} \quad \text{und} \quad V_H \text{ in l} \tag{19.1}$$

Drehmoment an der Kupplung. Es beträgt unter Berücksichtigung der Gl. (17.4) und (18.7)

$$M_d = \frac{P_e}{\omega} = \frac{P_e}{2\pi n} \quad \text{bzw.} \quad M_d = \frac{p_e n_a V_H}{2\pi n} = \frac{p_e V_H}{a_T 2\pi} \tag{19.2 und 19.3}$$

Wird Gl. (19.2) durch die Gleichung $1 \text{ N m} = \text{kW}/(10^3 \text{ s}^{-1}) = \text{kW}/(6 \cdot 10^4 \text{ min}^{-1})$, die die üblichen Einheiten N m für M_d, kW für P_e und min^{-1} für n verbindet, dividiert, so ergibt sich die bezogene Größengleichung

$$\frac{M_d}{N \, m} = 9549 \, \frac{P_e}{kW} \cdot \frac{\text{min}^{-1}}{n} \quad \text{oder} \quad M_d = 9549 \, \frac{N \, m \, \text{min}^{-1}}{kW} \cdot \frac{P_e}{n} \tag{19.4}$$

Für die Zahlenwertgleichung gilt dann

$$M_d = 9549 \, \frac{P_e}{n} \text{ in N m} \quad \text{für} \quad P_e \text{ in kW} \quad \text{und} \quad n \text{ in min}^{-1} \tag{19.5}$$

Zur Messung des Drehmoments von Kraftmaschinen dienen Bremsen mit dem Hebelarm l und der Belastung F. Mit dem Drehmoment $M_d = Fl$ folgt aus Gl. (19.2)

$$P_e = 2\pi n \, l \, F \tag{19.6}$$

Ist die Länge des Hebelarmes $l = 0,9549 \text{ m}$ und sind die Einheiten kW für P_e, min^{-1} für n und N für F vorgegeben, so folgt aus Gl. (19.6) nach Division durch $1 \text{ kW} = 6 \cdot 10^4 \text{ N m min}^{-1}$ die zugeschnittene Größengleichung

$$\frac{P_e}{kW} = \frac{2\pi}{6 \cdot 10^4} \cdot \frac{n}{\text{min}^{-1}} \frac{0,9549 \, m}{m} \frac{F}{N} = 10^{-4} \frac{n}{\text{min}^{-1}} \cdot \frac{F}{N} \quad \text{oder} \quad P_e = 10^{-4} \frac{kW \, \text{min}}{N} F \, n \tag{19.7}$$

Die Zahlenwertgleichung lautet dann

$$P_e = 10^{-4} n F \text{ in kW} \quad \text{für} \quad n \text{ in min}^{-1} \quad \text{und} \quad F \text{ in N} \tag{19.8}$$

Fördervolumen wird meist auf den Ansaugzustand (Index a) bezogen. Ist ϱ_a die entsprechende Dichte und m_f die geförderte Masse, so gilt

$$V_{fa} = m_f/\varrho_a \tag{19.9}$$

Theoretische Masse ist diejenige Masse vom Ansaugzustand, die das gesamte Hubvolumen ausfüllt; sie beträgt

$$m_{th} = V_H \varrho_a \tag{19.10}$$

Liefergrad heißt das Verhältnis

$$\lambda_L = m_f/m_{th} = V_{fa}/V_H \tag{19.11}$$

Es ist stets kleiner als Eins, da wegen der Undichtigkeiten der Zylinder und wegen der Erwärmung und Drosselung des angesaugten Mediums $m_f < m_{th}$ ist. Sind die Volumina auf die Zeiteinheit bezogen, so wird mit dem tatsächlichen und theoretischen Saugstrom $\dot{V}_{fa}$ und $\dot{V}_H = V_H n_a$

$$\lambda_L = \frac{\dot{V}_{fa}}{\dot{V}_H} = \frac{\dot{V}_{fa}}{V_H n_a} \tag{19.12}$$

Beispiel 1. Im Prospekt eines Zweitakt-Schiffsdieselmotors sind die Leistung $P_e = 11\,600\,\text{kW}$, die Drehzahl $n = 115\,\text{min}^{-1}$ und das Hubvolumen $V_H = 9000\,\text{l}$ angegeben.

Gesucht ist der effektive Druck, der mit den verschiedenen Gleichungsformen zu berechnen ist.

Die Zahl der Arbeitstakte beträgt für den Zweitaktmotor $n_a = n = 115\,\text{min}^{-1}$.

Größengleichung. Aus Gl. (18.7) folgt $1\,\text{kW} = 1000\,\text{N m/s}$, $1\,\text{min} = 60\,\text{s}$, $1\,\text{m}^3 = 10^3\,\text{l}$ und $1\,\text{N/m}^2 = 1\,\text{Pa} = 10^{-5}\,\text{bar}$

$$p_e = \frac{P_e}{n_a V_H} = \frac{11\,600\,\text{kW} \cdot 10^3\,\dfrac{\text{N m}}{\text{kW s}} \cdot 60\,\dfrac{\text{s}}{\text{min}}}{115\,\text{min}^{-1} \cdot 9000\,\text{l} \cdot 10^{-3}\,\dfrac{\text{m}^3}{\text{l}}} = 6{,}72 \cdot 10^5\,\frac{\text{N}}{\text{m}^2} = 6{,}72 \cdot 10^5\,\text{Pa} = 6{,}72\,\text{bar}$$

oder

$$p_e = \frac{11\,600 \cdot 10^3\,\dfrac{\text{N m}}{\text{s}}}{\dfrac{115}{60}\,\text{s}^{-1} \cdot 9000 \cdot 10^{-3}\,\text{m}^3} = 6{,}72 \cdot 10^5\,\frac{\text{N}}{\text{m}^2}$$

Zugeschnittene Größengleichung. Nach Gl. (18.8) ergibt sich

$$\frac{p_e}{\text{bar}} = 600\,\frac{P_e}{\text{kW}} \cdot \frac{\text{min}^{-1}}{n_a} \cdot \frac{\text{l}}{V_H} = 600\,\frac{11\,600\,\text{kW}}{\text{kW}} \cdot \frac{\text{min}^{-1}}{115\,\text{min}^{-1}} \cdot \frac{\text{l}}{9000\,\text{l}} = \frac{600 \cdot 11\,600}{115 \cdot 9000} = 6{,}72$$

$$p_e = 6{,}72\,\text{bar}$$

Zahlenwertgleichung. Da hier die Formelzeichen Zahlenwerte darstellen, gilt mit $P_e = 11\,600$ in kW, $n_a = 115$ in min^{-1} und $V_H = 9000$ in l und Gl. (19.1)

$$p_e = \frac{600\,P_e}{n_a V_H} = \frac{600 \cdot 11\,600}{115 \cdot 9000} = 6{,}72 \text{ in bar}$$

Beispiel 2. Für die Kraftzentrale eines Ölfeldes wird eine amerikanische Viertakt-Gasmaschine in V-Form mit $z = 10$ Zylindern bei $D = 11^3/_4$ inch Durchmesser, einem Hub $s = 12^3/_4$ inch und einer Leistung $P_e = 680\,\text{HP}$ bei einer Drehzahl $n = 514\,\text{rpm}$ angeboten. Hieraus sind die mittlere Kolbengeschwindigkeit, der effektive Druck und das Drehmoment an der Kupplung zu ermitteln. Die Größen sind in den Einheiten des internationalen und des früher üblichen technischen Maßsystems zu berechnen.

Internationales Maßsystem. Mit den Einheitengleichungen $1\,\text{HP} = 0{,}746\,\text{kW}$, $1\,\text{rpm} = 1\,\text{min}^{-1}$ und $1\,\text{inch} = 1'' = 25{,}4\,\text{mm}$ folgt für die gegebenen Größen $D = 11{,}75 \cdot 25{,}4\,\text{mm} = 298\,\text{mm}$, $s = 12{,}75 \cdot 25{,}4\,\text{mm} = 324\,\text{mm}$, $P_e = 680 \cdot 0{,}746\,\text{kW} = 507\,\text{kW}$, $n = 514\,\text{min}^{-1} = 8{,}57\,\text{s}^{-1}$.

Die mittlere Kolbengeschwindigkeit beträgt dann nach Gl. (17.6)

$$c_m = 2\,s\,n = 2 \cdot 32{,}4\,\text{cm} \cdot 8{,}57\,\text{s}^{-1} = 556\,\text{cm/s} = 5{,}56\,\text{m/s}$$

Mit $n_a = n/2$ für den Viertakt-Motor und dem Gesamthubvolumen nach Gl. (17.1)

$$V_H = z\,\pi\,D^2\,s/4 = 10\,\pi \cdot 2{,}98^2\,\text{dm}^2 \cdot 3{,}24\,\text{dm}/4 = 227\,\text{dm}^3$$

ergibt sich der effektive Druck aus Gl. (18.7) mit $1\,\text{kW} = 10^3\,\text{N m s}^{-1}$

$$p_e = \frac{2\,P_e}{n\,V_H} = \frac{2 \cdot 507\,\text{kW}}{8{,}57\,\text{s}^{-1} \cdot 227\,\text{dm}^3} = \frac{2 \cdot 507\,\text{kW} \cdot 10^3\,\dfrac{\text{N m s}^{-1}}{\text{kW}}}{8{,}57\,\text{s}^{-1} \cdot 0{,}227\,\text{m}^3} = 5{,}22 \cdot 10^5\,\frac{\text{N}}{\text{m}^2} = 5{,}22\,\text{bar}$$

Für das Drehmoment gilt dann mit Gl. (19.2)

$$M_d = \frac{P_e}{2\pi\,n} = \frac{507\,\text{kW}}{2\pi \cdot 8{,}57\,\text{s}^{-1}} = \frac{507\,\text{kW} \cdot 10^3\,\dfrac{\text{N m s}^{-1}}{\text{kW}}}{2\pi \cdot 8{,}57\,\text{s}^{-1}} = 9430\,\text{N m}$$

Technisches Maßsystem. Hierin haben folgende Größen abweichende Einheiten

$$p_e = \frac{5{,}22 \cdot 10^5 \, \text{N/m}^2}{9{,}81 \, \text{N/kp}} = 5{,}32 \cdot 10^4 \, \frac{\text{kp}}{\text{m}^2} = 5{,}32 \, \text{bar}$$

$$M_d = \frac{9430 \, \text{Nm}}{9{,}81 \, \text{N/kp}} = 961 \, \text{kpm} \qquad P_e = 507 \, \text{kW} \cdot 1{,}36 \, \text{PS/kW} = 690 \, \text{PS}$$

1.1.3 Arbeitsverfahren

1.1.3.1 Arbeitsspiel

In einer unter gleichbleibenden Betriebsbedingungen, also im Beharrungszustand laufenden Kolbenmaschine wiederholt sich ständig das Arbeitsspiel. Es umfaßt für Flüssigkeiten und Gase den Ladungswechsel, also das Ansaugen und Ausschieben sowie bei Gasen zusätzlich den Energieaustausch im abgeschlossenen Zylinder.

Beim Ansaugen während des Kolbenhinganges ist das Einlaßorgan offen und der Druck im Zylinder (**22**.1) – Zylindersaugdruck p_1' – bleibt nahezu konstant. Wegen der Drossel-verluste in den Leitungen und im Zylinder ist er aber kleiner als der Saugdruck p_1 vor der Einströmleitung. Hierbei nehmen Masse und Volumen des im Zylinder befindlichen Mediums, das die Einströmarbeit auf den Kolben überträgt, zu. Das Ausschieben beim Rück-gang erfolgt mit offenem Auslaßorgan. Wegen der Drosselung ist hierbei der Zylinder-gegendruck p_2'' größer als der Gegendruck p_2 hinter der Ausschubleitung. Die Ausschub-arbeit muß dem Medium vom Kolben zugeführt werden. Beim Energieaustausch zwi-schen Kolben und Medium im geschlossenen Zylinder erfolgt beim Kolbenhingang eine Dehnung des Gases, wobei sein Druck und seine Temperatur fallen und Arbeit an den Kolben abgegeben wird. Beim Rückgang findet eine Verdichtung des Gases statt. Es nimmt dabei unter Druck und Temperatursteigerung Arbeit vom Kolben auf. Überwiegt bei Gasen bzw. Flüssigkeiten die Dehnungs- oder Einströmarbeit, so handelt es sich um eine Kraft-, sonst um eine Arbeitsmaschine.

Zur Darstellung der Arbeitsvorgänge in der Kolbenmaschine dient das p, V-Diagramm, in dem der Druckverlauf im Zylinder während eines Arbeitsspieles als Funktion des Volumens des Arbeitsraumes dargestellt ist. Die Flächen unter den Kurven stellen hier nach Gl.(25.1) die zwischen Kolben und Medium ausgetauschten mechanischen Arbeiten dar.

1.1.3.2 Kraftmaschinen

Wärmekraftmaschinen, zu denen Dampf- und Brennkraftmaschinen zählen, verwandeln die in den festen, flüssigen oder gasförmigen Kraftstoffen latent gebundenen Wärmeenergien in mechanische Arbeit. Hierzu wird die Wärmeenergie durch Verbrennung freigemacht, auf ein als Energieträger dienendes Medium übertragen und dann dem Zylinder zugeführt. Dort dehnt sich das Medium beim Hingang des Kolbens aus, und die Wärmeenergie wird in mechanische Arbeit verwandelt. Der Eintrittsdruck des Mediums soll möglichst hoch sein, um die Ausbeute an mechanischer Arbeit zu steigern. Vor Erreichen des Gegendruckes wird die Dehnung meist abgebrochen. Der hierbei entstehende Verlust an Arbeit (in Bild **22**.1 kreuz-schraffiert) ist sehr klein, da sich die Dehnungslinie bei weiterer Dehnung nahe an die Gegen-drucklinie anschmiegt. Er heißt Auslaßverlust und steht in keinem Verhältnis zu dem für eine Vergrößerung des Hubes notwendigen Materialaufwand.

Dampfmaschine

Als Energieträger einer Dampfkraftanlage (**34.**1) dient Wasserdampf, der im Kessel *H* unter konstantem Druck aus Wasser erzeugt wird (s. Abschn. 1.2.1.1.1) und dabei die mit der Verbrennung von Kohle bzw. Öl freiwerdende Wärme aufnimmt. Der für das Speisewasser notwendige Druck wird von der Kesselspeisepumpe *AM* (**34.**1 a) erzeugt.

Die Vorgänge bei der Umwandlung der Wärmeenergie des Dampfes in mechanische Arbeit

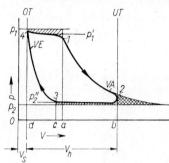

im Zylinder zeigt das p,V-Diagramm (**22.**1). Beim Kolbenhingang findet das Einströmen *4–1* und nach Schließen des Einlasses die Dehnung unter Arbeitsabgabe *1–2* und der Vorauslaß *VA–2* des Mediums statt. Beim Rückgang des Kolbens erfolgt das Ausschieben *2–3*, nach Schließen des Auslasses das Verdichten *3–4* und das Voreinströmen *VE–4*. Durch den Vorauslaß wird ein Aufstauen des Mediums beim Ausschieben vermieden. Damit werden Ausschubarbeit und Drosselverluste verringert. Verdichten und Voreinströmen sind notwendig, weil sonst im *OT* ein plötzlicher Druckwechsel auftritt und Schläge im Triebwerk entstehen. Zur Verdichtung ist der Totraum V' erforderlich. Da dabei die Energieabgabe der Maschine geringer wird, heißt dieser Raum auch Schadraum V_S und wird möglichst klein gehalten.

22.1 p,V-Diagramm einer Dampfmaschine (Drosselverluste schraffiert; Verlust durch unvollständige Expansion kreuzschraffiert)

Brennkraftmaschinen

Bei diesen Maschinen wird die Verbrennung in den Zylinder verlegt und dadurch der relativ große Kessel und die Speisepumpe der Dampfmaschine vermieden. Die zur Verbrennung notwendige Luft dient gleichzeitig als Energieträger. Der Kraftstoff muß aschefrei verbrennen, um den Verschleiß an Zylinder und Kolben klein zu halten. Die von der Zündung eingeleitete Verbrennung soll theoretisch im *OT* beginnen, damit sich die Dehnung über den ganzen Hingang erstreckt und der Gewinn an mechanischer Arbeit möglichst groß ist. Der hierzu notwendige hohe Druck wird durch die Kompression beim Kolbenrückgang und die Verbrennung im *OT* erreicht. Der Totraum V', von dem die Höhe der Verdichtung abhängt, heißt daher Verdichtungsraum V_c. Die Brennkraftmaschine verlangt also einen Hin- und Rückgang bzw. zwei Arbeitstakte für die Energieumwandlung ohne Ladungswechsel.

Die Viertaktmaschine erhält daher zusätzlich je einen Arbeitstakt für das Ansaugen und das Ausschieben. Da die zur Verbrennung notwendige Luft und die Brenngase der Atmosphäre entnommen bzw. ihr wieder zugeführt werden, sind der Saug- und Gegendruck p_1 bzw. p_2 gleich dem äußeren Luftdruck. Zur Anwendung des bei den anderen Kolbenmaschinen üblichen Zweitakt-Verfahrens, muß auf einen Teil des Hubes am Ende des Hin- und am Anfang des Rückganges verzichtet werden, damit das Brenngas durch das unter Überdruck zuzuführende Medium ausgespült und ersetzt werden kann.

Dieselmaschine. Von ihrem Kolben wird nur Luft angesaugt. Das Einspritzen des Kraftstoffes erfolgt mit einer Pumpe durch die Einspritzdüse (*2a* in Bild **16.**1) und beginnt gegen Ende des Verdichtungshubes. Um eine Selbstentzündung zu ermöglichen, muß die Luft so hoch verdichtet werden, daß ihre Temperatur über der Selbstzündungstemperatur (**321.**2) des Kraftstoffes liegt. Die Verbrennung erfolgt angenähert zuerst im *OT* bei konstantem Volumen und später beim Kolbenrückgang bei gleichbleibendem Druck. Ihr Ende wird durch die Einspritzdauer bestimmt.

Der Viertakt-Dieselmotor (**16.**1) hat nach dem p, V-Diagramm (**23.**1) folgende Arbeitsweise: Der erste Takt (Hingang) dient dem Ansaugen der Luft bei geöffnetem Einlaßventil (7 in Bild **16.**1). Beim zweiten Takt (Rückgang) erfolgt im abgeschlossenen Zylinder die Kompression *1–2* bis zur Selbstentzündungstemperatur des Kraftstoffes, dessen Zufuhr beim Einspritzbeginn *EB* einsetzt, sowie die Gleichraumverbrennung *2–3* am Hubende. Der dritte Takt (Hingang) beginnt mit der Gleichdruckverbrennung *3–4*, vor deren Abschluß das von der Belastung der Maschine abhängige Einspritzende *EE* liegt. Die anschließende Dehnung *4–5* wird durch das Öffnen des Auslaßventiles (8 in Bild **16.**1) kurz vor dem *UT* beendet. Der vierte Takt (Rückgang) dient zum Ausschieben der Brenngase in die Atmosphäre.

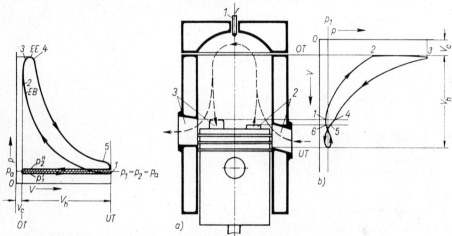

23.1 p, V-Diagramm einer Viertakt- **23.**2 Zweitakt-Ottomotor
Dieselmaschine nach Bild **16.**1 a) Schnitt (schematisch, Spülstromverlauf gestrichelt)
(Drosselverluste schraffiert) b) p, V-Diagramm

Ottomaschinen. Ihren Zylindern wird als Medium ein Gemisch aus Kraftstoff und Luft über eine Drosselklappe zugeführt. Die Verbrennung wird mit Hilfe einer besonderen Einrichtung – also durch Fremdzündung – ausgelöst. Damit sich das Gemisch nicht vorzeitig von selbst entzündet, darf es nur bis unterhalb seiner Selbstentzündungstemperatur (**321.**2) verdichtet werden. Die Verbrennung erfolgt im *OT* bei praktisch konstantem Volumen.

Ein Zweitakt-Ottomotor (**23.**2) hat folgende Arbeitsweise: Beim Rückgang erfolgt die Verdichtung *1–2* (**23.**2b) des Gemisches, die durch die Zündung mit der Zündkerze 1 (**23.**2a) beendet wird. Im *OT* schließt sich die Gleichraumverbrennung *2–3* an. Während des Hinganges findet nach der Dehnung *3–4*, die beim höchsten Druck im Zylinder – dem Zünddruck p_z – beginnt, nach Öffnen des Auslasses die Entspannung *4–5* statt. Die Spülung *5–6* zum Austausch der Brenngase durch das Gemisch wird unter Bewegungsumkehr des Kolbens vorgenommen. Zur Gemischverdichtung auf den Spüldruck dient ein Spülluftgebläse oder die Kolbenrückseite bei der Kurbelkastenspülung kleinerer Maschinen. Ein- und Auslaßschlitze 2 bzw. 3 in der Zylinderwand, die von der Kolbenvorderkante gesteuert werden, füllen und entleeren die Zylinder. Dabei öffnen und schließen sie immer an derselben Stelle des Hubes. Damit die Brenngase bei der Entspannung nicht in das Gebläse zurückschlagen, muß die nachteilige Druckabsenkung *6–1* in Kauf genommen werden. Eine ausreichende Spülung erfordert etwa ein Drittel des Hubes. Hierbei entsteht ein Leistungsverlust, da die Dehnung verkürzt wird und bei der Spülung ein Teil des Gemisches in den Auspuff entweicht.

1.1.3.3 Arbeitsmaschinen

Hierunter fallen Verdichter (Kompressoren), die gasförmige Medien in Räume höheren Druckes fördern und Pumpen, die Flüssigkeiten heben bzw. ihren Druck erhöhen. Die hierzu notwendige von einer Kraftmaschine gelieferte mechanische Energie überträgt das Triebwerk auf das Medium, das auch die Betätigung der Steuerorgane (**24.**1 a) übernimmt. Drossel- und Reibungsverluste erfordern eine Vermehrung der theoretisch notwendigen Energie.

Verdichter. Bei der Verdichtung nimmt das Volumen ab und die Temperatur steigt an. Sie muß durch den Gegendruck – auf ≈ 180°C bei Luft – begrenzt werden, um eine Explosion des

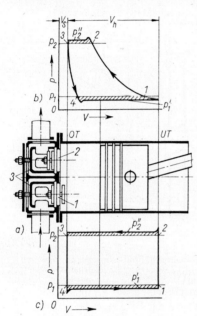

zur Zylinderschmierung notwendigen Öles zu verhindern. Um die Verdichtungstemperatur und die nutzlose Arbeit zur Erhöhung der inneren Energie (s. Abschn. 1.2.1.1) herabzusetzen, werden die Zylinder mit Wasser oder Luft gekühlt. Der Totraum V', hier Schadraum V_S (**24.**1 b) genannt, bedingt die Rückexpansion des darin enthaltenen Mediums, das ja nicht ausgeschoben werden kann.

Die Arbeitsweise eines Kolbenverdichters (**24.**1 a) zeigt sein p,V-Diagramm (**24.**1 b). Beim Hingang erfolgt die Rückexpansion 3–4 der Restgase des Schadraumes und das Ansaugen 4–1 des frischen Mediums, beim Rückgang die Kompression 1–2 und das Ausschieben 2–3. Infolge der Rückexpansion und der Aufheizung des Mediums an den Zylinderwänden beim Saugvorgang und durch die nicht bis zur Ansaugetemperatur expandierten Restgase tritt eine wesentliche Verringerung des Ansaugevolumens gegenüber dem Hubvolumen auf.

Pumpen. Die praktisch inkompressiblen Flüssigkeiten erlauben eine Druckänderung nur in den Totpunkten. Der Totraum V' ist also für den nur aus dem Ladungswechsel bestehenden Arbeitsvorgang theoretisch ohne Bedeutung. Im p,V-Diagramm (**24.**1 c) finden also Druckabfall 3–4 und Steigerung 1–2 in den Totpunkten statt, so daß für das Ansaugen 4–1 und das Ausschieben 2–3 der gesamte Hin- bzw. Rückgang zur Verfügung steht.

24.1 a) Kolbenarbeitsmaschine, schematisch
b) p,V-Diagramm eines Verdichters
c) p,V-Diagramm einer Pumpe

1 Saugventil
2 Druckventil
3 Ventilkörbe
(Drosselverluste schraffiert)

1.1.4 Mechanische Arbeit

Zur Ermittlung der im Zylinder umgesetzten mechanischen Energie (**25.**1) wird die bei einer Verschiebung dx_K des Kolbens entstehende Arbeit $dW = p A_K dx_K$ betrachtet. Die auf der Kolbenstirnfläche A_K wirkende Kraft $p A_K$ ist wegen der absolut eingesetzten Zylinderdrücke stets zum *UT* gerichtet und wird als positiv gerechnet. Beim Hingang sind Kraft und Verschiebung des Kolbens gleichgerichtet, die Arbeit wird positiv, also dem Kolben zugeführt bzw. dem Gas entzogen. Beim Rückgang ist die Verschiebung der Kraft entgegengerichtet. Die negative Arbeit wird also vom Kolben aufgebracht und auf das Gas übertragen. Nach Einführen des Volumenelementes $dV = A_K dx_K$ ergibt sich nach Integration von $dW = p \, dV$ zwischen den Kolbenstellungen *1* und *2*

$$W = \int_{V_1}^{V_2} p \, dV \qquad (25.1)$$

Die Arbeit wird also im p, V-Diagramm als Fläche unter der Linie *1–2* bis zur Abszissenachse dargestellt und kann durch Planimetrieren ermittelt werden. Die Arbeiten infolge des Luftdruckes p_a auf der Kolbenrückseite betragen nach Gl.(25.1) beim Hin- bzw. Rückgang $-p_a V_h$ und $+p_a V_h$, heben sich also während des Arbeitsspieles auf.

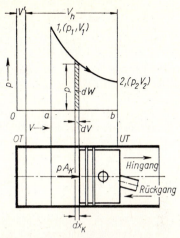

25.1 Arbeit einer Kolbenmaschine (Elementararbeit $p \, dV$ schraffiert)

1.1.4.1   Verlustlose Maschine

Im folgenden sei eine Maschine ohne Mengen-, Reibungs- und Drosselverluste betrachtet. Beim Ladungswechsel (**24.**1 b, c) sind also anstelle der tatsächlichen Zylinderdrücke p_1' und p_2'' der Saug- und Gegendruck p_1 bzw. p_2 einzusetzen.

Gas- oder Volumenänderungsarbeit heißt die zwischen Kolben und Medium bei der Dehnung bzw. Verdichtung ausgetauschte mechanische Arbeit. Mit Gl.(25.1) gilt

$$W_g = \int_{V_1}^{V_2} p \, dV \qquad (25.2)$$

Ladungswechselarbeit ist die Summe der vom Kolben aufgenommenen bzw. aufgebrachten Einström- und Ausschubarbeit. Für die Dampfmaschine (**22.**1) und den Kolbenverdichter (**26.**2) folgt dann aus Gl.(25.1)

$$W_L = W_E + W_A = p_1 \int_{V_4}^{V_1} dV + p_2 \int_{V_2}^{V_3} dV = p_1(V_1 - V_4) + p_2(V_3 - V_2).$$

Wegen $V_1 > V_4$ und $V_2 > V_3$ gilt

$$W_L = p_1(V_1 - V_4) - p_2(V_2 - V_3) \qquad (25.3)$$

Bei der Dampfmaschine ist $p_1 > p_2$, beim Verdichter $p_1 < p_2$. Damit wird ihre Ladungswechselarbeit positiv bzw. negativ. Bei der Pumpe ist $V_1 - V_4 = V_2 - V_3 = V_h$, die Ladungswechselarbeit also $W_L = (p_1 - p_2) V_h$, während sie für die Brennkraftmaschine, für die außerdem $p_2 = p_1$ ist, Null wird.

Technische Arbeit ist die Summe der Gas- und Ladungswechselarbeit. Umfaßt das Arbeitsspiel (**26.**1) nur einen Dehnungs- oder Verdichtungsvorgang, vorstellbar bei Verdichtern und Dampfmaschinen ohne schädlichen Raum, so folgt aus Gl.(25.2) und (25.3) mit $V_4 = V_3 = 0$

$$W_t = W_g + W_L = \int_{V_1}^{V_2} p \, dV + p_1 V_1 - p_2 V_2 \quad \text{bzw.} \quad W_t = -\int_{p_1}^{p_2} V \, dp \quad (25.4) \text{ und } (25.5)$$

Ist $\bar{m}_W$ der Arbeitsmaßstab, das Produkt vom Volumen- und Druckmaßstab $\bar{m}$ bzw. $\bar{m}_P$, so gilt $W_g = \bar{m}_W$ Fläche *a 1 2 b*, $p_1 V_1 = \bar{m}_W$ Fläche *d 4 1 a* und $p_2 V_2 = \bar{m}_W$ Fläche *b 2 3 c* nach

Bild **26**.1. Die technische Arbeit beträgt dann nach Gl. (25.4) $W_t = \bar{m}_W$ Fläche *4 1 2 3*, wird also durch die Fläche neben der Linie *1–2* dargestellt und entspricht dem Integral $-\int_{p_1}^{p_2} V\mathrm{d}p$. Das Minuszeichen ist notwendig, weil sonst – entgegen der bisherigen Vorzeichen-vereinbarung – die Arbeiten beim Hingang negativ und beim Rückgang positiv sind.

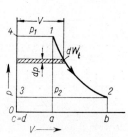 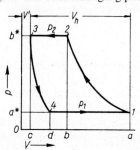

26.1   Technische Arbeit einer Kolbenmaschine ohne Totraum

26.2   Technische Arbeit einer Kolbenmaschine mit Totraum (Verdichter)

Maschinen mit Totraum. Bei Gasen umfaßt das Arbeitsspiel den Ladungswechsel, die Dehnung und die Verdichtung. Wird die Summe ihrer Gasarbeiten mit W_g bezeichnet, so behält Gl.(25.4) ihre Gültigkeit. Die technische Arbeit kann aber auch als Summe der technischen Arbeiten der Verdichtung und der Dehnung aufgefaßt werden, da beim Ladungswechsel, bei dem die Drücke p_1 und p_2 konstant sind, nach Gl.(25.5) die technischen Arbeiten Null werden.

p, V-Diagramm (**26**.2). Hier gilt dann für die Gasarbeiten

$W_g = \bar{m}_W$ (Fläche *a 1 2 b* − Fläche *d 4 3 c*) und $W_L = \bar{m}_W$ (Fläche *d 4 1 a* − Fläche *b 2 3 c*)

und für die technischen Arbeiten der Verdichtung und Dehnung

$$W_t = \bar{m}_W \text{ (Fläche } a^* \, 1 \, 2 \, b^* - \text{ Fläche } a^* \, 4 \, 3 \, b^*)$$

Ihre Summe ergibt in beiden Fällen $W_t = \bar{m}_W$ Fläche *1 2 3 4*. Wird der Kurvenzug in Bild **26**.2 im Uhrzeigersinn durchlaufen (Kraftmaschine), so ist die technische Arbeit positiv, weil die Dehnungsarbeit den Hauptanteil liefert. Beim entgegengesetzten Umlaufsinn (Arbeitsmaschine) wird sie negativ, weil die Verdichtungsarbeit beim Rückgang überwiegt.

1.1.4.2   Wirkliche Maschine

Indizierte Arbeit ist die im Zylinder der wirklichen Maschine zwischen dem Kolben und dem Medium ausgetauschte und aus ihrem p, V-Diagramm ersichtliche Arbeit. Von der technischen Arbeit unterscheidet sie sich durch die Energiedifferenzen infolge der Unterschiede der geodätischen Höhen $h_1 - h_2$ und Geschwindigkeiten $c_1 - c_2$ am Ein- und Austritt *1* und *2* sowie durch die Reibungs- oder Drosselarbeit W_R. Sind m_a und m_f die angesaugten und geförderten Massen, so beträgt die Differenz der Lage- und Geschwindigkeitsenergien $m_a g h_1 - m_f g h_2$ und $(m_a c_1^2/2) - (m_f c_2^2/2)$. Damit ergibt sich mit der Fallbeschleunigung g die indizierte Arbeit

$$W_i = W_t + m_a g h_1 - m_f g h_2 + m_a \frac{c_1^2}{2} - m_f \frac{c_2^2}{2} - |W_R| \tag{26.1}$$

Ihre praktische Ermittlung erfolgt aus dem Indikatordiagramm (**28**.1). Bei gasförmigen Medien (**22**.1) sind die Lage- und Geschwindigkeitsenergie meist vernachlässigbar klein, und es gilt für Dampfmaschinen, Motoren und Verdichter nach Gl. (26.1)

$$W_i = W_t - |W_R| \tag{27.1}$$

Für Flüssigkeiten, z.B. bei Pumpen (**27.**1), ergibt Gl. (26.1) für die Masseneinheit des Mediums, da bei Vernachlässigung der Undichtigkeiten nach Gl. (19.10) $m_a = m_f = m_{th} = V_H \varrho$ ist, mit $w_t = W_t/m_{th} = (p_1 - p_2)/\varrho$, $h_S + h_D = h_2 - h_1$ und $w_R = w_{RS} + w_{RD}$

$$w_i = \frac{p_1' - p_2''}{\varrho} = \frac{p_1 - p_2}{\varrho} - g(h_S + h_D) + \frac{c_1^2 - c_2^2}{2} - |w_R| \tag{27.2}$$

Die Differenz der indizierten und der technischen Arbeit entspricht also der Differenz der Arbeiten beim Ansaugen und Ausschieben mit den Drücken p_1' und p_2'' bzw. p_1 und p_2. Bei der Pumpe ist $p_2'' > p_1'$, $p_2 > p_1$ und $c_2 > c_1$, da das Druckrohr enger als das Saugrohr ist. Damit werden alle Anteile der Arbeiten negativ.

27.1

Arbeiten einer langsam laufenden Kolbenpumpe (Index S und D Saug- und Druckleitung)

a) p, V-Diagramm
b) Anlagenschema

Reibungsarbeit wird dem Gas als Wärme zugeführt und ist nach Abschn. 1.2.1.3 stets negativ. Bei Gasen ist $|W_R| = W_t - W_i$ nach Gl. (27.1), in den p, V-Diagrammen (**22.**1, **23.**1 und **24.**1) schraffiert. Die beim Einströmen verlorengegangene Reibungsarbeit wird dem Medium wieder als Wärmeenergie zugeführt. Dadurch wird bei Gasen die Arbeit im Zylinder erhöht. Bei Kraftmaschinen wird somit ein Teil der Reibungsarbeit zurückgewonnen, während bei Arbeitsmaschinen ein zusätzlicher Energieaufwand entsteht. Ähnliches gilt für die Reibungsarbeit der Kolbenringe. Da die hierbei erzeugte Wärme schwer zu erfassen ist, wird sie, wie es bei den Lagern infolge der Wärmeabfuhr durch das Schmieröl tatsächlich der Fall ist, als verloren angesehen.

Indikatordiagramm. Bei Maschinen mit Drehzahlen unter $1200\,\text{min}^{-1}$, wird die Druckdifferenz zwischen Arbeitsraum und Atmosphäre $p - p_a$ in Abhängigkeit vom Kolbenweg mit einem Federindikator [12] aufgenommen. Aus dem hierbei aufgezeichneten Indikatordiagramm (**28.**1) ergibt sich das p, V-Diagramm, wenn dessen Maßstäbe und Nullpunkt ermittelt sind. Hierzu dienen die atmosphärische Linie, die den Außenluftdruck p_a darstellt und deren Länge l_a dem Hub s entspricht, sowie der Federmaßstab φ des Indikators mit der Einheit mm/bar. Ist V_h das Hubvolumen eines Zylinders, so gilt für den Druck- bzw. Volumenmaßstab $\bar{m}_P = 1/\varphi$ und $\bar{m}_V = V_h/l_a$. Die indizierte Arbeit, dargestellt durch die Diagrammfläche A_D, ist positiv bzw. negativ, wenn das Diagramm im oder entgegen dem Uhrzeigersinn beim Arbeitsspiel umfahren wird und beträgt je Zylinder

$$W_i = \bar{m}_P \bar{m}_V A_D = \frac{A_D}{l_a \varphi} V_h \quad \text{wobei} \quad p_i = \frac{A_D}{l_a \varphi} \tag{27.3 und 27.4}$$

der mittlere indizierte Druck nach Gl. (18.1) ist.

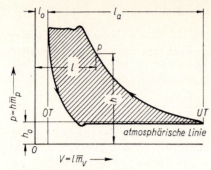

28.1 Indikator- bzw. p, V-Diagramm eines
Kolbenverdichters
(Diagrammfläche A_D schraffiert)

Die Abstände der Abszissen- bzw. Ordinatenachsen (**28.1**) des p, V-Diagrammes von der atmosphärischen Linie bzw. vom OT betragen dann, wenn V' der Totraum ist, $l_0 = V'/\overline{m}_V = l_a V'/V_h$ u. $h_0 = p_a/\overline{m}_P = p_a\varphi$. Für den Druck und das Volumen eines Punktes P gilt dann

$$V = l\,\overline{m}_V = \frac{l}{l_a}\,V_h \qquad (28.1)$$

$$p = h\,\overline{m}_P = h/\varphi \qquad (28.2)$$

Beispiel 3. Das Indikatordiagramm (**28.1**) eines Luftverdichters mit dem Hubvolumen $V_h = 5{,}66\,l$ und dem Schadraum $V_S = 0{,}08\,V_h$ wurde bei der Drehzahl $n = 210\,\text{min}^{-1}$, dem Luftdruck $p_a =$ 1,01 bar und dem Federmaßstab $\varphi = 6\,\text{mm/bar}$ aufgenommen. Die Fläche des Diagramms beträgt $A_D = 435\,\text{mm}^2$ und seine Länge ist $l_a = 42\,\text{mm}$. Hieraus sind Druck und Volumen im Punkt $P\,(l = 16{,}6\,\text{mm}, h = 24\,\text{mm})$, der indizierte Druck und die indizierte Arbeit zu ermitteln.

Mit dem Volumenmaßstab $\overline{m}_V = V_h/l_a = 5{,}66\,l/42\,\text{mm} = 0{,}135\,l/\text{mm}$ und dem Druckmaßstab $\overline{m}_P = 1/\varphi = 0{,}166\,\text{bar/mm}$ ergeben sich die Abstände der Abszissen- und der Ordinatenachse des p, V- und des Indikatordiagrammes

$$l_0 = \frac{V_S}{\overline{m}_V} = \frac{0{,}08\,V_h}{\overline{m}_V} = \frac{0{,}08 \cdot 5{,}66\,l}{0{,}135\,l/\text{mm}} = 3{,}36\,\text{mm} \qquad h_0 = \frac{p_a}{\overline{m}_P} = \frac{1{,}01\,\text{bar}}{0{,}166\,\text{bar/mm}} = 6{,}1\,\text{mm}$$

Für das Volumen und den Druck des Punktes P folgt nach Gl. (28.1) und (28.2)

$$V = l\,\overline{m}_V = 16{,}6\,\text{mm} \cdot 0{,}135\,l/\text{mm} = 2{,}24\,l \qquad p = h\,\overline{m}_P = 24\,\text{mm} \cdot 0{,}166\,\text{bar/mm} = 4\,\text{bar}$$

Der indizierte Druck beträgt dann nach Gl. (27.4)

$$p_i = \frac{A_D}{l_a\varphi} = \frac{435\,\text{mm}^2}{42\,\text{mm} \cdot 6\,\text{mm/bar}} = 1{,}73\,\text{bar}$$

Die indizierte Arbeit wird mit Gl. (27.3), und dem Arbeitsmaßstab

$$\overline{m}_W = \overline{m}_V\overline{m}_P = (0{,}135\,l/\text{mm}) \cdot (0{,}166\,\text{bar/mm}) = 0{,}0225\,\text{bar} \cdot l/\text{mm}^2 = 2{,}25\,\text{N\,m/mm}^2$$

und mit $1\,\text{bar} \cdot l = (10^5\,\text{N/m}^2) \cdot 10^{-3}\,\text{m}^3 = 10^2\,\text{N\,m}$

$$W_i = \overline{m}_W A_D = (-2{,}25\,\text{N\,m/mm}^2) \cdot 435\,\text{mm}^2) = -979\,\text{N\,m}$$

bzw. $W_i = p_i V_h = -1{,}73\,\text{bar} \cdot 5{,}66\,l = -979\,\text{N\,m}$

Sie ist negativ, da das Diagramm entgegen dem Uhrzeigersinn durchlaufen wird.

1.2 Thermodynamik der Kolbenmaschine

1.2.1 Energieumsatz

In einer Kolbenmaschine – die Pumpen ausgenommen – ändert das Medium während der Kolbenbewegung infolge des Austausches von Wärme und Arbeit seinen Zustand.

1.2.1.1 Zustandsgrößen

Der Zustand wird durch zwei voneinander unabhängige, von der Gestalt des Arbeitsraumes nicht beeinflußte Zustandsgrößen eindeutig festgelegt. Im Gegensatz zur Wärme und Arbeit sind die Zustandsgrößen von der Art der Zustandsänderung unabhängig. Sie bilden ein totales Differential, und ihr Linienintegral wird auf einem geschlossenem Wege, also bei einem Kreisprozeß Null [28].

Thermische Zustandsgrößen sind der absolute Druck p, die absolute Temperatur T und das spezifische Volumen v oder die Dichte $\varrho = 1/v = m/V$, wobei m die Masse und V das Volumen bedeuten. Diese Größen sind meßbar und durch die **thermische Zustandsgleichung** verknüpft

$$f(p, v\,T) = 0 \quad \text{bzw.} \quad p = f(v, T), \; v = f(p, T) \quad \text{und} \quad T = f(p, v) \tag{29.1}$$

Kalorische Zustandsgrößen. Hierzu zählen die innere Energie u, Enthalpie h und Entropie s.

Innere Energie. Nach Vereinbarung umfaßt sie alle im Medium enthaltenen physikalischen und chemischen Energien, ausgenommen die Strömungs- und Lageenergie. Im Zylinder dient bei stillstehendem Kolben, also bei konstantem Volumen, die dem Medium zugeführte Wärme q_{12} ausschließlich zur Vermehrung seiner inneren Energie. Seine Temperatur wird dann, wenn kein Verdampfungsvorgang vorliegt, um $T_2 - T_1$ erhöht. Ist c_v die spezifische Wärmekapazität des Mediums bei konstantem Volumen, so gilt

$$q_{12} = u_2 - u_1 = \int_{T_1}^{T_2} c_v \, \mathrm{d}T \tag{29.2}$$

Dieser Vorgang ist angenähert bei der Gleichraumverbrennung einer Ottomaschine, bei der die im Kraftstoff enthaltene chemische Energie in Wärme verwandelt und damit die innere Energie erhöht wird, verwirklicht.

Enthalpie ist als Summe aus der inneren Energie und dem Produkt $p\,v$ definiert. Es gilt also $h = u + p\,v$. Ihre Differenz für die beiden Zustände 1 und 2 des Mediums vor und hinter einer Kolbenmaschine beträgt dann

$$h_2 - h_1 = u_2 + p_2 v_2 - (u_1 + p_1 v_1) = u_2 - u_1 + w_L \tag{29.3}$$

Hierbei ist $w_L = p_2 v_2 - p_1 v_1$ die spezifische Ladungswechselarbeit. Im Zylinder erhöht die bei konstantem Druck zugeführte Wärme q_{12} die Enthalpie des Mediums ohne Reibung. Ist c_p die betreffende spezifische Wärmekapazität, so gilt

$$q_{12} = h_2 - h_1 = \int_{T_1}^{T_2} c_p \, \mathrm{d}T \tag{29.4}$$

Ein derartiger Prozeß liegt angenähert bei der Gleichdruckverbrennung der Dieselmaschine vor.

Entropie wird durch die Differentialbeziehung $\mathrm{d}s = (\mathrm{d}q + \mathrm{d}q_R)/T$ definiert, wobei q_R die zugeführte Reibungswärme ist. Für eine Entropieänderung folgt hieraus

$$s_2 - s_1 = \int_{T_1}^{T_2} \frac{\mathrm{d}q + \mathrm{d}q_R}{T} \tag{29.5}$$

Die kalorischen Zustandsgleichungen verknüpfen je eine kalorische mit zwei thermischen Zustandsgrößen. Sie lauten für die Enthalpie $h = f(p, v)$, $h = f(p, t)$ und $h = f(v, t)$. Für drei kalorische Zustandsgrößen bestehen neun derartige Gleichungen [28].

Gleichgewicht des Mediums. Voraussetzung hierfür ist, daß im gesamten Arbeitsraum Temperatur und Konzentration des Mediums gleich und die Massenkräfte bei Gasen so klein sind, daß eine gleichmäßige Druckverteilung angenommen werden kann [7]. Diese Bedingungen sind bei Kolbenmaschinen nahezu erfüllt, wobei die aus den Indikatordiagrammen ermittelten Drücke und Temperaturen als Mittelwerte gelten. Auch die Konzentrationsunterschiede der Brenngase stören das Gleichgewicht im Zylinder nur wenig. Ist Gleichgewicht vorhanden, so können bei zwei bekannten Zustandsgrößen die restlichen aus den betreffenden Zustandsgleichungen bestimmt werden.

Nullpunkt. Da nur Änderungen oder Differenzen der kalorischen Zustandsgrößen betrachtet werden, ist ihre Wahl für zwei dieser Größen frei, während er sich für die dritte aus den entsprechenden Zustandsgleichungen ergibt. Die Änderungen der wegunabhängigen Zustandsgrößen werden als Differenzen geschrieben, während Wärmen und Arbeiten die entsprechenden Indizes erhalten; s. z.B. $u_1 - u_2$ und q_{12} in Gl. (29.2).

1.2.1.2 Zustände des Mediums

Die Zustandsgrößen eines Mediums in der flüssigen und gasförmigen Phase sind auf Grund genauer Messungen in Tabellen bzw. in thermodynamischen Diagrammen (**30**.1) festgehalten. Diesen werden sie auch meist entnommen, da die Zustandsgleichungen meist sehr kompliziert und nur für bestimmte Bereiche gültig sind [28]. Diagramme sind für folgende technisch wichtige Medien vorhanden: h,s-Diagramm für Wasserdampf, Brenngase und Luft; T,s-Diagramm für Luft, Wasserdampf und Ammoniak und $\lg p, h$-Diagramm für Ammoniak und weitere Kältemedien [30]; [39]; [56].

In den Diagrammen (**30**.1) zeigen die untere (linke) und die obere (rechte) Grenzkurve g' und g'' Beginn und Ende der Verdampfung an (mit ' bzw. " gekennzeichnet).

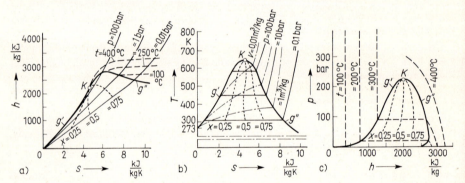

30.1 Wasserdampf
a) h,s-Diagramm,   b) T,s-Diagramm,   c) p,h-Diagramm
K kritischer Punkt ($p_K = 221{,}3$ bar, $f_K = 374{,}15\,°C$, $v_K = 3{,}18 \cdot 10^{-3}\,m^3/kg$)
(Grenzkurven $g'\,g''$ ——, Isobaren ——, Isothermen – – –, Isochoren – · – · –, Linien gleichen Dampfgehaltes ......)

Die Verflüssigung oder Kondensation verläuft hingegen von g'' bis zu g'. Links von der unteren Grenzkurve liegt der Bereich der Flüssigkeit, rechts von der oberen Grenzkurve das Gebiet des trockenen oder überhitzten Dampfes. Die von der oberen Grenzkurve dargestellten Zustände heißen auch trocken gesättigt. Im kritischen Punkt K gehen die beiden Grenzkurven ohne Knick ineinander über. Hier erfolgt die Verdampfung ohne Vergrößerung des Volumens, und oberhalb der ihm zugeordneten kritischen Temperatur ist keine Unterscheidung zwischen flüssiger und gasförmiger Phase möglich. Unterhalb der Grenzkurven liegt das Naßdampfgebiet. Dort verdampft die Flüssigkeit bei Zufuhr, und der Dampf kondensiert bei Abfuhr von Wärme.

Naßdampf

Im Naßdampfgebiet sind die Siededrücke den Temperaturen nach der Dampfdruckkurve $p_S = f(t_S)$ (31.1) zugeordnet. Bei Über- bzw. Unterschreiten der betreffenden Siededrücke kondensiert oder verdampft das Medium. Infolge dieser Zuordnung fehlt eine Zustandsgröße. Diese ersetzt der Dampfgehalt x, der den jeweils verdampften Bruchteil des Mediums darstellt und mit dem Drosselkalorimeter [12] gemessen wird.

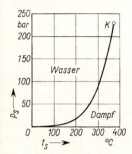

31.1 Dampfdruckkurve für Wasserdampf
(K kritischer Punkt)

31.2 Verdampfung

Spezifisches Volumen. Bei isobarer, unter konstantem Druck p_S erfolgender Verdampfung (31.3) beträgt das spezifische Volumen des trocken gesättigten Dampfes $x\,v''$, der Flüssigkeit $(1-x)\,v'$. Daraus folgt für den Naßdampf (31.2)

$$v = x\,v'' + (1-x)\,v' = (v''-v')x + v' \tag{31.1}$$

Hiernach ist auf der oberen bzw. unteren Grenzkurve ($v = v''$ und $v = v'$) der Dampfgehalt $x = 1$ bzw. $x = 0$. Die Grenzkurven bilden also die äußeren Linien konstanten Dampfgehaltes, von denen die Naßdampfisobaren in entsprechend gleiche Teile geteilt werden.

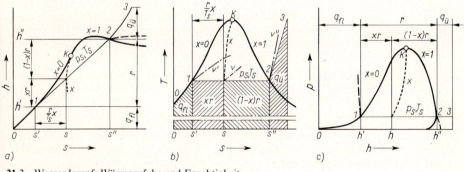

31.3 Wasserdampf; Wärmezufuhr und Feuchtigkeit

a) h,s-Diagramm, b) T,s-Diagramm (Wärmen schraffiert), c) p,h-Diagramm

01 Verflüssigung   *12* Verdampfung   *23* Überhitzung
(Grenzkurven ———, Isobaren ———, Isothermen – – –, Isochoren –·–·–, Linien gleichen Dampfgehalts ......)

Kalorische Zustandsgrößen. Da die Naßdampfisobare eine Gerade ist, kann in Gl. (31.1) das Volumen v durch die Größen u, h und s ersetzt werden. Es ist also nach Bild **31**.2

$$u = (u'' - u)x + u' \qquad h = (h'' - h)x + h' \qquad s = (s'' - s)x + s' \qquad \text{(32.1) bis (32.3)}$$

Während der Verdampfung mit konstantem Siededruck p_S ändert sich die Siedetemperatur T_S nicht.

Verdampfungswärme. Für die Masseneinheit des Mediums gilt

$$r = \varphi + \psi \qquad \varphi = u'' - u' \qquad \psi = p_S(v'' - v') \qquad \text{(32.4) bis (32.6)}$$

Ihr innerer und äußerer Anteil φ und ψ dient nur zur Überwindung der Anziehungskraft der Moleküle und zur Volumenvergrößerung. Mit den Gl. (29.4) und (29.5) folgt dann, da T_S konstant ist

$$r = u'' - u' + p_S(v'' - v') \qquad r = h'' - h' \qquad r = T_S(s'' - s') \qquad \text{(32.7) bis (32.9)}$$

Nach Einsetzen der Gl. (32.5) in Gl. (32.1), der Gl. (32.8) in Gl. (32.1) und Gl. (32.9) in Gl. (32.3) wird

$$u = \varphi x + u' \qquad h = r x + h' \qquad s = \frac{r}{T_S} x + s' \qquad \text{(32.10) bis (32.12)}$$

In den Zylindern von Dampfmaschinen und Kälteverdichtern muß der Dampfgehalt $x > 0{,}8$ sein, um die zerstörenden Flüssigkeitsschläge zu vermeiden.

Die zur Erzeugung des überhitzten Dampfes notwendige Wärme (**31**.3) beträgt

$$q = q_{fl} + r + q_{ü} = c t + r + q_{ü} \qquad \text{(32.13)}$$

Hierbei ist c spezifische Wärmekapazität, t Differenz zwischen Siede- und Umgebungstemperatur der Flüssigkeit, $q_{fl} = c t$ Flüssigkeits- und $q_{ü}$ Überhitzungswärme. Die Erzeugungswärme q wird mit steigendem Druck kleiner, da hiermit die Verdampfungswärme r abnimmt. Diese Tatsache ist für die Auslegung von Dampfmaschinen wichtig.

Ideale Gase

Hierbei ist das Volumen bei konstantem Druck und das Produkt aus dem Volumen und dem Druck eine lineare Funktion der Temperatur (Gesetz von Gay-Lussac und Boyle-Mariotte), und die spezifischen Wärmekapazitäten c_p und c_v nach Gl. (29.4) und (29.2) hängen nur von der Temperatur ab oder sind in Sonderfällen konstant. Diese Eigenschaften zeigen Dämpfe, deren Zustand genügend weit vom Sättigungszustand entfernt ist.

Konstante spezifische Wärmekapazitäten im technisch wichtigen Druck- und Temperaturbereich haben: Luft (≈ 1 bar, $0\,°C$ bis 20 bar, $200\,°C$, kritischer Punkt bei 37,8 bar, $-140{,}7\,°C$) ferner Helium, Argon, Stickstoff und Kohlenoxyd. Sie weichen aber im Hochdruckverdichter vom idealen Verhalten ab. Bei den in Brennkraftmaschinen auftretenden maximalen Drücken und Temperaturen (≈ 80 bar, $2500\,°C$) sind die spezifischen Wärmekapazitäten von Luft und Brenngas temperaturabhängig.

Thermische Zustandsgleichung. Nach den vereinigten Gesetzen von Gay-Lussac und Boyle-Mariotte gilt für die Masse m bzw. deren Einheit

$$p V = m R T \qquad p v = R T \qquad \text{(32.14) und (32.15)}$$

wo $V = m v = m/\varrho$ das Volumen des Mediums und R die von seiner Art abhängige Gaskonstante ist. Sie stellt die von 1 kg Gas bei einer Temperaturerhöhung um 1 °C unter konstantem Druck geleistete Arbeit dar.

Molare Zustandsgrößen. Bezeichnet M die Molmasse mit der Einheit kg/kmol, so gilt für die Molmenge n, das Molvolumen V/n und die Zustandsgleichung

$$n = \frac{m}{M} \qquad \frac{V}{n} = \frac{V}{m} M = \frac{M}{\varrho} \qquad p \frac{V}{n} = M R T \qquad \text{(32.16) bis (32.18)}$$

Nach dem Gesetz von Avogadro nimmt die Einheit kmol der Molmenge aller idealen Gase beim physikalischen Normzustand $p_0 = 1,0133$ bar, $T_0 = 273$ K nach DIN 1343 das Volumen $V_0 = 22,4\,m^3$ ein. Hiermit folgt aus Gl. (32.18) die universelle Gaskonstante

$$MR = \frac{p_0 V_0}{T_0 n} = \frac{1,0133 \cdot 10^5 \, \dfrac{N}{m^2} \cdot 22,4\,m^3}{273\,K \cdot 1\,mol} = 8315 \, \frac{N\,m}{kmol\,K}$$

Kalorische Zustandsgleichungen. Bei konstanten spezifischen Wärmekapazitäten lauten sie für das Temperaturintervall $T_2 - T_1 = t_2 - t_1$ mit Gl. (29.2) und (29.4)

$$u_2 - u_1 = c_v (t_2 - t_1) \qquad\qquad h_2 - h_1 = c_p (t_2 - t_1) \qquad\qquad \text{(33.1) und (32.2)}$$

Häufig werden die spezifischen Wärmekapazitäten als molare Größen $M\,c_p$ und $M\,c_v$ mit der Einheit kJ/(kmol °C) oder kJ/(m³ °C) angegeben.

Für die temperaturabhängigen spezifischen Wärmekapazitäten sind in Gl. (33.1) und (33.2) die Mittelwerte

$$c_{pm} = c_p \Big|_{t_1}^{t_2} = \frac{1}{t_2 - t_1} \int_{t_1}^{t_2} c_p \, dt \qquad\qquad c_{vm} = c_v \Big|_{t_1}^{t_2} = \frac{1}{t_2 - t_1} \int_{t_1}^{t_2} c_v \, dt \qquad \text{(33.3) und (33.4)}$$

einzusetzen. Da in Tabellen [1]; [2] die mittleren spezifischen Wärmekapazitäten für $t_1 = 0\,°C$ angegeben werden, folgt nach den Gesetzen der Integralrechnung

$$c_{pm} = \frac{c_p \Big|_{0\,°C}^{t_2} \cdot t_2 - c_p \Big|_{0\,°C}^{t_1} \cdot t_1}{t_2 - t_1} \qquad\qquad c_{vm} = \frac{c_v \Big|_{0\,°C}^{t_2} \cdot t_2 - c_v \Big|_{0\,°C}^{t_1} \cdot t_1}{t_2 - t_1} \qquad \text{(33.5) und (33.6)}$$

Reale Gase

Reale Gase verhalten sich wie überhitzte Dämpfe, deren Zustandspunkte nahe der oberen Grenzkurve liegen. Ihre spezifischen Wärmekapazitäten hängen vom Druck und der Temperatur ab, und ihre Zustandsgrößen sind Tabellen bzw. Diagrammen zu entnehmen.

Für viele Medien, so für Hochdruckverdichter der chemischen Industrie, fehlen Tabellen und Diagramme. Wird die thermische Zustandsgleichung (32.15) in Anpassung an die idealen Gase in der Form

$$p\,v = \zeta\,R\,T \qquad\qquad (33.7)$$

geschrieben, so läßt sich mit der p,v-Abweichung oder Verdichtbarkeitszahl bzw. mit dem Realfaktor $\zeta = p\,v/R\,T$ das spezifische Volumen berechnen. Hierzu müssen dann Druck und Temperatur des Mediums bekannt sein, denn die ζ-Werte sind als Funktion des Druckes bei konstanter Temperatur in Tabellen- oder Kurvenform (**33.1**) u.a. für folgende Gase bekannt: Sauerstoff (O_2), Stickstoff (N_2), Wasserstoff (H_2), Kohlenmonoxyd (CO), Kohlendioxyd (CO_2), Propan (C_3H_8), Ethan (C_2H_6) und Ethylen (C_2H_4) [39]. Ist für das als ideal betrachtete Gas $v = v_{id}$, so folgt nach Gl. (32.15) $p\,v_{id} = R\,T$. Beim Druck p und der Temperatur T wird mit Gl. (33.7)

$$v = \zeta\,v_{id} \qquad\qquad (33.8)$$

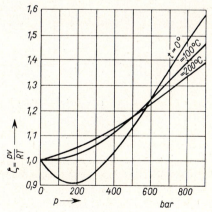

33.1 p,v-Abweichung für Sauerstoff

1.2.1.3 Erster Hauptsatz

Nach dem ersten Hauptsatz der Thermodynamik ist Wärme eine Energieform, die aus mechanischer Arbeit erzeugt oder in diese verwandelt werden kann. Wärme und Arbeit sind also gleichwertig, und haben die gleichen Einheiten.

Nach dem Satz von der Erhaltung der Energie ist also die Summe der einem System zu- und abgeführten Wärmen und Arbeiten gleich. Nach DIN 1345 werden dabei die vom System aufgenommenen Wärmeenergien und die abgegebenen Arbeiten positiv gezählt. Als System gilt hierbei das Medium im Zylinder bzw. in einer Rohrleitung, eine Maschine (**34.2**) oder eine Anlage (**34.1**). In den Wärmeenergien sind die Abstrahlungsverluste enthalten und Undichtigkeitsverluste werden vernachlässigt.

Geschlossene Systeme

Zur Erläuterung des ersten Hauptsatzes sei eine Anlage (**34.1**) betrachtet, die aus einer Kraft- und Arbeitsmaschine KM bzw. AM sowie einem Kühler K und Heizkörper H, die durch Rohrleitungen miteinander verbunden sind, besteht. Das System ist geschlossen und der Prozeß ist mit dem gleichen gasförmigen, teilweise auch flüssigem Medium beliebig oft wiederholbar. Die Summe der indizierten Arbeiten w_i der Maschinen und der in den Kühl- und Heizkörpern ausgetauschten Wärmeenergien ist dann gleich, und es gilt

$$w_{iKM} + w_{iAM} = q_H + q_K \qquad \sum w_i = \sum q \qquad (34.1)$$

Fließt das Medium in der Anlage (**34.1**a) rechts herum, so entspricht diese einem Dampfkraftwerk. Im Dampfkessel H wird dem Brennstoff die Wärme entzogen und damit das Wasser verdampft (s. Abschn. 1.2.1.2). Die Dampfmaschine KM erzeugt mechanische Arbeit aus dem Dampf, der unter weiterer Wärmeabgabe im Kondensator K kondensiert und von der Speisepumpe AM in den Kessel gepumpt wird. Bei entgegengesetzter Umlaufrichtung (**34.1**b) liegt eine Kälteanlage mit dem Verdampfer H, dem Kälteverdichter AM, dem Kondensator K und der durch ein Drosselventil ersetzten Kraftmaschine KM, bei der $w_{iKM} = 0$ ist, vor [7].

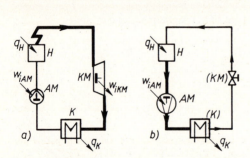

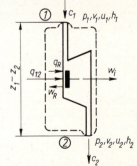

34.1 Schaltbild einer Dampfkraft- (a) und Kälteanlage (b)
(Dampf ———, Flüssigkeit ———)

34.2 Im offenen Prozeß arbeitende Kraftmaschine (Systemgrenzen – – –)

Offene Systeme

Wird die Anlage (**34.1**) an zwei Stellen aufgeschnitten, so entsteht ein offenes System (**34.2**), das ein oder mehrere Maschinen bzw. Wärmetauscher enthalten kann. Das aus dem Auslaß *2* entweichende Medium muß im Einlaß *1* ersetzt werden. Das System, das jetzt im offenen Prozeß arbeitet, befindet sich im Beharrungszustand, wenn sich die ausgetauschten Energien und Massen sowie der Ein- und Austrittszustand des Mediums nicht ändern. Wegen der periodischen Arbeitsweise der Kolbenmaschinen sind dabei die Mittelwerte pro Arbeitsspiel oder für die Zeiteinheit zu betrachten. Im offenen Prozeß arbeiten alle Brennkraftmaschinen, Luftverdichter und Pumpen sowie Dampfmaschinen im Auspuffbetrieb.

Energiebilanz. In den Einlaß *1* des Systems (**34**.2) tritt das Medium mit der inneren Energie u_1, der Einströmarbeit $p_1 v_1$ sowie der Lage- und Geschwindigkeitsenergie $g z_1$ und $c_1^2/2$ ein. Aus dem Auslaß *2* strömt es mit den entsprechenden Energien (Index 2) aus. Dem Medium werden von außen die Wärme q_{12}, die auch die Abstrahlungsverluste enthält, zugeführt und die indizierte Arbeit w_i entzogen. Da nach dem Satz von der Erhaltung der Energie die zu- und abgeführten Energien gleich sein müssen, gilt für den Beharrungszustand bei vernachlässigten Undichtigkeitsverlusten wobei z die Höhe ist, da h hier die Enthalpie darstellt.

$$u_1 + p_1 v_1 + g z_1 + \frac{c_1^2}{2} + q_{12} = u_2 + p_2 v_2 + g z_2 + \frac{c_2^2}{2} + w_i \tag{35.1}$$

Reibungsverluste des Mediums erscheinen in dieser Bilanz nicht, da es die verlorene Reibungsarbeit w_R wieder als Reibungswärme q_R aufnimmt. Da die auftretenden Abstrahlungsverluste zur Wärme q_{12} zählen, ist nach der getroffenen Vorzeichenvereinbarung $q_R = -w_R = |w_R|$. Ein aus mehreren Teilprozessen bestehender bzw. in mehreren Aggregaten ablaufender offener Prozeß kann als geschlossen angesehen werden, wenn im Ein- und Austritt Zustand, Geschwindigkeit und Lageenergie gleich sind. Dann geht Gl. (35.1) in Gl.(34.1) über.

Indizierte Arbeit. Sie beträgt nach Gl. (35.1)

$$w_i = q_{12} + u_1 + p_1 v_1 - u_2 - p_2 v_2 + g(z_1 - z_2) + \frac{c_1^2 - c_2^2}{2} \tag{35.2}$$

bzw. nach Einführen der Enthalpie $h = u + p v$

$$w_i = q_{12} + h_1 - h_2 + g(z_1 - z_2) + \frac{c_1^2 - c_2^2}{2} \tag{35.3}$$

Andererseits folgt aus Gl. (26.1), da bei Vernachlässigung der Undichtigkeiten $m_a = m_f = m$ ist

$$w_i = w_t + g(z_1 - z_2) + \frac{c_1^2 - c_2^2}{2} - |w_R| \tag{35.4}$$

Erster Hauptsatz für offene Systeme. Seine allgemeinste Form nach Gl. (35.3)

$$q_{12} - w_i = h_2 - h_1 + g(z_2 - z_1) + \frac{c_2^2 - c_1^2}{2} \tag{35.5}$$

besagt, daß die Differenz der vom Medium ausgetauschten Wärme und indizierten Arbeit nur von seiner Enthalpie, seiner Lage- und Geschwindigkeitsenergie am Ein- und Austritt *1* und *2* abhängig sind. Der Verlauf der Zustandsänderungen zwischen den Zuständen *1* und *2* ist hierbei ohne Bedeutung. Eine weitere Form des ersten Hauptsatzes folgt aus den Gl. (35.2) bzw. (35.3) und (35.4)

$$q_{12} = u_2 - u_1 + p_2 v_2 - p_1 v_1 + w_t - |w_R| \quad \text{bzw.} \quad q_{12} = h_2 - h_1 + w_t - |w_R| \quad \text{(35.6) und (35.7)}$$

Die Differentialformen lauten mit $w_t = w_g + p_1 v_1 - p_2 v_2$ nach Gl. (25.4) und $dw_g = p\,dv$ nach Gl. (25.2) bzw. mit $dw_t = -v\,dp$ nach Gl. (25.5)

$$dq = du + p\,dv - |dw_R| \quad \text{bzw.} \quad dq = dh - v\,dp - |dw_R| \quad \text{(35.8) und (35.9)}$$

Die Bernoullische Gleichung gilt für die Rohrströmung, bei der keine indizierte Arbeit entsteht. Mit $w_i = 0$, $v = 1/\varrho$ und $w_t = \int\limits_1^2 p\,\mathrm{d}(1/\varrho) + p_1/\varrho_1 - p_2/\varrho_2$ folgt aus Gl.(35.4)

$$\frac{p_1}{\varrho_1} + g\,z_1 + \frac{c_1^2}{2} + \int\limits_1^2 p\,\mathrm{d}\left(\frac{1}{\varrho}\right) = \frac{p_2}{\varrho_2} + g\,z_2 + \frac{c_2^2}{2} + |w_R|$$

Hierin stellt das Integral die Gasarbeit dar.

Gase. Bei nicht zu hohen Drücken und ausreichenden Strömungsquerschnitten sind die Lage und Geschwindigkeitsenergien gegenüber den übrigen Energien der Gl.(35.3) und (35.4) vernachlässigbar klein.

Technische und indizierte Arbeit. Hierfür gilt dann

$$w_t = w_i + |w_R| \qquad\qquad w_i = q_{12} + h_1 - h_2 \qquad\qquad \text{(36.1) und (36.2)}$$

Gasarbeit. Nach Gl.(35.8) beträgt sie

$$w_g = q_{12} + u_1 - u_2 + |w_R| \tag{36.3}$$

Die Reibungsarbeit bezieht sich hierbei auf das gesamte System zwischen den Querschnitten *1* und *2*. Im Zylinder selbst ist die Gasreibung vernachlässigbar klein. Eine Ausnahme bilden Dieselmaschinen, wo zur Verbesserung der Vermischung von Luft und Kraftstoff beim Ansaugen Wirbel erzeugt werden.

Erster Hauptsatz. Er lautet hier nach Gl.(35.5)

$$q_{12} - w_i = h_2 - h_1 \tag{36.4}$$

Die in den Gl.(35.6) dargestellten Formen ändern sich nicht.

Flüssigkeiten. Das spezifische Volumen einer Flüssigkeit kann bei nicht zu hohen Drücken und kleineren Temperaturunterschieden als konstant angesehen werden.

Technische Arbeit. Aus Gl.(25.5) folgt mit $v_1 = v_2 = \dfrac{1}{\varrho}$

$$w_t = -\int\limits_1^2 \frac{\mathrm{d}p}{\varrho} = \frac{p_1 - p_2}{\varrho} \tag{36.5}$$

Indizierte Arbeit. Mit der Gl.(35.4) ergibt sich

$$w_i = \frac{p_1 - p_2}{\varrho} + g\,(z_1 - z_2) + \frac{c_1^2 - c_2^2}{2} - |w_R| \tag{36.6}$$

Bernoullische Gleichung. Hiermit gilt für ein Rohrstück ohne Maschine, bei dem $w_i = 0$ ist

$$\frac{p_1}{\varrho} + \frac{c_1^2}{2} + g\,z_1 = \frac{p_2}{\varrho} + \frac{c_2^2}{2} + g\,z_2 + |w_R| \tag{36.7}$$

Erster Hauptsatz. Er ergibt sich aus den Gl.(36.6) und (35.2) mit $v_1 = v_2 = 1/\varrho$

$$q_{12} = u_2 - u_1 - |w_R| \tag{36.8}$$

Die einer Flüssigkeit zugeführte Wärme kann hiernach nicht in äußere Arbeit verwandelt werden, sondern dient lediglich zur Erhöhung der inneren Energie. Ist speziell $q_{12} = 0$, so gilt nach Gl.(36.8) $|w_R| = q_R = u_2 - u_1 = c\,(t_2 - t_1)$, wobei c die spezifische Wärme der Flüssigkeit ist. Da $t_2 > t_1$ ist, erhöht die Reibungswärme nur die Temperatur der Flüssigkeit. Bei hohen Drücken und Temperaturen nimmt die Dichte der Flüssigkeiten zu. So ist bei Preßpumpen die Arbeit kleiner als es Gl. (36.6) angibt [32].

1.2.2 Wärmeaustausch

Durch die Wandungen der Kolbenmaschinen, Rohrleitungen und Wärmetauscher fließt die Wärme infolge von Leitung, Strahlung und Konvektion. Die Wandungen können dabei als ebene Platten betrachtet werden, wenn ihre Dicken klein gegenüber den Krümmungsradien sind.

1.2.2.1 Ebene Platte

Wärmestrom. Infolge der Wärmeübertragung (DIN 1341) fließt durch eine ebene Platte mit der Oberfläche A, die zwei Medien I und II mit den Temperaturen t_I und t_{II} trennt, der Wärmestrom

$$\dot{Q} = k\,A\,(t_I - t_{II}) \tag{37.1}$$

Wärmedurchgangskoeffizient. Bei einem senkrecht zur Platte der Dicke s und der Wärmeleitfähigkeit λ durch i Isolierschichten fließenden Wärmestrom mit den Wärmeübergangskoeffizienten α_I und α_{II} der beiden Medien gilt für den Kehrwert

$$\frac{1}{k} = \frac{1}{\alpha_I} + \frac{s}{\lambda} + \sum_{k=1}^{i} \frac{s_k}{\lambda_k} + \frac{1}{\alpha_{II}} \tag{37.2}$$

Die Wärmeleitfähigkeit λ stellt einen Wärmestrom pro Temperatur- und Längeneinheit dar, sie ist von der Temperatur abhängig. Die Wärmeübergangskoeffizienten α sind Wärmeströme pro Temperatur- und Flächeneinheit, die mit wachsender Geschwindigkeit des Mediums zunehmen. Sie hängen von dessen Stoffwerten wie Dichte, Zähigkeit, Wärmeleitfähigkeit sowie den Abmessungen der Platte und ihrem schwer feststellbaren Verschmutzungsgrad ab [26].

Wärmeleitfähigkeit. Sie beträgt für Kupfer 383, für Stahl 58,3 und für eine Isolierschicht aus Glaswolle 0,0408 W/(mK). Nach Gl. (37.2) kann also der Wärmedurchgang nicht durch Vergrößern der Wanddicken, sondern nur durch Verstärkung der Isolierschicht verringert werden. Die in der Isolierung eingeschlossene Luft mit der Wärmeleitfähigkeit 0,0311 W/(mK) bei 100 °C erhöht die Wärmeschutzwirkung beträchtlich.

Isolierung und Kühlung. Bei Dampfmaschinen, Heißwasserpumpen und in den Auspuffleitungen der Brennkraftmaschinen wird die Wärmeabfuhr durch Isolierung verhindert. In Verdichtern und Brennkraftmaschinen wird die Wärmeabfuhr durch Kühlung bewußt erhöht. Bei L u f t k ü h l u n g werden die zu kühlenden Teile zur Oberflächenvergrößerung mit Rippen versehen und von einem Gebläse angeblasen, bei F l ü s s i g k e i t s k ü h l u n g erhalten sie einen Kühlmantel, durch den Öl oder Wasser gepumpt wird. Der abgeführte Wärmestrom hängt dann nach Gl. (37.1) bei vorgegebener Oberfläche nur von den Wärmeübergangskoeffizienten und der Temperaturdifferenz ab.

1.2.2.2 Rohrleitung

Wärmestrom (38.1). Innerhalb bzw. außerhalb eines isolierten Rohres befinden sich die Medien I und II mit den Temperaturen t_I und t_{II}. Mit der lichten Weite d_1 und der Länge L,

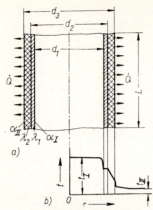

a)

b)

38.1 Wärmeverluste in einer
Rohrleitung
a) Rohrabschnitt
b) Temperaturverlauf
in radialer Richtung

also der Fläche $A_1 = \pi d_1 L$ des inneren Mantels wird

$$\dot{Q} = k \pi d_1 L (t_1 - t_{II}) \tag{38.1}$$

Wärmedurchgangskoeffizient. Bei einer Isolierschicht vom Innen- bzw. Außendurchmesser d_2 und d_3 gilt dann unter Berücksichtigung der Krümmungen [26]

$$\frac{1}{k} = \frac{1}{\alpha_I} + \frac{d_1}{2 \lambda_1} \ln \frac{d_2}{d_1} + \frac{d_1}{2 \lambda_2} \ln \frac{d_3}{d_2} + \frac{d_1}{d_3 \alpha_{II}} \tag{38.2}$$

Häufig wird der Koeffizient k_R, der auf die Einheit der Rohrlänge bezogen ist, verwendet. Hierfür folgt mit Gl. (38.1), da dann $\dot{Q} = k_R L (t_1 - t_{II})$ ist, $k_R = k \pi d_1$.

Der zulässige Temperaturabfall einer projektierten Rohrleitung hängt von der Dicke der Isolierschicht ab, die sich aus einer Wirtschaftlichkeitsrechnung ergibt, in der die Kosten der Wärmeverluste und der Isolierung miteinander verglichen werden [26].

1.2.2.3 Zweiter Hauptsatz

Über die Richtung des Wärmeflusses sagt der zweite Hauptsatz nach Clausius folgendes aus: „Wärme kann nie von selbst – d.h. ohne Hinzufügen anderer Energien – von einem Körper niederer auf einen Körper höherer Temperatur übergehen". In der entgegengesetzten Richtung ist der Wärmefluß zwangsläufig. Da zur übertragenen Wärme auch die Reibungswärme zählt, folgt aus den Gl. (29.5), (35.8) und (35.9) mit $|w_R| = q_R$ der zweite Hauptsatz

$$T \, \mathrm{d}s = \mathrm{d}q + \mathrm{d}q_R \qquad T \, \mathrm{d}s = \mathrm{d}u + p \, \mathrm{d}v = \mathrm{d}h - v \, \mathrm{d}p \tag{38.3 und 38.4}$$

Zur Erläuterung des zweiten Hauptsatzes sei eine nach außen vollkommen isolierte, reibungsfrei arbeitende Kolbenmaschine betrachtet. In ihrem Zylindermantel befindet sich beim Hingang eine Heizflüssigkeit mit der Temperatur T_H, beim Rückgang eine Kühlflüssigkeit mit der Temperatur T_K. Hier gilt $T_H > T_M > T_K$, wenn T_M die Temperatur des Mediums im Arbeitsraum ist. Die beim Hingang der Heizflüssigkeit entzogene Wärme q werde beim Rückgang wieder der Kühlflüssigkeit zugeführt. Ihre Entropien ändern sich dann um $\Delta s_H = -q/T_H$ und $\Delta s_K = q/T_K$. Die Entropie des Mediums bleibt konstant, $\Delta s_M = 0$, da es bei gleichem Kolbenweg für den Hin- und Rückgang seinen ursprünglichen Zustand wieder erreicht. Die Entropieänderung des Gesamtsystems beträgt also

$$\Delta s = \Delta s_H + \Delta s_K + \Delta s_M = -\frac{q}{T_H} + \frac{q}{T_K} = q \left(\frac{1}{T_K} - \frac{1}{T_H} \right) \tag{38.5}$$

Die von der Kühlflüssigkeit aufgenommene Wärme ist für eine Wiederholung des Prozesses verloren, da sie wegen $T_K < T_H$ der Heizflüssigkeit nach dem zweiten Hauptsatz nicht mehr zugeführt werden kann. Kennzeichnend hierfür ist der Entropiezuwachs des Gesamtsystems. Nach Gl. (38.5) wird, da $T_K < T_H$ ist, $\Delta s > 0$. Mittel zur Vermeidung einer Entropievergrößerung sind:

1. Konstante Temperaturen während des gesamten Vorganges ($T_K = T_H = T_M$). Die Zustandsänderung des Mediums verläuft dann nach einer Isothermen, und die gesamte, der Heizflüssigkeit entzogene Wärme wird nach Gl. (35.9) beim Hingang in Arbeit verwandelt. Beim Rückgang ist es umgekehrt in bezug auf die Kühlflüssigkeit. Dieser Vorgang ist allerdings wegen des hierbei unendlich langsam erfolgenden Wärmeüberganges in Kolbenmaschinen nicht ausführbar.

2. Verhindern des Wärmeüberganges zwischen der Kühl- bzw. Heizflüssigkeit und dem Medium. Dann werden in Gl. (38.5) $q = 0$ und damit $\Delta s_M = \Delta s_H = \Delta s_K = 0$. Da sich dann auch während der

Zustandsänderung die Entropie des Mediums nicht ändert, heißt sie I s e n t r o p e. Die dem Medium entzogene innere Energie wird dabei vollständig in Gasarbeit verwandelt – bzw. umgekehrt – denn nach Gl. (38.4) ist $du = -p\,dv$. Die Zustandsänderung muß nach Gl. (37.1) möglichst schnell erfolgen und wird bei gut isolierten Zylindern von Dampfmaschinen hoher Drehzahl nahezu erreicht.

Allgemein folgt aus den obigen Betrachtungen: Bleibt in einem abgeschlossenen System von Körpern (Kühl- und Heizflüssigkeit sowie Medium), die mit der Umgebung im Wärme- und Stoffaustausch stehen, die Entropie konstant, so sind die vorgenommenen Zustandsänderungen umkehrbar (reversibel), steigt die Entropie, so sind sie nicht umkehrbar (irreversibel). A l l e P r o z e s s e i n K o l b e n m a s c h i n e n v e r l a u f e n n i c h t u m k e h r b a r. Die Entropie ihrer Umgebung wird infolge des Wärmedurchganges der Zylinder, der Drosselungen in den Rohrleitungen und Steuerorganen sowie der Reibungen in Kolbenringen und Lagern ständig vermehrt. Weitere Gründe für Entropievermehrungen sind die Gasreibung sowie die Mischung und Diffusion. Bei kleineren Drehzahlen sind die Wärmeverluste wegen ihrer Zeitabhängigkeit, bei höheren Drehzahlen die Drosselverluste wegen der hohen Geschwindigkeit des Mediums von größerem Einfluß. Bei einigen Prozessen lassen sich diese Einflüsse durch kleine Strömungsgeschwindigkeiten, Isolierung und Schmierung so weit verringern, daß sie als umkehrbar gelten können.

1.2.2.4 Carnot-Prozeß

Eine ständige Umwandlung von Wärme in Arbeit ohne Austausch des Mediums in einer Kolbenmaschine erfordert einen Kreisprozeß, nach dessen Ablauf der Anfangszustand wieder erreicht wird. Seine Darstellung in den Diagrammen (**39.**1) umschließt also eine Fläche. Zur optimalen Arbeitsausbeute müssen nach Abschn. 1.2.2.3 die Wärmen $q_{1\,\mathrm{I}}$ und $q_{2\,\mathrm{II}}$ isotherm zu- und abgeführt werden. Die Wärmeausnutzung $q_{1\,\mathrm{I}} - q_{2\,\mathrm{II}}$ steigt mit der Temperaturdifferenz $T_1 - T_2$, die ohne Verluste nur durch eine isentropische Zustandsänderung zu erreichen ist.

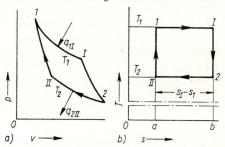

Der g ü n s t i g s t e P r o z e ß, benannt nach C a r n o t besteht also aus je zwei Isothermen und Isentropen, die jeweils beim Hin- und Rückgang aufeinander folgen.

39.1 Carnotprozeß

a) p,v-Diagramm,   b) T,s-Diagramm

Entropieänderung. Da sie für die Isentropen *I 2* und *II 1* Null ist und das Medium seinen ursprünglichen Zustand nach dem Prozeßablauf wieder erreicht, gilt für die Isothermen *1 I* und *2 II*: $s_\mathrm{I} - s_1$ $= s_2 - s_{\mathrm{II}}$ bzw. $q_{1\,\mathrm{I}} = T_1(s_\mathrm{I} - s_1)$ und $q_{2\,\mathrm{II}}(s_\mathrm{I} - s_1)$ oder

$$\frac{q_{1\,\mathrm{I}}}{T_1} = \frac{q_{2\,\mathrm{II}}}{T_2} \qquad (39.1)$$

Gasarbeiten. Mit $w_\mathrm{R} = 0$ betragen sie nach Gl. (36.3) für den Hin- und Rückgang des Kolbens $w_{\mathrm{g}12} = q_{1\,\mathrm{I}} + u_1 - u_2$ bzw. $w_{\mathrm{g}2} = -q_{2\,\mathrm{II}} + u_2 - u_1$. Für den gesamten Prozeß gilt $w_\mathrm{g} = w_{\mathrm{g}12} + w_{\mathrm{g}21}$ $= q_{1\,\mathrm{I}} - q_{2\,\mathrm{II}}$. Mit Gl. (39.1) und dem Arbeitsmaßstab $\overline{m}_\mathrm{w}$ wird dann

$$w_\mathrm{g} = q_{1\,\mathrm{I}}\left(1 - \frac{T_2}{T_1}\right) = \overline{m}_\mathrm{w} \text{ Fläche } I\,1\,2\,II \qquad (39.2)$$

Thermischer Wirkungsgrad. Als das Verhältnis der in Arbeit verwandelten zur zugeführten Wärme beträgt er nach Gl. (39.2)

$$\eta_\mathrm{th} = \frac{w_\mathrm{g}}{q_{1\,\mathrm{I}}} \qquad \eta_\mathrm{th} = \frac{T_1 - T_2}{T_1} \qquad \eta_\mathrm{th} = \frac{\text{Fläche } I\,1\,2\,II}{\text{Fläche } a\,1\,I\,b} \qquad (39.3) \text{ bis } (39.5)$$

Er ist von der Art des Mediums unabhängig, da Gl.(39.4) keine Stoffwerte enthält und wird allein durch die Temperaturen des Mediums bei der Wärmezu- bzw. abfuhr bestimmt. Bei keinem anderen Kreisprozeß kann dieser Wirkungsgrad erreicht werden, denn alle übrigen erfolgen unter Temperaturabfall zwischen dem Medium und der Heiz- bzw. Kühlflüssigkeit, also unter Entropievermehrung.

Der Carnotprozeß ist auch offen vorstellbar (s. Abschn. 1.2.1.3), wenn zum Austausch des Mediums im Punkt *2* ein Hin- und Rückgang eingeschaltet wird (Versuche von Diesel). Seine praktische Durchführung scheitert jedoch an der schwierigen Steuerung des Wärmeaustausches. Verläuft der Carnotprozeß in umgekehrter Richtung, in Bild **39**.1 entgegen dem Uhrzeigersinn, so erfolgt die Zufuhr der Wärme bei der niederen, ihre Abfuhr bei der höheren Temperatur, und die Arbeit muß zugeführt werden. Hiermit ist es also nach dem zweiten Hauptsatz möglich, Wärme von einem Körper tieferer auf einen Körper höherer Temperatur zu übertragen: Kälteprozeß, Wärmepumpe [28].

1.2.3 Zustandsänderungen

1.2.3.1 Allgemeiner Verlauf

Die Zustandsänderungen im Arbeitsraum der Kolbenmaschine sind nicht umkehrbar und verlaufen unter ständiger Änderung vom Volumen, vom Druck und von der Temperatur des Mediums, wobei es Wärme und Arbeit mit seiner Umgebung austauscht. Beim Hin- und Rückgang des Kolbens bzw. während der Expansion und Kompression sind die im Zylinder enthaltenen Massen verschieden. Trotzdem sind die Voraussetzungen für das Gleichgewicht des Mediums nach Abschn. 1.2.1.1 nahezu erfüllt. Die aus den Indikatordiagrammen für die Zustandsänderungen ermittelten spezifischen Volumina und Drücke können also punktweise in die anderen thermodynamischen Diagramme übertragen und daraus die übrigen Zustandsgrößen bestimmt werden. Im T,s-Diagramm erscheinen die ausgetauschten Wärmen $q_{12} + q_R$ nach Gl.(38.3) als Flächen unterhalb der betreffenden Zustandslinie bis zur Isothermen $T = 0\,K$, die als Abszissenachse meist unterdrückt wird. Die Wärmen werden dem Medium zugeführt, wenn seine Entropie steigt. Im p,v-Diagramm werden die Arbeiten nach Gl.(25.1) als Flächen dargestellt.

1.2.3.2 Reale Gase

Umkehrbare Zustandsänderungen

Die tatsächlichen Vorgänge werden zu ihrer Beurteilung meist mit den einfachen, umkehrbaren Zustandsänderungen (**40**.1) bei konstantem Volumen, Druck, Temperatur und Entropie

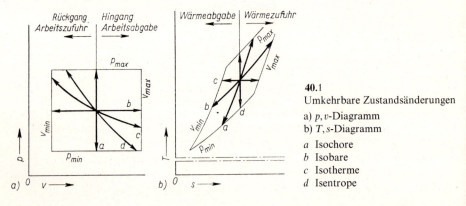

40.1
Umkehrbare Zustandsänderungen
a) p,v-Diagramm
b) T,s-Diagramm
a Isochore
b Isobare
c Isotherme
d Isentrope

– den Isochoren, Isobaren, Isothermen und Isentropen – in den verschiedenen Diagrammen verglichen. Ihre Gesetze zwischen zwei Punkten *1* und *2* des Kolbenweges folgen aus dem ersten Hauptsatz mit $w_R = 0$ und den kalorischen Zustandsgleichungen.

Isochore (41.1). Da sich das Volumen nicht ändert, $v_2 = v_1$ bzw. $dv = 0$ ist, gilt nach Gl. (29.2)

$$q_{12} = u_2 - u_1 = \int_{t_1}^{t_2} c_v \, dt \qquad (41.1)$$

Durch die zugeführte Wärme erhöhen sich die Temperatur und die innere Energie des Mediums ohne Austausch von Gasarbeit. Bei Wärmeabfuhr verläuft der Vorgang unter Temperaturabfall. Die Isochore ist durch Wärmezufuhr in einen geschlossenen, sonst vollkommen isolierten Behälter vorstellbar. Die technische Arbeit, $w_t = v_1 (p_1 - p_2)$ nach Gl.(25.4), besteht nur aus der Ladungswechselarbeit.

Im p,v- bzw. T,s-Diagramm **(41.1)** gilt mit dem Wärmemaßstab $\bar{m}_w$ für die technische Arbeit $w_t = \bar{m}_w$ Fläche a^* *1* $2 b^*$ und die umgesetzte Wärmeenergie $u_2 - u_1 = \bar{m}_w$ Fläche a *1* $2 b$.

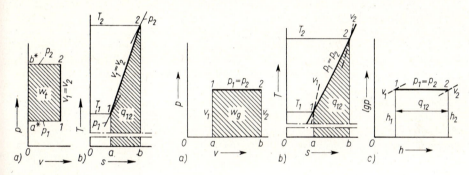

41.1 Isochore
a) p,v-, b) T,s-Diagramm

41.2 Isobare
a) p,v-, b) T,s-, c) $\lg p, h$-Diagramm

Isobare (41.2). Der Druck bleibt konstant, also ist $p_2 = p_1$ und $dp = 0$. Aus Gl.(29.4) und (35.6) folgt mit $w_R = 0$

$$q_{12} = h_2 - h_1 = \int_{T_1}^{T_2} c_p \, dT \qquad q_{12} = u_2 - u_1 + (v_2 - v_1) p_1 \qquad (41.2) \text{ und } (41.3)$$

Die zugeführte Wärme dient zur Erhöhung der inneren Energie und zur Erzeugung von Gasarbeit, wobei die Temperatur und das Volumen des Mediums zunehmen. Technische Arbeit wird hierbei nicht ausgetauscht. In Wärmetauschern, wie Kondensatoren und Verdampfer, aber auch in Rohrleitungen findet bei vernachlässigbar kleinem Druckabfall ein isobarer Wärmeaustausch zwischen den Medien statt. Im $\lg p, h$-Diagramm erscheinen die dabei übertragenen Wärmen nach Gl. (41.2) als waagerechte Strecken, sind also einfach zu bestimmen. Hierbei ermöglicht die Ordinate $\lg p$ eine bedeutende Bereichserweiterung.

Im p,v-, T,s- bzw. $\lg p, h$-Diagramm **(41.2)** werden die Gasarbeiten bzw. die Wärmen durch die Flächen $w_g = p_1 (v_2 - v_1) = \bar{m}_w$ Fläche a *1 2 b*, $h_2 - h_1 = q_{12} = \bar{m}_w$ Fläche a *1 2 b* und durch die Strecke $q_{12} = \bar{m}_h$ $\overline{1\,2}$, dargestellt, wobei $\bar{m}_h$ der Enthalpiemaßstab ist.

Isotherme (42.1). Die Temperatur bleibt hierbei konstant. Aus Gl. (35.7) folgt mit $w_R = 0$

$$w_t = q_{12} + h_1 - h_2 \qquad (42.1)$$

Die technische Arbeit w_t ist also die Summe der Wärmen q_{12} und der meist kleinen Enthalpieänderung $h_1 - h_2$. Die Wärme $q_{12} = T_1(s_1 - s_2)$ nach Gl. (38.3) muß bei der Dehnung dem Medium zugeführt, bei der Verdichtung durch die Kühlung abgeführt werden. Bei Verdichtern ist die Isotherme der Idealprozeß, da sie für die geforderte Drucksteigerung die geringste Arbeit erfordert. Im p,v-Diagramm (**42.1**a) gilt für die Gas- bzw. technische Arbeit $w_g = \bar{m}_w$ Fläche $a\ 1\ 2\ b$ und $w_t = \bar{m}_w$ Fläche $a^*\ 1\ 2\ b^*$.

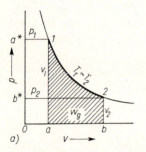
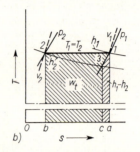

42.1
Isotherme
a) p,v-Diagramm
b) T,s-Diagramm

Im T,s-Diagramm (**42.1**b) ergibt sich dann für die technische Arbeit der Verdichtung nach Gl. (42.1), da $q_{12} = \bar{m}_w$ Fläche $a\ 1\ 2\ b$ und $h_2 - h_1 = \bar{m}_w$ Fläche $a\ 1\ 3\ c$ ist,

$$w_t = \bar{m}_w \text{ Fläche } c\ 3\ 1\ 2\ b.$$

Isentrope (42.2). Da hierbei jeglicher Wärmeaustausch unterbunden ist, wird $q_{12} = 0$, $dq = 0$ und $ds = 0$ bzw. $s_1 = s_2$. Dann gilt nach Gl. (36.3) und (35.7), da $dw_R = 0$ ist, $w_g = u_1 - u_2$ und $w_t = h_1 - h_2$. Mit Gl. (29.2) und (29.4) wird dann

$$w_g = u_1 - u_2 = \int_{T_1}^{T_2} c_v\, dT \qquad w_t = h_1 - h_2 = \int_{T_1}^{T_2} c_p\, dT \qquad (42.2) \text{ und } (42.3)$$

Die Gas- und die technische Arbeit ist also gleich der Differenz der inneren Energien bzw. der Enthalpien. Die Isentrope ist der Idealvorgang für die Expansion schnellaufender Kraftmaschinen, bei denen die Zeit für den Wärmeaustausch sehr kurz ist. Bei der Arbeitsabgabe sinkt die Temperatur des Mediums, bei Arbeitsaufnahme steigt sie an. Im p,v-Diagramm (**42.2**a) gelten dann nach Gl. (25.2) und (25.5) für die Arbeiten $w_g = \bar{m}_w$ Fläche $a\ 1\ 2\ b$ und $w_t = \bar{m}_w$ Fläche $a^*\ 1\ 2\ b^*$. Im T,s-Diagramm (**42.2**b) beträgt die technische Arbeit $w_t = \bar{m}_w$ Fläche $a\ 1\ 2''\ b''$ und im h,s-Diagramm gilt $w_t = \bar{m}_h\ 1\ 2$.

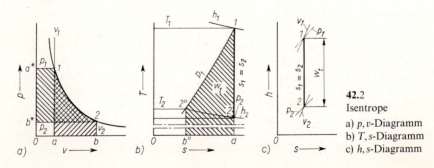

42.2
Isentrope
a) p,v-Diagramm
b) T,s-Diagramm
c) h,s-Diagramm

Nicht umkehrbare Zustandsänderungen

Adiabate. Bei einer adiabatischen Zustandsänderung nimmt das gegen die Umgebung vollständig isolierte Medium nur die selbst erzeugte Reibungswärme auf. Die indizierte und die technische Arbeit betragen nach Gl. (36.4), (36.1) und (36.2), da $q_{12} = 0$ ist,

$$w_i = h_1 - h_2 \quad \text{bzw.} \quad w_t = h_1 - h_2 + |w_R| \tag{43.1}$$

Im h, s-Diagramm (**43.1** a) erscheint w_i als Strecke.

Gasreibung. Die Reibungswärme, die in den Diagrammen (**43.1**) nur bei der Adiabaten, bei der $q_{12} = 0$ ist, dargestellt werden kann, beträgt nach Gl. (38.3) $T\,ds = dq_R$ bzw. $q_R = -w_R = \overline{m}_w$ Fläche $a\,12\,b$. Da die Isentrope (Index it) einer Adiabaten ohne Reibung entspricht, ergibt die Differenz ihrer inneren Arbeiten $w_{i\,it} = h_1 - h_{2\,it}$ und $w_i = h_1 - h_2$ den Arbeitsverlust infolge der Reibung (**43.1**)

$$w_v = w_{i\,it} - w_i = h_2 - h_{2\,it} = \overline{m}_w \text{ Fläche } a\,2_{it}\,2\,b \tag{43.2}$$

Die Fläche (**43.1** b, d) folgt hierbei aus Gl. (41.2), da die Punkte 2 und 2_{it} auf einer Isobaren liegen.

Bei der Dehnung ist $w_v < w_R$. Gegenüber der Reibungsarbeit ergibt sich also die Ersparnis oder der Wärmerückgewinn $q_R - w_v = \overline{m}_w$ (Fläche $a\,1\,2\,b$ – Fläche $a\,2_{it}\,2\,b$) $= \overline{m}_w$ Fläche $1\,2\,2_{it}$.

Bei der Verdichtung ist $w_v > q_R$, und es entsteht gegenüber der Reibungsarbeit der Mehraufwand $w_v - q_R = \overline{m}_w$ Fläche $1\,2\,2_{it}$.

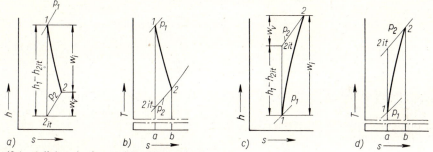

43.1 Adiabate im h, s- und T, s-Diagramm
   a), b) Dehnung, c), d) Verdichtung

Drosselung (43.2). An einer Verengung in einer Rohrleitung schnürt sich das strömende Medium ein und bildet dabei Wirbel, die einen Druckabfall nach Gl. (52.1) hervorrufen, ohne daß innere Arbeit w_i abgegeben wird. Im wärmedichten Rohr geht dabei die Gasreibungsarbeit vollständig auf das Medium über. Sind die betrachteten Querschnitte 1 und 2 genügend weit von der Drosselstelle entfernt und liegt das Rohr waagerecht, treten keine Änderungen der Lage- und Geschwindigkeitsenergie auf.

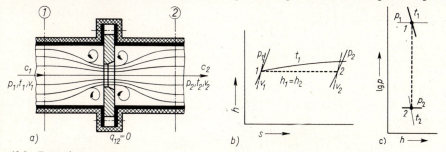

43.2 Drosselung
   a) Rohr mit Blende, b) und c) Darstellung im h, s- bzw. $\lg p, h$-Diagramm

Mit $q_{12} = 0$, $w_i = 0$, $z_1 = z_2$ und $c_1 = c_2$ folgt dann aus Gl. (35.5)

$$h_1 = h_2 \tag{44.1}$$

Drosselungen treten in Rohrleitungen, Steuer- und Absperrorganen der Kolbenmaschinen auf. Da zwischen den Querschnitten *1* und *2* der Zustand des Mediums nicht bestimmbar ist, werden in den Diagrammen (**43.**2b) die entsprechenden Punkte durch eine punktierte Linie *12* verbunden.

1.2.3.3 Ideale Gase

In diesem Abschnitt seien umkehrbare Zustandsänderungen (ohne Reibungsarbeit w_R) von Gasen mit konstanten spezifischen Wärmekapazitäten c_p und c_v bei gleichbleibendem Druck und Volumen behandelt.

Erster Hauptsatz. Mit $\mathrm{d}w_R = 0$ und $\mathrm{d}u = c_v \mathrm{d}T$ aus Gl. (29.2) und $\mathrm{d}h = c_p \mathrm{d}T$ aus Gl. (29.4) ergeben die Gl. (35.8) und (35.9)

$$\mathrm{d}q = c_v \,\mathrm{d}T + p \,\mathrm{d}v \qquad\qquad \mathrm{d}q = c_p \,\mathrm{d}T - v \,\mathrm{d}p \tag{44.2 und 44.3}$$

Gaskonstante. Hiernach ist $(c_p - c_v)\mathrm{d}T = p\mathrm{d}v + v\mathrm{d}p$. Mit dem Differential $p\mathrm{d}v + v\mathrm{d}p = R\mathrm{d}T$ der Gl. (32.15) folgt nach Einführung des Isentropenexponenten

$$\varkappa = \frac{c_p}{c_v} \qquad\qquad R = c_p - c_v = c_v(\varkappa - 1) \tag{44.4 und 44.5}$$

Die Differenz der molaren spezifischen Wärmekapazitäten $M(c_p - c_v) = M\,R = 8315\,\dfrac{\mathrm{N\,m}}{\mathrm{kmol\,K}}$ ist eine von der Art des Mediums unabhängige Konstante.

Zustandsänderungen werden durch die Polytropen $p\,v^n = $ const dargestellt, wobei n der Polytropenexponent ist.

Zustandsgleichungen. Aus Gl. (32.15) und $p\,v^n = $ const ergeben sich dann die Poissonschen Gleichungen

$$p\,v^n = p_1\,v_1^n \qquad T\,v^{n-1} = T_1\,v_1^{n-1} \qquad T/p^{\frac{n-1}{n}} = T_1/p_1^{\frac{n-1}{n}} \tag{44.6 bis 44.8}$$

Gasarbeit. Durch Integration der in die Gl. (25.2) eingesetzten Gl. (44.6) folgt

$$w_{g12} = \frac{1}{n-1}\,(p_1\,v_1 - p_2\,v_2) \qquad\qquad w_{g12} = \frac{R}{n-1}\,(T_1 - T_2)$$

$$w_{g12} = \frac{p_1\,v_1}{n-1}\left[\left(\frac{p_1}{p_2}\right)^{\frac{n-1}{n}} - 1\right] \tag{44.9 bis 44.10}$$

Technische Arbeit. Mit $v^n\mathrm{d}p + npv^{n-1}\mathrm{d}v = 0$ bzw. $-v\mathrm{d}p = np\mathrm{d}v$ aus Gl. (44.9) ergeben die Gl. (25.5) und (25.2)

$$w_t = n\,w_g \tag{44.11}$$

Wärmen. Nach Gl. (44.2) ist $q_{12} = c_v(T_2 - T_1) + w_{g12}$. Hieraus ergibt sich mit Gl. (44.5) und (44.10)

$$q_{12} = c_v\,\frac{n-\kappa}{n-1}\,(T_2 - T_1) \qquad\qquad q_{12} = c_n(T_2 - T_1) \tag{44.12 und 44.13}$$

wobei c_n die spezifische Wärmekapazität der Polytropen ist.

Die weiteren einfachen Zustandsänderungen (**45**.1) sind als Sonderfälle der Gl.(44.12) aufzufassen, nämlich

Isotrope	$q_{12} = 0$	$n = \kappa$
Isotherme	$T_1 = T_2$	$n = 1$
Isobare	$c_n = c_p$	$n = 0$
Isochore	$c_n = c_v$	$n \to \infty$

Der Isentropenexponent beträgt bei zweiatomigen Gasen, für die $c_v \approx \dfrac{5}{2} R$ ist, nach Gl.(44.5)

$$\kappa = 1 + R/c_v \approx 1{,}4.$$

Die Polytrope ist von praktischer Bedeutung, wenn bei der Dehnung $T_1 \geqq T_2$ und bei der Verdichtung $T_2 \geqq T_1$ ist. Hierfür folgt aus Gl.(44.12) für $n = \kappa$ bei der Dehnung $q_{12} = 0$ und bei der Verdichtung $q_{12} = 0$; dies bedeutet: Ist der Exponent einer Polytropen kleiner als bei der entsprechenden Isentropen, so wird bei der Dehnung Wärme abgeleitet, bei der Verdichtung zugeführt und umgekehrt.

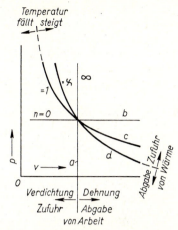

45.1   Zustandsänderungen idealer Gase

a Isochore, *b* Isobare,
c Isotherme, *d* Isentrope

Sonderfälle der Polytropen. Hierfür gelten die folgenden Zustandsgleichungen, Arbeiten und Wärmeenergien

Isochore (*a* in Bild **45**.1)

$v = \text{const}$ $c_v = \text{const}$ $n \to \infty$

$$T_1/T_2 = p_1/p_2 \qquad w_t = v_1(p_1 - p_2) \qquad q_{12} = c_v(T_1 - T_2) \qquad (45.1) \text{ bis } (45.3)$$

Isobare (*b* in Bild **45**.1)

$p = \text{const}$ $c_p = \text{const}$ $n = 0$

$$T_1/T_2 = v_1/v_2 \qquad w_g = p_1(v_1 - v_2) \qquad q_{12} = c_p(T_1 - T_2) \qquad (45.4) \text{ bis } (45.6)$$

Isotherme (*c* in Bild **45**.1)

$T = \text{const}$ $n = 1$

$$p_1 v_1 = p_2 v_2 \qquad w_g = w_t = p_1 v_1 \ln \frac{p_1}{p_2} \qquad q_{12} = w_g = w_t \qquad (45.7) \text{ bis } (45.9)$$

Isentrope (*d* in Bild **45**.1). Hier gelten die Gleichungen der Polytropen, wenn n durch κ ersetzt wird.

Diagramme idealer Gase

T, s-**Diagramm** (**45**.2). Die Isothermen und die Isenthalpen, die Linien gleicher Enthalpie, sind hier waagerechte, die Isentropen senkrechte Gerade. Für die Isobaren und Isochoren ergeben sich logarithmische Linien mit den Abständen $s_2 - s_1 = -R \ln p_2/p_1$ und $s_2 - s_1 = R \ln v_2/v_1$ auf der Isothermen *12* [7]. Die Wärmen, bei deren Zufuhr die Entropie ansteigt, betragen nach Gl.(44.2) $q_{12} = c_v(T_2 - T_1) + w_g$ und nach Gl.(44.3) $q_{12} = c_p(T_2 - T_1) + w_t$. Für die technische und die Ladungswechselarbeit folgt dann, da nach Gl.(25.4) $w_L = w_t - w_g$ ist,

$$w_t = q_{12} + c_p(T_1 - T_2) \tag{45.10}$$

bzw.

$$w_L = (c_p - c_v)(T_1 - T_2) \tag{45.11}$$

Hierbei erscheinen die Wärmen q_{12} als Flächen (**46**.1) unter der Zustandslinie, die Differenzen der Enthalpien und inneren

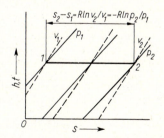

45.2   *h, s*- bzw. *t, s*-Diagramm für ideale Gase

1 2 Isotherme
$p_1 > p_2$ $v_1 < v_2$

Energie $c_p(T_1 - T_2)$ bzw. $c_v(T_1 - T_2)$ als Flächen unter der Isobaren bzw. der Isochoren. Die Flächen werden seitlich durch die Schnittpunkte dieser Linien mit den Isothermen T_1 und T_2, nach unten von der Isothermen $T = 0\,\mathrm{K}$ begrenzt.

Bei der allgemeinen Zustandsänderung *12* gilt dann für die Dehnung (**46.**1 a, b) nach Gl. (45.10) und (45.11)

$$w_t = q_{12} + c_p(T_1 - T_2) = \bar{m}_w \,(\text{Fläche } a\,1\,2\,b + \text{Fläche } a\,1\,2''\,b'') = \bar{m}_w \,\text{Fläche } b\,2\,1\,2''\,b''$$

und

$$w_L = c_p(T_1 - T_2) - c_v(T_1 - T_2) = \bar{m}_w \,(\text{Fläche } a\,1\,2''\,b'' - \text{Fläche } a\,1\,2'\,b')$$

$$= \bar{m}\,\text{Fläche } b'\,2'\,1\,2''\,b'' \tag{46.1}$$

Für die Verdichtung (**46.**1 c, d)

$$w_t = \bar{m}_w \,(\text{Fläche } a\,1\,2\,b + \text{Fläche } b\,2\,1''\,a'') = \bar{m}_w \,\text{Fläche } a\,1\,2\,1''\,a''$$

und

$$w_L = \bar{m}_w \,(\text{Fläche } b\,2\,1''\,a'' - \text{Fläche } b\,2\,1'\,a') = \bar{m}_w \,\text{Fläche } a'\,1\,2\,1''\,a'' \tag{46.2}$$

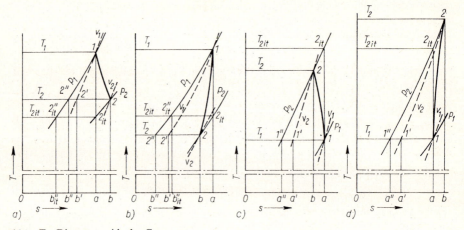

46.1 T, s-Diagramme idealer Gase

a), b) Dehnung   c), d) Verdichtung   a), d) Wärmezufuhr   b), c) Wärmeabfuhr

Bei der Isentropen *1 2*$_\mathrm{it}$ (**46.**1) wird nach Gl. (45.10), da $q_{12} = 0$ ist, $w_t = c_p(T_1 - T_2)$. Für die Dehnung bzw. die Verdichtung gilt dann $w_t = \bar{m}_w$ Fläche $a\,1\,2''_\mathrm{it}\,b''_\mathrm{it}$ und $w_t = \bar{m}_w$ Fläche $a\,2_\mathrm{it}\,1''\,a''$. Bei der Isothermen ist $T_1 = T_2$, also nach Gl. (45.10) und (45.11) $w_t = q_{12}$ und $w_L = 0$. Für die Verdichtung *1 1''* (**46.**1 c) gilt dann $w_t = \bar{m}_w$ Fläche $a\,1\,1''\,a''$.

***h, s*-Diagramm.** Es unterscheidet sich vom T, s-Diagramm, da bei konstanten spezifischen Wärmenkapazitäten $h = c_p t$ ist, nur durch die Lage des Nullpunktes und durch den Ordinatenmaßstab.

***p, v*-Diagramm.** Die Isobaren und Isochoren sind waagerechte bzw. senkrechte Gerade, während die Isothermen, Isentropen und allgemeinen Polytropen durch Hyperbeln nach den Gl. (44.6) bis (44.8) dargestellt werden.

Konstruktion einer Polytropen im p, v-Diagramm (**47.**2). An die Abszissen- bzw. Ordinatenachse werden vom Nullpunkt aus die Strahlen I und II unter den Winkeln α bzw. β angetragen. Vom gegebenen Punkt *1* aus auf die Achsen gefällte Lote treffen den Strahl I in A, die Ordinate in B. Die durch diese Punkte mit einer Neigung von 45° zu den Loten gezeichneten Geraden schneiden die Abszissenachse in A' und den Strahl II in B'. Durch diese Punkte gelegte Parallele zu den Achsen schneiden sich im Punkt 2 der Polytropen.

B e w e i s. Da nach der Konstruktion $\overline{BB''} = \overline{B'B''} = \overline{B''O}\,\tan\beta$ ist, folgt $\overline{BO} = \overline{B''O} + \overline{BB''} = \overline{B''O}\,(1 + \tan\beta)$ oder $p_1 = p_2\,(1 + \tan\beta)$. Entsprechend ergibt sich $v_1 = v_2\,(1 + \tan\alpha)$. Zur Erfüllung der Polytropengleichung (44.6) muß $p_1/p_2 = (v_1/v_1)^n$ also $1 + \tan\beta = (1 + \tan\alpha)^n$ sein. Wird z. B. $\tan\alpha = 0{,}25$ gewählt, so ist hiermit auch $\tan\beta$ festgelegt (Tafel **47.1**).

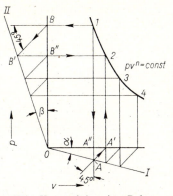

47.2 Konstruktion einer Polytropen [nach B r a u e r]

Dehnung 12 (Konstruktion in Pfeilrichtung)
Verdichtung 21 (Konstruktion entgegen Pfeilrichtung)

Tafel **47.1** Polytrope $\tan\beta = f(n)$ für $\tan\alpha = 0{,}25$

n	1,1	1,15	1,2	1,25	1,3	1,35	1,4
$\tan\beta$	0,278	0,293	0,307	0,322	0,336	0,351	0,367

1.2.4 Gasgemische

Für ein Gemisch chemisch nicht miteinander reagierender Gase gilt bei nicht zu hohen Drücken das D a l t o n sche Gesetz: Befinden sich mehrere Gase in e i n e m Raum, so füllt jedes Gas diesen vollständig aus und der Gesamtdruck des Gemisches ist gleich der Summe der Teildrücke der Einzelgase.

Befindet sich in einem Raum V ein Gemisch von i verschiedenen Einzelgasen mit der Temperatur T, so gilt nach der Zustandsgleichung $pV = mRT$ für das ideale Gas k mit der Masse m_k, dem Teildruck p_k und der Gaskonstanten R_k

$$p_k V = m_k R_k T \tag{47.1}$$

Für das Gemisch gilt damit nach dem D a l t o n schen Gesetz

$$V \sum_{k=1}^{i} p_k = T \sum_{k=1}^{i} m_k R_k \tag{47.2}$$

Nach Einführen des Gesamtdruckes p, der Masse m und der Gaskonstanten R des Gemisches gilt

$$p = \sum_{k=1}^{i} p_k \qquad m = \sum_{k=1}^{i} m_k \qquad R = \frac{1}{m}\sum_{k=1}^{i} m_k R_k \qquad \text{(47.3) bis (47.5)}$$

Die Z u s t a n d s g l e i c h u n g des Gemisches – $pV = mRT$ –, mit der z. B. bei der aus Stick- und Sauerstoff zusammengesetzten Luft gerechnet wird, ergibt sich aus den Gl. (47.3) bis (47.5).

Wird das Einzelgas des Gemisches mit dem Volumen V_k bei der Temperatur T auf den Druck p gebracht, so folgt aus den Zustandsgleichungen $pV = mRT$ und $n = m/M$ unter Beachtung des Gesetzes von A v o g a d r o $pV_k = m_k R_k T$ und $pV_k/n_k = M_k R_k T$ und daraus $m_k = n_k M_k$. Die Molmenge n bzw. das Volumen V des Gemisches ist dabei

$$n = \sum_{k=1}^{i} \frac{m_k}{M_k} \qquad n = \sum_{k=1}^{i} n_k \qquad V = \sum_{k=1}^{i} V_k \qquad \text{(47.6) bis (47.8)}$$

Zusammensetzung der Gemische. Zu ihrer Angabe dienen die M a s s e n- oder M o l a n t e i l e

$$\xi_k = \frac{m_k}{m} \qquad \psi_k = \frac{n_k}{n} \qquad \sum_{k=1}^{i} \xi_k = 1 \qquad \sum_{k=1}^{k} \psi_k = 1 \qquad \text{(47.9) und (47.10)}$$

Gaskonstante und Molmasse folgen aus den Gl. (47.5) bis (47.10) mit $M n = m$ aus Gl. (32.16) und betragen

$$R = \sum_{k=1}^{i} \xi_k R_k \qquad M = \sum_{k=1}^{i} \psi_k M_k \qquad \frac{1}{M} = \sum_{k=1}^{i} \frac{\xi_k}{M_k} \qquad \text{(48.1) bis (48.3)}$$

Spezifische Wärmekapazitäten. Hierfür gilt

$$c_p = \sum_{k=1}^{i} \xi_k c_{pk} \qquad c_v = \sum_{k=1}^{i} \xi_k c_{vk} \qquad M c_p = \sum_{k=1}^{i} \psi_k M_k c_{pk} \qquad \text{(48.4) bis (48.6)}$$

Hieraus können die entsprechenden Enthalpien und inneren Energien mit den Gl. (29.4) und (29.2) ermittelt werden.

In Kolbenmaschinen verwendete Gasgemische sind die Brenngase der Brennkraftmaschinen und viele Medien der Verdichter in der chemischen Industrie.

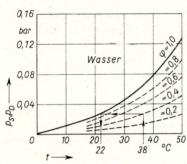

48.1 Dampfdruckkurven für Wasser-dampf. Taupunkt z. B. bei $t = 38°C$, $\varphi = 0{,}4$, $p_S = 0{,}0265$ bar im Bild $t_T = 22°C$
(Sättigungskurve Index S ———, Teildruckkurven Index D – – –)

Dampf-Gas-Gemische

Die Mischungen von Gasen und kondensierbaren Dämpfen, sog. feuchte Gase, verhalten sich wie Gasgemische, solange der Dampf seinen Sättigungszustand (31.1) nicht unterschreitet. Wird dieser beim Taupunkt (48.1) erreicht, so heißt das Gemisch gesättigt; bei weiterer Abkühlung kondensiert der Dampf und fällt aus.

Zustandsgleichungen. Für ein Gas und einen Dampf (Index G bzw. D) der – abgesehen von der Kondensation – als ideal angenommen wird, lautet Gl. (47.1)

$$p_G V = m_G R_G T \qquad p_D V = m_D R_D T \qquad \text{(48.7) und (48.8)}$$

Von dem Gemisch sind meßbar: Die Temperatur t, der Gesamtdruck $p = p_G + p_D$ nach Gl. (47.3) und die relative Feuchte

$$\varphi = \frac{p_D}{p_S} \qquad \text{(48.9)}$$

Diese wird mit dem Hygrometer gemessen. Da bei vorhandener Sättigungskurve (31.1) mit der Temperatur auch der Sättigungsdruck p_S bekannt ist, können die Teildrücke von Dampf und Gas

$$p_D = \varphi \, p_S \quad \text{bzw.} \quad p_G = p - p_D = p - \varphi \, p_S$$

ermittelt werden und die Gl. (48.7) und (48.8) lauten dann

$$(p - \varphi \, p_S) \, V = m_G R_G T \qquad \qquad \varphi \, p_S V = m_D R_D T \qquad \text{(48.10) und (48.11)}$$

Für $\varphi = 0$ ist also im Gemisch nur Gas vorhanden, während für $\varphi = 1$ das Gemisch gesättigt und der Taupunkt erreicht ist.

Dampfgehalt. Als Massenverhältnis von Dampf und Gas beträgt er nach den Gl. (48.10) und (48.11) mit $R_G/R_D = M_D/M_G$

$$x = \frac{m_D}{m_G} = \frac{R_G}{R_D} \cdot \frac{\varphi \, p_S}{p - \varphi \, p_S} = \frac{M_D}{M_G} \cdot \frac{\varphi \, p_S}{p - \varphi \, p_S} \qquad \text{(48.12)}$$

Der Dampfgehalt des gesättigten Dampfes x' folgt hieraus für $\varphi = 1$. Bei weiterer Abkühlung wird maximal die Flüssigkeitsmasse $m_{fl} = x' m_G$ ausgeschieden. Für Wasserdampf-Luft-Gemische ist $M_D/M_L = 18/28{,}96 = 0{,}622$.

Sättigungsgrad. Er ist das Verhältnis des Dampfgehaltes des ungesättigten und des gesättigten Gemisches. Aus Gl. (48.12) folgt

$$\psi = \frac{x}{x'} = \varphi \, \frac{p - p_S}{p - \varphi \, p_S} \approx \varphi \tag{49.1}$$

Die Näherungsgleichung gilt für Temperaturen, bei denen – wie bei den meisten technischen Anwendungen – $p_S \ll p$ ist.

Im Vergaser der Ottomotoren entsteht ein Benzindampf-Luft-Gemisch. Manche Gasmischungen enthalten Dämpfe, die nach ihrer Verflüssigung in Rohrleitungen Korrosion hervorrufen. Sie müssen vorher durch Abkühlung unter den Taupunkt entfernt werden. Hierzu dienen neben Kühlanlagen auch wie Dampfmaschinen wirkende Expansionszylinder, in denen die unter Arbeitsgewinn erfolgende Dehnung bis unterhalb des Taupunktes die schädlichen Bestandteile entfernt.

Der Dampfanteil des Gemisches fällt bei Verdichtern in den Zwischenkühlern aus (s. Beispiel 24) und rechnet daher nicht mehr zum Fördervolumen, bei Brennkraftmaschinen verringert er den in der Verbrennungsluft enthaltenen Sauerstoff.

Das V o l u m e n eines Zylinders zur Aufnahme der Masse m_G eines Gases beim Gesamtdruck p und der Temperatur T beträgt nach Gl. (48.10) für das feuchte Gas mit $V = V_f$ und das trockene Gas mit $V = V_{tr}$ und $\varphi = 0$

$$V_f = \frac{m_G R_G T}{p - \varphi \, p_S} \qquad\qquad V_{tr} = \frac{m_G R_G T}{p} \tag{49.2) und (49.3}$$

Von Bedeutung sind die hieraus folgenden Verhältnisse

$$\frac{V_f}{V_{tr}} = \frac{p}{p - \varphi \, p_S} \approx 1 + \frac{\varphi \, p_S}{p} \qquad\qquad \frac{V_{tr}}{V_f} = 1 - \frac{\varphi \, p_S}{p}$$

Das erste gibt an, um wieviel ein Zylinder größer ausgelegt werden muß, der beim Ansaugen eines feuchten Gases das geforderte trockene Volumen aufnehmen soll. Das zweite zeigt für einen ausgeführten Zylinder den Verlust an trockenem Volumen, wenn das Gas feucht anstatt trocken angesaugt wird.

1.2.5 Strömungsvorgänge beim Ladungswechsel

1.2.5.1 Bernoullische Gleichung

Für die Strömungsvorgänge beim Ladungswechsel in den Rohrleitungen und Zylindern von Kolbenmaschinen sind die Dichteänderungen und damit die Gasarbeiten des Mediums vernachlässigbar klein ($w_g = 0$, $d\varrho = 0$). Damit folgt aus Gl. (36.7), wenn w_{a12} die Arbeit zur instationären Beschleunigung des Mediums infolge der zeitlich veränderlichen Kolbengeschwindigkeit bedeutet und die Höhe z durch h ersetzt wird, die B e r n o u l l i s c h e   G l e i c h u n g für Flüssigkeiten und Gase

$$\frac{p_1}{\varrho} + g \, h_1 + \frac{c_1^2}{2} = \frac{p_2}{\varrho} + g \, h_2 + \frac{c_2^2}{2} + w_{R12} + w_{a12} \tag{49.4}$$

Sie stellt eine auf die Masseneinheit bezogene Bilanz mit der Ein- und Ausschubarbeit p_1/ϱ und p_2/ϱ, der Geschwindigkeits- und Lageenergie $c_1^2/2$ und $c_2^2/2$ bzw. $g \, h_1$ und $g \, h_2$ im Ein- und Austritt sowie der Reibungs- und Beschleunigungsarbeit w_R und w_{a12} dar. Werden ihre Glieder mit dem Kehrwert $1/g$ der Fallbeschleunigung multipliziert, erhalten sie die Einheit einer Länge und können als Höhen gedeutet werden. Eine Multiplikation mit der Dichte ergibt auf die Volumeneinheit bezogen Energien, die ihren Einheiten entsprechend als Drücke anzusehen sind. Ortshöhen und Drücke treten als Differenzen auf. Ihr Zählbeginn ist daher beliebig. Sie können auch als Über- und Unterdrücke $p - p_a$ und $p_a - p$ gegenüber dem atmosphärischen Druck p_a eingesetzt werden.

Geschwindigkeiten. Beim Medium im Rohr (**50**.1) steigen sie infolge der Reibung vom Nullwert an der Wand bis zur Achse an. Ihre Mittelwerte c folgen, da durch alle Querschnitte eines dichten Rohres ohne Abzweigungen das gleiche Volumen in der Zeiteinheit fließen muß, aus $\dot m = \varrho\, \dot V = \varrho\, A\, c = \varrho_1\, A_1\, c_1 = $ const. Hiermit lautet die Kontinuitätsbedingung

$$\varrho\, A\, c = \varrho_1\, A_1\, c_1 = \text{const} \tag{50.1}$$

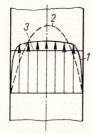

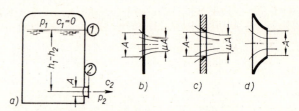

50.1 Geschwindigkeits-
verteilung im Rohr

_1_ turbulent
_2_ laminar
_3_ Mittelwert

50.2 Ausfluß aus einem Gefäß

a) Flüssigkeitsbehälter
b) bis d) Ausflußöffnungen mit Stromlinien

Beschleunigungen ergeben sich, weil bei unveränderlicher Dichte auch die zeitlichen Volumenänderungen des durch das Rohr instationär strömenden Mediums konstant sind, aus $\mathrm{d}\dot m/\mathrm{d}t = \varrho\, A(\partial c/\partial t)$ $= \varrho\, A_1(\partial c/\partial t)_1 = $ const. Also gilt

$$a\, A = \frac{\partial c}{\partial t}\, A = \left(\frac{\partial c}{\partial t}\right)_1 A_1 = \text{const} \tag{50.2}$$

Das Medium haftet also an der Stirnfläche A_K des Kolbens und bewegt sich, abgesehen von schwingenden Gasen und verdampfenden Flüssigkeiten, mit dessen Geschwindigkeit bzw. Beschleunigung c_K und a_K. Mit der Gl. (50.1) folgt

$$c = c_K \frac{A_K}{A} \qquad\qquad a = \frac{\partial c}{\partial t} = a_K \frac{A_K}{A} \tag{50.3 und 50.4}$$

Dichte. Flüssigkeiten haben praktisch konstante, Gase nach der Beziehung $p\,v = R\,T$ aber druck- und temperaturabhängige Werte. Sie sind für diese beiden Medien sehr verschieden (für Wasser ist $\varrho_W = 1000\,\text{kg/m}^3$, für Luft von 1,013 bar 10 °C ist $\varrho_L = 1,25\,\text{kg/m}^3$ also ist $\varrho_W = 800\,\varrho_L$). Bei hohen Drücken wird der Unterschied geringer (für 575 bar 10 °C ist $\varrho_L = 500\,\text{kg/m}^3$ also $\varrho_W = 2\,\varrho_L$). Für Gase kleinerer Drücke ist daher die Ein- und Ausschubarbeit groß gegenüber den restlichen Gliedern der Bernoullischen Gleichung, die dann meist vernachlässigt werden können. Bei Flüssigkeiten und bei Gasen hoher Drücke sind hingegen alle Glieder zu berücksichtigen.

Ausfluß. Aus einem geschlossenen Gefäß (**50**.2a) mit dem Druck p_1 tritt das Medium mit der Geschwindigkeit c_2 in einen Raum mit dem Druck p_2. Sind die Geschwindigkeit c_1 des Mediums im Gefäß, die Differenz der Lageenergie $g\,(h_1 - h_2)$ sowie die Reibung w_{R12} vernachlässigbar klein, so gilt für den stationären Zustand ($w_{a12} = 0$) nach Gl. (49.4) $p_1/\varrho = p_2/\varrho + c_2^2/2$. Die Ausflußgeschwindigkeit ist dann $c_2 = \sqrt{2(p_1 - p_2)/\varrho}$. Für den Volumenstrom folgt, da sich der Ausflußquerschnitt A durch die Einschnürung des Strahles auf μA verringert,

$$\dot{V} = \mu A c_2 = \mu A \sqrt{\frac{2}{\varrho}(p_1 - p_2)} \tag{51.1}$$

Die Ausflußzahl hängt von der Anpassung der Ausflußöffnung an die Strahlform ab. Sie beträgt 0,60 bis 0,65 für scharfkantige dünnwandige Bohrungen(**50.**2b), 0,70 bis 0,75 für ausgerundete Öffnungen (**50.**2c) und nahezu 1 für Düsen (**50.**2d).

1.2.5.2 Strömungsverluste

Den prinzipiellen Aufbau der Rohrleitungen einer Kolbenmaschine zeigt die Pumpe (**51.**1a) mit einem Zylinder. Hier entstehen wegen der großen Dichte des Mediums nach Gl.(49.4) hohe Druckverluste infolge der Niveauunterschiede und der Reibung. Die Strömung ist im Saugstutzen *1 S* beim Hingang, im Druckstutzen *2 S* beim Rückgang des Kolbens instationär, während das Medium in *1 S* beim Rückgang und in *2 S* beim Hingang ruht. Die Geschwindigkeiten und Beschleunigungen (**51.**1b) sind den entsprechenden Werten c_K und a_K des Kolbens nach den Gl. (50.3) und (50.4) proportional. Um die hierbei entstehenden Beschleunigungsverluste zu verringern, sind nach Gl. (54.1) kurze Leitungen erforderlich. Daher werden Saug- und Druckwindkessel *1 W* und *2 W* nahe an die Zylinder gesetzt. Sie sind zur Dämpfung der Druckstöße mit Luft gefüllt. Diese Stöße werden bei genügend großem Luftvolumen so klein, daß in den Kesseln praktisch konstanter Druck herrscht. Die Druckdifferenzen am Ein- und Austritt der Saug- und Druckleitungen *1* und *2* sind dann konstant. Die Strömung ist hier kontinuierlich und stationär, d.h., die Geschwindigkeiten in den einzelnen Querschnitten sind gleichbleibend.

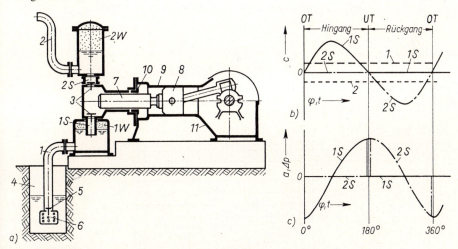

51.1 Kolbenpumpe mit Rohrleitungen (alle Rohrdurchmesser gleich groß angenommen)

    a) Schnittbild
    b) Geschwindigkeiten in den Leitungen *1, 2* und in den Stutzen *1 S* und *2 S*
    c) Beschleunigungen und Druckverluste in den Stutzen *1 S* und *2 S*

1 Saugleistung	*2* Druckleitung	*3* Ventile	*6* Saugkorb	*9* Gleitbahn
1 W Saugwindkessel	*2 W* Druckwindkessel	*4* Brunnen	*7* Kolben	*10* Zylinderdichtung
1 S Saugstutzen	*2 S* Druckstutzen	*5* Fußventil	*8* Kreuzkopf	*11* Gestell

Die Aufgaben der Windkessel übernimmt bei der Dampfmaschine der nahe am Zylinder liegende Wasserabscheider, beim Verdichter der Kühler und bei der Zweitakt-Brennkraftmaschine der Spülluftaufnehmer. Hierbei dämpft das gasförmige Medium selbst die Druckstöße. Fehlen in einer Maschinenanlage die Ausgleichsräume, so sollen die Rohrleitungen so kurz wie möglich gehalten werden. Anderseits erfüllen auch sehr lange und weite Rohrleitungen bei gasförmigen Medien wegen ihres großen Volumens die Aufgaben der Beruhigungsbehälter. Manometer und Mengenmeßgeräte, bei denen Druckschwankungen die Mittelwertbildung erschweren und daher Fehlanzeigen verursachen, sind in Leitungen mit konstanter Geschwindigkeit einzubauen.

Rohrreibungsverluste

Gerades Rohr. Der Drossel- bzw. Arbeitsverlust infolge der Rohrreibung wird als ein Vielfaches ζ der Geschwindigkeitsenergie $c^2/2$ angegeben, nämlich $w_R = \zeta\, c^2/2$. Für den Druckverlust gilt dann mit der Dichte ϱ

$$\Delta p_R = \zeta \varrho \frac{c^2}{2} = \varrho\, w_R \tag{52.1}$$

Die Widerstandszahl ζ wächst erfahrungsgemäß mit der Länge L des Rohres und fällt mit seinem Durchmesser D. Es gilt

$$\zeta = \lambda \frac{L}{D} \tag{52.2}$$

Die R o h r r e i b u n g s z a h l λ ist von der Geschwindigkeit und Zähigkeit des Mediums sowie vom Durchmesser und der Rauhigkeit des Rohres abhängig. Die entsprechenden Gesetze wurden empirisch nach Versuchsergebnissen aufgestellt und dabei auf die R e y n o l d s s c h e Z a h l

$$Re = \frac{cD}{v} = \frac{cD\varrho}{\eta} \tag{52.3}$$

bezogen, wobei $v = \eta/\varrho$ die kinematische und η die dynamische Zähigkeit bedeuten. Die Reynoldssche Zahl ist dimensionslos und dient als Kriterium für den Strömungsverlauf. Bei $Re_K > 2320$ ist die Strömung (**50.1**, **52.1**) turbulent, sonst laminar.

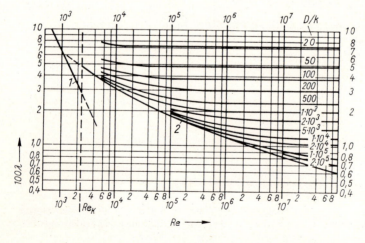

52.1 Rohrreibungszahlen für rauhe gerade Rohre [nach Colebrook][1]. Glattes Rohr bei laminarer Strömung (Kurve *1*) und bei turbulenter Strömung (Kurve *2*)

Mittlere Geschwindigkeit. Wenn in der Zeiteinheit das Volumen $\dot{V}$ durch den Rohrquerschnitt A_R fließt, beträgt sie

$$c = \frac{\dot{V}}{A_R} \qquad (53.1)$$

Laminare Strömung. Unter Vernachlässigung der Expansion von Gasen ergibt sich aus dem Gesetz von Hagen-Poiseuille $\Delta p_R = 32\,\eta\,\dfrac{c}{D^2}\,L$ mit den Gl. (52.1) bis (52.3)

$$\lambda = \frac{64}{Re} \qquad (53.2)$$

Turbulente Strömung. Hier gilt für das glatte bzw. rauhe Rohr mit der Rauhigkeit k

$$\frac{1}{\sqrt{\lambda}} = 2\lg\frac{Re\sqrt{\lambda}}{2{,}51} \qquad \frac{1}{\sqrt{\lambda}} = 1{,}14 + 2\lg\frac{D}{k} \qquad \text{(52.3) und (53.4)}$$

In Bild 52.1[1]) sind die Rohrreibungszahlen als Funktion der Reynolds-Zahl aufgetragen. Dabei ergeben sich die Kurven 1 und 2 aus den Gl. (53.2) bzw. (53.3), während die Kurvenscharen aus Gl. (53.4) folgen. Die Rauhigkeit k beträgt für neue Rohre aus

gezogenem Messing	0,0015 mm	geschweißtem Stahl	0,01 bis 0,02 mm
gezogenem Stahl	0,01 bis 0,015 mm	Grauguß	0,12 bis 0,25 mm

Zubehörteile von Rohrleitungen. Bei Krümmern, Verzweigungen, Reduktionsstücken, Rohrschaltern, Filtern und Sieben sind folgende Angaben bezogen auf ein bestimmtes Medium üblich: Der ζ-Wert bzw. die Länge eines Rohres vom Nenndurchmesser des Zubehörteiles mit dem gleichen Druckverlust oder der Druckverlust selbst bei einer bestimmten Strömungsgeschwindigkeit. Unrunde Kanäle in Zylindern mit dem Querschnitt A und dem benetzten Umfang U können mit Hilfe des hydraulischen Radius

$$r_H = \frac{A}{U} \qquad (53.5)$$

durch einen Kreisquerschnitt mit dem Radius r_H ersetzt werden.

Zusammengesetzte Rohrleitungen. Für i Einzelteile mit Durchmesser D_k und Länge L_k sowie Rohrreibungszahlen λ_k addieren sich die einzelnen Druckverluste. Es gilt mit Gl. (52.1) und (52.2)

$$\Delta p_R = \varrho\,w_R = \frac{1}{2}\,\varrho\sum_{k=1}^{i}\lambda_k\,c_k^2\,\frac{L_k}{D_k}. \qquad (53.6)$$

Zur einfacheren Auswertung dieser Gleichung erfolgt eine Reduktion aller Einzelteile auf ein z.B. durch seine Länge ausgezeichnetes, Rohrstück (Index red). Damit folgt aus der Kontinuitätsgleichung (50.1) mit $\varrho_1 = \varrho_2$

$$c_k = c_{red}\frac{A_{red}}{A_k} = c_{red}\left(\frac{D_{red}}{D_k}\right)^2 \qquad (53.7)$$

Bei turbulenter Strömung und nicht allzu großen Unterschieden der Rohrdurchmesser sind die λ-Werte nahezu gleich. Mit $\lambda_k = \lambda_{red}$ folgt mit der Gl. (53.6) nach Erweitern mit dem Reduktionsdurchmesser D_{red}

$$\Delta p_R = \frac{1}{2}\,\varrho\,\lambda_{red}\frac{c_{red}^2}{D_{red}}\sum_{k=1}^{i}\left(\frac{D_{red}}{D_k}\right)^5\cdot L_k = \frac{1}{2}\,\varrho\,\lambda_{red}\frac{L_{red}}{D_{red}}\,c_{red}^2 = \frac{1}{2}\,\varrho\,\xi_{red}\,c_{red}^2 \qquad (53.8)$$

$L_{red} = \displaystyle\sum_{k=1}^{i}\left(\frac{D_{red}}{D_k}\right)^5 L_k$ heißt reduzierte Rohrlänge der Drosselung.

---

[1]) Kirschmer, O.: Reibungsverluste in geraden Rohrleitungen. MAN-Forschungsheft (1951) S. 18.

Wahl der Rohrdurchmesser. Die Drosselverluste sind nach Gl.(53.8) der fünften Potenz des Rohrdurchmessers proportional. Sie können also durch genügend weite Rohre beliebig klein gehalten werden. Bei Abwägung der Energieverluste und des Aufwandes für die Rohrleitungen ergeben sich wirtschaftliche Werte, wenn die Geschwindigkeiten nach Tafel **54.**1 eingehalten werden.

Tafel **54.**1 Wirtschaftliche Geschwindigkeiten in m/s

	Pumpen	Verdichter	Dampfmaschinen	Brennkraftmaschinen
Saugleitung	0,6 bis 1	15 bis 20	40 bis 50	20
Druckleitung	1 bis 3	25 bis 30	25 bis 30	20

Für gasförmige Kraftstoffe gelten Geschwindigkeiten von 30 m/s, in den Druckleitungen für Dieselöl von 15 m/s als Anhaltswerte. Kleinere Geschwindigkeiten sind bei Flüssigkeiten erforderlich, um trotz ihrer hohen Dichte Drosselverluste gleicher Größenordnung wie bei Gasen zu erhalten

Beschleunigungsverluste

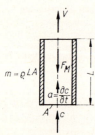

54.2 Massenkraft des Mediums im Rohrleitungsabschnitt

Rohr. Bei einem konstanten Querschnitt A (**54.**2) und der Länge L erhält das Medium der Dichte ϱ, also mit der Masse $m = \varrho L A$, infolge der Kolbenbewegung die Beschleunigung $\partial c/\partial t = a$. Mit der Massenkraft $F_M = ma = \varrho A L a$ folgt dann für die spezifische Arbeit $w_a = F_m L/m = aL$ und für den Druckverlust $\Delta p_a = F_M/A = \varrho L a$ bzw.

$$\Delta p_a = \varrho\, w_a = \varrho L a \qquad (54.1)$$

Nach Einführen der Kolbenbeschleunigung a_K wird mit Gl.(50.4) und

$$A_K = \frac{\pi}{4} D_K^2$$

$$\Delta p_a = \varrho\, a_K L \frac{A_K}{A} = \varrho\, a_K L \left(\frac{D_K}{D}\right)^2 \qquad (54.2)$$

Zusammengesetzte Rohrleitungen. Für i Einzelteile der Durchmesser D_k und der Länge L_k addieren sich die Einzelverluste nach Gl.(54.2). Damit ist

$$\Delta p_a = \varrho\, a_k \sum_{k=1}^{i} L_k \left(\frac{D_K}{D_k}\right)^2 = \varrho\, a_K L_{red}, \quad \text{wobei} \quad L_{red} = \sum_{k=1}^{i} l_k \left(\frac{D_K}{D_k}\right)^2 \qquad (54.3) \text{ und } (54.4)$$

die reduzierte Rohrlänge der Beschleunigungsverlust ist.

Zylinder. Hier entsprechen Kolbenfläche und Weg A_K und x_K dem Querschnitt A und der Länge L des Rohres. Damit folgt aus Gl. (54.2)

$$\Delta p_{aZ} = \varrho\, a_K x_K \qquad (54.5)$$

Kolbenbeschleunigung. Nach Gl.(88.3b) ist sie periodisch veränderlich. Das Medium kann daher in Rohrleitungen und Zylindern durch die Druckdifferenzen Δp_a zu Schwingungen angeregt werden [38]. In Pumpen und Viertaktbrennkraftmaschinen, bei denen der Ladungswechsel den gesamten Hub umfaßt, verursachen die Druckdifferenzen Δp_a keinen Energieverlust, da die bewegte Masse des Mediums in den Rohrleitungen konstant ist und die Geschwindigkeiten in den Totpunkten Null werden. In Dampfmaschinen und Verdichtern aber treten Verluste auf, da der Ladungswechsel nur während eines Teiles des Hubes erfolgt. Bei Verdichtern und Brennkraftmaschinen entsteht am Ende des Saughubes infolge der Trägheit des Mediums eine Druckerhöhung, die Nachladung heißt. Hierdurch wird die angesaugte Masse (173.2) und damit die indizierte Arbeit erhöht. Steht der Kolben beim Hingang im OT, dann haben die Beschleunigungsverluste ihr Maximum, während die Reibungsverluste Null sind. Zur Verringerung der Beschleunigungsverluste sind nach Gl. (54.2) die Durchmesser der Zylindersaug- und Druckleitungen (51.1) groß und ihre Längen klein zu halten.

Kavitation tritt bei Flüssigkeiten ein, wenn der Druck im Zylinder oder der Leitung kleiner als der zugeordnete Siededruck p_S (31.1) wird. Die Flüssigkeitssäule reißt ab, ihre Teile prallen dann aber wieder deutlich wahrnehmbar aufeinander, wobei Anfressungen an den betroffenen Teilen entstehen [23]. Wird beim Saugbeginn der Zylinderdruck $p_1' = 0$, so ist ein Ansaugen nicht möglich

Gesamtdruckverlust

Der Gesamtdruckverlust des Mediums infolge der Drosselung und Beschleunigung ist gleich der Summe der Einzelverluste. Da bei Maschinen mit Kurbeltrieb nach Gl. (88.2c) und (88.3c) die Kolbengeschwindigkeit der Drehzahl und die Beschleunigung deren Quadrat proportional ist, müssen sich auch nach Gl. (53.8) und (54.2) die Gesamtverluste mit dem Quadrat der Drehzahl ändern. Sie sind weiterhin linear von der Dichte des Mediums und der Rohrlänge abhängig. Der Einfluß der Rohrquerschnitte ist jedoch verschieden. Die Reibungsverluste sind nach Gl. (53.8) indirekt der fünften, die Beschleunigungsverluste nach Gl. (54.3) der zweiten Potenz der Durchmesser proportional.

Beispiel 4. Durch die geschweißte Rohrleitung (56.1) fließen $\dot{V} = 25\,\mathrm{m^3/h}$ Wasser von $t = 20\,°\mathrm{C}$ mit konstanter Geschwindigkeit. Die Rauhigkeit des Rohres betrage nach langer Betriebsdauer $k = 0,2\,\mathrm{mm}$; die Widerstandszahlen des Fußventils mit Saugkorb *1*, eines Krümmers *2* und des Reduktionsstückes *3* in bezug auf den Einlauf sind $\zeta_F = 2,5$, $\zeta_K = 0,23$ und $\zeta_R = 0,2$.

Gesucht ist der Druck $p_{1\,\mathrm{W}}$ im Windkessel *4* bei einem atmosphärischen Druck $p_a = 1,013\,\mathrm{bar}$.

In der Leitung treten nur Reibungsverluste auf, die sich addieren. Bei den geraden Rohrstücken (Index 1 für 100 mm und Index 2 für 60 mm lichte Weite) beträgt der Reibungsverlust nach Gl. (53.6)

$$\Delta p_R = \frac{\varrho}{2}\left(\lambda_1 \frac{L_1}{D_1} c_1^2 + \lambda_2 \frac{L_2}{D_2} c_2^2\right)$$

Bei einer Reduktion auf den Rohrdurchmesser D_1, also mit $D_1 = D_{\mathrm{red}}$ und $c_1 = c_{\mathrm{red}}$, folgt aus der Kontinuitätsgleichung (50.1) $c_2 = c_{\mathrm{red}}(D_{\mathrm{red}}/D_2)^2$. Mit $\lambda_1 = \lambda_2 = \lambda$ wird dann

$$\Delta p_R = \frac{\varrho}{2}\lambda c_{\mathrm{red}}^2\left[\frac{L_1}{D_{\mathrm{red}}} + \left(\frac{D_{\mathrm{red}}}{D_2}\right)^4 \frac{L_2}{D_2}\right] = \frac{\varrho}{2} c_{\mathrm{red}}^2 \frac{\lambda}{D_{\mathrm{red}}}\left[L_1 + \left(\frac{D_{\mathrm{red}}}{D_2}\right)^5 L_2\right]$$

$$= \frac{\varrho}{2}\lambda \frac{L_{\mathrm{red}}}{D_{\mathrm{red}}} c_{\mathrm{red}}^2 = \frac{\varrho}{2}\zeta_{\mathrm{red}} c_{\mathrm{red}}^2$$

Hieraus bzw. nach Gl. (53.8) ergibt sich die reduzirte Länge $L_{\mathrm{red}} = L_1 + L_2 (D_{\mathrm{red}}/D_2)^5 = L_1 + L_{2\,\mathrm{red}}$. Die Gesamtreibungsverluste betragen mit $\zeta_{\mathrm{red}} = \lambda L_{\mathrm{red}}/D_{\mathrm{red}}$

$$\Delta p_{R\,\mathrm{ges}} = \frac{\varrho}{2} c_{\mathrm{red}}^2 (\zeta_{\mathrm{red}} + \zeta_F + 3\zeta_K + \zeta_R) = \frac{\varrho}{2}\zeta_{\mathrm{ges}} c_{\mathrm{red}}^2$$

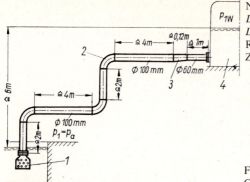

56.1   Saugleitung einer Kolbenpumpe

Nach dem Bild **56**.1 ist $D_1 = D_{red} = 100$ mm, $D_2 = 60$ mm, $L_1 = (2 + 4 + 2 + 4)$ m $= 12$ m und $L_2 = 1$ m. Die Wassergeschwindigkeit und die Reynolds-Zahl betragen bei der kinematischen Zähigkeit $v = 1,01 \cdot 10^{-6}$ m²/s bei 20°C

$$c_{red} = \frac{4 \, \dot{V}}{\pi \, D_{red}^2} = \frac{4 \cdot 25 \, \text{m}^3/\text{h}}{\pi \, 0,1^2 \, \text{m}^2 \cdot 3600 \, \text{s/h}} = 0,885 \, \frac{\text{m}}{\text{s}}$$

$$Re = \frac{c_{red} \, D_{red}}{v} = \frac{0,885 \, \dfrac{\text{m}}{\text{s}} \cdot 0,1 \, \text{m}}{1,01 \cdot 10^{-6} \, \text{m}^2/\text{s}} = 8,75 \cdot 10^4$$

Für $D_{red}/k = 100$ mm/0,2 mm $= 500$ folgt aus Colebrook-Diagramm (**52.**1) $\lambda = 0,025$. Mit $L_{red} = L_2 \, (D_{red}/D_2)^5 = 1$ m (100 mm/60 mm)^5 $= 12,8$ m und $L_{red} = L_1 + L_{red2} = (12 + 12,8)$ m $= 24,8$ m wird $\zeta_{red} = \lambda \, L_{red}/D_{red} = 0,025 \cdot 24,8$ m/0,1 m $= 6,2$. Bei einer nicht abgesetzten Leitung von der Gesamtlänge $L = L_1 + 1,12$ m $= 13,12$ m ist $\zeta = 3,3$ wesentlich kleiner. Mit

$$\zeta_{ges} = \zeta_{red} + \zeta_F + 3\zeta_K + \zeta_R = 6,2 + 2,5 + 3 \cdot 0,23 + 0,2 = 9,59$$

und $1 \, \text{kg}/(\text{m s}^2) = 1 \, \text{N/m}^2 = 1$ Pa folgt dann

$$\Delta p_R = \frac{\varrho}{2} \, \zeta_{ges} \, c_{red}^2 = \frac{1}{2} \, 1000 \, \frac{\text{kg}}{\text{m}^3} \cdot 9,59 \cdot 0,885^2 \, \frac{\text{m}^2}{\text{s}^2} = 3750 \, \frac{\text{kg}}{\text{m s}^2} = 3750 \, \text{Pa}$$

Die Anwendung der Bernoullischen Gleichung (49.4) auf die beiden Wasserspiegel ergibt dann $p_1 = p_2 + \varrho g h + \varrho p_R$. Der Unterdruck im Windkessel beträgt mit $p_1 = p_a$, $p_2 = p_{1w}$, $h = 6$ m und $g = 9,81$ m/s²

$$p_a - p_{1w} = \varrho g h + \Delta p_R = 1000 \, \frac{\text{kg}}{\text{m}^3} \cdot 9,81 \, \frac{\text{m}}{\text{s}^2} \cdot 6 \, \text{m} + 3750 \, \frac{\text{kg}}{\text{m s}^2} = 62610 \, \text{Pa} = 0,6261 \, \text{bar}$$

Für den absoluten Windkesseldruck gilt dann

$$p_{1w} = p_a - (\varrho g h + \Delta p_R) = (1,0130 - 0,6261) \, \text{bar} = 0,3869 \, \text{bar} \approx 387 \, \text{mbar}$$

1.2.6   Bewertung des Energieumsatzes

Idealmaschine. Sie dient zum Vergleich. Als Kraftmaschine liefert sie aus der zugeführten Energie die höchste mechanische Arbeit und als Arbeitsmaschine erfordert sie für eine bei konstantem Druckverhältnis geförderte Masse die geringste Energie. In diesen Maschinen treten keine Wärme- und Reibungsverluste auf, so daß die ideale, technische, indizierte und Kupplungsleistung (Indizes id, t, i und e) gleich sind. Um den Einfluß der Massenverluste zu erfassen, wird bei Kraftmaschinen der theoretische Massenstrom $\dot{m}_{th} = \dot{V}_H \varrho_a$, bei Arbeitsmaschinen der geförderte Massenstrom $\dot{m}_f = \lambda_L \dot{m}_{th}$ nach Gl. (19.10) und (19.11) betrachtet. Für die Leistung einer Kraft- bzw. Arbeitsmaschine gilt dann

$$P_{id} = \dot{m}_{th} \, w_{id} = \dot{V}_H \, p_{id} \qquad\qquad P_{id} = \dot{m}_f \, w_{id} = \lambda_L \, \dot{V}_H \, p_{id} \qquad (56.1) \text{ und } (56.2)$$

Hierbei ist $p_{id} = \varrho_a w_{id}$ der mittlere Druck der idealen Maschine. Die idealen Arbeiten w_{id} entsprechen den technischen Arbeiten w_t, und zwar des Seiligerprozesses bei Brennkraftmaschinen (s. Abschn. 4.3.1.2), der der Isentropen nach Gl. (42.3) bei Dampfmaschinen und und der Isothermen nach Gl. (42.1) bei Verdichtern. Für Pumpen ist die Nutzarbeit nach Gl. (151.3) einzusetzen.

Wirkliche Maschine. Hier treten die Verluste P_z infolge des Wärmeüberganges im Zylinder und den Leitungen, P_R durch Gasreibung und P_{RT} durch Reibung im Triebwerk auf. Zwischen diesen Verlusten und den Leistungen bestehen dann folgende Zusammenhänge

$$P_{id} = P_e + |P_{RT}| + |P_R| + |P_z| \tag{57.1}$$

wobei

$$P_i = P_e + |P_{RT}|, \; P_t = P_i + |P_R| \quad \text{und} \quad P_{id} = P_t + |P_z| \quad \text{ist.}$$

1.2.6.1 Energiebilanzen

Die einer Maschine zu- und von ihr abgeführten Energien werden in der Bilanz entsprechend den meßtechnischen Möglichkeiten aufgeteilt, um die Ursachen der einzelnen Verluste zu untersuchen. Hierbei gilt: Bei Beharrung der Anlage ist die Summe der zugeführten Energien gleich der Summe der abgeführten Energien plus ein Restglied. Dieses enthält alle meßtechnisch nicht erfaßbaren Energien, sowie die Auswirkungen von Ablese- und Meßgerätefehlern, Auch sind hierin dynamische Einflüsse, wie sie z. B. Regelvorgänge auslösen, erfaßt. Positive Restglieder bedeuten für die Anlage ein Verlust, negative eine Einstrahlung von Energie. Die einzelnen Anteile werden dabei auf die Summe der zugeführten Energien bezogen und im Energiefluß- oder Sankey-Diagramm durch Bänder dargestellt. Massen- und Energieverluste infolge von Undichtigkeiten können hierbei vernachlässigt werden.

Gase. Für die effektive Leistung gilt Gl. (57.1). Die Bilanz $q_{12} - w_i = h_2 - h_1$, nach Gl. (36.4) lautet, da $P = \dot{m} w$ und $\dot{Q} = \dot{m} q$ ist, $P_i = \dot{Q}_{12} + \dot{m}_a h_1 - \dot{m}_f h_2$, wobei $\dot{m}_a$ und $\dot{m}_f$ den Saug- bzw. Förderstrom bedeuten. Ist $\dot{Q}$ die Summe der Wärmeströme, die der Maschine von außen – also ohne Berücksichtigung des Arbeitsmediums – zugeführt bzw. entzogen werden und $\dot{Q}_{Rg}$ das Restglied, so folgt mit $\dot{Q}_{12} = \dot{Q} - \dot{Q}_{Rg}$ und $P_i = P_e + |P_{RT}|$

$$P_e = \dot{Q} - \dot{Q}_{Rg} + \dot{m}_a h_1 - \dot{m}_f h_2 - |P_{RT}| \tag{57.2}$$

Die Reibungsleistung P_{RT} des Triebwerkes erscheint in dieser Bilanz, da sie größtenteils durch das hierbei nicht berücksichtigte Schmieröl abgeführt wird. Die Gasreibungsleistung P_R hingegen, die das Arbeitsmedium wieder aufnimmt, wirkt sich lediglich auf die Enthalpie h_2 aus (s. Abschn. 1.2.1.3). Das Restglied $\dot{Q}_{Rg}$ wird aus der Bilanz ermittelt. Es enthält somit die Abstrahlungsverluste und die Fehler infolge der Meßspiele und Undichtigkeiten.

Brennkraftmaschinen (**58.**1). Dem Motor wird, wenn $\dot{B}$ der Kraftstoffverbrauch in der Zeiteinheit und H_u dessen unterer Heizwert ist, der Wärmestrom $\dot{B} H_u$ zugeführt. Mit der durch die Kühlung abfließenden Wärme $\dot{Q}_K$ wird $\dot{Q} = \dot{B} H_u - \dot{Q}_K$. Das Arbeitsmedium führt, da $\dot{m}$ der Luft- und $\dot{m} + \dot{B}$ der Abgasdurchsatz ist, die Wärmeströme $\dot{Q}_L = \dot{m} h_1$ zu und $\dot{Q}_{Ab} = (\dot{m} + \dot{B}) h_2$ ab. Hierbei ist $\dot{Q}_L$ vernachlässigbar klein, da $t_1 \ll t_2$ ist. Damit folgt aus Gl. (57.2)

$$\dot{B} H_u = P_e + |P_{RT}| + \dot{Q}_K + \dot{Q}_{Ab} + \dot{Q}_{Rg} \tag{57.3}$$

Der Verlust der Idealmaschine beträgt hierbei $P_V = \dot{B} H_u - P_{id}$.

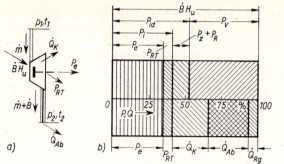

58.1

Energiebilanz einer Viertakt-Dieselmaschine

$V_H = 13{,}54\,l$ $p_1 = 1\,bar$

$P_e = 80\,kW$ $\dot B = 20\,kg/h$

$H_u = 42\,000\,kJ/kg$

a) Schaltbild

b) Energieflußbild

Dampfkraftanlagen (58.2). Im Kessel werden durch die Kohle bzw. durch das Abgas die Wärme-
ströme $\dot B\,H_u$ und $\dot Q_{Ke}$ zugeführt bzw. entzogen. Daraus folgt $\dot Q = \dot B\,H_u - \dot Q_{Ke}$. Beim Medium, für das
$\dot m_a = \dot m_f = \dot m$ ist, sind wegen der geringen Enthalpie h_1 bei nicht vorgewärmtem Speisewasser nur die
Abdampfverluste $\dot Q_{Ab} = \dot m\,h_2$ von Bedeutung. Damit ergibt Gl. (57.2)

$$\dot B\,H_u = P_e + |P_{RT}| + \dot Q_{Ab} + \dot Q_{Ke} + \dot Q_{Rg} \qquad (58.1)$$

Die ideale Anlage hat hierbei den Verlust $P_v = \dot B\,H_u - P_{id}$

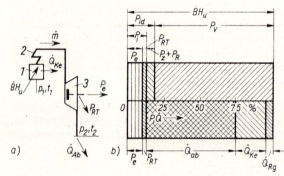

58.2

Energiebilanz einer Dampfkraftanlage

$V_H = 9{,}1\,l$ $p_1 = 16\,bar$

$p_2 = 2\,bar$ $\dot m = 1500\,kg/h$

$P_e = 132\,kW$ $\dot B = 180\,kg/h$

$H_u = 32\,000\,kJ/kg$

a) Schaltbild

    1 Kessel

    2 Überhitzer

    3 Dampfmaschine

b) Energieflußbild

Verdichter (58.3). Da der Maschine mit der Zylinder- bzw. Nachkühlung die Wärmeströme $\dot Q_Z$ und
$\dot Q_K$ entnommen werden, ist $\dot Q = -\dot Q_Z - \dot Q_K$. Erreicht das Medium hinter dem Nachkühler wieder die
Ansaugetemperatur – praktisch ist $t_2 = t_1 + (10\ \text{bis}\ 20)\,°C$ – so folgt, da $\dot m_a = \dot m_f = \dot m$ ist, $\dot m\,h_1 = \dot m\,h_2$.
Damit ergibt sich aus Gl. (57.2) für die Kupplungsleistung

$$P_e = -\dot Q_K - \dot Q_Z - \dot Q_{Rg} - |P_{RT}| \qquad (58.2)$$

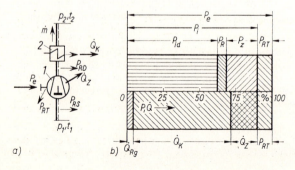

58.3

Energiebilanz eines Verdichters

$V_H = 5{,}6\,l$ $p_1 = 1\,bar$

$p_2 = 6\,bar$ $n = 250\,min^{-1}$

$P_e = 5{,}3\,kW$

a) Schaltbild

    1 Verdichter

    2 Nachkühler

b) Energieflußbild

    $P_{RS} + P_{RD} = P_R$

Flüssigkeiten. Hier sind die Zylinderverluste $P_z = 0$, weil nach der Beziehung $q_{12} = u_2 - u_1 - |w_R|$ Wärmeverluste keinen Einfluß auf die mechanische Arbeit haben und nach Abschn. 1.2.5.2 die Druckänderungen infolge der Beschleunigung im Mittel keinen Energieverlust verursachen. Die Leistungen an der Kupplung und von der Idealmaschine folgen dann aus Gl. (57.1) und der mit $\dot{m}$ multiplizierten Gl. (36.6), wenn $\dot{m}/\varrho = \dot{V}_H$, $z = h$ und $P = \dot{m}\,w$ gesetzt wird

$$P_e = P_{id} - |P_R| - |P_{RT}| \quad \text{bzw.} \quad P_{id} = \dot{V}_H(p_1 - p_2) + \dot{m}\left[g(h_1 - h_2) + \frac{c_1^2 - c_2^2}{2}\right]$$

$$(59.1) \text{ und } (59.2)$$

Hierbei ist die technische Arbeit nach Gl. (36.5) $P_t = \dot{V}_H(p_1 - p_2)$. Von der Pumpe (**59.1**), bei der $p_2 > p_1$ und $h_2 > h_1$ ist, zeigt Gl. (59.1) den Energieumsatz.

59.1
Energiebilanz einer Pumpe
$V_H = 1{,}3\,l$ $P_e = 0{,}92\,\text{kW}$
$p_1 = 1\,\text{bar}$ $p_2 = 3\,\text{bar}$
$h = 15\,\text{m}$ $n = 100\,\text{min}^{-1}$
a) Schaltbild
  1 Pumpe
  2 Saug- und *3* Druckwindkessel
  4 Saug- und *5* Förderbehälter
b) Energieflußbild
  $P_{RS} + P_{RD} = P_R$

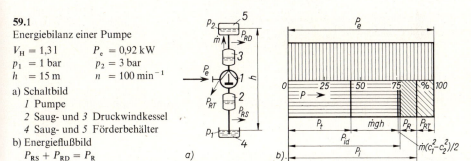

1.2.6.2 Wirkungsgrade

Sie dienen als Kenngrößen zur Bewertung des Energieumsatzes und stellen das Verhältnis der gewonnenen zur aufgewendeten Energie dar, sind also kleiner als Eins. Sie können für ganze Maschinen, Anlagen oder Teile hiervon ermittelt werden.

Kraftmaschinen. Entsprechend dem Leistungsfluß ist hier nach Gl. (57.1) $P_e < P_i < P_t\,P_{id}$.

Mechanischer Wirkungsgrad. Er kennzeichnet die Güte der Bewegungsübertragung des Triebwerks durch Vergleich der effektiven und der indizierten Leistung P_e und $P_i = P_e + P_{RT}$

$$\eta_m = \frac{P_e}{P_i} = \frac{P_e}{P_e + |P_{RT}|} \tag{59.3}$$

Er beträgt $\approx 0{,}75$ bis $0{,}92$ und nimmt mit der Größe der Maschine zu.

Gütegrade dienen zur Beurteilung der Energieumsetzung im Zylinder und in der gesamten Maschine. Hierzu wird die indizierte bzw. effektive Leistung mit der Leistung der Idealmaschine verglichen. Nach Gl. (57.1) gilt

$$\eta_{gi} = \frac{P_i}{P_{id}} = \frac{P_i}{P_i + |P_R| + |P_z|} \qquad \eta_{ge} = \frac{P_e}{P_{id}} = \eta_{gi}\,\eta_m \tag{59.4 und 59.5}$$

Die Anhaltswerte für die Gütegrade η_{gi} sind $0{,}75$ bis $0{,}8$ für Brennkraftmaschinen und $0{,}55$ bis $0{,}85$ für Dampfmaschinen.

Thermische Wirkungsgrade dienen bei Wärmekraftmaschinen zum Vergleich der Leistungen mit dem als Kraftstoff zugeführten Wärmestrom $\dot{B}\,H_u$. Hierbei werden der Wirkungsgrad der Idealmaschine, der innere und der effektive oder wirtschaftliche Wirkungsgrad

$$\eta_{id} = \frac{P_{id}}{\dot{B}\,H_u} \qquad\qquad \eta_i = \frac{P_i}{\dot{B}\,H_u} \qquad\qquad \eta_e = \frac{P_e}{\dot{B}\,H_u} \qquad\qquad (60.1)\text{ bis }(60.3)$$

unterschieden. Diese Wirkungsgrade sind, abgesehen vom Prozeßablauf, von dem Verhältnis des größten und kleinsten Zylinderdruckes abhängig. Der innere Wirkungsgrad beträgt bei Dieselmaschinen $\approx 0{,}38$ bis $0{,}45$, bei Ottomotoren $\approx 0{,}26$ bis $0{,}35$ und bei Dampfmaschinen $\approx 0{,}15$ bis $0{,}3$.

Zwischen den einzelnen Wirkungsgraden bestehen dann folgende Beziehungen

$$\eta_i = \eta_{id}\,\eta_{gi} \qquad\qquad\qquad \eta_e = \eta_{id}\,\eta_{gi}\,\eta_m = \eta_i\,\eta_m \qquad\qquad (60.4)\text{ und }(60.5)$$

die durch Einsetzen der betreffenden Leistungen zu beweisen sind.

Arbeitsmaschinen. Da die Leistungen hier immer zugeführt werden, also stets negativ sind, werden, dem allgemeinen Brauch folgend, nur ihre absoluten Werte ohne Betragzeichen angegeben. Dem Leistungsfluß entsprechend ist dann $P_e > P_i > P_t > P_{id}$.

$$\eta_m = \frac{P_i}{P_e} = \frac{|P_i|}{|P_i| + |P_{RT}|} \qquad\qquad\qquad\qquad (60.6)$$

Gütegrade. Sie folgen dann für den Zylinder bzw. die gesamte Maschine aus

$$\eta_{gi} = \frac{P_{id}}{P_i} \qquad\qquad\qquad\qquad \eta_{ge} = \frac{P_{id}}{P_e} \qquad\qquad (60.7)\text{ und }(60.8)$$

und sind hauptsächlich vom Druckverhältnis abhängig. Der Gütegrad η_{gi} beträgt $0{,}6$ bis $0{,}8$, wobei bei hohem Druckverhältnis für Verdichter die kleineren, für Pumpen die größeren Werte gelten.

Beispiel 5. Am Viertakt-Dieselmotor (**58.**1) mit dem Hubvolumen $V_H = 13{,}54\,l$ werden auf dem Prüfstand bei der Drehzahl $n = 1200\,\text{min}^{-1}$ und beim Ansaugzustand $p_1 = 1{,}0\,\text{bar}$, $t_1 = 20\,°C$ folgende Werte ermittelt:

Kupplungsleistung	$P_e = 80\,\text{kW}$	Reibungsleistung	$P_{RT} = 12\,\text{kW}$
Kraftstoffstrom	$\dot{B} = 20\,\text{kg/h}$	Saugstrom der Luft	$\dot{m} = 450\,\text{kg/h}$
Abgastemperatur	$t_2 = 450\,°C$	Kühlwasserstrom und Temperaturerhöhung	

$$\dot{m}_K = 84\,\text{kg/min} \quad \text{und} \quad \Delta t_K = 10\,°C$$

Der Kraftstoff hat den Heizwert $H_u = 4{,}2 \cdot 10^4\,\text{kJ/kg}$ und die Idealmaschine den Wirkungsgrad $\eta_{id} = 0{,}52$. Hieraus sind die Wärmebilanz und die Wirkungsgrade zu ermitteln.

Der im Kraftstoff der Maschine zugeführte Wärmestrom ist

$$\dot{Q}_{zu} = \dot{B}\,H_u = 20\,\frac{\text{kg}}{\text{h}} \cdot 4{,}2 \cdot 10^4\,\frac{\text{kJ}}{\text{kg}} = 84 \cdot 10^4\,\frac{\text{kJ}}{\text{h}}$$

Der vernachlässigte geringe Anteil der im Saugstrom der Luft enthaltenen Wärme beträgt nach Gl. (29.4) mit $c_{pL} = 1{,}005\,\text{kJ/(kg\,°C)}$

$$\dot{Q}_L = \dot{m}\,h_1 = \dot{m}\,c_p\,t_1 = 450\,\frac{\text{kg}}{\text{h}} \cdot 1{,}005\,\frac{\text{kJ}}{\text{kg\,°C}} \cdot 20\,°C = 0{,}905 \cdot 10^4\,\frac{\text{kJ}}{\text{h}}$$

Weiterhin ergeben sich:

Leistung der Idealmaschine nach Gl. (60.1)

$$P_{id} = \eta_{id}\,\dot{B}\,H_u = \eta_{id}\,\dot{Q}_{zu} = 0{,}52 \cdot 84 \cdot 10^4\,\frac{\text{kJ}}{\text{h}} = 43{,}7 \cdot 10^4\,\frac{\text{kJ}}{\text{h}}$$

indizierte Leistung nach Gl. (57.1) mit 1 kW = 1 kJ/s

$$P_i = P_e + |P_{RT}| = (80 + 12)\,\frac{kJ}{s} \cdot 3600\,\frac{s}{h} = 33{,}1 \cdot 10^4\,\frac{kJ}{h}$$

Reibungs- und Kupplungsleistung

$$|P_{RT}| = 12\,\frac{kJ}{s}\,3600\,\frac{s}{h} = 4{,}32 \cdot 10^4\,\frac{kJ}{h} \qquad P_e = 28{,}8 \cdot 10^4\,\frac{kJ}{h}$$

Der Wärmestrom, der mit dem Abgasstrom $\dot{m} + \dot{B}$ von der mittleren spezifischen Wärmekapazität $c_{p\,Ab}\big|_0^{450} = 1{,}122\,kJ/(kg\,°C)$ abgeführt wird, beträgt

$$\dot{Q}_{Ab} = (\dot{m} + \dot{B})\,h_2 = (\dot{m} + \dot{B})\,c_{p\,Ab}\,t_2 = (450 + 20)\,\frac{kg}{h} \cdot 1{,}122\,\frac{kJ}{kg\,°C} \cdot 450\,°C = 23{,}7 \cdot 10^4\,\frac{kJ}{h}$$

Für den mit dem Kühlwasser abgeführten Wärmestrom wird

$$\dot{Q}_K = \dot{m}_K\,c\,\Delta t_K = 84\,\frac{kg}{min} \cdot 60\,\frac{min}{h} \cdot 4{,}187\,\frac{kJ}{kg\,°C} \cdot 10\,°C = 21{,}1 \cdot 10^4\,\frac{kJ}{h}$$

Das Restglied folgt aus Gl. (57.3)

$$\dot{Q}_{Rg} = \dot{B}\,H_u - (P_e + |P_{RT}| + \dot{Q}_{Ab} + \dot{Q}_K) = [84 - (28{,}8 + 4{,}32 + 23{,}7 + 21{,}1)]\,10^4\,\frac{kJ}{h} = 6{,}08 \cdot 10^4\,\frac{kJ}{h}$$

Zur Aufzeichnung des Energieflußbildes **58**.1 b werden die einzelnen Leistungen und Wärmeströme in % der zugeführten Wärme angegeben. Es gilt dann für

$$P_{id}\,52\% \qquad P_i\,39{,}4\% \qquad P_e\,34{,}3\% \qquad P_{RT}\,5{,}1\% \qquad \dot{Q}_K\,25{,}1\% \qquad \dot{Q}_{Ab}\,28{,}3\% \qquad \dot{Q}_{Rg}\,7{,}2\%$$

Die ersten drei Anteile hiervon entsprechen nach Gl. (60.1) bis (60.3) dem Wirkungsgrad der Idealmaschine, dem inneren und dem effektiven Wirkungsgrad in %.
Der Gütegrad beträgt dann nach Gl. (59.4)

$$\eta_{gi} = \frac{P_i}{P_{id}} = \frac{33{,}1 \cdot 10^4\,kJ/h}{43{,}7 \cdot 10^4\,kJ/h} = 0{,}757$$

und der mechanische Wirkungsgrad wird mit Gl. (59.3)

$$\eta_m = \frac{P_e}{P_i} = \frac{28{,}8 \cdot 10^4\,kJ/h}{33{,}1 \cdot 10^4\,kJ/h} = 0{,}87$$

1.3 Auslegung einer Kolbenmaschine

Die Auslegung umfaßt die Wahl des Arbeitsverfahrens (s. Abschnitt 1.1.3) und der Bauart sowie die Ermittlung der Zahl z und der Durchmesser D der Zylinder, des Hubes s und der Drehzahl n. Bei Kraft- und Arbeitsmaschinen sind hierbei die Nennwerte der effektiven Leistung $P_e = p_e n_a V_H$ nach Gl. (18.7) bzw. der auf den Ansaugezustand bezogene Förderstrom $\dot{V}_{fa} = \lambda_L n_a V_H$ aus Gl. (19.12) einzuhalten. Mit dem Hubvolumen $V_H = z\pi D^2\,s/4$ nach Gl. (17.1) und der mittleren Kolbengeschwindigkeit $c_m = 2\,s\,n$ nach Gl. (17.6) folgt dann

$$P_e = \frac{z}{2} \cdot \frac{\pi}{4}\,D^2\,\frac{c_m}{a_T}\,p_e \qquad\qquad \dot{V}_{fa} = \frac{z}{2} \cdot \frac{\pi}{4}\,D^2\,c_m\,\lambda_L \qquad\qquad (61.1)\ \text{und}\ (61.2)$$

Hierbei ist $a_T = 1$ für Zweitakt- und $a_T = 2$ für Viertaktmaschinen einzusetzen.

1.3.1 Kenngrößen und Drehzahl

Der Auslegung einer Kolbenmaschine dienen Kenngrößen, die auf Erfahrung beruhen. Sie werden auf die Nennwerte der Leistung bzw. des Förderstromes bezogen und sind vom Arbeitsverfahren, der Bauart, der Größe und von den Betriebsbedingungen der Maschine abhängig. Üblich sind folgende Kenngrößen, von denen, soweit wegen der vielen Einflüsse möglich, Anhaltswerte angegeben werden.

Mittlerer effektiver Druck p_e. Er hängt vom Verhältnis des größten und kleinsten Druckes im Zylinder und vom Arbeitsverfahren ab. Mit seiner Steigerung wächst die mechanische Beanspruchung der Maschine, bei gasförmigen Medien auch die thermische Belastung der Zylinder und Kolben. Sein Höchstwert ≈ 18 bar gilt für Viertakt-Otto-Rennwagenmotoren. Übliche Werte sind bei Vier- bzw. Zweitaktmotoren ≈ 6 bis 16 bar bzw. ≈ 4 bis 10 bar. Die höheren Werte der Viertaktmaschinen sind möglich, weil sie durch die zusätzlichen Hübe für das Ansaugen und Ausschieben thermisch geringer belastet sind.

Liefergrad λ_L. Er hängt von der Dichtigkeit des Arbeitsraumes, bei Gasen auch vom Wärmeübergang im Zylinder ab und wird mit steigendem Verhältnis der maximalen und minimalen Drücke im Zylinder kleiner. Anhaltswerte sind $\approx 0{,}7$ bis $0{,}8$ bei Brennkraftmaschinen und $\approx 0{,}92$ bis $0{,}98$ bei Pumpen.

Mittlere Kolbengeschwindigkeit $c_m = 2\,s/T = 2\,s\,n$. Mit ihrer Zunahme steigen die Geschwindigkeiten des Mediums in den Rohrleitungen und Steuerorganen und damit die Drosselverluste an. Außerdem werden die Massenkräfte der Triebwerkteile (s. Abschn. 1.4.2) größer und der Verschleiß der gleitenden Teile und ihrer Führungen nimmt zu. Ihr Maximalwert beträgt bei Rennwagenmotoren $\approx 20\,\text{m/s}$. Übliche Werte sind für Fahrzeugmotoren ≈ 6 bis $14\,\text{m/s}$, Großdieselmotoren ≈ 4 bis $6\,\text{m/s}$, Verdichter ≈ 3 bis $6\,\text{m/s}$, Dampfmaschinen ≈ 3 bis $5\,\text{m/s}$, Pumpen $\approx 0{,}2$ bis $1\,\text{m/s}$.

Hubverhältnis s/D. Es wird vom Arbeitsverfahren und von der Bauart der Maschine beeinflußt. Seine Vergrößerung (**62.**1) ergibt bei vorgegebenem Hubvolumen kleinere Zylinderdurchmesser und damit weniger Platz für die Steuerorgane, deren Drosselverluste noch durch die mit dem Hub steigende mittlere Kolbengeschwindigkeit erhöht werden. Mit dem Hub werden aber auch die Zylinder und die Schubstangen, die darin nicht anstoßen dürfen, länger, so daß die Abmessungen der Maschine in Richtung der Zylindermittellinie zunehmen. Andererseits nehmen gleichzeitig wegen der kleineren Kolbenflächen die Stoffkräfte $F_s = (p - p_a)\,A_K$ nach Gl. (17.8) ab, und das Verhältnis der Oberfläche zum Volumen des Arbeitsraumes (**62.**1) wird größer, ein Vorteil für die Kühlung bei Verdichtern und Brennkraftmaschinen, bei denen sich dabei eine günstigere Form des Verbrennungsraumes ergibt. Das Hubverhältnis liegt zwischen 0,7 und 2, wobei die kleineren Werte für Kolben-Spülluftgebläse und Kraftfahrzeugmotoren, die größeren für Pumpen und Zweitakt-Großdieselmotoren gelten.

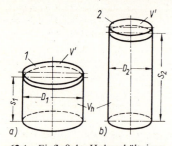

62.1 Einfluß des Hubverhältnisses auf den Arbeitsraum (Hubvolumen und Totraum konstant)

$V' = V_s = V_c = 0{,}08\,V_h$
$\varepsilon_0 = 0{,}08 \qquad \varepsilon = 13{,}5$
a) $s_1/D_1 = 0{,}7$
b) $s_2/D_2 = 2$

$$D_2 = D_1 \sqrt[3]{\frac{0{,}7}{2}} = 0{,}705\,D_1$$

$s_2 = 2{,}02\,s_1$

Maschinen für dauernden bzw. zeitweiligen Betrieb werden ihren Belastungen entsprechend bei ähnlicher Konstruktion mit niedrigen bzw. hohen effektiven Drücken und mittleren Kolbengeschwindigkeiten ausgelegt.

Drehzahl

Für die Wahl der Drehzahl n sind Verwendung, Aufbau und Größe der Maschine entscheidend. Sie wird durch die Massenkräfte (s. Abschn. 1.4.2) und die Geschwindigkeiten des Mediums in den Steuerorganen begrenzt.

Bei Industrieantrieben mit direkter Kupplung von Kraft- und Arbeitsmaschinen sollen Kolbenmaschinen durch elektrische Synchron- oder Asynchronmotoren bzw. Generatoren [20] austauschbar sein, um eine vielseitige Verwendung zu ermöglichen. Die elektrischen Maschinen können aber, bedingt durch die Zahl p ihrer Polpaare und die Netzfrequenz f, nur mit bzw. in unmittelbarer Nähe der Synchrondrehzahl

$$n_S = f/p \qquad (63.1)$$

laufen. Für die Kolbenmaschinen stehen dann bei der in Deutschland üblichen Netzfrequenz von 50 Hz nach Gl. (63.1) mit wachsender Polpaarzahl die Drehzahlen

$$300, 1500, 1000, 750, 600, 500, 428, 375, \cdots 300 \cdots 250 \cdots 200 \cdots 150 \cdots 125 \text{ min}^{-1}$$

zur Verfügung.

Für Schiffsmaschinen mit direktem Antrieb der Schiffsschraube ist die Propellerdrehzahl 120 bis 100 min^{-1} zu wählen.

Bei Antrieben über Getriebe, Riemen, Ketten usw. kann die Drehzahl meist frei gewählt werden.

Die höchsten Drehzahlen von $\approx 10\,000$ min^{-1} kommen bei Kraftrad-Rennmotoren, die kleinsten von ≈ 60 min^{-1} bei Pumpen vor. Bereiche üblicher Nenndrehzahlen sind:

Brennkraftmaschinen 110 bis 6000 min^{-1}, Dampfmaschinen 125 bis 1500 min^{-1}, Verdichter 125 bis 2000 min^{-1} und Pumpen 80 bis 650 min^{-1}.

Die Doppelhubzahl (s. Abschn. 1.1.2) des Kolbens wird angegeben, wenn Maschinen (z. B. Pumpen) mit ihrem Getriebe eine Einheit bilden oder wenn die Kolben von Kraft- und Arbeitsmaschine durch Stangen ohne Kurbeltrieb verbunden sind, wie bei Simplex- oder Duplexpumpen (**168**.1) oder Freikolbenkompressoren.

1.3.2 Einfluß der Zylinderzahl

Sind bei Kraft- bzw. Arbeitsmaschinen die Leistung P_e bzw. der Förderstrom $\dot{V}_{fa}$, der effektive Druck p_e bzw. der Liefergrad λ_L sowie die mittlere Kolbengeschwindigkeit c_m und das Hubverhältnis s/D vorgegeben, so ergibt sich aus den Gl. (61.1) und (61.2) für den Zylinderdurchmesser

$$D = \sqrt{\frac{8\, a_T P_e}{\pi\, c_m p_e}}\,\sqrt{\frac{1}{z}} = c_{KD}\sqrt{\frac{1}{z}} \quad \text{bzw.} \quad D = \sqrt{\frac{8\,\dot{V}_{fa}}{\pi\, c_m \lambda_L}}\,\sqrt{\frac{1}{z}} = c_{AD}\sqrt{\frac{1}{z}} \qquad (63.2)$$

für den Hub

$$s = \left(\frac{s}{D}\right)D = \left(\frac{s}{D}\right)c_{KD}\sqrt{\frac{1}{z}} = c_{Ks}\sqrt{\frac{1}{z}} \quad \text{bzw.} \quad s = \left(\frac{s}{D}\right)c_{AD}\sqrt{\frac{1}{z}} = c_{As}\sqrt{\frac{1}{z}} \qquad (63.3)$$

und für die **Drehzahl** mit Gl. (17.6)

$$n = \frac{c_m}{2s} = \frac{c_m}{2c_{Ks}} \sqrt{z} = c_{Kn} \sqrt{z} \quad \text{bzw.} \quad n = \frac{c_m}{2c_{As}} = c_{An} \sqrt{z} \tag{64.1}$$

Mit steigender Zylinderzahl (**64.**1) nehmen also Hub und Durchmesser nach einer Hyperbel ab, während die Drehzahl nach einer Parabel ansteigt. Bei den Konstanten

$$c_{KD} = \sqrt{\frac{8\,a_T\,P_e}{\pi\,c_m\,p_e}} \qquad c_{Ks} = \left(\frac{s}{D}\right) c_{KD} \qquad c_{Kn} = \frac{c_m}{2c_{Ks}} \tag{64.2}$$

sowie
$$c_{AD} = \sqrt{\frac{8\,\dot{V}_{fa}}{\pi\,c_m\,\lambda_L}} \qquad c_{As} = \left(\frac{s}{D}\right) c_{AD} \qquad c_{An} = \frac{c_m}{2c_{As}} \tag{64.3}$$

weist der erste Index K bzw. A auf eine Kraft- bzw. Arbeitsmaschine, der zweite auf die betrachtete Größe hin. Sie stellen Zylinderdurchmesser, Hub bzw. Drehzahl der Einzylindermaschine dar, wie aus den Gl. (63.2), (63.3) und (64.1) für $z = 1$ folgt.

Werden die Größen der geplanten Ausführung von einer vorhandenen durch einen Strich (') unterschieden, so gilt für die Zylinderdurchmesser nach Gl. (63.2) $D' = c_{KD}/\sqrt{z'}$ und $D = c_{KD}/\sqrt{z}$. Nach Division dieser beiden Gleichungen folgen für den **Zylinderdurchmesser** und in ähnlicher Weise auch für **Hub** und **Drehzahl**

$$\frac{D'}{D} = \sqrt{\frac{z}{z'}} \qquad\qquad \frac{s'}{s} = \sqrt{\frac{z}{z'}} \qquad\qquad \frac{n'}{n} = \sqrt{\frac{z'}{z}} \tag{64.4 bis 64.6}$$

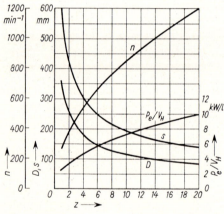

Für die Fläche eines Kolbens und die Hubvolumina pro Zylinder bzw. der gesamten Maschine ergibt sich dann entsprechend aus den Gl. (64.4) und (64.5)

$$\frac{A'_K}{A_K} = \frac{D'^2}{D^2} = \frac{z}{z'} \tag{64.7}$$

$$\frac{V'_h}{V_h} = \frac{A'_K\,s'}{A_K\,s} = \left(\frac{z}{z'}\right)^{\frac{3}{2}} \tag{64.8}$$

$$\frac{V'_H}{V_H} = \frac{z'\,V'_h}{z\,V_h} = \sqrt{\frac{z}{z'}} \tag{64.9}$$

64.1　Durchmesser, Hub, Drehzahl und Hubraumleistung eines Zweitakt-Dieselmotors
$P_e = 140\,\text{kW}$　　　$p_e = 5\,\text{bar}$
$c_m = 5,5\,\text{m/s}$　　　$s/D = 1,7$

Nach Gl. (64.6) und (64.9) ist $V'_H\,n' = V_H\,n$. Damit sind die Hubvolumina pro Zeiteinheit und wie vorausgesetzt auch die Leistungen und Förderströme nach Gl. (18.7) und (19.2) konstant.

Die **Wahl der Zylinderzahl** ist bei vorgegebener Leistung bzw. vorgegebenem Förderstrom von der Drehzahl, dem Platzbedarf, den Massenkräften, der Gleichförmigkeit des Ganges (s. Abschn. 1.4.2 und 1.4.3) und dem Schwingungsverhalten der Kurbelwelle abhängig. Während Ausführungen mit **einem** Zylinder bei allen Maschinen anzutreffen sind, erhalten Brennkraftmaschinen bis zu 18, Flugmotoren sogar bis zu 40 Zylinder. Pumpen, sowie einstufige Verdichter und Dampfmaschinen haben maximal sechs Zylinder. Höhere Zylinder-zahlen sind nicht üblich, da die Herstellungskosten wegen der vielen Einzelteile stark an-steigen, während die spezifische Hubraumleistung P_e/V_H (**64.1**), bzw. $\dot{V}_{fa}/V_H$ immer weniger zunimmt.

Ähnliche Maschinen. Bei den gegebenen Voraussetzungen zeigen die Zylinder bei verschiedenen Zylinderzahlen nach Gl. (64.4) und (64.5) geometrische Ähnlichkeit. Wird diese für die gesamte Ma-schine nach Gl. (64.7) angenommen, dann gelten folgende Gesetze.

Längen L, Flächen A und Volumina V betragen auf einen Zylinder bzw. ein Triebwerk bezogen nach Gl. (64.4) sowie (64.7) und (64.8)

$$\frac{L'}{L} = \sqrt{\frac{z}{z'}} \qquad \frac{A'}{A} = \frac{z}{z'} \qquad \frac{V'}{V} = \left(\frac{z}{z'}\right)^{\frac{3}{2}}$$

(65.1) bis (65.3)

Für die gesamte Maschine (Index g) gilt bei Rei-henbauart

$$\frac{L'_g}{L_g} = \frac{z' L'}{z L} = \sqrt{\frac{z'}{z}} \qquad (65.4)$$

$$\frac{A'_g}{A_g} = \frac{z' A'}{z A} = 1 \qquad (65.5)$$

$$\frac{V'_g}{V_g} = \frac{z' V'}{z V} = \sqrt{\frac{z}{z'}} \qquad (65.6)$$

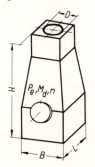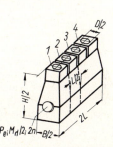

65.1 Vergleich einer Einzylinder- und einer Reihenmaschine mit vier Zylindern *1* bis *4*
P_e, p_e, c_m und s/D oder $\dot{V}_{fa}$, λ_H, c_m und s/D konstant

Bei dieser Bauart (**65.1**) bleibt also nach Gl. (65.5) die Grundfläche der Maschine erhalten, ihre Höhe nimmt aber mit steigender Zylinderzahl nach Gl. (65.1) ab.

Masse m. Bestehen die betreffenden Einzelteile der betrachteten Maschinen aus gleichen Werkstoffen, dann folgt mit $m = \varrho V$ für ein Triebwerk bzw. für die gesamte Maschine aus den Gl. (65.3) und (65.6)

$$\frac{m'}{m} = \left(\frac{z}{z'}\right)^{\frac{3}{2}} \qquad \frac{m'_g}{m_g} = \sqrt{\frac{z}{z'}} \qquad (65.7) \text{ und } (65.8)$$

Massenkräfte sind den Fliehkräften $m\,r\,\omega^2$ nach den Gl. (91.4) und (91.9) proportional. Mit $r = s/2$ und $\omega = 2\pi n$ folgt dann

$$\frac{F'_M}{F_M} = \frac{m' r' \omega'^2}{m r \omega^2} = \frac{m' s' n'^2}{m s n^2} = \left(\frac{z}{z'}\right)^{\frac{3}{2}} \left(\frac{z}{z'}\right)^{\frac{1}{2}} \frac{z'}{z} = \frac{z}{z'} \qquad (65.9)$$

Stoffkräfte. Bleibt bei konstantem effektiven Druck p_e auch das Indikatordiagramm und damit der maximale Zylinderdruck erhalten, so wird mit Gl. (17.8)

$$\frac{F'_s}{F_s} = \frac{A'_K}{A_K} = \frac{z}{z'} \qquad (65.10)$$

Mittleres Drehmoment M_d. Da nach Gl. (19.2) $M_d = P_e/2\pi n$ ist, so ergibt sich aus Gl. (64.6), weil P_e laut Voraussetzung konstant ist,

$$\frac{M'_d}{M_d} = \frac{n}{n'} = \sqrt{\frac{z}{z'}} \qquad (65.11)$$

Beanspruchungen σ. Für Zug- bzw. Druckspannungen in einem beliebigen Querschnitt A eines Triebwerkteils gilt, da die Stoff- und Massenkräfte F nach Gl. (65.9) und (65.10) gleiches Verhalten zeigen,

$$\frac{\sigma'}{\sigma} = \frac{F' A}{A' F} = \frac{z\, z'}{z'\, z} = 1 \tag{66.1}$$

Sie sind also von der Zylinderzahl der Maschine unabhängig.

Die Torsionsspannung τ im Wellenzapfen an der Kupplung mit dem Durchmesser d und dem polaren Widerstandsmoment $W_\mathrm{p} = \pi d^3/16$ beträgt mit Gl. (65.11), Gl. (64.4) und (64.6)

$$\frac{\tau'}{\tau} = \frac{M_\mathrm{d}' W_\mathrm{p}}{W_\mathrm{p}' M_\mathrm{d}} = \frac{n\, d^3}{n'\, d'^3} = \left(\frac{z}{z'}\right)^{\frac{1}{2}} \frac{d^3}{d'^3} = \left(\frac{z}{z'}\right)^{\frac{1}{2}} \left(\frac{z'}{z}\right)^{\frac{3}{2}} = \frac{z'}{z} \tag{66.2}$$

Diese Torsionsspannung wächst also mit der Zylinderzahl.

Grenzen der geometrischen Ähnlichkeit sind gegeben durch beim Sandguß bedingte kleinste Wanddicken von $\approx 6\,\mathrm{mm}$, die nach Gl. (65.1) mit steigender Zylinderzahl abnehmen, aber wegen des gießtechnischen Aufwandes nicht unterschritten werden. Weiterhin müssen Kurbelwellen, die ja grundsätzlich aus gleichen Elementen bestehen, nach der Stelle ihrer höchsten Beanspruchung ausgelegt werden. Der Durchmesser d^*, bei dem die Torsionsspannungen im Wellenzapfen an der Kupplung erhalten bleiben, beträgt dann, da nach Gl. (66.2) $\tau'/\tau = z^{1/2} d^3/(z'^{1/2} \cdot d^{*3}) = 1$ sein muß, $d^* = d(z/z')^{1/6}$. Nach Gl. (65.1) ist aber $d' = d(z/z')^{1/2}$. Der Zapfendurchmesser muß also um $d^*/d' = (z'/z)^{1/3}$ mal größer als bei der geometrisch ähnlichen Ausführung sein.

1.3.3 Baureihen

Das Fabrikationsprogramm umfaßt bei einem Maschinentyp einen bestimmten Bereich der Leistung bzw. des Förderstroms. Um diesen Bereich zur rationellen Herstellung und Ersatzteilhaltung mit möglichst wenigen Größen von Zylindern, Triebwerks- und Steuerungsteilen, Lagern usw. auszufüllen, werden die Hauptabmessungen der Zylinder in möglichst weiten Sprüngen gestuft. Die Maschinen werden dann aus den einzelnen Elementen zu Baureihen zusammengestellt. Soll außerdem für denselben Maschinentyp bei allen Zylindergrößen die gleiche thermische und mechanische Belastung vorhanden sein, so sind der mittlere effektive Druck p_e bzw. der Liefergrad λ_L, die mittlere Kolbengeschwindigkeit c_m und das Hubverhältnis s/D bei Kraft- und Arbeitsmaschinen konstant zu halten. Für die Leistung bzw. den Förderstrom einer Baureihe gilt dann nach Gl. (61.1) und (61.2)

$$P_\mathrm{e} = k_\mathrm{KP}\, z\, D^2 \qquad\qquad \dot{V}_\mathrm{fa} = k_\mathrm{AV}\, z\, D^2 \tag{66.3 und 66.4}$$

wobei

$$k_\mathrm{KP} = \frac{1}{2} \cdot \frac{\pi}{4} \cdot \frac{c_\mathrm{m}}{a_\mathrm{T}}\, p_\mathrm{e} \qquad\qquad k_\mathrm{AV} = \frac{1}{2} \cdot \frac{\pi}{4}\, c_\mathrm{m}\, \lambda_\mathrm{L} \tag{66.5 und 66.6}$$

ist. Der Hub und die Drehzahl betragen dann nach Gl. (17.6)

$$s = \left(\frac{s}{D}\right) D \qquad\qquad n = \frac{c_\mathrm{m}}{2\, s} = \frac{c_\mathrm{m}}{2(s/D)\,D} = \frac{k_\mathrm{n}}{D} \tag{66.7 und 66.8}$$

Unterscheidet wieder der Strich (') die geplante von der vorhandenen Ausführung, so folgt aus den Gl. (66.3), (66.4), (66.7) und (66.8) für die Leistung und den Förderstrom, den Hub und die Drehzahl

$$\frac{P_\mathrm{e}'}{P_\mathrm{e}} = \frac{\dot{V}_\mathrm{fa}'}{\dot{V}_\mathrm{fa}} = \frac{z'\, D'^2}{z\, D^2} \qquad\quad \frac{s'}{s} = \frac{D'}{D} \qquad\quad \frac{n'}{n} = \frac{D}{D'} \tag{66.9 bis 66.11}$$

Für die Hubvolumina ergibt sich hiermit

$$\frac{V'_h}{V_h} = \frac{D'^2 s'}{D^2 s} = \frac{D'^3}{D^3} \qquad\qquad \frac{V'_H}{V_H} = \frac{z' V'_h}{z V_h} = \frac{z' D'^3}{z D^3} \qquad\qquad \text{(67.1) und (67.2)}$$

Das Drehmoment und die Gestängekraft, für die wieder konstante Zylinderdrücke vorausgesetzt werden, beträgt dann nach Gl. (19.2), (66.9) und (66.11)

$$\frac{M'_d}{M_d} = \frac{P'_e n}{P_e n'} = \frac{z'}{z}\left(\frac{D'}{D}\right)^3 \qquad\qquad \frac{F'_G}{F_G} = \frac{A'_K}{A_K} = \left(\frac{D'}{D}\right)^2 \qquad\qquad \text{(67.3) und (67.4)}$$

Die Drehzahl als Funktion der Leistung folgt für $z = z'$ aus den Gl. (66.9) und (66.11) $P'_e/P_e = (n/n')^2$ und $n' = n\sqrt{P_e/P'_e}$.

Die spezifische Drehzahl folgt hieraus, wenn P'_e gleich einer Leistungseinheit, z. B. 1 kW, gesetzt wird. Sie beträgt

$$n_{sp} = n\sqrt{\frac{P_e}{1\,\text{kW}}} \tag{67.5}$$

und dient für Vergleiche bei der Auslegung.

Ähnliche Maschinen. Werden bei den geplanten Maschinen alle Abmessungen geometrisch ähnlich zur vorhandenen gewählt, dann betragen bei Benutzung gleicher Werkstoffe und unter Voraussetzung gleicher Indikatordiagramme:

die Massen m je Triebwerk bzw. je Zylinder und m_g für die gesamte Maschine nach Gl. (67.1) und (67.2)

$$\frac{m'}{m} = \frac{V'_h}{V_h} = \frac{D'^3}{D^3} \qquad\qquad \frac{m'_g}{m_g} = \frac{V'_H}{V_H} = \frac{z' D'^3}{z D^3} \qquad\qquad \text{(67.6) und (67.7)}$$

die Massenkräfte F_M je Triebwerk mit Gl. (67.6), (66.8) und (66.11)

$$\frac{F'_M}{F_M} = \frac{m' r' \omega'^2}{m r \omega^2} = \left(\frac{D'}{D}\right)^3 \cdot \frac{D'}{D} \cdot \left(\frac{D}{D'}\right)^2 = \left(\frac{D'}{D}\right)^2 \tag{67.8}$$

die Zug- und Druckspannung σ infolge der Stoff- bzw. Massenkräfte nach Gl. (67.4) und (67.8)

$$\frac{\sigma'}{\sigma} = \frac{F' A}{A' F} = 1 \tag{67.9}$$

und die mittlere Torsionsspannung im Wellenzapfen an der Kupplung

$$\frac{\tau'}{\tau} = \frac{M'_d W_p}{M_d W'_p} = \frac{z'}{z}\left(\frac{D'}{D}\right)^3 \cdot \left(\frac{D}{D'}\right)^3 = \frac{z'}{z} \tag{67.10}$$

Gleiche Triebwerke. Bei Maschinen mit z bzw. z' gleichen Zylindern einer Baureihe sind die Torsionsspannungen in den Wellenzapfen an der Kupplung mit den Durchmessern d und d' gleich, wenn $\tau'/\tau = M'_d W_p/(M_d W'_p) = M'_d d^3/(M_d d'^3) = 1$ ist. Da $D = D'$ ist, wird nach Gl. (67.3) $M'_d/M_d = z'/z$ und damit $z' d^3 = z d'^3$ oder $d' = d\sqrt[3]{z'/z}$. Werden nun die Zapfen aller Maschinen dieser Baureihe nach derjenigen mit der größten Zylinderzahl z', also um $\sqrt[3]{z'/z}$-fach zu groß bemessen, dann sind alle Kurbelkröpfungen und damit auch die Schubstangen und Grundlager gleich.

Die Stufung der Abmessungen einer Baureihe erfolgt vorteilhaft nach geometrischen Reihen, wie sie in den Normzahlen DIN 323 festgelegt sind. Werden z. B. die Zylinderdurchmesser nach der Reihe R 20 gewählt, dann ergeben sich nach den Gl. (66.9) und (67.4) für Maschinen gleicher Zylinderzahl die Leistungen und Kräfte aus den entsprechenden Werten der Reihe R 10, die Drehmomente nach Gl. (67.3) aus der abgeleiteten Reihe R 20/3.

Beispiel 6. Ein Zweitakt-Dieselmotor in Reihenanordnung mit der effektiven Leistung $P_e = 140\,\text{kW}$ ist für den effektiven Druck $p_e = 5,0\,\text{bar}$, die mittlere Kolbengeschwindigkeit $c_m = 5,5\,\text{m/s}$ und das Hubverhältnis $s/D = 1,7$ auszulegen. Hierzu ist die Abhängigkeit des Zylinderdurchmessers D, des Hubes s, der Drehzahl n, der Hubraumleistung P_e/V_H, der Zylinderleistung P_e/z und des Drehmomentes M_d von der Zylinderzahl z zu zeigen.

Die Konstanten betragen nach Gl. (64.2) mit $1\,\text{kW} = 10^3\,\text{N m/s}$ und $a_T = 1$

$$c_{KD} = \sqrt{\frac{8\,P_e}{\pi\,c_m\,p_e}} = \sqrt{\frac{8 \cdot 140\,\text{kW} \cdot 10^3\,\dfrac{\text{N m}}{\text{s kW}}}{\pi \cdot 5,5\,\text{m s}^{-1} \cdot 5\,\text{bar} \cdot 10^5\,\dfrac{\text{N}}{\text{m}^2\,\text{bar}}}} = \sqrt{0,1296\,\text{m}^2} = 36,0\,\text{cm}$$

$$c_{Ks} = \frac{s}{D}\,c_{KD} = 1,7 \cdot 36,0\,\text{cm} = 61,2\,\text{cm}$$

$$c_{Kn} = \frac{c_m}{2\,c_{Ks}} = \frac{5,5\,\text{m/s}}{2 \cdot 61,2\,\text{cm}} = \frac{500 \cdot 60\,\text{cm/min}}{2 \cdot 61,2\,\text{cm}} = 270\,\text{min}^{-1}$$

Hiermit ist nach Gl. (63.2), (63.3) und (64.1) der Zylinderdurchmesser, der Hub und die Drehzahl

$$D = c_{KD}/\sqrt{z} = 36,0\,\text{cm}/\sqrt{z} \quad s = c_{Ks}/\sqrt{z} = 61,2\,\text{cm}/\sqrt{z} \quad n = c_{Kn}\sqrt{z} = 270\,\text{min}^{-1}\,\sqrt{z}$$

Mit dem Hubvolumen nach Gl. (17.1)

$$V_H = z\,\frac{\pi}{4}\,D^2\,s = \frac{\pi}{4} \cdot \frac{c_{KD}^2\,c_{Ks}}{\sqrt{z}} = \frac{\pi}{4} \cdot \frac{36,0^2\,\text{cm}^2 \cdot 61,2\,\text{cm}}{\sqrt{z}} = \frac{62,3\,\text{l}}{\sqrt{z}}$$

wird die Hubraumleistung $\dfrac{P_e}{V_H} = \dfrac{140\,\text{kW}}{62,3\,\text{l}} \cdot \sqrt{z} = 2,25\,\dfrac{\text{kW}}{\text{l}}\,\sqrt{z}$

Die Leistung pro Zylinder ist dann $P_e/z = 140\,\text{kW}/z$. Das Drehmoment ergibt sich aus Gl. (19.2)

$$M_d = \frac{P_e}{2\pi\,n} = \frac{P_e}{2\pi\,c_{Kn}\sqrt{z}} = \frac{140\,\text{kW}}{2\pi \cdot 270\,\text{min}^{-1}\,\sqrt{z}} = \frac{140 \cdot 10^3\,\text{N m s}^{-1}}{2\pi \cdot 4,5\,\text{s}^{-1} \cdot \sqrt{z}} = \frac{4960 \cdot \text{N m}}{\sqrt{z}}$$

Die sich aus diesen Gleichungen ergebenden Werte sind in Tafel 68.1 für 1 bis 8 Zylinder zusammengestellt und in Bild 64.1 aufgetragen. Aus der Tafel lassen sich die gesuchten Größen nach Gl. (64.4) bis (64.6) und (65.11) ablesen. Für $z = 2$ und $z' = 8$ ist $D' = D\sqrt{z/z'} = D/2 = 254\,\text{mm}/2 = 127\,\text{mm}$, $s' = s/2$, $n' = 2\,n$, $M_d' = M_d/2$ und $P_e'/V_H' = 2\,P_e/V_H$.

Tafel **68.**1   Auslegung eines Zweitakt-Dieselmotors

z		1	2	3	4	5	6	7	8
D	in mm	360	254	208	180	161	147	136	127
s	in mm	612	433	353	306	274	250	231	217
n	in min^{-1}	270	381	467	540	603	660	713	762
P_e/V_H	in kW/l	2,25	3,18	3,89	4,50	5,03	5,51	5,95	6,36
P_e/z	in kW	140	70	46,7	35,0	28,0	23,3	20,0	17,5
M_d	in Nm	4960	3506	2863	2480	2218	2024	1874	1753

Die Motoren dieser Reihe stimmen nach Gl. (65.5) in ihrer Grundfläche überein. Mit höherer Zylinderzahl nehmen die Bauhöhen und Massen ab. Die Schwungräder werden nach Abschn. 1.4.3.3 kleiner und leichter, die Massenkräfte und Momente nach Abschn. 1.4.2.2 geringer und die direkt gekuppelten Arbeitsmaschinen wegen ihrer höheren Drehzahlen kleiner. Diese Zusammenhänge ermöglichen, die für den Verwendungszweck günstigste Maschine auszuwählen.

Für den Antrieb von Drehstromgeneratoren bei einer Netzfrequenz von 50 Hz sind die Motoren mit 2, 5 und 8 Zylindern geeignet, für die sich nahezu eine Synchrondrehzahl ergibt. Hierbei hat der Acht-zylinder-Motor die kleinsten Massenmomente und wird mit $D = 125$ mm, $s = 220$ mm und $n = 750$ min^{-1} gewählt. Die geforderte Leistung ergibt sich bei $p_e = 5{,}19$ bar, $c_m = 5{,}5$ m/s und $s/D = 1{,}76$. Die Abweichungen dieser Größen von den vorgegebenen Werten sind ohne praktische Bedeutung.

Beispiel 7. Ein Werk hat eine einfachwirkende Pumpe mit $z = 3$ Zylindern, Plungerdurchmesser $D = 50$ mm, Hub $s = 63$ mm, Drehzahl $n = 500$ min^{-1} und mit dem indizierten Druck $p_i = 20$ bar ent-wickelt. Hieraus ist ein Fertigungsprogramm für die Gestängekräfte von 4000 bis 25 000 N und die indizierten Drücke 20 und 32 bar aufzustellen. Dabei sind Durchmesser, Hübe und Drehzahlen nach der Normenreihe R 10 (DIN 323) zu stufen, der mechanische Wirkungsgrad sowie der Liefergrad $\eta_m = 0{,}88$ und $\lambda_L = 0{,}9$ seien konstant.

Gesucht sind die Abmessungen, Drehzahlen, Förderströme, Leistungen und Gestängekräfte der Pumpen.

Vorhandene Pumpe. Mit der Kolbenfläche $A_K = \pi D^2/4 = 0{,}785 \cdot 5^2$ cm$^2 = 19{,}6$ cm^2 und dem theoretischen Förderstrom

$$\dot{V}_H = z\, A_K\, s\, n = 3 \cdot 19{,}6 \text{ cm}^2 \cdot 6{,}3 \text{ cm} \cdot 500 \cdot 60 \text{ h}^{-1} \cdot 10^{-6} \text{ m}^3/\text{cm}^3 = 11{,}1 \text{ m}^3/\text{h}$$

folgt aus Gl. (19.12) für die Förderströme und aus Gl. (18.6) und (60.6) für die Antriebsleistung

$$\dot{V}_f = \lambda_L\, \dot{V}_H = 0{,}9 \cdot 11{,}1\, \frac{\text{m}^3}{\text{h}} = 10\, \frac{\text{m}^3}{\text{h}}$$

$$P_e = \frac{p_i\, \dot{V}_H}{\eta_m} = \frac{20 \cdot 10^5 \text{ N/m}^2}{0{,}88 \cdot 1000\, \dfrac{\text{N m s}^{-1}}{\text{kW}}} \cdot \frac{11{,}1 \text{ m}^3/\text{h}}{3600 \text{ s/h}} = 7{,}0 \text{ kW}$$

Für die Gestängekräfte gilt nach $F = (p - p_a)A_K$, da bei einer aus der Atmosphäre ansaugenden Pumpe $p_{2\,max} - p_a \approx p_i$ und 1 bar $= 10$ N/cm^2 ist,

$$F_{St} = (p_{2\,max} - p_a) A_K \approx p_i A_K = 200\,(\text{N/cm}^2) \cdot 19{,}6 \text{ cm}^2 = 3920 \text{ N} \approx 4000 \text{ N}$$

Geplante Pumpen. Werden diese von den vorhandenen durch einen Strich unterschieden, so gilt für die

Gestängekräfte $\quad F_{St} \approx \dfrac{\pi}{4} D^2 p_i \qquad\qquad\qquad F'_{St} \approx \dfrac{\pi}{4} D'^2 p'_i$

Förderströme $\quad \dot{V}_f = \lambda_L \dot{V}_H = \lambda_L z \dfrac{\pi}{4} D^2 s n \qquad \dot{V}'_f = \lambda_L \dot{V}'_H = \lambda_L z \dfrac{\pi}{4} D'^2 s' n'$

Antriebsleistungen $\quad P_e = \dot{V}_H p_i/\eta_m \qquad\qquad\qquad P'_e = \dot{V}'_H p'_i/\eta_m$

Durch Division dieser Gleichungen folgt dann

$$\frac{F'_{St}}{F_{St}} = \frac{D'^2 p'_i}{D^2 p_i} \qquad \frac{\dot{V}'_f}{\dot{V}_f} = \frac{\dot{V}'_H}{\dot{V}_H} = \frac{D'^2 s' n'}{D^2 s n} \qquad \frac{P'_e}{P_e} = \frac{\dot{V}'_H p'_i}{\dot{V}_H p_i} \qquad\qquad \text{(69.1) bis (69.3)}$$

Die Normenreihe R 10 mit dem Stufensprung $q_{10} = \sqrt[10]{10} = 1{,}259 \approx 1{,}25$ lautet

$$1{,}0 \quad 1{,}25 \quad 1{,}6 \quad 2{,}0 \quad 2{,}5 \quad 3{,}15 \quad 4{,}0 \quad 5{,}0 \quad 6{,}3 \quad 8{,}0 \quad 10 \quad 12{,}5 \quad 16 \quad \text{usw.}$$

Bei der Stufung müssen die Drehzahlen wegen der Massenkräfte mit zunehmenden Durchmessern und Hüben abfallen. Damit bleibt auch die mittlere Kolbengeschwindigkeit $c_m = 2\, s\, n = 2\, s'\, n'$ konstant, und es gilt $s'/s = n/n'$. Bei konstanten indizierten Drücken ergibt sich dann mit $D'/D = s'/s = n/n' = 1{,}259$ für die Gestängekräfte, die Förderströme und die Antriebsleistungen aus den Gl. (69.1) bis (69.3)

$$\frac{F'_{St}}{F_{St}} = \frac{\dot{V}'_f}{\dot{V}_f} = \frac{P'_e}{P_e} = \frac{D'^2}{D^2} = \frac{s'^2}{s^2} = \frac{n^2}{n'^2} = 1{,}259^2 = 1{,}585 = \sqrt[5]{10} \qquad\qquad (69.4)$$

Die Gestängekräfte und Förderströme sind also nach der Reihe R 5, die aus jedem zweiten Wert der Reihe R 10 gebildet wird, gestuft. Die Leistungen, deren Ausgangswert keiner Normenreihe angehört, bilden lediglich eine geometrische Reihe mit dem Faktor 1,585.

Indizierter Druck 20 bar. Bei der maximalen Gestängekraft $F'_{St} = 25000$ N gilt dann mit Gl.(69.4)

$$\frac{D'}{D} = \frac{s'}{s} = \frac{n}{n'} = \sqrt{\frac{F'_{St}}{F_{St}}} = \sqrt{\frac{25000\,\text{N}}{4000\,\text{N}}} = \sqrt{6,25} = 2,5$$

Damit wird $D' = 2,5\,D = 2,5 \cdot 50\,\text{mm} = 125\,\text{mm}$, $s' \approx 160\,\text{mm}$ und $n' = 200\,\text{min}^{-1}$. Für die Förderströme und Leistungen gilt nach Gl.(69.4) mit $p_i = p'_i$

$$\dot{V}'_f = \dot{V}_f \frac{F'_{St}}{F_{St}} = 10\,\frac{\text{m}^3}{\text{h}} \cdot \frac{25000\,\text{N}}{4000\,\text{N}} = 10\,\frac{\text{m}^3}{\text{h}} \cdot 6,25 \approx 63\,\text{m}^3/\text{h}$$

$$P'_e = P_e \frac{F'_{St}}{F_{St}} = 7,0\,\text{kW} \cdot 6,25 = 43,8\,\text{kW}$$

Zwischen diesen und den vorgegebenen Werten ist dann die Stufung nach den Reihen R 5 und R 10 durchzuführen; s. Tafel **70**.1 und Gl.(69.4)

Indizierter Druck 32 bar. Da zur Verwendung gleicher Triebwerkteile die Gestängekräfte und die Hübe beizubehalten sind, gilt für die Gestängekraft 4000 N nach Gl.(69.1)

$$\frac{D'^2}{D^2} = \frac{p_i}{p'_i} = \frac{20\,\text{bar}}{32\,\text{bar}} = 0,625 \qquad D' = 50\,\text{mm}\sqrt{0,625} \approx 40\,\text{mm} \qquad s' = 63\,\text{mm}$$

Tafel **70**.1   Fertigungsprogramm einer Pumpe

F in N	s in mm	$p_i = 20$ bar				$p_i = 32$ bar			
		D in mm	n in min^{-1}	$\dot{V}_f$ in m3/h	P_e in kW	D in mm	n in min^{-1}	$\dot{V}_f$ in m^3/h	P_e in kW
4000	63	50	500	10	7,0	40	630	8	8,9
6300	80	63	400	16	11,0	50	500	12,5	14,0
10000	100	80	315	25	17,5	63	400	20	22,3
16000	125	100	250	40	28,0	80	315	31,5	35,6
25000	160	125	200	63	43,8	100	250	50	55,6
R 5	R 10	R 10	R 10	R 5	—	R 10	R 10	R 5	—

Normzahlenreihen

Die Drehzahl wird wegen der leichter gewordenen Kolben auf $n' = 630\,\text{min}^{-1}$ erhöht. Damit beträgt nach Gl.(69.2) und (69.3) der Förderstrom und die Antriebsleistung

$$\dot{V}'_f = \dot{V}_f \frac{D'^2\,n'}{D^2\,n} = 10\,\frac{\text{m}^3}{\text{h}} \cdot 0,625 \frac{630\,\text{min}^{-1}}{500\,\text{min}^{-1}} \approx 8\,\frac{\text{m}^3}{\text{h}}$$

$$P'_e = P_e \frac{p'_i\,\dot{V}'_H}{p_i\,\dot{V}_H} = 7,0\,\text{kW}\,\frac{32\,\text{bar} \cdot 8\,\text{m}^3/\text{h}}{20\,\text{bar} \cdot 10\,\text{m}^3/\text{h}} = 8,9\,\text{kW}$$

Die weitere Rechnung wird dann wie beim indizierten Druck 20 bar durchgeführt (Tafel **70**.1). Die Nachrechnung der Leistungen, Förderströme und Gestängekräfte ergibt wegen der Abrundung der Normalzahlen geringe Abweichungen von den Werten nach Tafel **70**.1.

1.3.4 Bauarten

Die Bauart einer Kolbenmaschine wird durch die Ausbildung und Anordnung der Zylinder, Kolben, Triebwerke und Gestelle bestimmt.

1.3.4.1 Ausbildung der Zylinder und Kolben

Tauchkolbenbauart (16.1). Der Kolben ist durch den Kolbenbolzen direkt mit der Schubstange verbunden. Das Triebwerk hat somit den einfachsten Aufbau und die geringsten Massen, ist also für die höchsten Drehzahlen geeignet. Tauchkolben werden bis zu $\approx 600\,\text{mm}$ Durchmesser gebaut. Aber schon bei Durchmessern über $\approx 300\,\text{mm}$ wird infolge der großen Normalkräfte (F'_N in Bild **89.**1 b) der Verschleiß der Zylinderlaufflächen und der Kolbenringe recht beachtlich.

Kreuzkopfbauart (72.1). Um den Zylinder *1* und die Laufbuchse *4* zu entlasten, wird der Kolben *5* durch eine Kolbenstange *6* mit dem Kreuzkopf *9* verbunden, dessen Gleitbahn *10* die Normalkraft aufnimmt. Die hierdurch erzeugte Reibungswärme kann so groß werden, daß eine Kühlung der Gleitbahn erforderlich wird. Der K r e u z k o p f [55] besteht aus dem Körper und den Gleitschuhen. Er nimmt die Kolbenstange und die Lagerung der Schubstange auf, die entweder eine Gabelung ihres oberen Kopfes oder des Kreuzkopfkörpers erforderlich macht. Die Gleitschuhe werden in den Gleitbahnen durch ein- oder zweigleisige Rund- bzw. Flachführungen geführt. Kreuzkopfmaschinen haben große oszillierende Massen und sind deshalb nur bis zu Drehzahlen von $\approx 1000\,\text{min}^{-1}$ zu verwenden. Sie können aber nicht nur einfach- sondern auch doppeltwirkend hergestellt werden.

Doppelwirkende Maschinen

Der Zylinder (*1* in Bild **72.**1) hat je einen Arbeitsraum an der Kurbel- und Deckelseite *KS* und *DS*. Dadurch wird die Leistung nahezu verdoppelt und das Drehmoment sowie die Belastung des Triebwerkes sind ausgeglichener. Zum Abdichten der Arbeitsräume gegeneinander dienen Kolbenringe, die Kolbenstange wird gegen den Arbeits- bzw. Triebwerksraum durch die Stopfbuchse *7* bzw. den Ölabstreifer *8* abgedichtet.

In liegenden Maschinen trägt beim Tragkolben die Zylinderlauffläche das Kolben- und einen Teil des Stangengewichtes. Bei den schweren Kolben großer Maschinen treten auch hier stärkere Verschleißerscheinungen auf. Um diese zu verringern, wird beim Schwebekolben (**73.**1) die Kolbenstange *7* durch den Deckel *2* hindurch verlängert und mit einem Gleitschuh *10* versehen, der in einer Gleitbahn der Laterne *4* läuft. Wird am Gleitschuh die Kolbenstange eines weiteren Kolbens angeschlossen, dann entsteht die Tandembauweise, die zwar eine Schubstange und eine Kurbelkröpfung erspart, aber nur bei langsamlaufenden Maschinen zu verwenden ist.

Berechnung. Kurbel- und Deckelseite werden durch die Indizes KS und DS unterschieden. Die wirksamen Kolbenflächen betragen, wenn D der Zylinderdurchmesser und A_StKS und A_StDS die Stangenquerschnitte sind

$$A_\text{DS} = \frac{\pi}{4}D^2 - A_\text{StDS} \qquad A_\text{KS} = \frac{\pi}{4}D^2 - A_\text{StKS} \tag{71.1}$$

Für die indizierte Leistung ergibt sich, da die mittleren indizierten Drücke der beiden Arbeitsräume p_iDS und p_iKS verschieden sind, mit Gl.(18.1)

$$P_\text{i} = z\,s\,n_\text{a}(p_\text{iDS}A_\text{DS} + p_\text{iKS}A_\text{KS}) \tag{71.2}$$

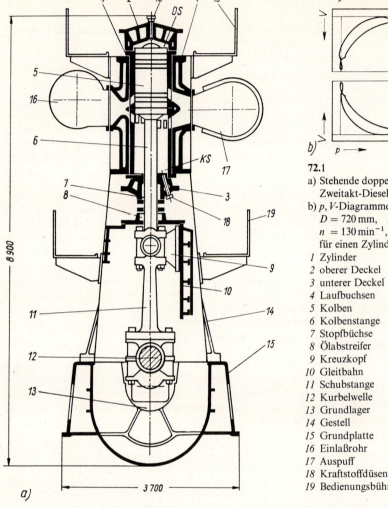

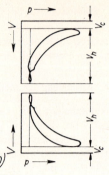

72.1
a) Stehende doppelwirkende
   Zweitakt-Dieselmaschine,
b) p, V-Diagramme
   $D = 720\,\text{mm}, \quad s = 1100\,\text{mm},$
   $n = 130\,\text{min}^{-1}, \quad P_e = 880\,\text{kW}$
   für einen Zylinder
1 Zylinder
2 oberer Deckel
3 unterer Deckel
4 Laufbuchsen
5 Kolben
6 Kolbenstange
7 Stopfbüchse
8 Ölabstreifer
9 Kreuzkopf
10 Gleitbahn
11 Schubstange
12 Kurbelwelle
13 Grundlager
14 Gestell
15 Grundplatte
16 Einlaßrohr
17 Auspuff
18 Kraftstoffdüsen
19 Bedienungsbühnen

Der Umlaufsinn der Indikatordiagramme (**72.1**b) der Kurbel- und Deckelseite ist entgegengesetzt. Da aber gleichzeitig die Kräfte auf beiden Seiten entgegengerichtet sind, haben die Arbeiten als Produkt der Kraft und ihrer Verschiebung gleiche Vorzeichen.

Der Förderstrom beträgt bei gleichem Liefergrad λ_L für beide Zylinderseiten

$$\dot{V}_{fa} = z\,s\,n\,\lambda_L\,(A_{DS} + A_{KS}) \tag{72.1}$$

Die Gestängekräfte (**73.**2a und c) treten in den Totlagen des Kolbens bei den größten bzw. kleinsten Zylinderdrücken p_2'' bzw. p_1' auf. Bei Brennkraftmaschinen ist für p_2'' der Höchstdruck p_{max} einzusetzen. Werden die zur Kurbelseite KS gerichteten Kräfte positiv gezählt, so ergibt sich mit dem äußeren Luftdruck p_a für die Kolbenstellungen OT und UT bei absoluten Zylinderdrücken

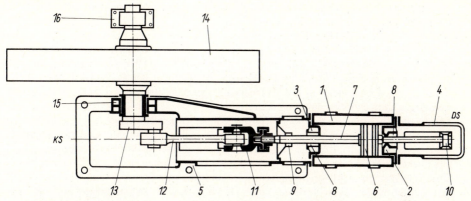

73.1 Liegender Kolbenverdichter mit Schwebekolben und Bajonettrahmen

$D = 700$ mm, $s = 800$ mm, $n = 150$ min^{-1}

1 Zylinder	*5* Bajonettrahmen	*9* Ölabstreifer	*13* Stirnkurbel
2 vorderer Zylinderdeckel	*6* Kolben	*10* Gleitschuh	*14* Schwungrad
3 hinterer Zylinderdeckel	*7* Kolbenstange	*11* Kreuzkopf	*15* Grundlager
4 Laterne	*8* Stopfbuchsen	*12* Schubstange	*16* Außenlager

$$F_{StOT} = p_2'' A_{DS} - p_1' A_{KS} - p_a(A_{StKS} - A_{StDS})$$
$$F_{StUT} = p_1' A_{DS} - p_2'' A_{KS} - p_a(A_{StKS} - A_{StDS})$$

(73.1)

Die Gestängekraft ist im *OT* nach Gl. (73.1) größer als im *UT*, da $A_{DS} > A_{KS}$ ist. Für nicht durchgehende Kolbenstangen vom Durchmesser d gilt nach Gl. (71.1)

$$A_{StDS} = 0 \qquad A_{StKS} = A_{St} = \pi d^2/4 \qquad A_{DS} = \frac{\pi}{4} D^2 \qquad A_{KS} = \frac{\pi}{4}(D^2 - d^2) \qquad (73.2)$$

Wird hierin $d = \alpha D$ gesetzt, so lassen sich den Gl. (64.2) und (64.3) entsprechende Konstanten bestimmen und alle übrigen in den Abschn. 1.3.2 und 1.3.3 abgeleiteten Beziehungen behalten ihre Gültigkeit.

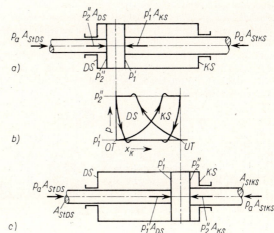

73.2
Einstufiger Verdichter mit Schwebe-kolben

a), c) Gestängekräfte in der oberen und der unteren Totlage des Kolbens

b) Indikatordiagramme

Verwendung. Triebwerke mit Kreuzköpfen sind bei allen größeren Kolbenmaschinen zu finden. Bei den langsamlaufenden P u m p e n werden sie wegen der schwierigen Führung des Kolbens fast ausschließlich benutzt. Kolbenverdichter erhalten bei stark verschmutzten Medien Schwebekolben. Bei D a m p f m a s c h i n e n besteht die Gefahr der Verseifung des Triebwerkschmieröles durch den Leckdampf der Zylinder. Daher wird grundsätzlich die doppeltwirkende Bauart mit ihrer günstigeren Abdichtung des Triebwerksraumes durch Ringe geringen Umfanges an der Kolbenstange gewählt. Z w e i t a k t - D i e s e l m a s c h i n e n werden mit doppeltwirkenden Zylindern bis zu den höchsten im Kolbenmaschinenbau vorkommenden Leistungen von 30000 kW ausgeführt. Doppeltwirkende V i e r t a k t - D i e s e l m a s c h i n e n sind wegen der schwierigen Unterbringung der Ansaug- und Auspuffkanäle sowie der Steuer-, Einspritz- und Sicherheitsorgane in dem schon durch die Kolbenstange und ihre Packung verkleinerten Zylinderdeckel der Kurbelseite selten zu finden. G a s m a s c h i n e n hingegen haben einen größeren Kompressionsraum, da sie im Ottoverfahren arbeiten. Ventile und Kanäle werden daher in den Zylinder gelegt, so daß die Raumbeschränkung bei Viertaktmaschinen wegfällt.

1.3.4.2 Anordnung der Zylinder und Triebwerke

Die Zahl und Anordnung der Zylinder und Triebwerke wird im Rahmen der konstruktiven Möglichkeiten vom Einbauraum, von der Wirtschaftlichkeit bei der Herstellung und im Betrieb sowie vom gekuppelten Aggregat bestimmt. Aber auch die Massenkräfte, die Drehschwingungen der Kurbelwelle [15]; [62] und die Gleichförmigkeit ihres Ganges sind zu beachten. Die zur Festlegung der Bauarten notwendige Bezeichnung der Zylinder und des Drehsinns sowie die Benennungen Links- oder Rechtsmaschine sind in DIN 6265 für Brennkraftmaschinen allgemein, in DIN 73021 speziell für Kraftfahrzeugmotoren genormt. Für die übrigen Kolbenmaschinen gilt DIN 6265.

Kolbenmaschinen. Der D r e h s i n n wird so angegeben, wie ihn ein vor der Kupplung stehender Beobachter (**74.**1 b, c) sieht. Kraft- und Arbeitsmaschinen müssen dann bei direkter Kupplung den entgegengesetzten Drehsinn haben. Bei Kraftmaschinen bestimmt die Steuerung den Drehsinn, bei Arbeitsmaschinen mit selbsttätigen Ventilen ist er frei wählbar, wenn keine drehrichtungsabhängigen Hilfsaggregate wie Zahnradölpumpen oder Kreiselpumpen und -gebläse vorhanden sind.

Die Z ä h l u n g d e r Z y l i n d e r (**74.**1 a) erfolgt nach DIN 6265 von der Kupplung aus. Bei der Reihenanordnung werden Zahlen benutzt, wie bei den Zylindern *1* bis *4* der Brennkraftmaschine *1*. Nebeneinanderliegende Zylinder erhalten, von links nach rechts gehend, Großbuchstaben *A*, *B* usw. Bei nebeneinanderliegenden Reihen werden die einzelnen Reihen von links aus, immer wieder bei der Kupplung beginnend, durchgezählt wie die Zylinder *A 1*, *A 2* und *B 1*, *B 2* des V-Verdichters *2*. L i n k s - und R e c h t s m a s c h i n e n werden entsprechend dem Blick auf die Kupplung unterschieden. Bei stehenden bzw. liegenden Maschinen ist die Lage der Abgasseite bzw. der Zylinder für die Bezeichnung links oder rechts maßgebend. Die Maschine *1* in Bild **74.**1 a und der Verdichter nach Bild **73.**1 sind also Linksausführungen.

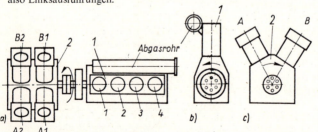

74.1
Kupplung einer gegen den Uhrzeigersinn drehenden Viertakt-Brennkraftmaschine *1* in Linksausführung mit einem V-Verdichter *2*

a) Draufsicht mit Zählung der Zylinder

b), c) Ansicht der Kupplungsseiten von *1* und *2*

Kraftfahrzeugmotoren. Die Drehrichtung wird von der Seite gegenüber der Kupplung aus festgelegt. Auch die Zählung der Zylinder erfolgt von hier aus. Bei nebeneinanderliegenden Reihen werden die Zylinder von links aus, nach jeder Reihe gegenüber der Kupplung beginnend, im Uhrzeigersinn, durchnumeriert.

Reihenmaschinen (75.1a). Die Zylinder sind hintereinander angeordnet und ihre Mittellinien liegen mit der Kurbelwellenachse in einer Ebene. Befinden sich die Zylinder ober- oder unterhalb der Kurbelwelle, so heißt die Maschine stehend oder hängend, bei waagerechter Lage der Zylindermittellinien hießt sie liegend. Die Zylinderabstände, $a \approx 1,2$ bis $2\,D$, wobei D der Zylinderdurchmesser ist, sollen möglichst klein sein, um kurze, leichte, steife und preiswerte Maschinen zu erhalten. Reihenmaschinen lassen sich relativ einfach herstellen und haben bis zu zwölf Zylinder. Die stehende Bauart (75.1a) wird wegen ihrer kleinen Grundfläche meist bevorzugt, aber auch liegende Maschinen finden wegen ihrer geringen Bauhöhe, z.B. als Unterflurmotoren von Kraftfahrzeugen Verwendung. Hängende Zylinder verringern bei Pumpen die Saughöhe und ermöglichen bei Flugmotoren eine bessere Sicht. Bei liegenden Großmaschinen sitzt der als Schwungrad ausgebildete Motor- oder Generatorläufer meist in der Mitte der Kurbelwelle. Ihr Platzbedarf ist somit groß, aber alle Teile sind leicht zugänglich, übersichtlich angeordnet und einfach zu bedienen. Bis zu 45° schräggestellte Zylinderreihen sollen bei Kraftfahrzeugen die Höhe des Motorraumes verringern.

Boxermaschinen (75.1b). Die Zylinder liegen einander gegenüber, ihre Mittellinien mit der Kurbelwellenachse in einer waagerechten Ebene, und für jedes Triebwerk ist eine Kurbel vorgesehen. Die Zylinderabstände werden klein, da die Kurbelwelle weniger Lager benötigt, die Maschinen sind kurz und niedrig. Ihre bekannteste Ausführung ist der VW-Motor. Bei Großmaschinen verdrängt neuerdings die vierkurbelige Boxermaschine die liegende Zweikurbel-Reihenmaschine. Die kleineren Massenkräfte der Boxerbauart ermöglichen höhere Drehzahlen, kleinere Maschinen und Fundamente.

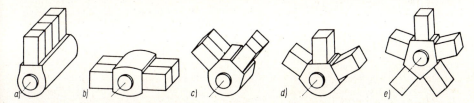

75.1 Bauformen von Kolbenmaschinen
    a) Reihenmaschine, b) Boxermaschine, c) V-Maschine, d) W-Maschine und e) Sternmaschine

V-Maschinen (75.1c). Dem Namen entsprechend bilden die Mittellinien zweier Zylinder ein V. Sie schneiden die Kurbelwellenachse und schließen den Gabelwinkel γ ein, der ≈ 45 bis $120°$ gewählt wird. Ein Kurbelzapfen (76.1) nimmt dabei zwei Schubstangen auf. Diese sind entweder gleich (76.1a) und liegen unter Versatz der Zylindermittellinien um eine Pleuellagerbreite von einander entfernt auf dem Kurbelzapfen, oder sie werden als Haupt- und Anlenkpleuel (76.1b) oder als Gabelpleuel (76.1c) ohne Mittenversatz ausgebildet. Mehrzylinder-V-Maschinen, bei denen die einzelnen V-Elemente in Reihe angeordnet sind, haben eine gute Raumausnutzung, da auch Hilfsaggregate wie Einspritzpumpen, Kühl- und Aufladegebläse bei Dieselmaschinen und Kühler bei Verdichtern im freien Raum zwischen den Zylinderreihen untergebracht werden können. Die V-Bauart, bei der bis zu 18 Zylinder üblich sind,

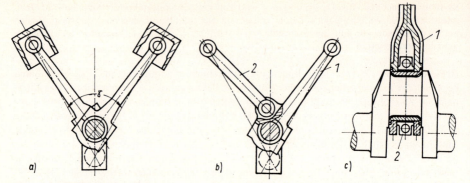

76.1 Triebwerke von V-Maschinen

a) Schubstangen hintereinander, b) Hauptpleuel *1* mit Anlenkpleuel *2*,
c) Gabelpleuel mit Haupt- bzw. Nebenpleuel *1* und *2*

wird daher vorzugsweise bei Lokomotiv- und U-Bootmotoren verwendet. Bei Verdichtern
ist die V-Bauweise, die auch mit Kreuzkopf-Triebwerken ausgeführt wird, neuerdings häufig
zu finden.

Fächermaschinen (76.2a). Ihre Zylinder sind symmetrisch über einen Halbkreis verteilt. Die
Zylindermittellinien, bei zwei benachbarten Triebwerken um den Winkel π/z versetzt, schneiden die Kurbelwellenachse, so daß die Schubstangen mit einer Kurbelkröpfung verbunden
werden können. Die Verbindung erfolgt ähnlich wie bei der V-Maschine. Bei zwei Zylindern
entspricht diese Bauart der V-Maschine mit 90° Gabelwinkel, bei drei Zylindern entstehen die
bei Verdichtern üblichen W-M a s c h i n e n (75.1d), die auch mit Kreuzkopftriebwerken gebaut
werden. Fächermaschinen sind meist bei kleineren Verdichtern, wo sie bis zu fünf Zylinder
erhalten, vertreten.

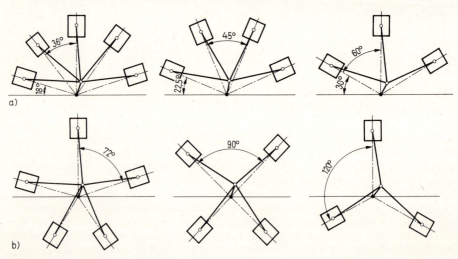

76.2 a) und b) Fächer- und Sternmaschinen $z = 3$ bis 5

Sternmaschinen (75.1 e) und (**76.**2 b). Die Zylinder sind um den gesamten Kreisumfang verteilt und um den Winkel $2\pi/z$ gegeneinander versetzt. Die Kurbelwelle hat nur eine Kröpfung, die das Hauptpleuel aufnimmt, an dem die anderen Schubstangen als Nebenpleuel angelenkt sind. Die Triebwerks- und Gehäusegewichte werden sehr klein, so daß diese Bauart besonders für Flugmotoren geeignet ist. Hier werden bis zu zwei hintereinandergeschaltete Sterne mit maximal 40 Zylinder ausgeführt und Massen pro Leistungseinheit von 540 g/kW erreicht. Um ein gleichförmiges Drehmoment zu erhalten, werden Zweitaktmotoren mit gerader und Viertaktmotoren mit ungerader Zylinderzahl hergestellt.

1.3.5   Konstruktive Gestaltung

Aufgabe der Konstruktion einer Kolbenmaschine ist es, die geforderte Leistung und den Förderstrom mit einem möglichst geringen Aufwand an Energie und Material zu erreichen. Der Aufbau der Maschinen soll einfach, ihre Herstellung billig und ihr Betrieb gegen Bedienungsfehler sicher sein. Alle Teile sind fertigungsgerecht zu gestalten [25]. Werden sie nicht zur Herstellung überbemessen, so ist ein Festigkeitsnachweis zu erbringen [19]. Bei der Vordimensionierung der Teile helfen Ähnlichkeitsbetrachtungen nach den Abschn. 1.3.2 und 1.3.4. Kraft-, Wärmefluß- und Stromlinien in der Entwurfszeichnung geben oft wertvolle Hinweise für die Gestaltung. Diese ist um so besser, je schwächer die eingezeichneten Linien gekrümmt sind [39]. Moderne Hilfsmittel für Rechenanlagen sind die „Finiten Elemente" zur Festigkeitsberechnung und das „CAD" (Computer Aided Design) zur Gestaltung komplizierter Bauteile [1].

Insbesondere ist darauf zu achten, daß sich wärmebelastete Bauteile frei ausdehnen können. In einem Querschnitt aus Stahl mit einem Elastizitätsmodul $E = 2,06 \cdot 10^5$ N/mm^2 und einer Wärmedehnzahl $\alpha = 1,1 \cdot 10^{-5}$ °C^{-1}, der um 100 °C erwärmt wird, ergibt sich bei vollkommen verhinderter Dehnung die beachtliche Spannungserhöhung

$$\sigma = E\,\alpha\,\Delta t = 1,1 \cdot 10^{-5}\,°\text{C}^{-1} \cdot 2,06 \cdot 10^5 \,(\text{N/mm}^2) \cdot 100\,°\text{C} = 227 \text{ N/mm}^2$$

Ist die freie Dehnung $\varepsilon = \Delta l/l = \alpha\,\Delta t = 1,1 \cdot 10^{-3}$, also von $\Delta l = 0,11$ mm bei $l = 100$ mm Dehnlänge nicht möglich, so müssen, um Brüche zu vermeiden, die benachbarten Bauteile einen Teil der Dehnung aufnehmen und elastisch (weich) konstruiert werden.

1.3.5.1   Aufteilung der Maschine

Die Herstellung und Montage der Maschine erfordert ihre Aufteilung in Elemente. Sie ist auf ein Mindestmaß zu beschränken, da die Bearbeitung der Teilfugen und ihre Verbindung durch Schrauben, die die Stoff- bzw. Massenkräfte übertragen müssen, kostspielig ist.

Triebwerk. Zum Einbau der Schubstange muß ihr unterer Kopf geteilt werden, wenn die Kurbelwelle nicht gebaut (auseinandernehmbar) oder als Stirnkurbel (*13* in Bild **73.**1) ausgebildet ist. Bei Kreuzkopfmaschinen ist auch eine Teilung von gegabelten oberen Schubstangen köpfen notwendig. Für die Montage der Kurbelwelle erhalten die Grundlager, die stehend (**87.**1 b) oder hängend (**87.**1 a) ausgeführt werden, eine Teilfuge, die bei Schildlagern (*3* in Bild **86.**1 a) aber vermeidbar ist. Zur Lagerung dienen meist die leicht teilbaren Gleitlager, während Wälzlager, deren Teilung die Lebensdauer der Laufringe vermindert, bei ungeteilten Lagern kleinerer Maschinen bevorzugt werden.

Maschinenkörper. Hier müssen die Teilfugen zusätzlich dicht sein. Bei kleineren Zweitakt-Brennkraftmaschinen und Verdichtern werden Zylinder und Kopf zusammengegossen, so daß bei Verwendung eines Gehäuses in Tunnelbauart (**86.**1) nur eine Teilung zwischen Zylindern und Gehäuse notwendig ist. Die Gehäuse können auch mit den Zylindern zusammengegossen werden (**87.**1a), die dann Deckel erhalten. Diese müssen gegen den höchsten Druck in der Maschine abdichten, sind aber, abgesehen vom obigen Fall, nicht zu vermeiden. Die Gehäuse größerer Maschinen sind, um die Montage der schweren Teile zu erleichtern, in ein Gestell und eine Grundplatte (**87.**1b) aufzuteilen. Bei Großmaschinen müssen die Gestelle und Grundplatten auch senkrecht zur Kurbelwellenachse geteilt werden, um Herstellung, Bearbeitung und Transport zu ermöglichen.

Verbindung der Teilfugen. Die schwellend oder wechselnd beanspruchten Verbindungsschrauben werden vorteilhaft als Dehnschrauben ausgebildet [18]. Diese vermindern die Spannungsausschläge, erzeugen eine für Grauguß günstige Druckvorspannung, nehmen infolge ihrer Elastizität Wärmedehnungen leicht auf und bringen durch ihre hohe Belastbarkeit Platz- und Materialersparnis. Dieselmotoren, bei denen die Belastungsschwankungen infolge des hohen Zünddruckes besonders groß ist, erhalten wie Dehnschrauben wirkende Zuganker. In kleineren Maschinen (**85.**1) werden sie mit dem Gehäuse verschraubt und ihre Muttern liegen auf den Deckeln auf, so daß Deckel und Zylinder verspannt werden. Bei größeren Maschinen, deren Gestelle und Grundplatten nicht so steif sind, werden diese Teile mit den Zylindern durch Zuganker verspannt. Diese haben dann Muttern, die auf dem Zylinderflansch und dem Gehäuseboden aufliegen.

1.3.5.2 Zylinder und Deckel

Zylinder und Deckel bilden mit dem Kolben den Arbeitsraum. Bei Luftkühlung werden sie als Einzelstücke hergestellt, bei Wasserkühlung zu Blöcken und Köpfen zusammengefaßt, die die Maschine wesentlich versteifen. Die Beanspruchung ihrer Wände ist hoch. Deckel und Zylinder werden mechanisch durch die Stoffkraft (**89.**1b) beansprucht. Bei den Zylindern treten noch die Druckkräfte senkrecht zur Zylindermittellinie auf, zu der bei Tauchkolbenmaschinen die Normalkraft hinzukommt. Bei gasförmigen Medien werden die Zylinder und Deckel zusätzlich thermisch beansprucht. Für die Wanddicken gelten in der Regel Erfahrungswerte. Ihre Wahl ist meist ein Kompromiß, da bei größerer Dicke zwar die mechanischen Beanspruchungen ab-, die thermischen aber zunehmen. Als Werkstoff dient hochwertiger Grauguß [39], bei kleineren Brennkraftmaschinen auch Leichtmetall, bei Verdichtern mit Drücken über 30 bar und Dampfmaschinen mit Temperaturen über 400 °C Stahlguß und für Verdichter mit Drücken über 50 bar Stahl.

Zu- und Abflußkanäle. Die Kanäle für das Medium und die Steuerorgane liegen meist im Deckel, wo sie kleinere Toträume ergeben. Sie müssen aber bei Schieber- und Schlitzsteuerungen und wenn sie im Deckel nicht unterzubringen sind, in den Zylinder gelegt werden. Bei gasförmigen Medien sollen sie sich nicht berühren, um eine Verschlechterung des Aufheizungsgrades und zusätzliche Wärmespannungen zu vermeiden. Dies ist allerdings bei den Kanälen von Schiebesteuerungen (**168.**1) nicht möglich. Die Kanalform soll dem Strömungsverlauf angepaßt sein, scharfe Umlenkungen, hervorstehende Teile und tote Ecken sind wegen der Drosselverluste nach Möglichkeit zu vermeiden. Bei den Anschlüssen für die Rohrleitungen sind deren Dehnung und Kraftwirkungen auf die Maschine, ihre Führung und Montage zu bedenken. So sollen bei Reihenmaschinen Ein- und Austritt senkrecht zur Zylinderebene liegen, um kleine Zylinderabstände zu erhalten. Der besonders bei größeren Maschinen schwierige An- und Abbau der Rohrleitungen wird beim Auswechseln selbsttätiger Ventile durch besondere Deckel (**241.**1), beim Austausch der Kolbenringe durch im Zylinder liegende Kanäle zu vermeiden.

Kühlung und Isolation. Die Oberfläche der Zylinder, Deckel und Kanäle sollen, soweit es möglich ist, bei Verdichtern und Brennkraftmaschinen vom Kühlmittel umspült, bei Dampfmaschinen mit Isoliermasse verkleidet werden. Bei Wasserkühlung erhalten Zylinder und Deckel einen Mantel. Das Kühlwasser wird dann, seiner natürlichen Bewegung infolge der Erwärmung entsprechend, an der tiefsten Stelle des Zylinders zu- und an der höchsten Stelle des Deckels abgeführt. Am Übergang zwischen Zylinder und Deckel, der sorgfältig abzudichten ist und am Deckelboden, wo große Wärmemengen abzuführen sind, wird die Kühlwassergeschwindigkeit durch Verengung der Kanäle (**85.**1) erhöht. Räume ohne freien Abfluß nach oben sind zu vermeiden, da hier isolierende Dampfpolster entstehen, die zu Rißbildungen führen. An der tiefsten Stelle des Kühlwassermantels ist ein Abfluß vorzusehen, damit er bei Frost nicht gesprengt wird. Bei Luftkühlung vergrößern Kühlrippen (**79.**1) die wärmeabführende Oberfläche. Aus gießtechnischen Gründen ist ihre Zahl begrenzt und ihr Querschnitt wird nach außen hin kleiner, wodurch gleichzeitig der Wärmeübergang begünstigt wird. Ihre Richtung ergibt sich aus dem Kühlluftstrom, beim Anblasen soll die für den Wärmeübergang günstige turbulente Strömung entstehen. Am Zylinder (**79.**2) werden sie meist konzentrisch um den Mantel gelegt. Bei kleinen Zylinderabständen werden sie rechteckig ausgebildet und lamellenartig unterteilt, damit ein Verziehen der Bohrung durch Wärmespannungen vermieden wird.

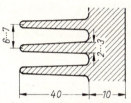

79.1 Mindestwanddicke, kleinste Abstände und maximale Länge von Kühlrippen

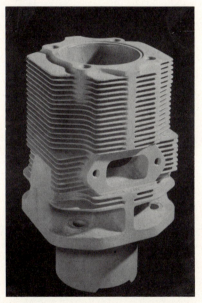

79.2 Leichtmetallzylinder [Alcan-Nüral]
  a) für Zweitaktmotor
  b) für Mopedmotor; Druckguß auf Grauguß-Laufbuchse aufgeschrumpft

Zylinderdeckel

Die Deckel sind neben dem Kolben die mechanisch und thermisch am höchsten beanspruchten Bauteile der Kolbenmaschine. Ihr Aufbau ist, wenn sie die Kanäle für das Medium aufnehmen müssen, sehr kompliziert. Dies gilt besonders bei Viertaktmotoren, in deren Deckel außer den Kanälen, noch die Ventile, die Einspritzdüse oder die Zündkerze liegen und deren Deckelboden dem Verbrennungsraum anzupassen ist.

Bei Luftkühlung erfordern die Probleme des Wärmeüberganges, der Dehnung und der Steifigkeit umfangreiche Versuche [53]. Bei Wasserkühlung sind die Kühlräume zu beachten. Dabei ist an ein leichtes Einformen des Modells, das Einlegen der Kerne und die zu ihrer späteren Entfernung notwendigen Kernstopfen zu denken. Gußanhäufungen an Schraubenlöchern sind zu vermeiden und die Kerne dürfen nicht dünner als 10 mm sein.

Der Deckel (**81**.1) eines wassergekühlten Viertakt-Dieselmotors schließt den Arbeitsraum der in einem Block gegossenen Zylinder ab. Er nimmt den Einlaßkanal *1*, der zur Verbesserung der Gemischbildung räumlich gekrümmt ist, und den Auslaßkanal *2* auf. Ihre Flansche *3* sind in die Deckelstirnwände eingegossen. Zur Aufnahme der Steuerung (**274**.1) sind die Eindrehungen *4* für die Sitzringe und die Pfeifen *5* für die Führungsbuchsen der Ventile vorgesehen. Die Ventilfedern liegen auf den Ausdrehungen *6*, für die Halteschrauben des Kipphebelbockes ist das Gewinde *7* bestimmt, und die Stößelstangen gehen durch die Bohrungen *8*. Die Kraftstoffdüse und die Vorkammer liegen im Zylinderkörper *9*, und die Anlaßkerze sitzt in der Gewindebohrung *10*. Die Befestigungsschrauben für den Deckel gehen durch die Bohrungen *11*. Das Kühlwasser tritt durch die Bohrungen *12* ein und durch *13* aus. Die Kernlöcher *14* dienen zur Entfernung der Kühlmantelkerne und sind mit Deckeln verschlossen.

Der Zylinderdeckel (**80**.1) des luftgekühlten Viertakt-Ottomotors (**371**.1) besteht aus einer Aluminium-Magnesium-Gußlegierung und wird bei 300 bis 350 °C spannungsfrei geglüht. Die Kanäle für Einlaß *1* und Auslaß *2* münden in den halbkugelförmigen Brennraum *3* (Wanddicke 16 mm), der allseitig verrippt ist. Bei der Steuerung sind die Ventile um 50° zur Zylindermittellinie geneigt und

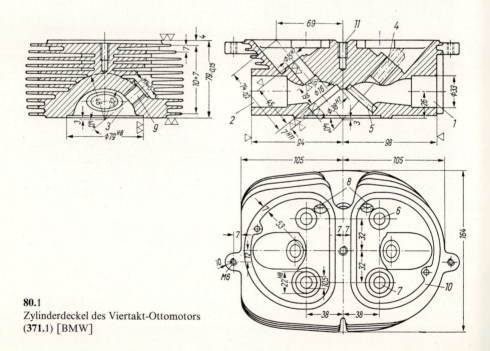

80.1
Zylinderdeckel des Viertakt-Ottomotors
(**371**.1) [BMW]

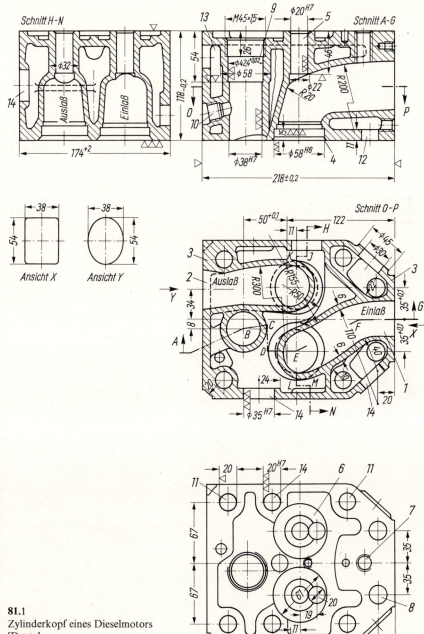

81.1
Zylinderkopf eines Dieselmotors
[Deutz]

$D = 130\,\text{mm}\ \varnothing$
$s\ = 160\,\text{mm}$
$n\ = 1500\,\text{min}^{-1}$

erlauben so eine einfache Kanalführung. Die Bohrungen *4* sind für die Führungsbuchsen, die Ausdrehungen *5* für die Sitzringe der Ventile vorgesehen. Die Schrauben für die Kipphebelböcke gehen durch die Bohrungen *6* und *7* und befestigen gleichzeitig den Deckel am Zylinder. In den Bohrungen *7* liegen die Führungsbuchsen für die Kipphebelböcke, durch die Bohrungen *8* gehen die Stößelstangen. Die Lauf- und Führungsbuchsen sowie die Sitzringe werden nach Erwärmen des Deckels auf 250°C eingeschrumpft. Die Zündkerze ist in das Gewinde *9* eingeschraubt und liegt mitten im Kühlluftstrom. Auf den Wülsten *10* liegen die Schutzkappen zur öldichten Kapselung der Steuerung auf. Ihre Halterung wird vom Gewinde *11* aufgenommen.

Der Deckel (**82.**1) des luftgekühlten zweistufigen Verdichters (**240.**1) besteht aus Grauguß GG-25. Er ist mit zehn Dehnschrauben, die durch die Bohrungen *1* gehen und im Gehäuse eingeschraubt sind, mit den vier in einem Block gegossenen Zylindern verbunden. Seinen Aufbau bestimmen die beiden Saug- und Druckräume für die I. und II. Stufe, die in sich abgeschlossen sein müssen und mit Öl von 15 bar Druck auf Dichtigkeit geprüft werden. Bei der I. Stufe erstreckt sich der Saugraum vom Saugflansch *2* bis zu den drei Sitzen *3* der Saugventile, der Druckraum von den drei Sitzen *4* der Druckventile bis zum Flansch *5*. Diese Räume sind durch je zwei Rippen *6* abgestützt, an deren Enden die Pfeifen für die Bohrungen *1* liegen. Bei der II. Stufe reicht der Saugraum vom Flansch *7* bis zum Ventilsitz *8*, der Druckraum vom Ventilsitz *9* bis zum Flansch *10*. Hier sind die Rippen *6* zu Trennwänden *11* und *12* für die einzelnen Räume erweitert. Die Flansche *2* und *10* sind mit dem Saugfilter der Förderleitung, die Flansche *5* und *7* über den Zwischenkühler (**213.**1) verbunden. Die acht Ventilnester *13* (**204.**1) werden durch die Ventildeckel mit ovalem Flansch abgeschlossen, für die die Gewindebohrungen *14* vorgesehen sind. Sie ermöglichen den Ausbau der Ventile ohne Abheben des Deckels, das den Abbau des Zwischenkühlers, der Förderleitung und des Luftfilters erfordert.

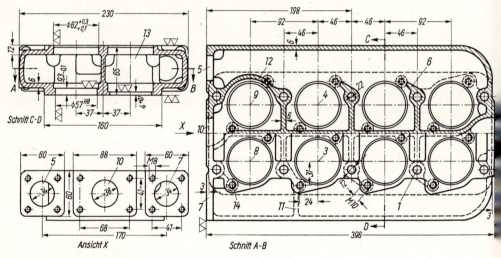

82.1 Zylinderdeckel des zweistufigen Verdichters (**240.**1)
[Knorr-Bremse]

Zylinder

Der Zylinder (**83.**1) nimmt die Bohrung als Lauffläche und gegebenenfalls die Kanäle für das Medium sowie den Kühlmantel bzw. die Kühlrippen auf. An seinen Enden liegen die Flansche für die Deckel und Gehäuse mit ihren Dichtflächen. Seine Wanddicken müssen groß genug

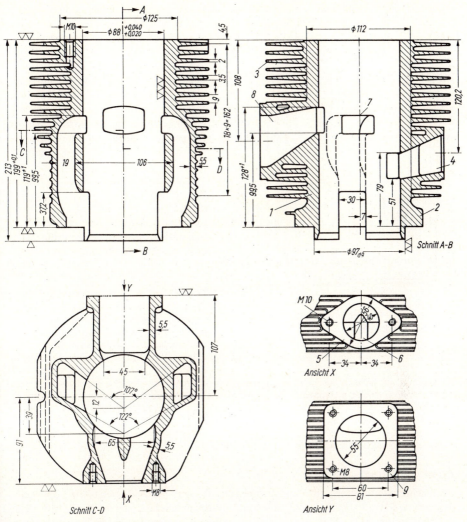

83.1 Zylinder des Zweitakt-Dieselmotors (**373.**1)
[Fichtel & Sachs]

sein, um eine Verformung der Bohrung (**84.**1) durch mechanische Kräfte und Wärmespannungen zu verhindern, damit die gleitenden Teile nicht fressen. Zum K ü h l m a n t e l sollen die
Übergänge wegen der Wärmedehnungen elastisch sein. Durchgehende Längsrippen zur Verbindung von Kühlmantel und Zylinderkörper sind daher nicht angebracht. Die Bohrung wird
feinstbearbeitet und mit Abschrägungen zum Einbau des Kolbens versehen. Die Länge der
Lauffläche wird so bemessen, daß der oberste Kolbenring im *OT* und der unterste im *UT*
etwas überschleifen, um Riefenbildungen zu vermeiden. Größere Maschinen erhalten Quer-
bohrungen für die Indikatoren im Totraum und für die Schmierung der Laufflächen.

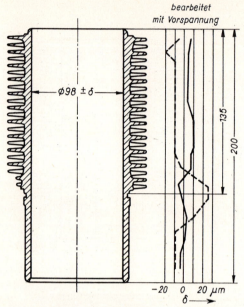

84.1 Zylinder für Luftkühlung mit Vorspannung
bearbeitet [MWM]
δ Durchmesseränderung vor (– – –) und nach
(——) dem Anziehen der Zuganker

Laufeigenschaften. Um ein Fressen und den Verschleiß des Kolbens bzw. seiner Ringe an der Lauffläche zu verhüten bzw. zu verringern, sind die Werkstoffe von Zylinder, Kolben und Ringen abzustimmen. Stahl, Gußstahl und Leichtmetalle haben gegenüber Grauguß brauchbare Laufeigenschaften, wenn die Gleitflächen geschmiert werden. Das Graugußgefüge soll perlitisch und in den Bohrungen härter als bei den möglichst von Ferrit [8] freien Kolbenringen sein. Sie sollen den Verschleiß aufnehmen, da sie leichter zu ersetzen sind. Der Verschleiß steigt mit der Kolbengeschwindigkeit, dem Druck und der Temperatur sowie mit der Normalkraft an und ist in der Bohrung im *OT* der Kolbenoberkante am größten.

Der Zylinder (**83.**1) des luftgekühlten Zweitaktdieselmotors (**373.**1) mit Kurbel-kastenspülung besteht aus Grauguß und ist bei 520 bis 550°C spannungsfrei geglüht. Für die Lauffläche des Kolbens soll die Brinell-Härte 180 bis 220 *HB* betragen. Der Zylin-derkörper *1* ist mit einem kräftigen Vier-eckflansch *2* am Gehäuse angeschraubt. Da er die Stoff- und Normalkraft aufzunehmen hat, sind die Wanddicken reichlich bemessen. Die Kühlrippen *3* laden weit aus, da beim Einzylindermotor genügend Platz vorhanden ist. Für die Schnürle-Umkehrspülung ist der Ladekanal *4* mit einem Ovalflansch *5* und einer Längsrippe *6* versehen, die beiden Spülkanäle *7* sind zur Zylinderwand hin geneigt und der Auspuffkanal *8* hat einen Viereckflansch *9*. Die Schlitzkanten sind bogenförmig, damit die Kolbenringe sich nicht festhaken.

Zylinderlaufbuchsen

Laufbuchsen sind auswechselbar und bestehen aus Grauguß. Sie werden eingesetzt, wenn keine geeignete Werkstoffpaarung vom Zylinder und Kolben möglich ist, oder der Verschleiß infolge der Verschmutzung des Mediums zu groß wird. Ihre Bohrungen lassen sich hartverchromen, um die Laufeigenschaften zu verbessern und ihren Abrieb zu ersetzen. Nasse Buchsen (**85.**1) werden vom Kühlwasser umspült, trockene Buchsen liegen in der Bohrung des Zylinders an. Ihre Befestigung soll eine axiale Bewegung durch die Reibungskräfte der Kolbenringe verhüten. Trockene Buchsen werden meist in die Zylinderbohrung eingepreßt oder nach Unterkühlung eingeschrumpft. Bei nassen Buchsen wird der Bund zwischen dem Zylinder und Decke eingespannt oder mit dem Deckel verschraubt (**85.**1), damit sich die Buchse auf der ganzen Länge frei dehnen kann. Bei der Einspannung ist der Kraftfluß zwischen Deckel und Bund, der wegen des heißen Totraumes radiales Spiel erhält, zu beachten. In der Zylinderbohrung hat die Buchse dann eine Spielpassung, die zur Kostenersparnis so kurz wie möglich gehalten wird. Die Abdichtungen (**85.**1) gegen Kühlwasser und Arbeitsmedium müssen axial beweglich sein.

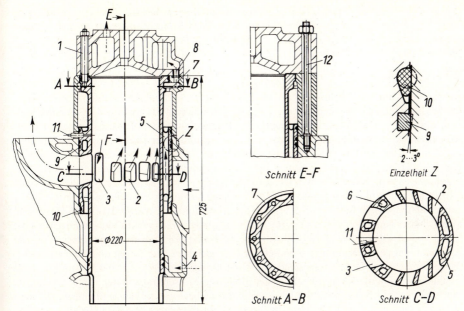

85.1 Zylinderlaufbuchse eines Zweitakt-Dieselmotors

$D = 220$ mm, $s = 300$ mm, $n = 500$ min^{-1}, $p_e = 4{,}5$ bar

(Luft- bzw. Brenngas ——, Kühlwasser ----)

Die Laufbuchse (**85.1**) einer wassergekühlten Zweitakt-Dieselmaschine ist durch die Schrauben *1* mit dem Deckel verbunden. Die Schlitze der Schnürle-Umkehrspülung nehmen 50 bis 60% des Umfanges ein. Die Einlaßschlitze *2* liegen zu beiden Seiten der Auslaßschlitze *3*, die breiter und höher sind. Das Kühlwasser fließt von seinem Eintritt *4* über die Kanäle *5* bzw. die Kühlstege *6* und die Verengungen *7* in den Übertritt *8* zum Deckel. Die Kühlstege *6* sollen Risse in den Auslaßkanälen und den Verzug der Buchse verhüten. Durch die Verengungen *7* wird an der heißesten Stelle der Buchse die Kühlwassergeschwindigkeit erhöht und der Wärmeübergang verbessert. Zur Abdichtung gegen das Brenngas und Kühlwasser dienen die Kupfer- bzw. Gummiringe *9* und *10*. Das Zylinderschmieröl wird über den Stutzen *11* zugeführt. Die Dehnschrauben *12* verbinden den Deckel mit dem Gehäuse und nehmen die Stoffkräfte auf.

Passungen. Für die Bohrung und den Kolben (Index B und K) wird eine Spielpassung – meist H 7/f 7 oder H 7/e 8 nach DIN 7150 – gewählt. Da bei der Berechnung ihrer Dehnungen Δd_B und Δd_K die Unterschiede ihrer Durchmesser vernachlässigbar sind, kann $d_B = d_K = d$ gesetzt werden. Mit der Raumtemperatur t_R gilt dann

$$\Delta d_B = \alpha_B d (t_B - t_R) \qquad\qquad \Delta d_K = \alpha_K d (t_K - t_R) \tag{85.1}$$

Für die Temperaturen gilt $t_B \approx t_K - (50$ bis $80)\,°$C, der Wärmeausdehnungskoeffizient α ist zwischen 0 und 360° für Stahl $1{,}36 \cdot 10^{-5}\,°$C^{-1}, für Grauguß $1{,}16 \cdot 10^{-5}\,°$C und für Leichtmetall $2{,}16 \cdot 10^{-5}\,°$C^{-1}. Das mittlere Übermaß des kalten Kolbens beträgt dann

$$\ddot{u} = \Delta d_K - \Delta d_B \tag{85.2}$$

Um diesen Wert sind die Maße des Kolbens bei der Herstellung zu verringern. Diese Rechnung liefert für Verdichter und Dampfmaschinen brauchbare Werte. Bei Brennkraftmaschinen ist die Verteilung der Temperaturen zu berücksichtigen. Der Kolben wird dann in Sonderformen hergestellt, und sein Mantel erhält einen Formschliff [19].

Für die Passungen der Laufbolzen und Kolbenbolzen sind, wenn keine Preßpassungen[1]) vorliegen, die Gl. (85.1) und (85.2) entsprechend zu verwenden. Wird das Übermaß negativ, wie z.B. bei den stählernen Kolbenbolzen in Aluminiumkolben, so sind bei der Herstellung die Kolbenbolzen, soweit es ihr Einbau erlaubt, zu vergrößern.

1.3.5.3 Gestelle

Die Gestelle, auch Gehäuse oder Kurbelkasten genannt, sind mit dem Fundament starr oder elastisch verbunden und nehmen die Zylinder, die Kurbelwelle und die Hilfseinrichtungen zur Schmierung, Kühlung und Steuerung der Maschine auf. Ihr Aufbau hängt vom Arbeitsverfahren und der Kühlung der Zylinder, von der Anordnung der Triebwerke und vom Einbau der Kurbelwelle ab. Die verschiedenartigen Bauarten (**86.**1) haben aber die Gestellwände *1*, die Zylinderflansche *2*, die Lagerung *3*, die Fundamentleisten *4*, den Ölraum *5* und die Montagefenster *6* gemeinsam. Als Werkstoff dient Grauguß GG-20 oder GG-25, der bei hohen Stückzahlen in Kokillen vergossen wird. Bei kleinen Gehäusen ist auch Leichtmetall (**240.**1), bei großen Gestellen Stahl als Schweißkonstruktion zu finden. An Kräften (**86.**1) treten in den Zylinderflanschen *2* die Stoffkräfte, in der Lagerung *3* und in den Fundamentleisten *4* die Stoff- und Massenkräfte auf. Außerdem wirkt auf das Gestell noch ein Kippmoment, das dem Drehmoment an der Kupplung dem Betrage nach gleich ist. Die Kräfte und Momente (**89.**1) beanspruchen das Gestell wechselnd auf Zug-, Druck und Biegung und bestimmen seine Wanddicken. Da die Momente infolge der Stoff- und Massenkräfte in der von den Zylindermittellinien und der Kurbelwellenachse bestimmten Ebene am größten sind, müssen die hierzu senkrecht liegenden Querschnitte (**87.**1a, b) ein ausreichendes Widerstandsmoment erhalten. Ist es zu gering, so verformen sich die Gestelle zu stark und die bewegten Teile laufen an oder klemmen.

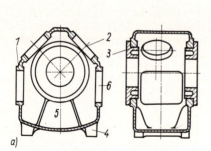

86.1 Tunnelgehäuse
   a) V-Verdichter
   b) W-Verdichter

Gestaltung. Im Querschnitt wird zunächst die Einhüllende der umlaufenden Schubstange, eine geigenförmige Kurve, und der Gegengewichte, ein Kreis, aufgezeichnet, um den hierfür notwendigen freien Raum zu bestimmen. Diese Kurven müssen von der Oberfläche des Öles bei seinem höchsten Stand einen Mindestabstand von 20 bis 50 mm haben, damit die Schubstangen und Gegengewichte nicht in das Öl schlagen und es zum Schäumen bringen. Zur Bestimmung des höchsten Ölstandes wird

---

[1]) Florin, F.: Leitertafeln zur Berechnung von Schrumpfverbindungen. Z. Konstruktion **9** (1957) H. 8, S. 324 ff.

der Umriß des Ölraumes unter Berücksichtigung der Schräglage der Maschine und des Ölwannenin-haltes nach Abschn. 3.7.2 aufgezeichnet. Damit liegt auch der Abstand der Kurbelwellenmittellinie und des Bodens des Gestells bzw. der Ölwanne fest. Dann sind die Flansche und Lager für die Kurbel-welle, die Steuerungsteile und die Fundamentleisten einzuzeichnen. Diese Teile werden dann durch Wände verbunden. Die Wände sind unter Beachtung des Kraftflusses möglichst nahe an die Einhüllen-den der Schubstange und der Gegengewichte heranzulegen, um ihre Zugänglichkeit zu verbessern und um Raum und Gewicht zu sparen. Im Längsschnitt werden dann in Verbindung mit weiteren Ris-sen und Schnitten die übrigen Teile unter Beachtung der Zylinderabstände, der Abdichtung des Kur-belwellenaustritts und der Montagefenster entworfen. Die Spannungen lassen sich wegen des kom-plizierten Aufbaus nur für einzelne herausgeschnittene Teile der Gestelle berechnen. Hierzu zählen die Brücken und Deckel der Lager sowie die meist recht kurzen Wände zwischen den Fenstern. Bei kleinen Maschinen ergibt die von der Gießerei für Grauguß geforderte Mindestwanddicke von 6 bis 8 mm meist eine ausreichende Festigkeit.

Tunnelgehäuse (86.1). Die Kurbelwelle liegt in einem Tunnel auf Schildlagern, bei denen ein Schild durch die Gehäusestirnwand ersetzbar ist. Zum Ausbau der Kurbelwelle (**238.**1) müssen die Zentrier-durchmesser der Schilde größer als die Höhe der Wangen und Gegengewichte sein. Bei mehr als zwei Lagern sind die Schilde und Lager, die Kurbelwelle oder die Gehäuse, zu teilen. Die Gleitlager be-stehen aus einfachen Buchsen, die den Einbau eines Führungs- oder Festlagers erschweren. Bei zwei Lagern (**238.**1) wird die Kurbelwelle schwimmend angeordnet. Zwischen den Stirnflächen der Lager-buchsen und den Anlaufbunden der Kurbelwelle besteht dann ein etwas größeres als für die Wärme-dehnung notwendiges Spiel. Bei drei und mehr Lagern erhält dann der Kurbelzapfen an der Kupplung einen Paßbund (*18* in Bild **375.**1). Bei Wälzlagern (**167.**1) können die Gehäuse nach dem Baukasten-prinzip aufgeteilt und die Kurbelwangen als Scheiben ausgebildet werden, deren Durchmesser so groß ist, daß sich die Lager aus der Kurbelwelle herausziehen lassen. Das Widerstandsmoment des Tunnelgehäuses ist infolge seiner geschlossenen Bauart meist so groß, daß nur Rippen an den Lager-flanschen nötig sind. Die Verwendung dieser Gehäuse ist bei zweifach gelagerten Kurbelwellen wegen ihrer einfachen Herstellung weit verbreitet. Bei Zylinderbohrungen unter 200 mm ist es auch mit mehr als zwei Kurbelwellenlagern häufig anzutreffen.

Offenes Gestell (87.1a). Zur Montage der Kurbelwelle ist das Gestell unten offen, und die Lager-deckel *1* sind nach unten abnehmbar. Den Abschluß bildet eine Kurbelwanne *2* aus Blech, die keine Kräfte aufnimmt. Um das Widerstandsmoment zu vergrößern, werden die Längswände *3* tief heruntergezogen und verrippt und die Lagerstühle erhalten nach oben durchgehende, durch Stützen *5* versteifte Querwände *6*. In zusammengegossenen Gestellen und Zylinder *7* werden die Kräfte und Mo-mente gleichmäßiger als von den Schrauben der Flansche oder Teilfugen übertragen. Verwendung findet es für Reihenmaschinen mit Zylindern bis zu 200 mm Durchmesser.

Gestell mit Grundplatte (87.1 b). Zum Einbau der Kurbelwelle wird das Gehäuse in ein Gestell *8* und eine Grundplatte *9*, die die Lager aufnimmt, aufgeteilt. Das unten offene Gestell wird von der Stoff- und der Normalkraft beansprucht und muß wegen seines geringen Widerstandsmoments Längsrippen *10* und Querrippen *11* erhalten. Auch die Grundplatte, noch zusätzlich durch die Massenkräfte belastet, muß besonders an den Lagerbrücken *12* versteift werden. Bei Kreuz-kopfmaschinen sind am oberen Flansch des Gestells noch die Laternen für die Ölabstreifer und die Stopfbuchse, im Gestell selbst die Gleit-bahn für den Kreuzkopf (**72.**1) angegossen. Die Verwendung dieser Gestelle ist auf Zylinder über 300 mm Durchmesser beschränkt.

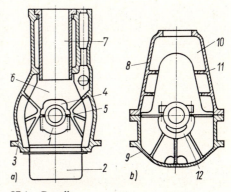

87.1   Gestelle
a) offenes Gestell einer Viertakt-Diesel-maschine, b) Gestell mit Grundplatte

1.4 Triebwerk

Das Triebwerk einer Kolbenmaschine verwandelt die oszillierende (hin- und hergehende) Kolbenbewegung in eine rotierende (umlaufende) Bewegung an der Kupplung oder der Riemenscheibe bzw. umgekehrt. Hierzu wird wegen seines einfachen Aufbaus und der geringen Übertragungsverluste meist der Kurbeltrieb [19] gewählt.

1.4.1 Kurbeltrieb

Kinematik. Beim Kurbeltrieb (**88.**1) wird die Mitte des Kreuzkopf- bzw. Kolbenbolzens mit B, des Kurbel- und Wellenzapfens mit K bzw. M bezeichnet. Nach den AWF-Getriebeblättern [5] erhalten der im Gestell feste Drehpunkt M einen kleinen geschwärzten Kreis, die in einer Ebene beweglichen Drehpunkte B und K einen Nullenkreis. An Abmessungen sind anzugeben: Schubstangenlänge $l = \overline{BK}$, Kurbelradius $r = \overline{KM}$, Hub $s = 2r$, der gleich dem Abstand der Totpunkte OT und UT ist, und Schubstangenverhältnis $\lambda = r/l$. Der Kurbelwinkel φ wird vom OT aus gerechnet, und die Winkelgeschwindigkeit $\omega = \mathrm{d}\varphi/\mathrm{d}t$ der Kurbel ist bei ausreichendem Schwungrad konstant. Für den Schubstangenwinkel β gilt $\sin\beta = \lambda\sin\varphi$. Der Kolbenweg beträgt, da der Kolben und der Bolzen B die gleiche Bewegung ausführen,

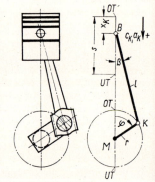

88.1   Kurbeltrieb

$$x_\mathrm{K} = r\left(1 - \cos\varphi + \frac{\lambda}{2}\sin^2\varphi + \frac{\lambda^3}{8}\sin^4\varphi + \frac{\lambda^5}{16}\sin^6\varphi + \cdots\right) \tag{88.1a}$$

$$x_\mathrm{K} \approx r\left(1 - \cos\varphi + \frac{\lambda}{2}\sin^2\varphi\right) \quad \text{und} \quad x_\mathrm{K} \approx r(1 - \cos\varphi) \tag{88.1b) und (88.1c}$$

$$c_\mathrm{K} = r\,\omega\left[\sin\varphi + \left(\frac{\lambda}{2} + \frac{\lambda^3}{8} + \frac{15\lambda^5}{256}\right)\sin 2\varphi - \left(\frac{\lambda^3}{16} + \frac{3\lambda^5}{64}\right)\sin 4\varphi + \frac{3\lambda^5}{256}\sin 6\varphi \cdots\right] \tag{88.2a}$$

$$c_\mathrm{K} \approx r\,\omega\left(\sin\varphi + \frac{\lambda}{2}\sin 2\varphi\right) \qquad c_\mathrm{K} \approx r\,\omega\sin\varphi \tag{88.2b) und (88.2c}$$

und die Kolbenbeschleunigung $a_\mathrm{K} = \mathrm{d}c_\mathrm{K}/\mathrm{d}t = \omega\,\mathrm{d}c_\mathrm{K}/\mathrm{d}\varphi$

$$a_\mathrm{K} = r\,\omega^2\left[\cos\varphi + \left(\lambda + \frac{\lambda^3}{4} + \frac{15\lambda^5}{128}\right)\cos 2\varphi - \left(\frac{\lambda^3}{4} + \frac{3\lambda^5}{16}\right)\cos 4\varphi + \frac{9\lambda^5}{128}\cos 6\varphi + \cdots\right]$$
$$\tag{88.3a}$$

$$a_\mathrm{K} \approx r\,\omega^2(\cos\varphi + \lambda\cos 2\varphi) \qquad a_\mathrm{K} \approx r\,\omega^2\cos\varphi \tag{88.3b) und (88.3c}$$

Bei den Näherungsgleichungen (88.1b), (88.2b) und (88.3b) sind gegenüber den exakten Gl. (88.1a), (88.2a) und (88.3a) alle Glieder vernachlässigt, die kleiner als λ^3 sind. Sie genügen abgesehen von Schwingungsuntersuchungen zur Berechnung des Kurbeltriebes. Die Gl. (88.1c), (88.2c) und (88.3c) – nur für $\lambda = 0$ bzw. $l \to \infty$, also für die unendlich lange Schubstange exakt gültig – sind lediglich für qualitative Untersuchungen oder wenn λ relativ klein ist, zu verwenden.

Das von der Bauart der Maschine abhängige Schubstangenverhältnis beträgt $\approx 1/3{,}2$ bis $1/6$. Es muß mit wachsenden Hubverhältnis s/D kleiner werden. Gültigkeitsbereiche, Ableitung und graphische Verfahren für die Gl. (88.1) bis (88.3) s. [19].

Dynamik. In der Zylindermittellinie der Kolbenmaschine (**89.**1a) wirken die Stoffkraft $F_S = (p - p_a) A_K$ nach Gl. (17.8), wobei p der Druck aus dem Indikatordiagramm, p_a der atmosphärische Druck und A_K die Kolbenoberfläche ist, sowie die oszillierenden Massenkräfte F_o des Kolbens (mit Stange, Kreuzkopf und Zapfen) und der Schubstange nach Gl. (91.4). Ihre Resultierende, die Kolbenkraft, beträgt, wenn die Reibungskräfte und bei stehenden Maschinen die relativ geringen Gewichtskräfte der oben erwähnten Triebwerksteile vernachlässigt werden,

$$F_K = F_S - F_o \qquad (89.1)$$

Diese Kräfte sind periodisch veränderlich. Als positive Richtung wird für die Stoff- und Kolbenkraft die Richtung zur Kurbelwelle hin gewählt. Im Kolben- bzw. Kreuzkopfzapfen wird die Kolbenkraft in die in der Schubstangenrichtung wirkende Stangen- und die senkrecht zur Zylindermittellinie stehende Normalkraft aufgeteilt. Sie betragen

$$F_{St} = F_K/\cos\beta \qquad F_N = F_K \tan\beta \qquad (89.2) \text{ und } (89.3)$$

Im Kurbelzapfen wird die Stangenkraft in die Tangential- und Radialkraft (**89.**1a) zerlegt

$$F_T = F_K \frac{\sin(\varphi + \beta)}{\cos\beta} \qquad F_R = F_K \frac{\cos(\varphi + \beta)}{\cos\beta} \qquad (89.4) \text{ und } (89.5)$$

Das Drehmoment an der Kupplung ist dan $M_d = F_T r$. Die Belastung des Wellenzapfens F_Z hat, wenn die rotierenden Massenkräfte nach Gl. (91.9) ausgeglichen sind, den gleichen Betrag wie die Stangenkraft, aber die entgegengesetzte Richtung.

Zylinderdeckel, Zylinder bzw. Gleitbahn und die Grundlager (**89.**1b) nehmen die entsprechenden, durch einen Beistrich gekennzeichneten Reaktionskräfte auf. Hierbei hat das Kippmoment $F_N' a$ den gleichen Betrag, aber den entgegengesetzten Drehsinn des Drehmoments.

Die an den einzelnen Zapfen angreifenden Massenkräfte sind verschieden. Für den Kurbelzapfen können die oszillierenden Massenkräfte, Gl. (91.4), und für die Wellenzapfen die Gesamtmassenkraft (**92.**1h) mit praktisch ausreichender Genauigkeit eingesetzt werden. Ableitung der obigen Gleichungen und Sonderfälle s. [19].

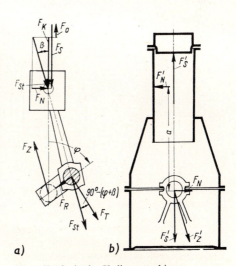

a) b)

89.1 Kräfte in der Kolbenmaschine

a) Kurbeltrieb

b) Zylinder, Gestell und Grundplatte

1.4.2 Massenausgleich

Die Kräfte und Momente der bewegten Triebwerksmassen versuchen, die Kolbenmaschine zu verschieben [19] und sie um ihren Gesamtschwerpunkt zu verdrehen. Da dies durch die Fundamentschrauben verhindert wird, übertragen Fundament und Boden die Kräfte und Momente auf Gebäude und Maschinen in der Umgebung. Stimmt nun deren Eigenschwingungszahl mit der Winkelgeschwindigkeit der Kubelwelle überein, dann entstehen gefährliche Resonanzerscheinungen. Um diese zu vermeiden, müssen entweder die Massenwirkungen beseitigt oder bei der Fundamentberechnung [24] berücksichtigt werden.

1.4.2.1 Einzylinder-Maschine

Massen

Den Bewegungen der Triebwerksteile gemäß werden oszillierende und rotierende Massen unterschieden.

Schubstange (90.1a). Da sie die beiden Bewegungen ausführt, wird ihre Masse m_S entsprechend den Auflagerkräften der in ihrem Schwerpunkt S vereint gedachten Stangenmasse m_{St} aufgeteilt [19]. Ist l die Stangenlänge und r_{St} der Schwerpunktabstand von der Kurbelzapfenmitte K, so gilt mit praktisch ausreichender Genauigkeit für die oszillierende bzw. rotierende Masse in B bzw. K

$$m_{oSt} \approx m_{St}\frac{r_{St}}{l} \qquad\qquad m_{rSt} \approx m_{St}\frac{l-r_{St}}{l} \qquad (90.1)$$

Bei konstantem Schubstangenverhältnis λ haben Schubstangen gleicher Konstruktion eine ähnliche Massenverteilung. Für Schubstangen üblicher Bauart ($\lambda = 1/4$) ist $r_{St} \approx l/3$. Damit folgen aus Gl. (90.1) die für Überschlagsrechnungen brauchbaren Werte

$$m_{oSt} \approx \frac{1}{3}m_{St} \qquad\qquad m_{rSt} \approx \frac{2}{3}m_{St} \qquad (90.2)$$

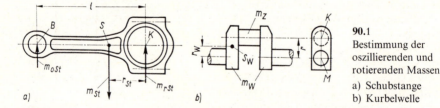

90.1
Bestimmung der oszillierenden und rotierenden Massen
a) Schubstange
b) Kurbelwelle

Oszillierende Masse. Sie umfaßt für den Kurbeltrieb die Massen m_K des Kolbens, m_{KS} der Kolbenstange, m_{Kr} des Kreuzkopfes und den oszillierenden Schubstangenanteil und beträgt

$$m_o = m_K + m_{KS} + m_{Kr} + m_{oSt} \qquad (90.3)$$

Kurbelwelle (90.1b). Die rotierende Masse und der rotierende Schubstangenanteil werden auf die Kurbelzapfenmittellinie (Punkt K) bezogen. Da der in der Drehachse gelegene Wellenzapfen keine Fliehkraft ausübt, sind nur die Kurbelwangen mit der Masse m_W und dem Abstand r_W des Schwerpunktes S_W von der Drehachse (Punkt M) zu reduzieren. Da die Fliehkraft erhalten bleiben muß, ist $m_W r_W = m_{redW} r$ oder

$$m_{redW} = m_W \frac{r_W}{r} \tag{91.1}$$

Rotierende Masse. Sie beträgt für die Kurbelwelle bzw. für das Triebwerk mit Gl. (90.1), wenn m_Z die Masse des Kurbelzapfens ist,

$$m_{rKW} = m_Z + m_W \frac{r_W}{r} \qquad\qquad m_r = m_{rSt} + m_{rKW} \tag{91.2 und 91.3}$$

Massenkräfte

Der Massenaufteilung entsprechend sind oszillierende und rotierende Kräfte zu unterscheiden. Sie werden bei konstanter Winkelgeschwindigkeit betrachtet. Ihre mittlere Arbeit ist dann während einer Umdrehung Null [19]; sie erfordern also keine zusätzliche Leistung.

Oszillierende Kräfte. Da die Bewegung der hin- und hergehenden Teile der Kolbenbewegung entspricht, folgt aus dem Newtonschen Grundgesetz und aus Gl. (88.3b) mit hinreichender Genauigkeit die oszillierende Kraft

$$F_o = m_o r \omega^2 (\cos\varphi + \lambda \cos 2\varphi) \tag{91.4}$$

Die Richtung von der Kurbelwelle zum Kolben hin zählt hier als positiv. Zur besseren Übersicht erfolgt ihre Aufteilung in Kräfte I. und II. Ordnung

$$F_I = m_o r \omega^2 \cos\varphi = P_I \cos\varphi \qquad F_{II} = \lambda m_o r \omega^2 \cos 2\varphi = P_{II} \cos 2\varphi \tag{91.5 und 91.6}$$

Die betreffenden **Amplituden**

$$P_I = m_o r \omega^2 \qquad\qquad P_{II} = \lambda m_o r \omega^2 = \lambda P_I \tag{91.7 und 91.8}$$

sind praktisch von besonderer Bedeutung.

Die oszillierenden Kräfte (**92.1**a, b, c) sind periodisch, der Kolbenbeschleunigung entgegengerichtet und wirken in der Zylindermittellinie. Ihr Maximum $P_I + P_{II}$ tritt stets im OT auf. Bei $\lambda < 1/3{,}8$ liegt das Minimum $-(P_I - P_{II})$ im UT, sonst wird es dem Betrage nach größer und liegt davor und dahinter (**92.1**b,c). Ihre Ortskurve (**92.1**g), die Verbindungslinie aller Endpunkte der Vektoren F_o, ist eine Gerade.

Die Kräfte I. bzw. II. Ordnung (**92.1**e,f) werden durch die Projektionen der Vektoren P_I und P_{II}, die mit der Kurbel bzw. deren doppelter Winkelgeschwindigkeit umlaufen, auf die Zylindermittellinie dargestellt. Ihre Extremwerte $F_{Imax} = P_I$ liegen bei $\varphi = 0$ bzw. $180°$ und $F_{IImax} = P_{II}$ bei $\varphi = 0°, 90°, 180°$ und $270°$. Bei $\varphi = 90°$ und $270°$ ist $F_I = 0$ und bei $\varphi = 45°$, $135°, 225°$ und $315°$ ist $F_{II} = 0$.

Rotierende Kräfte. Da die Bewegung der umlaufenden Teile der Kurbelzapfenbewegung entspricht, gilt für sie

$$F_r = m_r r \omega^2 \tag{91.9}$$

Sie sind mit der Kurbel umlaufende **Fliehkräfte** (**92.1**d) konstanten Betrages, ihre Ortskurve ist also ein Kreis. Ihre Komponenten, $F_r \cos\varphi$ in der Zylindermittellinie bzw. $F_r \sin\varphi$

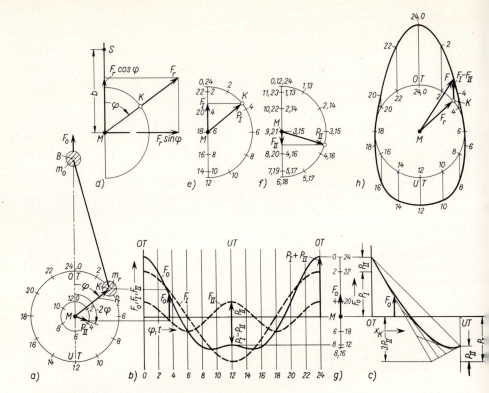

92.1 Massenkräfte einer stehenden Einzylindermaschine
oszillierende Kräfte a) Vektoren P_{I} und P_{II}, b) Liniendiagramm, c) Massenkraftparabel
rotierende Kräfte d) Vektoren mit Komponenten
e), f) Massenkräfte I. und II. Ordnung $\bar{m}_{\mathrm{F\,II}} = \bar{m}_{\mathrm{F\,I}}/\lambda$,
g) oszillierende Massenkräfte, h) Gesamtmassenkräfte

senkrecht dazu, sind im ersten Quadranten des Kurbelwinkels positiv. Das Moment $F_{\mathrm{r}}\,b\sin\varphi$ um den Gesamtschwerpunkt der Maschine hat wegen seines kleinen Hebelarmes nur geringe Auswirkungen auf die Umgebung und ist praktisch ohne Bedeutung.

Gesamtmassenkräfte. Sie ergeben sich aus der vektoriellen Addition der oszillierenden und rotierenden Kräfte. Ihre Ortskurve (**92.1** h) zeigt, daß ihre Richtung, abgesehen von den Totlagen, nicht mit der Kurbelstellung übereinstimmt.

Ausgleich der Massenkräfte

Rotierende Kraft. Sie kann mit Gegengewichten an beiden Kurbelwangen ausgeglichen werden. Ihre Fliehkraft ist $F_{\mathrm{G}} = F_{\mathrm{r}}$, hat aber die entgegengesetzte Richtung. Ist m_{G} die Masse der Gegengewichte und r_{G} ihr Schwerpunktradius, gerechnet ab Kurbelwellenmitte, so wird

$$m_{\mathrm{G}}\,r_{\mathrm{G}} = m_{\mathrm{r}}\,r \qquad\qquad m_{\mathrm{G}} = m_{\mathrm{r}}\,\frac{r}{r_{\mathrm{G}}} \qquad\qquad (92.1)$$

Rotierende Kraft und Kraft I. Ordnung. Zum zusätzlichen Ausgleich des Teiles αF_I der Kräfte I. Ordnung (**93.**1a) ist die Fliehkraft der Gegengewichte um αP_I zu vergrößern. Aus den Gleichgewichtsbedingungen für $\varphi = 0$ folgt dann $\alpha P_I + F_r = F_G$ und mit Gl. (91.7) und (91.9)

$$(\alpha m_o + m_r)r = m_G r_G \qquad (94.1)$$

Hieraus läßt sich der Anteil α, der $\approx 0{,}2$ bis $0{,}5$ betragen kann, nach dem Entwurf der Gegengewichte ermitteln. In der Zylindermittellinie und auch senkrecht hierzu verbleiben aber die Restkräfte $F_{Rv} = F_I - \alpha P_I \cos\varphi = (1 - \alpha)F_I$ und $F_{Rh} = -\alpha P_I \sin\varphi$.

Ein vollständiger Ausgleich der Kräfte F_r und F_I ist möglich, wenn $\alpha = 0{,}5$ gewählt wird. Die Restkräfte sind dann $F_{Rv} = 0{,}5\,P_I \cos\varphi$ und $F_{Rh} = -0{,}5\,P_I \sin\varphi$. Ihr Ausgleich erfolgt durch ein Gegengewicht (**93.**1b) mit der Masse $0{,}5\,m_o r/r_G$ an einem Zahnrad, das von einem gleich großen auf der Kurbelwelle sitzendem Rad angetrieben wird. Das Gewicht läuft also entgegen der Kurbel um, liegt unten wenn der Kolben im OT steht und hat die Fliehkraftkomponenten $F_{Gv} = -0{,}5\,P_I \cos\varphi = -0{,}5\,F_I$

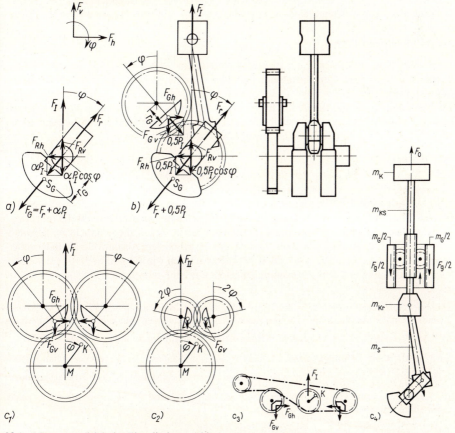

93.1 Massenausgleich der Einzylindermaschine

    a) teilweiser Ausgleich der Kräfte I. Ordnung

    b) Ausgleich der rotierenden Kräfte und der Kräfte I. Ordnung

    c) Ausgleich der Kräfte I. Ordnung und II. Ordnung

    c_1) und c_2) rotierende Gegengewichte, c_3) Lancaster-Antrieb, c_4) oszillierende Gegengewichte

und $F_{\mathrm{Gh}} = 0.5\,P_{\mathrm{I}}\sin\varphi$. Da $F_{\mathrm{Rv}} + F_{\mathrm{Gv}} = 0$ und $F_{\mathrm{Rh}} + F_{\mathrm{Gh}} = 0$ ist, sind auch die Kräfte I. Ordnung und die waagerechten Komponenten der Gegengewichte ausgeglichen.

Kräfte I. und II. Ordnung (93.1 c, d). Rotierende Gegengewichte. Sie sind so angeordnet, daß sich ihre waagerechten Fliehkraftkomponenten F_{Gh} ausgleichen. Für die Kräfte I. Ordnung laufen sie dann mit der Kurbel um und haben die Massen $0.5\,m_{\mathrm{o}}r/r_{\mathrm{G}}$. Bei den Kräften II. Ordnung gilt für die senkrechten Komponenten $2\,F_{\mathrm{Gv}} = 2\,F_{\mathrm{G}}\cos 2\varphi = F_{\mathrm{II}}\cos 2\varphi$ bzw. $2\,m_{\mathrm{G}}\,r_{\mathrm{G}}\,(2\,\omega)^2 = \lambda\,m_{\mathrm{o}}\,r\,\omega^2$. Die Gewichte laufen als mit der doppelten Winkelgeschwindigkeit um, und die Masse eines Gewichts beträgt $m_{\mathrm{G}} = 0.125\,\lambda\,m_{\mathrm{o}}\,r/r_{\mathrm{G}}$, ist also relativ gering.

Lancaster-Antrieb (**93.**1c3). Sein Unterschied zu den rotierenden Gegengewichten liegt beim Antrieb der Räder durch Zahnkeilriemen. Der Durchmesser des den Gegenlauf und die Riemenspannung bewirkenden linken Zahnrades ist dabei frei wählbar.

Oszillierendes Gegengewicht (**93.**1c4). Es wird über zwei Zahnräder und Zahnstangen angetrieben. Mit der Masse $m_{\mathrm{G}} = m_{\mathrm{o}} = m_{\mathrm{K}} + m_{\mathrm{KS}} + m_{\mathrm{Kr}} + m_{\mathrm{oSt}}$ gleicht es alle oszillierenden Kräfte, auch die höherer Ordnung, aus, da es sich entgegen dem Kolben bewegt. Der Ausgleich ist nur bei langsamlaufenden Kreuzkopfmaschinen möglich und verlangt lange Triebwerke und damit lange Maschinen.

1.4.2.2 Reihenmaschine

Reihenmaschinen (**75.**1a) sind aus mehreren hintereinanderliegenden Einzylindermaschinen zusammengesetzt. Ihre Zylindermittellinien bilden die Zylinderebene und ihre Zylinder liegen auf einer Seite der Kurbelwelle. Die Kurbeln werden in einer für den Massenausgleich, das Drehkraftdiagramm und die Drehschwingungen der Kurbelwelle günstigen Folge angeordnet. Außer den Massenkräften treten noch die Momente derjenigen Triebwerke auf, deren Mittellinien nicht durch den Gesamtschwerpunkt der Maschine gehen.

Massenmomente

Diese Momente werden von den Massenkräften um den Maschinenschwerpunkt ausgeübt. Hierbei sind die Momente ohne Bedeutung, die in der Schwereebene oder in dazu parallelen Ebenen wirken wie das Moment (**92.**1d) $F_r b \sin\varphi$. Ihr Hebelarm ist wegen des geringen Abstandes des Maschinenschwerpunktes S von der Drehachse M der Kurbelwelle sehr klein. Hingegen sind die Momente beachtlich, die in den Ebenen wirken, die senkrecht zur Schwereebene stehen. Hier ergeben sich große Hebelarme, die gleich dem Abstand der Zylindermittellinien von der Schwereebene sind. Diese Momente werden wie die Kräfte in rotierende Momente und Momente I. und II. Ordnung aufgeteilt, die bei Drehung im Uhrzeigersinn positiv sind.

Lage der Schwereebene: Für mehrstufige Verdichter oder Dampfmaschinen (**95.**1) von z ungleichen Zylindern mit der Maschinenmasse m_{n} pro Zylinder, deren Mittellinien vom Zylinder 1 die Entfernung x_{n} haben, beträgt dann der Abstand der Schwereebene SS vom Bezugspunkt $x = \sum\limits_{n=2}^{z} m_{\mathrm{n}}\,x_{\mathrm{n}} \Big/ \left(\sum\limits_{n=1}^{z} m_{\mathrm{n}} \right)$. Sind die Massen je Zylinder konstant wie bei Großdieselmaschinen mit zusammengesetzten Kurbelwellen, so folgt hieraus $x = \dfrac{1}{z} \sum\limits_{z=2}^{z} x_{\mathrm{n}}$, während bei symmetrischen Maschinen die Schwereebene durch die Kurbelwellenmitte geht. Bei ausgeglichenen Massenkräften sind die Momente von der Lage der Schwereebene unabhängig [62].

Momente I. und II. Ordnung. Für ein Triebwerk gilt, wenn h der entsprechende Hebelarm, gerechnet von der Schwereebene ist, mit Gl. (91.5) und (91.6)

$$M_{\mathrm{I}} = m_{\mathrm{o}}\,r\,\omega^2\,h\cos\varphi = D_{\mathrm{I}}\cos\varphi$$

$$M_{\mathrm{II}} = \lambda\,m_{\mathrm{o}}\,r\,\omega^2\,h\cos 2\varphi = D_{\mathrm{II}}\cos 2\varphi \qquad\qquad (94.1)\text{ und }(94.2)$$

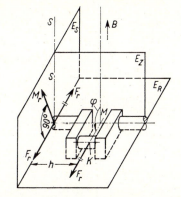

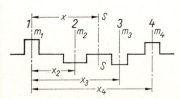

95.1 Bestimmung der Schwereebene für $z = 4$
verschiedene Zylinder *1* bis *4*

95.2 Rotierende Massenkraft und Moment
E_S Schwereebene, E_Z Zylinderebene,
Kräftepaar $F_r h$ ersetzt durch den Momentenvektor M_r

Sie sind periodisch veränderlich und wirken in der Zylinderbene (E_z in Bild **95.2**). Ihre Amplituden sind

$$D_I = m_o r \omega^2 h = P_I h \quad D_{II} = \lambda m_o r \omega^2 h = P_{II} h = \lambda P_I h = \lambda D_I \quad (95.1) \text{ und } (95.2)$$

Rotierende Momente (**95.2**). Sie betragen für eine Kurbel nach Gl. (91.9)

$$M_r = F_R h = m_r r \omega^2 h \tag{95.3}$$

Ihr Betrag ist konstant und sie wirken in der mit der Kurbel umlaufenden, von der Kurbelwellenachse und der Kurbelzapfenmittellinie gebildeten Ebene E_R.

Resultierende Kräfte und Momente

Zur besseren Übersicht wird hierfür die Anordnung der Triebwerke (**96.1**a) bei einem bestimmten Kurbelwinkel φ_1 des ersten Triebwerkes folgendermaßen dargestellt: **Kurbelwelle** (**96.1**b). In ihre vereinfachte Längsansicht werden die Zylindermittellinien, ihre Bezifferung, die Schwereebene *SS*, die Hebelarme *h* der Momente und die Zylinderabstände *a* eingetragen. Die Zahlen *1*, *2* und *3* bezeichnen dabei die Zylinder und geben ihre Lage zur Kurbelwelle an.

Kurbelschema I. Ordnung (**96.1**c). Es stellt die Projektion der vereinfachten Kurbelwelle auf die Schwereebene dar und gibt die **Kurbelfolge** an, in der die einzelnen Kurbeln den *OT* durchlaufen. **Kurbelversatz** (**96.1**a) heißt dabei der Winkel α zwischen den Mittellinien zweier aufeinanderfolgender Kurbeln. Die **Kurbelwinkel** der weiteren Triebwerke betragen dann $\varphi_2 = \varphi_1 + \alpha_{12}$, $\varphi_3 = \varphi_1 + \alpha_{12} + \alpha_{23}$ usw. Für $\varphi_1 = 0$ ist $\varphi_2 = \alpha_{12}$ und $\varphi_3 = \alpha_{12} + \alpha_{23}$.

Kurbelschema II. Ordnung (**96.1**d). Aus dem Kurbelschema I. Ordnung entsteht es, wenn die Kurbel vom *OT* aus um den doppelten Kurbelwinkel 2φ im Drehsinn oder um den Winkel $2\varphi'$ in entgegengesetzter Richtung verdreht werden. Hierbei ist $\varphi' = (360° - \varphi)$. So ergibt sich hier die Stellung der Kurbel *3* durch Drehen um $2\varphi_3 = 2 \cdot 225° = 450°$ im Uhrzeigersinn oder durch Drehen um $2\varphi'_3 = 2 \cdot (360° - 225°) = 2 \cdot 135° = 270°$ entgegen dem Uhrzeigersinn. Bei Kurbelwinkeln über $180°$ ist die Einführung des Winkels φ' vorteilhaft.

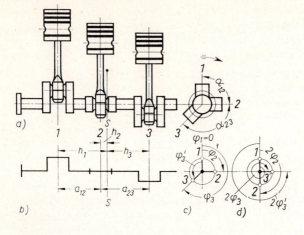

96.1
Darstellung der Triebwerke
(unsymmetrische Dreizylinder-
Reihenmaschine)

a) Triebwerk
b) vereinfachte Kurbelwelle
c), d) Kurbelschema I. und
       II. Ordnung

Kräfte. Zur Ermittlung ihrer Resultierenden werden die Kräfte (**95**.2) mit Hilfe der entsprechenden Momente in die Schwereebene verlegt und dann vektoriell addiert.

Rotierende Kräfte. Ihre Vektoren (**96**.2d) erhalten dazu die Längen F_r und die Richtungen der entsprechenden Kurbeln nach dem Kurbelschema I. Ordnung (**96**.2b). Ihre Resultierende $F_{r\,res}$ stellt die Größe und Richtung der rotierenden Massenkraft der Maschine dar.

Kräfte I. und II. Ordnung. Ihre Vektoren P_I und P_{II} (**96**.2e, f) haben die Längen der
Amplituden und die Richtung der zugeordneten Kurbeln nach dem Kurbelschema I. bzw.
II. Ordnung. Ihre Resultierenden $F_{I\,res}$ und $F_{II\,res}$ sind dann die Projektionen der Vektoren
$P_{I\,res}$ und $P_{II\,res}$ auf die Zylinderebene. Da die Vektoren mit der Kurbel 1 im betreffenden
Kurbelschema den Winkel δ_I und δ_{II} bilden, gilt

$$F_{I\,res} = P_{I\,res} \cos(\varphi_1 + \delta_I) \qquad\qquad F_{II\,res} = P_{II\,res} \cos(2\,\varphi_1 + \delta_{II}) \qquad\qquad (96.1)$$

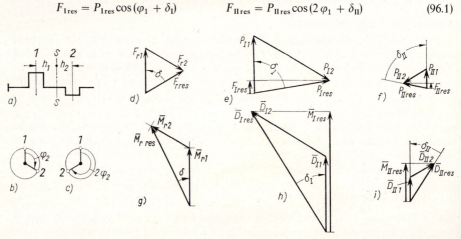

96.2 Addition der Kraft- und Momentenvektoren. Zweizylinder-Reihenmaschine; 120° Kurbelversatz
$m_{o1} = 1,3\,m_r$, $m_{o2} = 2\,m_r$, $h_1 = 1,3\,h_2$, $\lambda = 0,3$

a) Kurbelwelle   b), c) Kurbelschema I. und II. Ordnung
d) bis f) Addition der Kraftvektoren   g) bis i) Addition der Momentenvektoren

Sie sind in Bild **96**.2e und f für $\varphi_1 = 0°$ aufgezeichnet. Ihre Maxima, deren Ermittlung meist genügt, betragen dann $F_{Imax} = P_{Ires}$ und $F_{IImax} = P_{IIres}$ und treten bei $\varphi_1 = -\delta_I$ und $\varphi_1 = -\delta_{II}/2$ auf.

Lagewinkel. Er stellt den Winkel zwischen der Kurbel *1* im *OT* also $\varphi = 0$ und der resultierenden Kraft im Kurbelschema I. Ordnung und beträgt $\alpha = \varphi_1 + \delta$. Für die rotierenden und die Kräfte I. Ordnung ist er gleich.

Momente. Um die Momente wie die Kräfte zu addieren, müssen sie durch Vektoren dargestellt werden. Der Momentenvektor (**95**.2, **97**.1) steht senkrecht zu der Ebene in der das Moment wirkt, ist beliebig verschiebbar und seine Länge entspricht dem Betrag des Moments. Seine Richtung sei hier so festgelegt, daß er bei einem in der Bildebene (**97**.1a) im Uhrzeigersinn drehenden (positiven) Moment auf den Beschauer zeigt. Da er aber mit der zugehörigen Kurbel (**97**.1b) noch einen rechten Winkel bildet, wird er mit ihr durch eine Drehung um 90° entgegen dem Uhrzeigersinn zur Deckung gebracht (**97**.1c). Hierbei zeigen aber die gedrehten Momentenvektoren, deren Kräfte rechts von der Schwereebene liegen, ihrer Kurbelrichtung entgegen, da ja zwei gleichgerichtete, links und rechts dieser Ebene liegende Kräfte (**97**.1a) zwei entgegengerichtete Momente ergeben. Hieraus folgt dann die Momentenregel:

Liegen die Kurbeln links bzw. rechts von der Schwereebene, so ist der gedrehte Momentenvektor in Richtung der Kurbeln bzw. entgegengesetzt dazu aufzutragen.

97.1
Zur Definition des Momentes
a) Kurbelwellenschema
b), c) Kurbelsterne mit Momentenvektoren vor und nach der Dehnung (Vektoren zeigen zum Beschauer hin ⊙ bzw. von ihm weg ⊗)

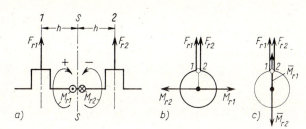

Nach dieser Regel werden die resultierenden Momente $M_{r\,res}$, D_{Ires} und D_{IIres} mit den gedrehten Momentenvektoren wie die Kräfte $F_{r\,res}$, P_{Ires} und P_{IIres} aus den Kurbelschemata ermittelt (**96**.2g bis i). In den Bildern sind die gedrehten Vektoren der Momente und ihrer Amplituden mit einem Querstrich (¯) gekennzeichnet.

Die Ortskurven der rotierenden Kräfte und Momente sind Kreise, die der Kräfte und Momente I. und II. Ordnung zu den Zylindermittellinien parallele Gerade. Die Zuordnung ihrer Punkte zum Kurbelkreis ergibt sich aus den Winkeln δ, δ_I und δ_{II}, die sie mit der Kurbel *1* (**96**.2g bis i) bilden. Für die Momente I. und II. Ordnung wird dann

$$M_{Ires} = D_{Ires} \cos(\varphi_1 + \delta_I) \qquad M_{IIres} = D_{IIres} \cos(2\varphi_1 + \delta_{II}) \qquad (97.1)$$

Die Maxima $M_{Imax} = D_{Ires}$ und $M_{IImax} = D_{IIres}$ liegen bei $\varphi_1 = -\delta_I$ und $\varphi_1 = -\delta_{II}/2$. Ihre Lagewinkel $\alpha = \varphi_1 + \delta$ sind für die rotierenden und die Momente I. Ordnung gleich und ändern sich durch die Drehung der Vektoren nicht.

Günstige Kurbelfolgen

Bei Reihenmaschinen mit gleichen Triebwerken und konstantem Kurbelversatz $\alpha = 2\pi/z$ sind die Kräfte ausgeglichen, wenn ihre Zylinderzahl z größer als vier ist, da dann die Kurbelschemata I. und II. Ordnung symmetrisch sind.

Die kleinsten Momente ergeben sich bei gleichen Zylinderabständen nach Krämer [49]; [62] für den folgenden, an einer stehenden Maschine erläuterten Aufbau des Kurbelschemas I. Ordnung (98.1): Die Kurbeln werden paarweise symmetrisch zur Zylinderebene gestellt und die beiden obenstehenden Kurbeln erhalten die Bezeichnungen 1 und z. Hierzu muß bei ungeraden Zylinderzahlen eine Kurbel in den UT gedreht werden (98.1b). Die Kurbeln werden jetzt entsprechend der gestrichelten Linie, in der Reihenfolge 1, z, 2, $(z-1)$, 3, $(z-2)\cdots$ usw. durchlaufen. Die Summe der Ziffern der auf einer Waagerechten liegenden Kurbeln ergibt dann $z+1$, nur die im UT stehende Kurbel hat die Bezeichnung $(z+1)/2$. Die resultierenden Momente sind klein, da die auf einer Waagerechten liegenden Kurbeln gleiche Hebelarme und damit Momente gleicher Beträge haben, die sich weitgehend ausgleichen. Fallen Kurbeln mit gleichem Hebelarm im Kurbelschema (101.2) zusammen, so sind keine Momente mehr vorhanden, da ihre gedrehten Vektoren nach der Momentenregel entgegengerichtet sind.

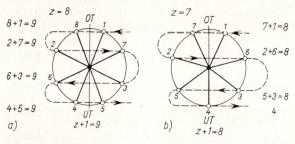

98.1
Günstige Kurbelfolge für Reihenmaschinen gerader (a) und ungerader (b) Zylinderzahl

Massenausgleich

Rotierende Momente. Der Ausgleich erfolgt durch Gegengewichte an den Kurbelwangen. Ihre Fliehkräfte und Momente werden wie die rotierenden Massenwirkungen vektoriell addiert (99.2f). Die Resultierende ihrer Fliehkräfte muß Null, die ihres gedrehten Momentenvektors dem resultierenden Vektor der rotierenden Momente gleich aber entgegengerichtet sein. Das rotierende Gesamtmoment kann immer durch zwei Gegengewichte ausgeglichen werden. Häufig werden jedoch mehr Gegengewichte angebracht, um die Kurbelwelle von den Biegespannungen infolge der inneren Massenmomente zu entlasten. Erhält jedes Triebwerk ein Gegengewichtspaar nach Gl. (92.1) zum Ausgleich der rotierenden Kräfte, so sind weder äußere noch innere rotierende Momente wirksam.

Kräfte und Momente I. und II. Ordnung werden nur in Sonderfällen ausgeglichen, da hierzu an beiden Kurbelwellenenden Getriebe mit umlaufenden Gewichten [9] (93.1c, d) notwendig sind, deren Aufwand recht erheblich ist.

Graphisch rechnerische Verfahren

Wegen ihrer häufigen Verwendung werden hier nur Maschinen mit gleichen Triebwerken und Zylinderabständen, mit konstantem Kurbelversatz sowie mit der günstigsten Kurbelfolge behandelt. Die Kurbelfolge wird für eine im Uhrzeigersinn sich drehende Maschine betrachtet. Kleinere Abweichungen der Triebwerke, wie z.B. die von einer besonderen Kurbel angetriebene Spülluftpumpe einer Zweitakt-Dieselmaschine, die keine wesentliche Verlagerung der Schwereebene bedingen, werden durch Addition der betreffenden Vektoren mit den Resultierenden der restlichen Kurbeln berücksichtigt.

Zum Aufzeichnen der Vektoren wird der Längen- und Kräftemaßstab $\bar{m}_I$ und $\bar{m}_F$ und damit der Momentenmaßstab $\bar{m}_M = \bar{m}_F \bar{m}_I$ festgelegt. Werden die Kraftamplituden F_r, P_I und P_{II} sowie die Zylinderabstände gleich Eins gesetzt, so ergibt sich eine von den Massen der Maschine unabhängige

Darstellung. Außerdem entfällt das Aufzeichnen der Vektorpolygone für die Kräfte und Momente I. Ordnung, da diese dann mit denen der rotierenden Kräfte und Momente identisch sind. Um die tatsächlichen Werte zu erhalten, sind die hierbei gewählten Maßstäbe mit $m_r r \omega^2$, $m_o r \omega^2$, $\lambda m_o r \omega^2$ bzw. a zu multiplizieren.

Zweizylindermaschine (99.1). Bei einem Kurbelversatz von 180° sind die Kräfte, außer der Resultierenden $P_{\text{II res}} = 2 P_{\text{II}} = 2 \lambda m_o r \omega^2$, ausgeglichen. Mit den Hebelarmen $h_1 = h_2 = a/2$ ergeben sich die Momente $M_{r\,res} = F_r a = m_r r \omega^2 a$ und $D_{\text{I res}} = P_1 a = m_o r \omega^2 a$, während sich die Momente II. Ordnung aufheben. Der Verlauf der Resultierenden entspricht dem der Kräfte in Bild **92.1**. Zum Ausgleich der rotierenden Momente dienen zwei Gegengewichte mit dem Schwerpunktradius r_G, dem Abstand b und der Masse m_G pro Gewicht, die das Moment $m_G r_G \omega^2 b = - m_r r \omega^2 a$ erzeugen müssen. Hieraus folgt $m_G = m_r \dfrac{r}{r_G} \cdot \dfrac{a}{b}$.

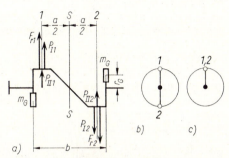

99.1 Zweizylinder-Reihenmaschine

a) Kurbelwelle

b), c) Kurbelschema I. und II. Ordnung

Dreizylindermaschine (99.2). Bei der Kurbelfolge 1–3–2 und einem Kurbelversatz von 120° treten keine Kräfte auf, da die Kurbelschemata symmetrisch sind. Die Momente haben die Hebelarme $h_1 = h_3 = a$ und $h_2 = 0$, entstehen also nur durch die Kurbeln *1* und *3*. Ihre Resultierenden betragen, wie aus den Vektorpolygonen (99.2d, e) folgt, $M_{r\,res} = 2 F_r a \cos 30° = \sqrt{3} m_r r \omega^2 a$, $D_{\text{I res}} = \sqrt{3} m_o r \omega^2 a$ und $D_{\text{II res}} = 2 P_{\text{II}} a \cos 30° = \sqrt{3} \lambda m_o r \omega^2 a$. Zum Ausgleich der rotierenden Momente müssen sich die Fliehkräfte der Gegengewichte aufheben und ihr Moment muß $M_{G\,res} = M_{r\,res}$ sein. Bei zwei Gewichten (99.2 f, g) können nach der Momentenregel diese Bedingungen nur erfüllt sein, wenn die Fliehkräfte $F_{G1} = F_{G3}$ und die gedrehten Vektoren ihres Momentes $F_G b = M_r$ parallele Wirkungslinien haben. Damit gilt dann $m_G r_G b = \sqrt{3} m_r r a$ und $m_G = \sqrt{3} m_r \dfrac{r a}{r_G b}$, wobei m_G wieder die Masse eines Gewichtes ist.

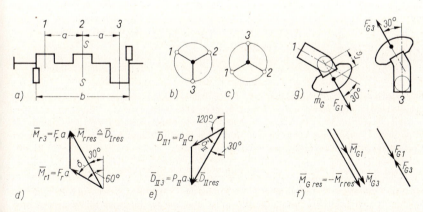

99.2 Dreizylinder-Reihenmaschine

a) Kurbelwelle
d) rotierende Momente
f) Fliehkräfte und Momente

b), c) Kurbelschema I. und II. Ordnung
e) Momente II. Ordnung
g) Lage der Gegengewichte

Vierzylindermaschine. Bei der Kurbelfolge 1,4–3,2 (**100.1**) und einem Kurbelversatz von 0 und 180° betragen die resultierenden Kräfte II. Ordnung $P_{\text{II res}} = 4\,P_{\text{II}} = 4\,\lambda\,m_{\text{o}}\,r\,\omega^2$. Weitere Kräfte sind wegen der Symmetrie des Kurbelschemas I. Ordnung nicht vorhanden. Die Momente sind ausgeglichen, da die Kurbeln mit gleichen Hebelarmen auch gleiche Richtungen haben bzw. in den Kurbelschemata zusammenfallen. Bei der Kurbelfolge 1–4–2–3 bzw. 90° Kurbelversatz (**100.2**) sind die Kräfte ausgeglichen, da die beiden Kurbelschemata symmetrisch sind. Die Momente mit den Hebelarmen $h_1 = h_4 = 3\,a/2$ und $h_2 = h_3 = a/2$ haben nach den Vektorpolygonen die Resultierenden

$$M_{\text{r res}} = 2\,a\,F_{\text{r}}\cos 45° = \sqrt{2}\,m_{\text{r}}\,r\,\omega^2\,a$$

$$D_{\text{I res}} = \sqrt{2}\,m_{\text{o}}\,r\,\omega^2\,a$$

$$D_{\text{II res}} = 4\,P_{\text{II}}\,a = 4\,\lambda\,m_{\text{o}}\,r\,\omega^2\,a$$

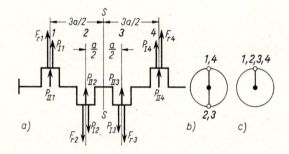

100.1
Vierzylinder-Viertakt-Reihenmaschine
a) Kurbelwelle
b), c) Kurbelschema
 I. und II. Ordnung

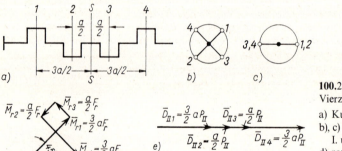

100.2
Vierzylinder-Reihenmaschine
a) Kurbelwelle
b), c) Kurbelschema
 I. und II. Ordnung
d) rotierende Momente
e) Momente II. Ordnung

Achtzylindermaschine. Die Kurbelfolge 1–8–2–6–4–5–3–7 mit 45° Kurbelversatz (**101.1**) hat symmetrische Kurbelschemata und damit ausgeglichene Kräfte. Die Hebelarme der Momente betragen $h_1 = h_8 = 7\,a/2$, $h_3 = h_7 = 5\,a/2$, $h_3 = h_6 = 3\,a/2$ und $h_4 = h_5 = a/2$. Aus den Vektorpolygonen, in denen zur besseren Übersicht die Vektoren von Momenten gegenüberliegender bzw. gleichgerichteter Kurbeln zusammengefaßt sind, ergeben sich die Resultierenden

$$M_{\text{r res}} = 2\cdot 3\,a\,F_{\text{r}}\cos 67{,}5° - 2\,F_{\text{r}}\,a\cos 22{,}5° = 0{,}448\,m_{\text{r}}\,r\,\omega^2\,a \quad \text{und} \quad D_{\text{I}} = 0{,}448\,m_{\text{o}}\,r\,\omega^2\,a\,.$$

Die Momente II. Ordnung sind ausgeglichen, da die Summe der Hebelarme aller sich im Kurbelschema II. Ordnung deckenden Kurbeln konstant (gleich $4\,a$) ist, und sich die gedrehten Momentenvektoren der jeweils gegenüberliegenden Kurbeln aufheben.

Die Kurbelfolge 1,8–4,5–7,2–6,3 mit 90° Kurbelversatz (**101.2**) hat symmetrische Kurbelschemata, bei denen die Kurbeln mit gleichen Hebelarmen zusammenfallen, so daß sich die Kräfte und Momente aufheben.

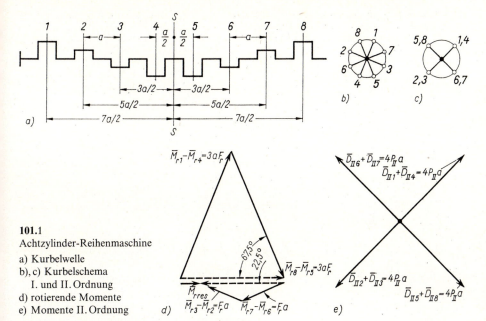

101.1
Achtzylinder-Reihenmaschine
a) Kurbelwelle
b), c) Kurbelschema
   I. und II. Ordnung
d) rotierende Momente
e) Momente II. Ordnung

Maschinen mit höherer Zylinderzahl. Es sind das gezeigte graphisch rechnerische bzw. das analytische Verfahren anzuwenden [21].

Kräfte. Sie sind wegen der Symmetrie der Kurbelsterne ausgeglichen. Die letzte Ausnahme hierzu sind die P_{II} des Vierzylinder-Viertaktmotors.

Momente. Hier sind die Regeln für günstige Kurbelfolgen (**98.**1) zu beachten. Bei Viertaktmotoren gilt, daß sich alle Momente von zusammenfallenden Kurbeln mit gleichem Hebelarm aufheben. Bei der Zylinderzahl z ist dann die Summe der beiden zusammenfallenden Kurbeln $z + 1$ (**101.**2).

101.2
Viertakt-Reihenmaschinen
ohne Kräfte und Momente für
$z = 6$ bis 12

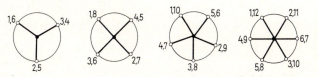

Analytische Verfahren

Der Kurbelversatz α_K (**102.**1) bezieht sich auf den Winkel zwischen der 1. und der k-ten Kurbel. Er wird durch die Kurbelfolge $k = 1$ bis z, wobei z die Zylinderzahl ist, am Kurbelschema I. Ordnung festgelegt. Hier werden zur Unterscheidung die Kurbeln laufend von 1 bis z gezählt. So gilt nach Bild (**102.**1) für $z = 7$ dann $k = 1, 7, 2, 5, 4, 3, 6$ und $n = 1, 2, 3, 4, 5, 6, 7$. Die Kurbelwinkel sind dann durch $\varphi = \varphi_1$ der Kurbel 1 und durch α_k festgelegt.

Symmetrische Maschinen. Hier seien für alle Triebwerke gleich: die Amplituden der Massenkräfte pro Triebwerk, $F_r = m_r r \omega^2$, $P_I = m_o r \omega^2$ und $P_{II} = \lambda P_I$, die Winkel α zwischen zwei benachbarten Kurbeln und die Zylinderabstände a. Der Maschinenschwerpunkt liege in der Kurbelwellenmitte. Dann gilt für den Kurbelversatz und die Hebelarme der Momente:

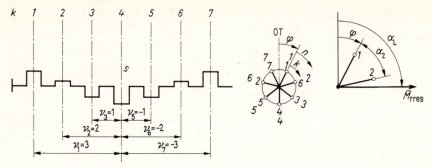

102.1 Analytische Ermittlung der Massenkräfte

Reihenmotor $z = 7$ $k = 1, 7, 2, 5, 4, 3, 6$

$\varphi = 360°/2z = 25{,}1°$ $\alpha = 360°(n-1)/z = 51{,}43°(n-1)$ $v_k = 0{,}5(z+1) - k = 4 - k = h_k/a$

$$\alpha_k = (n-1) \cdot 360°/z \quad \text{und} \quad h_k = \left(\frac{z+1}{2} - k\right) \cdot a = v_k a \tag{102.1}$$

Triebwerksanordnung. Für $k > (z+1)/2$ wird der Hebelarm h_k negativ. Dies entspricht dem Auftragen der gedrehten Momentenvektoren entgegen den Richtungen der Kurbeln rechts von der Schwereebene SS nach der Momentenregel. Wegen der Symmetrie der Kurbeln werden die Kräfte $F_{r\,res} = F_{I\,res} = F_{II\,res} = 0$ für $z > 1$. Eine Ausnahme bilden die Vierteltaktmaschinen mit $z = 2$ und 4 für die F_{II}.

Rotierende Momente. Ihre vertikalen bzw. horizontalen Komponenten betragen:

$$M_{rv} = F_r \sum_{k=1}^{z} h_k \cos(\varphi + \alpha_k); \quad M_{rh} = F_r \sum_{k=1}^{z} h_k \sin(\varphi + \alpha_k) \quad \text{und} \quad M_r = \sqrt{M_{rv}^2 + M_{rh}^2}$$

Mit den dimensionslosen Konstanten:

$$c_{r1} = \sum_{k=1}^{z} v_k \cos\alpha_k \quad \text{und} \quad c_{r2} = \sum_{k=1}^{z} v_k \sin\alpha_k \tag{102.2}$$

folgt dann nach dem Additionstheoreme für die Summe zweier Winkel:

$$M_{rv} = F_r a (c_{r1} \cos\varphi - c_{r2} \sin\varphi) \tag{102.3}$$

$$M_{rh} = F_r a (c_{r1} \sin\varphi + c_{r2} \cos\varphi) \tag{102.4}$$

Resultierende. Sie ergibt sich dann mit dem trigonometrischen Pythagoras aus:

$$M_{r\,res} = \sqrt{M_{rv}^2 + M_{rh}^2} = F_r a \sqrt{c_{r1}^2 + c_{r2}^2} = F_r a c_r \tag{102.5}$$

Lagewinkel. Mit dem Hilfswinkel $\tan\delta = c_{r2}/c_{r1}$ und (102.3) und (102.4) folgt:

$$\tan\alpha_L = \frac{M_{rh}}{M_{rv}} = \frac{c_{r1} \sin\varphi + c_{r2} \cos\varphi}{c_{r1} \cos\varphi - c_{r2} \sin\varphi} = \frac{\tan\varphi + c_{r2}/c_{r1}}{1 - \tan\varphi \cdot c_{r2}/c_{r1}} = \frac{\tan\varphi + \tan\delta}{1 - \tan\varphi \cdot \tan\delta}$$

$$\alpha_L = \varphi + \delta \qquad\qquad \delta = \arctan\frac{c_{r2}}{c_{r1}} \tag{102.6}$$

Der Winkel δ wird dabei von der Kurbel 1 und dem resultierenden Momentenvektor gebildet.

Momente I. Ordnung. Hier wirkt nur die Komponente in der Schwerelinie SS

$$M_{I\,res} = P_I \sum_{k=1}^{z} h_k \cos(\varphi + \alpha_k)$$

Resultierende. Mit den Gl. (102.3) folgt dann:

$$M_{I\,res} = P_I a (c_{r1} \cos\varphi - c_{r2} \sin\varphi) \tag{103.1}$$

Extremwerte. Sie sind für die Auslegung wichtig und folgen aus:

$$dM_{I\,res}/d\varphi = 0 \quad \text{bzw.} \quad c_{r1} \sin\varphi_k + c_{r2} \cos\varphi_k = 0.$$

Mit

$$\sin\varphi_{max} = -\cos\varphi_{max} \cdot c_{r2}/c_{r1} \quad \text{und} \quad \cos\varphi_{max} = \sqrt{1 - \sin^2\varphi_{max}} = c_{r1}/\sqrt{c_{r1}^2 + c_{r2}^2}$$

wird dann

$$M_{I\,res\,max} = P_I a \sqrt{c_{r1}^2 + c_{r2}^2} \quad \text{und} \quad \tan\varphi_{max} = -c_{r2}/c_{r1} \tag{103.2}$$

Nach Gl. (102.6) ist dann $\varphi_{max} = -\delta$

Lagewinkel. Da die Momente in der Zylindermittellinie wirken ist $\alpha_L = 0$ für $M_{I\,res\,max} > 0$ und $\alpha_L = 180°$ für $M_{I\,res\,max} < 0$.

Momente II. Ordnung. Hier gilt entsprechend

$$M_{II\,res} = P_{II} a \sum_{k=1}^{z} v_k \cos 2(\varphi + \alpha_k)$$

mit

$$c_{II1} = \sum_{k=1}^{z} v_k \cos 2\alpha_k \quad \text{und} \quad c_{II2} = \sum_{k=1}^{z} v_k \sin 2\alpha_k \tag{103.3}$$

folgt dann für die Resultierende bzw. ihr Maximum:

$$M_{II\,res} = P_{II} a (c_{II1} \cos 2\varphi - c_{II2} \sin 2\varphi) \qquad M_{II\,res\,max} = P_{II} a \sqrt{c_{II1}^2 + c_{II2}^2} = P_{II} a c_{II}$$

$$\text{und} \quad \tan 2\varphi_{max} = -c_{II2}/c_{II1} \tag{103.4}$$

Kräfte. Hier werden keine Hebelarme berücksichtigt, also ist $v_k = 1$. Damit folgt für die Konstanten aus den Gln. (102.2) und (103.3)

$$k_{r1} = \sum_{k=1}^{z} \cos\alpha_k \qquad k_{r2} = \sum_{k=1}^{z} \sin\alpha_k$$

und

$$k_{II1} = \sum_{k=1}^{z} \cos 2\alpha_k \qquad k_{II2} = \sum_{k=1}^{z} \sin 2\alpha_k \tag{103.5}$$

Sonst stimmen die Ergebnisse formal mit den Momenten überein. Es ergibt sich Rotierende Kräfte nach Gl. (102.5) und (102.6)

$$F_{r\,res} = F_r \sqrt{k_{r1}^2 + k_{r2}^2} \qquad \alpha_L = \varphi + \delta \qquad \tan\delta = k_{r2}/k_{r1} \tag{103.6}$$

Kräfte I. und II. Ordnung nach Gl. (103.2) und (102.4)

$$F_{I\,res\,max} = P_I \sqrt{k_{r1}^2 + k_{r2}^2} \qquad \tan\varphi_{max} = -k_{r2}/k_{r1} \quad \varphi_{max} = -\delta \tag{103.7}$$

$$F_{II\,res\,max} = P_{II} \sqrt{k_{II1}^2 + k_{II2}^2} \qquad \tan 2\varphi_{max} = -k_{II1}/k_{II2} \tag{103.8}$$

Lancaster-Antrieb (104.1). Hier dient er zum Ausgleich der Kräfte II. Ordnung einer Vierzylinder-Viertakt-Reihenmaschine (**100.1**). Das Stirnrad *1* auf der Kurbelwelle treibt die beiden Zahnräder *2* und *3* der Ausgleichswellen und das Spann- und Umkehrrad *4* über den Zahnkeilriemen *5* an. Die beiden Gegengewichtspaare auf den Ausgleichswellen liegen symmetrisch zur Schwereebene, damit keine Momente II. Ordnung entstehen. Durch ihren Höhenversatz *h* (**104.1**b) erzeugen sie zur Verbesserung des Drehmomentenverlaufs ein zusätzliches Moment $M = 2P_{II} \sin 2\varphi \cdot h$ um die Kurbelwellenachse.

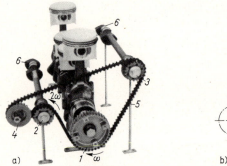

104.1   Lancaster-Antrieb
a) Aufbau Porsche, b) Kräfte und Momente

Beispiel 8. Ein Viertakt-Dieselmotor mit fünf Tauchkolben (**106.1**a) hat die Kurbelfolge $k = 1, 5, 2, 3, 4$, den Hub $s = 80$ mm, das Schubstangenverhältnis $\lambda = 1:3,8$ und die Drehzahl $n = 4000$ min^{-1}. Die rotierende Masse beträgt $m_r = 1,35$ kg, die oszillierende $m_o = 0,95$ kg. An Abständen sind vorgegeben: Zylinder $a = 125$ mm, äußere Kurbelwangen $b = 565$ mm und Räder der Ausgleichsgetriebe $c = 750$ mm. Die Schwerpunktsradien der Gegengewichte sind mit $r_G = 50$ mm anzunehmen.

Gesucht sind die Maximalwerte der Massenkräfte pro Triebwerk, die Massenmomente der Maschine und die Möglichkeiten ihres Ausgleichs durch Gegengewichte.

Einzeltriebwerk

Die rotierenden Kräfte und die Amplituden der Kräfte I. und II. Ordnung betragen mit:

$$\omega = 2\pi n = 2\pi \cdot 4000 \text{ min}^{-1}/(60 \text{ s/min}) = 418,88 \text{ s}^{-1} \quad \text{bzw.}$$

$$r\omega^2 = 0,04 \text{ m} \cdot 418,88^2 \text{ s}^{-2} = 7018,4 \text{ m/s}^2$$

$$F_r = m_r r\omega^2 = 1,35 \text{ kg} \cdot 7018,4 \text{ m/s}^2 = 9474,8 \text{ N}$$

$$P_I = m_o r\omega^2 = 0,95 \text{ kg} \cdot 7018,4 \text{ m/s}^2 = 6667,5 \text{ N}$$

$$P_{II} = \lambda P_I = 6667,5 \text{ N}/3,8 = 1754,6 \text{ N}$$

Motor ohne Ausgleich

Analytische Verfahren. Für den Kurbelversatz und die Hebelarme folgt aus Gl. (102.1) mit $z = 5$

$$\alpha_k = (n-1)360°/z = 72°(n-1), \quad h_k = \left(\frac{z+1}{2} - k\right)a = (3-k)a \quad \text{bzw.} \quad v_k = 3 - k$$

Die Kurbel liege hier symmetrisch zur Senkrechten, es ist also

$$\varphi = \alpha_2/2 = 36°$$

Kräfte und Momente rotierend und I. Ordnung. Aus dem Bild (**106.1**a und b) folgt mit dem Rechenschema nach Tafel **105.1** aus Gl. (102.2)

Tafel **105.**1   Rechenschema für Kräfte und Momente rotierend und I. Ordnung

n	k	α_k	$\cos\alpha_k$	$\sin\alpha_k$	v_k	$v_k\cos\alpha_k$	$v_k\sin\alpha_k$
1	1	0	1,0	0,0	2	2,0	0,0
2	4	72	0,3090	0,9511	-1	$-0,3090$	$-0,9511$
3	3	144	$-0,8090$	0,5878	0	0,0	0,0
4	2	216	$-0,8090$	$-0,5878$	1	$-0,8090$	$-0,5878$
5	5	288	0,3090	$-0,9511$	-2	$-0,6180$	1,9021
			$k_{r1}=0,0$	$k_{r2}=0,0$		$0,2640 = c_{r1}$	$0,3632 = c_{r2}$

Kräfte. Da $k_{r1}=0$ und $k_{r2}=0$ heben sich die rotierenden Kräfte und diejenigen I. Ordnung heraus:
Momente: Aus der Tafel **105.**1 folgt mit den Gln. (102.5) für die rotierenden Momente:

mit $$c_r = \sqrt{c_{r1}^2 + c_{r2}^2} = \sqrt{0,2640^2 + 0,3632^2} = 0,4490$$

$$M_{r\,res} = F_r\,a\,c_r = 0,4490\,F_r\,a = 9474,8\ \text{N}\cdot0,125\ \text{m}\cdot0,4490 = 531,79\ \text{Nm}$$

Mit $\tan\delta = c_{r2}/c_{r1} = 0,3632/0,2640 = 1,3758,\quad \delta = 54°$

und $\varphi = 36°$

folgt aus Gl. (102.6) $\alpha_L = \varphi + \delta = 90°$ für den gedrehten Vektor. Die Addition zeigt auch Bild (**106.**1 b).

Für die Momente I. Ordnung und ihr Maximum gilt nach Gl. (103.1) und (103.2)

$$M_{I\,res} = P_I\,a\,(c_{r1}\cos\varphi - c_{r2}\sin\varphi)$$
$$= P_I\,a\,(0,2640\cos36° - 0,3632\sin36°) = 0$$
$$M_{I\,res\,max} = P_I\,a\,c_r = 0,4490\,P_I\,a$$
$$= 0,4490\cdot6667,5\ \text{N}\cdot0,125\ \text{m} = 374,27\ \text{Nm}$$
$$\tan\varphi_{max} = -c_{r2}/c_{r1} = -0,3632/0,2640 = 1,3758\quad \varphi_{max} = -54°$$

Tafel **105.**2   Rechenschema für Kräfte und Momente II. Ordnung

n	k	$2\alpha_k$	$\cos2\alpha_k$	$\sin2\alpha_k$	v_k	$v_k\cos2\alpha_k$	$v_k\sin2\alpha_k$
1	1	0	1,0	0,0	2	2,0	0,0
2	4	144	$-0,8090$	0,5878	-1	0,8090	$-0,5878$
3	3	288	0,3090	$-0,9511$	0	0,0	0,0
4	2	432	0,3090	0,9511	1	0,3090	0,9511
5	5	576	$-0,8090$	$-0,5878$	-2	1,6180	1,1756
			$k_{II1}=0$	$k_{II2}=0$		$4,736 = c_{II1}$	$1,5389 = c_{II2}$

Kräfte und Momente II. Ordnung. Hier gilt mit den Gln. (103.5) und Tafel **105.2**.
Kräfte. Mit $k_{II1} = k_{II2} = 0$ folgt $F_{IIres} = 0$ aus Gl. (103.8)

Momente. Hier gilt mit Gl. (103.3) und (103.4)

$$M_{IIres} = P_{II}a(c_{II1}\cos 2\varphi - c_{II2}\sin 2\varphi)$$
$$= P_{II}a(4{,}736\cos(2 \cdot 36°) - 1{,}5389\sin 2 \cdot 36°) = 0$$

mit $c_{II} = \sqrt{c_{II1}^2 + c_{II2}^2} = \sqrt{4{,}736^2 + 1{,}5389^2} = 4{,}9797$

wird $M_{IIresmax} = P_{II}a\,c_{II} = 4{,}9797\,P_{II}a = 49797 \cdot 1{,}754{,}6\ \text{N} \cdot 0{,}125\ \text{m} = 1092{,}17\ \text{Nm}$

$$\tan 2\varphi_{max} = -c_{II2}/c_{II1} = -1{,}5389/4{,}736 = -0{,}3249$$

$$2\varphi_{max} = -18°$$

bzw. im Kurbelschema I. Ordnung

$$\varphi_{max} = -9°$$

Graphisches Verfahren

Kräfte. Sie heben sich auf, da ihre Vektorpolygone symmetrisch sind.

Rotierende Momente. Hier folgt aus ihrem nach der Momentenregel aufgetragenen Polygonen
(**106.**1 b)

$$M_{rres} = 2(2aF_r\cos 54° - aF_r\cos 18°) = 0{,}4490\,F_r a$$

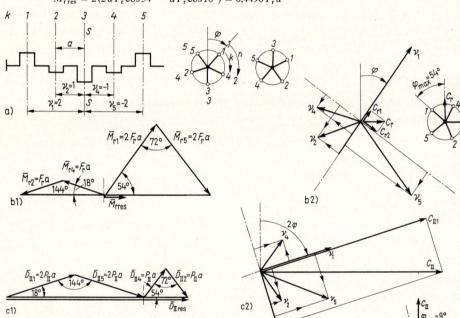

106.1   Massenmomente eines Viertaktmotors mit fünf Zylindern
   a) Kurbelwelle mit Kurbelschema I. und II. Ordnung
   b) Momente rotierend und I. Ordnung
      b1) graphische Ermittlung, b2) Komponenten $v_k = M_{rk}/(F_r a)$
   c) Momente II. Ordnung
      c1) graphische Ermittlung, c2) Komponenten $v_k = D_{IIk}/(P_{II}a)$ mit Maximalwert

Momente I. Ordnung. Es gilt nach Bild **106**.1 b

$$M_{\text{I res max}} = 0{,}4490\, P_{\text{r}}\, a$$

Momente II. Ordnung. Aus dem Polygon (**106**.1 c) folgt:

$$M_{\text{II res max}} = 2\,(2\,a\,P_{\text{II}}\cos 18^\circ + a\,P_{\text{II}}\cos 54^\circ) = 4{,}9797\,P_{\text{II}}\,a = 1092{,}17 \text{ Nm}$$

Ausgleich durch Gegengewichte (**108**.1)

Rotierende Momente: Erhält jede Kurbelwange ein dem Zapfen gegenüberliegendes Gegengewicht, so ergibt sich für jedes der fünf Gewichtspaare:

$$m_{\text{G5}} = m_{\text{r}}\,\frac{r}{r_{\text{G}}} = 1{,}35 \text{ kg}\,\frac{40\,\text{mm}}{50\,\text{mm}} = 1{,}08 \text{ kg}$$

Bei zwei Gegengewichten an den beiden äußeren Kurbelwangen (**108**.1 b) folgt aus dem Momentengleichgewicht $M_{\text{G}} = M_{\text{rres}}$ bzw. $m_{\text{G}}\,r_{\text{G}}\,\omega^2 b = 0{,}449\,m_{\text{r}}\,r\,\omega^2 a$

$$m_{\text{G1}} = 0{,}449\,m_{\text{r}}\,\frac{r\,a}{r_{\text{G}}\,b} = 0{,}449 \cdot 1{,}35 \text{ kg}\,\frac{40\,\text{mm} \cdot 125\,\text{mm}}{50\,\text{mm} \cdot 565\,\text{mm}} = 0{,}107 \text{ kg}$$

Ihre Lage zur Kurbel _1_ bzw. _5_ (**108**.1 d) ist durch die Lagewinkel $\alpha_{\text{LG1}} = -126^\circ$ und $\alpha_{\text{LG5}} = 126^\circ$ festgelegt.

Gegenüber den fünf Gewichtspaaren benötigen sie nur $\dfrac{0{,}107}{5 \cdot 1{,}08} \cdot 100\% = 2\%$ der Masse und einen wesentlich geringeren Herstellungsaufwand, gleichen aber nicht die inneren Momente aus, welche die Kurbelwelle beanspruchen. Daher werden oft die fünf Gewichtspaare bevorzugt.

Rotierende Momente und 50% der Momente I. Ordnung

Hier folgt dann, da $\alpha = 0{,}5$ nach Gl. (94.1) ist,

$$m_{\text{r}} + 0{,}5\,m_{\text{o}} = (1{,}35 + 0{,}5 \cdot 0{,}95) \text{ kg} = 1{,}825 \text{ kg} \quad \text{und}$$
$$m'_{\text{G}} = m_{\text{G}}(m_{\text{r}} + 0{,}5\,m_{\text{o}})/m_{\text{r}} = 1{,}352\,m_{\text{G}}$$

für ein Gewichtspaar

$$m'_{\text{G1}} = 0{,}107 \text{ kg} \cdot 1{,}352 = 0{,}145 \text{ kg}$$

für fünf Paare

$$m'_{\text{G5}} = 1{,}08 \text{ kg} \cdot 1{,}352 = 1{,}46 \text{ kg}$$

Die Lagewinkel ändern sich hierbei nicht. Senkrecht zur Zylinderebene, also in der Schwerebene, treten aber zusätzliche Momente

$$M_{\text{z}} = 0{,}5 \cdot 0{,}449\,P_{\text{I}}\,a\sin\varphi = 0{,}2245 \cdot 6667{,}5 \text{ N} \cdot 0{,}125\sin\varphi = 187{,}1 \text{ N}\sin\varphi$$

Außerdem verbleiben hierbei noch 50% der Momente I. Ordnung und die Momente II. Ordnung.

Ausgleichgetriebe

Hierzu dienen gegenläufige Gegengewichte an den Enden _A_ und _B_ der Kurbelwelle. Sie werden durch Zahnräder direkt (**108**.1 a) oder mit Hilfe von Zahnkeilriemen (Lancaster-Antrieb (**108**.1 c2)) bewegt. Dabei sind antreibende Zahnräder an den beiden Seiten der Kurbelwelle (**108**.1 a) oder nur ein Antriebsrad mit Übertragungswellen (**108**.1 a) üblich.

Momente I. Ordnung (**108**.1 a). Hier sind die Gewichtspaare A_1 und A_2 bzw. B_1 und B_2 mit der Kurbelwellendrehzahl gegenläufig. Für ein Gegengewichtspaar ergibt sich:

$$m_{\text{G}} = 0{,}449\,m_{\text{o}}\,\frac{r\,a}{r_{\text{G}}\,c} = 0{,}449 \cdot 0{,}95 \text{ kg}\,\frac{40\,\text{mm} \cdot 125\,\text{mm}}{50\,\text{mm} \cdot 750\,\text{mm}} = 0{,}0569 \text{ kg}$$

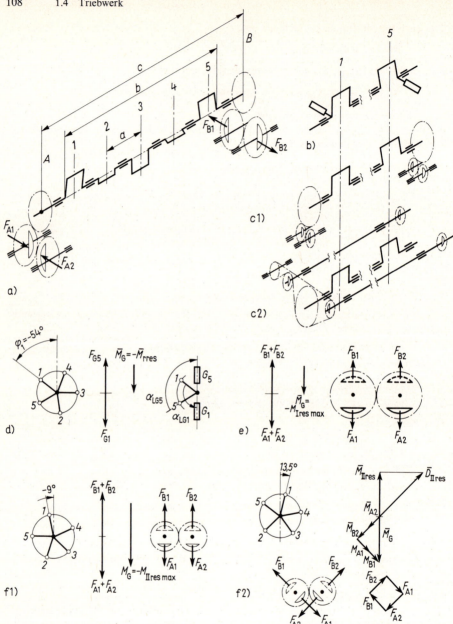

108.1   Massenausgleich des Fünfzylindermotors, Aufbau (a bis d), Lagebestimmungen (e bis g)
a und e) Momente I. Ordnung
b und d) Rotierende Momente
c und f) Momente II. Ordnung
c2) Lancaster-Antrieb, f2) Kraft- und Momentenpolygone

Die Lage der Gewichte folgt aus dem Momentenplan (**108**.1 e). Beim Kurbelwinkel $\varphi_1 = -54°$ zeigen die Gewichte A nach unten und B nach oben. Ihre waagerechten Komponenten gleichen sich dabei aus.

M o m e n t e II. O r d n u n g (**108**.1 c). Hier müssen die vier Gegengewichte A_1 und A_2 bzw. B_1 und B_2 mit der doppelten Drehzahl umlaufen. Ihre Teilkreisdurchmesser sind also nur halb so groß wie bei den Antriebsrädern. Das Momentengleichgewicht ergibt hier

$$M_G = D_{II} \quad \text{bzw.} \quad m_G\,r_G\,(2\,\omega)^2 \cdot c = 4{,}9797\,\lambda\,m_o\,r\,\omega^2\,a$$

für ein Gegengewichtspaar

$$m_G = \frac{4{,}9797 \cdot 0{,}95\,\text{kg} \cdot 40\,\text{mm} \cdot 125\,\text{mm}}{3{,}8 \cdot 4 \cdot 50\,\text{mm} \cdot 750\,\text{mm}} = 0{,}0415\,\text{kg}$$

Die Lage der Gegengewichte folgt aus (**108**.1 f1). Beim Kurbelwinkel $\varphi_{II} = -9°$ zeigen die Gewichte A nach unten und B nach oben (**108**.1 f1). Bei $\varphi = 13{,}5°$, also bei einer weiteren Drehung von $22{,}5°$ im Uhrzeigersinn (**108**.1 f2) sind die Räder und damit die Vektoren um $45°$ weitergelaufen. Hier zeigt sich der Ausgleich der Gegengewichte und ihrer waagerechten Momentenvektoren.

1.4.2.3 Zweizylinder-V-Maschine

Die Symmetrielinie ihrer Triebwerke (**109**.1), die Halbierende des von den Zylindermittellinien A und B gebildeten Gabelwinkels γ stehe senkrecht. Zwischen den Kurbelwinkeln φ_A und φ_B besteht die Beziehung

$$\varphi_A + \varphi_B = \gamma \qquad (109.1)$$

Der Größtwert des Gabelwinkels ist $180°$. Andere Lagen der Symmetrielinie werden durch Verdrehen berücksichtigt. So entsteht z. B. eine L-Maschine (**189**.2 b) durch Schwenken einer V-Maschine mit dem Gabelwinkel $\gamma = 90°$ um $45°$.

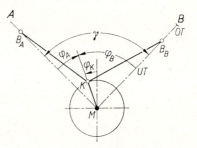

109.1   Zweizylinder-V-Maschine

Massen

Die o s z i l l i e r e n d e n M a s s e n je Triebwerk, Gl. (90.3), sind bei mehrstufigen Verdichtern meist verschieden, bei Brennkraftmaschinen aber gleich. Die r o t i e r e n d e n M a s s e n enthalten gegenüber der Einzylindermaschine noch den Anteil der zweiten Schubstange. Sie betragen nach Gl. (91.3)

$$m_r = m_{rKW} + m_{rStA} + m_{rStB} \qquad (109.2)$$

Hierbei ist für das Anlenkpleuel (**76**.1 b) die Abweichung der Bahn seines Anlenkpunktes vom Kurbelkreis [21] nicht berücksichtigt. Bei nebeneinanderliegenden Schubstangen sind deren rotierende Massenanteile gleich.

Massenkräfte und Momente

Die r o t i e r e n d e n K r ä f t e $F_r = m_r\,r\,\omega^2$ sind wie bei der Einzylinder-Maschine konstant und laufen mit der Kurbel um.

Die K r ä f t e I. O r d n u n g je Zylinder betragen bei ungleichen Triebwerken nach Gl. (91.5) und (91.7)

$$F_{IA} = m_{oA}\,r\,\omega^2 \cos\varphi_A = P_{IA} \cos\varphi_A \qquad (109.3)$$

$$F_{IB} = m_{oB}\,r\,\omega^2 \cos\varphi_B = P_{IB} \cos\varphi_B \qquad (109.4)$$

Für die Kräfte II. Ordnung je Zylinder ergeben dann die Gl. (91.6) und (91.8)

$$F_{IIA} = \lambda m_{oA} r \omega^2 \cos 2\varphi_A = P_{IIA} \cos 2\varphi_A \tag{110.1}$$

$$F_{IIB} = \lambda m_{oB} r \omega^2 \cos 2\varphi_B = P_{IIB} \cos 2\varphi_B \tag{110.2}$$

Die Kräfte wirken in den entsprechenden Zylindermittellinien und werden vektoriell addiert. Die sich ergebenden Kräfte I. bzw. II. Ordnung sind dem Betrage nach veränderlich und laufen mit ungleichförmiger Winkelgeschwindigkeit je Kurbelumdrehung ein- bzw. zweimal um.

Momente werden bei der V-Maschine nicht untersucht. Das Kippmoment um ihren Gesamtschwerpunkt hat nur geringe Auswirkungen für die Umgebung [62]. Bei nebeneinanderliegenden Schubstangen kann ihr Moment wegen seines geringen Hebelarmes, der gleich der Dicke des Schubstangenkopfes ist, vernachlässigt werden.

Ermittlung der Kräfte I. und II. Ordnung

Graphisches Verfahren. Bei den Kräften I. Ordnung (**110.1**a) werden die Projektionen F_{IA} und F_{IB} der mit der Kurbel umlaufenden Vektoren P_{IA} und P_{IB} auf die Zylindermittellinien A bzw. B gebildet und dann geometrisch zur Resultierenden F_I addiert. Bei den Kräften II. Ordnung (**110.1**b) eilen die Vektoren P_{IIA} und P_{IIB} der Kurbel um die Winkel φ_A und φ_B voraus. Sie bilden also mit den oberen Totlagen der Kurbel in den Zylindermittellinien A und B die Winkel $2\varphi_A$ und $2\varphi_B$ und schneiden sich unter dem Winkel $2\varphi_B - \gamma + 2\varphi_A$, der nach Gl. (109.1) dem Gabelwinkel γ entspricht. Die Resultierende F_{II} ist dann die geometrische Summe der Projektionen F_{IIA} und F_{IIB} der Zeiger P_{IIA} und P_{IIB} auf die Zylindermittellinien A und B.

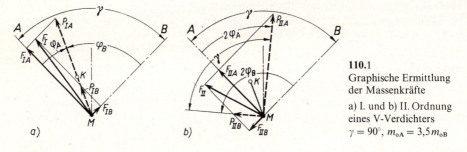

110.1
Graphische Ermittlung der Massenkräfte

a) I. und b) II. Ordnung eines V-Verdichters
$\gamma = 90°$, $m_{oA} = 3,5 m_{oB}$

Analytisches Verfahren. Hierzu werden Triebwerke mit gleichen oszillierenden Massen vorausgesetzt. Außerdem sei der Drehwinkel φ_K der Kurbel (**109.1**), der von ihrer oberen Lage aus im Drehsinn positiv gezählt wird, eingeführt. Zwischen den Kurbelwinkeln φ_A, φ_B und dem Gabelwinkel γ (**109.1**) bestehen, da $\varphi_A + \varphi_B = \gamma$ ist, mit Gl. (109.1) die Beziehungen

$$\varphi_A = \frac{\gamma}{2} - \varphi_K \qquad \varphi_B = \frac{\gamma}{2} + \varphi_K \tag{110.3 und 110.4}$$

Die Kräfte I. Ordnung pro Triebwerk betragen dann mit Gl. (109.3) und (109.4), da $P_{IA} = P_{IB} = P_I$ Voraussetzung ist,

$$F_{IA} = P_I \cos \varphi_A = P_I \cos \left[(\gamma/2) - \varphi_K \right] \tag{110.5}$$

$$F_{IB} = P_I \cos \varphi_B = P_I \cos \left[(\gamma/2) + \varphi_K \right] \tag{110.6}$$

Für ihre horizontalen bzw. vertikalen Komponenten (**111.**1 a) folgt dann unter Beachtung der goniometrischen Beziehungen

$$\cos\left[(\gamma/2)\pm\varphi_K\right]=\cos(\gamma/2)\cos\varphi_K\mp\sin(\gamma/2)\sin\varphi_K$$

$$F_{Ih}=(F_{IA}-F_{IB})\sin\frac{\gamma}{2}=P_I\sin\frac{\gamma}{2}\left[\cos\left(\frac{\gamma}{2}-\varphi_K\right)-\cos\left(\frac{\gamma}{2}+\varphi_K\right)\right]=2\,P_I\sin^2\frac{\gamma}{2}\sin\varphi_K$$

$$(111.1)$$

$$F_{Iv}=(F_{IA}+F_{IB})\cos\frac{\gamma}{2}=P_I\cos\frac{\gamma}{2}\left[\cos\left(\frac{\gamma}{2}-\varphi_K\right)+\cos\left(\frac{\gamma}{2}+\varphi_K\right)\right]=2\,P_I\cos^2\frac{\gamma}{2}\cos\varphi_K$$

$$(111.2)$$

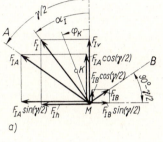
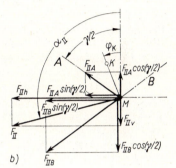

111.1
Zur analytischen
Berechnung der
a) Massenkräfte I. und
b) II. Ordnung

Die Kraft I. Ordnung (**110.**1 a) beträgt danach mit

$$\sin^2\varphi+\cos^2\varphi=1\quad\text{und}\quad\cos^4\frac{\gamma}{2}-\sin^4\frac{\gamma}{2}=\cos\gamma$$

$$F_I=\sqrt{F_{Ih}^2+F_{Iv}^2}=2\,P_I\sqrt{\cos\gamma\cos^2\varphi_K+\sin^4(\gamma/2)}\qquad(111.3)$$

Der Lagewinkel α_I (**111.**1) dient zur Bestimmung der Richtung der Kraft I. Ordnung und ergibt sich mit den Gl. (111.1) und (111.2)

$$\tan\alpha_I=\frac{F_{Ih}}{F_{Iv}}=\tan^2\frac{\gamma}{2}\tan\varphi_K\qquad(111.4)$$

Die Extremwerte der Kräfte I. Ordnung (**112.**1) folgen aus Gl. (111.3) für $\cos\varphi_K=1$ bzw. 0, treten also bei $\varphi_K=0°$ und 180° bzw. 90° und 270° auf und betragen

$$F_{Ia}=2\,P_I\cos^2(\gamma/2)\qquad\qquad F_{Ib}=2\,P_I\sin^2(\gamma/2)\qquad(111.5)\text{ und }(111.6)$$

Bei $\gamma<90°$ ist dann F_{Ia} das Maximum und F_{Ib} das Minimum, bei $\gamma>90°$ ist es umgekehrt, für $\gamma=90°$ ist $F_{Ia}=F_{Ib}=P_I$ und bei $\gamma=180°$ ist $F_{Ia}=0$ und $F_{Ib}=2\,P_I$. Für $\varphi_K=0°$ und 180° bzw. 90° und 270° ergeben sich nach Gl. (111.4) die gleichen Lagewinkel, die Extremwerte liegen also vertikal bzw. horizontal.

Die Ortskurven der Kräfte I. Ordnung (**112.**1) sind nach Gl. (111.3) und (111.4) Ellipsen mit den aufeinander senkrecht stehenden Halbachsen $2\,P_I\cos^2(\gamma/2)$ und $2\,P_I\sin^2(\gamma/2)$, von denen eine in der Symmetrieebene liegt.

Für die Kräfte II. Ordnung pro Triebwerk gilt dann nach Gl. (110.1) bis (110.4)

$$F_{IIA}=P_{II}\cos 2\,\varphi_A=P_{II}\cos(\gamma-2\,\varphi_K)\qquad(111.7)$$

$$F_{IIB}=P_{II}\cos 2\,\varphi_B=P_{II}\cos(\gamma+2\,\varphi_K)\qquad(111.8)$$

Ihre horizontalen bzw. vertikalen Komponenten (**111.**1 b) betragen nach Gl. (111.7) und (111.8)

$$F_{\mathrm{IIh}} = (F_{\mathrm{IIA}} + F_{\mathrm{IIB}})\sin(\gamma/2) = 2\,P_{\mathrm{II}}\sin(\gamma/2)\sin\gamma\sin 2\,\varphi_{\mathrm{K}} \qquad (112.1)$$

$$F_{\mathrm{IIv}} = (F_{\mathrm{IIA}} - F_{\mathrm{IIB}})\cos(\gamma/2) = 2\,P_{\mathrm{II}}\cos(\gamma/2)\cos\gamma\cos 2\,\varphi_{\mathrm{K}} \qquad (112.2)$$

Die resultierende Kraft II. Ordnung folgt dann aus den Gl. (112.1) und (112.2) mit

$$4\sin^2\gamma\sin^2(\gamma/2) = 2\sin^2\gamma(1-\cos\gamma) = (1-\cos\gamma)(1-\cos 2\gamma),$$

$$4\cos^2\gamma\cos^2(\gamma/2) = (1+\cos\gamma)(1+\cos 2\gamma) \quad \text{und} \quad \sin^2 2\,\varphi_{\mathrm{K}} = 1 - \cos^2 2\,\varphi_{\mathrm{K}}$$

$$F_{\mathrm{II}} = \sqrt{F_{\mathrm{IIh}}^2 + F_{\mathrm{IIv}}^2} = \sqrt{2}\,P_{\mathrm{II}}\sqrt{\cos^2 2\,\varphi_{\mathrm{K}}(\cos 2\gamma + \cos\gamma) + \sin^2\gamma(1-\cos\gamma)} \quad (112.3)$$

Für den **Lagewinkel** ergibt sich mit Gl. (112.1) und (112.2)

$$\tan\alpha_{\mathrm{II}} = F_{\mathrm{IIh}}/F_{\mathrm{IIv}} = \tan\frac{\gamma}{2}\tan\gamma\tan 2\,\varphi_{\mathrm{K}} \qquad (112.4)$$

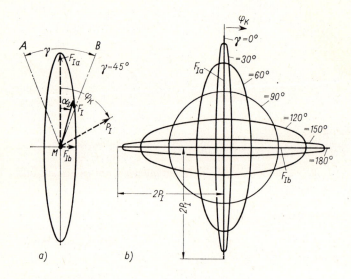

112.1
Massenkräfte I. Ordnung
von V-Maschinen

Aufbau (a) und Lage (b)
der Ortskurven

Die **Extremwerte** der Kräfte II. Ordnung (**113.**1) treten nach Gl. (112.3) bei $\cos 2\varphi_{\mathrm{K}} = 1$ bzw. 0 also bei $\varphi_{\mathrm{K}} = 0°, 90°, 180°$ und $270°$ bzw. bei $\varphi_{\mathrm{K}} = 45°, 135°, 225°$ und $315°$ auf und betragen dann

$$F_{\mathrm{IIa}} = 2\,P_{\mathrm{II}}\cos\gamma\cos(\gamma/2) \qquad\qquad F_{\mathrm{IIb}} = 2\,P_{\mathrm{II}}\sin\gamma\sin(\gamma/2) \qquad (112.5) \text{ und } (112.6)$$

Bei $\gamma < 60°$ ist F_{IIa} das Maximum und F_{IIb} das Minimum, bei $\gamma > 60°$ ist es umgekehrt, und für $\gamma = 60°$ ist $F_{\mathrm{IIa}} = F_{\mathrm{IIb}} = \sqrt{3}\,P_{\mathrm{II}}/2$ und für $\gamma = 180°$ ist $F_{\mathrm{IIa}} = F_{\mathrm{IIb}} = 0$. Die Extremwerte liegen nach Gl. (113.4) horizontal bzw. vertikal, und die Maxima bzw. Minima werden pro Umdrehung der Kurbel viermal durchlaufen. Die **Ortskurven** der Kräfte II. Ordnung sind nach den Gl. (113.3) und (113.4) Ellipsen mit den aufeinander senkrecht stehenden Halbachsen $2P_{\mathrm{II}}\cos\gamma\cos(\gamma/2)$ und $2P_{\mathrm{II}}\sin\gamma\sin(\gamma/2)$, von denen eine in der Symmetrielinie liegt.

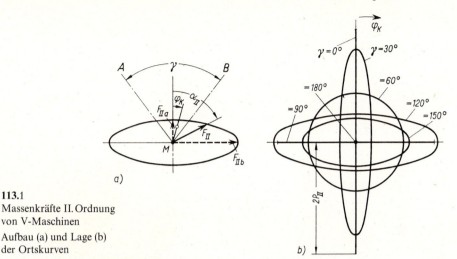

113.1
Massenkräfte II. Ordnung
von V-Maschinen
Aufbau (a) und Lage (b)
der Ortskurven

Ausgleich der Massenkräfte

Die rotierenden Kräfte können wie bei der Einzylindermaschine nach Gl. (92.1) und (109.2) ausgeglichen werden.

Die Kraft I. Ordnung ist bei der Maschine mit 90° Gabelwinkel konstant, läuft mit der Kurbel um und beträgt $P_I = m_o r \omega^2$, da die aufeinander senkrecht stehenden Projektionen F_{IA} und F_{IB} der Vektoren $P_{IA} = P_{IB} = P_I$ geometrisch addiert wieder den Vektor $F_I = P_I$ ergeben. Ihr Ausgleich erfolgt also nach Gl. (92.1) durch Gegengewichte an der Kurbel mit der Masse $m_G = m_o r/r_G$. Die rotierende Kraft und die Kraft I. Ordnung können bei dieser Maschine durch Gegengewichte der Masse $m = (m_o + m_r) r/r_G$ ausgeglichen werden. Für die anderen Maschinen entstehen bei derartigen Gegengewichten Restkräfte, die mit der Abweichung ihres Gabelwinkels von 90° zunehmen.

Ausgewählte Maschinen

Entsprechend ihrer Häufigkeit werden hier nur Maschinen mit gleichen Triebwerken behandelt, die anderen Fälle lassen sich mit graphischen Methoden lösen. Zur Darstellung der in Größe und Richtung veränderlichen Kräfte I. und II. Ordnung erweisen sich die Ortskurven als vorteilhaft, da hieraus diese Kräfte für jede der angegebenen Kurbelstellungen ersichtlich sind. Wie bei der Reihenmaschine werden die Kraftamplituden F_r, P_I und P_{II} gleich Eins gesetzt. Bei entsprechender Maßstabswahl stellt dann der Kurbelkreis die Ortskurve der rotierenden Kräfte dar.

V-Maschine mit 90° Gabelwinkel. Die Kraft I. Ordnung beträgt nach den Gl. (111.3) und (111.4) $F_I = P_I = m_o r \omega^2$ und liegt wie die rotierende Kraft in Richtung der Kurbel. Die Kraft II. Ordnung (**114.**1 a, b) nach Gl. (112.3) $F_{II} = \sqrt{2} P_{II} \sin 2\varphi_K = \sqrt{2} \lambda m_o r \omega^2 \sin 2\varphi_K$ wirkt senkrecht zur Symmetrielinie, ihre Ortskurve ist also eine Gerade, da nach Gl. (112.4) der Lagewinkel $\alpha_{II} = 90°$ bzw. 270° ist. Die Extremwerte treten bei $\varphi_K = 45°$, 135°, 225° und 315° also bei den Kurbelstellungen (**114.**1 b) 2, 6, 10 und 14 auf, während sie bei $\varphi_K = 0°$, 90°, 180° und 270°, also bei den Kurbelstellungen 0, 4, 8 und 12, Null werden. Diese Kräfte können nicht durch Gegengewichte an den Kurbelwangen ausgeglichen werden.

V-Maschine mit 60° Gabelwinkel. Für die Massenkraft I. Ordnung und ihren Lagewinkel (**114.**2a) ergibt sich aus den Gl. (111.3) und (111.4) $F_I = m_o r \omega^2 \sqrt{2 \cos^2 \varphi_K + 1/4}$ und $\tan \alpha_I = \tan \varphi_K / 3$. Die Extremwerte $1,5 m_o r \omega^2$ und $0,5 m_o r \omega^2$ liegen in der Symmetrielinie bzw. senkrecht dazu und stellen die

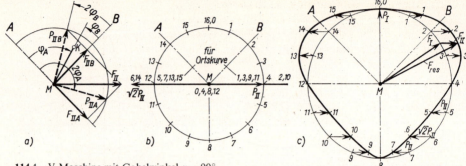

114.1   V-Maschine mit Gabelwinkel $\gamma = 90°$

a) Ermittlung und b) Ortskurve der Kräfte II. Ordnung
c) Ortskurve der resultierenden Massenkräfte $\lambda = 1/5$

Hauptachsen ihrer elliptischen Ortskurve dar. Die Kraft II. Ordnung (**114.**2 b) wird nach Gl. (112.3) $F_{II} = \sqrt{3}\,\lambda\,m_o\,r\,\omega^2/2$, ist also konstant und läuft mit der doppelten Winkelgeschwindigkeit der Kurbel um, da nach Gl. (112.4) $\alpha_{II} = 2\varphi_K$ ist. Ihre Ortskurve ist also ein Kreis. Ein Ausgleich ist durch ein mit der doppelten Winkelgeschwindigkeit der Kurbelwelle umlaufendes, über Zahnräder angetriebenes Gegengewicht möglich.

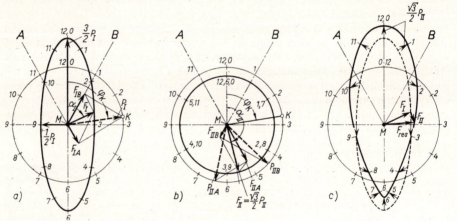

114.2   Ortskurven der V-Maschine mit Gabelwinkel $\gamma = 60°$

a), b) Kräfte I. und II. Ordnung
c) resultierende Massenkraft

1.4.2.4   V-Maschinen in Reihenanordnung

Diese Maschinen bestehen aus je einer linken und rechten Reihe A und B mit gleicher Zylinderzahl und mit gemeinsamen Kurbeln für je zwei gegenüberliegende Triebwerke. Die Ebenen AM und BM (**116.**1) schneiden sich unter dem Gabelwinkel γ. Die Kurbeln sind wie die linken Zylinderreihen zu beziffern. Die Resultierenden der rotierenden Kräfte und Momente können hier wie bei einer Reihenmaschine ermittelt werden, da sie von der Lage der Zylinder unabhängig sind. Dabei sind aber die beiden Schubstangen je Kröpfung zu beachten.

Resultierende Kräfte der Momente I. und II. Ordnung

Graphische Ermittlung. Zuerst werden die resultierenden Vektoren der beiden Reihen für eine bestimmte Stellung der Kurbel *1* (an der Kupplung) ermittelt und dann wie bei der Zweizylinder-V-Maschine vektoriell addiert. Oft sind die Resultierenden e i n e r Reihe schon für eine andere Kurbelstellung bekannt. Dann ist die Kurbel *1* unter Beachtung der Lage der Zylindermittellinien in die neue Stellung hineinzudrehen. Hierbei sind die Vektoren der Kräfte und Momente I. bzw. II. Ordnung mit der Kurbel bzw. um den doppelten Kurbelwinkel weiterzudrehen. Die Projektionen der Vektoren sind aber einer Drehung gegenüber nicht mehr invariant. Die gedrehten Momentenvektoren werden daher zuerst auf die Zylinderebenen projiziert. Die Resultierende dieser Projektionen wird dann um 90° im Uhrzeigersinn (**97.**1) zurückgeschwenkt.

Analytische Ermittlung. Bei Maschinen mit gleichen Triebwerken gelten die Gl. (111.3), (111.4), (112.3) und (112.4) sinngemäß. Die A m p l i t u d e n sind aber durch die resultierenden Amplituden einer Reihe zu ersetzen. Die D r e h w i n k e l φ_K werden durch $\varphi_K + \delta_I$ bzw. $\varphi_K + \delta_{II}/2$ ersetzt, da die Resultierenden jeder Reihe um die Winkel (**116.**1) δ_I und δ_{II} gegenüber den Vektoren der Zweizylinder-V-Maschine verdreht sind. Die Winkel zählen positiv bei Vor- und negativ bei Nachteil der Vektoren gegenüber den Kurbeln. Für den Lagewinkel α ist bei den Momentenvektoren in der wirklichen Lage $(90° - \alpha)$ nach Gl. (111.4) und (112.4) zu setzen, da sie dann senkrecht zu den Kräften stehen.

Ortskurven. Bei den rotierenden Kräften und Momenten ergeben sich Kreise. Für die Kräfte und Momente I. bzw. II. Ordnung sind sie den Ellipsen der Zweizylinder-V-Maschinen mit gleichem Gabelwinkel ähnlich. Ihre H a u p t a c h s e n folgen aus den Gl. (111.5), (111.6), (112.5) und (112.6), wenn die Amplituden P_I und P_{II} durch die entsprechenden Werte einer Reihe ersetzt werden. Ihre L a g e gleicht bei den Kräften den Ellipsen der Zweizylinder-V-Maschine (**112.**1), (**113.**1). Bei den Momenten sind sie um 90° nach rechts, der Lage des Momentenvektors zu den Kräften gemäß, geschwenkt. Die Zuordnung der einzelnen Punkte des Kurbelkreises zu denen der Ortskurve hat sich aber den Winkeln δ entsprechend geändert.

Ausgewählte Maschine. Hier sei ein V-Motor (**116.**1) mit zwei Reihen zu drei Zylindern, 45° Gabelwinkel und der Kurbelfolge 1–3–2 betrachtet. Eine Reihe entspricht dann der Dreizylindermaschine (**99.**2). K r ä f t e sind nicht vorhanden, da sie für die einzelnen Reihen bereits ausgeglichen sind. Die r o t i e - r e n d e n M o m e n t e $M_r = \sqrt{3} m_r r \omega^2$ entsprechen denen einer Reihe. Die E x t r e m w e r t e der M o m e n t e I. O r d n u n g betragen nach Gl. (111.5) und (111.6) und den Erläuterungen für die Momente $M_{1a} = 2 D_{I res} \cos^2 22{,}5° = 1{,}71 D_{I res}$ und $M_{Ib} = 2 D_{I res} \sin^2 22{,}5° = 0{,}294 D_{I res}$. Da für eine Reihe $D'_{I res} = \sqrt{3} m_o r \omega^2 a$ ist, folgt $M_{Ia} = 2{,}98 m_o r \omega^2 a$ und $M_{Ib} = 0{,}509 m_o r \omega^2 a$. Für die M o m e n t e II. O r d n u n g ergibt sich dann mit Gl. (112.5) und (112.6) $M_{IIa} = 2 D_{II res} \cos 45° \cos 22{,}5° = 1{,}31 D_{II res}$ und $M_{IIb} = 2 D_{II res} \sin 45° \sin 22{,}5° = 0{,}54 D_{II res}$. Mit $D_{II res} = \sqrt{3} \lambda m_o r \omega^2 a$ wird dann $M_{IIa} = 2{,}27 \lambda m_o r \omega^2 a$ und $M_{IIb} = 0{,}935 \lambda m_o r \omega^2 a$.

G r a p h i s c h e D a r s t e l l u n g d e r M o m e n t e (**116.**1). Sie beginnt im *OT* der Kurbel *1* in der Reihe *A*. Dafür sind die Resultierenden $\bar{D}_{IA}$ und $\bar{D}_{IIA}$ nach der Momentenregel (**116.**e, f) zu ermitteln. Sie folgen auch aus Bild **99.**2, da die Kurbel *1* in Bild **116.**1b gegenüber ihrer Stellung in Bild **99.**2 um $60° - 22{,}5° = 37{,}5°$ geschwenkt ist, durch Verdrehen der Vektoren $\bar{D}_{I res}$ um 37,5° und $\bar{D}_{II res}$ um $2 \cdot 60° - 22{,}5° = 97{,}5°$. Bei den M o m e n t e n I. O r d n u n g (**116.**1g) ergibt sich aus den Projektionen $\bar{M}_{IA}$ und $\bar{M}_{IB}$ des Vektors $\bar{D}_{IA} = \bar{D}_{IB}$ auf die Zylinderebenen *AM* und *BM* die Resultierende $M_{I res}$, die dann um 90° im Uhrzeigersinn in ihre wahre Lage $M_{I res}$ gedreht wird. Für die M o m e n t e II. O r d n u n g (**116.**1h) folgt der Vektor $\bar{D}_{IIB}$ durch Drehen des Vektors $\bar{D}_{IIA}$ entgegen dem Uhrzeigersinn um den Gabelwinkel $\gamma = 45°$. Die Projektionen $\bar{M}_{IIA}$ und $\bar{M}_{IIB}$ der Vektoren $\bar{D}_{IIA}$ und $\bar{D}_{IIB}$ auf die Ebenen *AM* und *BM* ergeben nach Addition und Schwenken um 90° die Resultierende $M_{II res}$. Für die ü b r i g e n K u r b e l s t e l l u n g e n (**116.**1i, k) gilt die gleiche Konstruktion nach Verdrehen der Vektoren $\bar{D}_I$ um den Kurbelwinkel φ_K und der Vektoren $\bar{D}_{II}$ um den Winkel $2\varphi_K$.

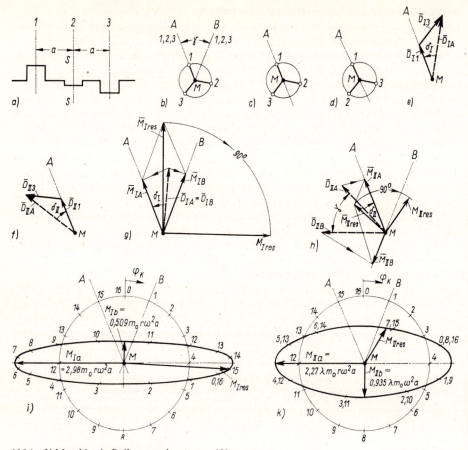

116.1 V-Maschine in Reihenanordnung $\gamma = 45°$

    a), b) Triebwerkschema
    c), d) Kurbelschema I. und II. Ordnung der Reihe A
    e), f) Ermittlung der Momente I. und II. Ordnung der Reihe A
    g), h) Ermittlung der resultierenden Momente
    i), k) Ortskurven hierzu

1.4.2.5 Weitere Bauarten

Bei den bisher nicht behandelten Bauarten – wie z. B. Fächer- und Boxermaschinen – ist es vorteilhaft, die Triebwerke einzeln in ihrer vorgegebenen Lage zu betrachten. Sie können Mittellinien verschiedener Richtung, aber auch gemeinsame Kurbeln haben. Der Drehwinkel φ dient dabei zur Festlegung der Drehung der Kurbelwelle. Er entspricht entweder dem Kurbelwinkel einer durch ihre Lage ausgezeichneten Kurbel oder wird von einem symmetrisch gelegenen Punkt aus gezählt. Die Massenkräfte bzw. Momente sind dann für jedes Triebwerk nach Abschn. 1.4.2.1 einzeln zu ermitteln und zur Resultierenden zusammenzusetzen. Mehrere Schubstangen auf einer Kurbel erhöhen durch ihre Anteile die rotierenden Massenkräfte beträchtlich.

Graphische Verfahren. Hierzu wird der Kurbelkreis (**92**.1) vom Zählbeginn des Drehwinkels aus in gleiche Teile geteilt und die Konstruktion für die so ermittelten Drehwinkel durchgeführt.

K r ä f t e. Bei den rotierenden Kräften sind die in Richtung der Kurbeln liegenden Vektoren von der Länge F_r geometrisch zu addieren. Für die Kräfte I. Ordnung werden nach Gl. (91.5) die Vektoren der Länge P_I in Richtung der Kurbeln aufgezeichnet und ihre Projektionen auf die zugehörige Zylindermittellinie addiert. Bei den Kräften II. Ordnung sind nach Gl. (91.6) die Vektoren der Länge P_{II} um den doppelten Kurbelwinkel in der Richtung der Kurbelbewegung zu drehen. Dann werden die Projektionen auf die zugehörigen Zylindermittellinien vektoriell addiert. Hierbei wiederholen sich die Kräfte vom Drehwinkel $\varphi = 180°$ ab.

M o m e n t e werden bei Boxer- und Reihenmaschinen nach der Momentenregel in Abschn. 1.4.2.2 ermittelt. Bei Boxermaschinen ist jedoch im Kurbelschema II. Ordnung die Lage der Triebwerke auf beiden Seiten der Kurbelwelle zu beachten. Für in Reihe angeordnete Triebwerksgruppen werden entweder die Zwischenresultierenden für die einzelnen Reihen (**116**.1) oder für die Gruppen (**119**.1) gebildet und dann zur Resultierenden zusammengefaßt.

Analytische Verfahren ergeben Gleichungen für die Massenkräfte und Momente, die bei häufig benutzten Anordnungen vorteilhaft sind. Hierzu werden die Kräfte und Momente von jedem Triebwerk als Funktion des Drehwinkels ausgedrückt und in aufeinander senkrechte Komponenten zerlegt. Aus den Summen dieser Komponenten folgt dann die Resultierende nach dem Satz des Pythagoras und der Tangens des Lagewinkels aus ihrem Quotienten (s. Abschn. 1.4.2.3).

Beispiel 9. Ein Viertakt-Ottomotor in Boxerbauart (**117**.1) mit dem Zylinderdurchmesser $D = 75$ mm und dem Hub $s = 65$ mm läuft mit der Drehzahl $n = 3500$ min^{-1}. Die Masse des Kolbens bzw. der Schubstange beträgt $m_K = 370$ g und $m_{St} = 450$ g, die rotierende Masse der Kurbelwelle ist $m_{rKW} = 340$ g. Der Schwerpunkt der $l = 130$ mm langen Schubstange liegt $r_{St} = 40$ mm von der Mitte des Kurbelzapfenlagers entfernt. Von der Kurbelwelle sind weiterhin bekannt: Wellenzapfendurchmesser $d = 50$ mm und Lagerabstand $e = 210$ mm sowie die Mittenentfernungen der inneren bzw. äußeren Kurbelzapfen $a = 65$ mm und $b = 140$ mm.

G e s u c h t sind die Massenkräfte und Momente sowie die hierdurch hervorgerufenen Biegespannungen in den Lagerzapfen.

M a s s e n. Die oszillierenden und rotierenden Massen betragen für die Schubstange nach Gl. (90.1)

117.1   Triebwerke eines
Viertakt-Boxermotors

$$m_{oSt} \approx m_{St}\,\frac{r_{St}}{l} = 450\ \text{g}\ \frac{40\ \text{mm}}{130\ \text{mm}} = 138\ \text{g}$$

$$m_{rSt} \approx m_{St} - m_{oSt} = (450 - 138)\,\text{g} = 312\ \text{g}$$

und für das einzelne Triebwerk nach Gl. (90.3) und (91.3)

$$m_o = m_K + m_{oSt} = (370 + 138)\,\text{g} = 508\ \text{g}$$

$$m_r = m_{rSt} + m_{rKW} = (312 + 340)\,\text{g} = 652\ \text{g}$$

A m p l i t u d e n. Aus dem Kurbelradius $r = s/2 = 32{,}5$ mm ergibt sich das Schubstangenverhältnis $\lambda = r/l = 32{,}5$ mm$/130$ mm $= 1/4$. Die Winkelgeschwindigkeit beträgt

$$\omega = 2\pi n = 2\pi \cdot 3500\ \text{min}^{-1} = 2{,}20 \cdot 10^4\ \text{min}^{-1} = 367\ \text{s}^{-1}$$

Mit $r\,\omega^2 = 0{,}0325\,\text{m} \cdot 367^2\,\text{s}^{-2} = 4370\,\text{m/s}^2$ und $1\,\text{kg}\,\text{m/s}^2 = 1\,\text{N}$ dann aus den Gl. (91.9), (91.7) und (91.8) für die rotierenden Kräfte

$$F_r = m_r\,r\,\omega^2 = 0{,}652\,\text{kg} \cdot 4370\,\frac{\text{m}}{\text{s}^2} = 2850\,\text{N}$$

Kräfte I. Ordnung

$$P_I = m_o\,r\,\omega^2 = 0{,}508\,\text{kg} \cdot 4370\,\frac{\text{m}}{\text{s}^2} = 2220\,\text{N}$$

Kräfte II. Ordnung

$$P_{II} = \lambda P_I = 2220\,\text{N}/4 = 555\,\text{N}$$

Als Drehwinkel φ zähle der Kurbelwinkel φ_1 der Kurbel A1.

Kräfte (118.1 a)

Die Kräfte F_r haben die gleiche Richtung wie die Kurbeln und heben sich auf. Das gilt auch für die Vektoren P_I. Die Vektoren P_{II}, die bei $\varphi_1 = 0°$ zum OT der entsprechenden Triebwerke gerichtet sind, gleichen sich ebenfalls aus. Die Maschine hat also keine resultierenden Massenkräfte.

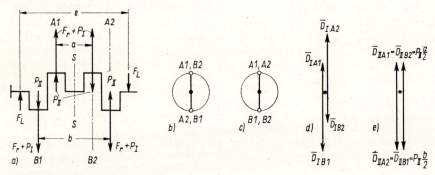

118.1   Vierzylinder-Boxermaschine
    a) Kurbelwelle, b), c) Kurbelschema 1. und II. Ordnung, d), e) Momente I. und II. Ordnung

Momente (118.1 a)

Die rotierenden Momente M_r und die Momente I. Ordnung M_I sind ausgeglichen, da die entsprechenden Kräfte gleiche Richtungen und gleiche Hebelarme bezüglich der Schwerelinie SS haben. Für die Momente II. Ordnung folgt aus Gl. (95.2) mit

$$D_{II\,res} = P_{II}(b - a) = 555\,\text{N}\ (0{,}14 - 0{,}065)\,\text{m} = 41{,}6\,\text{N}\,\text{m}$$
$$M_{II\,res} = D_{II\,res}\cos 2\varphi = 41{,}6\,\text{N}\,\text{m}\cos 2\varphi$$

Das Maximum bzw. das Minimum betragen dann $M_{II\,max} = D_{II}$ und $M_{II\,min} = 0$. Sie treten bei $\varphi_1 = 0°$, 90°, 180° und 270° bzw. $\varphi_1 = 45°$, 135°, 225° und 315° auf. Die Momente können auch nach der Momentenregel (118.1 d, e) ermittelt werden.

Biegespannung (118.1 a)

Die größten Lagerkräfte entstehen beim Drehwinkel $\varphi_1 = 0°$. Da die Kräfte F_r und F_I und die Momente M_r und M_I ausgeglichen sind, gilt nach den Gleichgewichtsbedingungen bei Vernachlässigung des mittleren Lagers

$$F_L = \frac{P_{II}(b - a)}{e} = \frac{D_{II\,res}}{e} = \frac{41{,}6\,\text{N}\,\text{m}}{0{,}21\,\text{m}} = 198\,\text{N}$$

Das größte Moment tritt im Querschnitt SS des Wellenzapfens auf und beträgt

$$M_b = (F_r + P_I + P_{II}) \frac{b-a}{2} - F_L \frac{e}{2} = (F_r + P_I) \frac{b-a}{2}$$

$$= (2850 + 2220) \,\text{N} \, \frac{(0{,}14 - 0{,}065)\,\text{m}}{2} = 190 \,\text{N m}$$

Mit dem Widerstandsmoment des Wellenzapfens $W = \pi d^3/32 = \pi 5^3 \,\text{cm}^3/32 = 12{,}25 \,\text{cm}^3$ ergibt sich dann eine maximale Biegespannung im mittleren Wellenzapfen

$$\sigma_b = \frac{M_b}{W} = \frac{19000 \,\text{N cm}}{12{,}25 \,\text{cm}^3} = 1550 \,\frac{\text{N}}{\text{cm}^2}$$

Da bei der Ermittlung der Lagerkräfte und des Biegemomentes die Tragfähigkeit des mittleren Lagers vernachlässigt wurde, sind die tatsächlich auftretenden Beanspruchungen kleiner als die berechneten.

Beispiel 10. Ein W-Verdichter mit dem Zylinderversatz von 60° wird als ein- und zweikurbelige Maschine in Reihenbauart (**119**.1) mit $z = 3$ bzw. 6 Zylindern ausgeführt. Der Kolbendurchmesser beträgt $D = 80 \,\text{mm}$, der Kurbelradius $r = 30 \,\text{mm}$, die Schubstangenlänge $l = 163 \,\text{mm}$ und ihre Dicke $c = 20 \,\text{mm}$. Die Drehzahl ist $n = 1500 \,\text{min}^{-1}$. Die oszillierenden Massen eines Kolbens und einer Schubstange sind $m_K = 0{,}55 \,\text{kg}$ und $m_{oSt} = 0{,}56 \,\text{kg}$, die rotierenden Massen pro Schubstange und pro Kröpfung $m_{rSt} = 0{,}94 \,\text{kg}$ und $m_{rKW} = 0{,}83 \,\text{kg}$. Bei der Reihenmaschine ist der Abstand der Zylinder $a = 130 \,\text{mm}$ und der Gegengewichte $b = 230 \,\text{mm}$.

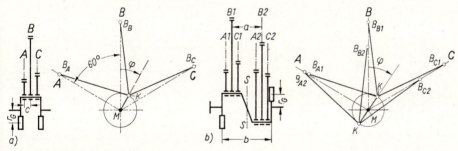

119.1 W-Maschine
a) einkurbelig, b) zweikurbelig

Gesucht sind die in den Maschinen auftretenden Massenkräfte und Momente sowie die Möglichkeiten ihres Ausgleichs durch Gegengewichte.

Die oszillierende Masse je Triebwerk und die rotierende Masse je Kröpfung mit drei Schubstangen ergeben sich aus den Gl. (90.3) und (109.2)

$$m_o = m_K + m_{oSt} = (0{,}55 + 0{,}56) \,\text{kg} = 1{,}11 \,\text{kg} \qquad m_r = 3 m_{rSt} + m_{rKW} = (3 \cdot 0{,}94 + 0{,}83) \,\text{kg} = 3{,}65 \,\text{kg}$$

Das Schubstangenverhältnis wird $\lambda = r/l = 30 \,\text{mm}/163 \,\text{mm} = 1:5{,}43$, und die Winkelgeschwindigkeit ist $\omega = 2\pi n = 2\pi \cdot 1500 \,\text{min}^{-1} = 9420 \,\text{min}^{-1} = 157 \,\text{s}^{-1}$.

Für die Amplituden der Massenkräfte folgt mit $r\omega^2 = 0{,}03 \,\text{m} \cdot 157^2 \,\text{s}^{-2} = 740 \,\text{m/s}^2$ und $1 \,\text{kg/s}^2 = 1 \,\text{N}$ aus den Gl. (91.7), (91.8) und (91.9)

rotierende Kräfte $F_r = m_r r \omega^2 = 3{,}65 \,\text{kg} \cdot 740 \,\text{m/s}^2 = 2700 \,\text{N}$

Kräfte I. Ordnung $P_I = m_o r \omega^2 = 1{,}11 \,\text{kg} \cdot 740 \,\text{m/s}^2 = 822 \,\text{N}$

Kräfte II. Ordnung $P_{II} = \lambda P_I = 822 \,\text{N}/5{,}43 = 151 \,\text{N}$

Einkurbelige Maschine

Die Massenkräfte I. Ordnung (**120.**1 a) betragen bei Zählung des Kurbelwinkels φ vom senkrechten Zylinder B aus für die Triebwerke A, B und C

$$F_{IA} = P_I \cos(\varphi + 60°) \qquad F_{IB} = P_I \cos\varphi \qquad F_{IC} = P_I \cos(\varphi - 60°)$$

Für die Summe ihrer waagerechten bzw. senkrechten Komponenten gilt $F_{Ix} = (F_{IC} - F_{IA})\cos 30°$ und $F_{Iy} = F_{IB} + (F_{IA} + F_{IC})\sin 30°$. Mit $\cos 60° = \sin 30° = 1/2$, $\cos 30° = \sin 60° = \sqrt{3}/2$ und $\cos(\varphi \pm 60°) = \frac{1}{2}\cos\varphi \mp \frac{\sqrt{3}}{2}\sin\varphi$ wird dann $F_{Ix} = \frac{3}{2}P_I \sin\varphi$ und $F_{Iy} = \frac{3}{2}P_I \cos\varphi$. Daraus ergeben sich die Resultierende und ihr Lagewinkel

$$F_I = \sqrt{F_{Ix}^2 + F_{Iy}^2} = \frac{3}{2}P_I = \frac{3}{2} \, 822 \, \text{N} = 1230 \, \text{N} \qquad \tan\alpha_I = \frac{F_{Ix}}{F_{Iy}} = \tan\varphi \text{ bzw. } \alpha_I = \varphi$$

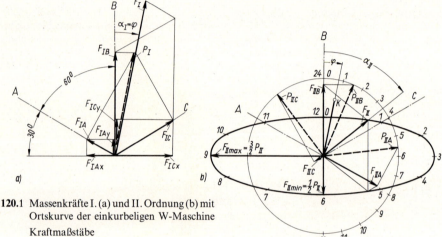

120.1 Massenkräfte I. (a) und II. Ordnung (b) mit
Ortskurve der einkurbeligen W-Maschine

Kraftmaßstäbe
a) $\bar{m} = 300$ N/cm,
b) $\bar{m} = 75$ N/cm

Die resultierende Massenkraft I. Ordnung ist also konstant und liegt in Richtung der Kurbel.

Bei den Massenkräften II. Ordnung (**120.**1 b) folgt für die einzelnen Triebwerke

$$F_{IIA} = P_{II}\cos(2\varphi + 120°) \qquad F_{IIB} = P_{II}\cos 2\varphi \qquad F_{IIC} = P_{II}\cos(2\varphi - 120°)$$

Die waagerechten und senkrechten Komponenten sind dann

$$F_{IIx} = (F_{IIC} - F_{IIA})\cos 30° = \frac{3}{2}P_{II}\sin 2\varphi \qquad F_{IIy} = F_{IIB} - (F_{IIA} + F_{IIC})\sin 30° = \frac{P_{II}}{2}\cos 2\varphi$$

Für die Resultierende und ihren Lagewinkel gilt damit

$$F_{II} = \sqrt{F_{IIx}^2 + F_{IIy}^2} = \frac{1}{2}P_{II}\sqrt{8\sin^2 2\varphi + 1} \qquad \tan\alpha_{II} = 3\tan 2\varphi$$

Ihre Ortskurve ist eine Ellipse mit den Extremwerten $F_{II\,max} = 3\,P_{II}/2 = 226$ N für $\sin 2\varphi = 1$ also bei $\varphi = 45°$, $135°$, $225°$ und $315°$, sowie $F_{II\,min} = P_{II}/2 = 75{,}5$ N für $\sin 2\varphi = 0$ oder bei $\varphi = 0°$, $90°$, $180°$ und $270°$. Die zugeordneten Lagewinkel sind $\alpha_{II} = 90°$ und $270°$ bzw. $\alpha_{II} = 0$ und $180°$. Zur graphischen Ermittlung (**120.**1 b) werden bei der gewählten Kurbelstellung die Kräfte für jedes Einzeltriebwerk (**92.**1 f) bestimmt und geometrisch addiert.

Die geringen Momente infolge des Zylinderversatzes von $c = 20$ mm seien vernachlässigt.

Zum Ausgleich der mit der Kurbel umlaufenden Kräfte $F_r + F_I = (2700 + 1230)\,\mathrm{N} = 3930\,\mathrm{N}$ dienen zwei Gegengewichte an den Kurbelwangen (**119.**1 a) mit der Fliehkraft F_G, dem Schwerpunktradius r_G und der Masse m_G. Aus der Gleichgewichtsbedingung $F_G = F_r + F_I$ ergibt sich

$$m_G r_G = \left(m_r + \frac{3}{2}m_o\right)r = \left(3{,}65 + \frac{3}{2}1{,}11\right)\mathrm{kg} \cdot 30\,\mathrm{mm} = 160\,\mathrm{kg\,mm}$$

Für $r_G = 80\,\mathrm{mm}$ ist dann die Masse der beiden Gewichte $m_G = 2\,\mathrm{kg}$.

Reihenmaschine mit 180° Kurbelversatz (**119.**1 b)

Kräfte. Die mit den Kurbeln umlaufenden rotierenden Kräfte und die Kräfte I. Ordnung gleichen sich aus. Die Kräfte II. Ordnung addieren sich, da der Kurbelversatz von 180° einer Weiterdrehung um $2\varphi = 360°$ entspricht. Für ihre Ortskurve gilt also Bild **120.**1 b mit doppeltem Kraftmaßstab. Für ihre Maxima und Minima wird

$$F_{\mathrm{II\,max}} = 3\,P_{\mathrm{II}} = 453\,\mathrm{N} \qquad\qquad F_{\mathrm{II\,min}} = P_{\mathrm{II}} = 151\,\mathrm{N}$$

Momente. Die rotierenden Momente und die Momente I. Ordnung betragen bei Vernachlässigung des Zylinderversatzes und der geringen Schrägstellung der mittleren Kurbelwange

$$M_r = F_r a = 2700\,\mathrm{N} \cdot 0{,}13\,\mathrm{m} = 351\,\mathrm{N\,m} \qquad M_I = \frac{3}{2}P_I a = \frac{2}{3} \cdot 822\,\mathrm{N} \cdot 0{,}13\,\mathrm{m} = 160\,\mathrm{N\,m}$$

Die Momente II. Ordnung sind ausgeglichen. Der Ausgleich in der Ebene der Kurbeln wirkenden Momente $M_r + M_I = (351 + 160)\,\mathrm{Nm} = 511\,\mathrm{Nm}$ erfolgt durch zwei Gegengewichte (**119.**1 b) an den äußeren Kurbelwangen mit dem Fliehmoment $M_G = F_G b$. Das Momentengleichgewicht ergibt $M_G = M_r + M_I$ oder

$$m_G r_G = \left(m_r + \frac{3}{2}m_o\right)r\frac{a}{b} = \left(3{,}65 + \frac{3}{2}1{,}11\right)\mathrm{kg} \cdot 30\,\mathrm{mm}\,\frac{130\,\mathrm{mm}}{230\,\mathrm{mm}} = 90{,}1\,\mathrm{kg\,mm}$$

Für $r_G = 62\,\mathrm{mm}$ ist $m_G = 1{,}45\,\mathrm{kg}$.

1.4.3 Laufruhe und Schwungrad

Das Drehmoment einer Kolbenmaschine schwankt beim Umlauf der Kurbelwelle infolge der periodisch veränderlichen Kräfte in den Triebwerken um einen Mittelwert, den die gekuppelte Maschine im Beharrungszustand aufnimmt. Diese Schwankungen rufen Änderungen der Winkelgeschwindigkeit und des Energieflusses zur gekuppelten Maschine hervor. Die Laufruhe der Maschinen ist durch die Differenz der Extremwerte der Winkelgeschwindigkeiten bestimmt. Sie kann durch Vergrößerung der Schwungmassen der Maschinen am Schwungrad oder durch Ändern der Kurbelfolge erhöht werden.

Das Schwungrad verbessert außer der Laufruhe noch die Drehzahlregelung der Motoren (s. Abschn. 4.7.3.2) und ist für die Torsionsschwingungen der Kurbelwelle von Bedeutung [15]. Zu seiner Berechnung wird das Drehmoment als Funktion des Kurbelwinkels und daraus die größte Energieänderung bestimmt. Hieraus ergibt sich dann nach dem Energiesatz das für die geforderte Laufruhe notwendige Trägheitsmoment der Schwungmassen [21].

1.4.3.1 Graphische Ermittlung der Tangentialkraft

Die dem Drehmoment proportionale Tangentialkraft wird zuerst für ein Triebwerk (**124.**2, **123.**1) bei der maximalen Belastung und der Betriebsdrehzahl in Abhängigkeit vom Kurbelwinkel ermittelt. Bei Mehrzylindermaschinen (**125**.1) sind dann die Tangentialkräfte der einzelnen Triebwerke ihrer Anordnung gemäß zu addieren.

Einzylindermaschine

Zunächst ist die Stoff- und die oszillierende Massenkraft zu bestimmen. Aus ihrer Resultierenden, der Kolbenkraft, wird dann die Tangentialkraft graphisch ermittelt. Für die Vorzeichen gilt hier nach Abschn. 1.4.1 und 1.4.2: Die Stoff- und die Kolbenkräfte sind positiv, die Massenkräfte aber negativ, wenn sie vom Kolben zur Kurbelwelle hinzeigen. Das Drehmoment bzw. die Tangentialkraft sind positiv, wenn sie an der Kupplung Arbeit abgeben.

Stoffkraft. Sie ist die Differenz der Kräfte, die das Medium auf die beiden Kolbenseiten ausübt. Seinen Druck p gibt dabei das Indikatordiagramm (**28**.1, **322**.1 a) als Funktion des Kolbenweges x_K und das Oszillogramm (**322**.1 b) als Funktion des Kurbelwinkels φ an.

Doppeltwirkender Kolben (**124**.1 d). Ist p_a der atmosphärische Druck, so entsteht an der Deckelseite DS mit der Kolbenfläche A_{DS} und dem Druck p_{DS} die Kraft $(p_{DS} - p_a) A_{DS}$. Für die Kurbelseite KS mit der Fläche A_{KS} und dem Druck p_{KS} ergibt sich dann die Kraft $(p_{KS} - p_a) A_{KS}$. Für die in der Richtung zur Kurbel positive Stoffkraft gilt

$$F_S = (p_{DS} - p_a) A_{DS} - (p_{KS} - p_a) A_{KS} \tag{122.1}$$

Im Indikatordiagramm ist für die DS und KS die Zuordnung und Richtung der Kräfte beim Hin- und Rückgang zu beachten. So sind bei der Zweitakt-Dieselmaschine (**124**.1) beim Hingang die Expansion der DS (Punkt *1*) und die Kompression der KS (Punkt *1'*) zugeordnet. Beim Rückgang findet dann die Expansion der KS (Punkt *2'*) und die Kompression der DS (Punkt *2'*) gleichzeitig statt. Dabei sind die Kraft $p_{DS}A_{DS}$ zur Kurbel, die Kraft $p_{KS}A_{KS}$ zum Deckel hin gerichtet.

Tauchkolben (**88**.1). Da hier die Kolbenflächen gleich sind, entstehen die Kräfte $p A_K$ und $p_a A_K$ also insgesamt

$$F_S = (p - p_a) A_K \tag{122.2}$$

Wird beim Indikatordiagramm die atmosphärische Linie als Abszisse gewählt und die Ordinate mit der Kolbenfläche multipliziert, so entspricht dies nach Gl. (122.2) dem Stoffkraftdiagramm.

Berechnung des Indikatordiagrammes ist für Neukonstruktionen, bei denen noch keine Diagrammaufnahmen vorliegen, erforderlich und erfolgt nach Erfahrungswerten. Als Annäherung gilt dabei für Motoren der Seiliger- bzw. Ottoprozeß. Bei Verdichtern werden die Kompression und die Rückexpansion isentrop angenommen und für das Ansaugen und Ausschieben die Zylinderdrücke p'_1 und p''_2 eingesetzt. Die Isentropen ergeben sich dann nach $p v^n = p_1 v_1^n$ mit $n = \kappa$ aus $p_1 V_1^\kappa = p V^\kappa$, wobei der Anfangspunkt *1* vom Prozeß abhängt. Für den einstufigen Verdichter (**173**.1) gilt dann mit dem Hubvolumen V_h und dem Schadraum V_S beim Kompressionsbeginn $p_1 = p'_1$ und $V_1 = V_S + V_h$, beim Anfang der Rückexpansion $p_1 = p''_2$ und $V_1 = V_S$. Der Kolbenweg beträgt, da $V = V_S + x_K A_K$ ist, $x_K = (V - V_S)/A_K$, und die Totpunkte OT und UT liegen bei V_S/A_K und $(V_S + V_h)/A_K$.

Massenkräfte. Da die in der Richtung des Kurbelzapfens wirkenden rotierenden Kräfte kein Drehmoment abgeben, sind nur die oszillierenden Kräfte F_o nach Gl. (91.4) zu ermitteln. Nach Berechnung ihrer Amplituden $P_I = m_o r \omega^2$ und $P_{II} = \lambda P_I$ aus Gl. (91.7) und (91.8) werden sie nach Bild **92**.1 b, c über dem Kurbelwinkel φ bzw. über dem Kolbenweg x_K aufgezeichnet. Dabei sind die wegen der Laufruhe kleinen Schwankungen der Winkelgeschwindigkeit vernachlässigt. Ist dies nicht mehr zulässig, muß das Schwungrad nach dem Verfahren von Wittenbauer berechnet werden [22].

Kolbenkraft. Nach Gl. (89.1) beträgt sie $F_K = F_S - F_o$. Zu ihrer Ermittlung (**123.**1a, **124.**2a, b) sind die Diagramme der Stoff- und Massenkraft so aufeinanderzulegen, daß ihre Totpunkte und Abszissen übereinstimmen. Nach der Vorzeichenfestlegung haben die positiven Stoff- und Massenkräfte verschiedene Richtungen. Die Kolbenkraft entspricht dann dem von der Massen- zur Stoffkraftlinie auf der Senkrechten gezogenen Vektorpfeil und ist positiv, wenn seine Spitze nach oben zeigt. Zum besseren Überblick (**124.**2a bis c) können die Kräfte aus dem Indikatordiagramm mit Hilfe des maßstäblich aufgezeichneten Schemas des Kurbelgetriebes über dem Kurbelwinkel aufgetragen werden.

Tangentialkraft. Zu ihrer Konstruktion (**123.**1c, **124.**2c) wird vom Drehpunkt M der Kurbelwelle aus die positive Kolbenkraft in Richtung des Kurbelzapfens aufgetragen. Die Parallele zur Schubstangenmittellinie BK durch ihre Spitze S schneidet dann auf der Senkrechten zur Zylindermittellinie durch M die Strecke MR ab, die die Tangentialkraft darstellt.

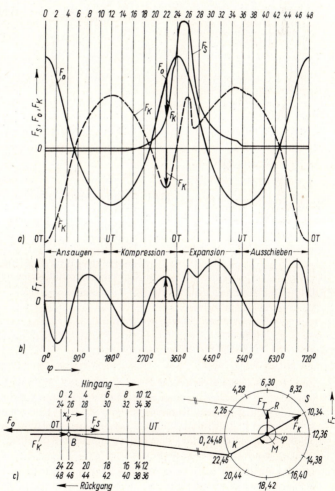

123.1
Tangentialkraftdiagramm
einer Viertakt-Diesel-
maschine mit Tauchkolben

a) Kolbenkraftdiagramm
b) Tangentialkraftdiagramm
c) Ermittlung der Tangen-
   tialkraft

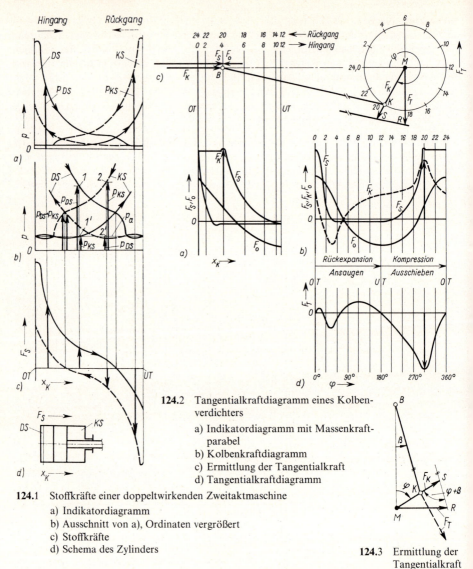

124.2 Tangentialkraftdiagramm eines Kolbenverdichters

    a) Indikatordiagramm mit Massenkraft-
       parabel

    b) Kolbenkraftdiagramm

    c) Ermittlung der Tangentialkraft

    d) Tangentialkraftdiagramm

124.1 Stoffkräfte einer doppeltwirkenden Zweitaktmaschine

    a) Indikatordiagramm

    b) Ausschnitt von a), Ordinaten vergrößert

    c) Stoffkräfte

    d) Schema des Zylinders

124.3 Ermittlung der
Tangentialkraft

Zum Beweis (**124.**3) ist Gl. (89.4) aus dem Dreieck *MRS* nach dem Sinussatz abzuleiten.
Nach der Vorzeichenfestlegung ist die Tangentialkraft positiv, wenn sie die gleiche Richtung wie die Kurbel beim Kurbelwinkel $\varphi = 90°$ hat. Dann zeigt die Tangentialkraft in ihrer
tatsächlichen Lage (gestrichelt in Bild **124.**3) in den Umlaufsinn der Kurbel, gibt also Arbeit
ab. Bei einem liegenden, im Uhrzeigersinn laufenden Kurbeltrieb (**124.**1c, **124.**3) ist die nach
oben zeigende Tangentialkraft positiv.

Das Tangentialkraftdiagramm (**124.**2d, **123.**1b) wird dann über dem Kurbelwinkel aufgetragen, wozu der Kurbelkreis in eine bestimmte Anzahl gleicher Teile aufzuteilen ist. Bei

vorgegebenem Indikatordiagramm wird nach Einzeichnen der Massenkraftparabel die Kolbenkraft direkt entnommen und am Kurbelkreis in die Tangentialkraft verwandelt. Ihre Nullstellen liegen in den Totpunkten und dort, wo die Stoff- und Massenkraft gleich sind. Dahinter zeigt sich die entlastende Wirkung der Massenkräfte bei der Kompression der Dieselmaschine (**123.**1 a) und bei der Rückexpansion des Verdichters (**124.**2 b).

Mehrzylindermaschinen

Die resultierende Tangentialkraft (**125.**1) ergibt sich durch die Addition der Tangentialkräfte der einzelnen Triebwerke nach der Folge ihrer Kurbeln am Kurbelkreis. Als Ausgangspunkt dient dabei der *OT* hinter der Kompression bzw. nach der Zündung beim Verbrennungsmotor, bei dem die Viertaktmaschine nur jede zweite Umdrehung zündet.

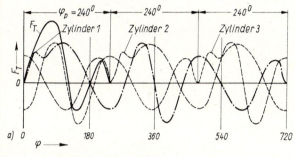
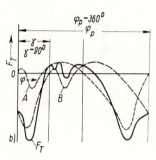

125.1 Resultierende Tangentialkraft
 a) Dreizylinder-Viertakt-Dieselmotor in Reihenbauart
  Kurbelschema nach Bild **99.**2 b, Kurbelfolge 1–3–2, Zündfolge 1–2–3
 b) Einstufiger V-Verdichter
  Gabelwinkel $\gamma = 90°$, Triebwerkschema nach Bild **109.**1

Reihenmaschinen. Die Kräfte (**125.**1 a) sind mit dem Kurbelversatz nach der Kurbel- bzw. Zündfolge zu addieren. Die Zündfolge der Zweitaktmaschinen gleicht der Kurbelfolge. Bei Viertaktmotoren mit ungerader Zylinderzahl z zünden die zweiten Zylinder der Kurbelfolge hintereinander. Für $z = 7$ Zylinder (**102.**1) gilt also die Kurbelfolge 1–7–2–5–4–3–6 und die Zündfolge 1–2–4–6–7–5–3. Bei gerader Zylinderzahl haben die gleichgerichteten Kurbeln den Zündversatz 360°. Für $z = 8$ Zylinder (**101.**2) ist die Kurbelfolge 1,8–4,5–2,7–3,6 und Zündfolge 1–4–2–6–8–5–7–3. Nach der Periode $\varphi_P = 360°/z$ und $720°/z$ bei Viertaktmaschinen wiederholen sich die Resultierenden.

Weitere Bauarten. In V- und W-Maschinen (**125.**1 b) folgen die Kräfte mit dem Gabelwinkel aufeinander und haben die Periode $\varphi_P = 360°$ und $\varphi_P = 720°$ bei Viertaktmaschinen. In Boxermaschinen ist auf die Lage der Zylinder zu achten. Hierbei hat die Zweizylindermaschine mit 180° Kurbelversatz beim Zweitaktverfahren besonders große Kräfte, da sich diese ohne Verschiebung addieren.

Mittlere Tangentialkraft. Sie ergibt sich durch Planimetrieren der Fläche A_D zwischen der Tangentialkraftkurve und ihrer Abszisse über die Periode φ_P (**125.**1). Mit dem Kraft- und Winkelmaßstab $\bar{m}_F$ und $\bar{m}_\varphi$ gilt dann

$$F_{Tm} = \frac{1}{\varphi_P} \int_0^{\varphi_P} F_T \, d\varphi = \frac{A_D}{\varphi_P} \, \bar{m}_F \bar{m}_\varphi \qquad (125.1)$$

Da die Triebwerksreibung vernachlässigt wurde, müssen nach Gl. (18.2) die indizierte Leistung $P_i = p_i n_a V_H$ aus Gl. (18.6) und die effektive Leistung $P_e = 2\pi n M_u$ gleich sein. Mit dem mittleren Drehmoment $M_{um} = F_{Tm} r$, mit $n_a = n/a_T$, wobei $a_T = 1$ für Zweitakt- und $a_T = 2$ für Viertaktmotoren gilt, und mit $V_H = z A_K s$ folgt dann

$$F_{Tm} = \frac{M_{dm}}{r} = \frac{P_i}{2\pi n r} = \frac{p_i V_H}{2\pi a_T r} = \frac{z\, p_i\, A_K}{\pi a_T} \qquad (126.1)$$

Da der mittlere indizierte Druck p_i aus dem Indikatordiagramm nach Gl. (27.4), also unabhängig von der Tangentialkraft bestimmt wird, dient Gl. (126.1) zur Kontrolle ihres Mittelwertes aus Gl. (125.1).

Arbeitsvermögen

Nach dem Energiesatz sind die absoluten Maxima und Minima W_{max} und W_{min} der Energien sowie ω_{max} und ω_{min} der Winkelgeschwindigkeiten einander zugeordnet. Ist J das Trägheitsmoment aller Schwungmassen, so gilt mit $\omega_{max} + \omega_{min} = 2\omega_m$ und $\omega_{max} - \omega_{min} = \delta\,\omega_m$

$$W_S = W_{max} - W_{min} = \frac{J}{2}(\omega_{max}^2 - \omega_{min}^2) = J\,\delta\,\omega_m^2 \qquad (126.2)$$

Das Arbeitsvermögen W_S bestimmt also das Trägheitsmoment bei vorgegebener Winkelgeschwindigkeitsänderung $\delta\,\omega_m$. Es liegt mit dem Verlauf des Moments, das der Tangentialkraft proportional ist, fest und hängt vom Arbeitsverfahren, der Drehzahl und Belastung der Maschine sowie von der Zahl und der Anordnung der Triebwerke ab.

Dieselmotor mit konstanter Belastung. Das Drehmoment M_d der Viertaktmaschine mit drei Zylindern (**126.**1) hat ein konstantes Gegenmoment, das dem mittleren, durch eine Gerade dargestellten Motormoment M_{dm} gleich ist. Da sich ihre Differenz $M_d - M_{dm}$ mit dem Kurbelwinkel φ ändert, werden die Schwungmassen nach dem Newtonschen Grundgesetz beschleunigt und verzögert. Ihre Winkelgeschwindigkeit steigt in den Bereichen AB und CD, bei denen das Motormoment überwiegt, an und fällt in den Bereichen BC und DE wegen des größeren Gegenmomentes ab. Daher hat sie in den Punkten B und D ein Maximum und bei C und E ein Minimum. In A und E sind sie gleich, da am Anfang und Ende jeder Periode φ_P die vom Motor abgegebene und die von der Arbeitsmaschine aufgenommene Arbeit übereinstimmen. Die Energien, die die beiden Maschinen während einer Periode über ihre Schwungmassen austauschen, entsprechen, da $W = \int M_d\,d\varphi$ ist, den Flächen A_I bis A_{IV} zwischen den Momentenlinien M_d und M_{dm}. Hierbei sind die Flächen A_I und A_{III} positiv, da der Motor den Schwungmassen Energie zuführt. Die Summe aller Flächen der Periode ist dann Null, da in Punkt E der Energieaustausch beendet ist. Dem Arbeitsvermögen entspricht dann die größte Fläche $A_I = A_{II} - A_{III} + A_{IV}$.

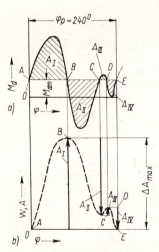

Energiebilanz. Zur Darstellung der Energieschwankungen (**126.**1 b) werden in komplizierteren Fällen senkrechte Pfeile gewählt, die wie Vektoren zu addieren sind.

126.1 Arbeitsvermögen einer
Dreizylinder-Viertakt-
Dieselmaschine

a) Momente
b) Energie

Ihre Längen entsprechen den Inhalten der Flächen A, und ihre Spitzen zeigen bei Energie-überschuß nach oben. Bei der Auftragung wird der Anfangspunkt des Pfeils A_I in Punkt B gelegt. Hieran schließen sich dann die Pfeile für A_{II}, A_{III} usw. an und gehen durch die End-punkte C, D usw. der betreffenden Flächen. Die Pfeilspitzen, deren letzte auf der Höhe des Anfangspunktes liegen muß, stellen die Extremwerte der gestrichelt gezeichneten Energien W dar. Das Arbeitsvermögen W_S ergibt sich aus der Höhendifferenz ΔA_{max} der obersten und der untersten Pfeilspitze, die der größten Energieänderung entspricht.

1.4.3.2 Berechnung der Tangentialkraft

Das folgende vereinfachte Verfahren ist selbst mit Taschenrechnern programmierbar.

Drehwinkel. Als unabhängige Variable ist er am vorteilhaftesten. Seine Zählung beginnt im OT des ersten Zylinders. Mit dem Winkel $\varphi_{Arb} = 360° \, a_T$ mit $a_T = 1$ bzw. 2 bei Zweitakt- und Viertaktmaschinen, der in $k = 0$ bis m Teile mit k als laufenden Index aufgeteilt wird, gilt:

$$\varphi = \Delta\varphi \cdot k = k\,\varphi_{Arb}/m \tag{127.1}$$

Dabei steigt mit wachsendem k die Genauigkeit der Berechnung. Im Bild **123**.1 ist z.B. $\varphi_{Arb} = 720°$ und $m = 48$ also $k = 0$ bis 48, $\Delta\varphi = 15°$ und $\varphi = 15\,k$, wobei nur die geraden Werte für k gezeichnet wurden.

Kolbenweg. In dimensionsloser Form gilt nach Gl.(88.1 b)

$$\xi = x/r = 2\,x/s = 1 - \cos\varphi + \frac{\lambda}{2}\sin^2\varphi \tag{127.2}$$

Hiermit ist $\xi = 0$ bei $\varphi = 0$ im OT, $\xi = 2$ bei $\varphi = 180°$ im UT und $\xi = 1 + \lambda/2$ für $\varphi = 90°$. Für die Umkehrfunktion $\varphi = f(\xi)$ ergibt sich aus Gl. (127.2) mit dem trigonometrischen Pythagoras eine quadratische Gleichung für $\cos\varphi$ mit der Lösung:

$$\cos\varphi = \left[-1 + \sqrt{1 + \lambda^2 + 2\lambda(1 - \xi)}\,\right]/\lambda \tag{127.3}$$

Druckverlauf. Für die einzelne Maschine wird, wenn keine Erfahrungswerte vorliegen, ein idealisiertes p,v-Diagramm verwendet. Es ist so zu wählen, daß die Schwankungen der Tangentialkraft nicht zu gering werden, da sonst die Schwungräder zu klein ausfallen.

Dieselmotor

Hierfür wird der Seiliger-Prozeß (**267**.1) als Grundlage gewählt. Für die mit den Gl.(267.1) bis (267.3) eingeführten Bezeichnungen gilt:

$$\varepsilon = \frac{V_c + V_h}{V_c} \qquad \psi = p_2/p_1 \quad \text{und} \quad \varrho = V_4/V_c$$

Volumina. Mit Hub- und Kompressionsraum $V_h = A_K s$ und $V_c = V_h/(1 - \varepsilon)$ und den Gl.(17.1) und (17.2) folgt aus Gl.(127.2) für den Arbeitsraum:

$$V = V_c + A_K x = V_c + \xi V_h/2 = V_c[2 + (\varepsilon - 1)\xi]/2 \tag{127.4}$$

Für $\xi = 0$ ist $V = V_c$ im OT und für $\xi = 2$ wird $V = V_c\varepsilon = V_c + V_h$ im UT

Drücke. Für den Seiliger-Prozeß ergibt sich:

Kompression *1–2*. Sie verläuft zwischen dem UT und OT, p_1 und p_2 bzw. $V_h + V_c$ und V_c. Mit dem Isentropengesetz $p\,V^\varkappa = p_1 V_1^\varkappa$ nach Gl.(44.6) mit $V_1 = \varepsilon V_c$ und mit Gl.(127.4) gilt dann:

$$p = p_1 (V_1/V)^\kappa = p_1 \left(\frac{2\,\varepsilon}{2 + (\varepsilon - 1)\xi} \right)^\kappa \tag{128.1}$$

Beim Kompressionsbeginn im OT ist $\xi = 2$ also $p = p_1$, am Ende im OT wo $\xi = 0$ wird $p = p_1\,\varepsilon^\kappa$.

Isochore Verbrennung *2–3*. Sie findet im OT, also bei $V_3 = V_c$ wobei der Druck rückartig von p_2 auf $p_3 = \psi\,p_2$ ansteigt, statt.

Isobare Verbrennung *3–4*. Sie erfolgt von $V_3 = V_c$ bis $V_4 = \varrho\,V_c$ bzw. von $\xi = 0$ bis ξ_E bei konstantem Druck p_3. Hier wird mit $V_4 = \varrho\,V_c$ aus Gl. (127.4)

$$\xi_E = 2(\varrho - 1)/(\varepsilon - 1)$$

Expansion *4–5*. Sie beginnt bei $p_4 = p_3 = \psi\,p_2 = \psi\,\varepsilon^\kappa p_1$ nach Gl. (268.7) und verläuft zwischen $V_4 = \varrho\,V_c$ und $V_5 = V_h + V_c$. Hierbei ergibt dann das Isentropengesetz $p\,V^\kappa = p_4\,V_4^\kappa$

$$p = \psi\,p_1\,\varepsilon^\kappa(V_4/V)^\kappa = \psi\,p_1 \left(\frac{2\,\varrho\,\varepsilon}{2 + (\varepsilon - 1)\xi} \right)^\kappa \tag{128.2}$$

Für $\xi = \xi_E = 2(\varrho - 1)/(\varepsilon - 1)$ folgt $p_4 = \psi\,p_1\,\varepsilon^\kappa$ und für $\xi = 2$ ist $p_5 = \psi\,p_1\,\varrho^\kappa$.

Ansaugen *0–1* und **Ausschieben** *5–0*. Sie werden zwischen den Totpunkten OT und UT bei konstantem Druck p_1 ausgeführt.

Verdichter

Kompression und Expansion werden als Isentrope angesehen, um ausreichende Schwungräder zu erhalten. Als weitere Maßnahme hierzu werden auch noch die Zylinderdrücke p_1' und p_2'' anstatt der hier verwendeten Stufendrücke p_1 und p_2 benutzt.

Volumina. Mit Gl. (127.2) und $V_h = V_S/\varepsilon_0$ aus Gl. (172.3) wird

$$V = V_S + A_K x = V_S \left(1 + \frac{\xi}{2\,\varepsilon_0} \right) \tag{128.3}$$

Hierbei ist: $V = V_S$ für $\xi = 0$ im OT $V_1 = V_S(1 + 1/\varepsilon_0) = V_S + V_h$ für $\xi = 2$ im UT.

Drücke. Beim vereinfachten Prozeß ergibt sich für die Arbeitsvorgänge:
Kompression *1–2*. Für $p_1 \leqq p \leqq p_2$ gilt $p\,V^\kappa = p_1\,V_1^\kappa$.
Mit Gl. (128.3) und mit $V_1 = V_S(1 + 1/\varepsilon_0)$ folgt:

$$p = p_1 \left[\frac{2(\varepsilon_0 + 1)}{2\,\varepsilon_0 + \xi} \right]^\kappa \tag{128.4}$$

Das Kompressionsende bei p_2 ergibt sich mit dem Stufendruckverhältnis $\psi = p_2/p_1$ bei $V_2 = V_S[(1 + \xi_{EK}/2\,\varepsilon_0)$ bzw. $\xi_{EK} = (2\,\varepsilon_0 + 2)\psi^{-1/\kappa} - 2\,\varepsilon_0$
Ausschieben *2–3*. Für $V_2 \geqq V \geqq V_3$ ist $p = p_2$ also konstant.
Rückexpansion *3–4*. Für $p_2 \geqq p \geqq p_1$ gilt $p\,V^\kappa = p_2\,V_3^\kappa$. Mit Gl. (128.3) und $V_3 = V_S$ folgt:

$$p = p_2 \left(\frac{V_3}{V} \right)^\kappa = p_2 \left(\frac{2\,\varepsilon_0}{2\,\varepsilon_0 + \xi} \right)^\kappa \tag{128.5}$$

Sie ist bei p_1 bzw. $V_4 = V_S\psi^{1/\kappa}$ oder bei $\xi_{Rü} = 2\,\varepsilon_0(\psi^{1/\kappa} - 1)$ beendet.
Ansaugen *4–1*. Für $V_1 \geqq V \geqq V_4$ ist p_1 konstant.

Tangentialkraft

Aus dem Druckverlauf werden zunächst die Stoffkräfte als Funktion des Kurbelwinkels φ für die gegebenen Schrittweiten $\Delta\varphi$ berechnet. Hierbei genügt es, die einzelnen Arbeitsvorgänge bei Motoren und Verdichtern durch die ihnen zugeordneten Drücke und Volumina zu begrenzen, wobei ihre Eckpunkte meist zwischen zwei Schritten liegen. Sind diese Punkte in Sonderfällen zu berechnen, so folgen sie aus Gl. (127.3) und den zugeordneten ξ-Werten. Die Stoffkräfte ergeben sich mit den berechneten Drücken aus Gl. (122.1) für die einfachwirkende und aus Gl. (122.2) für die doppeltwirkende Maschine. Bei der letzten ist $p_{KS}(\varphi) = p_{DS}(\varphi + \varphi_{Arb}/2)$. Mit der Kolbenkraft $F_K = F_S(\varphi) - F_o(\varphi)$ nach Gl. (89.1) und $\sin\beta = \lambda\sin\varphi$ folgt dann für die Tangentialkraft nach Gl. (89.4):

Einzylindermaschine. Es gilt hier:

$$F_T = F_K\left(\sin\varphi + \frac{\lambda}{2}\frac{\sin 2\varphi}{\sqrt{1 + \lambda^2\sin^2\varphi}}\right) \tag{129.1}$$

Ihre Nullstellen liegen bei $F_K = 0$ bei bzw. $\varphi = 0°$ und $180°$ also im *OT* bzw. *UT*.

Mehrzylindermaschinen. Sie sind durch die Addition der Tangentialkräfte der Einzeltriebwerke gemäß ihrer Anordnung gekennzeichnet.

Reihenmaschinen. Sind der Kurbelversatz, die Triebwerke und der Verlauf der Arbeitsdrücke gleich, so wiederholen sich die resultierenden Tangentialkräfte mit der Periode $\varphi_p = \varphi_{Arb}/z$ wobei z die Zylinderzahl ist. Damit folgt

$$F_{T\,ges} = \sum_{k=1}^{z} F_T[\varphi - (k-1)\varphi_p] \tag{129.2}$$

Für den Dreizylinder-Viertaktmotor (**125.**1a) folgt dann mit $z = 3$ also $\varphi_p = 720°/3 = 240°$ für die Resultierende

$$F_{T\,ges} = F_T(\varphi) + F_T(\varphi + 240°) + F_T(\varphi + 480°)$$

V-Maschinen. Für zwei gleiche Triebwerke gilt hier mit dem Drehwinkel $\varphi = \varphi_A$ und dem Gabelwinkel γ nach Bild **109.**1

$$F_{T\,ges} = F_T(\varphi) + F_T(\varphi - \gamma) \tag{129.3}$$

Mehrstufige Verdichter. Hier sind für die einzelnen Stufen Drücke und Kolbenmassen verschieden, so daß die F_T für die einzelnen Stufen gesondert zu ermitteln sind.

Mittlere Tangentialkraft. Sie wird aus der resultierenden Tangentialkraft numerisch berechnet. Mit Gl. (125.1) und (127.1) wird

$$F_{Tm} = \frac{1}{\varphi_{Arb}}\int_0^{\varphi_{Arb}} F_{T\,ges}\,d\varphi = \frac{1}{m}\sum_{k=0}^{m} F_{T\,gesk}$$

Mit der Abkürzung $F_{T\,gesk} = F_k$ gilt dann nach der Simpsonschen Regel für gerades m

$$F_{Tm} = \frac{1}{3m}(F_0 + 4F_1 + 2F_2 + 4F_3 + 2F_4 + \cdots + 2F_{m-2} + 4F_{m-1} + F_m)$$

oder nach der Trapezregel

$$F_{Tm} = \frac{1}{2m}(F_0 + 2F_1 + 2F_2 + \cdots + 2F_{m-1} + F_m) \tag{129.4}$$

Arbeitsvermögen. Das wahre Drehmoment (**130**.1) $M_d = F_{Tges} r$ mit dem Kurbelradius r und sein Mittelwert $M_{dm} = F_{Tm} r$ schneiden sich in den Punkten $S(n)$ bei k. Sie folgen aus der Bedingung

$$[M_d(n) - M_{dm}] \cdot [M_d(n+1) - M_{dm}] < 0$$

Damit wird für die einzelnen vom Schwungrad gespeicherten bzw. abgegebenen Energien

$$W(n) = \int (M_d - M_{dm}) \, d\varphi = \left(\frac{1}{k_2 - k_1} \sum_{n=k}^{k_2} M_d(n) \right) - M_{dm} \tag{130.1}$$

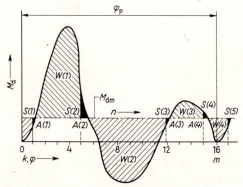

130.1
Analytische Ermittlung des Arbeitsvermögens eines Dreizylinder-Viertakt-Dieselmotors.

Die Integrale werden nach der Trapezregel berechnet. Ihr Maximum ist das Arbeitsvermögen. Zu beachten ist hierbei der Überlauf bis zum ersten Schnittpunkt $S'(1)$ der nächsten Periode, der bei $m + k = \varphi_{Arb}/z + k$ liegt, wobei k dem Schnittpunkt $S'(1)$ zugeordnet ist.

Dreizylindermotor (**130**.1). Für ein Arbeitsvermögen z.B. $W(2)$ gilt hier, da $S(2)$ bei $k_1 = 5$ und $S(3)$ bei $k_2 = 12$ liegt nach Gl. (130.1)

$$W_2 = \left(\frac{1}{7} \sum_{n=5}^{12} M_d(n) \right) - M_{dm}$$

Der Fehler ist, wenn $\bar{m}_{Md}$ und $\bar{m}_\varphi$ der Momentenmaßstab bzw. Winkelmaßstab und $A(n)$ die geschwärzten Restflächen (**130**.1) bedeuten

$$|W_2| = \bar{m}_{Md} \cdot \bar{m}_\varphi \, [A(2) - A(3)]$$

Er kann durch Erhöhen der Schrittzahl oder durch Berechnen von Zwischenpunkten nach Gl. (127.1) verringert werden.

1.4.3.3 Trägheitsmoment

Es wird von der geforderten Laufruhe und vom Arbeitsvermögen oder der größten Schwankung des Energieflusses zwischen Kraft- und Arbeitsmaschine bestimmt.

Ungleichförmigkeitsgrad

Er ist das Maß für die Laufruhe und wird als Verhältnis der Differenz der größten und kleinsten Winkelgeschwindigkeit der Schwungmassen ω_{max} bzw. ω_{min} zu ihrem Mittelwert ω_m definiert

$$\delta = \frac{\omega_{max} - \omega_{min}}{\omega_m} = 2 \frac{\omega_{max} - \omega_{min}}{\omega_{max} + \omega_{min}} \tag{130.2}$$

Eine größere Laufruhe zeigt sich also bei kleinerem Ungleichförmigkeitsgrad. Für Brennkraftmaschinen ist hierbei nach DIN 1940 das Moment der Arbeitsmaschine als konstant anzunehmen.

Berechnung

Für alle Schwungmassen ergibt sich mit $\omega_m = 2\pi n$ aus Gl. (126.2)

$$J = \frac{W_S}{\delta\,\omega_m^2} = \frac{W_S}{4\pi^2\,\delta\,n^2} \tag{131.1}$$

Schwungmassen sind hierbei das Schwungrad und das Triebwerk der Kolbenmaschine, die mit ihr gekuppelten Läufer von Kreisel- und elektrischen Maschinen sowie die Propeller von Schiffen und Flugzeugen. Ist hiervon noch das früher übliche Schwungmoment GD^2 vorgegeben, so gilt mit der Fallbeschleunigung

$$J = \frac{GD^2}{4g} \tag{131.2}$$

Ungleichförmigkeitsgrad. Er ist nach Tafel 131.1 zu wählen. Bei der Drehzahländerung von n auf n' gilt, da ja bei einer ausgeführten Maschine die Schwungmassen konstant bleiben und die Abhängigkeit des Arbeitsvermögens von den Massenkräften meist vernachlässigbar ist, nach Gl. (131.1)

$$\delta = \frac{W_S}{4\pi^2\,n^2\,J} \qquad \delta' \approx \frac{W_S}{4\pi^2\,n'^2\,J} \qquad \delta' \approx \delta\,\frac{n^2}{n'^2} \tag{131.3}$$

Der Ungleichförmigkeitsgrad ändert sich also mit dem Quadrat der Drehzahl.

Tafel 131.1   Anhaltswerte für den Ungleichförmigkeitsgrad

Pumpen und Gebläse	1/30 bis 1/50	Gleichstromgeneratoren	1/100 bis 1/200
Kolbenverdichter	1/50 bis 1/100	Drehstromgeneratoren	1/125 bis 1/300
Spinnereimaschinen	1/100 bis 1/150	Fahrzeugmotoren	1/130 bis 1/300

Angenäherte Berechnung. Für Maschinen, bei denen Arbeitsverfahren, Zylinderzahl und Triebwerksanordnung gleich sind, ist das Arbeitsvermögen W_S der indizierten Arbeit $W_i = P_i/n$ in erster Näherung proportional, es gilt also $W_S \approx k_1\,P_i/n$. Hiermit folgt aus Gl. (131.1) mit der Konstanten $k = k_1/(4\pi^2)$

$$J \approx k\,\frac{P_i}{n^3\,\delta} \tag{131.4}$$

Die Konstante k, für die Erfahrungswerte bei Brennkraftmaschinen vorliegen (Tafel 131.2), ermöglicht eine angenäherte Berechnung des Trägheitsmomentes aus der indizierten Leistung P_i ohne Aufzeichnung des Tangentialkraftdiagrammes.

Tafel 131.2   Konstante $10^{-6}\,k$ in kg m^2/(kW min^3) für Brennkraftmaschinen in Reihenanordnung [62]

Zylinderzahl	1	2	3	4	5	6	7	8
Viertakt	17,3	7,14	4,25	0,918	1,63	0,544	0,728	0,493
Zweitakt einfach wirkend	7,14	3,26	1,36	0,612	0,238	0,139	—	—
Zweitakt doppelt wirkend	2,04	—	0,374	0,340	0,0782	0,0952	0,0221	0,374

1.4.3.4 Schwungradabmessungen

Das Schwungrad besteht aus dem Kranz und der Nabe, die bei Scheiben- bzw. Speichen-schwungrädern (**132.**1a, b) durch Scheiben bzw. Speichen verbunden sind. Es ist so auszulegen, daß sich unter Berücksichtigung der vorhandenen Schwungmassen der erforderliche Un-gleichförmigkeitsgrad ergibt. Die Abmessungen der Schwungräder von Einzylinder-Maschinen, deren Konstante k nach Tafel **131.**2 hoch ist, sind bei kleiner Drehzahl nach Gl. (131.4) am größten. Viertaktmotoren haben dann oft an jedem Kurbelwellenende ein Schwungrad, und der Einfluß der Schwungmassen der Triebwerke ist vernachlässigbar klein. Mit steigender Dreh- und Zylinderzahl und unveränderter Leistung und Laufruhe nimmt die Schwungradgröße schnell ab.

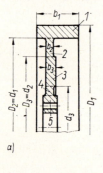
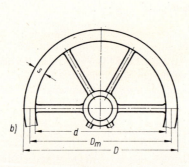

132.1
Schwungradformen
a) Scheiben-Schwungrad
b) Speichenschwungrad

Berechnung. Der Kranz (**132.**1b) liefert den Hauptanteil der Masse und des Trägheitsmomen-tes. Er hat die Form eines Hohlzylinders mit dem Außen- und Innendurchmesser D bzw. d und der Breite b. Mit der Dichte ϱ gilt

$$m_K = \frac{\pi}{4}\varrho(D^2 - d^2)b \qquad J_K = \frac{m}{8}(D^2 + d^2) = \frac{\pi}{32}\varrho(D^4 - d^4)b \quad (132.1) \text{ und } (132.2)$$

Seine Masse ist also von der zweiten, sein Trägheitsmoment von der vierten Potenz der Durchmesser abhängig. Um ein großes Trägheitsmoment bei kleiner Masse zu erhalten, sind also möglichst große Durchmesser zu wählen. Dieses Bestreben begrenzt der verfügbare Platz und die im Kranz auftretenden Spannungen, die mit dem Quadrat der Umfangsgeschwindig-keit ansteigen [21]. Hierfür sind bei Rädern aus Grauguß 50 m/s, aus Stahlguß 80 m/s zu-lässig. Das Schwungrad wird seinem Aufbau (**132.**1a) entsprechend, in i Hohlzylinder – hier *1* bis *5* – aufgeteilt, wobei mit dem Kranz zu beginnen ist. Da sich der k- und $(k + 1)$-Hohl-zylinder berühren, ist $D_{k+1} = d_k$. Die Masse und das Trägheitsmoment betragen dann nach Gl. (132.1) und (132.2)

$$m_S = \frac{\pi}{4}\varrho\sum_{k=1}^{i}(D_k^2 - d_k^2)b_k \qquad J_S = \frac{1}{8}\sum_{k=1}^{i}m_k(D_k^2 + d_k^2) \qquad (132.3) \text{ und } (132.4)$$

Näherungslösung. Hierbei wird nur der Kranz berücksichtigt. Ist D_m sein mittlerer Durch-messer und s seine Dicke, so gilt $D = D_m + s$ und $d = D_m - s$ und damit $D^2 + d^2 = 2(D_m^2 + s^2)$ und $D^2 - d^2 = 4sD_m$. Daraus folgt, da bei größeren Rädern $D_m \gg s$ ist, $D^2 + d^2 \approx 2D_m^2$ und $D^4 - d^4 = (D^2 + d^2)(D^2 - d^2) \approx 8sD_m^3$. Werden diese Werte in die Gl. (132.1) und (132.2) eingesetzt, so ergibt sich

$$m_K = \pi\varrho D_m s b \qquad\qquad J_K \approx \frac{\pi}{4}\varrho D_m^3 s b \qquad (132.5) \text{ und } (132.6)$$

Die Kranzdicke ist dann

$$s \approx \frac{4 J_{\mathrm{K}}}{\pi \varrho D_{\mathrm{m}}^3 b} \tag{133.1}$$

Zu ihrer Berechnung ist für den Kranz bei Scheibenschwungrädern 90%, bei Speichen-schwungrädern 95% des Trägheitsmomentes einzusetzen und seine Breite festzulegen. Dann wird aus der zulässigen Umfangsgeschwindigkeit sein Außendurchmesser berechnet, der mittlere Durchmesser geschätzt und die Dicke nach Gl. (133.1) ermittelt. Treten Abweichungen beim berechneten und geschätzten Durchmesser auf, so ist die Rechnung so oft zu wieder-holen, bis diese Werte übereinstimmen, was schnell eine Näherung ergibt. Dieses Verfahren eignet sich besonders, um die Ausgangsabmessungen für den Schwungradentwurf zu be-stimmen.

Beispiel 11. Zur Berechnung des Schwungrades einer Viertakt-Dieselmaschine mit $z = 3$ Zylindern vom Durchmesser $D = 115\,\mathrm{mm}$, Hub $s = 140\,\mathrm{mm}$, Drehzahl $n = 1800\,\mathrm{min}^{-1}$ und indizierte Leistung $P_i = 50\,\mathrm{kW}$ liegt ein Drehmomentendiagramm (ähnlich Bild **125.**1 a) vor. Maßstäbe für die Kräfte und den Kurbelwinkel $\bar{m}_{\mathrm{F}} = 500\,\mathrm{N/cm}$ und $\bar{m}_{\varphi} = 20°/\mathrm{cm}$, die dem mittleren Drehmoment M_{dm} ent-sprechende Höhe $h = 7{,}7\,\mathrm{cm}$ und die Flächen (**126.**1 a) $A_{\mathrm{I}} = 105\,\mathrm{cm}^2$, $A_{\mathrm{II}} = 92\,\mathrm{cm}^2$, $A_{\mathrm{III}} = 11\,\mathrm{cm}^2$ und $A_{\mathrm{IV}} = 24\,\mathrm{cm}^2$. Das Trägheitsmoment der Triebwerkteile ist $J_{\mathrm{T}} = 0{,}51\,\mathrm{kg\,m}^2$ und mit dem Schwung-rad aus Grauguß der Dichte $\varrho = 7250\,\mathrm{kg/m}^3$ und der Kranzbreite $b = 15\,\mathrm{cm}$ soll der Ungleichförmig-keitsgrad für den Motor $\delta = 1/125$ betragen. Gefordert sind die Kontrolle des mittleren Dreh-momentes, das Trägheitsmoment des Schwungrades und die Abmessungen seines Kranzes.

Maßstäbe

Für das Drehmoment $M_{\mathrm{d}} = F_{\mathrm{T}} r$ und die Arbeit $W = \int M_{\mathrm{d}}\, d\varphi$ gelten mit $r = s/2 = 0{,}07\,\mathrm{m}$ und $\pi = 180°$

$$\bar{m}_{\mathrm{Md}} = \bar{m}_{\mathrm{F}} r = 500\,\frac{\mathrm{N}}{\mathrm{cm}} \cdot 0{,}07\,\mathrm{m} = 35\,\frac{\mathrm{N\,m}}{\mathrm{cm}}$$

$$\bar{m}_{\mathrm{W}} = \bar{m}_{\mathrm{Md}}\,\bar{m}_{\varphi} = 35\,\frac{\mathrm{N\,m}}{\mathrm{cm}} \cdot 20\,\frac{°}{\mathrm{cm}} \cdot \frac{\pi}{180°} = 12{,}2\,\frac{\mathrm{N\,m}}{\mathrm{cm}^2}$$

Kontrolle des mittleren Drehmoments

Mit $n = 30\,\mathrm{s}^{-1}$ und $1\,\mathrm{kW} = 10^3\,\mathrm{N\,m\,s}^{-1}$ folgt dann aus Gl. (126.1)

$$M_{\mathrm{dm}} = \frac{P_i}{2\pi n} = \frac{50\,\mathrm{kW} \cdot 10^3\,\dfrac{\mathrm{N\,m}}{\mathrm{kW\,s}}}{2\pi \cdot 30\,\mathrm{s}^{-1}} = 265\,\mathrm{N\,m}$$

Nach dem Diagramm ist aber $M_{\mathrm{dm}} = h\,\bar{m}_{\mathrm{Md}} = 7{,}7\,\mathrm{cm} \cdot 35\,\mathrm{N\,m/cm} = 269\,\mathrm{N\,m}$. Diese geringe Ab-weichung ergibt sich aus Ungenauigkeiten bei der zeichnerischen Übertragung.

Trägheitsmoment

Aus dem Energiediagramm (**126.**1 b) ergibt sich nach Aufzeichnung der Pfeile die maximale Flächen-differenz $A_{\mathrm{I}} = A_{\mathrm{II}} - A_{\mathrm{III}} + A_{\mathrm{IV}} = 105\,\mathrm{cm}^2$. Das Arbeitsvermögen wird damit $W_{\mathrm{S}} = A_{\mathrm{I}}\bar{m}_{\mathrm{W}}$ $= 105\,\mathrm{cm}^2 \cdot 12{,}2\,\mathrm{N\,m/cm}^2 = 1280\,\mathrm{N\,m}$. Für das Trägheitsmoment aller Schwungmassen gilt nach Gl. (131.1)

$$J = \frac{W_{\mathrm{S}}}{4\pi^2 n^2 \delta} = \frac{1280\,\mathrm{N} \cdot 125 \cdot 1\,\dfrac{\mathrm{kg\,m}}{\mathrm{N\,s}^2}}{4\pi^2 \cdot 30^2\,\mathrm{s}^{-2}} = 4{,}51\,\mathrm{kg\,m}^2$$

Sein Näherungswert beträgt nach Gl.(131.4) mit $k = 4{,}25 \cdot 10^6 \, \text{kg m}^2/(\text{kW min}^3)$ nach Tafel **131.2**

$$J \approx \frac{k\,P_\text{i}}{\delta\,n^3} = 4{,}25 \cdot 10^6 \, \frac{\text{kg m}^2}{\text{kW min}^3} \cdot \frac{50 \, \text{kW} \cdot 125}{1800^3 \, \text{min}^{-3}} = 4{,}55 \, \text{kg m}^2$$

Für das Schwungrad wird dann $J_\text{S} = J - J_\text{T} = (4{,}51 - 0{,}51) \, \text{kg m}^2 = 4{,}0 \, \text{kg m}^2$.

Kranzabmessungen

Der Außendurchmesser ergibt sich aus der zulässigen Umfangsgeschwindigkeit für Grauguß $u = 50 \, \text{m/s}$

$$D = \frac{u}{\pi\,n} = \frac{50 \, \text{m/s}}{\pi \cdot 30 \, \text{s}^{-1}} = 0{,}53 \, \text{m}$$

Das Trägheitsmoment des Kranzes ist dann $J_\text{K} = 0{,}9 \, J_\text{S} = 0{,}9 \cdot 4 \, \text{kg m}^2 = 3{,}6 \, \text{kg m}^2$.

Dicke und Durchmesser des Kranzes. Die erste Näherung (Index 1) beträgt nach Gl.(133.1), wenn der mittlere Kranzdurchmesser mit $D_{\text{m}1} = 450 \, \text{mm}$ angenommen wird,

$$s_1 \approx \frac{4\,J_\text{K}}{\pi\,\varrho\,b\,D_{\text{m}1}^3} = \frac{4 \cdot 3{,}6 \, \text{kg m}^2}{\pi \cdot 7250 \, \dfrac{\text{kg}}{\text{m}^3} \cdot 0{,}15 \, \text{m} \cdot 0{,}45^3 \, \text{m}^3} = 0{,}0463 \, \text{m} = 46{,}3 \, \text{mm}$$

bzw. $\quad D_1 = D_{\text{m}1} + s_1 = 496{,}3 \, \text{mm}$

Für die zweite Näherung (Index 2) gilt dann nach Gl. (133.1), da die Größen ϱ, b und J_K konstant sind, $s_2 \approx 4\,J_\text{K}/(\pi\,\varrho\,b\,D_{\text{m}2}^3)$. Hieraus folgt nach Division durch die Gleichung der ersten Näherung $s_2 \approx s_1\,(D_{\text{m}1}/D_{\text{m}2})^3$. Mit der Annahme $D_{\text{m}2} = 495 \, \text{mm}$ wird wie gefordert

$$s_2 \approx 46{,}3 \, \text{mm} \left(\frac{450 \, \text{mm}}{495 \, \text{mm}}\right)^3 = 34{,}8 \, \text{mm} \approx 35 \, \text{mm} \quad \text{bzw.} \quad D_2 = D_{\text{m}2} + s_2 = 530 \, \text{mm}$$

Kontrolle des Trägheitsmoments. Mit $d = D - 2\,s = (530 - 70) \, \text{mm} = 460 \, \text{mm}$ ergibt Gl. (132.2) den exakten Wert für den Kranz

$$J_\text{K} = \frac{\pi}{32}\,\varrho\,(D^4 - d^4)\,b = \frac{\pi}{32}\,7250 \, \frac{\text{kg}}{\text{m}^3}\,(0{,}53^4 - 0{,}46^4)\,\text{m}^4 \cdot 0{,}15 \, \text{m} = 3{,}64 \, \text{kg m}^2$$

Er weicht also kaum vom geforderten Wert ab, da $D_\text{m} = 495 \, \text{mm}$ groß gegen $s = 35 \, \text{mm}$ ist. Massen. Aus Gl.(132.5) folgt dann ähnlich wie für die Dicke

$$\frac{m_1}{m_2} = \frac{D_{\text{m}1}\,s_1}{D_{\text{m}2}\,s_2} = \frac{450 \, \text{mm} \cdot 46{,}3 \, \text{mm}}{495 \, \text{mm} \cdot 35 \, \text{mm}} = 1{,}2$$

Durch Erhöhen des Kranzdurchmessers um $D_2 - D_1 = (530 - 496{,}3) \, \text{mm} \approx 34 \, \text{mm}$ werden also 20% seiner Masse eingespart.

1.5 Umweltaspekte

Unter diesem Sammelbegriff werden betrachtet: Stoffe, welche die Gesundheit schädigen und die Smogbildung fördern, sowie der Lärm, der oft die Schmerzschwelle überschreitet. Derartige Erscheinungen treten in den Verkehrsknotenpunkten der Städte aber auch in Maschinenhallen auf.

1.5.1 Schadstoffe

Bei Kolbenmaschinen sind es hauptsächlich die Kraftstoffe der Motoren und deren Abgase, sowie die Fluide der Pumpen und Verdichter, z. B. die Kältemittel (s. Tafel **135.1**).

Tafel **135**.1 Schadstoffe in Kolbenmaschinen einschließlich Kältemittel R 11, R 12 und R 21

H = Hautresorption (Vergiftungsgefahr größer als beim Einatmen)

canc = cancerogen (krebserregend)

	Chemi-sche Formel	MAK-Wert	Rela-tive Dichte Luft = 1	Siede-punkt	Dampf-druck bei 20°C	Flamm-punkt	Explo-sions-grenzen bei 1,0133 bar, 20°C u. o.	Zünd-tem-pera-tur	H-Werte
		in ppm		in °C	in mbar	in °C	in Vol.%	in °C	
Ammoniak R 717	NH$_3$	50	0,59	− 33,4	8,7		15,4 33,6	630	
Benzol	C$_6$H$_6$	canc	2,7	80,1	101	−11	1,2 8,0	555	H
Bleitetraethyl	C$_8$H$_{20}$Pb	0,01	11,2	198,9	0,2	80	1,8	−	H
Chlorbenzol	C$_6$H$_5$Cl	50	3,89	131,7	11,7	28	1,3 11,1	590	
Chlorwasser-stoff	HCl	5,0	1,26	− 85,0	43,4				
Dichlor-difluor-methan R 12	CF$_2$Cl$_2$	1000	4,18	− 29,8	5,3				
Dichlorfluor-methan R 21	CHFCl$_2$	10	3,56	8,92	1,6				
Kohlenoxid	CO	30	0,97	−191,5	−		11,0 77,0	605	
Kohlendioxid	CO$_2$	5000	1,52	− 78,5	58,4				
Propan	C$_3$H$_8$	1000	1,52	− 44,5	8,5		2,1 9,5	470	
Quecksilber	Hg	0,01	6,93	356,7	0,00163				
Schwefel-kohlenstoff	CS$_2$	10	2,63	46,4	400	< −20	1,0 60	102	H
Schwefel-wasserstoff	H$_2$S	10	1,8	− 60,4	18,3		4,3 45,5	270	
Stickstoff-dioxid	NO$_2$	5	1,59	21,1	960				
Trichlorfluor-methan R 11	CFCl$_3$	1000	4,75	24,9	889				

Kennwerte

Sie werden auf die Luft vom Zustand 1,0133 bar 20° bezogen und in Volumenanteilen x in der Einheit ml/m^3 = ppm (parts per million, da 1 m^3 = 10^6 ml ist), oder als Konzentration C in mg/m^3 angegeben. Für die Umrechnung gilt mit $MR = 8315$ Nm/(kmol K)

$$C = x\varrho \quad \text{mit} \quad \varrho = \frac{Mp}{MRT} \tag{135.1}$$

Für das Molvolumen der Luft ergibt sich beim gegebenen Zustand:

$$V_m = \frac{V}{M} = \frac{MRT}{p} = \frac{8315\,\dfrac{N\,m}{kmol\,K}\,293\,K}{1,0133 \cdot 10^5\,N/m^2} = 24,043\,\frac{m^3}{k\,mol}$$

Sättigungskonzentration. Als Grenze für die Aufnahmefähigkeit der Luft für den betrachteten Stoff beträgt sie:

$$C_s = \frac{m}{V} = \frac{M\,p_s}{M\,R\,T_s} \tag{136.1}$$

MAK-Wert. Er ist die maximale Arbeitsplatzkonzentration, die nach achtstündiger Einwirkung auf den Menschen seiner Gesundheit nicht schadet.

TRK-Wert. Technische Richtkonzentration für kanzerogene (krebsfördernde) Stoffe, z.B. Benzol C_6H_6 ist TRK = 8 ppm.

BAT-Wert. Biologische Arbeitsstoff-Toleranz für die zulässige Quantität im Menschen, z.B. Blei (Pb) im Blut BAT = 46 μg/dl.

Abgas-Schadstoffe. Hier seien die Stoffe besonders herausgestellt, die Gesundheitsschäden verursachen.

Kohlenmonoxid (CO). Als farb- und geruchloses Gas wird es vom Hämoglobin des Blutes stärker gebunden als der Sauerstoff, blockiert also dessen Transport. Bereits 0,2% in der Luft wirken tötlich MAK = 30 ppm.

Es entsteht bei Ottomotoren besonders bei fettem Gemisch also beim Anfahren, Leerlauf, Beschleunigen und Schiebebetrieb (Bergfahrt mit geschlossener Vergaserklappe).

Stickoxide (NO, NO_2 und NO_x). Hier ist insbesondere das Stickdioxid (MAK = 5 ppm) ein sehr giftiges Gas, das die Schleimhäute reizt, Emphyseme (Lungenblähungen) und Lungenödeme (Ansammeln von Flüssigkeit) hervorruft, die erst nach 5 bis 25 h auftreten. Es gibt Abgas ab 25 ppm eine gelblichbraune Färbung. Mit den unverbrannten Kohlenwasserstoffen bildet es besonders in Großstädten den fast undurchsichtigen Smog, der auch die Schleimhäute reizt. Diese Oxide treten besonders in den Abgasen der Ottomotoren bei großem Ladungsdurchsatz also bei hoher Drehzahl und Leistung und bei Fahrzeugen während der Höchstgeschwindigkeit auf. Bei Dieselmotoren mit ungeteilten Brennräumen entspricht der Ausstoß dem Ottomotor, bei geteilten Brennräumen entsteht nur etwa die Hälfte.

Schwefeloxide (SO_2 und SO_3). Sie entstehen bei schwefelhaltigen Kraftstoffen und bilden mit dem Wasserdampf der Atmosphäre die schweflige, bzw. die Schwefelsäure H_2SO_3 bzw. H_2SO_4 nach Unterschreiten des Taupunktes (338 °C bei H_2SO_4). Diese Säuren sind giftig, reizen die Schleimhäute und greifen Pflanzen und Bauwerke an. Für SO_2 ist MAK = 2 ppm für H_2SO_4 gilt MAK = 1 mg/m^3.

Unverbrannte Kohlenwasserstoffe (HC). Diese umfassen den unverbrannten Kraftstoff und seine Zwischenprodukte bei der Verbrennung. Hierbei treten neben dem ungiftigen Methan CH_4 noch stark riechende Aldehyde wie Formaldehyd CH_2O (MAK = 1 ppm), bestimmte aromatische Kohlenwasserstoffe wie Benzopyren $C_{20}H_{12}$ und Benzanthrazen $C_{14}H_{10}$ auf, die als kanzerogen (krebsfördernd) gelten MAK = 5 ppm. Diese Stoffe treten hauptsächlich bei Ottomotoren im Betrieb mit fetten Gemischen auf (vgl. Kohlenmonoxid).

Bleitetraethyl ($C_8H_{20}Pb$). Es dient beim Benzin zur Verbesserung der Zündwilligkeit. Dieser schwebefähige Stoff ist fettlöslich und setzt sich daher in den Gehirn- und Nervenzellen fest und kann zu neurotischen Störungen führen. So wurde der Bleigehalt des Benzins auf 0,15 g/l begrenzt, wobei noch während einer Fahrt von 100 km etwa 0,8 g Blei ausgestoßen werden. Die MAK-Werte betragen für das reine Blei 0,1 mg/m^3 und 0,075 mg/m^3 an $C_8H_{20}Pb$.

Beispiel 12. Für das als Benzinzusatz verwendbare Methanol CH_3OH sind bekannt: MAK = 200 ppm, Sättigungszustand $p_s = 128$ mbar bei $t = 20\,°C$.

Gesucht sind MAK-Wert in mg/l, die Dichte, die Sättigungskonzentration und der c-, h- und o-Gehalt sowie das c/h-Verhältnis.

MAK-Wert: Mit der Molmasse nach Tafel **332.**2

$$M = (1 \cdot 12 + 4 \cdot 1 + 1 \cdot 16)\,\text{g/mol} = 32\,\text{g/mol}$$

folgt für die Dichte

$$\varrho = \frac{M\,p}{M\,R\,T} = \frac{32\,\text{g/mol} \cdot 1{,}0133 \cdot 10^5\,\text{N/m}^2}{8{,}315\,\dfrac{\text{N m}}{\text{mol K}}\,293\,\text{K}} = 1{,}331 \cdot 10^3\,\text{g/m}^3$$

Damit wird der MAK-Wert nach Gl.(135.1)

$$C = 200\,\text{ml/m}^3 \cdot 1{,}331 \cdot 10^3\,\text{g/m}^3 \cdot 10^{-6}\,\text{m}^3/\text{ml} = 0{,}2662\,\text{g/m}^3$$

Sättigungskonzentration. Mit Gl. (136.1) wird für 20 °C

$$C_s = \frac{M\,p_s}{M\,R\,T_s} = \frac{32\,\text{g/mol} \cdot 128 \cdot 10^2\,\text{N/m}^2}{8{,}315\,\dfrac{\text{N m}}{\text{mol K}}\,293\,\text{K}} = 168{,}12\,\text{g/m}^3$$

Da $C < C_s$ ist, nimmt die Luft beim gegebenen MAK-Wert alles Methan auf.

Gehalt. Für den Kohlenstoff-, und Wasserstoff und Sauerstoffgehalt ergibt sich:

$$c = \frac{M_c}{M} = \frac{1 \cdot 12\,\text{g/mol}}{32\,\text{g/mol}} = 0{,}375\,\text{g/g} \qquad h = 2\,M_{H2}/M = 0{,}125\,\text{g/g} \qquad o = M_{O2}/M = 0{,}5\,\text{g/g}$$

c/h-Verhältnis. Es beträgt:

$$c/h = 0{,}375/0{,}125 = 3$$

1.5.2   Lärmschutz

Lärm entsteht durch Schallwellen, die sogar die menschliche Gesundheit (**138.**1) schädigen. Seine wichtigste Ursache ist der nach der Art seiner Ausbreitung bezeichnete Körper- und Luftschall.

Grunddefinitionen

Schall heißen die mechanischen Schwingungen im Hörbereich des menschlichen Ohres mit den Frequenzen 16 bis 16000 Hz. Sie breiten sich kugelförmig aus und ihre Intensität ist umgekehrt proportional dem Quadrat ihrer Entfernung von ihrer Quelle.

Schallpegel. Er ist der Logarithmus des Verhältnisses des Schalldruckes p oder der Schallleistung $P \sim p^2$ bzw. ihres auf die Einheit der Fläche A bezogenen Wertes der Intensität $J = P/A$ zu ihren Bezugswerten (Index 0). Es gilt also

$$L = 20\lg\frac{p}{p_0} = 10\lg\frac{P}{P_0} = 10\lg\frac{J}{J_0} \tag{137.1}$$

Die Bezugswerte $p_0 = 2 \cdot 10^{-5}\,\text{N/m}^2$, $P_0 = 10^{-12}\,\text{W}$ und $J_0 = 10^{-12}\,\text{W/m}^2$ geben die Hörschwelle des Menschen für den Luftschall, seine Einheit ist das Dezibel (dB), an. Eine Pegelerhöhung von 6 dB bedingt den doppelten Schalldruck und die vierfache Schalleistung, da

Beispiel		Einfluß auf den Menschen	menschliche Empfindung	
Raketenstart	140 dBA		schmerzhaft	
Düsenflugzeug 100 m entfernt	130			
		Schmerzschwelle		
großer Schmiedehammer	120	akuter Gehörschaden		
	110		unerträglich	
Preßlufthammer				
Metallverarbeitungsbetrieb	100			
LKW-Fahrerhaus	90	Beginn der Gehörgefährdung	extrem	
	85			
starker Straßenverkehr	80	Grenze der Gehörerholung	sehr	laut
		störender Einfluß auf das Nervensystem		
Büroarbeit, Gespräch	70			
	60		mäßig	
	50	Obergrenze für konzentrierte geistige Arbeit		
leise Radiomusik	40		leise	
Flüstern	30			
Blätterrascheln	20	Erholung, Schlaf, Ruhe		
	10		ruhig	
absolute Stille	0	Beginn des Hörbereichs		

138.1
Der Schallpegel und seine Auswirkungen nach [1]

$p_1/p_2 = 10^{6/20} \approx 2$ und $P \sim p^2$ ist. Die Pegel werden meist nach einer dem menschlichen Ohr angepaßten Filterkurve in dBA angegeben. Für den Gesamtpegel von n Schallquellen gilt:

$$L_{ges} = 10 \lg \left(\sum_{i=1}^{n} 10^{L_i/10} \right) dB \qquad (138.1)$$

sind alle n Schallpegel L gleich, so wird $L_{ges} = L + 10 \lg n$. Bei größeren Unterschieden ist der maximale Schallpegel ausschlaggebend.

Tafel **138.2**   Akustische Wirkungsgrade (Näherungswerte) nach [29], Δp = Druck, Ma = Machzahl

Sirene		Dieselmotor	
ohne Anpassungstrichter	$1{,}0 \cdot 10^{-2}$	Motorenblock bei 800 min^{-1}	$4{,}0 \cdot 10^{-7}$
mit Anpassungstrichter	$(3 \text{ bis } 7)10^{-1}$	Motorenblock bei 3000 min^{-1}	$5{,}0 \cdot 10^{-6}$
Schmidt-Rohr	$2{,}0 \cdot 10^{-2}$	Auspuff mit Abgasturbine	$1{,}0 \cdot 10^{-4}$
Ventilator Optimalpunkt		Getriebe	
$\Delta p < 2{,}5$ mbar	$1{,}0 \cdot 10^{-6}$	Sonderklasse	$3{,}0 \cdot 10^{-8}$
$\Delta p > 2{,}5$ mbar	$4{,}0 \cdot 10^{-8} \Delta p$	geräuscharm	$2{,}0 \cdot 10^{-7}$
Ausströmgeräusche		normal	$1{,}0 \cdot 10^{-6}$
$Ma < 0{,}3$	$8(10^{-6} \text{ bis } 10^{-5}) Ma^3$	schlecht	$3{,}0 \cdot 10^{-6}$
$0{,}4 < Ma < 1{,}0$	$1{,}0 \cdot 10^{-4} Ma^5$	Elektromotor	
$Ma > 2{,}0$	$2{,}0 \cdot 10^{-3}$	geräuscharm	$2{,}0 \cdot 10^{-8}$
Propellerflugzeug 2700 kW im Stand	$5{,}0 \cdot 10^{-3}$	normal	$2{,}0 \cdot 10^{-7}$
Motorrad 250 cm^3 ohne Auspuff	$1{,}0 \cdot 10^{-3}$	Menschliche Stimme	$5{,}0 \cdot 10^{-4}$

Erfahrungswerte. Sie werden mit Entfernungsangabe der Schallquelle direkt als Pegel oder durch den akustischen Wirkungsgrad (s. Tafel **138**.2) angegeben. Der letzte ist das Verhältnis der akustischen Leistung P_{ak} zur effektiven P_e, beträgt also:

$$\eta_{ak} = P_{ak}/P_e$$

Für einzelne Maschinenarten bestehen auch Näherungsformeln. So gilt im Abstand 1 m von einem Motor, wenn der Index N die Nennwerte bezeichnet, die Zahlenwertgleichung für den Pegel

$$L_p = 57 + 10 \lg P_N n_N + 30 \lg n/n_N \quad \text{in dB} \tag{139.1}$$

mit der Leistung P_N in kW und der Drehzahl n_N in min^{-1}.

Schallschutz

Er beginnt bei der Wahl des Arbeitsverfahrens und bei der Konstruktion. So ist die Geräuschemission eines Motors bei Wasserkühlung wesentlich geringer als bei Luftkühlung. Weitere Maßnahmen sind:

Schallabsorption oder Dämpfung. Die Schallenergie wird hierbei durch Reibungseffekte vermindert und in Wärme umgewandelt. Dies erfolgt beim Luftschall in Maschinenhallen durch poröse Materialien wie Schaumstoffe und Textilvliese mit einer schallharten Oberfläche. Als Maß dient der Schallabsorptionsgrad. Er beträgt, wenn J_A die auftreffende und J_E die reflektierende Intensität ist:

$$\alpha = (J_A - J_E)/J_A$$

Schalldämmung. Hierbei wird durch Reflexion die räumliche Schallverteilung geändert. Das Maß hierfür ist die Luftschalldämmung. Mit der Intensität vor und hinter der Wand J_1 bzw. J_2 wird:

$$R = 10 \lg \frac{J_2}{J_1}$$

Schutzmaßnahmen. Hierzu zählen die Raum- und Gehörschutz sowie Schalldämpfer und Schallschutzkabinen, die notwendig sind, um Gesundheitsschäden abzuwenden.

Zulässige Werte. Nach der Unfallverhütungsvorschrift (UVV) Lärm beträgt der maximal zulässige Pegel 90 dBA und der ungefährdete Bereich liegt unter 80 dBA. Nach der technischen Anleitung (TA)-Lärm gelten folgende Maximalwerte: Gewerbe- und Industriegebiete 70 dBA und Wohngebiete am Tage 50 dBA und in der Nacht 35 dBA.

Weiterhin bestehen spezielle Vorschriften gemäß den Anwendungsgebieten.

Schutzmittel. Sie werden bei Kolbenmaschinen mit einem Pegel über 80 dB eingesetzt. Die bekanntesten sind:

Gehör. Schutzmittel sind: Gehörschutzwatte ($R = 10$ bis 20 dB) und Kapselgehörschützer ($R = 5$ bis 30 dB).

Räume. Es werden benutzt: Schallschutzschirme mit 30 bis 50% der Raumhöhe, Wandauskleidungen aus einer 13 bis 15 mm starken Polyethuranschicht mit etwa 5 mm starken Bleikugeln zur Erzeugung der Reibung zwecks Absorption und Schallschlucktapeten aus Kunststoffen.

Körperschall. Er wird durch biegeweiche Platten aus Glas bzw. Blechen bis zu 3 mm Dicke gedämpft. Elastische Aufstellung der Maschinen auf Federn oder Gummielemente verhindern eine Übertragung des Schalles auf Schutzwände und Gebäude. Zur Entdröhnung, also der Körperschalldämmung bei niedrigen Frequenzen, dienen spezielle Kunststoffe und bitumöse Massen mit doppelter Schichtdicke des zu entdröhnenden Teiles.

Schalldämpfer. Bei Kolbenmaschinen übernehmen die Filter die Abschirmung des Saugstromes, während für den Förderstrom spezielle Absorptions- oder Reflexionsschalldämpfer eingesetzt werden. Sie wirken meist als Tiefpaßfilter, schirmen also die hohen Frequenzen ab. Die Abgasschalldämpfer der Motoren erfordern wegen der hohen Auspufftemperaturen von 400 bis 600 °C keramisches Absorptionsmaterial. So sind die Reflexionsdämpfer (**140.**1) häufiger. Hier wird die Schallenergie durch Reflexion an den Rohrwänden und Querschnittssprüngen in Wärme verwandelt und zwar um so intensiver je größer die Druckdifferenz ist.

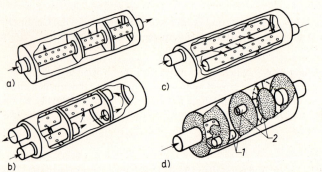

140.1
Formen der Schalldämpfer

a) bis c) Reflexionsdämpfer
d) Resonanzdämpfer

1 Resonatorhals
2 Querschnittssprung

Schallschutzkabinen. Ihre Wände bestehen aus 1,0 bis 1,5 mm dicken verzinktem Stahlblech mit einer 12 bis 15 mm starken Schicht aus Polyesterschaum oder einer nichtbrennbaren Mineralfaserplatte. Hiermit erfolgt außerhalb der Kabine eine Minderung (**140.**2), in ihrem Innern aber eine Erhöhung des Schallpegels. Bei einem Absorptionsgrad über $\alpha_S = 0,5$ wird

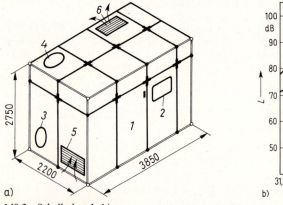

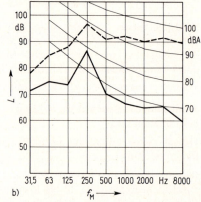

140.2   Schallschutzkabine

a) Aufbau, b) Schallpegel in Oktavbändern (Frequenzverhältnis $f_2/f_1 = 2$) eines Schraubenverdichters mit Öleinspritzung (gestrichelt ohne und ausgezogen mit Kabine)

$\dot{V}_{fa} = 1270\,\mathrm{m^3/h}$ $p_1 = 1\,\mathrm{bar}$ $p_2 = 2\,\mathrm{bar}$ $n = 2950\,\mathrm{min^{-1}}$ [MAN-GGH Sterkrade]

aber die Kabine unwirtschaftlich. Betrieblich sind erforderlich: Fenster und Türen zur Beobachtung und Bedienung, Aufteilung in leicht zerlegbare Elemente für Maschinenreparaturen, Öldichtheit, Abfuhr der von der Maschine abgestrahlten Wärme durch Ventilatoren zur Luftbewegung und Feuerfestigkeit.

Die Kabine (140.2a) besteht aus den schnellmontierbaren Wänden *1* mit den Fenstern *2*, den Öffnungen *3* und *4* für die Ein- und Austrittsleitungen des Mediums sowie die Jalousien *5* und *6* für die Kühlluftzu- und die Wärmeabfuhr.

Beispiel 13. Der Dieselmotor (Index D) eines fahrbaren Druckluftaggregates hat die Kupplungsleistung $P_{eD} = 75\,\mathrm{kW}$ und die Drehzahl $n_D = 3000\,\mathrm{min^{-1}}$, das sind 75% seiner Nenndrehzahl. Angetrieben wird ein Schraubenverdichter (Index S) mit der Drehzahl $n_S = 4600\,\mathrm{min^{-1}}$ über ein Getriebe (Index G) vom Wirkungsgrad $n_G = 95\%$. Ihre akustischen Wirkungsgrade sind $\eta_S = 9,0 \cdot 10^{-8}$ und $\eta_G = 2,0 \cdot 10^{-7}$.

Gesucht sind die Schallpegel der Einzelaggregate der Gesamtanlage, sowie das Absinken von Schalldruck- und -leistung durch die getroffenen Schutzmaßnahmen.

Einzelpegel. Für den Dieselmotor folgt aus Gl.(139.1) mit der Nennzahl $n_N = 3000\,\mathrm{min^{-1}}/0,75 = 4000\,\mathrm{min^{-1}}$

$$L_P = 57 + 10\lg P_N n_N + 30\lg n/n_N = 57 + 10\lg 75 \cdot 4000 + 30 \cdot \lg 0,75 = 108 \text{ in dB}$$

Mit $L = 10\lg(p/p_0)$ ergibt sich, da $P = P_{ak} = \eta_{ak} P_e$ und $P_0 = 10^{-15}\,\mathrm{kW}$ ist

$$L = 10\lg \frac{\eta_{ak} P_e}{10^{-15}\,\mathrm{kW}}$$

Für den Schraubenverdichter mit $P_{es} = \eta_G P_{eD} = 0,95 \cdot 75\,\mathrm{kW} = 71,25\,\mathrm{kW}$ und das Getriebe folgen damit

$$L_S = 10\lg \frac{9,0 \cdot 10^{-8} \cdot 71,25\,\mathrm{kW}}{10^{-15}\,\mathrm{kW}}\,\mathrm{dB} = 98,1\,\mathrm{dB}$$

$$L_G = 10\lg \frac{2 \cdot 10^{-7} \cdot 75\,\mathrm{kW}}{10^{-15}\,\mathrm{kW}}\,\mathrm{dB} = 101,8\,\mathrm{dB}$$

Der Wirkungsgrad η_G verringert beim Schraubenverdichter den Schallpegel nur um 0,0223 dB, ist also für diese Rechnung vernachlässigbar.

Gesamtpegel. Mit Gl. (138.1) folgt

$$L_{ges} = 10\lg \sum_{i=1}^{n} 10^{L_i/10}\,\mathrm{dB} = 10\lg(10^{108/10} + 10^{98/10} + 10^{101,8/10})\,\mathrm{dB} = 109,3\,\mathrm{dB}$$

Er unterscheidet sich um etwa 1% vom größten Einzelpegel.

Schutzmaßnahmen. Um nun den Gesamtpegel auf den zulässigen Wert $L_{zul} = 80\,\mathrm{dB}$ also um $\Delta L = 30\,\mathrm{dB}$ zu verringern, ist eine Schallschutzkabine vorzusehen. Außen sind noch Verbesserungen am Motor vorzunehmen. Das Verhältnis der Schalleistungen bzw. -drücke beträgt dann:

$$P_1/P_2 = 10^{\Delta L/10} = 10^3 \quad \text{und} \quad p_2/p_1 = 10^{1,5} = 31,62$$

Bei einer Steigerung um 6 dB wird $p_2/p_1 = 10^{6/20} = 10^{0,3} = 1,995 \approx 2$ und $P_2/P_1 = 10^{0,6} \approx 4$, für $6 \cdot 5\,\mathrm{dB} = 30\,\mathrm{dB}$ gilt dann $p_2/p_1 = 10^{0,3 \cdot 5} \approx 2^5 = 32$ und $P_2/P_1 = 10^{0,6 \cdot 5} \approx 4^5 = 1024$. Das so geschätzte Ergebnis ist dann um 1,2 bzw. um 2,4% zu groß.

2 Kolbenpumpen

2.1 Einteilung und Verwendung

Pumpen (**24.**1) erhöhen die Energie der Förderflüssigkeit. In Verdrängerpumpen wird der Arbeitsraum beim Ansaugen vergrößert und beim Ausschieben verkleinert. Hierzu dient der Verdränger, der meist ein festes Bauteil ist, aber auch flüssig oder gasförmig – wie bei Pulsometern [34] – sein kann.

Verdränger (**142.**1a bis f) führen eine oszillierende Bewegung in den Pumpen aus und werden als Kolben (**142.**1b) ausgeführt. Bei Handpumpen werden die Verdränger als schwingende Flügel (**142.**1a), bei Rotationspumpen [34] als rotierende Kolben – wie bei der Zahnradpumpe – ausgebildet.

Kolbenpumpen. Die wichtigsten Verdrängerbauarten sind der Tauch- oder Plungerkolben (**142.**1c), an dessen Umfang sich die nachstellbare Stopfbuchse anlegt, der Scheibenkolben (**142.**1d) für doppeltwirkende Pumpen, der das Druckventil aufnehmende Hubkolben (**142.**1e) sowie der Differential- oder Stufenkolben (**142.**1f) zur Verringerung der Gestängekräfte. Sie werden liegend (**142.**1d, f), hängend (**142.**1c, e) oder stehend angeordnet.

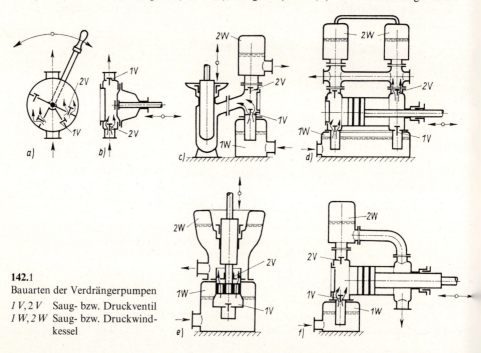

142.1
Bauarten der Verdrängerpumpen
1 V, 2 V Saug- bzw. Druckventil
1 W, 2 W Saug- bzw. Druckwindkessel

Ihre Doppelhubzahlen betragen wegen der Strömungsverluste nur 80 bis 650 min^{-1}. Der Antrieb – meist ein Kurbeltrieb in der Kreuzkopfbauweise (**51.**1a) – ist wegen der relativ hohen Drehzahlen der Kraftmaschinen stark untersetzt. Die Kurbelwelle wird daher über ein in das Gehäuse eingebautes Getriebe (**166.**1) oder durch einen Riementrieb angetrieben. Bei kleinen Pumpen werden diese Antriebselemente auch kombiniert. Kurbellos hingegen sind Simplex- und Duplexpumpen (**168.**1). Sie haben je einen bzw. zwei doppeltwirkende Kolben zum Fördern der Flüssigkeit und zum Antrieb durch Dampf oder Druckluft, die durch Stangen starr gekuppelt sind.

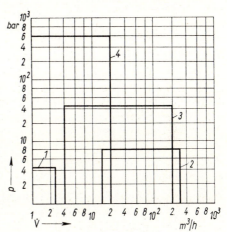

Verwendung. Kolbenpumpen zeichnen sich durch gute Saugfähigkeit aus. Sie liefern relativ kleine und mittlere Förderströme bis zu den höchsten Drücken von nahezu allen Flüssigkeiten, insbesondere aber von ätzenden, zähen und verschmutzten Medien. Ihre Hauptanwendungsgebiete (**143.**1) sind Hauswasser- *1*, Schiffs- *2*, Kesselspeise- *3* und Preßpumpen *4*. Aber auch Erdöl-, Beton- und Kesseleinspritzpumpen werden als Kolbenpumpen ausgeführt. Für Steuerungsaufgaben – wie bei den Einspritzpumpen der Dieselmaschinen (**300.**2) – sind nur Kolbenpumpen geeignet, da Förderstrom sowie Förderbeginn und -ende verstellbar ausgeführt werden können.

143.1 Drücke und Förderströme handelsüblicher Kolbenpumpen

2.2 Berechnungsgrundlagen

Eine Pumpenanlage (**144.**1) umfaßt die Saug- und Druckbehälter *1* und *2* mit ihren Leitungen sowie die Pumpe mit den Windkesseln *1 W* und *2 W*, den Stutzen *1 S* und *2 S* und den Ventilen *1 V* und *2 V* auf der Saug- bzw. Druckseite. Diese Bezeichnungen werden den entsprechenden Formelzeichen als Indizes hinzugefügt. Die Anlage laufe im Beharrungszustand. Die Behälterdrücke p_1 und p_2, die Niveaudifferenzen h_1 und h_2 sowie die Drehzahl n und damit der Förderstrom $\dot{V}_f$ bleiben also konstant. Der Luftinhalt der Windkessel sei so groß, daß die Schwankungen ihrer Drücke p_{1W} und p_{2W} und der Höhen h_{1W} und h_{2W} vernachlässigbar klein sind. Die Strömung des Mediums (**51.**1) ist dann in den Leitungen stationär und in der Pumpe instationär.

2.2.1 Massenströme, Geschwindigkeiten und Höhen

Massen. Der Saugstrom $\dot{m}_a$ und der theoretische Massenstrom $\dot{m}_{th}$ sind gleich. Bei einer Pumpe wird nämlich das gesamte Hubvolumen V_H vom Medium ausgefüllt, weil bei Flüssigkeiten keine Rückexpansion auftritt und zum Ansaugen die Saugleitung vollkommen dicht sein muß. Der Förderstrom $\dot{m}_f$ ist infolge der Leckverluste in den Kolbenabdichtungen, Stopfbuchsen und den Ventilen, die auch häufig verspätet schließen, kleiner als der Saugstrom.

Da die Dichte ϱ des Mediums – abgesehen von Preßpumpen – konstant ist, folgt aus Gl. (19.9) bis (19.11) mit $\varrho = \varrho_a$, $V_a = V_H$ und $V_{fa} = V_f$

$$\dot{m}_a = \varrho\, V_H n = \varrho\, \dot{V}_H \qquad \dot{m}_f = \varrho\, \dot{V}_f \qquad \lambda_L = \frac{\dot{m}_f}{\dot{m}_a} = \frac{\dot{V}_f}{\dot{V}_a} = \frac{\dot{V}_f}{V_H n} \qquad \text{(144.1) bis (144.3)}$$

Der Liefergrad λ_L ist die Kenngröße für die Leckverluste. Er beträgt $\approx 0{,}94$ bis $0{,}98$ wobei die höheren Werte für größere Pumpen gelten.

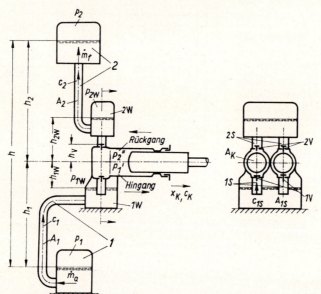

144.1
Kolbenpumpe mit Behältern
und Bezeichnungen

Geschwindigkeiten (144.1). In der Saug- bzw. Druckleitung sind sie in den einzelnen Querschnitten A_1 und A_2 konstant und betragen nach der Kontinuitätsgleichung (50.1) und mit $\dot{V}_f = \lambda_L V_H n = \lambda_L \dot{V}_H$ nach Gl. (144.3)

$$c_1 = \frac{\dot{V}_H}{A_1} \qquad\qquad c_2 = \frac{\dot{V}_f}{A_2} = \frac{\lambda_L \dot{V}_H}{A_2} \qquad \text{(144.4) und (144.5)}$$

Im Saug- bzw. Druckstutzen mit den Querschnitten A_{1S} und A_{2S} ist die Strömung instationär, da die Flüssigkeit an der Fläche A_K des mit der ungleichförmigen Geschwindigkeit c_K nach Gl. (88.2) laufenden Kolbens haftet. Somit ist

$$c_{1S} = c_K \frac{A_K}{A_{1S}} \qquad\qquad c_{2S} = c_K \frac{A_K}{A_{2S}} \qquad \text{(144.6) und (144.7)}$$

Geodätische Höhen (144.1) heißen die Höhenunterschiede zwischen den Flüssigkeitsspiegeln bzw. deren senkrechte Abstände von der Zylindermittellinie. Die Saug- und Druckhöhe betragen, wenn h_V der Abstand der Druckventilunterkante von der Zylindermittellinie ist, $h_S = h_1 + h_V$ und $h_D = h_2 - h_V$. Da meist $h_V \ll h_1$ und h_2 ist, gilt mit guter Näherung $h_S \approx h_1$ und $h_D \approx h_2$. Die gesamte bzw. manometrische Förderhöhe sind dann $h = h_1 + h_2$ und $h_W = h_{1W} + h_{2W}$.

2.2.2   Strömungsverluste

Rohrleitungen (145.1**).** Hier treten nur Reibungsverluste (**145.**1 a) auf. Sie betragen nach Gl. (53.8) für eine aus geraden Stücken, Krümmern und sonstigem Zubehör bestehende Leitung mit der Gesamtwiderstandszahl ζ_{ges}

$$\Delta p_R = \varrho\, \zeta_{ges} \frac{c_{red}^2}{2} \tag{145.1}$$

Die Wirbelverluste in den Windkesseln und Behältern sind vernachlässigbar klein.

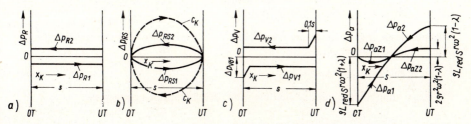

145.1   Verluste in einer Pumpe (die Verluste sind für die Saug- und Druckseite gleich groß angenommen)

a), b) Reibungsverluste der Leitungen und Stutzen, c) Ventilverluste, d) Beschleunigungsverluste

Kolbenhingang →, Rückgang ←

Pumpenstutzen. Wegen der instationären Strömung entstehen hier Reibungs- und Beschleunigungsverluste. Die R e i b u n g s v e r l u s t e (**145.**1b) werden vorteilhaft mit der auf den Kolbendurchmesser bezogenen reduzierten Länge berechnet. Mit $c_{red} = c_K$ folgt dann aus Gl. (53.8)

$$\Delta p_{RS} = \varrho\, \zeta_{ges\,S} \frac{c_K^2}{2} \tag{145.2}$$

Als Funktion des Kolbenweges x_K haben sie der Kolbengeschwindigkeit c_K entsprechend einen ellipsenähnlichen Verlauf [19]. Die Reynoldssche Zahl nach Gl. (52.3) kann zur Berechnung des Widerstandsbeiwertes $\zeta_{ges\,S}$ auf die mittlere Kolbengeschwindigkeit c_m nach Gl. (17.6) bezogen werden. Ihr Einfluß ist nämlich, abgesehen von den Kolbenstellungen in der Nähe der Totpunkte, nur gering und wird bei diesen praktisch recht kleinen Verlusten bedeutungslos.

Die B e s c h l e u n i g u n g s v e r l u s t e (**145.**1d) in einem zylinderischen Stutzen mit Länge L_S und Querschnitt A_S betragen nach Gl. (54.3) und mit der reduzierten Länge $L_{red\,S} = L_S A_K / A_S$

$$\Delta p_a = \varrho\, L_{red\,S}\, a_K \tag{145.3}$$

Die Kolbenbeschleunigungen in den Totpunkten betragen nach Gl. (88.3b) mit den Kurbelwinkeln $\varphi = 0°$ im OT und $\varphi = 180°$ im UT

$$a_{KOT} = r\,\omega^2(1 + \lambda) \qquad\qquad a_{KUT} = -r\,\omega^2(1 - \lambda) \tag{145.4 und 145.5}$$

Sie bewirken nach dem N e w t o n schen Grundgesetz im OT eine Verringerung, im UT eine Erhöhung der Zylinderdrücke. Der Verlauf dieser Verluste entspricht einer Beschleunigungsparabel [19].

Ventile (145.1c). Beim Öffnen treten die Verluste $\Delta p_{V\ddot{o}}$ zum Beschleunigen der Ventilplatten und Federn, bei geöffnetem Ventil Reibungs- und Beschleunigungsverluste Δp_V der Flüssigkeit auf. Entsprechend der Tendenz der Reibungs- und Beschleunigungsverluste in den Stutzen werden sie angenähert durch Gerade dargestellt.

Zylinder (145.1d). Die Reibungsverluste können wegen des relativ großen Zylinderdurchmessers und wegen des kleinen Hubes vernachlässigt werden. Die Beschleunigungsverluste betragen nach Gl. (54.5) $\Delta p_{aZ} = \varrho\, a_K\, x_K$. Sie haben zwei Nullstellen bei $x_K = 0$ also im OT und bei $a_K = 0$. Ihr Maximalwert liegt beim UT und wird mit $x_K = 2\,r$ und a_{KUT} nach Gl. (145.5)

$$\Delta p_{aZ\,max} = -\ 2\,\varrho\, r^2\, \omega^2\,(1 - \lambda)$$

Gesamtverluste ergeben sich durch Addition der Einzelverluste. Für die Stutzen, Zylinder und Ventile der Pumpe gilt

$$\Delta p_P = \Delta p_{RS} + \Delta p_V + \Delta p_a + \Delta p_{aZ} \tag{146.1}$$

Für die gesamte Anlage, also für die Pumpe mit den Leitungen, betragen sie

$$\Delta p_A = \Delta p_R + \Delta p_P = \varrho\, \zeta_{ges} \frac{c_{red}^2}{2} + \varrho\, \zeta_{gesS} \frac{c_K^2}{2} + \Delta p_V + \varrho\, L_{redS}\, a_K + \varrho\, a_K\, x_K \tag{146.2}$$

2.2.3 Drücke

Sind die Behälterdrücke, die Höhen und die Abmessungen der Anlage (**144.**1) bekannt, so ergeben sich die Windkessel- und Zylinderdrücke für jede Kolbenstellung aus der Bernoullischen Gleichung (49.4), in der hier für die Reibungsarbeit $w_R = \Delta p_R/\varrho$ und für die Beschleunigungsarbeit $w_a = \Delta p_P/\varrho$ gesetzt wird.

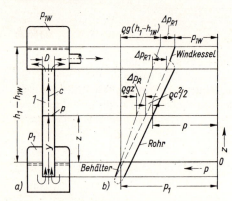

Windkessel. Zur Bestimmung ihrer Drücke wird die Rohrleitung mit Kessel und Behälter zwischen den Flüssigkeitsspiegeln betrachtet. Die Geschwindigkeit der Spiegel ist angenähert Null, die des Mediums in der Rohrleitung konstant. Es entstehen also nur Rohrreibungsverluste nach Gl. (145.1). Für einen beliebigen Querschnitt der Rohrleitung (**146.**1) mit dem Druck p, der Geschwindigkeit c und der Höhe $z = h$ folgt dann nach Multiplikation mit der Dichte ϱ aus Gl. (49.4)

$$p_1 = p + \varrho\, c^2/2 + \varrho\, g\, z + \Delta p_R$$

146.1 a) Saugbehälter, Rohrleitung und Saugwindkessel

b) Druckverlauf $p = f(z)$ (unbestimmter Druckverlauf ······)

und hieraus

$$p = p_1 - \varrho\, \frac{c^2}{2} - \varrho\, g\, z - \Delta p_R \tag{146.3}$$

Die Gleichung ist in Bild **146.**1b dargestellt. Der Reibungsverlust im geraden Rohr *1* der Weite D beträgt dann bei der Länge y nach Gl. (145.1) mit $c_{red} = c$ und $\zeta_{ges} = \lambda\, y/D$ aus Gl. (52.1) bzw. (52.2) $\Delta p_R = 0.5\, \varrho\, c^2\, \lambda\, y/D$.

Für den Saugwindkesseldruck folgt aus Gl. (146.3) mit $c = 0$ und $z = h_1 - h_{1\,W}$ oder durch Anwendung der Gl. (49.4) auf die Flüssigkeitsspiegel des Saugbehälters und des Saugwindkessels (**144**.1)

$$p_{1\,W} = p_1 - \varrho\, g\, (h_1 - h_{1\,W}) - \Delta p_{R\,1} \tag{147.1}$$

Der Druck im **Druckwindkessel** ergibt sich entsprechend

$$p_{2\,W} = p_2 + \varrho\, g\, (h_2 - h_{2\,W}) + \Delta p_{R\,2} \tag{147.2}$$

Zylinder. Zur Ermittlung der Zylinderdrücke werden die Stutzen, Ventile und der Zylinder zwischen den ruhenden Flüssigkeitsspiegeln der Windkessel und der Kolbenstirnfläche (**144**.1) mit der Geschwindigkeit c_K betrachtet. Ist Δp_P der hierbei auftretende Strömungsverlust nach Gl. (146.1), so folgt aus Gl. (49.4)

$$p_{1\,W} = p_1' + \varrho\, g\, h_{1\,W} + \varrho\, c_K^2/2 + \Delta p_{P\,1}$$

und daraus der **Zylindersaugdruck**

$$p_1' = p_{1\,W} - \varrho\, g\, h_{1\,W} - \varrho\, \frac{c_K^2}{2} - \Delta p_{P\,1} \tag{147.3}$$

Für den **Zylindergegendruck** gilt dann entsprechend

$$p_2'' = p_{2\,W} + \varrho\, g\, h_{2\,W} + \varrho\, \frac{c_K^2}{2} + \Delta p_{P\,2} \tag{147.4}$$

Nach Einsetzen der Gl. (147.1) in die Gl. (147.3) und der Gl. (147.2) in die Gl. (147.4) ergibt sich dann mit dem Gesamtströmungsverlust $\Delta p_A = \Delta p_R + \Delta p_P$

$$p_1' = p_1 - \varrho\, g\, h_1 - \varrho\, \frac{c_K^2}{2} - \Delta p_{A\,1} \tag{147.5}$$

$$p_2'' = p_2 + \varrho\, g\, h_2 + \varrho\, \frac{c_K^2}{2} + \Delta p_{A\,2} \tag{147.6}$$

Werden die Verluste einzeln aufgeführt, dann ist mit Gl. (146.2)

$$p_1' = p_1 - \varrho\, g\, h_1 - \frac{1}{2}\,\varrho\, \zeta_{\mathrm{ges}\,1}\, c_{\mathrm{red}\,1}^2 - \frac{1}{2}\,\varrho\,(1 + \zeta_{\mathrm{ges\,S}\,1})\, c_K^2 - \Delta p_{V\,1} - \varrho\, L_{\mathrm{red\,S}\,1}\, a_K - \varrho\, x_K\, a_K \tag{147.7}$$

$$p_2'' = p_2 + \varrho\, g\, h_2 + \frac{1}{2}\,\varrho\, \zeta_{\mathrm{ges}\,2}\, c_{\mathrm{red}\,2}^2 + \frac{1}{2}\,\varrho\,(1 + \zeta_{\mathrm{ges\,S}\,2})\, c_K^2 + \Delta p_{V\,2} + \varrho\, L_{\mathrm{red\,S}\,2}\, a_K + \varrho\, x_K\, a_K \tag{147.8}$$

Die Zylinderdrücke p_1' und p_2'' sind also beim Ansaugen kleiner und beim Ausschieben größer als die entsprechenden Behälterdrücke p_1 und p_2. Sie hängen wegen der Glieder x_K, c_K und a_K von der Kolbenbewegung ab.

2.2.4 Gestängekräfte und Saugfähigkeit

Mit den kleinsten und größten Zylinderdrücken, die wegen der überwiegenden Beschleunigungsverluste im OT bzw. im UT auftreten, werden die Gestängekräfte und die Saugfähigkeit ermittelt. Da nach Gl. (88.1b) und (88.2b) im OT bzw. UT, also bei $\varphi = 0$ bzw. $180°$ $x_K = 0$ bzw. $2r$ und $c_K = 0$ ist, folgt aus Gl. (147.7), (147.8), (145.4) und (145.5).

$$p'_{1\min} = p_1 - \varrho g h_1 - \frac{1}{2}\varrho \zeta_{\mathrm{ges}1} c^2_{\mathrm{red}1} - \Delta p_{\mathrm{v\ddot{o}}1} - \varrho r \omega^2 (1+\lambda) L_{\mathrm{red}S1} \qquad (148.1)$$

$$p''_{2\max} = p_2 + \varrho g h_2 + \frac{1}{2}\varrho \zeta_{\mathrm{ges}2} c^2_{\mathrm{red}} + \Delta p_{V\ddot{o}2} + \varrho r \omega^2 (1-\lambda)(L_{\mathrm{red}S2}+2r) \qquad (148.2)$$

Um die Drücke $p'_{1\min}$ und $p''_{2\max}$ zu vergrößern bzw. zu verringern, damit die Saugfähigkeit groß und die Gestängekräfte klein werden, sind kleine Geschwindigkeiten in den Leitungen und Stutzen sowie nahe an die Zylinder gesetzte Windkessel erforderlich.

Einfluß der Windkessel. Bei Pumpen ohne Kessel (**148.**1) treten in den Rohrleitungen Beschleunigungen wie in den Stutzen auf. In den Gl. (147.7) und (147.8) werden also $L_{\mathrm{red}S}$ und $\zeta_{\mathrm{ges}S}$ und damit die Verluste Δp_{RS} und Δp_a wesentlich größer, während die Verluste Δp_R wegen $L_{\mathrm{red}} = 0$ wegfallen. Für die Saugleitung folgt aus den Gl. (146.1) und (147.5) oder aus Gl. (147.7) mit $\Delta p_{R1} = 0$

$$p'_1 = p_1 - \varrho g h_1 - \frac{1}{2}\varrho c^2_K - \Delta p_{RS1} - \Delta p_{V1} - \Delta p_{a1} - \Delta p_{aZ1}$$

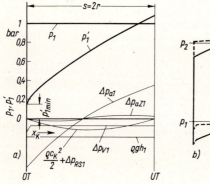

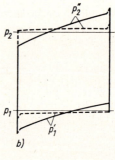

148.1
Pumpe ohne Windkessel
a) Ermittlung des Zylindersaugdruckes
$D_K = 120$ mm
$s\ \ = 175$ mm
$n\ \ = 100\ \mathrm{min}^{-1}$
$h_1 = 2$ m
$D_S = 90$ mm
$L_S = 2{,}5$ m
$\Delta p_{V\ddot{o}} = 0{,}14$ bar
b) Indikatordiagramm
   (Pumpe mit Windkessel ----)

Hiermit ist die Funktion $p'_1 = f(x_K)$ in Bild **148.**1 aufgezeichnet. Die Verluste folgen aus Bild **145.**1b bis d oder aus Gl. (145.2) und (145.3) und betragen

$$\varrho \frac{c^2_K}{2} + \Delta p_{RS1} = \frac{\varrho}{2}(1+\zeta_{\mathrm{ges}S1})c^2_K \qquad \Delta p_{a1} = \varrho L_{\mathrm{red}S1} a_K \qquad \Delta p_{aZ1} = \varrho x_K a_K$$

Von den Zylinderdrücken (**148.**1b) fällt p'_1 im OT stark ab und verringert die Saugfähigkeit, während p''_2 im UT stark ansteigt und die Gestängekräfte vergrößert.

Gestängekräfte. Wegen des plötzlichen Wechsels der Zylinderdrücke in den Totpunkten (**148.**1b) wird in Pumpen der Kolben bei der Bewegung zur entsprechenden Totlage hin betrachtet. Zur Kurbelwelle hingerichtete Kräfte seien positiv. Die kleinsten und größten Zylinderdrücke, die bei ausreichenden Windkesseln meist nur wenig von den Mittelwerten abweichen, werden kurz mit p'_1 und p''_2 und der atmosphärische Druck mit p_a bezeichnet, während A_K die Kolbenfläche ohne Abzug des Stangen-querschnittes A_{St} ist.

Einfachwirkende Pumpe (**142.**1c). Hier treten die höchsten Gestängekräfte am OT auf, nämlich

$$F_{StOT} = (p''_2 - p_a) A_K \qquad (148.3)$$

Doppeltwirkende Pumpe (142.1d). Die größten Gestängekräfte entstehen am OT und betragen

$$F_{StOT} = p_2'' A_K - p_1'(A_K - A_{St}) - p_a A_{St} \tag{149.1}$$

Dieses Ergebnis folgt auch aus Gl. (73.1), da hier $A_{StDS} = 0$ ist, also $A_{StKS} = A_{St}$, $A_{DS} = A_K$ und $A_{KS} = A_K - A_{St}$ wird.

Differentialpumpe (142.1f). Bei Vernachlässigung der Strömungsverluste im Zuführungsrohr zur Kurbelseite ist der Druck an der Differentialfläche $A_K - A_{St}$ gleich p_2'' und es gilt für die Totlagen

$$F_{StOT} = p_2'' A_K - p_2''(A_K - A_{St}) - p_a A_{St} = (p_2'' - p_a) A_{St} \tag{149.2}$$

$$F_{StUT} = p_1' A_K - p_2''(A_K - A_{St}) - p_a A_{St} \tag{149.3}$$

Wird die Kolbenstangenfläche so gewählt, daß die Gestängekräfte beim Hin- und Rückgang gleich groß sind, also $F_{StOT} = -F_{StUT}$ ist, folgt aus Gl. (149.2) und (149.3)

$$A_{St} = \frac{p_2'' - p_1'}{p_2'' - p_a} \cdot \frac{A_K}{2} \tag{149.4}$$

Bei hohen Gegendrücken ist $p_2'' \gg p_1'$ und p_a. Hiermit folgt für die Differentialpumpe $A_{St} \approx A_K/2$ aus Gl. (149.4) und $F_{StOT} \approx (p_2'' - p_a) A_K/2$ nach Gl. (149.2). Bei der einfachwirkenden Pumpe gilt $F_{StOT} = (p_2'' - p_a) A_K$ nach Gl. (148.3), bei der doppeltwirkenden, wenn $A_K \gg A_{St}$ ist, $F_{StOT} \approx (p_2'' - p_1') A_K \approx (p_2'' - p_a) A_K$ nach Gl. (149.1). Die Differentialpumpe (142.1f) hat also etwa die halben Gestängekräfte und damit kleinere Triebwerke. Ihre Nachteile sind aber der große konstruktive Aufwand gegenüber der einfachwirkenden Pumpe (142.1c) und etwa der halbe Förderstrom der doppeltwirkenden Pumpe (142.1d). Dieser beträgt bei der Differentialpumpe pro Zylinder $\dot{V}_f = \lambda_L A_K s n$, da nur der Arbeitsraum der Deckelseite Ventile zum Saugen und Fördern besitzt.

Saugfähigkeit. Die Saughöhe einer Pumpe wird dadurch begrenzt, daß keine Kavitation (s. Abschn. 1.2.5.2) entstehen darf, um Zerstörungen in der Pumpe zu vermeiden. Der kleinste Druck auf der Saugseite der Anlage, der meist an der Kolbenoberfläche auftritt, muß also größer als der Siededruck p_S (31.1) der Flüssigkeit sein. Die zulässige Saughöhe (150.1) folgt dann aus Gl. (148.1) mit $p_{1min}' = p_S$

$$h_{1zul} = \frac{p_1 - p_S}{\varrho g} - \zeta_{ges1} \frac{c_{red1}^2}{2g} - \frac{\Delta p_{Vö1}}{\varrho g} - \frac{r\omega^2}{g}(1+\lambda) L_{redS1} = \frac{p_1 - p_S}{\varrho g} - \frac{\Delta p_{A1max}}{\varrho g} \tag{149.5}$$

Der Strömungsverlust beim Ansaugen Δp_{A1max} ist nach Gl. (146.2) vom Druck und bei kleinen Geschwindigkeiten ($c_1 < 1\,\text{m/s}$) auch nahezu von der Saughöhe unabhängig. Saugt eine Pumpe Wasser mit der Raumtemperatur (20 °C) aus einem Brunnen, so ist $p_1 = p_a$ und $p_S \ll p_a$. Für $p_a = 0,981$ bar hat die verlustlose Pumpe die Saughöhe 10 m. Diese liegt bei einer gut konstruierten Pumpe, für die $\Delta p_{A1max} \approx 0,15$ bis 0,2 bar ist, bei ≈ 8 bis 8,5 m.

Eine Zulaufhöhe (150.1) ist notwendig, wenn in Gl. (149.5) $p_S + \Delta p_{A1max} > p_1$ wird. Der Saugbehälter muß dann höher als die Pumpe stehen. Dies ist z. B. bei Kesselspeisepumpen notwendig, die stark vorgewärmtes Speisewasser mit einem hohen Siededruck ansaugen. Dann wird in Gl. (149.5) h_{1zul} negativ und stellt die kleinste Zulaufhöhe dar. Ausgeführte Anlagen erhalten um 0,5 bis 1 m kleinere bzw. größere Saug- oder Zulaufhöhen als Gl. (149.5) ergibt, da die Widerstandsbeiwerte durch rostende und rauher werdende Rohre mit der Betriebsdauer ansteigen.

Beispiel 14. Eine doppeltwirkende Pumpe (142.1d) mit Zylinderdurchmesser $D = 125\,\text{mm}$, Hub $s = 115\,\text{mm}$, Stangendurchmesser $d = 25\,\text{mm}$, Schubstangenverhältnis $\lambda = 1/5$ und Doppelhubzahl $n = 60\,\text{min}^{-1}$ saugt Wasser von 20 °C aus einem Brunnen. Die Saugleitung hat die lichte Weite $D_1 = 70\,\text{mm}$ und die Rauhigkeit $k = 0,2\,\text{mm}$. Für ihre Länge sei $L_1 = 8\,\text{m}$ angenommen. Eingebaut sind ein

Krümmer und ein Fußventil mit den Widerstandszahlen $\zeta_{Kr} = 0{,}23$ und $\zeta_F = 2{,}5$. Der Druckverlust beim Öffnen des Saugventils und die reduzierte Länge des Saugstutzens nach Gl.(54.4) betragen $\Delta p_{V\ddot{o}1} = 0{,}12$ bar und $L_{redS1} = 35\,cm$.

Gesucht ist die größte Saughöhe beim Luftdruck $p_a = 1{,}03$ bar.

Für die zulässige Saughöhe gilt nach Gl. (149.5)

$$h_{1zul} = \frac{p_1 - p_S}{\varrho\,g} - \zeta_{ges1}\frac{c_{red1}^2}{2g} - \frac{\Delta p_{V\ddot{o}1}}{\varrho\,g} - \frac{r\,\omega^2}{g}(1 + \lambda)L_{redS1} = \frac{p_1 - p_S - \Delta p_{A1max}}{\varrho\,g}$$

Reibungsverluste. Mit dem Hubvolumen

$$V_H = \frac{\pi}{4}(2D^2 - d^2)s = \frac{\pi}{4}(2\cdot 12{,}5^2 - 2{,}5^2)\,cm^2 \cdot 11{,}5\,cm = 2760\,cm^3$$

und $n = 1\,s^{-1}$ wird der theoretische Förderstrom $\dot{V}_{th} = V_H n = 2{,}76 \cdot 10^3\,cm^3/s$. Hieraus folgt mit dem Rohrquerschnitt $A_1 = \pi D_1^2/4 = \pi 7^2\,cm^2/4 = 38{,}5\,cm^2$ und der kinematischen Zähigkeit $v = 1{,}02 \cdot 10^{-2}\,cm^2/s$ des Wassers bei 20 °C die Geschwindigkeit und die Reynolds-Zahl nach Gl.(52.3) und (53.1)

$$c_1 = \frac{\dot{V}_{th}}{A_1} = \frac{2{,}76 \cdot 10^3\,cm^3/s}{38{,}5\,cm^2} = 72\,cm/s \qquad Re = \frac{c\,D}{v} = \frac{72\,cm/s}{1{,}02 \cdot 10^{-2}\,cm^2/s}\,7\,cm = 4{,}9 \cdot 10^4$$

Die Rohrreibungszahl beträgt für $D_1/k = 70\,mm/0{,}2\,mm = 350$ nach dem Colebrook-Diagramm (52.1) $\lambda = 0{,}029$. Bei einer Rohrlänge von $L_1 = 8\,m$ werden nach Gl.(52.2) die Widerstandsbeiwerte $\zeta_1 = \lambda_1 L_1/D_1 = 0{,}029 \cdot 8\,m/0{,}07\,m = 3{,}31$ und $\zeta_{ges1} = \zeta_1 + \zeta_F + \zeta_{Kr} = 3{,}31 + 2{,}5 + 0{,}23 = 6{,}04$. Der Rohrreibungsverlust beträgt dann nach Gl.(145.1) bei der Dichte des Wassers $\varrho = 10^{-3}\,kg/cm^3$ und mit $1\,kg/(cm\,s^2) = 1\,mbar = 100\,Pa$

$$\Delta p_{R1} = \varrho\,\zeta_{ges1}\frac{c_1^2}{2} = 10^{-3}\,\frac{kg}{cm^3} \cdot 6{,}04 \cdot \frac{72^2}{2}\,\frac{cm^2}{s^2} = 15{,}7\,\frac{kg}{cm\,s^2} = 1570\,Pa$$

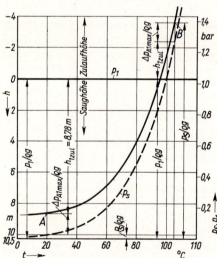

Beschleunigungsverluste. Der Kurbelradius und die Winkelgeschwindigkeit sind $r = s/2 = 5{,}75\,cm$ und $\omega = 2\pi n = 2\pi 1\,s^{-1} = 6{,}28\,s^{-1}$. Damit wird nach Gl.(145.4) die Kolbenbeschleunigung im OT

$a_{KOT} = r\omega^2(1 + \lambda) = 5{,}75\,cm \cdot 6{,}28^2\,s^2(1 + 1/5) = 272\,cm/s^2$ und mit Gl.(145.3)

$$\Delta p_{a1} = \varrho\,a_{KOT}\,L_{redS1}$$
$$= 10^{-3}\,\frac{kg}{cm^3} \cdot 272\,\frac{cm}{s^2}\,35\,cm$$
$$= 9{,}5\,\frac{kg}{cm\,s^2} = 950\,Pa$$

Zulässige Saughöhe (150.1). Sie ergibt sich nach Gl.(149.5) aus dem Gesamtverlust

$$\Delta p_{A1max} = \Delta p_{R1} + \Delta p_{V\ddot{o}1} + \Delta p_{a1} =$$
$$(1570 + 12000 + 950)\,Pa = 14520\,Pa$$

Mit dem Siededruck des Wassers $p_S = 2350\,Pa$ bei 20 °C, mit $p_1 = p_a = 103000\,Pa$ und mit $1\,Pa = 1\,N/m^2 = 1\,kg/(m\,s^2)$ folgt

150.1 Saug- und Zulaufhöhe als Funktion der Wassertemperatur nach Gl.(149.5)
$p_1 = 1{,}03$ bar $\Delta p_{A1max} = 0{,}1451$ bar
Punkt A: Saughöhe bei $t = 20$ °C
Punkt B: Zulaufhöhe bei $t = 105$ °C

$$h_{1\,\text{zul}} = \frac{p_1 - p_S - \Delta p_{A1\,\text{max}}}{\varrho\,g} = \frac{(103\,000 - 2350 - 14\,520)\,\dfrac{\text{kg}}{\text{m s}^2}}{9,81\,\dfrac{\text{m}}{\text{s}^2}\,1000\,\dfrac{\text{kg}}{\text{m}^3}} = 8,78\,\text{m}$$

Größte Saughöhe. Sie beträgt für den Abnahmeversuch bzw. den Betrieb $h_{1\,\text{max}} = 8,5$ bzw. 8 m. Sie ist relativ groß, da infolge der niedrigen Wassertemperatur der Siededruck gering ist und die Verluste klein sind. Für die Rohrreibung gehen in der Saugleitung, die mit $c_1 = 0,72$ m/s reichlich bemessen ist, nur $h_{R1} = \Delta p_{R1}/\varrho g = 16$ cm an Saughöhe verloren. Für 8 m gerade Leitung beträgt dieser Verlust dann nur $h_R = h_{R1}\,\zeta_1/\zeta_{\text{ges}1} = 16$ cm $\cdot\, 3,31/6,04 = 8,8$ cm oder $\approx 1\%$ der Saughöhe. Änderungen und Schätzungsfehler der Rohrlänge L_1 sind also bei genügend großen Querschnitten ohne Bedeutung, und der Gesamtverlust $\Delta p_{A1\,\text{max}}$ ist von der Saughöhe praktisch unabhängig. Bei engen Leitungen werden die Verluste wesentlich größer. Wird z. B. für die lichte Weite $D_1' = D_1/2$ gewählt, so ergibt sich, da bei Vernachlässigung der geringen Änderung des λ-Wertes, $\zeta' = 2\zeta$ und $c_1'^2 = c_1^2 (D_1/D_1')^4 = 16\,c_1^2$ ist, für die gerade Leitung $h_{R1}' = 32\,h_{R1} = 32 \cdot 8,8$ cm $= 2,82$ m nach Gl. (145.1).

Der Beschleunigungsverlust verringert die Saughöhe ebenfalls nur wenig, nämlich um $h_{a1} = \Delta p_{a1}/\varrho = 10$ cm im OT. Den größten Einfluß hat der Ventilverlust, durch den $h_{V\ddot{o}1} = 122$ cm verlorengehen.

2.3 Arbeiten, Leistungen und Wirkungsgrade

2.3.1 Spezifische Arbeiten

Sie stellen die zeitlichen Mittelwerte der Energien je Arbeitsspiel dar und sind auf die Masseneinheit bezogen. Da sie der Pumpe stets zugeführt werden, ist es üblich, ihre Absolutwerte nach Abschn. 1.2.6.2 ohne Betragszeichen anzugeben.

Indizierte Arbeit wird im Zylinder vom Kolben auf die Flüssigkeit übertragen. Mit dem indizierten Druck $p_i = p_2'' - p_1'$ oder aus Gl. (27.2) mit $h = h_S + h_D$ und $c_1 = c_2 = 0$ folgt dann für die Absolutwerte

$$w_i = \frac{p_i}{\varrho} = \frac{p_2'' - p_1'}{\varrho} = \frac{p_2 - p_1}{\varrho} + g\,h + w_R \tag{151.1}$$

Die Differenz der mittleren Zylinderdrücke p_2'' und p_1' für das Ansaugen und Ausschieben ist nur bei gasfreien und inkompressiblen Flüssigkeiten einzusetzen.

Pumpen- und Nutzarbeit entsprechen der von der Flüssigkeit zwischen den Windkesseln bzw. den Behältern aufgenommenen Energie und betragen

$$w_P = \frac{p_{2\text{w}} - p_{1\text{w}}}{\varrho} + g\,h_{\text{w}} \tag{151.2}$$

$$w_n = \frac{p_2 - p_1}{\varrho} + g\,h \tag{151.3}$$

Das erste bzw. zweite Glied stellt dabei die zur Vergrößerung des Druckes und der Höhe notwendige Arbeit dar.

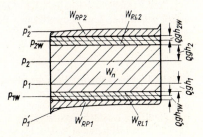

151.1 Die Arbeiten der Pumpe im Indikatordiagramm

Die Reibungsarbeit ist $w_R = w_{RL} + w_{RP}$. Mit den Anteilen $w_{RL} = \Delta p_R/\varrho$ der Leitungen und $w_{RP} = (\Delta p_{RS} + \Delta p_V)/\varrho$ der Stutzen und Ventile gilt dann

$$w_P = w_n + w_{RL} \qquad\qquad w_i = w_P + w_{RP} = w_n + w_{RL} + w_{RP} \qquad \text{(152.1) und (152.2)}$$

Mittlere Beschleunigungsverluste sind nach dem Energiesatz nicht vorhanden, da die Geschwindigkeiten in den Stutzen und Zylindern zu Beginn und Ende des Saugens und Förderns, also in den Totpunkten, Null sind. Die Arbeiten pro Doppelhub sind im Indikatordiagramm (**151**.1) dargestellt.

2.3.2 Leistungen und Wirkungsgrade

Indizierte, Pumpen- und Nutzleistung. Mit den Gl. (151.1), (152.1) und (152.2) folgt

$$P_i = \dot{m}_{th} w_i = \dot{V}_H p_i = p_i V_H n \qquad (152.3)$$

$$P_P = \dot{m}_f w_P = \lambda_L V_H n (p_{2W} - p_{1W} + \varrho g h_W) \qquad (152.4)$$

$$P_n = \dot{m}_f w_n = \lambda_L V_H n (p_2 - p_1 + \varrho g h) \qquad (152.5)$$

Bei der Pumpen- und Nutzleistung wird nur die dem Verbraucher in der Flüssigkeit zugeführte Leistung betrachtet, also mit dem Förderstrom $\dot{m}_f$ gerechnet. Die Nutzleistung gilt als Leistung der idealen Pumpe, es ist also $P_n = P_{id}$.

Hydraulische Wirkungsgrade dienen zur Beurteilung der Verluste in der Anlage, der Pumpe und der Rohrleitung und betragen

$$\eta_{hA} = \frac{w_n}{w_i} = \frac{w_n}{w_n + w_{RL} + w_{RP}} \qquad \eta_{hP} = \frac{w_P}{w_i} = \frac{w_P}{w_P + w_{RP}} \qquad \text{(152.6) und (152.7)}$$

$$\eta_{hR} = \frac{w_n}{w_P} = \frac{w_n}{w_n + w_{RL}} \qquad (152.8)$$

Hierbei ist $\eta_{hA} = \eta_{hP} \eta_{hR}$, wie sich durch Multiplizieren der Gl. (152.7) und (152.8) ergibt.

Gütegrade und mechanischer Wirkungsgrad. Hierfür gilt nach Gl. (60.6) bis (60.8) mit $P_{id} = P_n$

$$\eta_{ge} = P_n/P_e \qquad\qquad \eta_{gi} = P_n/P_i \qquad\qquad \eta_m = P_i/P_e \qquad \text{(152.9) bis (152.11)}$$

Im hieraus folgenden Gütegrad $\eta_{ge} = \eta_{gi} \eta_m$ sind die Leistungsverluste der Anlage einschließlich dem Triebwerk enthalten. Der Gütegrad $\eta_{gi} = P_n/P_i = \dot{m}_f w_n/(\dot{m}_{th} w_i) = \lambda_L w_n/w_i = \lambda_L \eta_{hA}$ erfaßt gegenüber dem hydraulischen Wirkungsgrad η_{hA} noch die Leckverluste. Hieraus folgt mit Gl. (152.6) und (152.7)

$$\eta_{ge} = \lambda_L \eta_{hA} \eta_m = \lambda_L \eta_{hP} \eta_{hR} \eta_m$$

Beispiel 15. Eine Differentialpumpe ist zur Förderung von $\dot{V}_f = 26\ \mathrm{m^3/h}$ Wasser aus einem Brunnen in einen offenen Behälter mit dem Höhenunterschied von $h = 160\ \mathrm{m}$ auszulegen. Vorhandene Triebwerke für die Drehzahl $n = 300\ \mathrm{min^{-1}}$ und die Gestängekraft $F_{St} = 6000\ \mathrm{N}$ sind zu verwenden. Aus ähnlichen Ausführungen ergaben sich folgende Kenngrößen: Mittlere Kolbengeschwindigkeit $c_m = 0{,}9\ \mathrm{m/s}$, Liefergrad $\lambda_L = 0{,}95$, hydraulischer Wirkungsgrad der Anlage $\eta_{hA} = 0{,}85$, mechanischer Wirkungsgrad $\eta_m = 0{,}88$. Für den Zylindersaug- und Luftdruck werden $p_1' = 0{,}5\ \mathrm{bar}$ und $p_a = 1\ \mathrm{bar}$ angenommen.

Gesucht sind Zylinderzahl, Durchmesser der Kolben und Stangen, Hub und Kupplungsleistung.

Zylinderdruck. Für die spezifische Nutzarbeit folgt aus Gl.(151.3), da $p_1 = p_2 = p_a$ ist, $w_n = g\,h$. Mit der Dichte des Wassers $\varrho = 1000\,\text{kg/m}^3$ und mit 1 bar $= 10^5\,\text{Pa} = 10^5\,\text{kg/(m s}^2)$ ergibt sich dann aus Gl.(151.1) und (152.6) der indizierte Druck

$$p_i = w_i \varrho = \frac{w_n \varrho}{\eta_{hA}} = \frac{\varrho\,g\,h}{\eta_{hA}} = 1000\,\frac{\text{kg}}{\text{m}^3} \cdot 9{,}81\,\frac{\text{m}}{\text{s}^2} \cdot \frac{160\,\text{m}}{0{,}85} = 18{,}5 \cdot 10^5\,\frac{\text{kg}}{\text{m s}^2} = 18{,}5\,\text{bar}$$

Hiermit ist nach Gl.(151.1) $p_2'' = p_i + p_1' = (18{,}5 + 0{,}5)\,\text{bar} = 19{,}0\,\text{bar}$

Abmessungen. Das Gesamtvolumen und der Hub betragen nach Gl.(144.1) und (17.6)

$$V_H = \frac{\dot{V}_f}{\lambda_L\,n} = \frac{26 \cdot 10^6\,\text{cm}^3/\text{h}}{0{,}95 \cdot 300\,\text{min}^{-1} \cdot 60\,\text{min/h}} = 1520\,\text{cm}^3$$

$$s = \frac{c_m}{2\,n} = \frac{90\,\text{cm/s}}{2 \cdot 300\,\text{min}^{-1}}\,60\,\text{s/min} = 9\,\text{cm}$$

Für $z = 1$ Zylinder ergibt sich nach Gl.(17.1) eine Kolbenfläche

$$A_{K1} = V_h/s = 1520\,\text{cm}^3/9\,\text{cm} = 169\,\text{cm}^2$$

Die Gestängekraft folgt dann aus Gl.(149.2), nach deren Erläuterung der Stangenquerschnitt $A_{St1} \approx A_{K1}/2 = 84{,}5\,\text{cm}^2$ wird,

$$F_{StOT1} = (p_2'' - p_a)A_{St1} = (19{,}0 - 1{,}0)\,\text{bar} \cdot 84{,}5\,\text{cm}^2 \cdot 10\,\text{N cm}^{-2}/\text{bar} = 15\,200\,\text{N}$$

ist also zur Deckelseite gerichtet. Die Zylinderzahl beträgt also $z = F_{StOT1}/F_{St} = 15\,200\,\text{N}/6000\,\text{N}$ $= 2{,}53$ in der Ausführung $z = 3$. Die zulässige Gestängekraft wird dabei nicht überschritten, da der berechnete Wert für z kleiner als der ausgeführte ist.

Die Kolben- und die Stangendurchmesser betragen dann, da $A_K = A_{K1}/z = 56{,}4\,\text{cm}^2$ und $A_{St} = A_{St1}/z = 28{,}2\,\text{cm}^2$ ist, $D = 85\,\text{mm}$ und $d = 60\,\text{mm}$. Die tatsächlichen Gestängekräfte ergeben sich damit aus Gl.(149.2) und aus Gl.(149.3) mit $A_K = 2\,A_{St}$ und 1 bar $= 10\,\text{N/cm}^2$

$$F_{StOT} = (p_2'' - p_a)A_{St} = (19{,}0 - 1{,}0)\,\text{bar} \cdot 28{,}2\,\text{cm}^2 \cdot 10\,\text{N cm}^{-2}/\text{bar} = 5070\,\text{N}$$

$$F_{StUT} = -(p_2'' - 2\,p_1' + p_a)A_{St} = -(19{,}0 - 2 \cdot 0{,}5 + 1{,}0)\,\text{bar} \cdot 28{,}2\,\text{cm}^2 \cdot 10\,\text{N cm}^{-2}/\text{bar} = -5360\,\text{N}$$

Kupplungsleistung. Für die indizierte Leistung gilt nach Gl.(152.3) mit 1 kW $= 10^3\,\text{kg m}^2/\text{s}^3$

$$P_i = p_i \dot{V}_H = \frac{p_i \dot{V}_f}{\lambda_L} = 1{,}85 \cdot 10^6\,\frac{\text{kg}}{\text{m m}^2} \cdot \frac{26\,\text{m}^3/\text{h}}{0{,}95 \cdot 3600\,\text{s/h}} = 1{,}41 \cdot 10^4\,\text{kg m}^2/\text{s}^3 = 14{,}1\,\text{kW}$$

Aus Gl.(152.11) folgt dann $P_e = P_i/\eta_m = 14{,}1\,\text{kW}/0{,}88 = 16\,\text{kW}$

2.4   Windkessel

Hier treten Druck- und Volumenänderungen (154.1a) $\Delta p = p_{max} - p_{min}$ und $\Delta V = V_{max} - V_{min}$ auf. Sie sind für die Luft und die Flüssigkeit – wie auch der Druck an ihrer Trennfläche – gleich. Verläuft die Zustandsänderung der Luft isothermisch, so wird nach Gl.(45.7) $V_{max}\,p_{min} = V_{min}\,p_{max}$. Nach Einführung der Mittelwerte V_m und p_m ergibt sich hieraus angenähert, wenn Δp und ΔV klein sind,

$$(V_m + \Delta V/2)(p_m - \Delta p/2) \approx (V_m - \Delta V/2)(p_m + \Delta p/2) \quad \text{oder} \quad \Delta p \approx p_m \frac{\Delta V}{V_m} \quad (153.1)$$

Um Beschleunigungsverluste in den Leitungen zu vermeiden, sind die Druckschwankungen klein zu halten. Nach Gl.(153.1) muß dann das mittlere Luftvolumen V_m des Kessels groß, sein Wasserstand also niedrig und die Volumenänderung ΔV – das fluktuierende Flüssigkeitsvolumen – möglichst klein sein.

2.4.1 Berechnung der fluktuierenden Flüssigkeitsvolumen

Pumpe mit einem Zylinder. Die Volumenströme, die dem Saugwindkessel (**154.**1 a) zu- bzw. abfließen, betragen $\dot{V}_{zu1} = \dot{V}_H = A_K s n$ und $\dot{V}_{ab1} = A_K c_K$. Mit $s = 2r$ und $n = \omega/2\pi$ nach Gl.(17.4) sowie mit $c_K = r\omega\sin\varphi$, die für eine unendlich lange Schubstange exakt gilt, folgt dann $\dot{V}_{zu1} = A_K r\omega/\pi$ und $\dot{V}_{ab1} = A_K r\omega\sin\varphi$. Als Funktion des Kurbelwinkels φ (**154.**1 c) wird $\dot{V}_{ab1}$ durch die Projektion eines mit der Kurbel umlaufenden Zeigers mit der Länge $A_K r\omega$ auf eine Senkrechte zur Zylindermittellinie dargestellt.

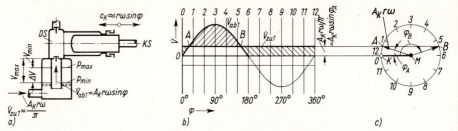

154.1 Fluktuierende Flüssigkeitsvolumen ΔV einer einfachwirkenden Pumpe mit einem Zylinder
a) Anordnung,   b) Liniendiagramm (ΔV schraffiert),   c) Kreisdiagramm

Pumpe mit z Zylindern. Hier addieren sich die Volumenströme, und es gilt, wenn alle Arbeitsräume mit einem Windkessel verbunden sind,

$$\dot{V}_{zu} = \frac{z A_K r \omega}{\pi} \qquad \dot{V}_{ab} = A_K r \omega \sum_{k=1}^{z} \sin\varphi_k \qquad \text{(154.1) und (154.2)}$$

Die Summe bezieht sich auf die Zylinder, die gerade am Saugvorgang beteiligt sind. In den Punkten A und B (**154.**1) ist $\dot{V}_{zu} = \dot{V}_{ab}$. Die Flüssigkeit, die mit konstanter Geschwindigkeit von der Saugleitung in den Windkessel fließt, erhöht dort von B nach A den Stand, der von A nach B infolge der Entnahme durch den Kolben verringert wird. Die zwischen diesen Punkten zu- bzw. abgeführten Volumina – in Bild **154.**1 und **155.**1 nach links bzw. rechts ansteigend schraffiert – sind gleich und entsprechen dem fluktuierenden Flüssigkeitsvolumen. Sie betragen nach Gl.(154.1) und (154.2) mit $dt = d\varphi/\omega$

$$\Delta V = \int_{t_A}^{t_B} (\dot{V}_{ab} - \dot{V}_{zu})\,dt = A_K r \int_{\varphi_A}^{\varphi_B} \left(\sum_{k=1}^{z} \sin\varphi_k - \frac{z}{\pi}\right)d\varphi \qquad (154.3)$$

Die Winkel φ_A und φ_B, bei denen die Punkte A und B liegen, folgen nach Gl.(154.1) und (154.2) mit $\dot{V}_{ab} = \dot{V}_{zu}$ aus

$$\sum_{k=1}^{z} \sin\varphi_k = \frac{z}{\pi} \qquad (154.4)$$

Bei Druckwindkesseln (dünn ausgezogene Linien in Bild **154.**1 und **155.**1) sind die zu- und abfließenden Ströme vertauscht. Da die Zufuhr beim Druckvorgang erfolgt, ist $180° \leqq \varphi_k \leqq 360°$.

Ausgewählte Maschinen

Einfachwirkende Pumpe mit einem Zylinder (**155.**1a). Hier ist $z = 1$, also $\sum \sin\varphi_k = \sin\varphi_1$. Die zu- und abgeführten Volumenströme sind dann nach Gl. (154.4) für $\sin\varphi_1 = 1/\pi$, also bei $\varphi_A = 18,55°$ und $\varphi_B = 180° - \varphi_A = 161,45°$ gleich. Damit beträgt das fluktuierende Flüssigkeitsvolumen nach Gl. (154.3)

$$\Delta V = A_K r \int\limits_{18,55°}^{161,45°} \left(\sin\varphi_1 - \frac{1}{\pi}\right) d\varphi_1 = A_K r \left| -\cos\varphi_1 - \frac{\varphi_1}{\pi} \right|_{18,55°}^{161,45°} = 1,1\, A_K r = 0,55\, V_h$$

Einfachwirkende Pumpe mit drei Zylindern und $120°$ Kurbelversatz (**155.**1b). Für $60° \leq \varphi_1 \leq 120°$, wobei der Kolben *K1* allein ansaugt, ist $\sum \sin\varphi_k = \sin\varphi_1$. Mit $z = 3$ folgt aus Gl. (154.4) $\sin\varphi_1 = 3/\pi$ bzw. $\varphi_{1A} = 72,5°$ und $\varphi_{1B} = 107,5°$. Damit ergibt Gl. (154.3)

$$\Delta V = A_K r \int\limits_{72,5°}^{107,5°} (\sin\varphi_1 - 3/\pi)\, d\varphi_1 = 0,009\, A_K s$$

Hier sind die fluktuierenden Volumina und die Druckschwankungen so klein, daß auf die Windkessel verzichtet werden kann.

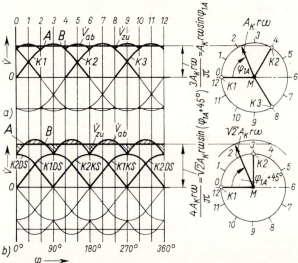

155.1
Fluktuierende Flüssigkeitsvolumen (ΔV schraffiert)

a) einfachwirkende Pumpe mit drei Zylindern

b) doppeltwirkende Pumpe mit zwei Zylindern

Doppeltwirkende Pumpe mit zwei Zylindern und $90°$ Kurbelversatz (**155.**1b). Bei Vernachlässigung der Kolbenstangen sind die $z = 4$ Kolbenflächen gleich. Bei $0° \leq \varphi \leq 90°$ saugen die Kolben *K1DS* und *K2DS* der Deckelseite *DS* an. Da ihre Kurbeln *K1* und *K2* um $90°$ versetzt sind, wird $\sum \sin\varphi_K = \sin\varphi_1 + \sin\varphi_2 = \sin\varphi_1 + \sin(\varphi_1 + 90°) = \sqrt{2}\sin(\varphi_1 + 45°)$. Damit ergibt Gl. (154.4) $\sqrt{2}\sin(\varphi_1 + 45°) = 4/\pi$ bzw. $\varphi_{1A} = 19,5°$ und $\varphi_{1B} = 70,5°$. Mit Gl. (154.3) folgt

$$\Delta V = A_K r \int\limits_{19,5°}^{70,5°} [\sqrt{2}\sin(\varphi_1 + 45°) - 4/\pi]\, d\varphi_1 = 0,042\, A_K s$$

2.4.2 Schwingungen der Flüssigkeitssäule und Ungleichförmigkeitsgrad

Die Luft im Windkessel und die in der Rohrleitung befindliche Flüssigkeit (**156.**1a) bilden wie eine Feder-Masse-Anordnung (**156.**1b) einen ungedämpften Schwinger. Stimmen seine Eigenfrequenz und die erregende Frequenz der Pumpe überein, dann tritt Resonanz auf. Dabei entstehen große Druckschwankungen, die die Anlage stark erschüttern.

Freie Schwingung. Sind c die Federsteife und m die bewegte Masse, so gilt für die Eigenfrequenz [16]

$$\omega_e = \sqrt{c/m} \tag{156.1}$$

Die Masse beträgt, da bei vernachlässigbar kleiner Füllung des Windkessels nur die Flüssigkeit der Dichte ϱ im Rohr mit dem Querschnitt A_R und der Länge L_R betrachtet wird,

$$m = \varrho\, A_R L_R \tag{156.2}$$

Die Federsteife (156.1b) ist das Verhältnis $c = \Delta F/\Delta L$. $\Delta F = \Delta p\, A_R$ bedeutet die Kraft, die die Verschiebung ΔL der Flüssigkeit bewirkt. Für die Druckschwankung ergibt sich nach Gl.(153.1) $\Delta p \approx p_m \Delta V/V_m$, wobei die Volumenänderung $\Delta V = A_R \Delta L$ für die Flüssigkeit und die Luft gleich ist. Damit folgt $\Delta p \approx A_R \Delta L\, p_m/V_m$ und $\Delta F = \Delta p\, A_R \approx p_m A_R^2 \Delta L/V_m$. Die Federsteife ist dann

$$c = \frac{\Delta F}{\Delta L} \approx \frac{p_m A_R^2}{V_m} \tag{156.3}$$

Die Eigenfrequenz wird mit Gl. (156.1), (156.2) und (156.3)

$$\omega_e = \sqrt{\frac{c}{m}} \approx \sqrt{\frac{p_m A_R}{\varrho\, L_R V_m}} \tag{156.4}$$

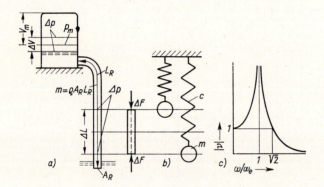

156.1
Schwingungen in einer Rohrleitung

a) Windkessel mit Leitung
b) mechanisches Ersatzsystem
c) Vergrößerungsfunktion

Erzwungene Schwingung. Die Erregerfrequenz für die Flüssigkeit infolge der Kolbenbewegung folgt aus

$$\omega = 2\pi i$$

i bedeutet die Anzahl der Impulse pro Zeiteinheit beim Saug- bzw. Druckvorgang, die von der Drehzahl n, der Zylinderzahl und -anordnung sowie vom Kurbelversatz abhängt. So ist z. B. für die Pumpen (154.1, 155.1a, b) $i = n, 3n$ bzw. $4n$.

Die Vergrößerungsfunktion (156.1c), die die Veränderung der Amplituden der Druck- und Volumenschwankungen angibt, beträgt nach [16]

$$|v| = \frac{1}{1 - (\omega/\omega_e)^2} \tag{156.5}$$

Für $\omega = \omega_e$ wird hiernach v unendlich groß und es entsteht Resonanz.

Ungleichförmigkeitsgrad. Er stellt die auf den mittleren Druck bezogenen Druckschwankungen in den Windkesseln dar und ergibt sich aus den Gl. (153.1) und (156.5)

$$\delta = \frac{|v|\Delta p}{p_m} \approx \frac{\Delta V}{V_m[1 - (\omega/\omega_e)^2]} \tag{156.6}$$

Anhaltswerte sind für Saugwindkessel $\approx 1/10$ bis $1/20$, für Druckwindkessel $\approx 1/20$ bis $1/100$.

2.5   Ausgewählte Bauteile

In diesem Abschnitt werden einige für Pumpen typische, von anderen Kolbenmaschinen abweichende Konstruktionselemente, und zwar Stopfbuchsen, Kolben und Ventile behandelt.

2.5.1   Stopfbuchsen

Sie dichten den Arbeitsraum an den Kolbenstangen oder den Plungerkolben gegen das Eindringen von Luft beim Saughub und gegen das Austreten der Flüssigkeit beim Druckhub ab. Bei heißen Fördermedien werden sie zur Abführung der Reibungswärme mit Wasser gekühlt. Ihre Hauptteile (157.1a) sind: das Gehäuse *1* mit der von der Brille *2* angezogenen Packung *3* und die Grundbuchse *4* zur Führung der Stange. Hinzu kommen der Kühlmantel *5* und die Mulde *6* mit dem Leckwasserabfluß *7*.

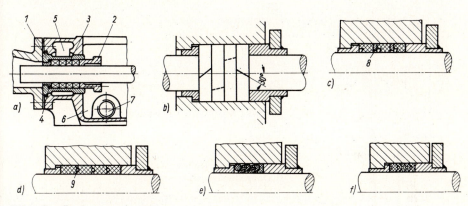

157.1   Stopfbuchsenanordnungen
  a) Abdichtung des Plungerkolbens einer Kesselspeisepumpe [KSB],
  b) bis e) Gewebepackungen [Merkel]

Die Packungen erhalten Ringe aus Gewebe oder Metall zum Abdichten der Trennfugen und der bewegten Teile, die genau rund, sauber bearbeitet und exakt geradlinig geführt sein müssen. Bei Gewebepackungen (157.1 b, c) werden die Ringe aus mit Fett oder Graphit imprägnierten Schnüren (157.1b) zurechtgeschnitten oder zur Verminderung der Reibung als Ganzes vorgepreßt. Für hohe Drücke (über 50 bar) und größere Durchmesser sind Lippen- und V-Packungen (157.1 c, d) geeignet. Mit den Metallringen *8* in Bild **157.1** c wird die Reibungswärme bei großen Kolbengeschwindigkeiten abgeführt. Die V-förmigen Ringe und die Aussparungen (*9* in Bild **157.1** d) ermöglichen ein weites Nachspannen. Gegen kleinste Drücke dichten Lippenringe und Dachmanschetten (157.1 e, f) ab. Metallpackungen, die nur für reines Wasser brauchbar sind, werden als Kegelpackungen mit einteiligen kegeligen Ringen, als Federpackungen mit einteiligen Packungsringen und mehrteiligen, mit Federn an die Stange gedrückten Dichtringen ausgeführt [34].

2.5.2   Kolben

Ihre Aufgabe ist das Ansaugen und Ausschieben der Flüssigkeit und das Abdichten des Arbeitsraumes. Sie werden aus Gußeisen, Bronze oder Stahl hergestellt. Ihre Form (**142.1**, **158.1**) hängt hauptsächlich von den verwendeten Dichtelementen ab.

Plungerkolben (**158.**1 a) haben glatte Mäntel. Die Abdichtung übernimmt eine Stopfbuchse, die hohe Drücke zuläßt. Sie ermöglicht ein Nachdichten ohne Ausbau des Kolbens und führt diesen in der Grundbuchse. Die Reibung ist aber bedeutend, und die Kolben sind wegen ihrer großen Länge, die sich aus dem Hub und der Breite von Packung und Grundbuchse ergibt, recht schwer. Der einfachste Plungerkolben ist die verlängerte Kolbenstange (**157.**1 a).

Scheibenkolben nehmen die Dichtelemente am Umfang auf und laufen in Zylinderbuchsen. Ein - teilige K o l b e n (**158.**1 b) bedingen die üblichen geschlitzten Kolbenringe aus Grauguß oder Bronze. Sie sind aber nur für Flüssigkeiten ohne schleifende Beimengungen geeignet. G e b a u t e K o l b e n (**158.**1 c bis e) werden bei ungeteilten Dichtelementen benötigt. Hierfür gibt es Ringe aus Stahl oder Bronze, aus Kunststoffen und Geweben – ähnlich wie bei den Stopfbuchsen – und Manschetten aus Gummi oder Leder. Für sandhaltiges Wasser werden Ledermanschetten (**158.**1 c) und für Kessel - speisewasser Canvasringe (**158.**1 d) oder Nutringmanschetten (**158.**1 e) verwendet. E i n f a c h e S c h e i b e n mit aufvulkanisierten Doppeltopfmanschetten (**158.**1 f) sind bei Hauswasserpumpen üblich.

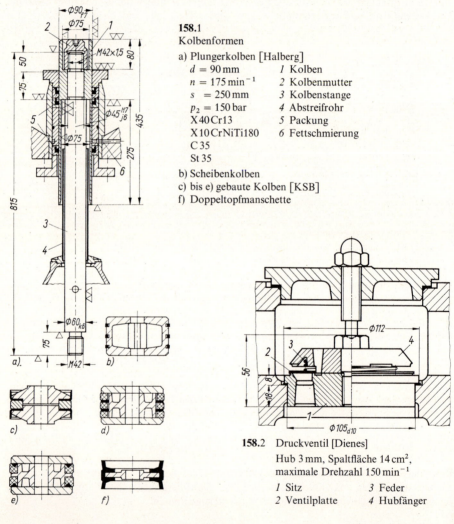

158.1
Kolbenformen

a) Plungerkolben [Halberg]

$d = 90\,\text{mm}$	1 Kolben
$n = 175\,\text{min}^{-1}$	2 Kolbenmutter
$s = 250\,\text{mm}$	3 Kolbenstange
$p_2 = 150\,\text{bar}$	4 Abstreifrohr
X 40 Cr 13	5 Packung
X 10 CrNiTi 180	6 Fettschmierung
C 35	
St 35	

b) Scheibenkolben

c) bis e) gebaute Kolben [KSB]

f) Doppeltopfmanschette

158.2 Druckventil [Dienes]

Hub 3 mm, Spaltfläche 14 cm², maximale Drehzahl 150 min⁻¹

1 Sitz	3 Feder
2 Ventilplatte	4 Hubfänger

2.5.3 Ventile

Sie steuern den Zu- und Abfluß des Mediums selbsttätig. Ihre Anordnung (**159**.1 a bis e) erfolgt paarweise, einzeln oder in Gruppen, wobei sie neben- oder übereinander liegen. Die beweglichen Dichtflächen bestehen aus rostfreiem Stahl, Phosphorbronze, Rotguß, Hartgummi oder Leder. Die zulässigen Flächenpressungen betragen 3000, 2000, 1500 bzw. 300 N/cm². Die Sitze werden aus Bronze sowie Grau- und Stahlguß hergestellt und erhalten meist ebene, gelegentlich aber auch kegelige Dichtflächen. Neben den üblichen Ringventilen (**158**.2) gibt es zahlreiche Sonderkonstruktionen (**159**.1), bei denen vom Eigengewicht und durch Federn belastete Ventile unterschieden werden. Außerdem bestehen für den Einlaß noch Schlitzsteuerungen (**166**.1), bei denen aber ein Teil des Hubes für die Förderung verlorengeht.

Durch Federn (**159**.1) sind Platten-, Teller-, Pilz- oder Kalottenventile belastet. Sie werden von Haltern, Körben bzw. Distanzstücken auf ihren Sitz gedrückt, und ihre Montage ist ohne Abbau der Rohrleitungen möglich. Gewichtsbelastet sind lediglich Kugelventile (**159**.1 d), die in Preßpumpen und bei zähen Medien verwendet werden. Um hierbei ein Festklemmen der Kugeln zu verhindern, muß ihr Sitzwinkel $\alpha < 90°$ sein.

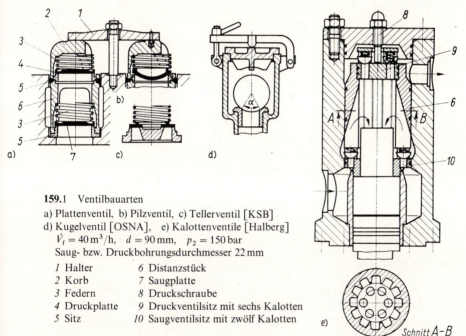

159.1 Ventilbauarten
a) Plattenventil, b) Pilzventil, c) Tellerventil [KSB]
d) Kugelventil [OSNA], e) Kalottenventile [Halberg]
$\dot{V}_f = 40\,\text{m}^3/\text{h}$, $d = 90\,\text{mm}$, $p_2 = 150\,\text{bar}$
Saug- bzw. Druckbohrungsdurchmesser 22 mm

1 Halter	*6* Distanzstück
2 Korb	*7* Saugplatte
3 Federn	*8* Druckschraube
4 Druckplatte	*9* Druckventilsitz mit sechs Kalotten
5 Sitz	*10* Saugventilsitz mit zwölf Kalotten

Berechnung. Bedeuten beim Ventil (**160**.1) G die Gewichtskraft des Tellers *1*, F die größte Kraft der Feder *2*, ζ_V der Reibungsbeiwert und c_V die größte Geschwindigkeit des Mediums der Dichte ϱ im Ventilsitz *3* mit dem Querschnitt A_V, so ergibt das Gleichgewicht am Ventilteller (**160**.1 b)

$$F + G = \zeta_V c_V^2 \varrho\, A_V/2 \tag{159.1}$$

Als Hilfsgrößen zur Berechnung dienen die aus Gl. (159.1) folgende spezifische Ventilbelastung und das Querschnittsverhältnis

$$w = \zeta_V \frac{c_V^2}{2} = \frac{F + G}{\varrho\, A_V} \qquad\qquad \varphi = \frac{A_s}{A_V} \tag{159.2 und 159.3}$$

Hierbei ist $A_S = \pi d h$ der Querschnitt des Ventilspaltes *4*, wenn d den Kanaldurchmesser und h den maximalen Ventilhub darstellt. Zum Entwurf wird zunächst die mittlere Geschwindigkeit c_{Vm} im Ventilsitz und der Ventilwiderstand $\Delta p_{V\ddot{o}}$ beim Öffnen gewählt. Damit ergeben sich die Hilfsgrößen w und φ aus dem Diagramm (**160.**2), das auf Erfahrungswerten aufgebaut ist. Dann ist h – je nach Ventilgröße – mit 5 bis 15 mm anzunehmen. Aus dem Volumenstrom $\dot{V} = A_V c_{Vm}$, der durch das Ventil fließt, folgt dann A_V, mit Gl. (159.3) $A_S = \varphi A_V$ und $d = A_S/(\pi h)$. Hiernach wird der Teller nach Berechnen der Sitzbreite aus der zulässigen Flächenpressung aufgezeichnet, G ermittelt und F nach Gl. (159.1) bestimmt.

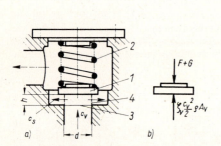

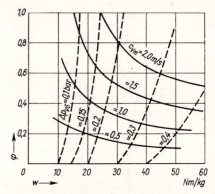

160.1 Druckventil (a) und Federteller mit Kräften (b)

160.2 Kennlinien zur Ventilberechnung (nach Bouché)

2.6 Aufstellung und Betrieb

Richtige Montage und Bedienung sind für ein einwandfreies Arbeiten und das Erreichen der erwarteten Lebensdauer einer Pumpe unerläßlich. Maßnahmen zur Vereinfachung und Vermeidung von Fehlern bei der Bedienung sind eine wichtige Aufgabe der Konstruktion. Der Hersteller liefert die für die Montage notwendigen Zeichnungen und Pläne sowie eine Vorschrift für den Betrieb.

2.6.1 Aufstellung

Sie erfolgt nach dem Fundament-, dem Rohrleitungs- und dem Schaltplan. Diese Zeichnungen (**161.**1) zeigen den Aufbau der Fundamente für die Pumpe *1*, den Motor *2* und den Druckkessel *3*, die Verlegung der Rohrleitungen und die elektrische Installation. Hierbei sind besonders zu beachten:

Saugleitung. Eine Pumpe (**161.**1) saugt nur an, wenn die Saugleitung vollkommen dicht, mit Flüssigkeit gefüllt und entlüftet ist. Daher erhält der Saugkorb *4*, der zum Abfangen grober Verunreinigungen dient, ein Rückschlagventil. Es heißt auch Fußventil und soll ein Leerlaufen der Leitung beim Stillstand der Pumpe verhüten. Die Leitungen werden überall steigend verlegt und die Armaturen so angebracht, daß der Abfluß an ihrem höchsten Punkt liegt, damit keine Luftsäcke entstehen. Eine Saugleitung für mehrere Pumpen ist zu vermeiden, denn beim Stillstand einer Pumpe saugen die übrigen Luft durch ihre Stopfbuchsen, Saugventile und die dazwischen geschalteten Absperrorgane, die selten völlig dicht sind. Fließt das Medium der Pumpe zu, so ist vor den Saugstutzen ein Absperrventil zu legen, das einen Abbau der Pumpe ohne Entleerung des Behälters erlaubt.

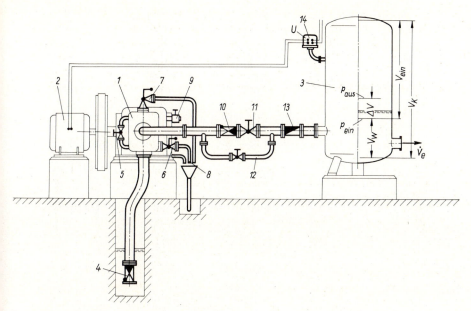

161.1   Schema einer Pumpenanlage mit Regelung

1 Pumpe	*6, 7* Saug- bzw. Druck-	*11* Absperrventil
2 Motor	sicherheitsventil	*12* Rücklaufleitung mit Ventil
3 Druckkessel	*8* Abflußleitungen	*13* Wassermesser
4 Saugkorb	*9* Schnüffelventil	*14* Druckschalter
5 Umlaufventil	*10* Rückschlagventil	

Pumpe. Die Saug- und Druckräume der Ventilkästen (**161**.1) haben zum Nachfüllen der Saugleitung und zum entlasteten Anfahren eine Verbindung über das Umlaufventil *5*. An diese Räume werden außerdem Saug- und Drucksicherheitsventile *6* und *7* angeschlossen, um die Leitungen und den Zylinder vor Überlastung zu schützen. Zur Kontrolle der Dichtheit erhalten diese Ventile und der Leckabfluß (*7* in Bild **157**.1a) getrennte Abflußleitungen *8*, die in einem Trichter münden. Bei geringeren Druckunterschieden werden Saug- und Druckraum durch eine Umlaufleitung mit einem lüftbaren Sicherheitsventil, das die Funktion aller obengenannten Ventile erfüllt, verbunden.

Arbeitsraum. Er muß frei von Luftsäcken sein, um Förderverluste (**162**.1a) zu vermeiden und nimmt das Schnüffelventil *9* (**162**.1 b) an seinem Stutzen *1* auf. Wird es durch Herausdrehen der Spindel *2* mit der Stopfbuchsendichtung *3* geöffnet, ist Kegel *4* frei beweglich und wirkt als Saugventil. Die Pumpe saugt dann durch die Stutzen *5* und *1* zusätzlich Luft an und fördert sie in den Druckwindkessel und den Druckbehälter. Bei Gegendrücken über 16 bar nimmt die von der Pumpe beim Schnüffeln geförderte Flüssigkeitsmenge so stark ab, daß ein Kompressor zum Auffüllen der Kessel wirtschaftlicher ist.

Windkessel werden bei Unterdruck durch Öffnen von Hähnen, bei Überdruck durch die Schnüffelventile mit Luft aufgefüllt. Mehrere Windkessel an einer Pumpe erhalten eine Druckausgleichsleitung (**142**.1 d), die die Kesselgröße nach Abschn. 2.4.1 wesentlich herabsetzt.

Schwimmerstoßdämpfer in Windkesseln (**162**.2) verringern die bei Kesselspeisepumpen unerwünschte Auflösung der Luft im Wasser. Die Schwimmkolben *1* lassen nur eine geringe Berührungsfläche zwischen Wasser und Luft frei, und ihre Prallrippen *2* verhindern die Spritzwirkung und damit jede weitere Vermischung. Die Leitung *3* dient zum Auffüllen der Druckwindkessel mit einem kleinen Kompressor.

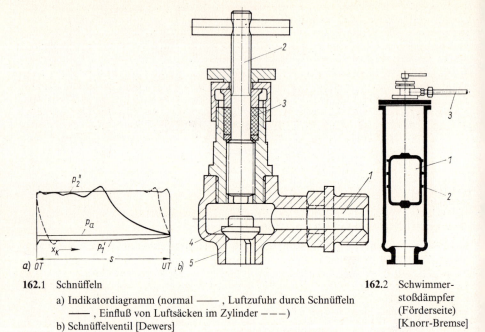

162.1 Schnüffeln

a) Indikatordiagramm (normal ——— , Luftzufuhr durch Schnüffeln
——— , Einfluß von Luftsäcken im Zylinder – – –)
b) Schnüffelventil [Dewers]

162.2 Schwimmer-
stoßdämpfer
(Förderseite)
[Knorr-Bremse]

Druckleitung. Sie erhält für den Ausbau der Pumpe (**161.**1) ein Absperrventil *11* und ein Rückschlagventil *10*, das beim Stillstand der Pumpe ein Leerlaufen des Druckbehälters *3* verhütet. Die Rücklaufleitung *12* mit dem Absperrventil, die auch als Umlauf im Rückschlagventil liegen kann, dient zum
Nachfüllen der Saugleitung. Der Druckbehälter *3* ist nötig, wenn der Druckwindkessel bei langen För-
derleitungen nicht ausreicht, die Stöße in der Leitung zu dämpfen. Der Wassermesser *13* dient zur
Betriebskontrolle

2.6.2 Betrieb

Die Betriebsvorschrift des Herstellers gibt die notwendigen Hinweise für die Inbetriebsetzung,
das Anfahren, den laufenden Betrieb, die Pflege und das Auswechseln der Verschleißteile der
Maschine. Zur richtigen Ausnutzung der Anlage ist weiterhin die Kenntnis der Kennlinien
und der Regelung notwendig.

Anfahren. Zur Entlastung des Motors (**161.**1) wird bei vollem Gegendruck der Pumpe das Umlaufventil *5* geöffnet bis die Nenndrehzahl erreicht ist. Hat sich die Saugleitung nach längerem Stillstand
entleert, ist sie nach Öffnen der Rücklaufleitung *12* und des Umlaufventils *5* aufzufüllen. Zur Inbetriebnahme, also bei leerer Anlage, wird die Saugleitung über den geöffneten Ventilkasten bei offenem
Umlaufventil *5* vollgegossen.

Regelung. Bei einer Pumpe (**161.**1) wird der Druck meist mit Hilfe des Kessels *3* von einem Zweipunktregler geregelt. Der Motor sowie die Pumpe, der Kessel und ihre Verbindungsleitung bilden eine Regelstrecke mit Verzögerung und Ausgleich. Regelgröße ist der Kesseldruck p, Stellgröße die am Motor
anliegende Spannung U und Störgröße der Entnahmestrom $\dot{V}_e$.

Als Meßglied dient die Membran des Druckschalters *14*, der das Stellglied, den Motor *2* oder eine elektromagnetische Kupplung bei Aus- oder Einschaltdruck p_{aus} bzw. p_{ein} in der Zeiteinheit v-mal aus- und einschaltet. Die Schaltdifferenz $\Delta p = p_{\text{aus}} - p_{\text{ein}}$ und die maximale Schaltfrequenz v_{max} (s. Abschn. 3.8.2.1), die durch die Erwärmung des Motors und die Abnutzung der Schaltkontakte begrenzt sind, werden durch die Größe des Kessels bestimmt.

Kessel (**161.1**). Hier bedeuten V_{K} das Kesselvolumen, ΔV das Nutzvolumen an Wasser oder Luft, und V_{ein} der Luft- bzw. V_{W} der Wasserinhalt beim Einschaltdruck p_{ein}. Bei Annahme einer isothermen Zustandsänderung der Luft ergibt sich aus Gl. (45.7) $p_{\text{aus}}(V_{\text{ein}} - \Delta V) = p_{\text{ein}} V_{\text{ein}}$ oder $\Delta p V_{\text{ein}} = \Delta V p_{\text{aus}}$ mit $\Delta p = p_{\text{aus}} - p_{\text{ein}}$. Für das Einschalten wird $V_{\text{W}} = 0,2 V_{\text{K}}$ gewählt, so daß $V_{\text{ein}} = 0,8 V_{\text{K}}$ und $0,8 \Delta p V_{\text{K}} = \Delta V p_{\text{aus}}$ ist. Der Förderstrom der Pumpe beträgt dann nach Gl. (220.7) mit $\Delta m = \varrho_{\text{w}} \Delta V$ und $\dot{m}_{\text{f}} = \varrho_{\text{w}} \dot{V}_{\text{f}}$, wobei ϱ_{w} die Dichte des Wassers ist, $\dot{V}_{\text{f}} = 4 v_{\text{max}} \Delta V$. Hieraus folgt mit $0,8 \Delta p V_{\text{K}} = \Delta V p_{\text{aus}}$

$$V_{\text{K}} = \frac{\dot{V}_{\text{f}} p_{\text{aus}}}{3,2 \, v_{\text{max}} \Delta p} \tag{163.1}$$

Um wirtschaftliche Kesselgrößen zu erhalten, sind Schaltdifferenzen $\Delta p \approx 1,0$ bis $1,5$ bar und maximale Schaltfrequenzen $v_{\text{max}} \approx 15$ bis $30 \, \text{h}^{-1}$ üblich. Der Wasserstand im Kessel muß hierbei genau eingehalten werden. Ist nämlich der Wasserinhalt $V_{\text{W}} > 0,2 \, V_{\text{K}}$, nimmt die Schaltfrequenz zu, ist $V_{\text{W}} < 0,2 \, V_{\text{K}}$, so kann die Luft aus dem Auslaßstutzen entweichen.

Kennlinien. Die Förderströme $\dot{V}_{\text{f}}$ (**163.1**a) nehmen wegen der wachsenden Leckverluste mit steigendem Gegendruck p_2 geringfügig ab.

Leistung. Sind $P_{\text{R}} = \dot{m} w_{\text{R}}$ und $P_{\text{RP}} = \dot{m} w_{\text{RP}}$ die Strömungs- und P_{RT} Triebwerksverluste, dann folgt für die Nutz-, die Pumpen-, die indizierte und die Kupplungsleistung aus den Gl. (152.5), (152.1), (152.2) und (57.1)

$$P_{\text{n}} = \lambda_{\text{L}} V_{\text{H}} n (p_2 - p_1 + \varrho g h) \qquad P_{\text{P}} = P_{\text{n}} + P_{\text{RL}} \qquad P_{\text{i}} = P_{\text{P}} + P_{\text{RP}} \qquad P_{\text{e}} = P_{\text{i}} + P_{\text{RT}} \tag{163.2}$$

Bleiben Saugdruck p_1, Förderhöhe h und Drehzahl n konstant, ändern sich Druckverluste, Dichte ϱ und Liefergrad λ_{L} nicht oder nur unbedeutend. Die Leistungen nach Gl. (163.2) werden als Funktion des Gegendruckes p_2 – von der Kupplungsleistung abgesehen – durch Geraden (**163.1**a) dargestellt.

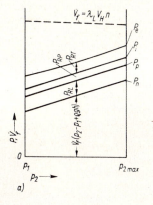
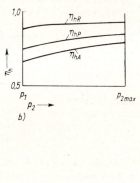

163.1
Kennlinien der Kolbenpumpen
a) Förderstrom und Leistungen
b) hydraulische Wirkungsgrade

Hydraulische Wirkungsgrade. Für die Anlage gilt nach Gl. (152.6)

$$\eta_{\text{hA}} = \left(1 + \frac{w_{\text{RL}} + w_{\text{RP}}}{w_{\text{n}}}\right)^{-1}$$

für die Pumpe nach Gl. (152.7) und (152.1)

$$\eta_{\text{hP}} = \left(1 + \frac{w_{\text{RP}}}{w_{\text{P}}}\right)^{-1} = \left(1 + \frac{w_{\text{RP}}}{w_{\text{n}} + w_{\text{RL}}}\right)^{-1}$$

und für die Rohrleitung nach Gl. (152.8)

$$\eta_{hR} = \left(1 + \frac{w_{RL}}{w_n}\right)^{-1}$$

Mit der Nutzarbeit w_n aus Gl. (151.3) wird

$$\eta_{hA} = \left[1 + \frac{(w_{RL} + w_{RP})\varrho}{p_2 - p_1 + \varrho g h}\right]^{-1} \qquad \eta_{hP} = \left(1 + \frac{w_{RP}\varrho}{p_2 - p_1 + \varrho g h + w_{RL}\varrho}\right)^{-1} \qquad (164.1)$$

$$\eta_{hR} = \left(1 + \frac{w_{RL}\varrho}{p_2 - p_1 + \varrho g h}\right)$$

Diese Wirkungsgrade als Funktion des Gegendrucks p_2 sind Hyperbeln (**163.**1b), deren Krümmung im Anwendungsbereich gering ist und die als Asymptote den Wirkungsgrad Eins haben.

2.7 Ausgewählte Maschinen

2.7.1 Schiffskolbenpumpe

Die Pumpe (**164.**1) fördert Öl, Frisch- und Seewasser und kann stehend oder hängend befestigt werden. Sie wird für die Förderströme 60 bis 150 m^3/h, die Gegendrücke 2 bis 6 bar und die Kupplungsleistungen 6,5 bis 33 kW bei den Doppelhubzahlen 200 bis 140 min^{-1} geliefert.

Die beiden Zylinder *1* in Bild **164.**1 mit den Laufbuchsen *2* aus Bronze sind mit dem Ventilkasten *3* und den Laternen *4* durch Flansche verbunden. Die Laternen tragen die Kreuzkopfführungen *5* mit den Schutzhauben *6* für die Kurbeln und den Getriebekasten *7* mit der Glocke *8* für den Motor. Die Hauben *9* sind als Druckwindkessel ausgebildet. Der Antrieb der Kurbelwelle mit den beiden aufgeklemmten, um 90° versetzten Stirnkurbeln *10* erfolgt über eine Kupplung *11* und ein Stirn-Kegelradgetriebe im Getriebekasten *7*. Die beiden Schubstangen *12* aus Stahlguß verbinden die Stirnkurbeln *10* und die Kreuzköpfe *13*, die die Kolbenstange *14* aus nichtrostendem Stahl aufnehmen. Die Stange trägt die gebauten Kolben *15* aus Bronze mit Hartgummiringen. Der Zu- und Abfluß wird von den Saug- und Druckventilen *16* und *17* gesteuert. Der Saugflansch *18* liegt vorn, der Druckflansch *19* liegt wahlweise links oder rechts am Ventilkasten *3*, der noch das Sicherheitsventil *20* und die Schnüffelventile *21* aufnimmt.

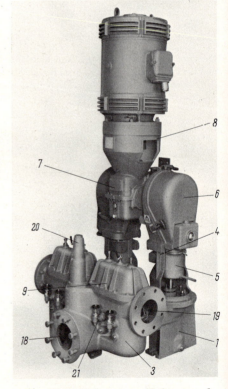

164.1 Schiffs-Kolbenpumpe [Ruhrpumpen]

Fortsetzung Bild **164.1**

$D = 200\,\text{mm}$
$s = 160\,\text{mm}$
$n = 140\,\text{min}^{-1}$
$\dot{V} = 150\,\text{m}^3/\text{h}$
$p_1 = 1\,\text{bar}$
$p_2 = 6\,\text{bar}$
$P_e = 33\,\text{kW}$
$F_{st} = 19\,\text{kN}$

Schnitt C–D

Schnitt A–B

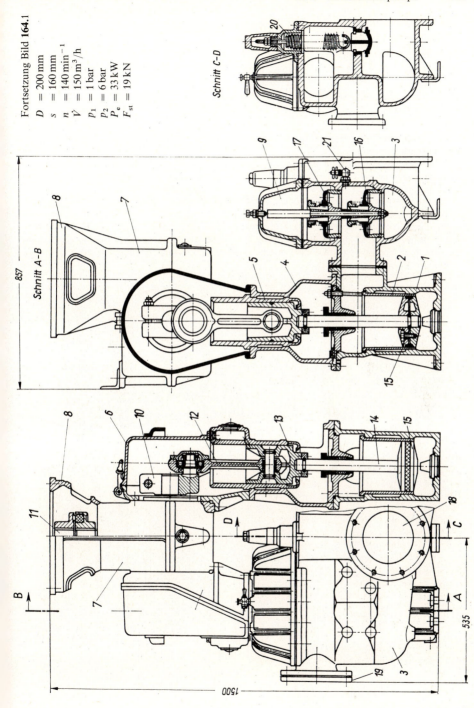

2.7.2 Schlitz-Plungerpumpe

Die Pumpe (**166.**1) fördert dickflüssige und ätzende Medien wie Öle, Fette und Teer bzw. Säuren und Laugen. Von der Flüssigkeit berührte Teile bestehen aus Grauguß, Rotguß, Bronze oder Chrom-Nickel-Stahl. Sie wird für die Förderströme 300 bis 4200 l/h, die Gegendrücke 2 bis 7 bar, die Doppelhubzahlen 30 bis 60 min^{-1} und Kupplungsleistungen bis zu 4,5 kW geliefert.

Der Einlaß wird durch den hängenden Plungerkolben *1*, der in einer mit Schlitzen versehenen Buchse *2* läuft, gesteuert. Hierdurch sind nur $\approx 70\%$ des Kolbenhubes für die Förderung nutzbar. Als Auslaß dient ein Kugelventil *3* mit einer Anhebevorrichtung *4*, die die Funktion eines Umlaufventils erfüllt. Der Kreuzkopf *5* ist mit dem Kolben *1* verschraubt und lang geführt, um die Abnutzung der Stopfbuchse *6* zu verringern. Er wird über die Schubstange *7* mit der Kurbel *8*, die auf der Abtriebswelle *9* des Getriebes festgeklemmt ist, verbunden. Zur Änderung des Förderstromes kann dieses Getriebe durch eine stufenlos verstellbare Ausführung [19] ersetzt werden. Der Antrieb erfolgt über einen Keilriemen *10* vom Asynchronmotor *11* aus. Zur Einstellung der Riemenspannung ist der Motor auf einer nachstellbaren Wippe *12* im Gehäuse *13* angeschraubt. Bei der Motordrehzahl 1450 min^{-1} sind der Riementrieb im Verhältnis 4,8 und das Getriebe im Verhältnis 5 nach DIN 868 übersetzt.

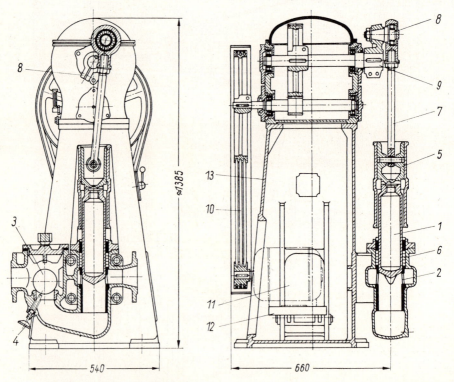

166.1 Schlitz-Plungerpumpe [OSNA]

$D = 100\,\text{mm}, \quad s = 200\,\text{mm}, \quad n = 60\,\text{min}^{-1}, \quad \dot{V}_\text{f} = 4200\,\text{l/h}, \quad p_1 = 1\,\text{bar}, \quad p_2 = 6\,\text{bar},$
$P_\text{e} = 3,8\,\text{kW bei } \varrho_\text{fl} = 1\,\text{kg/dm}^3$

2.7.3   Stehende Plungerpumpe

Diese Pumpe (**167**.1) ist nach dem Baukastenprinzip konstruiert und dient zur Trinkwasser-versorgung, Kesselspeisung und Einspritz-Dampfkühlung, für hydraulische und verfahrens-technische Anlagen und als Pipelinepumpe. Sie wird dür Förderströme von 0,3 bis 150 m³/h, für Gegendrücke von 16 bis 650 bar bei Doppelhubzahlen von 720 bis 150 min⁻¹ verwendet.

Wirkungsweise. Das Medium wird über die Saugleitung *1*, den Saugraum *2* und die Saugventile *3* angesaugt, durchfließt den Zylinder *4* im Gleichstrom und wird durch die Druckventile *5* in den Druck-stutzen *6* ausgeschoben. Die übereinander angeordneten Ventile (**159**.1e) sind nach Abschrauben des Zylinderdeckels *7* herausnehmbar. Die Plunger *8* erhalten wegen der hohen Drücke Lippendichtungen (**157**.1c), die in Kammern liegen, und sind zur Aufnahme eines Abstreifrohres *9* ausgedreht. Dieses schützt den Triebwerksraum gegen das Eindringen der Leckflüssigkeit. Der Antrieb erfolgt von einem Elektromotor aus über ein Triebwerk mit Kreuzköpfen *10*, dessen Kurbelwelle *11* mit um 120° ver-setzten Kurbeln (**155**.1a) in Zylinderrollenlagern *12* läuft. Zur Änderung des Förderstromes wird ein verstellbares hydraulisches Getriebe mit Axialkolben [34] benutzt.

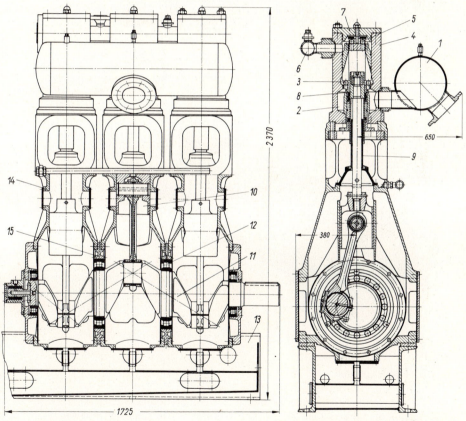

167.1   Hochdruckpumpe [Halberg]
$D = 90$ mm, $s = 250$ mm, $n = 175$ min⁻¹, $\dot{V}_f = 45$ m³/h, $p_1 = 1$ bar, $p_2 = 150$ bar, $P_e = 225$ kW, $\eta = 0,82$

Aufbau. Die Pumpe wird mit 3, 5, 7 und 9 Zylindern, bei denen die kleinsten Druckschwankungen in den Rohrleitungen auftreten, ausgeführt. Bei Änderung der Zylinderzahl sind bei der Baukastenkonstruktion lediglich abweichende Ausführungen der Saug- und Druckleitung 1 und 6, der Kurbelwelle 11 und der Fundamentplatte 13 erforderlich. Die Triebwerke sind für Hübe von 50 bis 250 mm und Gestängekräfte von 2,5 bis 100 kN nach Normzahlen (DIN 323) gestuft. Die Gestelle 14 in Tunnelbauart – zur Serienfabrikation nur für e in e n Zylinder vorgesehen – werden zusammen mit den Lagerschilden 15 verschraubt und zentriert. Trotz Serienfabrikation wird eine sehr anpassungsfähige Ausführung erreicht.

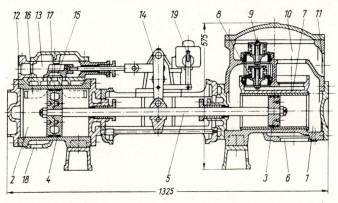

168.1
Duplexpumpe [Ruhrpumpen]
Pumpenzylinder
$D = 120$ mm
$p_1 = 1$ bar
$p_2 = 20$ bar
$\dot{V} = 30$ m^3/h
$n = 68$ min^{-1}
für Wasser von 20 °C
Dampfzylinder
$D = 180$ mm
$p_1 = 16$ bar
$s = 190$ mm

2.7.4   Duplexpumpe

Die Pumpe (**168.**1) fördert kaltes und auf 115 °C vorgewärmtes Wasser zur Kesselspeisung und wird für die Förderströme 3,5 bis 56 m^3/h (kaltes Wasser) und die Doppelhubzahlen 112 bis 56 min^{-1} hergestellt. Bei der Kesselspeisung fallen die Windkessel fort, und die Doppelhubzahl wird wegen der Kavitationsgefahr und der Strömungsverluste auf die Hälfte herabgesetzt.

In den beiden Pumpen- und Dampfzylindern *1* und *2* laufen die doppeltwirkenden Kolben *3* und *4* die durch die Kolbenstangen *5* verbunden sind. Das Wasser tritt durch den Saugstutzen *6* ein, umfließt die Zylindermäntel *7* und wird durch die Saugventile *8* von Kolben *3* angesaugt. Das Ausschieben erfolgt über die Druckventile *9* im Ventilkasten *10* durch den Austrittsstutzen *11*. Der Dampf gelangt über den Eintrittsstutzen *12* in den Schieberkasten *13*, wo die über ein Steuergestänge *14* angetriebenen, außen eingeströmten Flachschieber *15* laufen. Der Ein- und Auslaß des Dampfes erfolgt, indem die Schieber – den Kolbenbewegungen entsprechend – die Zylinderkanäle *16* mit dem im Schieberkasten *13* befindlichen Frischdampf bzw. mit dem Auspuffkanal *17* und den Austrittsstutzen *18* verbinden. Zur Schmierung der vom Dampf berührten gleitenden Teile dient eine vom Gestänge *14* aus angetriebene Schmierölpumpe *19*. Das Öl wird in den Frischdampf hinter dem Eintrittsstutzen *12* eingespritzt. Beim Anfahren sind die Dampfzylinder *2* über die Hähne *20* zu entwässern.

3 Kolbenverdichter

3.1 Aufbau und Verwendung

Verdichter – als Kolben- oder Kreiselkompressoren ausgeführt – sind Arbeitsmaschinen zur Förderung gasförmiger Medien in Räume höheren Druckes. In Kolbenverdichtern wird der Druck des Mediums durch Verringern des Arbeitsraumes in einer oder mehreren Stufen erhöht. Zur Energieübertragung dienen bei Hubkolbenverdichtern (24.1) hin- und hergehende Kolben, bei Rotations- oder Schraubenverdichtern rotierende Flügel bzw. schneckenförmige Läufer [36].

Aufbau. Bei Hubkolbenkompressoren – kurz Verdichter genannt – sind Tauch-, Scheiben- oder Stufenkolben zu finden. Zum Antrieb dienen Kurbeltriebe mit oder ohne Kreuzkopf. Die Kurbelwelle wird mit der Antriebsmaschine direkt gekuppelt oder über einen Riementrieb bzw. über ein Getriebe verbunden. Bei Motor-Kompressoren ist auch ein direkter Antrieb der Kurbeln möglich, wobei Platz und Material gespart werden. Dabei nimmt jeder Kurbelzapfen je eine Schubstange des Motors und Kompressors auf, deren Zylinder jeweils in einer Reihe zusammengefaßt sind. Diese Reihen werden dann in der Boxer- oder V-Bauart angeordnet. Sind in großen Stückzahlen hergestellte Motoren dieser Bauart vorhanden, so werden zur Senkung der Herstellungskosten für den Motor-Kompressor lediglich in der Reihe der Verdichterzylinder die Deckel mit den Ventilen ausgetauscht.

Freikolbenkompressoren sind kurbellos. Der Verdichterkolben wird über ein Gestänge von einem Stufenkolben angetrieben, dessen eine Seite im Zweitakt-Dieselverfahren arbeitet, während die andere die hierzu notwendige Spülung ausführt [35].

Verwendung. Verdichter dienen zur Förderung folgender Medien: Luft, Kraftgase (Stadt-, Kokerei- und Gichtgas), industrielle Gase (Sauerstoff O_2, Stickstoff N_2, Acetylen C_2H_2), Kältemittel (Ammoniak NH_3, Freon CCl_2F_2), Gasgemische für die chem. Industrie und Wasserdampf.

Nach Druckbereichen ist folgende Einteilung (**170.1**) und Anwendung üblich: Gebläse a bis zu 2 bar (für Hochöfen $\approx 1{,}3$ bar, für Zweitakt-Brennkraftmaschinen $\approx 1{,}5$ bar); Verdichter b bis zu 50 bar (Preßlufterzeuger ≈ 5 bis 8 bar, Kältekompressoren ≈ 8 bis 12 bar); Hochdruckverdichter c bis zu 500 bar (Luftverflüssigung und Abfüllen von Druckluftflaschen bei 200 bar) und Höchstdruckverdichter d über 500 bar (zur Drucksynthese von Polyethylen C_2H_4 bei der Kunststoffherstellung 2500 bar). Vakuumpumpen e dienen zum Evakuieren von Räumen, wobei sie Drücke bis zu 0,13 mbar erzeugen. Umwälzpumpen gleichen die Druckverluste aus, die bei der Strömung von Heiz- und Kraftgasen in den langen Ferngasleitungen entstehen.

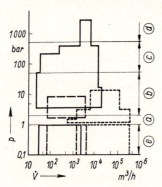

170.1 Förderströme und Druckbereiche ausgeführter Verdichter [nach KSB]

(Kolbenverdichter ———,
Rotationsverdichter — —,
Kreiselverdichter ········)

3.2 Einstufige Verdichtung

Bezeichnungen (171.1). Die Stufendrücke p_1 im Saugbehälter *1* und p_2 im Förderbehälter *2*, an deren Stelle auch die Atmosphäre oder ein Nachkühler treten kann, dienen zur thermodynamischen Berechnung des Verdichters *3*. Mit den Zylinderdrücken p_1' beim Ansaugen und p_2'' beim Ausschieben werden die Gestängekräfte nach Gl. (17.8) bzw. (73.1) ermittelt. Alle übrigen Zustandsgrößen sowie die Volumina und Massen erhalten für den Saug- und Förderbehälter die Indizes a und f, für die Arbeitsvorgänge im Zylinder werden sie aber den Diagrammpunkten (**173.**1) entsprechend bezeichnet. Das Stufen- bzw. Zylinderdruckverhältnis beträgt

$$\psi = p_2/p_1 \qquad \psi' = p_2''/p_1' = c\,\psi \qquad\qquad \text{(171.1) und (171.2)}$$

Das Stufendruckverhältnis, mit dem die Beanspruchung und die Erwärmung der Maschine zunimmt, darf mit abnehmender Betriebsdauer größer, bei einstufiger Verdichtung aber höchstens bis zu $\psi \approx 8$ bis 10 gewählt werden (s. Abschn. 3.3). Die Konstante $c \approx 1{,}1$ bis 1,25 ist ein Maß für die Drosselverluste, hängt also von den Geschwindigkeiten in den Rohrleitungen und in den Ventilen sowie deren Einbau ab (s. Abschn. 3.6).

171.1 Einstufiger Verdichter mit Behältern und Meßgeräten

3.2.1 Massen und Volumina

Massen. Es werden die theoretische, die angesaugte und die geförderte Masse $m_{th} > m_a > m_f$ unterschieden. Die theoretische Masse, nach Gl. (19.10) $m_{th} = \varrho_a V_H$, füllt das Gesamthubvolumen des Verdichters mit dem Medium der Dichte ϱ_a beim Ansaugezustand p_1, t_a aus und dient zur Beurteilung des Massendurchsatzes. Die angesaugte Masse $m_a = \varrho_a V_a$ wird wie das Ansaugevolumen V_a vor dem Saugbehälter (**171.**1) gemessen. Sie ist kleiner als die theoretische Masse, da Verluste bei der Rückexpansion und der Aufheizung des Mediums an der Zylinderwand entstehen. Die geförderte Masse $m_f = \varrho_f V_f$, die wie beim Fördervolumen V_f hinter dem Druckbehälter (**171.**1) gemessen wird, ist um die Leckverluste kleiner als die angesaugte Masse.

Volumina. Bei Verdichtern ist es üblich, die Volumina anzugeben. Diese sind aber zur eindeutigen Bestimmung der Masse durch die ihnen zugeordneten Temperaturen und Drücke zu ergänzen. Der Bezug der Volumina erfolgt dabei auf den physikalischen Normzustand $p_0 = 1{,}0133$ bar, $t_0 = 0\,°C$ nach DIN 1343, den technischen Normzustand $p_0 = 0{,}981$ bar, $t_0 = 20\,°C$ nach DIN 1945 oder auf einen zwischen Hersteller und Abnehmer vereinbarten Zustand. Das auf den Normzustand bezogene Ansauge- bzw. Fördervolumen (Index a 0 bzw. f 0) beträgt so mit $m_a = \varrho_0 V_{a0} = \varrho_a V_a$, $m_f = \varrho_0 V_{f0} = \varrho_f V_f$ und $\varrho_0 = p_0/(R\,T_0)$, sowie $\varrho_f = p_2/(R\,T_f)$ aus Gl. (32.15) bei idealen Gasen

$$V_{a0} = V_a\,\frac{\varrho_a}{\varrho_0}; \quad V_{a0} = V_a\,\frac{p_1\,T_0}{p_0\,T_a} \quad \text{und} \quad V_{f0} = V_f\,\frac{\varrho_f}{\varrho_0}; \quad V_{f0} = V_f\,\frac{p_2\,T_0}{p_0\,T_f} \qquad \text{(171.3) und (171.4)}$$

Für das auf den Ansaugezustand bezogene Förder- und theoretische Volumen gilt dann entsprechend

$$V_{fa} = V_f \frac{\varrho_f}{\varrho_a} \qquad V_{fa} = V_f \frac{p_2 T_a}{p_1 T_f} \quad \text{und} \quad V_{th} = V_H \qquad (172.1) \text{ und } (172.2)$$

Bei realen Gasen sind die spezifischen Volumina aus Tafeln oder Diagrammen zu entnehmen. Ist nur die p, V-Abweichung ζ bekannt, so ist in die vorstehenden Gleichungen $\varrho_0 = p_0/(\zeta_0 R T_0)$, $\varrho_a = p_1/(\zeta_a R T_a)$ und $\varrho_f = p_2/(\zeta_f R T_f)$ nach Gl. (33.7) einzusetzen.
Der Hersteller garantiert meist nach DIN 1945 den auf den Ansaugestand bezogenen Förderstrom $\dot{V}_{fa} = V_{fa} \cdot n$ mit der Abweichung $\pm 5\%$.

3.2.2 Schadraum

Der Totraum (24.1) wird von dem nicht zum Hubvolumen zählenden Teil des Arbeitsraumes gebildet. Er ist durch die Ventile und das axiale Kolbenspiel – einem Abstand von 2 bis 5 mm je nach Maschinengröße – zwischen dem Kolben im OT und dem Zylinderdeckel bedingt. Dieser Abstand ist notwendig, um bei tragbaren Toleranzen für die Herstellung der Maschine ein Anstoßen des Kolbens an den Deckel – besonders nach deren Erwärmung – zu verhüten. Die im Totraum verbliebene Restmasse des Mediums vermindert nach ihrer Rückexpansion das Ansaugevolumen und erfordert nach dem 2. Hauptsatz (s. Abschn. 1.2.2.3) für ihre Verdichtung mehr Arbeit, als sie bei der Rückexpansion abgibt. Der Totraum heißt daher Schadraum V_S und wird als Anteil des Hubvolumens je Zylinder V_h angegeben

$$\varepsilon_0 = V_S/V_h \tag{172.3}$$

Er ist bei der Konstruktion möglichst klein zu halten und hängt von der Art und Größe der Ventile sowie von ihrem Einbau ab. Anhaltswerte für ε_0 sind: 0,04 bis 0,05 bei im Kolben liegenden Saugventilen, 0,05 bis 0,06 bei konzentrischen Ventilen, 0,06 bis 0,1 oder 0,08 bis 0,15 bei den Schiebersteuerungen der Vakuumpumpen. Bei steigenden Drücken wird mit $\varrho = p/(RT)$ die Dichte und damit nach Gl. (52.1) der Reibungsverlust größer. Um diesen in tragbaren Grenzen zu halten, werden die Ventile größer gewählt. Damit steigt aber der Anteil des Schadraumes ε_0 an.

Die Restmasse des Mediums, die im Schadraum (3 in Bild 173.1) beim Druck p_2 und der Temperatur t_3 – die angenähert dem im Druckstutzen gemessenen Wert entspricht – nach dem Schließen des Druckventils im Schadraum verbleibt, beträgt mit $\varrho_3 = p_2/(R T_3)$

$$m_r = V_S \varrho_3 \qquad m_r = \frac{V_S p_2}{R T_3} = \frac{\varepsilon_0 V_h p_2}{R T_3} \qquad (172.4) \text{ und } (172.5)$$

Der Volumenstrom infolge der Ausdehnung der Restmasse auf den Saugdruck p_1 (4 in Bild 173.1) ist $\Delta V_{Rü} = V_4 - V_S$. Bezeichnet n den mittleren Polytropenexponenten, so folgt mit $p_2 V_S^n = p_1 V_4^n$ und mit $\psi = p_2/p_1$ für das Volumen $V_4 = V_S (p_2/p_1)^{1/n} = V_S \psi^{1/n}$. Damit wird dann bei idealen Gasen

$$\Delta V_{Rü} = V_S (\psi^{1/n} - 1) \tag{172.6}$$

3.2.3 Liefergrad

Er stellt das Verhältnis der geförderten zur theoretischen Masse dar und zeigt die Ausnutzung des Hubvolumens durch das geförderte Medium. Mit $m_f = \varrho_a V_{fa}$ und $m_{th} = \varrho_a V_H$ sowie $\dot{V}_H = V_H n$ folgt

$$\lambda_L = \frac{m_f}{m_{th}} = \frac{\dot{V}_{fa}}{\dot{V}_H} = \frac{\dot{V}_{fa}}{V_H n} \tag{173.1}$$

Der Liefergrad ist vom Druckverhältnis, vom Wärmeübergang im Zylinder, vom Schadraum und von den Drosselverlusten abhängig. Um die hierbei bestehenden Zusammenhänge genauer zu untersuchen, wird er in Füllungs-, Aufheizungs- und Durchsatzgrad aufgeteilt.

Füllungsgrad ist der Quotient des indizierten Saugvolumens V_D und des Hubraumes je Zylinder V_h. Er erfaßt die Volumenabnahme durch die Rückexpansion sowie die Strömungsverluste und beträgt

$$\lambda_F = V_D/V_h \tag{173.2}$$

Das indizierte Saugvolumen V_D wird im Indikatordiagramm (**173.**1) auf der Linie des Saugdruckes p_1 zwischen der Rückexpansions- und der Kompressionslinie gemessen. Strömungsverluste. Hier sind die Volumenverluste (**173.**1) $\Delta V_R \approx (0{,}01$ bis $0{,}03)\, V_h$, die bei der Drosselung $\Delta p_R = p_1 - p_1'$ entstehen, vernachlässigbar klein. Die Beschleunigungsverluste (**145.**1 d) können jedoch bei langen Rohrleitungen fühlbarer werden. Infolge der Trägheit der angesaugten Massen entsteht am Ende der Rückexpansion und des Ansaugens (**173.**2) ein Druckanstieg bzw. -abfall. Diese Erscheinung heißt Nachladung. Das Volumen V_D wird dann durch Verlängerung der Rückexpansions- und Kompressionslinie bis zum Saugdruck p_1 ermittelt (in Bild **173.**2 gestrichelt). Es kann dabei größer als das Hubvolumen sein, so daß dann der Füllungsgrad $\lambda_F > 1$ wird.

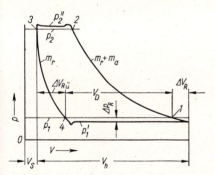

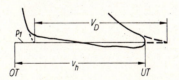

173.1 Volumina eines Verdichters im p, V-Diagramm

$V_h = V_D + \Delta V_{R\ddot{u}} + \Delta V_R$
$V_h > V_D > V_a > V_{fa}$

173.2 Die Nachladung im Indikatordiagramm (Schwachfederdiagramm)

Einfluß der Rückexpansion. Um diesen zu bestimmen, seien vernachlässigbar kleine Drosselverluste vorausgesetzt. Damit ist $p_1' = p_1$ und $p_2'' = p_2$ und $\Delta V_R = 0$. Mit dem Volumenverlust $\Delta V_{R\ddot{u}} = V_S(\psi^{1/n} - 1)$ nach Gl. (172.6) folgt, da nach Bild **173.**1 $V_D = V_h - \Delta V_{R\ddot{u}}$ ist, mit Gl. (173.2) für den Füllungsgrad bei idealen Gasen

$$\lambda_F = \frac{V_D}{V_h} = 1 - \frac{V_S}{V_h}\left(\psi^{1/n} - 1\right) = 1 - \varepsilon_0\left(\psi^{1/n} - 1\right) \tag{174.1}$$

Der mittlere Polytropenexponent n beträgt nach Fröhlich [39] für zweiatomige Gase 1,2 bis 1,3 bzw. 1,25 bis 1,35 bei Drehzahlen unter bzw. über 200 min^{-1}. Diese Werte zeigen deutlich, daß mit zunehmender Dauer des Arbeitsspieles der Wärmeübergang ansteigt (s. Abschn. 1.2.2.1). Bei realen Gasen ist in Gl. (174.1) der Ausdruck $\psi^{1/n}$ durch $\zeta_3\psi^{1/n}/\zeta_4$ zu ersetzen, wobei die p, V-Abweichungen ζ_3 und ζ_4 angenähert auf den Druck und die Temperatur im Saug- bzw. Förderstutzen bezogen werden [39].

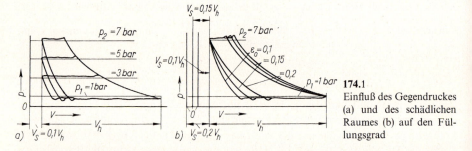

174.1
Einfluß des Gegendruckes (a) und des schädlichen Raumes (b) auf den Füllungsgrad

Der Füllungsgrad (**174.**1) fällt nach Gl. (174.1) mit steigendem Druckverhältnis und wachsendem Schadraum deutlich ab, da hiermit der Volumenverlust durch die Rückexpansion ansteigt. Die Verringerung des Förderstroms mit wachsendem Schadraum, bei der auch die Antriebsleistung entsprechend absinkt, wird bei Großverdichtern zur Regelung ausgenutzt (s. Abschn. 3.8.3.3).

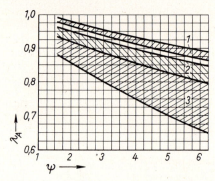

174.2 Der Aufheizungsgrad als Funktion des Druckverhältnisses (nach Frölich) [39]

1 für zweiatomige Gase (Luft, H_2, N_2 usw.)

2 für SO_2- und NH_3-Dämpfe in Kreuzkopfmaschinen und

3 in Tauchkolbenmaschinen, obere Grenzkurve für große, untere für kleine Zylinder

Aufheizungsgrad ist das Verhältnis des tatsächlichen Saugvolumens je Zylinder V_a und des indizierten Saugvolumens V_D und dient zur Beurteilung der Volumenverluste des Mediums infolge seiner Erwärmung beim Ansaugen. Da sich hierbei seine Temperatur von T_a auf T_1 erhöht, kann der Raum V_D lediglich die Masse

$$m_a = p_1 V_a/(R\,T_a) \approx p_1 V_D/(R\,T_1)$$

aufnehmen. Damit beträgt der Aufheizungsgrad

$$\lambda_A = V_a/V_D \tag{174.2}$$

$$\lambda_A \approx T_a/T_1 \tag{174.3}$$

Die letzte Gleichung dient lediglich für qualitative Betrachtungen.

Der Temperaturanstieg der Gase beim Ansaugen entsteht durch ihre Aufheizung an den Wänden des Arbeitsraumes. Nebenbei wirkt sich auch die Erwärmung infolge der

Vermischung mit dem heißen Restgas aus. Da mit steigendem Druckverhältnis ψ die mittlere Zylindertemperatur und damit auch T_1 ansteigt, wird nach Gl. (174.3) der Aufheizungsgrad (174.2) kleiner. Er ist besonders niedrig bei Kälteverdichtern, die – oft ungekühlt – das Medium mit geringen Temperaturen ansaugen.

Durchsatzgrad ist das Verhältnis des im Druckstutzen geförderten und angesaugten Volumens V_{fa} bzw. V_a, und zeigt den Einfluß der Undichtigkeiten von Kolbenringen, Ventilen und Stopfbuchsen und beträgt

$$\lambda_D = m_f/m_a = V_{fa}/V_a \qquad (175.1)$$

Er nimmt mit steigendem Druckverhältnis und fallender Drehzahl ab. Für die Auslegung wird er gleich Eins gesetzt, da bei gut gepflegten Maschinen die Undichtigkeitsverluste kleiner als die zulässigen Toleranzen der Meßgeräte für das Volumen sind.

Zwischen den Volumenkenngrößen ergibt sich hieraus mit den Gl. (173.1), (173.2) und (175.1) für die Einzylindermaschine, bei der $V_H = V_h$ ist,

$$\lambda_L = \frac{V_{fa}}{V_h} = \frac{V_{fa}\,V_a\,V_D}{V_a\,V_D\,V_h} = \lambda_F\lambda_A\lambda_D \qquad (175.2)$$

Sie dient zur Ermittlung des Liefergrades für die Auslegung.

3.2.4   Energieumsatz im Arbeitsraum

Die im Zylinder eines Verdichters umgesetzten Energien sind von den Drücken, der Kolbenbewegung und dem Wärmeaustausch des Mediums mit den gekühlten Wänden des Arbeitsraumes abhängig. Sie werden im p, V- bzw. T, s-Diagramm (**176**.1) dargestellt, die sich aus dem Indikatordiagramm (**28**.1) ergeben.

3.2.4.1   Arbeitsvorgang

Ansaugen (176.1). Es beginnt in Punkt *5*, der im p, V-Diagramm mit Punkt *4* zusammenfällt. Nach dem Öffnen des Saugventils vermischen sich die angesaugte Masse m_a und die Restmasse m_r. Die Zylinderfüllung erwärmt sich an den Wänden und nimmt beim Zylindersaugdruck p_1' bis zum Schließen des Saugventils im Punkt *1* zu. Die Masse des Mediums, das sich zwischen den Punkten *5* und *1* im Zylinder befindet, ist nicht meßbar. Daher wird in Diagrammen, deren Größen auf die Masseneinheit des Mediums – wie das T, s-Diagramm – bezogen sind, das Ansaugen lediglich durch eine gestrichelte Linie angedeutet. Die Temperatur des Mediums am Hubende mit der Masse $m_a + m_r$ und dem Volumen $V_S + V_h$ beträgt dann bei Vernachlässigung des geringen Drosselverlustes $\Delta p_R = p_1 - p_1'$ nach Gl.(32.14) für ideale Gase

$$T_1 = \frac{p_1(V_S + V_h)}{R(m_a + m_r)} = \frac{p_1(1 + \varepsilon_0)\,V_h}{R(m_a + m_r)} \qquad (175.3)$$

Die angesaugte Masse m_a ist hierbei auf einen Zylinder zu beziehen und die Restmasse m_r folgt aus Gl.(172.5). Bei realen Gasen muß diese Temperatur aus einem Diagramm als Schnittpunkt der Linien von $v_1 = (V_S + V_h)/(m_a + m_r)$ und p_1 ermittelt werden.

Verdichtung (176.1). Sie beginnt in Punkt *1* nach dem Schließen des Saugventils und endet in Punkt *2* vor dem Öffnen des Druckventils. Hierbei ändern sich laufend Druck und Temperatur der im dicht angesehenen Zylinder befindlichen Masse $m_a + m_r$. Im T, s-Diagramm verläuft die Zustandslinie zuerst nach rechts, wird dann steiler, hat in Punkt *A* eine senkrechte Tangente und biegt schließlich immer mehr nach links ab. Das Medium nimmt nach Bild **40**.1 zunächst Wärme von der Zylinder-

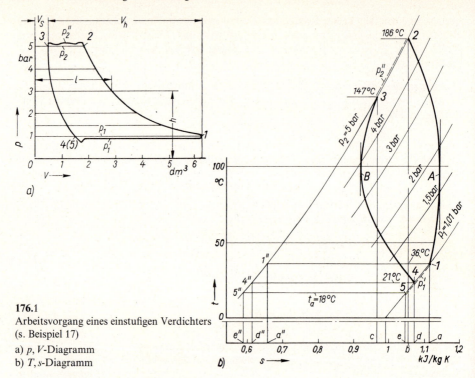

176.1
Arbeitsvorgang eines einstufigen Verdichters
(s. Beispiel 17)

a) p, V-Diagramm
b) T, s-Diagramm

wand auf. In Punkt A sind die Temperaturen des Mediums und der Wand gleich, und es tritt kein Wärmeaustausch auf. Über dem Punkt A gibt das Medium Wärme an die Wand ab. Da es konstruktiv nicht möglich ist, den Arbeitsraum wirkungsvoll zu kühlen, weicht die tatsächliche Verdichtung 12 von ihrem Idealvorgang der Isothermen $55''$ – beträchtlich ab.

Ausschieben (176.1). Es verläuft bei geöffnetem Druckventil zwischen den Punkten 2 und 3 beim Druck p_2'' unter ständiger Abnahme der im Zylinder befindlichen Masse. Es wird – wie der Saugvorgang – im T, s-Diagramm durch eine gestrichelte Linie angedeutet. Die Temperatur des Mediums, das noch wesentlich heißer als die Wand ist, sinkt dabei ab. Die mittlere Temperatur im Druckstutzen, in dem sich das zuerst ausgeschobene heißere mit dem später folgenden kälteren Medium vermischt und abgekühlt wird, entspricht dann nahezu der Temperatur T_3 am Ende des Ausschiebens.

Rückexpansion (176.1). Die im Schadraum verbleibende Restmasse dehnt sich von Punkt 3 nach dem Schließen des Druckventils bis zu Punkt 4 vor dem Öffnen des Saugventils aus. Hierbei fallen der Druck und die Temperatur des Mediums laufend ab. Im T, s-Diagramm verläuft die Zustandslinie zuerst nach links, wird dann immer steiler und biegt schließlich nach rechts ab. Das Medium gibt nach Bild **40.**1 zuerst Wärme an die Zylinderwand ab. In Punkt B mit der senkrechten Tangente sind die Temperaturen von Medium und Wand gleich. Unterhalb des Punktes B wird das Medium von der Wand aufgeheizt. Die Zustandslinien sind hierbei stark gekrümmt, da sich die Restmasse während der Rückexpansion beim ersten Teil des Hubes in einem Raum mit relativ großer Oberfläche befindet, bei dem der Wärmeaustausch besonders intensiv ist. Der mittlere Rückexpansionsexponent, der für die Berechnung des Füllungsgrades nach Gl. (174.1) von Bedeutung ist, ergibt sich durch Logarithmieren der aus Gl. (44.6) und Bild **176.**1 a mit $V_3 = V_S$ folgenden Gleichung $p_2 V_S^n = p_1 V_4^n$

$$n = \frac{\lg(p_2/p_1)}{\lg(V_4/V_S)} \qquad (176.1)$$

3.2.4.2 Ermitteln der Arbeiten und Wärmen aus dem T, s-Diagramm

Hierzu müssen die Zustandslinien punktweise aus dem p, V- in das T, s-Diagramm übertragen werden. Das p, V-Diagramm ergibt sich aus dem Indikatordiagramm (**28**.1) durch Bestimmung seiner Koordinatenachsen nach Gl. (28.1) und (28.2) mit Hilfe des Volumen- und Druckmaßstabes. Bei der Rückexpansion bzw. Kompression sind im Arbeitsraum die Massen m_r und $m_a + m_r$ eingeschlossen, wobei m_r die Restmasse nach Gl. (172.4) und m_a die angesaugte Masse je Zylinder ist.

Zur Übertragung in das T, s-Diagramm (**176**.1) werden auf den Zustandslinien des p, V-Diagrammes eine Anzahl Punkte ausgewählt und ihre Drücke und Volumina p und V bestimmt. Hierfür werden die spezifischen Volumina $v = V/m_r$ für die Rückexpansion und $v = V/(m_a + m_r)$ für die Kompression berechnet und im T, s-Diagramm die ihnen zugeordneten p- und v-Linien zum Schnitt gebracht. Die Schnittpunkte sind aber wegen der nicht sehr unterschiedlichen Steigung der p- und v-Linien schwer zu bestimmen. Bei idealen Gasen ist es daher vorteilhafter, für die gewählten Punkte die Temperaturen zu berechnen und die Schnittpunkte der betreffenden p- und t-Linien zu ermitteln. Für die Temperaturen gilt nach der Zustandsgleichung $pV = mRT$ bei der Rückexpansion bzw. Kompression

$$T = \frac{pV}{m_r R} \qquad\qquad T = \frac{pV}{(m_a + m_r) R} \qquad\qquad (177.1)$$

Arbeiten (**176**.1). Bei Vernachlässigung der geringen Gasreibungsverluste sind nach $w_t = w_i + |w_R|$ die indizierte und die technische Arbeit w_i bzw. w_t gleich. Die indizierte Arbeit für die Kompression bzw. die Rückexpansion beträgt dann mit dem Arbeitsmaßstab $\bar{m}_w$ nach Gl. (46.1) und (46.2)

$$w_{iK} = \bar{m}_w \text{ Fläche } a\,1\,2\,1''\,a'' \qquad w_{iR\ddot{u}} = \bar{m}_w \text{ Fläche } d\,4\,3\,4''\,d'' \qquad (177.2) \text{ und } (177.3)$$

Wegen der verschiedenen Bezeichnungen in den Bildern **46**.1 und **176**.1 bei der Rückexpansion wurde in Gl. (46.1) *1, 2* und *b* durch *3, 4* und *d* ersetzt.

Die Mehrarbeit zur Verdichtung der Restmasse beträgt dann, da die Fläche $a''\,1''\,4''\,d''$ = Fläche $a\,1\,4\,d$ ist,

$$\Delta w_r = w_{iK} - w_{iR\ddot{u}} = \bar{m}_w (\text{Fläche } a\,1\,2\,1''\,a'' - \text{Fläche } d\,4\,3\,4''\,d'') = \bar{m}_w \text{ Fläche } 1\,2\,3\,4 \quad (177.4)$$

Für die indizierte Arbeit pro Zylinder und Arbeitsspiel gilt unter Berücksichtigung der angesaugten bzw. der Restmasse m_a und m_r und der Gl. (177.2) bis (177.4)

$$W_i = (m_a + m_r)\,w_{iK} - m_r\,w_{iR\ddot{u}} = m_a\,w_{iK} + m_r\,\Delta w_r \qquad (177.5)$$

Der Anteil der Mehrarbeit für die Restmasse $m_r\,\Delta w_r$ ist hierbei klein, da unter Beachtung der Unterbrechung des T, s-Diagrammes $\Delta w_r = \bar{m}_w$ Fläche $1\,2\,3\,4 \ll w_{iK} = \bar{m}_w$ Fläche $a\,1\,2\,1''\,a''$ und außerdem $m_r \ll m_a + m_r$ ist. Fehler der Rückexpansionslinie im T, s-Diagramm wirken sich daher auf die indizierte Leistung kaum aus. Sie entstehen durch die Massenträgheit des bei der Rückexpansion stark beschleunigten Indikatorkolbens und beim Ausmessen der sehr kurzen, die Volumina im p, V-Diagramm darstellenden Strecken.

Wärmeenergien (**176**.1) erscheinen im T, s-Diagramm nach Abschn. 1.2.3.1 als Flächen unter den betreffenden Zustandslinien. Zu ihrer Ermittlung sei angenommen, daß die Ansauge- und Rückkühltemperatur des Mediums gleich sind.

Angesaugte Masse. Ihrer Einheit werden, wenn $\bar{m}_w$ der Wärmemaßstab ist, bei der Verdichtung die Wärme $\bar{m}_w$ Fläche $a\,1\,2\,b$, beim Ausschieben und im Nachkühler die Wärmen $\bar{m}_w$ Fläche $b\,2\,5''\,e''$ entzogen und beim Ansaugen die Wärme $\bar{m}_w$ Fläche $e\,5\,1\,a$ zugeführt. Da aber die Fläche $a\,1\,5\,e$ = Fläche $a''\,1''\,5''\,e''$ ist, beträgt die gesamte abgeführte Wärme $q = \bar{m}_w$ Fläche $a\,1\,2\,1''\,a'' = w_{iK}$ nach Gl. (177.2).

Restmasse. Für ihre Einheit ergibt sich bei der Kompression und beim Ausschieben der Wärmeentzug $\bar{m}_w$ Fläche $a\,1\,2\,b$ und $\bar{m}_w$ Fläche $b\,2\,3\,c$ und bei der Rückexpansion und beim Ansaugen die Wärmezufuhr $\bar{m}_w$ Fläche $c\,3\,4\,d$ und $\bar{m}_w$ Fläche $d\,4\,1\,a$. Insgesamt wird dann nach Gl. (177.4) die Wärme $q_r = \bar{m}_w$ Fläche $1\,2\,3\,4 = \Delta w_r$ abgeführt.

Die gesamte Wärmeenergie (58.3), die dem Medium während eines Arbeitspieles durch die Zylinder-, Deckel- und Nachkühlung sowie durch die Abstrahlung entzogen wird, entspricht also der zugeführten indizierten Arbeit nach Gl. (177.5), wenn die Rückkühlung auf die Ansaugetemperatur erfolgt.

3.2.5   Leistungen und Wirkungsgrade

Leistungen. Die Leistung eines Idealverdichters ist die zur isothermischen Verdichtung des Förderstromes $\dot m_f$ des Mediums ohne Feuchte (s. Abschn. 1.2.4) vom Ansaugzustand p_1, t_a auf den Gegendruck p_2 notwendige Leistung. Sie beträgt, wenn w_{is} die spezifische Arbeit der Isothermen ist,

$$P_{is} = \dot m_f w_{is} \tag{178.1}$$

Ideale Gase. Hier ist nach Gl. (45.8) $w_{is} = w_g = w_t = p_1 v_1 \ln (p_2/p_1)$. Mit $\dot V_{fa} = \dot m_f v_1$ und $p_1 \dot V_{fa} = \dot m_f R T$ nach der Beziehung $p V = m R T$ folgt

$$P_{is} = p_1 \dot V_{fa} \ln (p_2/p_1) \qquad\qquad P_{is} = \dot m_f R T_a \ln (p_2/p_1) \tag{178.2 und 178.3}$$

Bei den üblichen Ansaugetemperaturen von $T_a \approx 300\,\mathrm{K}$ erhöhen sich nach Gl. (178.3) bei einer Aufheizung von 3 °C die isothermische Leistung und damit auch alle übrigen Leistungen um $\approx 1\%$.

Reale Gase. Ist ein T,s-Diagramm vorhanden, dann wird die spezifische Arbeit w_{is} nach Bild (42.1 b) bestimmt. Sind jedoch nur die p, v-Abweichungen ζ vom idealen Gas (Index id) bekannt, so ergibt sich für das reale Gas bei der isothermischen Verdichtung (178.1) eine Volumenänderung $\Delta v = \zeta v_{id} - v_{id}$ und mit $p v_{id} = p_1 v_{id\,1}$ nach Gl. (33.8) eine zusätzliche spezifische Arbeit

$$\Delta w_{is} = \int_{p_1}^{p_2} \Delta v \, dp = \int_{p_1}^{p_2} (\zeta - 1) v_{id} \, dp = p_1 v_{id\,1} \int_{p_1}^{p_2} \frac{\zeta - 1}{p} \, dp$$

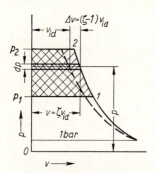

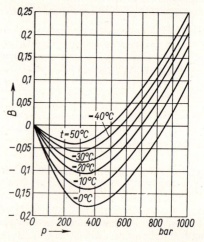

178.1 Ermittlung der isothermischen Arbeit
Zustandslinien:
reales Gas ———
ideales Gas — — —
technische Arbeiten: ideales Gas nach links und reales Gas nach rechts aufwärts schraffiert

178.2 Beiwerte B zur Berechnung der isothermischen Leistung für Sauerstoff (nach [39])

Zur Lösung des Integrals ist die Kurve $(\zeta - 1)\,p = f(p)$ für die Temperatur T_a mit Hilfe der Funktion $\zeta = f(p)$ – z. B. nach Bild **33**.1 – aufzuzeichnen und die darunterliegende Fläche von p_1 bis nach p_2 zu planimetrieren. Zur Darstellung der Ergebnisse in Kurvenform (**178**.2) wird vorteilhaft vom Druck $p_1 = 1$ bar ausgegangen und das Integral wie folgt aufgeteilt

$$\int\limits_{p_1}^{p_2} \frac{\zeta - 1}{p}\,dp = \int\limits_{1\,\text{bar}}^{p_2} \frac{\zeta - 1}{p}\,dp - \int\limits_{1\,\text{bar}}^{p_1} \frac{\zeta - 1}{p}\,dp = B(2) - B(1)$$

Damit beträgt dann die isothermische Leistung

$$P_{is} = \dot{m}_f (w_{is} + \Delta w_{is}) = p_1\,\dot{V}_{fa}\left[\ln \frac{p_2}{p_1} + B(2) - B(1) \right] \tag{179.1}$$

Weitere Kurven für die Beiwerte B siehe [39]. Für Medien, die bei der isothermischen Verdichtung kondensieren – wie z. B. Ammoniak in Kälteverdichtern –, wird als Idealprozeß die Isentrope gewählt. Hier gilt dann nach Gl.(42.3) $P_{id} = P_{it} = \dot{m}_f (h_2 - h_1)$.

Die **indizierte Leistung** beträgt mit dem indizierten Druck p_i nach Gl. (27.4) $P_i = p_i V_H n$.

Die **effektive Leistung** P_e an der Kupplung wird mit einem Torsionsdynamometer bestimmt. Beim Antrieb durch Elektromotoren wird die elektrische Leistung gemessen, und davon der Motorverlust abgezogen [20]. Ist das Motorgehäuse pendelnd gelagert und hat es Hebelarm und Waage, so kann die Leistung nach Gl. (19.7) berechnet werden [9].

Der Hersteller garantiert die effektive Leistung P_e nach DIN 1945 meist mit dem Spiel $\pm 5\%$. Die Leistung der Antriebsmotoren ist aber 10 bis 15% höher zu wählen, um Schwankungen des Ansaugzustandes und der elektrischen Spannung auszugleichen.

Wirkungsgrade. Die Gütegrade nach Gl. (60.7) und (60.8) heißen, da sie bei Verdichtern auf die isothermische Leistung bezogen werden, isothermische Wirkungsgrade und betragen

$$\eta_{isi} = \frac{P_{is}}{P_i} \qquad \eta_{ise} = \frac{P_{is}}{P_e} = \frac{P_{is} P_i}{P_i P_e} = \eta_{isi}\,\eta_m \tag{179.2 und 179.3}$$

Hierbei ist η_m der mechanische Wirkungsgrad. Der effektive isothermische Wirkungsgrad η_{ise} dient bei der Auslegung der Verdichter zur Bestimmung der effektiven Leistung aus der isothermischen. Er ist hauptsächlich vom Druckverhältnis, der Kühlung und der konstruktiven Ausbildung der Maschine abhängig. Sein Maximalwert beträgt $\approx 0{,}6$ bis $0{,}7$ bei Druckverhältnissen $\psi = 3$ bis 4.

Bei Medien, für die nur eine Isentrope als Idealprozeß möglich ist, heißen die Gütegrade isentropische Wirkungsgrade und betragen

$$\eta_{iti} = P_{it}/P_i \qquad \eta_{ite} = P_{it}/P_e = \eta_{iti}\,\eta_m \tag{179.4 und 179.5}$$

Beispiel 16. An einem einzylindrigen Luftverdichter mit dem Hubvolumen $V_h = 5{,}66\,l$ und dem schädlichen Raum $\varepsilon_0 = 8\%$ wurde bei der Drehzahl $n = 210\,\text{min}^{-1}$ das Indikatordiagramm (**28**.1 bzw. **176**.1a) aufgenommen. Dabei betrugen der Ansaugzustand $p_1 = 1{,}01$ bar und $t_a = 18\,^\circ\text{C}$, der Gegendruck $p_2 = 5$ bar, die Temperatur im Druckstutzen $t_3 = 147\,^\circ\text{C}$, der Saugstrom $\dot{V}_a = 0{,}88\,\text{m}^3/\text{min}$ und der Förderstrom $\dot{V}_{fa} = 0{,}86\,\text{m}^3/\text{min}$. Die Länge der atmosphärischen Linie ist $l_a = 42\,\text{mm}$ und das indizierte Saugvolumen V_D wird durch die Länge $l_D = 34\,\text{mm}$ dargestellt.

Gesucht sind der Liefer-, Füllungs-, Aufheizungs- und Durchsatzgrad, die Temperaturerhöhung der Luft am Ende des Saugvorganges und der mittlere Polytropenexponent der Rückexpansion.

Volumengrößen. Für den Volumenmaßstab gilt $\bar{m}_v = V_h/l_a = 5,66\,\text{l}/42\,\text{mm} = 0,135\,\text{l/mm}$. Die Volumina pro Arbeitsspiel betragen $V_{fa} = \dot{V}_{fa}/n = (0,86 \cdot 10^3\,\text{l/min})/210\,\text{min}^{-1} = 4,1\,\text{l}$, $V_a = \dot{V}_a/n = 4,2\,\text{l}$ und $V_D = V_h/l_a = 5,66\,\text{l} \cdot 34\,\text{mm}/42\,\text{mm} = 4,58\,\text{l}$. Hiermit wird der

Liefergrad aus Gl. (173.1)

$$\lambda_L = V_{fa}/V_h = 4,1\,\text{l}/5,66\,\text{l} \; = 0,724$$

Füllungsgrad aus Gl. (173.2)

$$\lambda_F = V_D/V_h = 4,58\,\text{l}/5,66\,\text{l} = 0,81$$

Aufheizungsgrad aus Gl. (174.2)

$$\lambda_A = V_a/V_D = 4,2\,\text{l}/4,58\,\text{l} \; = 0,917$$

Durchsatzgrad aus Gl. (175.1)

$$\lambda_D = V_{fa}/V_a = 4,1\,\text{l}/4,2\,\text{l} \quad = 0,975$$

Zur Kontrolle ergibt sich aus Gl. (175.2) $\lambda_L = \lambda_F \lambda_A \lambda_D = 0,81 \cdot 0,917 \cdot 0,975 = 0,724$

Temperaturerhöhung. Mit der angesaugten und der Restmasse aus Gl. (172.5)

$$m_a = \frac{p_1 V_a}{R\,T_a} = \frac{1,01 \cdot 10^5\,\text{N/m}^2}{287,1 \cdot \dfrac{\text{N m}}{\text{kg K}}} \cdot \frac{4,2 \cdot 10^{-3}\,\text{m}^3}{291\,\text{K}} = 5,08 \cdot 10^{-3}\,\text{kg}$$

$$m_r = \frac{p_2 \varepsilon_0 V_h}{R\,T_3} = \frac{5 \cdot 10^5\,\text{N/m}^2}{287,1\,\text{N m/(kg K)}} \cdot \frac{0,08 \cdot 5,66 \cdot 10^{-3}\,\text{m}^3}{420\,\text{K}} = 1,88 \cdot 10^{-3}\,\text{kg}$$

folgt aus Gl. (175.3) mit $m_a + m_r = 6,96 \cdot 10^{-3}\,\text{kg}$

$$T_1 = \frac{p_1(1 + \varepsilon_0)\,V_h}{(m_a + m_r)\,R} = \frac{1,01 \cdot 10^5\,\text{N/m}^2}{6,96 \cdot 10^{-3}\,\text{kg}} \cdot \frac{1,08 \cdot 5,66 \cdot 10^{-3}\,\text{m}^3}{287,1\,\text{N m/(kg K)}} = 309\,\text{K bzw. } 36\,^\circ\text{C}$$

Die Luft wird damit beim Ansaugen um $\Delta t = t_1 - t_a = (36 - 18)\,^\circ\text{C} = 18\,^\circ\text{C}$ erwärmt.

Rückexpansionsexponent. Mit dem schädlichen Raum $V_S = \varepsilon_0 V_h = 0,08 \cdot 5,66\,\text{l} = 0,453\,\text{l}$ folgt das Volumen $V_4 = V_S + V_h - V_D = V_S + (l_a - l_D)\,\bar{m}_v = 0,453\,\text{l} + (42 - 34)\,\text{mm} \cdot 0,135\,\text{l/mm} = 1,53\,\text{l}$ und aus Gl. (176.1)

$$n = \frac{\lg(p_2/p_1)}{\lg(V_4/V_S)} = \frac{\lg(5\,\text{bar}/1,01\,\text{bar})}{\lg(1,53\,\text{l}/0,453\,\text{l})} = 1,31$$

Beispiel 17. Das Indikatordiagramm (28.1) mit den Meßwerten nach Beispiel 16 und dem Federmaßstab $\varphi = 6\,\text{mm/bar}$ ist in das T, s-Diagramm zu übertragen. Hieraus ist die indizierte Leistung zu bestimmen. Die Lage der Koordinatenachsen und der Volumenmaßstab für das p, V-Diagramm $\bar{m}_V = 0,135\,\text{l/mm}$ sind in Beispiel 3, bestimmt.

Zur Übertragung der Kompressions- und Rückexpansionslinien in das T, s-Diagramm werden aus dem p, V-Diagramm (176.1a) für die Drücke 1,01, 1,5, 2, 3, 4 und 5 bar, deren Höhen nach Gl. (28.2) $h = \varphi p$ sind, nach Ausmessen der Strecken l die Volumina ermittelt. Da sich die Luft im betrachteten Bereich wie ein ideales Gas verhält, werden die Temperaturen nach Gl. (177.1) berechnet. Die Schnittpunkte der p- und t-Linien im T, s-Diagramm (176.1b) liegen dann auf den gesuchten Zustandslinien. Zur Vereinfachung der häufigen Rechnungen seien Zahlenwertgleichungen abgeleitet. Für die Volumina gilt $V = 0,135\,l$ in l mit l in mm und für die Temperaturen der Kompression und Rückexpansion folgt aus Gl. (177.1) mit $m_a = 5,08 \cdot 10^{-3}$ und $m_r = 1,88 \cdot 10^{-3}$ in kg (s. Beispiel 16), $R = 287,1$ in N m/(kg K) und p in bar sowie V in l

$$T = \frac{p \cdot 10^5\,V \cdot 10^{-3}}{(5,08 + 1,88) \cdot 10^{-3} \cdot 287,1} = 50,0\,p\,V \quad \text{bzw.} \quad T = \frac{p \cdot 10^5\,V \cdot 10^{-3}}{1,88 \cdot 10^{-3} \cdot 287,1} = 185,3\,p\,V \text{ in K}$$

Die Berechnung der Temperaturen für gegebenen Drücke ist in Tafel **181.**1 durchgeführt.

Tafel **181**.1   Berechnungen der Temperaturen für gegebene Drücke

p in bar	Kompression				Rückexpansion			
	l in mm	V in l	T in K	t in °C	l in mm	V in l.	T in K	t in °C
5	13,6	1,84	460	187	3,35	0,452	420	147
4	16,4	2,21	443	170	3,75	0,506	375	102
3	20,9	2,82	423	150	4,70	0,635	353	80
2	28,7	3,88	388	115	6,60	0,89	330	57
1,5	35,2	4,75	356	83	8,40	1,13	315	42
1,01	45,3	6,12	309	36	11,6	1,57	294	21

Indizierte Leistung. Die Temperatur-, Entropie- und Arbeitsmaßstäbe des T,s-Diagrammes betragen

$$\bar{m}_\mathrm{T} = \frac{25\,\mathrm{K}}{\mathrm{cm}} \qquad \bar{m}_\mathrm{s} = \frac{0{,}105\,\mathrm{kJ/(kg\,K)}}{\mathrm{cm}}$$

$$\bar{m}_\mathrm{w} = \bar{m}_\mathrm{T}\,\bar{m}_\mathrm{s} = \frac{25\,\mathrm{K}\cdot 0{,}105\,\mathrm{kJ/(kg\,K)}}{\mathrm{cm}^2} = 2{,}63\,\frac{\mathrm{kJ/kg}}{\mathrm{cm}^2} = 2630\,\frac{\mathrm{N\,m/kg}}{\mathrm{cm}^2}$$

Da die Fläche $a\,1\,2\,1''\,a''$ (**176**.1 b) nicht vollständig im Diagramm erscheint, wird sie in Fläche $1\,2\,1''$ = 13,8 cm² und die Fläche $a\,1\,1''\,a'' = \overline{11}'' \cdot T_1/\bar{m}_\mathrm{T} = 4{,}5\,\mathrm{cm} \cdot 309\,\mathrm{K}/(25\,\mathrm{K\,cm}^{-1}) = 56\,\mathrm{cm}^2$ aufgeteilt. Mit Fläche $a\,1\,2\,1''\,a'' = (13{,}8 + 56)\,\mathrm{cm}^2 = 69{,}8\,\mathrm{cm}^2$ und Fläche $1\,2\,3\,4 = 8{,}9\,\mathrm{cm}^2$ folgt dann nach Gl. (177.2) und (177.4) die indizierte Arbeit der Masseneinheit der angesaugten bzw. die Mehrarbeit der Restmasse

$$w_{\mathrm{iK}} = \bar{m}_\mathrm{w}\,\text{Fläche}\; a\,1\,2\,1''\,a'' = 2{,}63\,\frac{\mathrm{kJ/kg}}{\mathrm{cm}^2}\cdot 69{,}8\,\mathrm{cm}^2 = 183\,\mathrm{kJ/kg}$$

und $\qquad \Delta w_\mathrm{r} = \bar{m}_\mathrm{w}\,\text{Fläche}\; 1\,2\,3\,4 = 2{,}63\,\dfrac{\mathrm{kJ/kg}}{\mathrm{cm}^2}\cdot 8{,}9\,\mathrm{cm}^2 = 23{,}4\,\mathrm{kJ/kg}$

Die indizierte Arbeit pro Arbeitsspiel beträgt dann nach Gl. (177.5)

$W_\mathrm{i} = m_\mathrm{a} w_{\mathrm{iK}} + m_\mathrm{r} \Delta w_\mathrm{r} = 5{,}08\cdot 10^{-3}\,\mathrm{kg}\cdot 183\,\mathrm{kJ/kg} + 1{,}88\cdot 10^{-3}\,\mathrm{kg}\cdot 23{,}4\,\mathrm{kJ/kg} = (0{,}931 + 0{,}044)\,\mathrm{kJ}$
$\qquad = 0{,}975\,\mathrm{kJ} = 975\,\mathrm{N\,m}$

Wird hierbei der Mehraufwand für die Rückexpansion von 44 N m vernachlässigt, entsteht ein Fehler von $\approx 4{,}5\,\%$. Aus dem Indikatordiagramm folgt nach Beispiel 3, $W_\mathrm{i} = 979\,\mathrm{N\,m}$, weicht also nur um $4^0/_{00}$ ab. Die induzierte Leistung beträgt dann

$$P_\mathrm{i} = W_\mathrm{i}\,n = \frac{0{,}975\,\mathrm{kJ}}{1\,\mathrm{kJ\,s}^{-1}/\mathrm{kW}}\cdot \frac{210\,\mathrm{min}^{-1}}{60\,\mathrm{s/min}} = 3{,}41\,\mathrm{kW}$$

3.3 Mehrstufige Verdichtung

Wird bei der einstufigen Verdichtung das Druckverhältnis erhöht, so steigen der Gegendruck und die Temperatur des Mediums an. Der höhere Druck vermehrt die Gestängekräfte und den Volumenverlust durch die Rückexpansion. Durch die höhere Temperatur wird die Zylinderwand stärker erwärmt, das Medium beim Ansaugen mehr aufgeheizt und der Verdichtungsvorgang weicht stärker von der Isothermen ab. Beim Betrieb des Verdichters treten dadurch folgende Nachteile auf: kleinere Förderströme, größere Gestängekräfte, höherer Leistungsbedarf, stärkerer Verschleiß, erschwerte Schmierung und verkürzte Lebensdauer. Das Druckverhältnis wird durch die Temperatur begrenzt, bei der das Schmieröl-Gas-Gemisch explodieren kann. So ist nach VBG 16[1]) bei einstufigen Luftverdichtern im Druckstutzen eine Höchsttemperatur von 200 °C zulässig.

Bei der stufenweisen Verdichtung in mehreren hintereinandergeschalteten Arbeitsräumen (**182.**1a) wird das Medium zwischen den einzelnen Stufen gekühlt. Hierdurch nehmen die Volumenverluste, die Gestängekräfte sowie die Antriebsleistung ab und die Lebensdauer steigt an. Da mit der Stufenzahl aber die Herstellungskosten, die Gasreibungs- und Triebwerksverluste zunehmen, ergibt ein Stufendruckverhältnis von $\psi \approx 4$ eine wirtschaftliche Verdichtung. Kleine Maschinen haben wegen ihrer relativ großen wärmeabführenden Flächen höhere, Hochdruckverdichter, die im Dauerbetrieb arbeiten, kleinere Druckverhältnisse. Werte bis $\psi = 8$ sind nur dann zulässig, wenn der Höchstdruck so kurzzeitig auftritt, daß die zulässigen Temperaturen nicht überschritten werden, wie z. B. beim Füllen von Flaschen und Aufpumpen von Reifen.

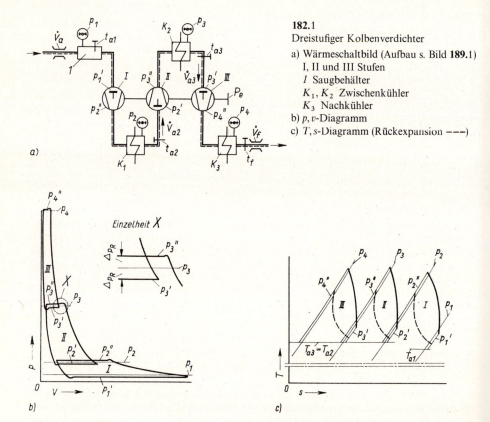

182.1
Dreistufiger Kolbenverdichter

a) Wärmeschaltbild (Aufbau s. Bild **189.**1)
   I, II und III Stufen
   1 Saugbehälter
   K_1, K_2 Zwischenkühler
   K_3 Nachkühler
b) p, v-Diagramm
c) T, s-Diagramm (Rückexpansion – – –)

Einzelheit X

---

[1]) VBG Unfallverhütungsvorschriften des Hauptverbandes der gewerblichen Berufsgenossenschaften.

3.3.1 Berechnungsgrundlagen

Bezeichnungen (182.1 a). Die *i*-Stufen des Verdichters werden mit römischen Zahlen bezeichnet. Die Kühler zählen zu der Stufe, hinter der sie liegen und erhalten die betreffenden arabischen Ziffern als Index. Drücke, die sich auf den Ein- bzw. Austritt der *k*-ten Stufe beziehen, haben die Indizes *k* und $k + 1$. Die übrigen Zustandsgrößen werden für die Saug- und Druckstutzen der einzelnen Stufen zusätzlich durch *a* und *f* gekennzeichnet.

Stufendrücke (182.1) werden in den Zwischenkühlern gemessen und sind am Aus- bzw. Eintritt zweier aufeinanderfolgender Stufen gleich. Das Stufendruckverhältnis der *k*-ten Stufe und das Gesamtdruckverhältnis betragen dann

$$\psi_k = \frac{p_{k+1}}{p_k} \tag{183.1}$$

bzw.

$$\psi_{ges} = \psi_1 \cdot \psi_2 \cdots \psi_k \cdots \psi_i = \frac{p_2}{p_1} \cdot \frac{p_3}{p_2} \cdots \frac{p_{k+1}}{p_k} \cdots \frac{p_{i+1}}{p_i} = \frac{p_{i+1}}{p_1} \tag{183.2}$$

Sind die Stufendruckverhältnisse gleich, ist also $\psi_k = \psi$, dann folgt

$$\psi_{ges} = \psi^i = \frac{p_{i+1}}{p_1} \qquad\qquad i = \frac{\lg(p_{i+1}/p_1)}{\lg \psi} \qquad \text{(183.3) und (183.4)}$$

Hieraus wird nach Wahl des Stufendruckverhältnisses die Stufenzahl *i* berechnet.

Zylinderdrücke (182.1 b, c). Für das Ansaugen bzw. Ausschieben im Zylinder der *k*-ten Stufe werden sie mit p_k' und p_{k+1}'' bezeichnet. Sie unterscheiden sich von den Stufendrücken p_k und p_{k+1} durch die Gasreibungsverluste Δp_R in der Leitung und den Ventilen zwischen dem Zylinder und dem Kühler. Es gilt also

$$p_k'' = p_k + \Delta p_R \qquad p_k' = p_k - \Delta p_R \qquad p_k'' - p_k' = 2\Delta p_R \qquad \text{(183.5) bis (183.6)}$$

Das Zylinderdruckverhältnis, die Kenngröße zur Berechnung der Zylinderdrücke und Gestängekräfte, beträgt

$$\psi_k' = \frac{p_{k+1}''}{p_k'} = c\,\frac{p_{k+1}}{p_k} = c\,\psi_k \tag{183.7}$$

Zur Ermittlung der Zylinderdrücke wird die Konstante mit $c \approx 1{,}05$ bis $1{,}25$ und der Zylindersaugdruck der I. Stufe mit $p_1' \approx 0{,}95\,p_1$ angenommen und $p_2 = \psi\,p_1$, $\psi_1' = c\,\psi_1$, $p_2'' = \psi_1'\,p_1'$, $\Delta p_R = p_2'' - p_2$ und $p_2' = p_2 - \Delta p_R$ aus den Gl. (183.5) bis (183.7) berechnet. Für die weiteren Stufen ist dann von p_2' ausgehend sinngemäß zu verfahren. Dabei steigen die Gasreibungsverluste in den höheren Stufen tendenzmäßig richtig an, da sich ihr Anwachsen mit der Dichte nach Gl. (52.1) nur zum Teil durch kleinere Geschwindigkeiten in den Ventilen und Leitungen ausgleichen läßt.

Temperaturen (182.1 a, c). Als Ansaugetemperatur t_{ak} der *k*-ten Stufe gilt jeweils – abgesehen von der I. Stufe – die Rückkühltemperatur des davorliegenden Zwischenkühlers. Sie liegt, um den Aufwand für die Kühlung in wirtschaftlich tragbaren Grenzen zu halten, bei Luftkühlung $\approx 25\,°\mathrm{C}$, bei Wasserkühlung $\approx 15\,°\mathrm{C}$ über der Ansaugetemperatur der I. Stufe.

Massen und Volumina. Die angesaugte und geförderte Masse m_a und m_f können ohne besonderen Aufwand lediglich vor dem Saugbehälter der I. und hinter dem Nachkühler der letzten Stufe gemessen werden [39]. Die Ansaugevolumina (182.1 a) müssen aber zur Auslegung für alle Stufen bekannt sein. Sie betragen bei vernachlässigten Leckverlusten nach

Gl. (171.3) für die k-te Stufe, wenn der Index 0 auf den Normzustand hinweist, bei idealen Gasen,

$$V_{ak} = V_0 \frac{p_0 \, T_{ak}}{p_k \, T_0} \tag{184.1}$$

Ansauge- und damit Hubvolumen sind bei höheren Stufen also kleiner.

Isothermische Leistung. Ist $\dot{V}_{fk}$ der hinter dem Nachkühler gemessene, auf den Ansaugezustand der k-ten Stufe bezogene Förderstrom, so gilt, da sich die Leistungen der i Stufen addieren, nach Gl. (178.2) für ideale Gase

$$P_{is} = \sum_{k=1}^{i} \dot{V}_{fk} \, p_k \ln \psi_k \tag{184.2}$$

Sind die Stufendruckverhältnisse aller Stufen und die Ansaugetemperaturen von der II. Stufe ab gleich, so folgt mit $\psi_k = \psi$ und, da bei Vernachlässigung der Leckverluste $p_2 \dot{V}_{f2} = p_k \dot{V}_{fk}$ für $k > 2$ ist, $P_{is} = [p_1 \dot{V}_{f1} + (i-1) p_2 \dot{V}_{f2}] \ln \psi$. Mit $p_2 \dot{V}_{f2} = p_1 \dot{V}_{f1} T_{a2}/T_{a1}$ nach Gl. (32.14) ergibt sich

$$P_{is} = p_1 \dot{V}_{f1} \left[1 + (i-1) \frac{T_{a2}}{T_{a1}} \right] \ln \psi \tag{184.3}$$

Durch eine Erhöhung der Rückkühltemperatur t_{a2} werden hiernach der Arbeitsaufwand und nach Gl. (184.1) das angesaugte Volumen und damit die Kolbenflächen, die Abmessungen und die Gestängekräfte der Maschine größer.

Wird der Einfluß der Rückkühltemperatur vernachlässigt, so folgt aus Gl. (184.2) mit

$$\dot{V}_{fk} \, p_k = \dot{V}_{f1} \, p_1 \quad \text{und} \quad \sum \ln \psi_k = \ln \psi_{ges}$$

oder nach Gl. (184.3) mit $T_{a1} = T_{a2}$

$$P_{is} = p_1 \dot{V}_{f1} \ln \psi_{ges} \tag{184.4}$$

Bei realen Gasen ist dann mit den Beiwerten (**178.**2) und mit Gl. (179.1) zu rechnen.

3.3.2 Vergleich der ein- und mehrstufigen Verdichtung

Für eine lediglich qualitative Betrachtung (**184.**1) sei die ideale isothermische Kompression 12_{is} durch die Isentropen $12'$ bei einstufiger, bzw. 12_I und $1_{II} 2_{II}$ bei zweistufiger Verdichtung ersetzt. Hierbei werden die schädlichen Räume sowie die Reibungs- und Mengenverluste des

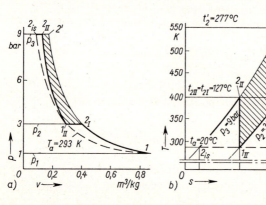

184.1

Vergleich der ein- und zwei- stufigen Verdichtung (1 kg Luft von 1 bar 20 °C auf 9 bar)

a) p, v-Diagramm

b) T, s-Diagramm

Arbeitsersparnis schraffiert

als ideal angesehenen Mediums vernachlässigt. Das Stufendruckverhältnis sei konstant, und der Zwischenkühler kühle auf die Ansaugetemperatur t_a zurück. Punkt I_{II} liegt also auf der Isothermen 12_{is}. Die einstufige Verdichtung umfaßt also die Kompression $12'$ und die Rückkühlung $2'2_{is}$, die zweistufige Verdichtung die Kompression 12_I, die Zwischenkühlung $2_I I_{II}$, die Kompression $I_{II} 2_{II}$ und die Rückkühlung $2_{II} 2_{is}$. Für den Vergleich einer Verdichtung in i-Stufen und der – durch einen Beistrich gekennzeichneten – einstufigen Verdichtung mit dem Druckverhältnis $\psi' = \psi^i$ gilt dann für die Temperaturen nach Gl. (44.8) mit dem Isentropenexponenten κ

$$T_{2i} = T_{2k} = T_a \psi^{\frac{\kappa-1}{\kappa}} \qquad\qquad T_2' = T_a \psi^{i\frac{\kappa-1}{\kappa}} \qquad\qquad \text{(185.1) und (185.2)}$$

und für die Arbeiten nach Gl. (42.3) mit der spezifischen Wärmekapazität bei konstantem Druck c_p

$$w_t = i c_p (T_{2k} - T_a) \qquad\qquad w_t' = c_p (T_2' - T_a) \qquad\qquad \text{(185.3) und (185.4)}$$

Die Arbeitsersparnis bei der mehrstufigen Verdichtung beträgt dann nach den Gl. (185.1) bis (185.4)

$$\Delta w = w_t' - w_t = c_p \left[T_2' - i T_{2k} + (i-1) T_a \right] = c_p T_a \left[\psi^{i\frac{\kappa-1}{\kappa}} - i \psi^{\frac{\kappa-1}{\kappa}} + i - 1 \right] \qquad (185.5)$$

Sie wird kleiner, wenn die Druckverhältnisse der einzelnen Stufen verschieden sind [35]. Die Gestängekräfte, die ebenfalls bei der mehrstufigen Verdichtung abnehmen, können nur bei bekannter Bauform des Verdichters ermittelt werden.

Für Bild **184**.1 ergibt sich aus den Gl. (185.1) bis (185.5) für die zwei- bzw. einstufige Verdichtung: Druckverhältnisse $\psi = 3$ und $\psi' = 9$, Verdichtungsendtemperaturen $t_2 = t_3 = 127\,°C$ und $t_2' = 277\,°C$, technische Arbeiten der Isentropen $w_t = 216\,kJ/kg$ und $w_t' = 258\,kJ/kg$. Bei der zweistufigen Verdichtung sind also die Verdichtungsendtemperaturen um $150\,°C$ und die Arbeiten $\approx 16\%$ geringer. Bei der wirklichen Maschine werden infolge der in diesem Abschnitt getroffenen Vernachlässigungen die Temperaturen und die Gestängekräfte größer und die Arbeitsersparnis kleiner. Der indizierte isothermische Wirkungsgrad (**185**.1) fällt daher mit steigender Stufenzahl ab.

Beispiel 18. Ein dreistufiger Kompressor verdichtet $\dot{V}_{fa} = 12\,m^3/h$ Sauerstoff von $p_1 = 1\,bar$ und $t_a = 15\,°C$ auf $p_4 = 225\,bar$. Gesucht sind die isothermische Leistung sowie die Dichte und der Förderstrom bei einer Temperatur von $t_f = 25\,°C$.

Isothermische Leistung. Da der Sauerstoff bei der Verdichtung vom idealen Gaszustand abweicht, sind aus Bild **178**.2 die Beiwerte $B(2) = -0,11$ für 225 bar $15\,°C$ und $B(1) = 0$ für 1 bar zu bestimmen. Hiermit folgt aus Gl. (179.1)

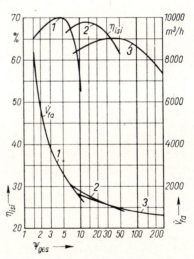

185.1 Förderströme und indizierte isothermische Wirkungsgrade von Ölfeldkompressoren einer Baureihe (Demag-Nachrichten **124** Januar 1951)

1 einstufig, *2* zweistufig, *3* dreistufig

$$P_{is} = p_1 \dot{V}_{fa}\left[\ln\frac{p_4}{p_1} + B(2) - B(1)\right] = \frac{1 \cdot 10^5\,\text{N/m}^2}{10^3\,\text{N m s}^{-1}/\text{kW}} \cdot \frac{12\,\text{m}^3/\text{h}}{3600\,\text{s/h}}\left(\ln\frac{225}{1} - 0{,}11\right)$$

$$= 0{,}333\,\text{kW} \cdot 5{,}3 = 1{,}77\,\text{kW}$$

Infolge der Abweichung des Sauerstoffs vom idealen Gaszustand, wird die isothermische Leistung um $0{,}11 \cdot 100\%/5{,}3 \approx 2\%$ verringert.

Dichte und Volumen. Die Gaskonstante beträgt mit der Molmasse des Sauerstoffs $M = 32\,\text{kg/kmol}$ und $MR = 8315\,\text{N m/(kmol K)}$ nach Gl. (32.18)

$$R = \frac{8315\,\text{N m/kmol K}}{32\,\text{kg/kmol}} = 259{,}8\,\frac{\text{N m}}{\text{kg K}}$$

Mit den p,v-Abweichungen $\zeta_f = 0{,}95$ für 225 bar 25 °C und $\zeta_a = 1$ für 1 bar aus Bild **33**.1 wird mit $\varrho = p/(\zeta R T)$ die Dichte

$$\varrho_a = \frac{p_1}{R T_a} = \frac{10^5\,\text{N/m}^2}{259{,}8\,\dfrac{\text{N m}}{\text{kg K}} \cdot 288\,\text{K}} = 1{,}34\,\frac{\text{kg}}{\text{m}^3}$$

$$\varrho_f = \frac{p_4}{\zeta_f R T_f} = \frac{225 \cdot 10^5\,\text{N/m}^2}{0{,}95 \cdot 259{,}8\,\dfrac{\text{N m}}{\text{kg K}} \cdot 298\,\text{K}} = 306\,\frac{\text{kg}}{\text{m}^3}$$

Bei der Verdichtung ist die Dichte um das ≈ 230fache angestiegen. Der Förderstrom beträgt dann

$$\dot{V}_f = \dot{V}_{fa}\frac{\varrho_a}{\varrho_f} = 12\,\text{m}^3/\text{h}\,\frac{1{,}34\,\text{kg/m}^3}{306\,\text{kg/m}^3} = 0{,}0525\,\text{m}^3/\text{h}$$

3.4 Bauarten

Während bei einstufigen Verdichtern die üblichen Bauarten (**75**.1) Verwendung finden, muß bei mehrstufigen Verdichtern noch die Verteilung der Stufen mit unterschiedlichen Arbeitsräumen und Drücken beachtet werden. Hierbei sind die Gestänge- und Massenkräfte, die Abdichtung der Zylinder, die Länge der Rohrleitungen, die Unterbringung der Kühler und die hierin auftretenden Druckänderungen sowie der Raumbedarf und die Montage der Maschine von Bedeutung.

3.4.1 Aufteilung der Stufen

Bei der Gestaltung der Zylinder für die einzelnen Stufen ist die Kolbenform sowie die Unterbringung der Ventile, der Dichtelemente und der Kühlung zu beachten.

Tauch- und Scheibenkolben sind nur für eine Stufe zu verwenden. Der Scheibenkolben (**189**.1a) wird für doppeltwirkende Stufen ausgeführt und hat den Vorteil, daß seine Gestängekräfte bei höheren Stufen kleiner sind als bei Tauchkolben, daß er besser geführt und lediglich an der Kolbenstange gegen die Atmosphäre abzudichten ist. Tauchkolben mit Saugventilen im Boden (**208**.1) ermöglichen die Gleichstromstufe, die sich durch große Ventilquerschnitte und geringe Aufheizungsverluste auszeichnet.

Stufenkolben haben zylindrische Ansätze für die weiteren Stufen (**187**.1) und werden bei liegenden Maschinen als Trage- oder Schwebekolben ausgebildet. Ihr Vorteil liegt in der Einsparung von Triebwerken; dafür sind aber die Zylinder komplizierter, die oszillierenden Massen größer und die Montage schwieriger. Außerdem bedingen die ringförmigen Arbeitsräume am Zylinderumfang und damit große schädliche Räume.

Bei der Verteilung der Stufen sind nach Möglichkeit folgende – in der Reihenfolge ihrer Bedeutung aufgeführte – Forderungen zu erfüllen.

1. Gleiche Gestängekräfte beim Hin- und Rückgang, um kleine Triebwerke zu erhalten.

2. Gleichzeitiges Ausschieben der einen und Ansaugen der ihr folgenden Stufe, um Druckerhöhungen in den Kühlern zu vermeiden.

3. Kleine Druckdifferenzen zwischen benachbarten Räumen, um die Abdichtung zu erleichtern.

4. Kleine Durchmesser bei Stufen höheren Druckes, um die Kolbenringreibung zu verringern.

Hierbei lassen sich die Forderung 1, die die gleiche Anzahl gegenüberliegender Kolbenflächen und die Forderung 2, die gegenüberliegende Kolbenflächen für aufeinanderfolgende Stufen verlangen, in Einklang (**187.**1a und **188.**1d) bringen. Im Gegensatz hierzu stehen aber die Forderungen 3 und 4, die voraussetzen, daß alle Kolbenflächen auf einer Seite in der Reihenfolge der Stufen (**187.**1b) liegen. Bei der Bauart (**187.**1a) ist aber der Ringraum der IV. Stufe zu klein und zu schwer abzudichten, bei der Anordnung (**187.**1b) sind die Gestängekräfte zu groß. In der Praxis wird daher der Stufenkolben (**189.**2a) gewählt.

Gestängekräfte. Sind sie in den Totpunkten gleich, so erreichen sie ihren kleinsten Wert. Voraussetzungen sind hierfür bei der gleichen Anzahl gegenüberliegender Kolbenflächen (**187.**1a) konstante Stufendruckverhältnisse und Liefergrade sowie vernachlässigbare Drosselverluste. Zum Nachweis seien die k- und die I. Stufe verglichen. Ihre Ansaugevolumina betragen dann nach Gl.(184.1), da die Ansaugetemperaturen konstant sind, $V_{ak} = V_{a1}p_1/p_k$. Bei konstantem Liefergrad und Hub ergibt Gl.(173.1) für die Kolbenflächen $A_k = A_1 p_1/p_k$. Die Gestängekräfte betragen dann bei konstantem Stufendruckverhältnis ψ nach Gl.(183.3), wenn die Drosselung vernachlässigt wird, in den Totpunkten

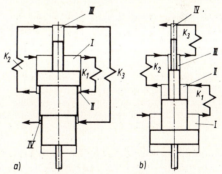

$F_{StkOT} = A_k p_{k+1} = A_1 p_1 p_{k+1}/p_k = \psi A_1 p_1$ und $S_{StkUT} = A_k p_k = A_1 p_1$. Da sie für alle Stufen gleich sind, heben sie sich auf, wenn die Kolbenflächen gegenüberliegen, also die Totpunkte vertauscht sind. Als Restkraft verbleibt dann nur der vom atmosphärischen Druck erzeugte Anteil. Eine Ausnahme bilden doppelt wirkende Stufen, die auf verschiedene Kolbenflächen (**189.**2c) verteilt sind.

Abweichungen hiervon entstehen wegen der nicht erfüllbaren Voraussetzungen. So erfordern gleiche Liefergrade konstante, auf das Hubvolumen bezogene Schadräume, sowie gleiche Ansaugetemperaturen und gleiche Kühlverhältnisse. Weiterhin ist der Einfluß der Drosselung so bedeutend, daß die Gestängekräfte mit den Zylinderdrücken berechnet werden.

187.1 Kolben für vier Stufen (theoretische Anordnung)

K_1 bis K_2 Zwischenkühler

Ausgleichsstufen (**188.**1f) haben die Aufgabe, größere Unterschiede der Gestängekräfte beim Hin- und Rückgang zu verringern. Sie besitzen keine Ventile, sind also nur mit einem Stufendruck verbunden und erzeugen der Größe und Richtung nach gleichbleibende Gestängekräfte. Ihre Bezeichnung lautet A_k und A_o, wenn sie mit dem Gegen- bzw. mit dem Saugdruck der k-ten bzw. I. Stufe verbunden sind. A_o-Stufen haben die kleinsten Gestängekräfte und werden daher zum Ausgleich der Anzahl der gegenüberliegenden Kolbenflächen (**189.**2a) verwendet.

3.4.2   Anordnung der Zylinder und Triebwerke

Von den bekannten Bauformen wird neuerdings bei kleinen Verdichtern die Fächermaschine mit Tauchkolben, bei größeren die Boxermaschine mit Kreuzkopftriebwerken bevorzugt (s. Abschn. 1.3.4.2). Kreuzkopftriebwerke sind zwar schwerer und in der Herstellung teurer, haben aber höhere Wirkungsgrade, führen die Kolben besser und sind leichter abzudichten. Sie werden daher bei Verdichtern mit mehr als zwei Stufen fast ausschließlich verwendet. Zur Kühlung dient meist Wasser, Luft wird nur bei kleineren Verdichtern mit höchstens zwei Stufen bevorzugt. Bei Wasserkühlung werden die Kühler in die Zylindermäntel eingesetzt oder bei liegenden und stehenden Maschinen auf die Zylinder gestellt oder daran aufgehängt. Bei vielstufigen Verdichtern müssen oft ein Teil der Zwischenkühler im Keller unter der Maschine stehen. Die L-Bauart (**189**.2b) (s. Abschn. 1.4.2.3) hat den Vorteil, daß die Kühler gut zugänglich zwischen dem liegenden und dem stehenden Zylinder unterzubringen sind. Weitere Möglichkeiten bietet hierfür die ⊥-Maschine (**189**.1a) mit einem stehenden und zwei liegenden Zylindern.

Einstufige Verdichter. Für kleine Förderströme werden meist einfachste Tauchkolbenmaschinen in Fächer-, W- und V-Bauweise mit Luftkühlung und höchstens acht Zylindern angeboten, während bei größeren Förderströmen und kleinen Gegendrücken Rotations- oder Schraubenverdichter (s. Abschn. 3.9.5 und 3.9.6) bzw. Kreiselkompressoren oft den Vorzug (**170**.1) erhalten. Kältekompressoren sind zur Herabsetzung der Aufheizungsverluste häufig in der Gleichstrombauweise (**208**.1) ausgeführt. Umwälzpumpen saugen oft mit sehr hohen Drücken an.

Zweistufige Verdichter (**188**.1a bis f). Ihr Hauptanwendungsgebiet ist die Erzeugung von Preßluft bis zu Drücken von 40 bar. Bei Verwendung von Tauch- und Scheibenkolben setzt sich die V- und W-Bauweise gegenüber der Reihenmaschine immer mehr durch. Bei Stufenkolben dient meist der Ringraum als II. Stufe (**188**.1d). Da sich die Kolbenflächen beider Stufen gegenüberliegen, sind die Hauptanforderungen 1 und 2 erfüllt, die übrigen aber nicht. Diese Kolben werden in Einzylinder- und in V-Maschinen verwendet. Bei den für große Förderströme benutzten Kreuzkopftriebwerken ist es vorteilhaft, die II. Stufe an der Kolbenstange gegen die Atmosphäre abzudichten. Der Kolben (**188**.1f) wird dann durch Einsparen eines Teiles seines Mantels leichter. Der hierbei entstehende Ringraum dient dann als A_0-Stufe zum Ausgleich der Gestängekräfte. Ungünstiger ist die Wahl des Ringraumes als I. Stufe (**188**.1e), da dann die beiden Kolbenflächen auf einer Seite liegen, also nur die Forderungen 3 und 4 erfüllt sind. Diese Bauart ist dennoch zu finden, da sie – von den Kolben und Zylinderdeckeln abgesehen – die Verwendung der Teile einstufiger Maschinen ermöglicht und damit die Fertigung und Ersatzteilhaltung vereinfacht. Bei ihrer Ausführung als Reihenmaschine (**188**.1c) dient dann der große Kolbenabsatz als Führung für die II. Stufe und wird durch eine A_0-Stufe im Ringraum entlastet

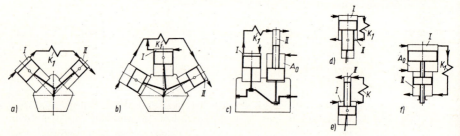

188.1   Bauarten zweistufiger Verdichter
  a) bis c) V-Maschine, W-Maschine und Reihenmaschine, d) bis f) Stufenkolben

Dreistufige Verdichter. Bei Verwendung von Scheibenkolben tritt neben der Reihenmaschine die W-und die ⊥-Bauweise (**189.**1a) immer mehr in Erscheinung. Der Stufenkolben einfachsten Aufbaus (**189.**1b) wird selten ausgeführt, da er die Forderung 1 nicht erfüllt und bei der II. Stufe gegen die Forderungen 3 und 4 verstößt. Durch die Aufteilung der I. Stufe in zwei Arbeitsräume und die Verwendung eines Kreuzkopftriebwerkes (**189.**1c) werden die Gestängekräfte geringer und die II. Stufe liegt günstiger.

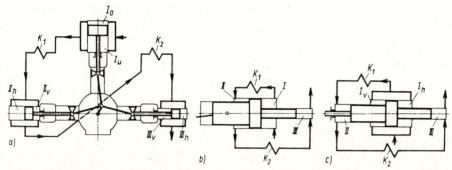

189.1 Bauarten dreistufiger Kompressoren

Verdichter mit vier und mehr Stufen (**189.**2). Hier ist mindestens ein Stufenkolben anzutreffen. Bei kleineren Förderströmen können sie bis zu fünf Stufen aufnehmen. Darüber hinaus wird der Kolben aufgeteilt, um die oszillierenden Massen zu verringern. Für größere Förderströme werden die I. bis II. Stufen doppelt wirkend ausgeführt oder durch einen Kreiselkompressor ersetzt. Dabei fallen die besonders großen Massen dieser Stufen fort, so daß höhere Drehzahlen zulässig sind. Mehr als sieben Stufen sind bei Kolbenkompressoren nicht zu finden.

Beim vierstufigen Kolben (**189.**2a) ist gegenüber der Anordnung nach Bild **189.**2a zur besseren Erfüllung der Forderungen 3 und 4 eine A_0-Stufe eingefügt und die III. und IV. Stufe vertauscht worden. Diese Bauart stellt ein Optimum dar, da jetzt nur noch gegen die Forderung 2 bei der II. und III. Stufe und gegen die Forderung 3 bei der IV. Stufe verstoßen wird.

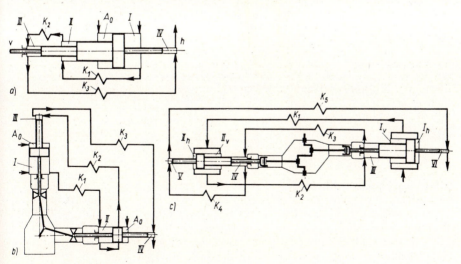

189.2 Aufbau zweier vier- und eines sechsstufigen Kompressors

Der vierstufige Verdichter der L-Bauart (**189.**2b) hat pro Triebwerk einen Stufenkolben. Die einfachwirkenden Stufen sind so verteilt, daß die Stopfbuchsen gegen die kleinsten Drücke abdichten. Zur Erfüllung der Forderung 1 ist jeweils eine A_0-Stufe eingefügt. Der Forderung 2 wird jedoch nur für einen Kurbelwinkel von 90° genügt und gegen die Forderung 3 wird bei der III. und IV. Stufe verstoßen.

Beim sechsstufigen Verdichter in Boxerbauart (**189.**2c) sind zwei gegenläufige Kolben, die der Anordnung (**189.**1c) entsprechen, vorhanden. Die Stufenverteilung ist hinsichtlich der gestellten Forderungen günstig, erfordert jedoch recht lange Rohrleitungen zwischen den einzelnen Stufen.

3.5 Auslegung und Kennlinien

3.5.1 Auslegung

Voraussetzung für die Auslegung eines Verdichters ist, daß der Förderstrom und die Gasart, der Ansaugezustand und Gegendruck sowie der Verwendungszweck und die Art des Antriebes bekannt sind (s. Abschn. 1.3.1). Daraus werden Bauart, Zylinderabmessungen und Gestängekräfte bestimmt. Während die Auslegung kleinerer ein- und zweistufiger Verdichter als Serienmaschinen nach Abschn. 1.3.3 erfolgt, sind Hochdruckverdichter meist speziellen Bedingungen anzupassen. Um hierbei die Herstellungskosten zu verringern, haben die einzelnen Firmen einheitliche Triebwerke und Gestelle für bestimmte – nach den Normzahlen DIN 323 gestufte – Hübe, Drehzahlen und Gestängekräfte.

Bauart. Sie ist neben den Betriebsverhältnissen vom Bauprogramm des Herstellers abhängig. Zu ihrer Wahl wird aus dem zulässigen Stufendruck- und Gesamtdruckverhältnis ψ_{zul} und ψ_{ges} (**190.**1) die Stufenzahl $i = \lg \psi_{ges}/\lg \psi_{zul}$ nach Gl. (183.4) und dann die Drehzahl n und der Hub s bestimmt. Als Kenngröße dient die mittlere Kolbengeschwindigkeit $c_m = 2{,}5$ bis $5\,\text{m/s}$, wobei die kleineren Werte für größere Maschinen gelten.

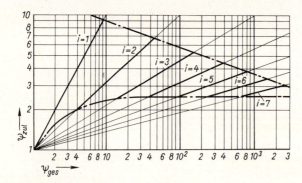

190.1
Zulässiges Stufendruck- und Gesamtdruckverhältnis für i Stufen (übliche Grenzen –·–·–)

Zylinderabmessungen. Ausgehend vom Normalvolumen V_0 beim Normzustand p_0, t_0, das wegen der vernachlässigten Leckverluste im Saug- und Förderstutzen gleich ist, werden zunächst die Saugströme – bei der k-ten Stufe $\dot{V}_{ak} = \dot{V}_0 p_0 T_k/(p_k T_0)$ nach Gl. (184.1) – berechnet. Die Ansaugetemperaturen sind hierbei von der II. Stufe ab mit $t_{ak} = t_a + (10 \text{ bis } 20)\,°C$ einzusetzen. Mit den zunächst konstant angenommenen Stufendruckverhältnissen $\psi = \sqrt[i]{(p_{i+1})/p_1}$ nach Gl. (183.3) betragen dann die Stufendrücke $p_k = \psi^{k-1} p_1$. Die Hubvolumina je Zeiteinheit $\dot{V}_{Hk} = \dot{V}_{ak}/\lambda_{Lk}$ werden nach Gl. (173.1) mit Hilfe der Liefergrade $\lambda_{Lk} = \lambda_{Fk}\lambda_{Ak}$ aus Gl. (175.2) ermittelt, wobei sich der Füllungs- und Aufheizungsgrad λ_{Fk} und λ_{Ak} aus Gl. (174.1) und (174.2) bzw. Bild **174**.2 ergeben und der Durchsatzgrad $\lambda_D = 1$ ist. Die benötigten Schadraumanteile ε_0 nach Abschn. 3.2.2 sind für die höheren Stufen, die relativ größere Ventilquerschnitte haben, nach der Erfahrung zu vergrößern.

Für die Kolbenflächen der gesamten k-ten Stufe ergibt sich also aus $\dot{V}_{Hk} = A_k s n$ und $c_m = 2 s n$

$$A_k = \frac{\dot{V}_{Hk}}{s\,n} = \frac{2\,\dot{V}_{Hk}}{c_m} \qquad\qquad (191.1)$$

Die Zylinderdurchmesser folgen dann aus den Kolbenflächen unter Beachtung ihrer Verteilung auf die einzelnen Stufen und werden auf die Nenndurchmesser der Kolbenringe nach DIN 24910 gerundet. Bei Vergrößerung des Durchmessers steigt bei der ersten Stufe der Gegendruck, und bei der letzten Stufe fällt der Saugdruck. Bei den übrigen Stufen tritt dann beides ein, weil sich der Saugdruck jeder Stufe dem für sie anfallenden Ansaugestrom infolge ihrer selbsttätigen Ventile anpaßt.

Gestängekräfte werden mit den Zylinderdrücken p_k' und p_{k+1}'' nach Gl. (183.7) und deren Erläuterung für jede Kolbenfläche A_k einzeln in den Totlagen berechnet. Ihre Beträge $p_k' A_k$ und $p_{k+1}'' A_k$ erhalten nach Festlegung einer positiven Kraftrichtung das ihrer Richtung entsprechende Vorzeichen und werden dann addiert. Hierbei sind die ausgeführten Kolbenflächen einzusetzen, und der Einfluß des atmosphärischen Druckes auf die Rückseite der Tauchkolben und auf die Kolbenstangen ist zu beachten. Große Unterschiede der Gestängekräfte eines Triebwerkes beim Hin- und Rückgang werden durch Ändern des Stufendruckverhältnisses bzw. durch Ausgleichsstufen verringert.

3.5.2 Kennlinien

Für den Verkauf und den Betrieb eines Verdichters ist sein Verhalten bei Abweichungen vom Auslegungszustand von Bedeutung. Hierzu wird der Förderstrom und die Kupplungsleistung in Abhängigkeit vom Gegendruck und der Drehzahl auf einem Versuchsstand gemessen und in Kurvenform dargestellt. Für Vergleichszwecke ist auch die Berechnung des Liefergrades und des isothermischen Wirkungsgrades vorteilhaft. Kennfelder zeigen die Abhängigkeit dieser Größen von zwei, Kennlinien von einer Veränderlichen. So sind z.B. im Kennfeld nach Bild **191**.1 der Förderstrom $\dot{V}_{fa}$ als Funktion des Druckverhältnisses ψ und die Linien konstanter Drehzahlen n und Wirkungsgrade η_{ise} aufgetragen.

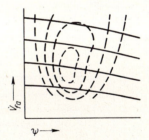

191.1 Kennfeld eines Kolbenverdichters

n = const ——
η_{ise} = const ----

Deutung des Kurvenverlaufs. Hierzu dienen folgende, sich aus den Gl. (173.1), (178.2) und (57.1) ergebenden Ausdrücke für den Förderstrom sowie für die isothermische und die effektive Leistung, von denen nur die Absolutwerte angegeben werden.

$$\dot{V}_{fa} = \lambda_L V_H n \qquad\qquad P_{is} = \lambda_L V_H n p_1 \ln(p_2/p_1) \qquad\qquad P_e = P_{is} + P_R + P_z + P_{RT}$$
$$(191.2)\ \text{bis}\ (191.4)$$

P_R, P_{RT} und P_z stellen die Leistungsverluste durch die Drosselung, die Reibung im Triebwerk bzw. durch die Aufheizung im Zylinder und die Abweichung des tatsächlichen Verdichtungsvorganges von der Isothermen dar. Die Gl. (191.2) bis (191.4) die nur für die einstufige Verdichtung gültig sind, ermöglichen auch einen Vergleich bei mehrstufigen Kompressoren. Hier zeigen die einzelnen Stufen die gleiche Tendenz, nur Änderungen des Gegendruckes wirken sich in der Nähe des Auslegungspunktes am stärksten auf die letzte Stufe aus (s. Kurve für ψ_2 in Bild **193**.1).

Zweistufiger Luftverdichter

Steigender Gegendruck (192.1 a**).** Der theoretische Förderstrom $\dot{V}_H$ bleibt mit der Drehzahl konstant, während der tatsächliche Förderstrom $\dot{V}_{fa}$ und damit der Liefergrad $\lambda_L = \lambda_F \lambda_A \lambda_D$ abfallen. Gründe hierfür sind die mit dem Gegendruck zunehmende Rückexpansion (**174**.1) und die Aufheizung (**174**.2), die den Füllungs- und Aufheizungsgrad λ_F bzw. λ_A nach Gl. (174.1) und (174.2) verringern. Die Abnahme des Förderstromes ist gegenüber Kreiselkompressoren gering. Die Förderung hört erst bei einem Druck auf, bei dem die zulässigen Gestängekräfte weit überschritten sind. Zum Schutz gegen Überlastungen erhält der Kompressor daher nach VBG 16 vor den Absperrventilen in der Förderleitung ein Sicherheitsventil.

Die isothermische Leistung P_{is} steigt wegen der Abnahme des Liefergrades λ_L etwas weniger als die entsprechende logarithmische Kurve nach Gl. (192.3) an. Die effektive Leistung nimmt stärker zu, da die Zylinder- und Triebwerksverluste P_z und P_{RT} in Gl. (191.4) anwachsen, wie aus dem Abstand der Leistungskurven und dem Anstieg des isothermischen Wirkungsgrades η_{ise} zu ersehen ist. Beim Leerlauf, wenn durch die Regelung (s. Abschn. 3.8.2) beide Stufen mit dem Saugdruck verbunden sind, also $p_3 = p_2 = p_1$ ist, gilt für die Leistungen $P_{is} = 0$ und $P_e = P_R + P_{RT}$.

Drehzahlzunahme (192.1 b**).** Der theoretische Förderstrom $\dot{V}_H$ steigt linear vom Nullpunkt aus an. Beim tatsächlichen Förderstrom $\dot{V}_{fa}$ ist der Anstieg geringer, denn Zunahme der Drosselung und Aufheizung verursachen Verluste, die auch im Liefergrad λ_L sichtbar werden.

Die isothermische Leistung P_{is} weicht wegen des fallenden Liefergrades λ_L etwas von der Geraden durch den Nullpunkt nach Gl. (191.3) ab. Die effektive Leistung P_e steigt infolge der zunehmenden

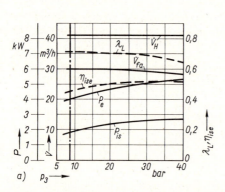
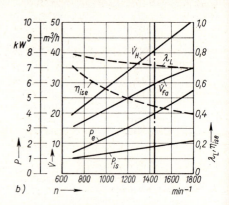

192.1 Kennlinie eines zweistufigen Luftverdichters (Bauart nach Bild **188**.1 a mit Luftkühlung)

  $D_I = 100\ \text{mm}$, $s = 60\ \text{mm}$, $n = 1450\ \text{min}^{-1}$, $p_1 = 1\ \text{bar}$, $p_2 = 9\ \text{bar}$

  a) Gegendruck veränderlich,
  b) Drehzahl veränderlich (Auslegungspunkt — · — · —)

Reibungs- und Zylinderverluste P_R und P_z wesentlich steiler an. Der isothermische Wirkungsgrad η_{ise} zeigt daher einen Abfall.

Bei Überschlagsrechnungen können der Förderstrom $\dot{V}_{fa}$ und die Leistung P_e bei Benutzung der Auslegungswerte der Drehzahl proportional gesetzt werden.

Druckverhältnis (193.1). Bei konstantem Saugdruck, hier $p_1 =$ 1 bar, steigt das Gesamtdruckverhältnis ψ_{ges} linear mit dem Gegendruck p_3 an. Dabei nimmt der Druck p_2 im Zwischenkühler und damit das Stufendruckverhältnis $\psi_1 = p_2/p_1$ erst stärker, dann schwächer zu. Das Druckverhältnis $\psi_2 = p_3/p_2$ steigt erst weniger, dann mehr an. Im Auslegungspunkt hier, $p_3 = 9$ bar, ist dann $\psi_1 = \psi_2 = 3$. Wird in seiner Nähe der Druck p_3 verringert, so bleibt also ψ_1 nahezu konstant, während ψ_2 stark abfällt. Daraus folgt, daß die letzte Stufe eine Gegendruckänderung zum größten Teil aufnimmt.

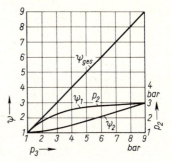

193.1 Druckverhältnisse eines zweistufigen Kompressors als Funktion des Gegendruckes $p_1 = 1$ bar

3.5.3   Kennfelder

Das Kennfeld eines einstufigen Verdichters (**193.**2) stellt den Förderstrom $\dot{V}_{fa}$, die Kupplungs-Leistung P_e und den effektiven isothermen Wirkungsgrad η_{ise} als Funktion der Drehzahl n und des Gegendruckes p_2 eines Verdichters beim Saugdruck $p_1 = 1$ bar dar. Es zeigt die Grenzen seines Einsatzes und der Regelung und ermöglicht die Auslegung des Antriebs. So ergeben sich z.B. für einen Kurzschlußläufermotor mit der Drehzahl $n = 975\,\text{min}^{-1}$ für $p_1 = 1$ bar und $p_2 = 8$ bar die Werte: $\dot{V}_{fa} = 30\,\text{m}^3/\text{h}$, $P_e = 4,3\,\text{kW}$ und $\eta_{ise} = 0,43$. Beim Gegendruck $p_2 = 6$ bar fördert dieses Aggregat dann $\dot{V}_{fa} = 34\,\text{m}^3/\text{h}$ bei $P_e = 4,1\,\text{kW}$ und $\eta_{ise} = 0,44$.

Konstanter Förderstrom (193.2). Er wird durch die ausgezogenen Linien dargestellt, bei denen die Drehzahl n und der Gegendruck p_2 ansteigen. Bei gleichen Förderströmen $\dot{V}_{fa}$ gilt nach Gl. (173.1) für die Drehzahl $n = \dot{V}_{fa}/(V_H \lambda_L) = k_1/\lambda_L$ wobei die Konstante $k_1 = \dot{V}_{fa}/V_H$ ist. Da der Liefergrad λ_L infolge der Rückexpansions-, Aufheizungs- und Undichtigkeitsverluste mit steigenden Gegendruck p_2

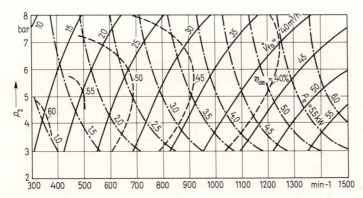

193.2 Kennfeld eines einstufigen Verdichters V_M

ausgezogen: Förderstrom $\dot{V}_{fa}$ in m^3/h
strichpunktiert: effektive Leistung P_e in kW
gestrichelt: effektiver isothermer Wirkungsgrad η_{ise} in %

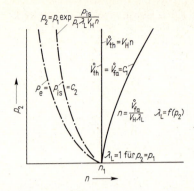

194.1 Aufbau der Verdichterkennlinien
ausgezogen: Linien gleicher
                Volumenströme
strichpunktiert: Linien gleicher
                Leistung

abfällt, wird die Drehzahl des Verdichters zum Ausgleich dieser Verluste vergrößert. Dies zeigt auch ein Vergleich (**194**.1) mit der Linie des gleichen theoretischen Förderstromes, einer senkrechten Geraden. Diese Kurven schneiden sich beim Druck $p_2 = p_1$ da hier $\lambda_L = 1$ ist.

Konstante Kupplungsleistung (193.2 und **194**.1). Hierfür gelten die strichpunktierten Linien auf denen die Drehzahl mit steigendem Druck p_2 abfällt. Diese Tendenz zeigen bereits die Linien konstanter isothermer Leistung. Hierfür gilt im p_2, n-Diagramm nach Gl. (178.2) und (173.1) mit $k = P_{is}/(p_1 V_H)$ und $\exp x = e^x$

$$p_2 = p_1 \exp\left[P_{is}/(p_1 \lambda_L V_H n)\right]$$

bzw. $p_2 = p_1 \exp\left[k/\lambda_L n\right]$

Gegenüber der isothermen Leistung P_{is} wird die gleiche Kupplungsleistung P_e bei kleineren Drücken p_2 bzw. Drehzahlen n erreicht. Dies ist eine Folge der Reibungs- und Zusatzverluste.

Konstanter Wirkungsgrad (193.2). Diesen zeigen die gestrichelten Kurven, die einen Umkehrpunkt bei bestimmten Werten p_2 und n aufweisen. Von hier aus fällt beim gleichen Wirkungsgrad η_{ise} der Förderstrom $\dot V_{fa}$ bzw. die Drehzahl n und in seiner Nähe die Kupplungsleistung P_e ab. Die Wirkungsgrade η_{ise} steigen bei konstantem Gegendruck mit fallender Drehzahl n an, da hiermit die Gas- und Triebwerksreibungsverluste P_R und P_{RT} abnehmen. Da Maximum $\eta_{ise} = 0,6$ liegt bei $p_e = 0,4$ bar und $n = 350 \, \text{min}^{-1}$.

Konstante Drehzahl und konstanter Gegendruck. Die Senkrechten zeigen den Kompressor bei konstanter Drehzahl n, wie beim Antrieb durch einen Kurzschlußläufermotor bei Vernachlässigung seines Schlupfes. Die Waagerechten gelten für konstanten Gegendruck bei Antrieb durch einen Gleichstromnebenschlußmotor, bei dem die Drehzahl veränderlich ist, die Höchstleistung zeigt der Kompressor bei $p_2 = 8$ bar, $\dot V_{fa} = 45 \, \text{m}^3/\text{min}$ und $P_e = 6,5 \, \text{kW}$.

Beispiel 19. Ein Kompressor in L-Bauweise soll im Dauerbetrieb $\dot V_0 = 18 \, \text{m}^3/\text{min}$ (Normzustand nach DIN 1945) aus einem Druckluftnetz mit dem Ansaugezustand $p_1 = 6$ bar, $t_{a1} = 30 \, ^\circ\text{C}$ auf den Gegendruck $p_{i+1} = 221$ bar verdichten. Zum Antrieb dient bei der Netzfrequenz $f = 50$ Hz ein direkt gekuppelter Asynchronmotor. Triebwerke mit dem Hub $s = 200 \, \text{mm}$, der Höchstdrehzahl $n = 560 \, \text{min}^{-1}$ und der zulässigen Gestängekraft $F_{St} = 50 \, \text{kN}$ sind zu verwenden.

Gesucht sind die Zylinderabmessungen, Gestängekräfte und Kupplungsleistung des Kompressors. Bei der Wahl der Bauart (**189**.2b) erhält der Verdichter $i = 4$ Stufen. Das Gesamt- und das Stufendruckverhältnis, das zunächst konstant sei, betragen dann nach Gl. (183.3)

$$\psi_{ges} = \frac{p_{i+1}}{p_1} = \frac{p_5}{p_1} = \frac{221 \, \text{bar}}{6 \, \text{bar}} = 36,8 \qquad \psi = \sqrt[i]{\psi_{ges}} = \sqrt[4]{36,8} = 2,46$$

Das kleine Stufendruckverhältnis ergibt günstige Wirkungsgrade und damit geringe Stromkosten, die beim Dauerbetrieb den Mehrpreis für die höhere Stufenzahl in kurzer Zeit ausgleichen.

Zylinderabmessungen (Tafel **195**.1). Für den Asynchronmotor und damit für den Verdichter wird die höchstzulässige Synchrondrehzahl (s. Abschn. 1.3.1) für $f = 50$ Hz unter Abzug von 3% Schlupf als $n = 0,97 \, n_s = 0,97 \cdot 500 \, \text{min}^{-1} = 485 \, \text{min}^{-1}$ gewählt. Die mittlere Kolbengeschwindigkeit

$$c_m = 2 \, s \, n = 2 \cdot 0,2 \, \text{m} \cdot 485 \, \text{min}^{-1} = 194 \, \text{m/min} = 3,24 \, \text{m/s}$$

liegt dann in den zulässigen Grenzen.

Ansaugvolumina. Der Normzustand ist nach DIN 1945 $p_o = 0,981$ bar, $t_o = 20\,°C$ und die Rückkühltemperaturen betragen $t_{ak} = t_{a1} + 10\,°C = 40\,°C$. Mit den Stufendrücken $p_{k+1} = \psi\,p_k$, nach Gl. (183.2) also $p_1 = 6$ bar, $p_2 = 2,46 \cdot 6$ bar $= 14,75$ bar, $p_3 = 36,3$ bar und $p_4 = 89,3$ bar folgt dann mit $\dot{V}_{ak} = \dot{V}_o\,p_o\,T_{ak}/(p_k\,T_o)$ aus Gl. (184.1) für die einzelnen Stufen bei deren Ansaugezustand

$$\dot{V}_{a1} = 18\,\frac{m^3}{min} \cdot \frac{0,981\,bar \cdot 303\,K}{6\,bar \cdot 293\,K} = 3,04\,\frac{m^3}{min} \qquad p_1 = 6\,bar \qquad t_{a1} = 30\,°C$$

$$\dot{V}_{a2} = 18\,\frac{m^3}{min} \cdot \frac{0,981\,bar \cdot 313\,K}{14,75\,bar \cdot 293\,K} = 1,28\,\frac{m^3}{min} \qquad p_2 = 14,75\,bar \qquad t_{a2} = 40\,°C$$

$$\dot{V}_{a3} = 18\,\frac{m^3}{min} \cdot \frac{0,981\,bar \cdot 313\,K}{36,3\,bar \cdot 293\,K} = 0,520\,\frac{m^3}{min} \qquad p_3 = 36,3\,bar \qquad t_{a3} = 40\,°C$$

$$\dot{V}_{a4} = 18\,\frac{m^3}{min} \cdot \frac{0,981\,bar \cdot 313\,K}{89,3\,bar \cdot 293\,K} = 0,211\,\frac{m^3}{min} \qquad p_4 = 89,3\,bar \qquad t_{a4} = 40\,°C$$

Hubvolumina. Der Füllungsgrad beträgt mit einem mittleren Rückexpansionsexponenten $n = 1,35$ nach Abschn. 3.2.3 und mit Gl. (174.1)

$$\lambda_{Fk} = 1 - \varepsilon_k(\psi^{1/n} - 1) = 1 - \varepsilon_k(2,46^{1/1,35} - 1) = 1 - 0,95\,\varepsilon_k$$

Die schädlichen Räume werden nach Erfahrungswerten mit $\varepsilon_1 = 0,1$, $\varepsilon_2 = 0,11$, $\varepsilon_3 = 0,13$ und $\varepsilon_4 = 0,15$ angenommen. Der Aufheizungsgrad $\lambda_A = 0,95$ nach Bild 174.2 für $\psi = 2,46$ und der Durchsatzgrad $\lambda_D = 1$ sind konstant. Für die I. Stufe ergibt sich aus Gl. (175.2) mit

$$\lambda_{F1} = 1 - 0,95\,\varepsilon_k = 1 - 0,95 \cdot 0,1 = 0,905 \quad \text{und} \quad \lambda_{L1} = \lambda_{F1}\,\lambda_A = 0,95 \cdot 0,905 = 0,86$$

$$\dot{V}_{H1} = \frac{\dot{V}_{a1}}{\lambda_{L1}} = \frac{3,04\,m^3/min}{0,86} = 3,54\,\frac{m^3}{min}$$

Die Werte für die übrigen Stufen, bei denen entsprechend zu rechnen ist, s. Tafel **195**.1.

Tafel **195**.1   Berechnung der Zylinderabmessungen

Stufe	p_k in bar	p_{k+1} in bar	t_{ak} in °C	$\dot{V}_{ak}$ in m³/min	ε_k in 1	λ_{Fk} in 1	λ_{Lk} in 1	$\dot{V}_{Hk}$ in m³/min	A_k in cm²	D_k in mm	D_{kA} in mm
I	6,0	14,75	30	3,04	0,1	0,905	0,86	3,54	365	224	225
II	14,75	36,3	40	1,28	0,11	0,896	0,85	1,50	155	153	150
III	36,3	89,3	40	0,52	0,13	0,877	0,83	0,62	64,2	90,0	90
IV	89,3	221	40	0,211	0,15	0,858	0,815	0,26	26,7	58,5	60

Zylinderdurchmesser werden aus den Kolbenflächen nach Gl. (191.1) bestimmt. Bei Annahme eines Kolbenstangendurchmessers von $d = 60$ mm ergeben sich dann die Zylinderdurchmesser aus der Verteilung der Stufen (**189**.2b). Für die I. Stufe ist

$$A_1 = \frac{2\,\dot{V}_{H1}}{c_m} = \frac{2 \cdot 3,54\,m^3/min}{194\,m/min} = 365\,cm^2 \qquad \frac{\pi}{4}D_1^2 = A_1 + \frac{\pi}{4}d^2 = (365 + 28,2)\,cm^2 = 393,2\,cm^2$$

Hieraus folgt $D_1 = 224$ mm in der Ausführung (Index A) $D_{1A} = 225$ mm. Für die übrigen Stufen ist sinngemäß zu verfahren (Tafel **195**.1). Bei der III. und der IV. Stufe gilt jedoch für die Kolbenflächen $A_k = \pi\,D_k^2/4$.

Gestängekräfte (Tafel **196**.1). Die Zylinderdrücke betragen dann, wenn der Zylindersaugdruck mit $p_1' \approx 0,97\ p_1 = 0,97 \cdot 6$ bar $= 5,8$ bar und das Zylinderdruckverhältnis nach Gl. (183.7) mit $\psi_k' = c\,\psi_k = 1,05 \cdot 2,46 = 2,583$ angenommen werden, mit den Gl. (183.5) bis (183.6) $p_2'' = \psi'\,p_1' = 2,583 \cdot 5,8$ bar $= 15,0$ bar, bzw. $\Delta p_R = p_2'' - p_2 = (15,0 - 14,75)$ bar $= 0,25$ bar und

$p_2' - 2\Delta p_R = 14{,}5$ bar usw. Mit den ausgeführten Kolbenflächen A_{kA} ergeben sich die Gestängekräfte (**196**.2), wenn die Kraftrichtung zur Kurbelwelle positiv zählt. Für die I. Stufe ist dann z. B. in den Totpunkten

$$F_{St1\,OT} = A_{1\,A}\,p_1' = -369\,cm^2 \cdot 5{,}8\,bar \cdot 10^{-2}\,\frac{kN/cm^2}{bar} = -21{,}40\,kN$$

$$F_{St1\,UT} = A_{1\,A}\,p_2'' = -369\,cm^2 \cdot 15{,}0\,bar \cdot 10^{-2}\,\frac{kN/cm^2}{bar} = -55{,}35\,kN$$

Tafel **196**.1   Berechnung der Gestängekräfte (Kst = Kolbenstange)

	senkrechtes Triebwerk						waagerechtes Triebwerk				
Stufe	p_{k+1}'' in bar	p_k' in bar	A_{kA} in cm²	F_{StkOT} in kN	F_{StkUT} in kN	Stufe	p_{K+1}'' in bar	p_k' in bar	A_{kA} in cm²	F_{StkOT} in kN	F_{StkUT} in kN
I	15,0	5,8	369	−21,40	−55,35	II	37,4	14,5	148	−21,46	−55,35
III	91,0	35,2	64,0	+58,24	+22,52	IV	226	87,6	28,3	+63,95	+24,79
A_0	1	1	334	+ 3,34	+ 3,34	A_0	1	1	148	+ 1,48	+ 1,48
Kst	1	1	28,3	− 0,28	− 0,28	Kst	1	1	28,3	− 0,28	− 0,28
Gesamtkraft				+39,90	−29,77	Gesamtkraft				+43,69	−29,36
Differenz				+10,13		Differenz				+14,33	

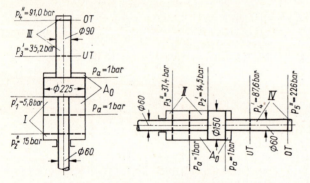

196.2
Stufenordnung zum Beispiel

Die übrigen Stufen (Tafel **196**.1 und Bild **196**.2) werden entsprechend berechnet. Hierbei ergeben sich trotz der Ausgleichsstufe für beide Triebwerke im *OT* größere Kräfte. Ihre Differenzen zwischen dem *OT* und *UT* sind infolge der Drosselverluste verschieden. Um sie zu verringern, erfolgt eine weitere Durchrechnung des Verdichters mit erhöhten Stufendruckverhältnissen für die I. und II. Stufe, die dann bei der III. und IV. Stufe nach Gl. (183.2) abnehmen. Dabei werden also die Kolbenflächen und die Zylinderdrücke der I. und II. Stufe größer und der III. und IV. Stufe kleiner, so daß die Kraftdifferenzen abnehmen.

Antriebsleistung. Die isothermische Leistung beträgt nach Gl. (184.3) mit $\dot{V}_{fa1} = \dot{V}_{a1}$ und $1\,kW = 60\,000\,N\,m/min$

$$P_{is} = p_1\,\dot{V}_{a1}\left[1 + (i-1)\,\frac{T_{a2}}{T_{a1}}\right]\ln\psi = 6 \cdot 10^5\,\frac{N}{m^2} \cdot 3{,}04\,\frac{m^3}{min}\left(1 + 3 \cdot \frac{313\,K}{303\,K}\right)\ln 2{,}46$$

$$= 67{,}3 \cdot 10^5\,\frac{N\,m}{min} = 112\,kW$$

Bei einem isothermischen Wirkungsgrad $\eta_{ise} = 0{,}62$ ist die Leistung an der Kupplung $P_e = P_{is}/\eta_{ise}$ $= 181\,kW$.

3.6 Steuerungen

Die Steuerorgane (**198.**1) verbinden beim Ansaugen den Arbeitsraum zwischen dem Öffnen *Eö* und Schließen *Es* des Einlasses mit dem Saugkanal und beim Ausschieben zwischen dem Öffnen *Aö* und Schließen *As* des Auslasses mit dem Förderkanal. Während der Verdichtung und der Rückexpansion schließen sie den Arbeitsraum ab. Verdichter erhalten meist selbsttätige Saug- und Druckventile, die nach dem Prinzip der Rückschlagventile arbeiten. Nur für stark verschmutzte Medien und für Vakuumpumpen sind vom Triebwerk aus angetriebene, also zwangsläufige Steuerungen, üblich (s. Abschn. 4.4.1).

3.6.1 Aufbau

Die Ventile (**197.**1) bestehen aus dem Sitz *1* für die Ventilplatte *2* mit den Federn *3*, der Dämpferplatte *4* und dem Hubfänger *5*. Diese Teile verbindet eine Schraube *6* mit Kronenmutter *7* und Splint über den Distanzring *8* und den Stift *9*. Die Einbaufolge dieser Teile (**197.**1b) auf der Schraube *6* ist beim Saug- und Druckventil entgegengesetzt. Das Medium fließt durch die Ringkanäle der Teile *1* bis *5*, die zum Zusammenhalt durch Stege unterbrochen sind. Die Bezeichnung der Ventile richtet sich nach der Kanalzahl.

Einzelteile (**197.**1). Der Sitz *1* wird für Drücke bis zu 15 bar aus Grauguß, sonst aus Stahl oder Sphäroguß hergestellt. Seine Dichtflächen sind, um Eingrabungen der Ventilplatte zu vermeiden, erhaben geschliffen. Die Ventilplatte dient zur Abdichtung und besteht aus einem 0,8 bis 4 mm dicken,

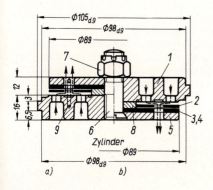

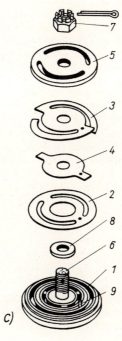

197.1
Selbsttätiges Ventil [Ibach & Co.]
$h = 3{,}5\ \text{mm}$
$A_V = 27{,}3\ \text{cm}^2$
$A_S = 23{,}3\ \text{cm}^2$
a) Druckventil $V_S = 21{,}6\ \text{cm}^3$
b) Saugventil $V_S = 19{,}8\ \text{cm}^3$
c) Explosivbild des Druckventils a)

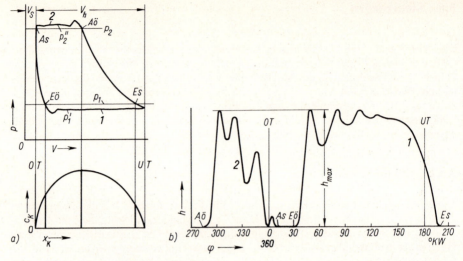

198.1 Arbeitsvorgang selbsttätiger Ventile

a) Druckverlauf und Kolbengeschwindigkeit als Funktion des Kolbenweges

b) Ventilhub als Funktion des Kurbelwinkels

1 Saugventil,   *2* Druckventil

zähen Chrom-Nickelstahl mit geschliffenen Oberflächen. Sie wird als zusammenhängende Platte *2* ausgebildet, es sind aber auch Einzelringe für jeden Kanal zu finden. Die Ventilfedern aus Federstahl sollen einen schnellen Ventilschluß ermöglichen. Hierfür werden Schraubendruckfedern und bei kleineren Ventilen, wo ihr Draht zu dünn wird, Plattenfedern *3* gewählt. Bei stark verschmutzten Medien und hohen Drücken sind auch einzelne, zentral gelegene Schraubendruckfedern üblich. Diese belasten aber wegen ihrer geringen Windungszahlen die Ventilplatten ungleichmäßig. Die Dämpferplatten *4* haben Plattenfedern, die erst gegen Ende des Hubes der Ventilplatte eingreifen, um ihren Stoß auf den Hubfänger abzufangen und das Ventilgeräusch zu dämpfen. Der Hubfänger *5* aus Grauguß begrenzt die Bewegung der Ventilplatte. Der Distanzring *8* klemmt die Feder- und Dämpferplatten am Hubfänger fest, führt die Ventilplatte und bestimmt ihren Hub. Der Stift *9* verhindert eine Drehung der beweglichen Teile, um Querschnittsverengungen zu vermeiden.

3.6.2   Wirkungsweise

Die selbsttätigen Ventile (**197.**1) bleiben so lange geöffnet, wie der Druck auf der dem Ventilsitz *1* zugekehrten Vorderseite der Ventilplatte *2* größer als auf deren Rückseite ist. Im Gegensatz zu den zwangläufigen Steuerungen passen sie sich allen Druckänderungen von selbst an.

Ventilbewegung (**198.**1). Beim Saugventil *1* zeigt die Vorderseite der Ventilplatte zum Saugstutzen. Es öffnet im Punkt *Eö*, wenn beim Kolbenhingang der Druck im Saugstutzen größer als im Zylinder ist und schließt im Punkt *Es*, wenn beim Kolbenrückgang der Druck im Zylinder größer als im Saugstutzen ist. Im Druckventil *2* ist die Vorderseite der Ventilplatte dem Zylinder zugekehrt. Es bleibt zwischen den Punkten *Aö* und *As* so lange geöffnet, wie der Zylinderdruck größer als der Druck im Förderstutzen ist.

Beim Öffnen der Ventile (**198**.1) entsteht ein zusätzlicher Druckverlust infolge der Beschleunigung der Ventilplatten und des Spannens der Federn. Weiterhin tritt eine hohe Stoßbeanspruchung auf, wenn die Platten auf den Hubfänger aufschlagen. Diese Beanspruchung ist bei dem Druckventil(**198**.1a), das bei einer großen Kolbengeschwindigkeit öffnet, am stärksten. Im geöffneten Ventil (**198**.1b) liegen die Platten nicht am Hubfänger, sondern führen eine geringe Schwingbewegung aus, so daß die Zylinderdrücke nicht konstant bleiben. Werden diese Bewegungen zu groß, entstehen weitere Druckverluste. Beim Schließen (**198**.1b) schlägt die Ventilplatte, von den Federn unterstützt, auf den Sitz. Im Druckventil *2* tritt wegen der anfänglich sehr starken Druckänderung ein Rückspringen oder ein kurzes Abheben auf.

Einflußgrößen. Für die Funktion des Ventils sind der Ventilplattenhub, die Federn, die Kompressordrehzahl und die Druckdifferenz an der Ventilplatte maßgebend.

Mit dem Plattenhub *h* steigt der Spaltquerschnitt, aber auch die Widerstandszahl ζ (**200**.2) und die Stoßbeanspruchung an. Er wird zwischen 0,6 und 6 mm gewählt. Steife Federn vermeiden ein Flattern der Ventilplatte und verbessern das Schließen. Sie erhöhen aber auch den Druckverlust beim Öffnen und die Stoßbeanspruchung des Sitzes. Um diese herabzusetzen, werden die Federkennlinien progressiv, also mit zunehmender Steigung, ausgebildet, oder sie erhalten bei linearem Verlauf durch die Dämpferplatten eine Stufe [13]. Die Federbelastung pro Flächeneinheit der geschlossenen Ventilplatte beträgt bei Saugventilen 0,2 bis 1,2 N/cm², bei Druckventilen das Doppelte. Mit steigender Drehzahl wächst der Druckverlust und die Beanspruchung der Ventilplatten, da die Zahl ihrer Stöße auf den Sitz gleich der Drehzahl ist.

3.6.3 Berechnung der Ventile

Geschwindigkeiten. Für einen Arbeitsraum seien A_V und A_S die Summe der Ventilsitzsitz- oder Spaltquerschnitte aller Saug- oder Druckventile und c_V und c_S die darin auftretenden mittleren Geschwindigkeiten des Mediums (**200**.1). Mit der mittleren Geschwindigkeit c_m des Kolbens der Fläche A_K folgt dann aus der Kontinuitätsgleichung (50.3) $A_K c_m = A_V c_V = A_S c_S$ bzw.

$$c_V = c_m \frac{A_K}{A_V} \qquad\qquad c_S = c_m \frac{A_K}{A_S} \qquad\qquad \text{(199.1) und (199.2)}$$

Bei mehrstufigen Verdichtern beträgt der Massenstrom, der durch die Spaltflächen der Saugventile der I. bzw. *k*-ten Stufe tritt, wenn hierbei ϱ_1 bzw. ϱ_k die Dichte des Mediums ist, $\dot{m}_a = \varrho_1 A_{S1} c_{S1} = \varrho_k A_{Sk} c_{Sk}$. Hieraus ergibt sich

$$c_{Sk} = c_{S1} \frac{\varrho_1 A_{S1}}{\varrho_k A_{Sk}} \qquad\qquad\qquad\qquad \text{(199.3)}$$

Zu beachten ist, daß die Dichte mit der Stufenzahl ansteigt.

Ventil- und Spaltquerschnitt (200.1). Ist d_{mk} der mittlere Durchmesser des *k*-ten Ringkanals eines Ventils mit *i* Kanälen, so beträgt bei konstanter Kanalbreite *t* sein Außen- bzw. Innendurchmesser $D_k = d_{mk} + t$ und $d_k = d_{mk} - t$. Unter Vernachlässigung der Stege gilt dann mit dem Querschnittsverhältnis $\varphi = A_S/A_V$ und dem Ventilhub *h*

$$A_V = \frac{\pi}{4} \sum_{k=1}^{i} (D_k^2 - d_k^2) = \pi t \sum_{k=1}^{i} d_{mk} \quad A_S = 2\pi h \sum_{k=1}^{i} d_{mk} = \varphi A_V \quad \text{(199.4) und (199.5)}$$

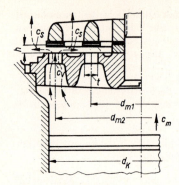

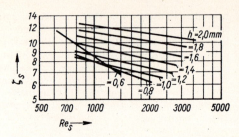

200.2 Widerstandszahl eines Vierkanalventils [nach Müller, H.: Untersuchung von Kompressorventilien. Dissertation 1958] $A_V = 2150\,\text{mm}^2$ $A_S/A_V = 0,386$ bis $1,257$

200.1 Ventilquerschnitte und Geschwindigkeiten eines Druckventils

Die Kanalzahl wird $i = 1$ bis 8 gewählt, und das Querschnittsverhältnis $\varphi = 2\,h/t$ beträgt 0,7 bis 1, damit die Hübe nicht zu groß werden. Da $\varphi \leqq 1$ ist, gilt nach Gl. (199.1) und (199.2) $c_S = c_V A_V / A_S = c_V/\varphi \geqq c_V$. Da im Spaltquerschnitt die höheren Geschwindigkeiten auftreten, ist er für die Berechnung maßgebend.

Druckverluste erhöhen den Arbeitsaufwand für die Verdichtung und setzen bei Saugventilen den Liefergrad des Verdichters herab, da sie den Volumenverlust infolge der Gasreibung ΔV_R (**173**.1) stark erhöhen. Ist ζ_S die auf den Spaltquerschnitt bezogene Widerstandszahl des Ventils, so gilt nach Gl. (52.1)

$$\Delta p_R = \zeta_S \frac{\varrho}{2}\, c_S^2 \tag{200.1}$$

Die Widerstandszahl (**200.2**) nimmt mit steigendem Ventilhub h zu und mit zunehmender Reynolds-Zahl des Spaltes $Re_S = c_S h/v$ nach Gl. (52.3) ab. Mittel zu ihrer Verringerung sind diffusorartig ausgebildete Kanäle und gebrochene Kanten an den Sitzflächen.

Gasdichte. Für ideale Gase gilt nach Gl. (32.15) $\varrho = 1/v = p/(R\,T)$ oder, wenn mit der Molmasse M erweitert wird, $\varrho = M\,p/(M\,R\,T)$. Da $M\,R = 8315\,\text{N m/(kmol K)}$ die universelle Gaskonstante ist, gilt, wenn der Druck und die Temperatur konstant sind, $\varrho \sim M$. Auch bei realen Gasen steigt die Dichte mit der Molmasse an. Die Zunahme der Dichte erfordert aber, wenn der Druckverlust konstant bleiben soll, nach Gl. (200.1) kleinere Spaltgeschwindigkeiten, größere Spaltflächen und damit größeren Schadraum je Hubvolumen pro Zylinder. Bei mehrstufigen Verdichtern für ideale Gase seien die Stufendruckverhältnisse und die Ansaugetemperaturen konstant. Für die I. und k. Stufe beträgt dann die Dichte beim Ansaugezustand $\varrho_k/\varrho_1 = p_k/p_1$. Für gleiche Druckverluste und Widerstandszahl gilt also für die Saugventile mit Gl. (200.1)

$$2\,\Delta p_R = \zeta_S \varrho_1 c_{S1}^2 = \zeta_S \varrho_k c_{Sk}^2 \quad \text{bzw.} \quad c_{S1}/c_{Sk} = (\varrho_k/\varrho_1)^{1/2} = (p_k/p_1)^{1/2}$$

Nach Gl. (199.3) ergibt sich daraus für die Spaltquerschnitte $A_{Sk}/A_{S1} = \varrho_1 c_{S1}/(\varrho_k c_{Sk}) = (p_1/p_k)^{1/2}$. Mit den Kolbenflächen $A_k/A_1 = (p_1/p_k)$ folgt dann für die Spaltquerschnitte $A_{Sk}/A_{S1} = (A_k/A_1)^{1/2}$. Mit zunehmender Stufenzahl nehmen also bei konstanten Druckverlusten die Spaltquerschnitte weniger ab als die Kolbenflächen. Damit steigen aber auch die auf das Hubvolumen bezogenen Schadräume an und die Liefergrade nehmen ab. Daher werden die Spaltgeschwindigkeiten $c_{Sk} = c_{S1}(p_1/p_k)^{1/2}$ so weit erhöht, daß der steigende Druckverlust den Liefergrad weniger verringert als der Schadraum.

Auslegung. Hierzu geben die Hersteller die Einbaumaße, den Schadraum, den Hub und den Spaltquerschnitt der Ventile (197.1) an. In einer Stufe erhalten die Saug- und Druckventile aus Herstellungsgründen meist die gleichen Einbaumaße.

Die Ventilhübe h (201.1a) müssen, um die Lebensdauer L_h (201.1b) der Sitze möglichst groß und ihre Abnutzung klein zu halten, mit steigendem Gegendruck und wachsender Drehzahl abnehmen. Die Geschwindigkeiten im Ventilspalt (201.1c) sind zur Verringerung der Druckverluste bei Zunahme der Molmasse und des Betriebsdruckes, also des Saug- bzw. Gegendruckes der betreffenden Stufe, herabzusetzen. Bei Gebläseventilen (201.2) sind die Druckverluste der Gasreibung $p_2'' - p_2$ und $p_1 - p_1'$ relativ groß gegenüber der Stufendruckdifferenz $p_2 - p_1$. Daher hat der Arbeitsverlust der Drosselung einen großen Anteil an der indizierten Arbeit (Gesamtfläche). Der Drosselverlust wird daher durch geringe Spaltgeschwindigkeiten ($\approx 10\,\text{m/s}$) und kleinere Federbelastungen der Ventilplatten herabgesetzt. Dadurch nimmt die Antriebsleistung ab und der Förderstrom steigt an, weil die Abnahme der Volumenverluste ΔV_R durch die geringere Drosselung größer ist als die Zunahme des Volumenverlustes $\Delta V_{\text{Rü}}$ der Rückexpansion durch den größeren Schadraum.

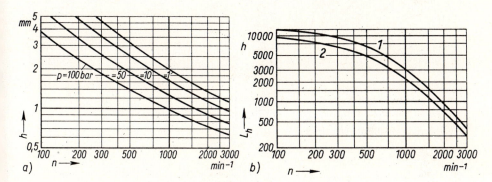

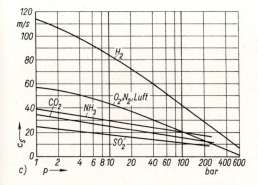

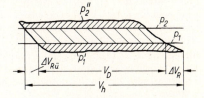

201.1 Ventilberechnung
   a) zulässige Ventilhübe [Hoerbiger]
      (p Betriebsdruck)
   b) Lebensdauer (*1* Saug-, *2* Druckventil)
   c) zulässige Spaltgeschwindigkeiten

201.2 Indikatordiagramm eines Gebläses
(Nutzarbeit nach links und Drosselarbeit nach rechts aufwärts schraffiert)

3.6.4 Sonderbauarten

Die Weiterentwicklung der Kompressoren verlangt höhere Drehzahlen, um an Größe und Herstellungskosten zu sparen. Dazu ist es notwendig, die Lebensdauer der Ventile durch Verringern der Reibung und der Stoßbeanspruchung zu erhöhen und den Spaltquerschnitt bei gleichem Einbauraum zu vergrößern.

Lenkerventile (202.1). Die Ventilplatte *1* und der Innenring *2* von 2 bis 3 mm Dicke sind durch zwei auf ≈ 1 mm heruntergeschliffene Lenker *3* elastisch verbunden. Da der Innenring *2* zwischen dem Distanzring und dem Sitz (*8* und *1* in Bild **197.**1) festgeklemmt ist, kann sich die Platte reibungsfrei und damit ohne Verschleiß bewegen. Lenkerventilplatten finden bei ölfreier Luftförderung und in großen geneigten Ventilen, wo die Gewichtswirkung der Platten den Verschleiß erhöht, Verwendung. Sie werden bis zu Außendurchmessern von 700 mm und einer Masse von 4,5 kg ausgeführt.

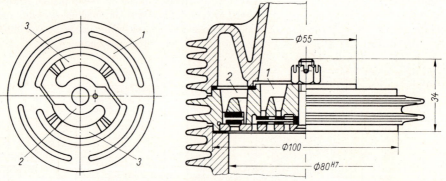

202.1   Lenkerventilplatte [Hoerbiger]

202.2   Konzentrisches Ventil für Luftkühlung [Hoerbiger]
$V_S = 17$ cm^3
1 Saugventil, $h = 1,4$ mm, $A_S = 6,4$ cm^2
2 Druckventil, $h = 1,2$ mm, $A_S = 5,8$ cm^2

Konzentrische Ventile (202.2). Ihre Teile sind konzentrisch um die Zylindermittellinie angeordnet. Dabei liegt meist das Druckventil außen, damit die Wärme des verdichteten Mediums besser abgeführt wird. In Kälteverdichtern (**206.**1e) ist die Anordnung auch umgekehrt. Der Vorteil dieser Bauart liegt in der guten Ausnutzung des Zylinderquerschnittes und im symmetrischen Verlauf der Strömung. Der Schadraum, die Abnutzung und die Strömungsverluste sind daher gering, und sie werden für kleinere, schnelllaufende Verdichter verwendet. Ihr Nachteil liegt im komplizierten Einbau und der schwierigen Abdichtung.

Etagenventile (203.1a). Hier werden meist zwei Ventile übereinander angeordnet, um den Einbauraum besser zu nutzen. Bei T u r m v e n t i l e n (**203.**1b) liegen eine größere Anzahl von Einkanalventilen übereinander. Ihr Nachteil liegt im großen Schadraum und darin, daß an den Saugventilen keine Greifer (**222.**1a) untergebracht werden können.

Streifenventile (203.1c). Ihre parallel liegenden Kanäle bestehen aus dem Sitz *1*, dem Fangblech *2*, den Ventilplatten *3* mit den Federn *4*, dem Hubbegrenzer *5* und den Haltestücken *6*. Die sich reibungsfrei bewegenden Platten *3* verformen sich wie Biegefedern. Stöße und Geräusche werden durch ein Luftkissen *7*, das zwischen den Platten *3* und den Federn *4* entsteht, gedämpft. Ihre Schadräume sind klein und ihr Einsatz erfolgt bei Vakuumpumpen und wegen der reibungsfreien Platten auch bei ölfreier Luftförderung.

Zungenventile (203.1d). Hier ist die Ventilplatte *1* eine kreisförmige Zunge, die auf dem Hubfänger *2* mit zwei Stiften *3* befestigt ist. Die Luft tritt durch die Bohrungen *4* im Hubfänger *2* durch, sie erlauben Drehzahlen bis zu 3000 min^{-1}. Da ihre Spaltquerschnitte klein sind, werden sie für kleine schnelllaufende Kompressoren, wie sie in Kühlaggregaten vorkommen, verwendet.

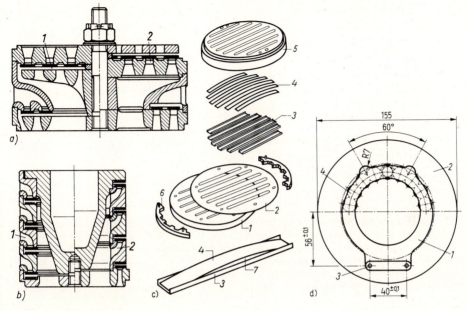

203.1 Sonderformen der Ventile

    a) Etagenventil, b) Turmventil [Hoerbiger]

      1 Saugseite

      2 Druckseite

    c) Streifenventil [Ingersoll Rand], d) Zungenventil [Dienes]

3.6.5 Anordnung der Ventile

Sie bestimmt neben der Kühlung und der Kolbenform den konstruktiven Aufbau der Zylinder und Deckel, also der Teile, die bei Verdichtern von den übrigen Kolbenmaschinen abweichen. Saug- und Druckventile – hier mit *1* und *2* bezeichnet – werden im Deckel oder im Zylindermantel angeordnet. Konzentrische Ventile liegen zwischen dem Deckel und Zylinder, und Saugventile lassen sich auch im Kolben unterbringen. Hierbei sind folgende Forderungen zu erfüllen: große Querschnitte bei Ventilen und Kanälen, kleine Schadräume, niedrige Wirbelverluste, geringe Aufheizung des angesaugten Mediums, einfache Herstellung der Zylinder und Deckel und leichte Montage der Ventile.

Einbau (204.1). Die Saug- und Druckventile (*1* bzw. *2* in Bild **205.**1), werden meist durch mit einem Vierkant versehene Druckschrauben *3* im Deckel *4* über die Glocke *5* auf ihren Sitz im Ventilnest *6* gedrückt. Die Deckel *4* – zur Platzersparnis oft quadratisch ausgeführt – werden von den Schrauben *7* gehalten und meist – wie auch die Ventile – grob im Nest zentriert (etwa Qualität 10 nach DIN 7151). Der Saug- bzw. Druckraum ist am Deckel und am Ventilsitz abgedichtet. Hutmuttern *8*, die mit einer Dichtung auf dem Deckel *4* aufliegen, verhindern Leckverluste über das Gewinde der Schrauben *3*. In einer Stufe sind die Abmessungen der Saug- und Druckventile – abgesehen von der Lage ihrer Zentrierbunde – gleich. Damit ergeben sich lediglich verschiedene Höhen der Glocken und Lagen der Sitzflächen im Zylinder (**205.**1).

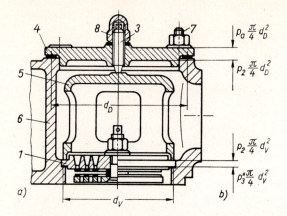

204.1
Saugventil
a) Einbau
b) Kräfte für die II. Stufe

Beanspruchungen. Sie sind in den Schrauben der Saugventile beim Ausschieben und in den Sitzen der Druckventile beim Ansaugen des Verdichters am größten. Zu ihrer Berechnung (**204.**1) werden die mittleren Durchmesser der Deckeldichtung mit d_D und des Ventilsitzes mit d_V bezeichnet. Bei der k-ten Stufe ist p'_k der Zylinderdruck beim Ansaugen und p''_{k+1} beim Ausschieben, p_k der Druck im Saug- und p_{k+1} im Druckraum und p_a der atmosphärische Druck. Beim Saugventil beträgt dann die größte Schraubenbelastung beim Ausschieben

$$F_S = (p_k - p_a)\frac{\pi}{4}d_D^2 + (p''_{k+1} - p_k)\frac{\pi}{4}d_V^2 \qquad (204.1)$$

Für die zweite Stufe (**204.**1b) gilt, da $k = 2$ ist, $F_S = [(p_2 - p_a)\pi d_D^2/4] + (p''_3 - p_2)\pi d_V^2/4$. Beim Druckventil ergibt sich für die größte Sitzbelastung beim Ansaugen

$$F_D = (p_{k+1} - p'_k)\frac{\pi}{4}d_V^2 \qquad (204.2)$$

Hierbei wird angenommen, daß die Drücke bis zur Mitte der Dichtflächen wirksam sind. Bei den Druckventilen der letzten Stufe ($k = i$) ist beim Stillstand der Maschine die Belastung des Sitzes am größten, da wegen der undichten Kolbenringe bei vollem Gegendruck p_{i+1} in Gl. (204.2) der Druck $p'_i = p_1$ wird. Bei den Schraubenbeanspruchungen und den Flächenpressungen sind noch die Kräfte zu berücksichtigen, die von der Druckschraube _3_ zum Abdichten des Ventilsitzes aufzubringen sind.

3.6.5.1   Ventile im Deckel

Sie werden hauptsächlich bei Tauchkolbenmaschinen verwendet. Ihre Mittellinien können parallel, schräg oder senkrecht zur Zylindermittellinie liegen.

Parallele Ventile (**205.**1a, b). Bei je einem Saug- und Druckventil _1_ und _2_ ist der Einbauraum sehr knapp. Dicht beieinander liegende Ventile (**205.**1a) ergeben den kleinsten Schadraum, erfordern aber Abflachungen _3_ bei runden Deckelflanschen. Durch den Einbau (**205.**1b) eines Kühlsteges _4_ entsteht ein zusammenhängender Kühlraum, der die Kühlung erleichtert und damit die Aufheizung des angesaugten Mediums verringert. Die hierbei erforderlichen Anschnitte _5_ für die Ventile vergrößern aber den Schadraum. Bei kleineren Zylindern (**205.**1b) liegen die Ventile im Boden, der bei größeren Maschinen (**205.**1a) aus Montagegründen durch einen Deckel ersetzt wird.

Vier Ventile verbessern die Raumausnutzung, bedingen aber kompliziertere Deckel.

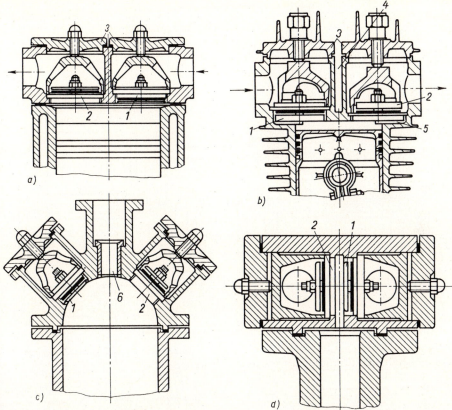

205.1   Ventileinbau im Zylinderdeckel
a) parallel, wassergekühlt [Hoerbiger], b) dgl., luftgekühlt [KSB], c) schräg [Hoerbiger],
d) senkrecht [Hoerbiger]

Schrägliegende Ventile (205.1 c). Hierbei können größere Ventilquerschnitte als bei der Anordnung
nach Bild **205.**1 a untergebracht werden. Die Kolbenoberfläche muß aber eine die Masse des Kolbens
vergrößernde und seine Herstellung erschwerende Kugelform erhalten, damit die Schadräume nicht
zu stark anwachsen. Der Stutzen 6, der die Lage der Ventile bedingt, dient als Zuschaltraum für die
Regelung (s. Abschn. 3.8.3.3).

Gegenüberliegende Ventile (205.1 d) werden bei den Deckeln der Endstufen von Stufenkolben ver-
wendet, bei denen die Ventile wegen der hohen Drücke relativ groß sind. Da diese Stufen meist aus
Stahl bestehen, wird zur einfacheren Herstellung oft auf die Kühlung verzichtet. Der Wärmeverzug, die
Aufheizung und der Schadraum sind aber relativ groß.

3.6.5.2   Konzentrische Ventile

Hier drücken die Deckelschrauben die Ventile (**206.**1) über den Deckel auf einen Absatz im
Zylinder. Der Saug- und Druckraum wird zwischen den Ventilen und am Zentrierbund des
Deckels, der Arbeitsraum am Zylinderabsatz abgedichtet. Bei Luftverdichtern tritt das Me-
dium oft in der Mitte (**206.**1 a) ein, die Filter sind dann am Deckel befestigt. Die Montage der
Ventile erfordert zumindest den Abbau der Saugleitung (**206.**1 a, b).

Bei Wasserkühlung (**206.**1a, b) wird der Kühlmantel tief heruntergezogen, um die Aufheizung des angesaugten Mediums zu verringern. Die Kühlwasserzuführung ist dabei schwieriger als bei parallelen Ventilen. Für die Luftkühlung (**202.**2) erhalten die Ventile am Umfang Kühlrippen. Bei der einfachsten Ausführung (**206.**1c) wird das Medium stark aufgeheizt, da der Druckkanal ohne Isolierung

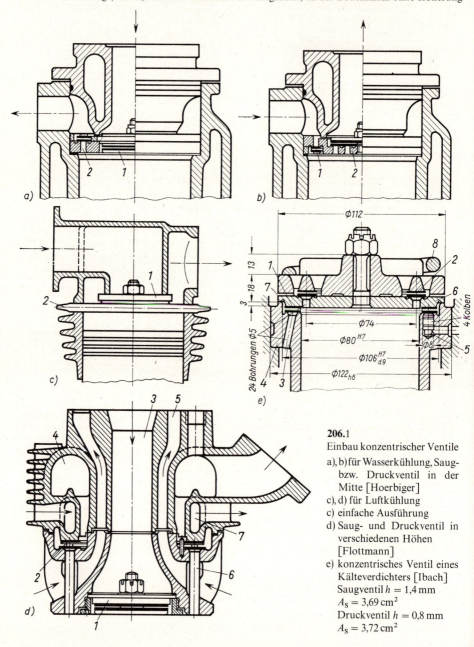

206.1
Einbau konzentrischer Ventile
a), b) für Wasserkühlung, Saug-
     bzw. Druckventil in der
     Mitte [Hoerbiger]
c), d) für Luftkühlung
c) einfache Ausführung
d) Saug- und Druckventil in
    verschiedenen Höhen
    [Flottmann]
e) konzentrisches Ventil eines
    Kälteverdichters [Ibach]
    Saugventil $h = 1,4\,\mathrm{mm}$
    $A_\mathrm{S} = 3,69\,\mathrm{cm^2}$
    Druckventil $h = 0,8\,\mathrm{mm}$
    $A_\mathrm{S} = 3,72\,\mathrm{cm^2}$

um den Saugkanal herumgelegt ist. Liegt das Saugventil *1* unter dem Druckventil *2* (**206.**1d), so können der Saug- und Förderkanal *3* und *4* durch einen Ringkanal *5* für die Kühlluft getrennt werden. Das Medium fließt dann durch Röhrchen *6*, die in den unteren Deckel eingegossen sind, zum Druckventil *2*. Dabei entsteht zwar ein größerer Schadraum, aber das angesaugte Medium wird nicht aufgeheizt. Bei Kälteverdichtern (**206.**1e) liegt das Saugventil *1* oft auf dem mit Zuflußbohrungen *3* versehenen Bund *4* der Laufbuchse, der dann auch die Kolben *5* zum Offenhalten der Saugventilplatten für die Regelung (s. Abschn. 3.8.2) aufnehmen kann. Das Druckventil *2* mit dem Sitz *6*, der gleichzeitig Hubfänger des Saugventils *1* ist, hat Ölabflußnuten *7* und wird von der Feder *8* auf den Bund *4* gedrückt.

3.6.5.3 Ventile im Zylindermantel

Sie werden an den Ringflächen der Stufenkolben und bei Scheibenkolben, bei denen der Querschnitt des Zylinderbodens durch die Kolbenstange und Stopfbuchse stark geschwächt ist, verwendet. Ihr Einbau erfolgt senkrecht – also am Zylindermantel – oder parallel zur Zylindermittellinie.

Ventile am Mantel (**207.**1a). Bei einfachwirkenden Stufen werden der Saug- und Druckraum durch Kanäle mit ihren Stutzen verbunden, damit sich die Ventile ohne Abbau der Rohrleitungen herausnehmen lassen. In zweistufigen liegenden Maschinen mit Stufenkolben können die Sitze der Ventile so ausgebildet werden, daß sich der Kolbenbolzen durch ihre Nester ausbauen läßt. Bei doppeltwirkenden Stufen sind die Saug- und Druckräume beider Seiten meist durch Kanäle verbunden. Es ergeben sich also ein Saug- und Druckstutzen *3* und *4*, so daß die Herstellung der Zylinder und die Verlegung der Rohrleitungen einfacher wird. Dabei können aber einseitige Wärmedehnungen wegen der verschiedenen Temperaturen dieser Räume entstehen. Diese sind nur durch getrennte Saug- und Druckräume auf beiden Zylinderseiten zu vermeiden. Da sich im ganzen vier Stutzen ergeben, lohnt sich der Aufwand nur für große Zylinder.

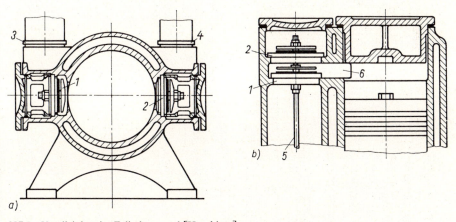

207.1 Ventileinbau im Zylindermantel [Hoerbiger]
    a) am Umfang,   b) im Ringkasten

Parallele Ventile (**207.**1b) werden in einem besonderen Ventilkasten des Zylinders eingesetzt und an einer im Zylinder eingeschraubten Spindel *5* befestigt. Da die Ventile um den gesamten Mantel verteilt werden können, sind große Querschnitte unterzubringen. Nachteilig sind neben dem komplizierten Zylinderaufbau die großen Schadräume und eine starke Aufheizung des angesaugten Mediums, da die Saug- und Druckventile *1* und *2* einen gemeinsamen Verbindungskanal *6* zum Arbeitsraum haben.

3.6.5.4 Saugventil im Kolben

Bei dieser Anordnung (**208**.1) fließt das Medium über die Schlitze *3* am Zylinderumfang und die Aussparungen *4* im Kolben durch die Saugventile *1* in den Arbeitsraum und wird durch die Druckventile *2* in den Kanal *5* ausgeschoben. Da das Medium nur in der Richtung vom Saug- zum Druckventil fließt, heißt diese Anordnung Gleichstrombauart. Weil die Aufheizung gering ist und sich gegenüber den parallelen Ventilen (**205**.1a) nahezu der doppelte Ventilquerschnitt bei kleinstem schädlichen Raum unterbringen läßt, ergibt sich ein günstiger Liefergrad der allerdings mit großem Aufwand erkauft ist. Bei den im Kolben angeschraubten Saugventilen unterstützt die Trägheit der Platten ihr Öffnen und Schließen. Die Druckventile werden durch eine Feder *6* auf ihren Sitz im Zylinder gedrückt und wirken daher als Sicherheitsventil des Arbeitsraumes, wenn Flüssigkeitsschläge – wie z. B. bei Kälteverdichtern – auftreten.

Beispiel 20. Ein einstufiger Luftverdichter, der zwei Zylinder vom Durchmesser $D = 98$ mm und den Hub $s = 80$ mm hat, fördert bei der Drehzahl $n = 1500\,\text{min}^{-1}$ den Volumenstrom $\dot{V}_{\text{fa}} = 1,1\,\text{m}^3/\text{min}$ vom Saugdruck $p_1 = 1$ bar auf den Gegendruck $p_2 = 7$ bar. Das axiale Kolbenspiel sei $a_{\text{S}} = 2$ mm (Herstellerangaben s. Tafel **209**.1). Gefordert ist die Auswahl der Ventile und die Berechnung ihrer Spaltgeschwindigkeiten und Schadräume.

Zulässige Werte. Mit der Drehzahl $n = 1500\,\text{min}^{-1}$ und den Betriebsdrücken $p_1 = 1$ bar und $p_2 = 7$ bar folgt aus Bild **201**.1 a, c für den Hub und die Spaltgeschwindigkeit des Saugventils $h = 1,55$ mm bzw. $c_{\text{S}} = 55$ m/s und des Druckventils $h = 1,40$ mm bzw. $c_{\text{S}} = 47$ m/s.

Spaltquerschnitte. Für die Kolbenfläche und die mittlere Kolbengeschwindigkeit gilt

$$A_{\text{K}} = \frac{\pi}{4}D^2 = \frac{\pi}{4}\,9{,}8^2\,\text{cm}^2 = 75{,}5\,\text{cm}^2 \qquad c_{\text{m}} = 2\,s\,n = \frac{2\cdot 0{,}08\,\text{m}\cdot 1500\,\text{min}^{-1}}{60\,\text{s/min}} = 4\,\text{m/s}$$

Die kleinsten Querschnitte betragen mit $A_{\text{S}} = A_{\text{K}}\,c_{\text{m}}/c_{\text{S}}$ nach Gl. (199.2) für das Saugventil

$$A_{\text{S}} = 75{,}5\,\text{cm}^2\,\frac{4\,\text{m/s}}{55\,\text{m/s}} = 5{,}5\,\text{cm}^2 \text{ und für das Druckventil } A_{\text{S}} = 75{,}5\,\text{cm}^2\,\frac{4\,\text{m/s}}{47\,\text{m/s}} - 6{,}4\,\text{cm}^2$$

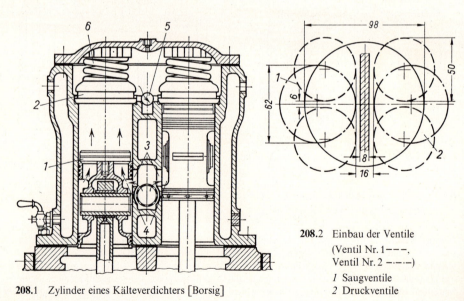

208.1   Zylinder eines Kälteverdichters [Borsig]

208.2   Einbau der Ventile
(Ventil Nr. 1 – – –,
Ventil Nr. 2 – · – · –)
1 Saugventile
2 Druckventile

Wahl der Ventile. Werden Saug- und Druckventile gleicher Einbaumaße gewählt, ist der kleinste Hub $h = 1{,}4$ mm und die größte Spaltfläche $A_S = 6{,}4$ cm^2 maßgebend. Diese Bedingungen erfüllen nach Tafel **209.**1 je ein Saug- und Druckventil Nr. 2, je zwei Ventile Nr. 1 oder das konzentrische Ventil Nr. 4.

Tafel **209.**1   Kennwerte von Ventilen

Bezeichnung	Größe	Einheit	Einzelventil				konzentrisches Ventil			
Ventil Nr.			1	1	2	2	3	3	4	4
Saug- und Druckventil			S	D	S	D	S	D	S	D
Hub.	h	mm	1,2	1,2	1,4	1,4	1,4	1,2	1,4	1,4
Spaltquerschnitt.	A_S	cm^2	3,35	3,35	6,4	6,4	6,4	5,8	9,3	7,4
Schadraum.	V_{S1}	cm^3	4,9	4,1	6,7	5,0	17	17	25	25
Kanalzahl	i		2	2	2	2	3	2	4	2
Außendurchmesser . . .	D_A	mm	50	50	62	62	108	108	115	115

Einbau (208.2). Beim **konzentrischen Ventil** muß zur Abdichtung der Außendurchmesser größer als die Zylinderbohrung sein. Für die **Einzelventile** werden der Saug- und Förderraum des Deckels durch eine 8 mm dicke Wand getrennt. Zur Ausführung der Ventilnester ist dann ein Abstand der Saug- und Druckventile von 16 mm und der beiden Ventile im gleichen Nest von 6 mm erforderlich. Dabei schneiden die Ventile den Zylinder stark an.

Schadraum. Hierzu zählen nach Abschn. 3.2.2 die Anteile der Ventile V_{S1} nach Tafel **209.**2 und das Volumen infolge des axialen Kolbenspiels $V_{S2} = A_K a_S = 75{,}5$ cm$^2 \cdot 0{,}2$ cm $= 15{,}1$ cm^3. Hinzu kommen noch die sichelförmigen Räume für die Anschnitte des Zylinders (**208.**2) durch die Ventile Nr. 1 mit $V_{S3} = 16$ cm^3 und Nr. 2 mit $V_{S3} = 15$ cm^3. Mit dem Hubvolumen $V_h = A_K s = 75{,}5$ cm$^2 \cdot 8$ cm $= 604$ cm^3 ergibt sich dann für die Schadräume $V_S = V_{S1} + V_{S2} + V_{S3}$ und für ihre bezogenen Werte $\varepsilon_0 = V_S/V_h$ in %.

Kritik (Tafel 209.2). Die beste Lösung stellt das konzentrische Ventil Nr. 4 mit dem kleinsten Schadraum und den geringsten Spaltgeschwindigkeiten dar. Hier sind die Druckverluste am kleinsten, und der Saugstrom ist am größten. Vom Hersteller des Kompressors wurden die vier Ventile Nr. 1 wegen des einfacheren Einbaus vorgezogen. Bei ihnen ist gegenüber den Ventilen Nr. 2 der Querschnitt (**208.**2) besser auf die Kolbenfläche verteilt.

Tafel **209.**2   Spaltgeschwindigkeiten und Schadräume der Ventile

Bezeichnung	Größe	Einheit	2 Ventile Nr. 2	4 Ventile Nr. 1	konzentrisches Ventil Nr. 4	
Saug- oder Druckventil .	—	—	—	—	S	D
Spaltquerschnitt.	A_S	cm^2	6,4	$2 \cdot 3{,}35$	9,3	7,4
Spaltgeschwindigkeit. . . .	c_S	m/s	47	45	32,5	40,7
Schadraum. . . . Ventile	V_{S1}	cm^3	6,7 + 5,0	2(4,9 + 4,1)	25	
Schadraum. . . . gesamt	V_S	cm^3	41,8	49,1	40,1	
Schadraum. . . . Anteil	ε_0	%	6,9	8,1	6,65	

3.7 Kühlung und Schmierung

3.7.1 Kühlung

Der von der Kühlung abgeführte Wärmestrom entspricht bei Verdichtern nach Abschn. 3.2.4.2 der indizierten Leistung, wenn die Differenz zwischen Ansauge- und Rückkühltemperatur von 20 bis 30 °C, die Abstrahlung und die Kondensation des Wasserdampfes vernachlässigt werden. Die Kühlung des Mediums erfolgt mit Wasser oder Luft in den Zylindern, den Deckeln und den Zwischen- bzw. Nachkühlern. Der geringste Anteil der abgeführten Wärme, ≈ 15 bis 25%, entfällt auf die Zylinder- und Deckelkühlung, deren Kühlflächen aus konstruktiven Gründen klein sind. Wäre diese intensiver, so würden die zugeführte Leistung, die Verdichtungstemperaturen und der Aufwand für die Zwischenkühlung abnehmen.

3.7.1.1 Wasserkühlung

Bei der Durchlaufkühlung wird das Wasser einem Netz entnommen, bei der Umlaufkühlung wird es von einer Pumpe umgewälzt und mit einem Kühler zurückgekühlt. Im Verdichter durchfließt das Wasser oft mehrere hintereinanderliegende Kühlstellen. Seine Erwärmung beträgt 10 bis 20 °C, und seine Austrittstemperatur soll nicht über 40 °C liegen, um Kesselsteinbildung zu verhüten. Die Maschinenhaustemperatur muß > 2 °C sein, damit keine Frostschäden auftreten. Bei der Zylinder- und Deckelkühlung (s. Abschn. 1.3.5.2) erübrigt sich eine Berechnung der wärmeaustauschenden Flächen, da diese bei der Konstruktion so groß wie möglich gehalten werden.

Berechnung. Der abzuführende Wärmestrom beträgt, wenn t_{Ge} und t_{Ga} bzw. t_{Wa} und t_{We} die Ein- und Austrittstemperaturen, $\dot{m}_G$ und $\dot{m}_W$ die Massenströme sowie c_p und c die spezifischen Wärmekapazitäten des Gases bzw. des Kühlwassers bedeuten

$$\dot{Q} = \dot{m}_G c_p (t_{Ge} - t_{Ga}) = \dot{m}_W c (t_{Wa} - t_{We}) \tag{210.1}$$

Der Kühlwasserbedarf $\dot{V}_W = \dot{m}_W/\varrho$, wobei ϱ die Dichte des Wassers ist, folgt dann hieraus bei bekannten Temperaturen und bekanntem Förderstrom.

Die erforderliche Kühlfläche bzw. die Rohrlänge ergibt sich aus $\dot{Q} = kA(t_I - t_{II})$ und $\dot{Q} = k\pi d_1 L (t_I - t_{II})$ nach Gl. (37.1) und (38.1) mit $t_I - t_{II} = \Delta t_m$

$$A = \frac{\dot{Q}}{k\,\Delta t_m} \qquad A = \pi d_1 L = \frac{\dot{Q}}{k\,\Delta t_m} \qquad \Delta t_m = \frac{(t_{Ge} - t_{Wa}) - (t_{Ga} - t_{We})}{\ln \dfrac{t_{Ge} - t_{Wa}}{t_{Ga} - t_{We}}} \qquad \text{(210.2) bis (210.4)}$$

Das wirksame Temperaturgefälle Δt_m gilt für den Gegenstrom [26]. Die Wärmedurchgangskoeffizienten k sind nach den Gl. (37.2) und (38.2) zu berechnen.

Wärmeübergangskoeffizienten ergeben sich für Luft und Wasser aus den Zahlenwertgleichungen von Schack

$$\alpha_L = \frac{3,5\,c_n^{0,8}}{\sqrt[4]{d}} \quad \text{und} \quad \alpha_W = 3330(1 + 0,014\,t_R)\,c^{0,85} \quad \text{in } \frac{W}{m^2 K} \qquad \text{(210.5) und (210.6)}$$

Hierin bedeuten c und c_n die Geschwindigkeiten in m/s des Wassers bzw. der Luft vom Normzustand $p_o = 1,0133$ bar und $t_o = 0$ °C nach DIN 1343, d der Rohrdurchmesser in m und t_R die Rohrtemperatur in °C.

Für die übrigen Fördermedien gilt das Gesetz von Merkel, nach dem das Verhältnis der Wärmeübergangskoeffizienten der Gase und der Luft konstant ist. Es beträgt für

| Sauerstoff, Stickstoff und Schwefeldioxyd 1,0 | | Kohlenoxyd 0,99 |
| Ammoniak 1,25 | Kohlendioxyd 1,12 | Wasserstoff 1,5 |

Druckschwankungen und Verschmutzungen in den Kühlern können die Wärmeübergangskoeffizienten bis zu 100% vermindern. Den größten Einfluß haben hierbei die Ablagerungen von verkrustetem Schmieröl und von Kalk auf der Gas- bzw. Wasserseite. Die Druckschwankungen in den Zwischenkühlern sind von ihrem Volumen und der Anordnung der hieran angeschlossenen Stufen abhängig [35].

Aufbau. Die Kühler (**211**.1) bestehen aus dem Gehäuse und den Kühlelementen, die sich verschieden stark erwärmen und bei denen die Dehnung zu beachten ist. Bei stehenden Kühlern wird das Wasser seinem natürlichen Auftrieb bei der Erwärmung entsprechend unten zu- und oben abgeführt. Das Gas fließt dann in entgegengesetzter Richtung, um das Gegenstromprinzip zu verwirklichen. Sein Einlaß liegt also oben und sein Auslaß unten. Bei liegenden Kühlern wird gemäß der Lage der Stutzen am Verdichter ähnlich verfahren.

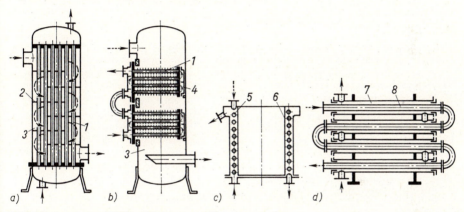

211.1 Bauarten von Kühlern (Gas ———→, Wasser ———→)

a) Rohrbündelkühler, b) Lamellenkühler, c) Rohrschlangenkühler, d) Doppelrohrkühler

Bauarten. Im Rohrbündelkühler (**211**.1a) strömt der jeweils stärker verschmutzte Stoff (Wasser oder Gas) durch die leichter zu reinigenden Rohre *1*. Schikanenbleche *2* erhöhen die Geschwindigkeit des Mediums, um den Wärmeübergangskoeffizienten zu verbessern. Beim Lamellenkühler (**211**.1b) durchfließt das Wasser die mit Lamellen zur Oberflächenvergrößerung versehenen Rohre *1*. Da diese leicht verschmutzen, sind sie in einfach herausnehmbare Elemente *4* zusammengefaßt. Das im Gehäuse *3* befindliche Gas fließt wie bei Kreuzstromkühlern um die Wasserrohre herum.

Bei Drücken über 30 bar wird das Gas durch die Rohre geleitet, da die notwendigen Wanddicken für die Behälter wirtschaftlich nicht mehr tragbar sind. Im Rohrschlangenkühler (**211**.1c) fließt das Gas durch eine Rohrspirale *5*, die in einem als Hohlzylinder ausgebildeten Behälter *6* für den Wasserdurchfluß liegt. Doppelrohrkühler (**211**.1d) haben hintereinandergeschaltete Elemente von konzentrischen Rohren. Das äußere Rohr *7* wird vom Wasser, das innere Rohr *8* vom Gas im Gegenstrom durchflossen.

3.7.1.2 Luftkühlung

Die Kühlluft wird von einem Gebläse durch die Kühler angesaugt und gegen die Rippen der Zylinder und Deckel geblasen. Im Gegensatz zum Wasser ist sie überall verfügbar und unempfindlich gegen Frost. Wegen ihres geringen Wärmeübergangskoeffizienten eignet sie sich aber nur zur Kühlung kleinerer Verdichter mit Hubräumen bis $\approx 4\,l$ pro Zylinder, deren Zylinderoberfläche relativ groß gegenüber ihrem Arbeitsraum ist.

Gebläse. Ihr Saugstrom entspricht bei verlustfreier Führung dem Kühlluftbedarf. Bedeuten P_i die indizierte Leistung des Verdichters oder den abzuführenden Wärmestrom, c_p die spezifische Wärmekapazität, Δp_K die Druck- und Δt_K die Temperaturerhöhung der Kühlluft mit der Dichte ϱ und sind η_g der Gütegrad des Gebläses bzw. η_m der mechanische Wirkungsgrad des Verdichters und $P_e = P_i/\eta_m$ seine effektive Leistung, so gilt für den Saugstrom $\dot V_G$ bzw. die Antriebsleistung P_G des Gebläses

$$\dot V_G = \frac{P_i}{\varrho\,c_p\,\Delta t_K} \qquad P_G = \frac{\dot V_G\,\Delta p_K}{\eta_g} = \frac{\eta_m\,P_e\,\Delta p_K}{\eta_g\,\varrho\,c_p\,\Delta t_K} \qquad \text{(212.1) und (212.2)}$$

Die Drucksteigerung der Luft beträgt 2 bis 3 mbar, ihre Temperaturerhöhung 8 bis 20 °C. Für das Gebläse ergibt sich damit nur ein Leistungsbedarf von ≈ 2 bis 3% der Verdichterleistung, so daß sein Gütegrad geringe Bedeutung hat. Daher sind meist einfache Radial- bzw. Axiallüfter, oft auch nur Lüfterschwungräder mit als Axialschaufeln ausgebildeten Speichen üblich. Die Luft wird, meist durch Blechmäntel (*22* in Bild **238**.1) geführt, an die Rippen der Zylinder, Gehäuse und Deckel geblasen.

Kühlflächen werden wie bei der Wasserkühlung berechnet. Wegen des geringen Wärmeübergangskoeffizienten der Luft ≈ 58 bis 92 W/(m² K) sind sie relativ groß.

Zylinder und Deckel (**238**.1). Sie haben Rippen (**79**.1) mit Abständen von 12 bis 20 mm und Höhen unter 30 mm, sind also leicht gießbar. Sie vergrößern die Oberflächen um das Drei- bis Fünffache. Die Zwischenkühler der einfachsten Form bestehen aus am Lüfter liegenden Rohrspiralen ohne Rippen. Für größere Kühlleistungen dienen Blockkühler mit einer größeren Anzahl dicht nebeneinander liegender Flachrohre, die zur weiteren Vermehrung der Oberfläche durch Rippenbleche verbunden sind.

Blockkühler (**213**.1). Das Kühlergehäuse *1* enthält die Kammern *2* und *3*, die – nur zum Teil dargestellten – Flachrohre *4* mit den Rippenblechen *5*, den Ein- und Austrittsstutzen *6* und *7* sowie die Reinigungs- und Entwässerungsanschlüsse *8* und *9*. Es trägt weiterhin die Gebläsehaube *10* und die Leitbleche *11* mit den Ankern *12* zur Befestigung des Kühlers am Verdichter. Der Kühler arbeitet nach dem Kreuzstromprinzip. Die Kühlluft strömt an den Breitseiten der Flachrohre *4* vorbei zum Gebläse. Das verdichtete Gas fließt vom Eintrittsstutzen *6* durch die Flachrohre *4* über die Räume *13* bis *17* der Kammern *2* und *3* zum Austrittsstutzen *7*.

Beispiel 21. Für einen zweistufigen Verdichter ist der Zwischenkühler (**213**.1) und das Kühlluftgebläse auszulegen. Es werden $\dot V_{f0} = 1,2\,\text{m}^3/\text{min}$ Luft vom Normzustand, $p_o = 1,0133$ bar, $t_o = 0$ °C auf den Gegendruck $p_3 = 10$ bar bei der Kupplungsleistung $P_e = 9,6$ kW vom Verdichter gefördert. Der Kühler, der ein Drittel dieser Leistung als Wärmestrom abführen soll, hat den Wärmedurchgangskoeffizienten $k = 75$ W/(m² K) und erwärmt die Kühlluft um $\Delta t_K = 8$ °C. Der Zustand der Luft beträgt beim Ansaugen $p_1 = 1,0$ bar, $t_{1a} = 25$ °C, hinter der I. Stufe $p_2 = 3,2$ bar, $t_{31} = 170$ °C. Das Gebläse mit dem effektiven Wirkungsgrad $\eta_g = 0,35$ erhöht den Druck der Kühlluft um $\Delta p_K = 3$ mbar.

Zwischenkühler. Der abzuführende Wärmestrom beträgt

$$\dot Q = \frac{1}{3}P_e = \frac{1}{3}\cdot 9,6\,\text{kW}\cdot 1\,\frac{\text{kJ}}{\text{kW s}}\cdot 60\,\frac{\text{s}}{\text{min}} = 192\,\frac{\text{kJ}}{\text{min}}$$

Volumenstrom der Kühlluft. Wird dieser auf den Ansagezustand bezogen und ist $c_p = 1,005$ kJ/(kg °C) seine spezifische Wärmekapazität, so folgt aus Gl. (29.4) und (32.14) mit dem Massenstrom

$$\dot m = \frac{\dot Q}{c_p\,\Delta t_K} = \frac{192\,\dfrac{\text{kJ}}{\text{min}}}{1,005\,\dfrac{\text{kJ}}{\text{kg °C}}\,8\,°\text{C}} = 23,9\,\frac{\text{kg}}{\text{min}}$$

$$\dot V_a = \frac{\dot m\,R\,T_{1a}}{p_1} = \frac{23,9\,\dfrac{\text{kg}}{\text{min}}\cdot 287,1\,\dfrac{\text{N m}}{\text{kg K}}\cdot 298\,\text{K}}{100\,000\,\text{N/m}^2} = 20,4\,\frac{\text{m}^3}{\text{min}}$$

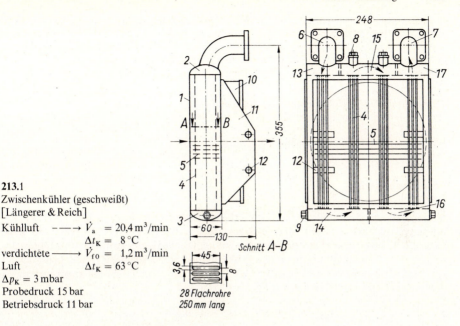

213.1
Zwischenkühler (geschweißt)
[Längerer & Reich]

Kühlluft $\quad$---→ $\dot{V}_a$ $\quad$ = 20,4 m³/min
$\qquad\qquad \Delta t_K$ = 8 °C
verdichtete $\longrightarrow \dot{V}_{fo}$ = 1,2 m³/min
Luft $\qquad \Delta t_K$ = 63 °C
Δp_K = 3 mbar
Probedruck 15 bar
Betriebsdruck 11 bar

28 Flachrohre
250 mm lang

Schnitt A-B

Rückkühltemperatur. Mit dem Massenstrom der geförderten Luft

$$\dot{m}_f = \frac{p_0 \dot{V}_{fo}}{R T_0} = \frac{1,0133 \cdot 10^5 \, \frac{N}{m^2} \cdot 1,2 \, \frac{m^3}{min}}{287,1 \, \frac{Nm}{kg\,K} \cdot 273 \, K} = 1,55 \, \frac{kg}{min}$$

ergibt sich

$$\Delta t = \frac{\dot{Q}}{c_p \dot{m}_f} = \frac{192 \, \frac{kJ}{min}}{1,005 \, \frac{kJ}{kg\,°C} \cdot 1,55 \, \frac{kg}{min}} = 123 \, °C \quad t_{2a} = t_{31} - \Delta t = (170-123) \, °C = 47 \, °C$$

Kühlfläche. Für die mittlere Temperaturdifferenz gilt dann nach Gl.(210.4), da hier $t_{Ge} = t_{31}$, $t_{Ga} = t_{2a}$, $t_{We} = t_{1a}$ und $t_{Wa} = t_{1a} + \Delta t_K = (25+8) \, °C = 33 \, °C$ ist,

$$\Delta t_m = \frac{(t_{31} - t_{Wa}) - (t_{2a} - t_{We})}{\ln \frac{t_{31} - t_{Wa}}{t_{2a} - t_{We}}} = \frac{[(170-33) - (47-25)] \, °C}{\ln \frac{(170-33) \, °C}{(47-25) \, °C}} = 63 \, °C$$

Damit wird nach Gl. (210.2)

$$A = \frac{\dot{Q}}{k \, \Delta t_m} = \frac{192 \, \frac{kJ}{min} \cdot 10^3 \, \frac{Ws}{kJ}}{75 \, \frac{W}{m^2 K} \cdot 63 \, K \cdot 60 \, \frac{s}{min}} = 0,677 \, m^2$$

Verwendet werden 28 Flachrohre von 3,6 mm Höhe, 45 mm Breite und 250 mm Länge mit der Oberfläche 28 · 2 (4,5 + 0,36) cm · 25 cm = 6800 cm².

Gebläse. Mit dem Saugstrom $\dot{V}_G = \dot{V}_a = 20{,}4 \text{ m}^3/\text{min}$ und $1 \text{ mbar} = 100 \text{ N/m}^2$ folgt aus Gl. (212.2) für die Antriebsleistung

$$P_G = \frac{\dot{V}_G \Delta p_K}{\eta_g} = \frac{20{,}4 \text{ m}^3/\text{min} \cdot 300 \text{ N/m}^2}{0{,}35 \cdot 60\,000 \dfrac{\text{N m min}^{-1}}{\text{kW}}} = 0{,}29 \text{ kW}$$

Ihr Anteil an der Verdichterleistung beträgt dann $P_G/P_e = 0{,}29 \text{ kW}/9{,}6 \text{ kW} = 0{,}0302$, also $\approx 3\%$. Hinter dem Kühler wird die Kühlluft noch an den Zylindern erwärmt. Bei der Temperaturerhöhung $\Delta t_K = 24\,^\circ\text{C}$ würde der Kühlluftstrom bei Vernachlässigung seiner Volumen- und Wärmeverluste den Wärmestrom $\dot{Q} = P_e$, also insgesamt die Kupplungsleistung abführen.

3.7.2 Schmierung

Kreuzkopfmaschinen besitzen eine Triebwerks- und Zylinderschmierung. Die T r i e b w e r k s - s c h m i e r u n g arbeitet meist nach dem Druckumlaufverfahren (DIN 51 500) und versorgt die Lager der Triebwerke und der Hilfsantriebe mit Öl. Die Z y l i n d e r s c h m i e r u n g fördert das Öl nach dem Durchlaufverfahren (DIN 51 500) an die Laufflächen der Zylinder und Packungen. Tauchkolbenmaschinen haben, da ihre Zylinder mit dem Triebwerksraum verbunden sind, eine gemeinsame Ölversorgung für diese Teile

3.7.2.1 Triebwerkschmierung

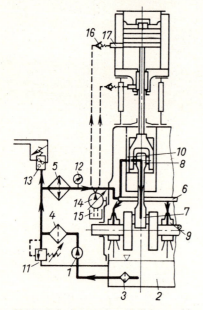

Ihre Aufgabe ist es, die Gleitlager – insbesondere von Kurbelwelle und Schubstange – sowie die Kreuzkopfgleitbahn mit Öl zu versorgen. Das Öl soll eine tragfähige Schicht bilden, die Reibungswärme abführen und die Laufflächen rein halten.

Arbeitsweise. Bei dem Verdichter nach Bild **214**.1 saugt die Pumpe *1* das Öl aus der Wanne *2* im Gehäuse über ein Grobfilter *3* an und fördert es über Spaltfilter *4*, Ölkühler *5* und Verteiler *6* in die Lager. Bei Tauchkolbenmaschinen werden die Schubstangenlager *7* und *8* über die Grundlager *9* durch Bohrungen in der Kurbelwelle und Schubstange versorgt. In Kreuzkopfmaschinen erhalten die Lager *7* und *8* das Öl oft über die Gleitbahn *10*, den Kreuzkopf und seinen Zapfen. Dadurch entfallen die langen, schwer herstellbaren und wie Kerben wirkenden Ölbohrungen der Kurbelwelle. Das aus den Lagern austretende Öl tropft innerhalb der sorgfältig abgedichteten Maschine in die Ölwanne *2* zurück. Das Überströmventil *11* ist durch eine Rücklaufleitung mit der Ölwanne verbunden und dient zur Einstellung des am Manometer *12* abzulesenden Öldruckes. Beim Unterschreiten $\approx 1{,}8$ bar, stellt der Öldruckwächter *13* den Antriebsmotor ab. Der Inhalt der Ölwanne wird mit einem Ölpeilstab (*26* in Bild **238**.1), oder mit einem Ölstandsauge überwacht.

214.1 Schmierung einer Kolbenmaschine (Sinnbilder nach DIN 24 300)

1 bis *13* Triebwerkschmierung →
14 bis *17* Zylinderschmierung →

Auslegung. Der Förderstrom der Pumpe und der Inhalt der Ölwanne betragen, wenn $q_{\text{Öl}}$ der Ölbedarf je Einheit der Kupplungsleistung P_e und z die Zahl der Ölumwälzungen in der Zeiteinheit sind

$$\dot{V}_{\text{f}\,P} = q_{\text{Öl}}\,P_e \qquad\qquad V = \frac{\dot{V}_{\text{f}\,P}}{z} = \frac{q_{\text{Öl}}\,P_e}{z} \qquad\qquad (215.1) \text{ und } (215.2)$$

Der Ölbedarf liegt bei $\approx 2{,}7\,\text{l/kW h}$, wenn das Öl $\approx 20\%$ der Reibungsleistung bei einer Temperaturerhöhung von $20\,^\circ\text{C}$ abführt. Die Ölumwälzzahl ist 7 bis $20\,\text{h}^{-1}$, bei zu hohen Werten tritt ein Schäumen des Öles ein. Für den Schmierölverbrauch sind $\approx 0{,}4$ bei Kreuzkopf- und $0{,}7\,\text{g/kWh}$ bei Tauchkolbenmaschinen anzunehmen.

Ölpumpen. Meist werden von der Kurbelwelle aus angetriebene Zahnradpumpen benutzt. Großmaschinen erhalten Elektropumpen, die gegen einen Ausfall bei laufender Maschine gesichert sein müssen. Sie haben aber wegen ihrer hohen Drehzahl kleine Abmessungen und erlauben eine Ölversorgung beim Anfahren des Verdichters. Kleine Maschinen mit hoher Drehzahl und geringem Ölbedarf erhalten Kolbenpumpen, da bei Zahnradpumpen die Übersetzung zur Kurbelwelle zu groß wird. Die Ölpumpe nach Bild **215**.1 hat eine Kurbelschleife [1] als Triebwerk, das mit der Drehzahl $1300\,\text{min}^{-1}$ läuft. Zum Antrieb dient ein Exzenter der Kurbelwelle (5 in Bild **238**.1), auf dem der mit dem Kolben *1* starr verbundene Bügel *2* sitzt. Der Zylinder *3* ist im Bolzen *4* des mit dem Gehäuse verschraubten Deckels *5* pendelnd gelagert. Das Öl wird über das Sieb *6* und die Bohrungen *7* angesaugt und über die Ringnut *8* mit dem Sicherheitsventil *9* zu den Schmierstellen gefördert. Der Einlaß wird vom Kolben *1* an der Kante der Bohrung *10*, der Auslaß vom Ventil *11* gesteuert.

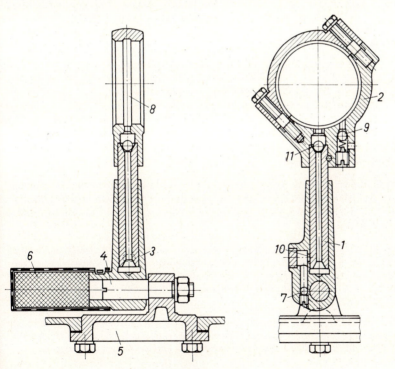

215.1   Ölpumpe $n = 1300\,\text{min}^{-1}$ [Flottmann]

Ölsorten. Es werden Normal- und Verdichterschmieröle nach DIN 51 501 und 51 506 verwendet. Ihre Zähigkeit bei 50 °C soll ≈ 30 bis 68 mm²/s betragen oder den SAE[1]) Viskositätsklassen 20 und 30 nach DIN 51 511 entsprechen. Ihr Flammpunkt DIN 51 584 muß bei Tauchkolbenmaschinen über 200 °C liegen, um Ölexplosionen zu vermeiden (s. Abschn. 3.3).

3.7.2.2 Zylinderschmierung

Sie soll an den gasberührten Laufflächen im Zylinder und in den Stopfbuchsen einen tragfähigen Ölfilm erzeugen, der die Reibung und Abnutzung verringert und die feinen Spalte zwischen den Kolbenringen und der Zylinderwand abdichtet.

Arbeitsweise (214.1). Das Öl wird von einer Pumpe *14* aus einem Vorratsbehälter *15* über ein Rückschlagventil *16* durch die Stutzen *17* an die Schmierflächen, deren Bedarf oft sehr verschieden ist, gefördert. Um Überschmierungen zu vermeiden, hat die Pumpe für jede Schmierstelle e i n e n Kolben mit veränderlichem Hub und e i n e Zuleitung. Das Rückschlagventil soll Gaseinschlüsse in den Leitungen und damit Unterbrechungen der Förderung verhindern. Das mit dem Medium abfließende Öl darf – wie auch das Kondensat – keine Ansammlungen bilden. Diese werden, wenn sie eine bestimmte Größe erreicht haben, vom Medium plötzlich mitgerissen und verursachen dann Ventilschäden.

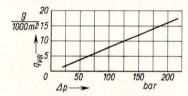

216.1 Verbrauch an Zylinderöl [39]

Ölverbrauch. Bei Großverdichtern (**216.**1) wird er für jede Schmierstelle einzeln berechnet und ist von der größten Druckdifferenz Δp an den mit Öl versorgten Kolben oder Stopfbuchsen abhängig. Seine Angabe erfolgt in g/1000 m² überlaufende Fläche, die nach DIN 51 500 zu ermitteln ist.

Ölsorten. Die Wahl der Zylinderöle hängt vom Fördermedium, dem Gegendruck und der Bauart der Maschinen ab. So erfordern Luftverdichter mit Gegendrücken bis zu 30 bar mineralische Öle mit einer Zähigkeit von 60 bis 135 mm²/s bei 50 °C, deren Flammpunkt 40 °C über der größten Zylindertemperatur liegen soll. Die Zylinder von Sauerstoffkompressoren dürfen nur mit einem Gemisch von Wasser und Glyzerin geschmiert werden, um Explosionen zu verhüten. Tauchkolbenmaschinen erfordern Öle, die auch für die Triebwerkschmierung, die die Zylinderlaufflächen mit versorgt, geeignet sind.

3.7.2.3 Weitere Schmierverfahren

Der Aufwand für die Schmierung hängt von der Größe der Maschine und von den verwendeten Lagern ab. Bei kleineren Maschinen wird das Verhältnis der Oberfläche zum Volumen des in der Wanne befindlichen Öles günstiger, so daß am Gehäuse angebrachte Rippen (**240.**1) zur Ölkühlung genügen.

Gleitlager. Um die Ölpumpe einzusparen, erhalten bei kleinen Verdichtern die Grund- und Kurbelzapfenlager Schmier- bzw. Schleuderringe [18]. Die Kolbenbolzen, die in den Kolbenaugen gelagert sind, werden dann mit dem von den Zylinderlaufflächen abgestreiften Öl versorgt. Noch einfacher ist die Tauchschmierung, bei der eine Zunge am Schubstangenkopf in den Ölvorrat eintaucht und das Öl an die Schmierstellen spritzt.

Wälzlager. Hier genügt Spritzöl zur Wärmeabfuhr und Reinigung der Laufflächen von Ringen und Wälzkörpern. Eine Überschmierung ist schädlich, da das Öl dabei schäumt und seine Schmierfähigkeit verliert. Auch Fettschmierung dieser Lager wird besonders bei ölfreier Verdichtung ausgeführt.

---

[1]) SAE **S**ociety of **A**utomotive **E**ngineers Inc., New York

Beispiel 22. Für einen Kompressor mit Drehzahl $n = 1300\,\text{min}^{-1}$, Kupplungsleistung $P_e = 50\,\text{kW}$ und mechanischem Wirkungsgrad $\eta_m = 0,86$ ist die Triebwerkschmierung auszulegen. Das Öl mit der Dichte $\varrho = 0,85\,\text{kg/l}$ und der spezifischen Wärmekapazität $c = 1,9\,\text{kJ/(kg\,°C)}$ soll bei der Temperaturerhöhung $\Delta t = 20\,°\text{C}$ ein Drittel der Reibungswärme des Triebwerkes abführen. Die Ölumwälzzahl beträgt maximal $z = 20\,\text{h}^{-1}$, der Ölverbrauch $\Delta \dot{m}_{Öl} = 15\,\text{g/h}$; das Öl ist alle 200 h nachzufüllen. Zur Förderung des Öles dient die Pumpe (**215**.1) mit einem Kolben, dem Hubverhältnis $s/D = 1$ und dem Liefergrad $\lambda_L = 0,8$. Von ihrem Hub werden 50% zur Förderung ausgenutzt.

Gesucht sind der auf die effektive Leistung bezogene Ölbedarf, der Förderstrom und die Abmessungen der Pumpe sowie der Inhalt der Ölwanne.

Ölbedarf. Mit der Reibungsleitung nach Gl. (18.2) $P_{RT} = P_e - P_i$ und dem Förderstrom $\dot{V}_f$ der Pumpe folgt aus der Energiebilanz $\dfrac{1}{3}\,P_{RT} = \dfrac{1}{3}\,(1 - \eta_m)\,P_e = \dot{V}_f\,\varrho\,c\,\Delta t$

$$q_{Öl} = \frac{\dot{V}_f}{P_e} = \frac{1 - \eta_m}{3\,\varrho\,c\,\Delta t} = \frac{1}{3}\cdot\frac{(1 - 0,86)\cdot 3600\,\dfrac{\text{kJ}}{\text{kW h}}}{0,85\,\dfrac{\text{kg}}{\text{l}}\cdot 1,9\,\dfrac{\text{kJ}}{\text{kg\,°C}}\cdot 20\,°\text{C}} = 5,2\,\frac{\text{l}}{\text{kW h}}$$

Ölpumpe. Ihr Förderstrom beträgt nach Gl. (215.1)

$$\dot{V}_{fP} = q_{Öl}\,P_e = 5,2\,\frac{\text{l}}{\text{kW h}}\cdot 50\,\text{kW} = 260\,\frac{\text{l}}{\text{h}} = 4,33\,\frac{\text{l}}{\text{min}}$$

Das Hubvolumen wird, da $s/D = 1$ ist, $V_H = \pi D^3/4$. Da nur 50% des Hubes wirksam sind, ergibt Gl. (144.3) $\dot{V}_f = 0,5\,\lambda_L\,V_H n = 0,125\,\pi D^3\,\lambda_L n$. Für den Zylinderdurchmesser und den Kolbenhub folgen dann

$$D = \sqrt[3]{\frac{8\,\dot{V}_f}{\pi\,\lambda_L\,n}} = \sqrt[3]{\frac{8\cdot 4,33\cdot 10^3\,\text{cm}^3/\text{min}}{\pi\cdot 0,8\cdot 1300\,\text{min}^{-1}}} = 2,22\,\text{cm} \qquad s = 2,22\,\text{cm}$$

Ölwanneninhalt. Er beträgt nach Gl. (215.2) für die maximale Umwälzzahl und für den Zusatz infolge des Ölverbrauchs

$$V = \frac{\dot{V}_{fP}}{z} + \frac{\Delta \dot{m}_{Öl}\cdot t}{\varrho} = \frac{260\,\text{l/h}}{20\,\text{h}^{-1}} + \frac{15\cdot 10^{-3}\,\text{kg/h}}{0,85\,\text{kg/l}}\cdot 200\,\text{h} = (13 + 3,5)\,\text{l} = 16,5\,\text{l}$$

Hieraus ergibt sich die Höhe der Ölwanne bzw. der Grundplatte. Der höchste Ölspiegel muß 2 bis 3 cm unterhalb der tiefsten Stelle der Bahnen der Schubstangen oder der Gegengewichte liegen, damit diese Teile nicht das Öl durch Eintauchen zum Schäumen bringen.

3.8 Regelung

Kompressoren haben meist Druckregelungen. Als Hilfsenergie dient das geförderte Medium und gelegentlich Drucköl, das der Triebwerkschmierung entnommen werden kann. Mechanische Übertragungen sind relativ selten [38]; [39].

3.8.1 Grundbegriffe

Für die Regelungstechnik sind diese in DIN 19226 festgelegt und werden hier auf Kompressoranlagen angewendet.

Regelstrecke. Sie besteht aus dem Antrieb, dem Verdichter, den Behältern, Kühlern und Rohrleitungen. Die Regelgröße x, ihr Ausgangssignal, ist ein Stufendruck p_x mit dem Sollwert p_k. Die Stellgröße y, ihr Eingangssignal, wird hier durch den Saugstrom $\dot{V}_a$ mit dem Stellbereich $\dot{V}_{ah}$ dargestellt. Als Störgröße z tritt meist der Entnahmestrom oder der Abfluß $\dot{V}_e$ eines Behälters auf. Die Regelstrecke (218.1 a, b) ist verzögert und hat einen Ausgleich. Die Verzögerung ergibt sich, da der Stufendruck p_x durch den endlichen Saugstrom $\dot{V}_a$ nur allmählich geändert wird. Der Ausgleich ist durch die Rückexpansion im Schadraum nach Gl. (174.1) bedingt, die den Stufendruck begrenzt. Bei Verringerung des Entnahmestromes $\dot{V}_e$ (*1* und *2* in Bild **218.**1) steigt der Stufendruck p_x an, bei Vergrößerung von $\dot{V}_e$ (*4* und *5*) fällt p_x ab.

Regeleinrichtung. Sie umfaßt hier den Regler und das Stellglied.

Regler messen den Stufendruck p_x als Eingangssignal und reduzieren den Druck des als Hilfsenergie dienenden Fördermediums auf den Steuerdruck p_y, das Ausgangssignal. Er beträgt ≈ 5 bis 6 bar, ist also wesentlich größer als bei den üblichen pneumatischen Regelungen nach VDI/VDE 2179, wo er zwischen 1,2 und 2,0 bar liegt. Bei kleineren Maschinen arbeiten die Regler nach dem Zweipunktverfahren, bei größeren Anlagen sind stetige und Handregelungen zu finden.

Stellglieder. Ihr Eingangssignal ist der Steuerdruck p_y, der Glieder zur Veränderung des Saugstromes bzw. der Stellgröße $\dot{V}_a$, ihrem Ausgangssignal, betätigt. Zu diesen Gliedern zählen: Greifer zum Offenhalten der Saugventile, Ventile zum Absperren der Saugleitung, elektrische Schalter sowie Verstellhebel von Einspritzpumpen bzw. Vergaserklappen. Am häufigsten sind die Saugventilgreifer, die für Saugdrücke bis zu 60 bar und Ventilplattendurchmesser bis zu 360 mm hergestellt werden.

Regelkreis. Er besteht aus dem Regler und der Strecke und wird im Geräteschaltbild und im Signalflußplan dargestellt.

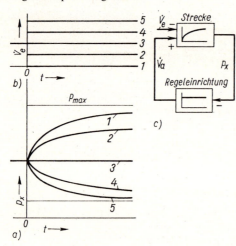

218.1 Regelung des Gegendruckes eines Verdichters

a), b) Übergangsfunktion der Strecke und Störgrößenänderungen
c) Signalflußplan des Regelkreises

Signalflußpläne oder Blockschaltbilder (**218.**1 c) zeigen den Wirkungsablauf im Regelkreis. Die Darstellung der einzelnen Glieder erfolgt durch Kästchen, in denen hier ihre Übergangsfunktionen (**218.**1 a), also der zeitliche Verlauf der Ausgangssignale nach einer sprungartigen Änderung der Eingangssignale (**218.**1 b), angedeutet sind. Die Wirkungsrichtung wird durch die Verbindungslinien und ihre Pfeile, die Tendenz durch die Vorzeichen am Eingangssignal angegeben. Ein Pluszeichen bedeutet, daß das Eingangssignal zu verstärken, ein Minuszeichen, daß es zu schwächen ist, damit das Ausgangssignal ansteigt. Bei einer Störung (**218.**1 c) durch Absinken des Entnahmestromes $\dot{V}_e$ (– Zeichen) steigt in der Regelstrecke der Behälterdruck p_x an. In der Regeleinrichtung verringert der erhöhte Druck p_x (– Zeichen) den Saugstrom $\dot{V}_a$. Der abgesunkene Saugstrom $\dot{V}_a$ (+ Zeichen) verringert in der Strecke den Behälterdruck p_x. Dieser Vorgang wiederholt sich, bis der Entnahme- und der Saugstrom ausgeglichen sind. Dabei ist der Behälterdruck geringfügig angestiegen.

3.8.2 Zweipunktregelung

Der Förderstrom (**219.**1) des Verdichters *1* wird zur Regelung des Druckes p_x im Behälter *2* vom Regler *3* über das Stellglied *4*, das als Greifer für die Saugventile (**222.**1 a) ausgebildet ist, unterbrochen. Beim Einschaltdruck p_{ein} im Behälter beginnt die Förderung, beim Ausschaltdruck p_{aus} setzt sie aus. Während der Einschaltzeit T_{ein} verbindet der Regler die Greifer mit dem atmosphärischen Druck p_a. Die Saugventile arbeiten ungestört und der Behälterdruck p_x steigt von p_{ein} auf p_{aus} an. In der Ausschaltzeit verbindet der Regler die Greifer mit dem Druck p_x. Die Saugventilplatten (*2* in **197.**1) werden auf den Hubfänger gedrückt, die Förderung ist unterbrochen und der Behälterdruck p_x sinkt infolge der Entnahme von p_{aus} auf p_{ein} ab. Der Sollwert der Regelgröße $p_k = 0,5\,(p_{ein} + p_{aus})$ entspricht dann dem mittleren Behälterdruck p_x. Der Steuerdruck p_y wechselt sprungartig von p_x auf p_a. Für die Periodendauer und die Schaltfrequenz gelten

$$T = T_{ein} + T_{aus} \qquad v = \frac{1}{T} \qquad\qquad (219.1)$$

Verwendung finden Zweipunktregelungen bei kleineren Kompressoren mit Förderströmen unter $10\,\mathrm{m}^3/\mathrm{min}$, Gegendrücken bis zu 10 bar und Drehzahlen über $500\,\mathrm{min}^{-1}$.

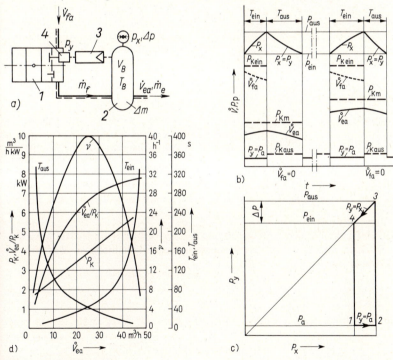

219.1 Zweipunktregelung

a) Geräteschaltbild, b) Zeitverhalten der Drücke, Leistungen und Volumenströme
c) Druckkennlinie
1, 2 Fördern, *2, 3* Abschalten, *3, 4* Aussetzen, *4, 1* Einschalten
d) Kennlinien

3.8.2.1   Schaltfrequenz und Behältergröße

Schaltfrequenz. Die Zu- bzw. Abnahme der im Behälter (**219.**1a) während der Ein- bzw. Ausschaltzeit befindlichen Masse beträgt, wenn der Abfluß $\dot{m}_e$ als Bruchteil des Förderstromes $\dot{m}_f$, also mit $\dot{m}_e = \alpha \dot{m}_f$ angegeben wird

$$\Delta m_{ein} = (\dot{m}_f - \dot{m}_e)\, T_{ein} = (1 - \alpha)\, \dot{m}_f\, T_{ein} \tag{220.1}$$

$$\Delta m_{aus} = \dot{m}_e\, T_{aus} = \alpha \dot{m}_f\, T_{aus} \tag{220.2}$$

Bei Vernachlässigung der Änderung dieser Massenströme infolge des mit der Schaltdifferenz Δp schwankenden Behälterdruckes p_x (**219.**1b) ist $\Delta m_{ein} = \Delta m_{aus} = \Delta m$. Hiermit folgt dann aus Gl. (220.1) und (220.2)

$$T_{aus} = \frac{1 - \alpha}{\alpha}\, T_{ein} \tag{220.3}$$

$$v = \frac{1}{T_{ein} + T_{aus}} = \frac{\alpha}{T_{ein}} \tag{220.4}$$

Aus Gl. (220.1) und (220.4) ergibt sich dann

$$v = (1 - \alpha)\,\alpha\, \frac{\dot{m}_f}{\Delta m} \tag{220.5}$$

Die Schaltfrequenz $v = f(\alpha)$ ist hiernach eine Parabel (**219.**1 d) mit den Nullstellen $\alpha = 0$ und $\alpha = 1$. Ihr Maximum liegt bei $\alpha = 0{,}5$ und beträgt

$$v_{max} = \frac{1}{4} \cdot \frac{\dot{m}_f}{\Delta m} \tag{220.6}$$

Mit Gl. (220.5) wird

$$v = 4\,(\alpha - 1)\,\alpha\, v_{max} \tag{220.7}$$

Die Schaltzeiten folgen aus Gl. (220.3), und für die Entnahmeströme gilt mit $\dot{m}_e = \alpha \dot{m}_f$, da die Dichten ϱ_e und ϱ_f gleich sind, $\dot{V}_e = \alpha \dot{V}_f$. Für das Maximum bei $\alpha = 0{,}5$ gilt $T_{aus} = T_{ein}$ und $\dot{V}_e = 0{,}5\, \dot{V}_f$. Bei den Nullstellen ist $T_{ein} = 0$ und $\dot{V}_e = 0$ für $\alpha = 0$ sowie $T_{aus} = 0$ und $\dot{V}_e = \dot{V}_f$ für $\alpha = 1$.

Behältergröße. Ist $\dot{V}_{fa}$ der auf den Ansaugezustand p_1, T_{a1} bezogene Förderstrom, V_B das Volumen des Behälters und T_B die mittlere Temperatur des darin enthaltenen Mediums, so folgt aus der Zustandsgleichung $p\,V = m\,R\,T$

$$\dot{m}_f = \frac{p_1 \dot{V}_{fa}}{R\, T_{a1}} \qquad\qquad \Delta m = \frac{V_B \Delta p}{R\, T_B} \tag{220.8 und 220.9}$$

Da der Behälter nach der maximalen Schaltfrequenz bemessen wird, ergibt sich mit der Gl. (220.6)

$$V_B = \frac{1}{4\, v_{max}} \cdot \frac{\dot{V}_{fa}\, p_1\, T_B}{\Delta p\, T_{a1}} \tag{220.10}$$

Die Unterschiede der Temperaturen T_B und T_{a1} sind meist gering. Wirtschaftliche Behältergrößen erfordern möglichst hohe Schaltfrequenzen $v_{max} \approx 30$ bis $60\,\mathrm{h}^{-1}$ und große Schaltdifferenzen $\Delta p \approx 1$ bis 2 bar.

3.8.2.2   Regler

Sie sind als Dreiwegeventile mit einer Belastung durch Federn (**221.**1a) oder Gewichte (**221.**1 b, c) ausgebildet und verbinden die Zylinder *St* der Stellglieder mit dem Behälter *B* bzw. mit der Atmosphäre *At*.

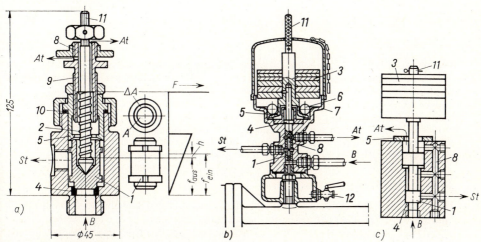

221.1 Zweipunktregler

a) Federregler [Dienes], $p_K = 4$ bis 16 bar, $\Delta p = 0{,}3$ bis 2 bar, b) Kugelgewichtsregler [KSB], c) Gewichtsregler [Borsig]

Wirkungsweise (221.1). Die Stirnfläche des Schiebers *1* wird durch den Behälterdruck p_x, seine Rückseite durch Federn *2* oder Gewichte *3* belastet. Bei steigendem Behälterdruck, also bei $p_x < p_{aus}$, ist die Feder- bzw. Gewichtskraft größer als die Druckkraft, und der Schieber *1* liegt am Anschlag *4*. Wird $p_x > p_{aus}$, dann beginnt die Bewegung des Schiebers *1* zum Anschlag *5*. Die Druckkraft steigt dabei sprunghaft an, weil sich die wirksame Fläche des Schiebers (**221.**1a, c) vergrößert hat bzw. die Belastung (**221.**1b) durch das Abgleiten der Kugeln *6* auf das Gehäuse *7* abnimmt. Die Luft strömt jetzt zum Stellglied, das die Förderung unterbricht. Der Behälterdruck sinkt nun ab, und bei $p_x < p_{ein}$ überwiegt wieder die Feder- bzw. die Gewichtskraft, die den Schieber *1* gegen seinen Anschlag *4* drücken. Das Stellglied wird durch die Bohrungen *8* mit der Atmosphäre verbunden (gezeichnete Stellung). Die Förderung des Verdichters setzt ein, und der Behälterdruck steigt wieder an.

Berechnung (221.1). Hierzu seien folgende Bezeichnungen gewählt: Stirnfläche des Schiebers A, ihre Vergrößerung nach dem Abheben von Sitz ΔA, Masse des Schiebers mit Spindel und Platten m, Masse der Kugeln m_K, Wege f_{ein} und f_{aus} der Federn mit der Steife c beim Ein- bzw. Ausschaltdruck p_{ein} und p_{aus}, atmosphärischer Druck p_a. Zum Beginn der Schieberbewegung bei den Drücken p_{aus} und p_{ein} sind die Druckkraft und die Feder- bzw. Gewichtskraft im Gleichgewicht.

Federregler (**221.**1a). Bei Vernachlässigung der Gewichtskräfte gilt

$$p_{aus} A = p_a (A + \Delta A) + c f_{aus} \qquad\qquad p_{ein}(A + \Delta A) = p_a A + c f_{ein} \qquad (221.1)$$

Durch Subtraktion dieser Gleichungen folgt mit der Schaltdifferenz $\Delta p = p_{aus} - p_{ein}$ und dem Schieberhub, der $h = f_{ein} - f_{aus}$ ist, $\Delta p\, A + c\, h = (p_{ein} + p_a) \Delta A$. Hieraus ergibt sich die Schaltdifferenz

$$\Delta p = \frac{(p_{ein} + p_a)\Delta A - c\,h}{A} \qquad (221.2)$$

Erfahrenswerte hierfür sind $\Delta p = 0{,}10$ bis $0{,}25\,(p_{ein} - p_a)$ bei den Einschaltdrücken $p_{ein} = 3$ bis 13 bar Gewichtsregler. Hier folgt entsprechend für den Regler (**221**.1 b) mit der Fallbeschleunigung g

$$(p_{aus} - p_a)\,A = (m + m_K)\,g \qquad (p_{ein} - p_a)\,A = mg \qquad \Delta p = \frac{m_K\,g}{A} \tag{222.1}$$

Für den Regler (**221**.1 c) gilt

$$(p_{aus} - p_a)\,A = mg \qquad (p_{ein} - p_a)\,(A + \Delta A) = mg \qquad \Delta p = (p_{ein} - p_a)\,\frac{\Delta A}{A} \tag{222.2}$$

Wird hierbei $\Delta A / A = 0{,}1$ gewählt, so gilt $\Delta p = 0{,}1\,(p_{ein} - p_a)$.

Einstellung. Der Einschaltdruck p_{ein} wird beim Federregler (**221**.1 a) nach Gl. (**221**.1) durch Spannen der Feder *2* mit der Gewindebuchse *9*, bei den Gewichtsreglern (**221**.1 b, c) durch zusätzliche Gewichte erhöht. Die Schaltdifferenz Δp kann beim Federregler nach Gl. (**221**.2) durch Herausnehmen von Beilagen *10*, also durch Hubminderung, beim Kugelgewichtsregler nach Gl. (**222**.1) durch weitere Kugeln *6* vergrößert werden. Hierbei steigt aber gleichzeitig der Einschaltdruck an. Zum entlasteten Anfahren sind die Stellglieder durch Anheben der Spindel *11* oder durch Umführungsventile mit dem Behälter zu verbinden, damit die Förderung des Verdichters aussetzt. Bei Kugelgewichtsreglern (**221**.1 b) dient der Hahn *12* zum Entwässern.

3.8.2.3 Stellglieder

Die Stellglieder (**222**.1) enthalten einen Zylinder *1*, der durch den Regler R mit dem Behälter *B* und mit der Atmosphäre At oder der Saugleitung verbunden wird, einen Kolben *2*, eine Feder *3* und ein Stellorgan *4*. Der Kolben betätigt beim Behälterdruck das Stellorgan, das die Förderung des Verdichters unterbricht. Die Feder holt es beim atmosphärischen Druck in die hier gezeigte Ausgangslage zurück. Nach der Ausbildung der Stellorgane werden unterschieden:

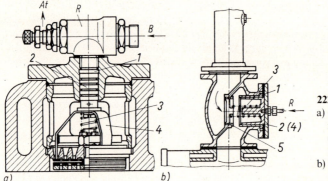

222.1 Stellglieder
a) Greifer für das Saugventil mit vorgebautem Regler (ähnlich Bild **221**.1 a) [Hoerbiger]
b) Ventil zum Absperren der Saugleitung [KSB]

Saugventilgreifer (**222**.1 a) halten die Saugventile, wie auch die Steuerkolben der konzentrischen Ventile (*5* in Bild **206**.1 e), während der Einschaltzeit offen. Die vom Behälterdruck erzeugte Kolbenkraft muß beim Öffnen die Feder- und Reibungskraft sowie die Kräfte infolge des Staudruckes und des auf die Kolbenrückseite wirkenden Druckes im Ventilnest überwinden. Der Staudruck wird an den Ventilplatten vom strömenden Medium erzeugt. Seinen ungefähren Verlauf zeigt das Indikatordiagramm bei offenen Saugventilen (**223**.1), das einer Ellipse ähnelt. Der mittlere indizierte Druck beim Leerlauf beträgt dann bei Annahme gleicher mittlerer Verluste Δp_R für das Ansaugen und Ausschieben $p_i \approx 2\,\Delta p_R$, wobei $\Delta p_R = (0{,}1$ bis $0{,}15)$ bar zu setzen ist.

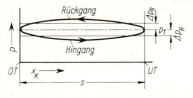

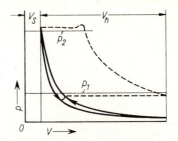

223.1 Druckverlauf bei offenen Saug- ventilen

223.2 Kompressordiagramm bei geschlossener (——) und offener (– – –) Saugleitung

Absperrventile in der Saugleitung (**222**.1 b). Ihre Kolben *2* sind relativ groß, um ein sicheres Abdichten des Ventilsitzes *5* zu erreichen. Bei Tauchkolbenmaschinen, die aus der Atmosphäre ansaugen, besteht die Gefahr, daß bei geschlossenem Ventil infolge des Unterdruckes im Arbeitsraum (**223**.2) zu viel Triebwerksöl in den Zylinder gelangt. Dies wird durch zusätzliche Ölabstreifringe am Kolben verhindert.

3.8.2.4 Ausgewählte Gegendruckregelungen

Einstufiger Kompressor mit elektrischem Antrieb (**223**.3). Der kleine Verdichter *1* ist in der praktischen Ausführung mit seinem Kurzschlußläufermotor *m* auf dem Druckbehälter *2* montiert. Der Regler, hier ein Druckwächter *p*, schaltet bei den Behälterdrücken p_{ein} bzw. p_{aus} den Motor über das Stellglied, den Schalter mit dem Relais *c*, ein und aus. Beim Ausschalten öffnet das Hilfsrelais *d* das Entlüftungsventil, und das Rückschlagventil *3* schließt. Hierdurch sinkt der Druck im Verdichter auf den Saugdruck ab. Beim Einschalten schließt das Hilfsrelais *d* das Entlüftungsventil. Der Motor fährt entlastet an, da erst die Rohrleitungen und der Ölabscheider *4* (s. auch Bild **233**.1) aufzufüllen sind. Wegen der hierbei entstehenden Zeitverluste, ist die Regelung nur bei Schaltfrequenzen unter $30\,h^{-1}$ brauchbar. Sie arbeitet dann aber wirtschaftlich, da beim Aussetzen der Förderung kein Strom verbraucht wird.

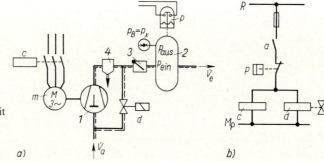

223.3
Elektrische Regelung eines Kompressors, Schaltbild mit Stromlaufplänen

a) Leistungsteil
b) Steuerteil

Bei größeren Anlagen wird der Motor über eine Anlaßwiderstands- oder eine Stern-Dreieckschaltung (**236**.1) hochgefahren. Daran lassen sich weitere Überwachungsorgane für das Triebwerksöl und das Kühlwasser anschließen.

Gegendruckregelung eines zweistufigen Kompressors. Bild **224**.1 zeigt einen zweistufigen Luftverdichter *1*, der vom Dieselmotor *2* angetrieben wird. Der Zweipunktregler *3*, der den Druck im Förderbehälter *4* regelt, betätigt die Saugventile *5* und *6* der I. und II. Stufe sowie das Entlastungs-

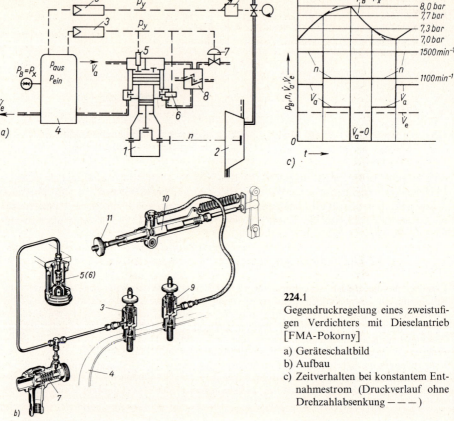

224.1
Gegendruckregelung eines zweistufigen Verdichters mit Dieselantrieb [FMA-Pokorny]
a) Geräteschaltbild
b) Aufbau
c) Zeitverhalten bei konstantem Entnahmestrom (Druckverlauf ohne Drehzahlabsenkung – – –)

ventil 7 des Zwischenkühlers 8. Der Ein- und Ausschaltdruck betragen dabei $p_{ein} = 7{,}3$ bar sowie $p_{aus} = 8$ bar, die Schaltdifferenz ist also $\Delta p \approx 0{,}1\, p_{ein}$. Das S a u g v e n t i l 5 der I. Stufe muß beim Leerlauf geöffnet sein, um zu verhindern, daß die I. Stufe fördert und daß der Druck und die Temperatur der Luft im Zwischenkühler zu stark ansteigen. Das E n t l a s t u n g s v e n t i l 7, das den Zwischenkühler 8 mit der Atmosphäre verbindet, verhütet eine zu starke Erwärmung der Luft bei einem längeren Leerlauf. Der Z w e i p u n k t r e g l e r 9 betätigt den Sollwerteinsteller 10 des Drehzahlreglers der Dieselmaschine. Beim Behälterdruck $p_B = 7{,}0$ bar stellt er die Nenndrehzahl $n = 1500\,\text{min}^{-1}$ ein, beim Druck $p_B = 7{,}7$ bar vermindert er sie auf $1100\,\text{min}^{-1}$. Das Herabsetzen der Drehzahl verringert die Schaltfrequenz und die Kupplungsleistung. Bei der Entnahme von 25 bis 75% des Förderstromes beträgt die Kraftstoffersparnis $\approx 30\%$. Mit dem Einstellknopf 11 kann die Drehzahl zur weiteren Abnahme der Schaltfrequenz nachgestellt werden.

3.8.3   Stetige Regelung

Bei dieser Regelung kann der Regler innerhalb seines Stellbereichs jeden beliebigen Wert der Stellgröße einstellen. Bei den meist benutzten Proportional- oder P-Reglern besteht innerhalb des Stellbereiches eine bestimmte Zuordnung zwischen Regel- und Stellgröße. Die zur Ausnutzung des Stellbereichs notwendige Änderung der Regelgröße heißt Proportionalbereich.

Verwendung finden diese Regelungen für Kompressoren mit Förderströmen über 10 m³/min. Bei Gegendrücken bis zu 20 bar werden auch die Drücke in den Zwischenkühlern geregelt. Bei Hochdruckverdichtern genügt die Regelung der I. Stufe, wenn bei Abnahme des Förderstromes die Stufendruckverhältnisse der letzten Stufe nicht zu groß bzw. der I. Stufe nicht zu klein werden (s. Abschn. 3.5.1).

3.8.3.1 Ausführung eines P-Reglers

Aufbau und Wirkungsweise (225.1). Die Membranen *1* und *2* sind mit dem ohne Reibung beweglichen Zwischenstück *3* verbunden. An seinem Oberteil liegt die Kugel *4*, die mit dem festen Sitz *5* einen veränderlichen Drosselquerschnitt bildet. Dieser reduziert den an der Bohrung *6* angeschlossenen Behälterdruck p_x auf den Steuerdruck p_y, der über die Bohrung *7* auf das Stellglied übertragen wird. Der notwendige Durchfluß wird durch ein an die Bohrung *8* und die Saugleitung angeschlossenes Drosselventil eingestellt. Die Unterseite der Membran *1* ist über die Bohrung *9* mit dem Behälterdruck p_x, die Oberseite der Membran *2* ist über die Bohrung *10* mit der Atmosphäre verbunden. Infolge der Kräfte der Federn *11* entsteht bei einer, vom Druck p_x abhängigen Stellung des Zwischenstückes *3* Gleichgewicht und damit ein bestimmter Drosselquerschnitt und Steuerdruck p_y. Es liegt also ein P-Regler vor.

Verwendung (225.1). Bei der gezeigten Anordnung, die zur Regelung des Gegendruckes dient steigt der Steuerdruck mit der Regelgröße, dem Behälterdruck. Wird die Kugel *4* und ihr Sitz *5* nach unten gelegt, so ist die Tendenz umgekehrt und es entsteht ein Saugdruckregler.

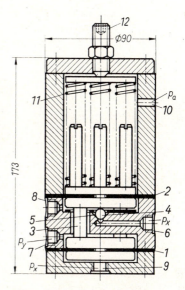

225.1 Proportional wirkender Druckregler [Dienes]

Einstellungen (225.1). Der Sollwert p_K des Behälterdruckes wird durch Spannen der Federn mit der Schraube *12* erhöht. Der Verstellbereich des Steuerdruckes nimmt mit abnehmendem Durchmesser der Kugel zu, wenn der Sitz *5* unverändert bleibt. Beim Betrieb wird er durch ein dem Anschluß *6* für die Hilfsenergie vorgeschaltetes Drosselventil geändert. Der Proportionalbereich wird durch Herausnehmen einiger Federn *11* verringert. Das Drosselventil hinter der Bohrung *8* ist so einzustellen, daß ein möglichst geringer Förderverlust des Verdichters, aber kein Druckausgleich im Raum zwischen den Membranen *1* und *2* entsteht.

3.8.3.2 Regelung nach dem Rückström- oder Staudruckprinzip

Stellglied (226.1). Hierzu dient ein vom Steuerdruck über eine Membran oder einen Kolben *1* und eine Feder *2* betätigter Greifer *3*, der das Saugventil *4* während eines Teiles des Rückganges vom Verdichterkolben offenhält. Dabei entsteht an den Ventilplatten durch das zurückströmende Medium ein Staudruck p_S (**223.**1), der vom Quadrat der Kolbengeschwindigkeit abhängt, also nach Gl. (88.2b) in den Totpunkten Null ist und nahe der Hubmitte sein Maximum hat. Das Saugventil (**226.**1 a) beginnt zu schließen, wenn die vom Staudruck hervorgerufene Kraft F_S größer ist als die Kraft $F_K = (p_y - p_N) A_K$ am Kolben *1* und die Kraft F_F der Feder *2*. Hierbei ist A_K die Fläche des Kolbens *1*, p_y der Steuerdruck und p_N der Druck im

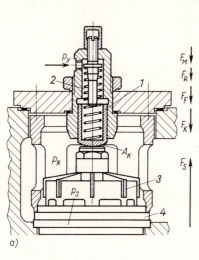

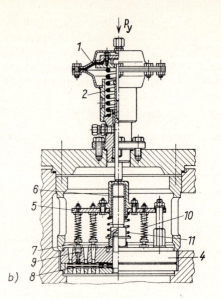

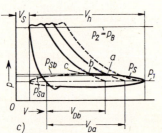

226.1

Regelung nach dem Staudruckprinzip [Hoerbiger]

a) Stellglied mit Kräften

b) Stellglied für hohe Drehzahlen mit entlasteter
   Membran
   Federkraft $F_F = 1200$ N, Staukraft $F_S = 300$ N
   Membrankraft 0 bis 1800 N
   Änderung des Saugstromes 40 bis 100%

c) p, V-Diagramm

Ventilnest. Durch die Reibungskraft F_R und die Massenkraft F_M der bewegten Teile wird der Schließvorgang wesentlich verzögert. Bei hohen Drehzahlen werden die Greifer (**226**.1 b) aufgeteilt. Sie bestehen aus der Platte *5*, die mit dem Führungsstück *6* verschraubt ist, und den Stiften *7* für die Ventilplatten *8*. Die Stifte *7* sind in den Schrauben *9* geführt und mit der Platte *5* durch die Federn *10* verbunden. Da die Feder *11* die Gewichtskraft von der Platte *5* und ihrer Führung *6* aufnimmt, können die Federn *10* so weich sein, daß sich nur die leichten Stifte *7* bewegen. Mit steigendem Steuerdruck p_y fließt mehr Medium in die Saugleitung zurück, und das angesaugte Volumen (**226**.1 c), das nach Gl. (174.2) $V_a = \lambda_A V_D$ ist, fällt z. B. von V_{Da} auf V_{Db} ab. Da aber beim Kolbenrückgang der Staudruck p_S wieder im Punkt *c* abfällt, kann das Ansaugevolumen V_D theoretisch nur um 50% verringert werden.

Stellbereich. Wegen der verzögernden Wirkung der Massenkräfte und der Reibung sind aber vom maximalen Saugstrom noch 30% bei Drehzahlen über und 40% unter $500\,\mathrm{min^{-1}}$ erreichbar. Werden diese Werte unterschritten, bleibt das Saugventil während des gesamten Kolbenrückganges geöffnet. Die Regelung arbeitet dann nach dem Zweipunkt-Verfahren (s. Abschn. 3.8.2.3). Schneidet bei großen Stufendruckverhältnissen die Rückexpansionslinie die Staudruckkurve kurz hinter ihrem höchsten Punkt *c* (**226**.1 c), so ist auch eine stetige Regelung bis zum Aussetzen des Saugstromes möglich.

Verwendung. Diese Regelungen werden für Kompressorstufen mit Saugdrücken bis zu 300 bar ausgeführt. Sie sind aber bei Stufendruckverhältnissen unter $\psi = 1,5$ nicht mehr funktionsfähig.

Regelung des Gegendruckes (227.1). Bei einstufigen Verdichtern *1* sind am Behälter *2* ein P-Regler *3* sowie ein verstellbares Drosselventil *4* angeschlossen und mit der Saugleitung über ein fest eingestelltes Drosselventil *6* verbunden.

Selbsttätige Regelung. Das Ventil *4* ist hierzu abgesperrt. Der Regler *3* verlängert bei steigendem Behälterdruck p_x durch Erhöhen des Steuerdruckes p_y im Stellglied *5* die Öffnungsdauer des sich im Hubtakt bewegenden Saugventils. Der Saugstrom nimmt damit ab.

Handregelung. Hierbei sind die Ventile *7* und *8* geschlossen. Das Drosselventil *4* wird von Hand bei steigendem Behälterdruck geöffnet, bei fallendem geschlossen. Das Manometer am Beruhigungsbehälter *9* dient zur Überwachung des Steuerdruckes. Zum entlasteten Anfahren bei vollem Behälterdruck und geschlossenem Rückschlagventil *10* wird das Ventil *4* so weit geöffnet, daß das Saugventil auch beim Kolbenrückgang ständig offen bleibt.

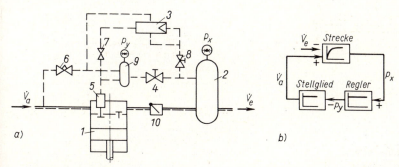

227.1 Gegendruckregelung nach dem Staudruckprinzip
a) Geräteschaltbild,   b) Signalflußplan

3.8.3.3 Regelung durch Zuschalten eines Schadraumes

Die Stellgröße (228.1a) wird durch Zuschalten des Schadraumes ΔV_S zum Arbeitsraum geändert, wenn der Druck im Zylinder unter den Zuschaltdruck p_z absinkt. Dadurch verlaufen der erste Teil der Kompressions- und der zweite Teil der Rückexpansionslinie flacher.

Stellglied (228.1b). Es besteht aus dem zusätzlichen Ventil *1*, dem Greifer *2*, dem Kolben *3* mit der Feder *4* und der Spindel *5*. Der Zuschaltdruck p_z wird dabei durch den Steuerdruck p_y auf den Kolben oder die durch Herunterdrehen der Spindel *5* erhöhte Kraft der Feder *4* bestimmt. Wird der Druck p_z (228.1a) durch Steigerung des Druckes p_y erhöht, so wächst wegen des flacheren Anteils der Rückexpansionslinie der Volumenverlust $\Delta V_{Rü}$ und das angesaugte Volumen $V_a = \lambda_A V_D$ nach Gl. (174.2) fällt ab.

Zuschaltraum. Der Verstellbereich beträgt $V_{ah} = V_{a\,max} - V_{a\,min}$. Die Ansaugevolumina $V_{a\,max}$ bzw. $V_{a\,min}$ beziehen sich hierbei auf den Auslegungszustand, also auf die maximale und minimale Förderung (228.2a). Bei Vernachlässigung der Aufheizung ist dann $V_{ah} \approx V_{D\,max} - V_{D\,min}$. Da für die indizierten Ansaugevolumina $V_{D\,max}$ und $V_{D\,min}$ die Schadräume V_S und $V_S + \Delta V_S$ erforderlich sind, folgt aus Gl. (174.1)

$$V_{D\,max} = V_h - V_S(\psi^{1/n} - 1) \quad \text{und} \quad V_{D\,min} = V_h - (V_S + \Delta V_S)(\psi^{1/n} - 1)$$

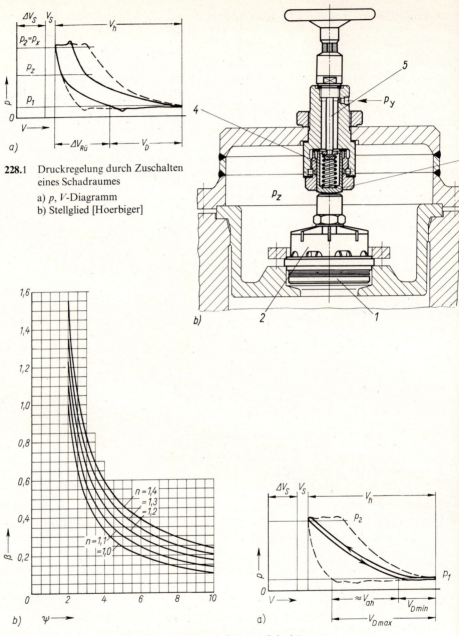

228.1   Druckregelung durch Zuschalten
eines Schadraumes

a) p, V-Diagramm
b) Stellglied [Hoerbiger]

228.2   Verstellbereich der Regelung durch Zuschalten von Schadräumen

a) p, V-Diagramm   maximales Fördervolumen $p_Z = p_1$ – – –
minimales Fördervolumen $p_Z = p_2$ ——
b) Der auf den Verstellbereich bezogene Zuschaltraum als Funktion des Druckverhältnisses

Durch Subtraktion dieser Gleichungen ergibt sich für den Zuschaltraum

$$\Delta V_S = \frac{V_{D\,max} - V_{D\,min}}{\psi^{1/n} - 1} \approx \beta\, V_{ah} = \beta\,(V_{a\,max} - V_{a\,min}) \tag{229.1}$$

Hierbei stellt $\beta = (\psi^{1/n} - 1)^{-1} \approx \Delta V_S/V_{ah}$ das Verhältnis vom Zuschaltraum zum Verstellbereich dar. Mit fallendem Stufendruckverhältnis ψ (**228.**2b) steigen bei vorgegebenem Verstellbereich die β-Werte und damit die Zuschalträume an. Bei $\psi = 2$ ist die Grenze der Wirtschaftlichkeit dieser Regelung erreicht.

Regelung des Saugdruckes (229.1). Der Verdichter *1* fördert vom Saugbehälter *2* in den Druckbehälter *3*. Der Regler *4* ist zur Messung der Regelgröße p_x an den Saugbehälter *2*, zur Aufnahme der Hilfsenergie an Druckbehälter *3* angeschlossen. Der Regler *4* hat als Eingangsgröße den Saugdruck, erhält also eine untenliegende Kugel (**225.**1). Er ist noch mit dem Stellglied *5* und über das Drosselventil *6* mit der Saugleitung verbunden. Als Störgrößen treten hier der Zu- bzw. Abfluß $\dot{V}_{zu}$ und $\dot{V}_e$ des Saugbehälters auf.

Selbsttätige Regelung. Das Handrad *7* des Stellgliedes (**229.**1a) ist hierzu hochgeschraubt. Bei steigendem Entnahmestrom $\dot{V}_e$ (**229.**1b) sinkt der Druck p_x im Saugbehälter, und der Regler erhöht den Steuerdruck p_y. Damit steigt der Zuschaltdruck p_z im Verdichterzylinder, und der Saugstrom $\dot{V}_a$ fällt, bis die vermehrte Entnahme und der Behälterdruck ausgeglichen sind. Hierbei sinkt auch der Förderstrom $\dot{V}_f$ des Verdichters ab. Der gleiche Vorgang erfolgt bei verringertem Zufluß.

Handregelung (**229.**1a). Der Einfluß des Reglers ist durch das Ventil *8* ausgeschaltet. Zum Ausgleich der steigenden Entnahme ist die Ventilspindel *7* des Stellgliedes herunterzudrehen. Zum entlasteten Anfahren bei geschlossenem Rückschlagventil *9* wird die Ventilspindel in die untere Stellung gedreht.

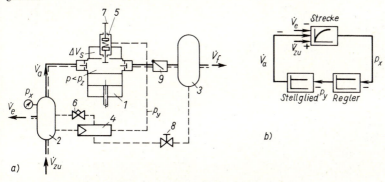

229.1   Saugdruckregelung durch Zuschalten eines Schadraumes
a) Geräteschaltbild,   b) Signalflußplan

3.8.3.4   Regelung durch Verändern der Antriebsdrehzahl

Bei diesem Verfahren wird die Drehzahl der Antriebsmaschine bei steigendem Druck im Förderbehälter herabgesetzt.

Elektrischer Antrieb. Ausreichende Drehzahländerungen sind nur bei Drehstrom-Kommutatormaschinen und Gleichstrom-Nebenschlußmotoren mit Thyristorgleichrichtern möglich, die aber wesentlich teurer sind als ein Kurzschlußläufermotor und eine der in diesem Abschnitt beschriebenen Regeleinrichtungen. Das gilt auch für die Frequenzsteuerung von Drehstrommotoren. Diese Verfahren sind in der Praxis daher kaum zu finden.

Antrieb durch Brennkraftmaschinen. Sie haben eine relativ hohe Leerlaufdrehzahl, so daß der Stellbereich für den Saugstrom nach unten begrenzt ist. Da der Sollwert des Drehzahlreglers der Kraftmaschine meist in Abhängigkeit vom Behälterdruck verändert wird, entsprechen sich die Einstellbereiche des Entnahmestromes und der Drehzahl. Ihre unteren Grenzen liegen bei 40 bis 50 % der Nennwerte. Für kleinere Entnahmeströme ist ein zusätzlicher Zweipunktregler notwendig.

Beispiel 23. Für einen Verdichter ist eine Zweipunktregelung mit der zulässigen Schaltfrequenz von $v_{max} = 30 \, h^{-1}$ und der Schaltdifferenz $\Delta p = 0,1 \, (p_{ein} - p_a)$ vorzusehen. Er fördert $\dot{V}_{f0} = 6,9 \, m^3/min$ Luft vom Normzustand $p_0 = 0,981$ bar und $t_0 = 20 \, °C$ in einen Behälter mit dem Druck $p_{ein} = p_3 = 9$ bar und der Temperatur $t_B = 35 \, °C$. Die Antriebsleistung $P_e = 38$ kW liefert ein Asynchronmotor mit dem Wirkungsgrad $\eta_{el} = 0,90$, der bei Unterbrechung der Förderung (**223**.3) stillsteht oder eine Dieselmaschine (**224**.1), deren Kraftstoffverbrauch beim Fördern $\dot{B}_{ein} = 10 \, kg/h$, beim Aussetzen $\dot{B}_{aus} = 3 \, kg/h$ beträgt. Die Preise für den Strom sind $k_S = 0,20$ DM/kWh, für den Kraftstoff $k_B = 1,65$ DM/kg. Das geförderte Medium dient zum Antrieb von Druckluftmotoren, von denen jeder die Leistung $P_M = 3,3$ kW bei dem Durchsatz $\dot{V}_{M0} = 1,9 \, m^3/min$ vom Normzustand abgibt. Der atmosphärische Druck ist $p_a = 1$ bar.

Gesucht sind die Behältergröße, die Schaltfrequenzen und die Kosten je kWh der von den Druckluftmotoren erzeugten Leistung, wenn jeweils ein oder mehrere Motoren eingeschaltet sind.

Behältergröße

Mit dem Einschaltdruck $p_{ein} = 9$ bar, der Schaltdifferenz $\Delta p = 0,1 \, (9 - 1)$ bar $= 0,8$ bar, $v_{max} = 0,5 \, min^{-1}$ und mit $\dot{V}_{fa} p_1/T_{a1} = \dot{V}_{f0} p_0/T_0$ nach Gl. (172.1) und (171.4) folgt dann aus Gl. (220.10)

$$V_B = \frac{\dot{V}_{f0} \, p_0 \, T_B}{4 \, v_{max} \Delta p \, T_0} = \frac{6,9 \, m^3/min}{4 \cdot 0,5 \, min^{-1}} \cdot \frac{0,981 \, bar \cdot 308 \, K}{0,8 \, bar \cdot 293 \, K} = 4,45 \, m^3$$

Schaltzeiten und Frequenzen

Von der geförderten Luft können bis zu drei Motoren angetrieben werden. Beim Betrieb von $z = 3$ Motoren beträgt der Beiwert

$$\alpha = \frac{\dot{m}_e}{\dot{m}_f} = \frac{z \, \dot{V}_{M0}}{\dot{V}_{f0}} = \frac{3 \cdot 1,9 \, m^3/min}{6,9 \, m^3/min} = 0,826$$

Damit wird nach Gl. (220.7), (220.3) und (220.4)

$$v = 4 \, \alpha (1 - \alpha) \, v_{max} = 4 \cdot 0,826 \cdot 0,174 \cdot 0,5 \, min^{-1} = 0,287 \, min^{-1}$$

$$T_{ein} = \frac{\alpha}{v} = \frac{0,826}{0,287} \, min = 2,87 \, min \qquad T_{aus} = \frac{1 - \alpha}{\alpha} \, T_{ein} = \frac{0,174}{0,826} \cdot 2,87 \, min = 0,605 \, min$$

Beim Antrieb von zwei bzw. einem Motor folgt dann entsprechend

$$\alpha = \frac{2 \, \dot{V}_{M0}}{\dot{V}_{f0}} = 0,55 \qquad v = 0,495 \, min^{-1} \qquad T_{ein} = 1,12 \, min \qquad T_{aus} = 0,91 \, min$$

$$\alpha = \frac{\dot{V}_{M0}}{\dot{V}_{f0}} = 0,275 \qquad v = 0,398 \, min^{-1} \qquad T_{ein} = 0,690 \, min \qquad T_{aus} = 1,82 \, min$$

Betriebskosten für die Druckluftmotoren

Elektrischer Antrieb. Die dem Netz entnommene Leistung beträgt, da der Asynchronmotor und der Verdichter nur während der Zeit T_{ein} laufen, $P_{el} = \dfrac{P_e}{\eta_{el}} \cdot \dfrac{T_{ein}}{T_{ein} + T_{aus}}$. Mit Gl. (220.4) folgt dann $P_{el} = \alpha P_e/\eta_{el}$. Die von z Druckluftmotoren abgegebene Leistung ist $z P_M$. Mit $\alpha = z \dot{V}_{M0}/\dot{V}_{f0}$ gilt dann für die Kosten

$$K = \frac{P_{el} k_S}{z P_M} = \frac{\alpha P_e}{\eta_{el} z P_M} k_S = \frac{\dot{V}_{M0} P_e k_S}{\dot{V}_{f0} P_M \eta_{el}} = \frac{1{,}9\,\mathrm{m^3/min}}{6{,}9\,\mathrm{m^3/min}} \cdot \frac{38\,\mathrm{kW} \cdot 0{,}20\,\mathrm{DM/kWh}}{3{,}3\,\mathrm{kW} \cdot 0{,}90} = 0{,}705\,\frac{\mathrm{DM}}{\mathrm{kWh}}$$

Da der Motor vom Netz abgeschaltet wird, sind die Stromkosten bei Vernachlässigung des Verbrauchs für das Hochfahren von der Schaltfrequenz unabhängig.

Dieselantrieb. Für den Kraftstoffstrom gilt $\dot{B} = (\dot{B}_{ein} T_{ein} + \dot{B}_{aus} T_{aus})/(T_{ein} + T_{aus})$. Mit Gl.(220.3) und (220.4) wird $\dot{B} = \dot{B}_{ein} \cdot \alpha + \dot{B}_{aus}(1 - \alpha)$. Die von z Druckluftmotoren damit erzeugte Leistung beträgt $z P_M = \alpha P_M \dot{V}_{M0}/\dot{V}_{f0}$. Für die Kosten ergibt sich dann beim Betrieb von drei Druckluftmotoren

$$K = \frac{\dot{B} k_B}{z P_M} = \frac{\alpha \dot{B}_{ein} + (1 - \alpha) \dot{B}_{aus}}{\alpha P_M} \cdot \frac{\dot{V}_{M0}}{\dot{V}_{f0}} k_B$$

$$= \frac{(0{,}826 \cdot 10 + 0{,}174 \cdot 3)\,\mathrm{kg/h}}{0{,}826 \cdot 3{,}3\,\mathrm{kW}} \cdot \frac{1{,}9\,\mathrm{m^3/min}}{6{,}9\,\mathrm{m^3/min}} \cdot 1{,}65\,\frac{\mathrm{DM}}{\mathrm{kg}} = 1{,}463\,\frac{\mathrm{DM}}{\mathrm{kWh}}$$

Werden weniger Druckluftmotoren betrieben, so steigen wegen der verlängerten Ausschaltzeiten die Leerlaufkraftstoff- und damit die Betriebskosten weiter an. Sie betragen dann für zwei bzw. einen Motor

$$K = 1{,}714\,\mathrm{DM/kWh} \qquad K = 2{,}466\,\mathrm{DM/kWh}$$

Für den Dieselantrieb ist also ein Verdichter zu wählen, dessen Förderstrom dem Verbrauch angepaßt ist. Die wirklichen Kosten liegen höher als die hier ermittelten, da sich die Einschaltzeiten zum Auffüllen der entlüfteten Räume erhöhen und noch ein Energiebedarf für das Hochfahren der Maschinen entsteht.

3.9 Anlagen und ausgeführte Verdichter

Eine Anlage umfaßt den Verdichter selbst mit dem Antrieb und der Gründung, die Rohrleitungen mit Behältern, die Überwachungs- und Regeleinrichtungen sowie die Sicherheitsorgane. Bei ihrer Aufstellung und im Betrieb sind folgende Sicherheitsvorschriften zu beachten: VGB 7a Arbeitsmaschinen, VGB 16 Verdichter, VGB 17 bis 19 Druckbehälter und für Sonderfälle VGB 20 Kälteanlagen sowie VGB 61 Verdichtung und Verflüssigung von Gasen.

3.9.1 Aufbau einer Anlage

Eine Verdichteranlage wird meist vom Hersteller aufgebaut, der im Einvernehmen mit dem Abnehmer die Fundament-, Rohrleitungs- und Schaltpläne anfertigt.

Antrieb. Große Anlagen mit Drehzahlen unter $500\,\mathrm{min^{-1}}$ werden durch Synchron- oder Asynchronmotoren, deren Läufer auf der Kurbelwelle (**73.**1) sitzen, angetrieben. Die Läufer ersetzen das Schwungrad und erhalten am Umfang zusätzliche Kränze, wenn ihr Trägheitsmoment (s. Abschn. 1.4.3.2) nicht ausreicht. Synchronmotoren haben hierbei folgende Vorteile: Unempfindlichkeit gegenüber Spannungsschwankungen, Einsatzmöglichkeit als Phasenschieber [20] und einen relativ großen Luftspalt, der eine stärkere Durchbiegung und damit kleinere Abmessungen der Kurbelwelle zuläßt. Sie sind aber teurer und verlangen Anfahrvorrichtungen wie Dämpferwicklungen [20]. Kleinere Anlagen in ortsfester oder fahrbarer Ausführung mit Drehzahlen über $1000\,\mathrm{min^{-1}}$ werden meist mit Kurzschlußläufer-, Diesel- oder Ottomotoren direkt gekuppelt.

Gründung. Großverdichter werden auf Fundamenten aus Stahlbeton mit Steinschrauben nach DIN 529 befestigt und nach dem Ausrichten vergossen. Um Störungen der Umgebung durch Resonanzerscheinungen zu vermeiden, sind die Eigenschwingungszahlen der Fundamente zu beachten [39]. Kleinere Verdichter sind meist mit der Antriebsmaschine auf einem Rahmen aus Stahlprofilen verschraubt, der auf Stützen aus einer Gummimetallverbindung [18] auf der Fundamentplatte oder dem Fahrgestell befestigt. Sind die Gehäuse (**234.**1) vom Verdichter und vom Elektromotor der Bauform B 3 oder B 5 [20] starr verbunden, so stehen diese direkt auf den Gummistützen. Ihre Eigenschwingungszahlen hängen von der Anordnung und dem Aufbau der Stützen sowie von den Eigenschaften und der Formgebung des Gummis ab.

3.9.1.1   Rohrleitungen

Reibungsverluste. Um diese klein zu halten, soll die Geschwindigkeit des Mediums geringer als 20 m/s sein. Daher werden als Absperrorgane Schieber verwendet, deren Flansche zur Dichtigkeitsprüfung gut zugänglich sein sollen. Die Leitungen werden durch Schweißen verbunden. Lediglich Saugleitungen erhalten zur leichteren Reinigung Flansche. Bei vielen Verbrauchern bringen Ringleitungen den Vorteil kleiner Rohrweiten bei gleichen Druckverlusten.

Die Befestigung der Rohrleitungen erfolgt in festen und beweglichen Aufhängepunkten, die so zu wählen sind, daß keine Wärmespannungen und Schwingungen auftreten. Elastisch gelagerte Maschinen erfordern daher nachgiebige Verbindungen für ihre Stutzen (*9* und *10* im Bild **234.**1).

3.9.1.2   Reinigung des Mediums

Filter. Sie liegen in der Saugleitung und entfernen Fremdkörper aus dem Medium, um Verschleiß an Kolben, Zylindern, Ventilen und Regeleinrichtungen zu vermeiden. So kann z. B. Luft maximal 2 g/m³ Staub (s. VDI 2031) mit Teilchendurchmessern bis zu 10 μm aufnehmen. Es werden Naß-, Ölbad- und Trockenfilter (**232.**1) mit Druckverlusten von ≈ 1 bis 50 mbar unterschieden.

Beim Naßfilter (**232.**1 a) wird durch ölbenetzte Metallgitter ≈ 92,5 % des anfallenden Staubes ausgeschieden. Im Ölbadfilter (**232.**1 b) wird die Luft mit dem Schirm *1* umgelenkt und über dem Öl im Behälter *2* verwirbelt, wobei sich ein Teil des Staubes absetzt. Den Rest binden die ölgetränkten Fasern der Filterpatrone *3*, die außerdem verhindert, daß die Luft Öl mit sich in die Saugleitung reißt. Hierbei werden ≈ 98 % des Staubes abgeschieden.

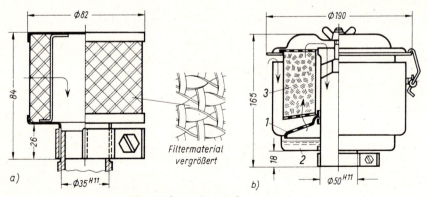

232.1   Luftfilter, Ansaugestrom 2 m³/min [Knecht]
    a) Naßfilter mit Gitteraufbau,   b) Ölbadfilter (Ölinhalt 0,22 l)

Trockenfilter enthalten als Stofftaschenfilter zur Abscheidung Stoffbahnen. Sonst sind Filterpatronen üblich, die nach dem Verschmutzen weggeworfen werden. Die Filter scheiden 99 % der Verunreinigungen bis zur Größe 1 μm beim Druckverlust von $\approx$ 1 mbar aus.

Entöler befinden sich in der Förderleitung und entfernen das Kondenswasser und etwa 95 % des Zylinderschmieröles aus dem Medium durch Absorption mit aktiver Kohle oder durch Fliehkraftwirkung.

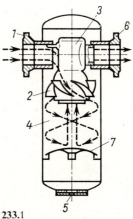

Im Zyklon-Abscheider (**233.**1) erhält das durch den Stutzen *1* eintretende Medium von den Leitdüsen *2* des Tauchrohres *3* eine drehende Bewegung. Die dabei entstehenden Fliehkräfte schleudern die Flüssigkeitsteilchen, die schwerer als das Gas sind, an die Wand des Zyklonraumes *4*. Die Flüssigkeit sammelt sich dann am Boden und fließt über den Anschluß *5* ab. Infolge des im Rotationskern des Zyklonraumes *4* entstehenden Soges strömt das Gas durch das Tauchrohr in den Austritt *6*. Der Pilz *7* verhindert ein Hochreißen der am Boden gesammelten Flüssigkeit.

Trockenläufer werden ausgeführt, wenn die Reinigung des Mediums durch den Entöler nicht mehr ausreicht, wie z. B. in der Nahrungsmittelindustrie. Diese Maschinen bedürfen keiner Zylinderschmierung, da ihre Kolben und Stopfbuchsen mit Ringen aus Kohle oder durch Labyrinthe abgedichtet sind [35].

233.1
Zyklon-Abscheider
(Weg des Mediums – – –)

3.9.1.3   Sicherheitsorgane

Sie sollen Unfälle verhüten und werden entsprechend den VGB-Vorschriften verwendet. Wegen der Explosionsgefahr sind hierbei oxydierende Gase wie Sauerstoff und Stickstoffoxyd besonders zu beachten (s. Abschn. 3.7.2.2).

Sicherheitsventile befinden sich an Kühlern, Behältern und vor dem ersten Absperrschieber der Förderleitung (*13* und *17* in Bild **234.**1). Ihr Abblasedruck liegt 10 % über dem Nenndruck der betrachteten Stufe, der nach DIN 2401 die Grundlage für die Festigkeitsberechnung der Anlagenteile ist. Weitere Überwachungsgeräte zeigen Betriebsstörungen durch optische oder akustische Signale an. Beim elektrischen Antrieb schalten Druck- oder Temperaturwächter (*26* bis *29* in Bild **234.**1) den Motor bei Störungen ab.

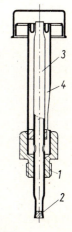

Die Thermosicherung (**233.**2) ist mit ihrem Gewinde *1* im Druckstutzen des Zylinderdeckels (*17* in Bild **238.**1) verschraubt und enthält einen Schmelzstopfen *2*. Dieser schmilzt nach Überschreiten der zulässigen Temperatur im Druckstutzen (s. Abschn. 3.3). Die Luft entweicht dann über das Rohr *3* und die Pfeile *4* und gibt dabei einen Pfeifton als Warnsignal ab.

Kondensatableitung. Bei der Verdichtung von feuchten Gasen fällt nach Abschn. 1.2.4 bei der Unterschreitung des Taupunktes Kondensat an. Dieses kann beim Verbraucher und im Verdichter Schäden hervorrufen. Das abgeschiedene Flüssigkeitsvolumen wächst mit dem Gegendruck, da hiermit der Taupunkt ansteigt. Zur Abführung des Kondensats, das hauptsächlich in den Zwischenkühlern anfällt, sind die Kanäle und Leitungen so zu verlegen, daß die Flüssigkeit in Strömungsrichtung des Mediums abfließen kann. Die am tiefsten liegenden Stellen erhalten Kondenstöpfe (*23* in Bild **234.**1), die die Flüssigkeit in bestimmten Zeitabständen ableiten.

233.2
Thermosicherung
[Flottmann]

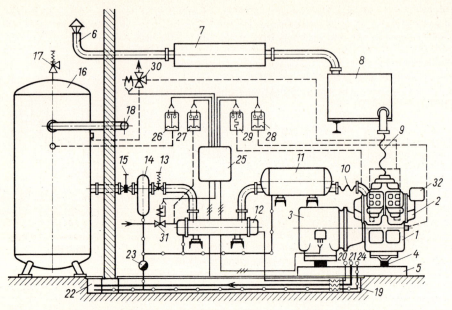

234.1 Druckluftanlage mit zweistufigem Verdichter [FMA-Pokorny]

———————— Kühlwasser   – – – – – Druckluftimpulsleitungen

–○–○–○– Kondensat   ———————— elektrische Leitungen

3.9.2   Ausgeführte Anlage

Kompressoren sind in stationären, Luftverdichter auch in fahrbaren Anlagen eingebaut. Diese zeigen das Zusammenwirken vom Verdichter, Antrieb und von allen weiteren Betriebseinrichtungen. Als Beispiel sei hier die stationäre Druckluftanlage (234.1) betrachtet.

Zur Erzeugung der Druckluft dient ein wassergekühlter, zweistufiger Verdichter *1* mit eingebauten Zwischenkühlern *2* und angeflanschtem Elektromotor *3*, die mit drei Gummistützen *4* auf der Fundamentplatte *5* elastisch gelagert sind.

Luftführung. Die Saugleitung hat ihren Eintritt *6* an einer möglichst gegen Regen und Staub geschützten Stelle außerhalb des Maschinenhauses, damit sie zur Erhöhung des Saugstromes möglichst kühl ist. Die Leitung enthält den Schalldämpfer *7* sowie das Stofftaschenluftfilter *8* und wird durch den Gummifaltenschlauch *9* elastisch mit dem Verdichter verbunden. Die Druckleitung ist über das nachgiebige Stahlwellrohr *10* an den Druckstutzen des Verdichters *1* angeschlossen. Sie führt über den Schalldämpfer *11*, den Nachkühler *12*, das Sicherheitsventil *13*, den Öl- und Wasserabscheider *14*, den Absperrschieber *15* und den Behälter *16* mit dem Sicherheitsventil *17* in die Verteilerleitung *18*.

Wasserführung. Die Leitungen liegen in abgedeckten Kanälen *19*. Das Kühlwasser fließt durch den Nachkühler *12* über den Anschluß *20* in die Kühler *2*, die Zylinder und Deckel des Verdichters. Danach wird es über den Anschluß *21* in den Abflußgraben *22* geleitet. Die Entwässerungen von Schalldämpfer *11*, Nachkühler *12* und Abscheider *14* sind über den Kondenstopf *23*, diejenige des Verdichters *1* über den Anschluß *24* mit dem Abflußgraben *22* verbunden.

Elektrische Ausrüstung. Die dem Netz entnommene Leistung wird dem Motor *3* über die Schalttafel *25* zugeführt. Sie enthält das Stern-Dreieck-Schütz, die Relaisschaltungen und den Umschalter für den Aussetz- und Durchlaufbetrieb (s. Abschn. 3.9.3). Weiterhin sind an die Tafel angeschlossen: die Druckwächter *26*, *27* und *28* für den Behälter, das Kühlwasser und das Triebwerksöl, der Temperaturwächter *29* für die Luft im Förderstutzen, das Dreiwegeventil *30* für die Regelung und das Kühlwasserventil *31*. Das Armaturenbrett *32* enthält die Meßinstrumente.

3.9.3 Betrieb

Der automatische Betrieb von Anlagen gewinnt immer größere Bedeutung. Er erfordert eine Kombination von Regel- und Überwachungseinrichtungen (s. Abschn. 3.8 und 3.9.1), die Ausfälle, Maschinenschäden sowie Unfälle ausschließt und ein wirtschaftliches Arbeiten erlaubt. Als Beispiel sei der automatische Betrieb für die Anlage (**234**.1) betrachtet.

In der Anlage (**236**.1) wird der zweistufige Verdichter *1* mit dem Zwischen- bzw. Nachkühler *2* und *3*, dem Druckbehälter *4* und den durch Greifer betätigten Saugventilen *5* und *6* der I. bzw. II. Stufe vom Kurzschlußläufermotor *m* angetrieben. Das Anfahren erfolgt selbsttätig bei entlastetem Kompressor mit dem Stern- bzw. Dreieck-Schütz *c 3* und *c 2*. Zur Regelung nach dem Zweipunktverfahren (s. Abschn. 3.8.2) wird mit dem Druckwächter *p 1* die Förderung des Verdichters bei den Drücken p_{ein} bzw. p_{aus} eingeleitet bzw. unterbrochen. Beim Aussetzbetrieb schaltet der Druckwächter den Motor ein und aus, beim Durchlaufbetrieb verbindet er über das Magnet-Dreiwegeventil *d 4* die Zylinder von den Greifern der Saugventile *5* und *6* mit dem Behälter *4* oder der Atmosphäre. Die zulässigen Behälterdrücke betragen 3 bis 12 bar, die Schaltdifferenzen $\Delta p \approx 0,1\, p_{ein}$. Die Betriebsüberwachung übernehmen die Druckwächter *p 2* und *p 3* für das Triebwerksöl und Kühlwasser sowie der Temperaturwächter *t 1* für das Medium im Druckstutzen (*27*, *28* und *29* in Bild **234**.1). Sie schalten bei Drücken unter 1,8 bzw. 1,2 bar und Temperaturen über 160 °C den Motor *m* ab.

Anfahren (236.1b, c). Nach Einlegen des Schalters *a 1* (Strompfad Nr. 4) in die Stellung *A* oder *D* – Aussetz- oder Durchlaufbetrieb – erhält das Hilfsrelais *d 3* (Nr. 6) Strom. Es schließt den Schließer *d 3* (Nr. 4) und erregt die Spule des Magnetventils *d 2* (Nr. 5), das den Kühlwasserzufluß öffnet. Der steigende Wasserdruck betätigt über den Druckwächter den Schließer *p 3* (Nr. 4). Das Schütz *c 1* (Nr. 4) zieht an, schließt den Hauptschalter *c 1* (**236**.1b) und den Schließer *c 1* (Nr. 3), der dem Zeitrelais *d 1* (Nr. 1) und dem Sternschütz *c 3* (Nr. 3) Strom zuführt. Der Öffner *c 3* (Nr. 2) öffnet, und der Sternschalter *c 3* (**236**.1b) schließt. Nach Ablauf seiner Verzögerung (s. Abschn. 4.7.3.2) vom Verdichter und Motor entspricht, stellt das Relais *d 1* (Nr. 1) den Wechsler *d 1* (Nr. 3) um, und das Sternschütz *c 3* (Nr. 3) fällt ab. Der Sternschalter *c 3* (**236**.1b) öffnet, und der Öffner *c 3* (Nr. 2) schließt. Das Dreieckschütz *c 2* (Nr. 2) zieht an, und der Dreieckschalter *c 2* (**236**.1b) wird eingeschaltet. Der Öffner *c 2* (Nr. 3) öffnet, und die Schließer *c 2* (Nr. 2 und 7) schließen. Die Spule *d 4* (Nr. 7) erhält Strom, und das Dreiwegeventil entlüftet die Zylinder der bisher mit dem Behälter *4* (**236**.1a) verbundenen Saugventile *5* und *6*. Damit setzt die Förderung des Verdichters *1* ein. Der verzögerte Öffner *d 3* (Nr. 4) öffnet nach ≈ 3 s, die notwendig sind, um den Öldruck zu erreichen. Der Öldruckwächter *p 2* (Nr. 5) kann dann beim Ausfall des Schmieröles den Motor abstellen.

Abstellen (236.1c). Es wird durch den Schalter *a 1* sowie durch die Druck- und Temperaturwächter *p 1*, *p 2*, *p 3* und *t 1* ausgeführt. Die Schütze fallen dann ab, und die Schalter nehmen die gezeichnete Stellung ein.

Aussetzbetrieb *A* (236.1c). Der Schalter *a 1* steht hierbei in der Stellung *A*. Der Strom für das den Anfahrvorgang einleitende Relais *d 3* fließt über den Druckwächter *p 1*, der den Motor ein- und ausschaltet. Die Schaltvorgänge verlaufen dann wie beim Anfahren und Abstellen.

Durchlaufbetrieb *D* (236.1c). Der Schalter *a 1* wird hierzu auf *D* gestellt. Die Stromzuführung zum Relais *d 3* erfolgt direkt vom Netz. Da der Schließer *c 2* (Nr. 7) bei laufendem Motor geschlossen ist, steuert der Druckwächter *p 1* nur den Strom für die Spule des Magnetventils *d 4*. Dieses verbindet jetzt die Zylinder der Saugventilgreifer *5* und *6* mit dem Behälter *4* bzw. mit der Atmosphäre.

Wahl der Betriebsart. Der Aussetzbetrieb ist nur für Schaltfrequenzen unter $30\,\mathrm{h}^{-1}$ geeignet, da sich sonst die Kontakte zu stark abnutzen. Er ist aber stromsparend, da beim Aussetzen der Förderung der Motor stillsteht. Beim Durchlaufbetrieb, bei dem nur der Druckwächter $p\,1$ und das Magnetventil $d\,4$ geschaltet werden, sind Frequenzen bis zu $60\,\mathrm{h}^{-1}$ zulässig. Durch Uhren, die die Ein- bzw. Ausschaltzeit messen und den Schalter $a\,1$ umstellen, kann eine selbsttätige Auswahl beider Betriebsarten erfolgen.

Beispiel 24. Ein zweistufiger Verdichter fördert $\dot{V}_{f0} = 17\,\mathrm{m}^3/\mathrm{min}$ mit Wasserdampf gesättigte Luft ($\varphi = 1$) vom Normzustand $p_0 = 1{,}0133$ bar und $t_0 = 0\,°\mathrm{C}$. Die Drücke und Temperaturen hinter dem Zwischen- bzw. Nachkühler sind $p_2 = 3$ bar und $p_3 = 9$ bar sowie $t_{a2} = t_{a3} = 40\,°\mathrm{C}$. Der Ansaugezustand beträgt $p_1 = 1$ bar und $t_{a1} = 25\,°\mathrm{C}$.

Gesucht sind die pro Zeiteinheit in den Kühlern abgeschiedenen Wassermassen und die im Förderstrom verbleibende Dampfmasse.

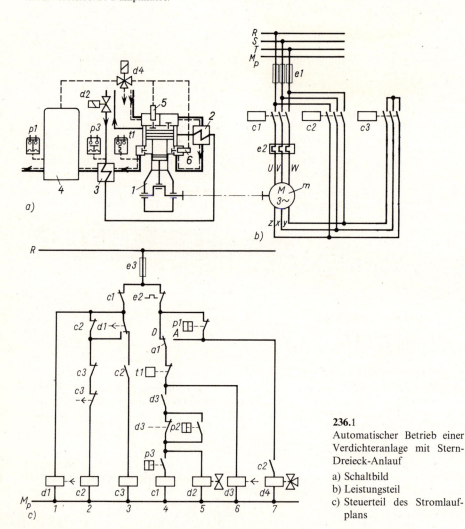

236.1
Automatischer Betrieb einer Verdichteranlage mit Stern-Dreieck-Anlauf

a) Schaltbild
b) Leistungsteil
c) Steuerteil des Stromlaufplans

Der Massenstrom der trockenen Luft folgt aus Gl. (48.10), da beim Normzustand ($p_0 = 1,0133$ bar, $t_0 = 0\,°C$) der Wasserdampfgehalt nicht berücksichtigt wird

$$\dot{m}_L = \frac{(p - \varphi\, p_S)\,\dot{V}}{R\,T} = \frac{p_0\,\dot{V}_{f0}}{R\,T_0} = \frac{1,0133 \cdot 10^5\,\dfrac{N}{m^2} \cdot 17\,\dfrac{m^3}{min}}{287,1\,\dfrac{N\,m}{kg\,K} \cdot 273\,K} = 22\,\frac{kg}{min}$$

Für die Siededrücke ergibt sich aus der Temperaturtafel für den gesättigten Wasserdampf $p_{S1} = 0,03166$ bar und $p_{S2} = 0,07375$ bar bei den Temperaturen $t_{a1} = 25\,°C$ und $t_{a2} = t_{a3} = 40\,°C$. Der Dampfgehalt der Luft wird damit nach Gl. (48.12), wenn $M_D = 18$ kg/kmol und $M_L = 28,96$ kg/kmol die Molmassen des Dampfes bzw. der Luft sind, beim Ansaugen

$$x_1 = \frac{M_D}{M_L} \cdot \frac{\varphi\, p_{S1}}{p_1 - \varphi\, p_{S1}} = \frac{18\,\text{kg/kmol}}{28,96\,\text{kg/kmol}} \cdot \frac{1 \cdot 0,03166\,\text{bar}}{(1,0 - 1 \cdot 0,03166)\,\text{bar}} = 0,02032\,\frac{kg}{kg}$$

im Zwischen- und Nachkühler

$$x_2 = \frac{M_D}{M_L} \cdot \frac{\varphi\, p_{S2}}{p_2 - \varphi\, p_{S2}} = 0,622\,\frac{kg}{kg} \cdot \frac{1 \cdot 0,07375\,\text{bar}}{(3,0 - 1 \cdot 0,07375)\,\text{bar}} = 0,01567\,\frac{kg}{kg}$$

$$x_3 = \frac{M_D}{M_L} \cdot \frac{\varphi\, p_{S3}}{p_3 - \varphi\, p_{S3}} = 0,622\,\frac{kg}{kg} \cdot \frac{1 \cdot 0,07375\,\text{bar}}{(9,0 - 1 \cdot 0,07375)\,\text{bar}} = 0,00514\,\frac{kg}{kg}$$

Die abgeschiedenen Wassermassen pro Zeiteinheit betragen dann, da im Zwischen- bzw. Nachkühler $x_1 - x_2$ und $x_2 - x_3$ kg Wasserdampf pro kg Luft abgeschieden werden,

$$\dot{m}_2 = \dot{m}_L(x_1 - x_2) = 22\,\frac{kg}{min}\,(0,02032 - 0,01567)\,\frac{kg}{kg} \cdot 60\,\frac{min}{h} = 6,14\,\frac{kg}{h}$$

$$\dot{m}_3 = \dot{m}_L(x_2 - x_3) = 22\,\frac{kg}{min}\,(0,01567 - 0,00514)\,\frac{kg}{kg} \cdot 60\,\frac{min}{h} = 13,9\,\frac{kg}{h}$$

Der Dampf kondensiert nur in den Kühlern, die ihm die hierzu notwendige Wärme entziehen. Die Dampfmasse, die pro Zeiteinheit im Förderstrom verbleibt, ist

$$\dot{m}_4 = \dot{m}_L\, x_3 = 22\,\frac{kg}{min} \cdot 0,00514\,\frac{kg}{kg} \cdot 60\,\frac{min}{h} = 6,77\,\frac{kg}{h}$$

3.9.4 Ausgewählte Maschinen

3.9.4.1 Einstufiger Verdichter in V-Bauweise

Der Verdichter (**238**.1) ist zur Förderung von 1,5 bis 5,9 m³/min Luft auf Gegendrücke von 3 bis 9 bar und Drehzahlen von 500 bis 1300 min⁻¹ vorgesehen. Er wird in V-Form (**238**.1a) und in der V-Reihenbauart (**238**.1b) mit zwei bzw. vier Zylindern hergestellt. Der Antrieb erfolgt mit einem direktgekuppelten Motor (**238**.1b) bzw. über ein Getriebe oder einen Riemen.

Aufbau. Das Gehäuse *1* nimmt die Zylinder *2*, an denen die Deckel *3* durch Dehnschrauben befestigt sind, und die Schildlager *4* auf. Diese tragen die in Rillenkugellagern laufende Kurbelwelle *5* aus Sphäroguß mit dem Schwungrad *6* und den beiden nebeneinander liegenden Schubstangen *7*. Die Kolben *8* aus Leichtmetall sind also um eine Schubstangenbreite seitlich versetzt und bilden einen Gabelwinkel von 90°. Die Gegengewichte *9* gleichen die Massenkräfte mit Ausnahme der Kräfte II. Ordnung aus (s. Abschn. 1.4.2.3).

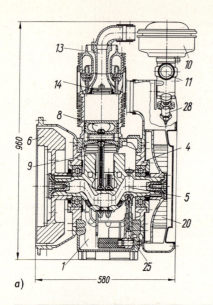

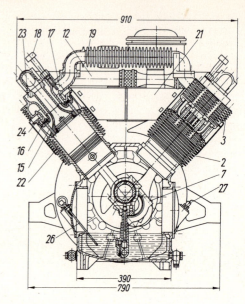

a)

b)

238.1
Einstufiger luftgekühler Kompressor in
V-Form [Flottmann]
$D = 145\,\text{mm}, \quad s = 110\,\text{mm},$
$n = 1300\,\text{min}^{-1},$
$p_1 = 1\,\text{bar}, \qquad p_2 = 9\,\text{bar}$
a) Schnitte der Zweizylinder-Maschine
  $\dot V_{\text{fa}} = 3{,}0\,\text{m}^3/\text{min}, \quad P_{\text{e}} = 24\,\text{kW}$
b) Ansicht der Vierzylinder-Maschine
  $\dot V_{\text{fa}} = 5{,}9\,\text{m}^3/\text{min}, \quad P_{\text{e}} = 48\,\text{kW}$

Luftführung. Die angesaugte Luft fließt über das Ölbadfilter *10*, das Absperrventil *11* für die Regelung, die Saugrohre *12*, die zentrischen Kanäle *13* der Deckel *3* und die Saugventile *14* in die Zylinder *2*. Die verdichtete Luft gelangt über die Röhrchen *15*, das konzentrische Druckventil *16* (s. auch Bild **206.**1d) und den Ringkanal *17* des Deckels *3* mit der Thermosicherung *18* (s. auch Bild **233.**2) in den Nachkühler *19*.

Kühlung. Die Kühlluft wird vom Radiallüfter *20* mit einem Spiralgehäuse in den Luftaufnehmer *21* gefördert und von dort aus über die Blechmäntel *22* auf die Kühlrippen des Zylinders *2* und seines Deckels *3* verteilt. Im Deckel gelangt ein Teil der Kühlluft in den Ringkanal *23*, der die Aufheizung beim

Ansaugen verringert und zusammen mit dem im Ringraum *17* liegenden Kanal *24* das geförderte Medium kühlt. Die erwärmte Luft strömt aus den Ringkanälen und den Schlitzen der Zylinderverkleidung ins Freie. Die Lufttemperatur hinter dem Druckventil *16* liegt bei dem Druckverhältnis $\psi = 8$ um $\approx 185\,^\circ\text{C}$ über der Ansaugetemperatur. Das Radialgebläse fördert bei vier Zylindern $1\,\text{m}^3/\text{s}$ Luft, deren Druck- und Temperaturerhöhung $\approx 2\,\text{mbar}$ und $\approx 10\,^\circ\text{C}$ betragen. Im Nachkühler wird die Luft auf $\approx 100\,^\circ\text{C}$ abgekühlt.

Schmierung. Sie ist als Umlaufschmierung ausgebildet. Die Gleitlager am Kolbenbolzen und Kurbelzapfen erhalten Drucköl von der Pumpe *25* (s. auch Bild **215**.1). Die Wälzlager und Zylinderlaufflächen werden mit Spritzöl geschmiert. Das Öl wird an den Wänden des Gehäuses rückgekühlt. An den Gehäusedeckeln befinden sich der Ölpeilstab *26* und der Entlüfter *27*.

Regelung. Hierzu dient ein mit dem Förderbehälter verbundener Zweipunktregler *28* mit dem Ventil *11* als Stellglied.

3.9.4.2 Zweistufiger wassergekühlter Verdichter mit Stufenkolben

Diese Maschinen (**240**.1) werden in der V-Bauweise mit einem Gabelwinkel von 90° und zwei oder vier Stufenkolben von 210 bzw. 165 mm oder von 260 bzw. 200 mm Durchmesser ausgeführt. Der Hub beträgt 92 mm, die Drehzahl $1000\,\text{min}^{-1}$. Sie dienen zur Förderung von 5,2 bis $16,4\,\text{m}^3/\text{min}$ Luft auf Gegendrücke von 5 bis 13 bar (s. auch die Anlagen in Bild **234**.1 und **236**.1).

Aufbau (**240**.1, **239**.1). Gehäuse *1* trägt die Zylinder *2* mit ihren Deckeln *3*. Sie nehmen die Kühlmäntel, die Luftkanäle und die Ventile der II. bzw. I. Stufe am Umfang bzw. am Boden auf. In der abgesetzten Zylinderbohrung gleitet der Stufenkolben *4* aus Leichtmetall mit dem Kolbenbolzen *5*. Im Tunnel des Gehäuses *1* läuft die Kurbelwelle *6* auf Zylinderrollenlagern. Die Kurbeln *7*, die bei der Vierzylindermaschine um 180° versetzt sind, nehmen je zwei Schubstangen *8* auf. Die an den Wangen angeschmiedeten Gegengewichte *9* gleichen die Massenwirkungen bis auf die Kräfte II. Ordnung aus. Auf der Seite des Schwungrades *10* liegt das Festlager im Lagerschild *11*, das den Ausbau der Kurbelwelle ermöglicht, und die Glocke *12*. Sie dient der starren Verbindung der Gehäuse vom Verdichter und Motor, wenn diese auf elastische Stützen gestellt werden.

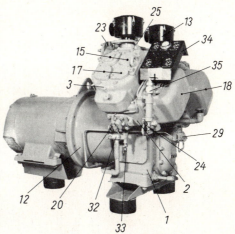

Luftführung. Die zweistufige Verdichtung und die Zwischenkühlung erfolgt getrennt in jedem der Zylinder *2*. Die durch ein Ölbadfilter *13* angesaugte Luft fließt über den Saugstutzen *14*, die beiden Saugventile *15*, von denen eins mit Greifern ausgerüstet ist, in den Hubraum *16* der I. Stufe, die es über die beiden Druckventile *17* in den Zwischenkühler *18* fördert. Von dort aus

239.1 Ansicht der Zweizylindermaschine mit Elektromotor zu Bild **240**.1

$$D_{\text{I}} = 260\,\text{mm} \qquad \dot{V}_{\text{fa}} = 8{,}1\;\frac{\text{m}^3}{\text{min}}$$

$$D_{\text{II}} = 210\,\text{mm} \qquad P_{\text{e}} = 60\,\text{kW}$$

strömt die gekühlte Luft über den Kanal *19* und ein Saugventil mit Greifer *20* in den Ringraum *21* der II. Stufe, die es über das Druckventil *22* in das Sammelrohr *23* ausscheibt.

Kühlung. Der Zu- bzw. Abführung des Kühlwassers dienen die Anschlüsse *24* und *25* am Zwischenkühler und am Deckel *3*. Es durchfließt die Kühlmäntel der Zylinder und Deckel *2* bzw. *3* sowie die

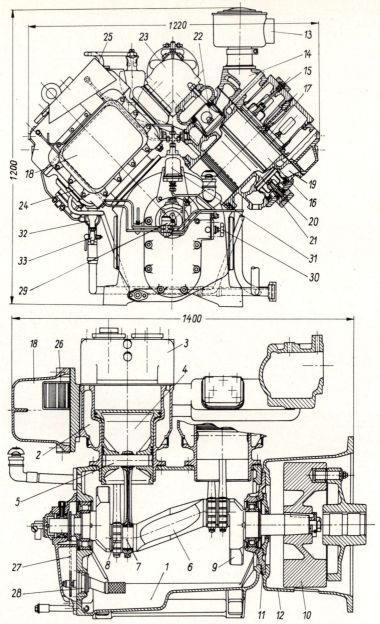

240.1 Zweistufiger wassergekühlter V-Kompressor mit Stufenkolben [FMA-Pokorny]

$s = 92\,\text{mm}$, $n = 1000\,\text{min}^{-1}$, $p_1 = 1\,\text{bar}$, $p_2 = 13\,\text{bar}$

Schnitte durch die Vierzylindermaschine

$D_{\text{I}} = 210\,\text{mm}$, $D_{\text{II}} = 165\,\text{mm}$, $\dot{V}_{\text{fa}} = 10{,}2\,\dfrac{\text{m}^3}{\text{min}}$, $P_{\text{e}} = 68\,\text{kW}$

Rohrbündel *26* der Kühler *18*. Dieser ist seitlich am Zylinder angeschraubt, so daß nur kurze Luft-kanäle entstehen. Der Kühlwasserbedarf beträgt $1{,}4\,l/m^3$ angesaugter Luft bei einer Wassererwär-mung von $25\,°C$.

Schmierung. Die Gleitlager erhalten Drucköl von der über eine Kette *27* angetriebenen Zahnrad-pumpe *28*. Sie hat zwei Ritzel, von denen jeweils eins entsprechend dem Drehsinn des Kompressors angetrieben wird. Die Zylinderlaufbuchsen und die Ventile werden von der Zylinderschmierölpumpe *29* mit veränderlichem Hub versorgt, die das Öl in den Saugstutzen *14* einspritzt. Die Zylinderrollenlager erhalten Spritzöl. Das Spaltfilter *30* dient zur Reinigung des Öles, der Druckwächter *31* zur Kontrolle seines Druckes.

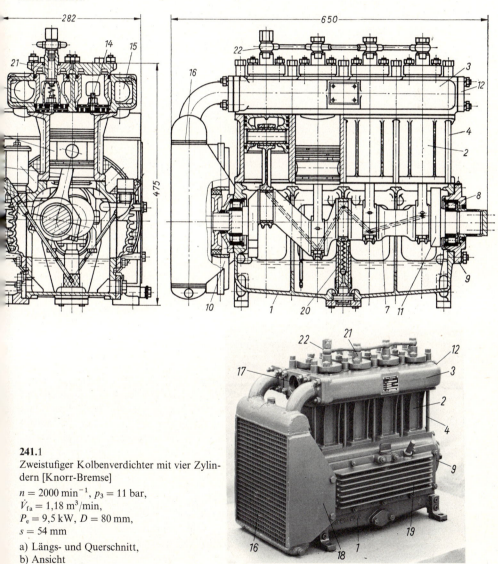

241.1
Zweistufiger Kolbenverdichter mit vier Zylin-dern [Knorr-Bremse]

$n = 2000\,min^{-1}$, $p_3 = 11$ bar,
$\dot{V}_{fa} = 1{,}18\ m^3/min$,
$P_e = 9{,}5$ kW, $D = 80$ mm,
$s = 54$ mm

a) Längs- und Querschnitt,
b) Ansicht

Weitere Einrichtungen. Die Kondensatableitungen liegen an den tiefsten Stellen der Luftkanäle. Am Saugkanal *19* der II. Stufe befindet sich ein Sicherheitsventil *32* und ein Ablaßhahn *33*. Zur Betriebsüberwachung dienen die Meßinstrumente des Armaturenbrettes *34* und der Zweipunktregler *35* nach Bild **221.**1 a.

3.9.4.3   Zweistufiger Verdichter in Reihenbauweise

Diese Maschine (**241.**1) erzeugt Bremsluft für Dieseltriebwagen und liefert 0,3 bis 1,18 m³/min bei Drehzahlen von 400 bis 2000 min⁻¹, Antriebsleistungen von 1,5 bis 9,5 kW und einem Gegendruck von 11 bar. Die vier Zylinder, von denen drei die I. und einer die II. Stufe bilden, haben gleiche Durchmesser. Der Antrieb kann direkt durch Gleich- oder Wechselstrommotoren oder über Keilriemen erfolgen. Das größte Anfahrmoment beträgt 150 Nm, und für das Schwungrad ist ein Trägheitsmoment von mindestens 15 kg cm² erforderlich.

Aufbau. An dem Tunnelgehäuse *1* aus Aluminium sind die gußeisernen Zylinder *2* und Deckel *3*, die je einen Block bilden, durch Dehnschrauben *4* befestigt. Die Kolben *5* bestehen aus Gußeisen, die Schubstangen *6* aus Vergütungsstahl haben mit Bronze ausgegossene Lager. Die Kurbelwelle *7* aus Chrom-Molybdän-Stahl läuft in Zylinderrollenlagern *8*. Auf der Schwungradseite befindet sich das Festlager in einem Schild *9*, auf der Gegenseite liegt der Lüfter *10*. Der Kurbelversatz (**100.**2) beträgt 90°. Die an den äußeren Wangen angeschraubten Gegengewichte *11* gleichen nur einen Teil der Massenmomente aus.

Arbeitsweise. Die Luft wird an der Antriebsseite angesaugt und an der Lüfterseite entnommen. Sie strömt durch den Saugkanal *12* über die Saugventile *13* in die drei hintereinanderliegenden Zylinder der I. Stufe. Von dort aus gelangt sie über die Druckventile *14* und den Kanal *15* in den Zwischenkühler *16* und dann über die II. Stufe in den Förderkanal *17*. Die an der Lüfterseite liegende II. Stufe (**82.**1) saugt die Luft über den Saugraum, der sich vom Flansch *7* bis zum Saugventilsitz *8* erstreckt, an und fördert sie über das Druckventil mit dem Sitz *9* in die am Flansch *10* angeschlossene Leitung. Die Kühlluft (**241.**1) wird vom Axiallüfter *10* über den Blockkühler *16* (s. auch Bild **213.**1) angesaugt und durch Leitbleche *18* an den Zylindern und Deckeln *2* und *3* sowie an den mit Rippen versehenen Gehäusedeckeln *19* zur Ableitung der Reibungswärme des Triebwerkes vorbeigeführt. Zur Schmierung der Schubstangengleitlager dient die Kolbenpumpe *20*, während die Kolbenbolzenlager, die Zylinderlaufflächen und die Wälzlager Spritzöl erhalten. Zur Regelung werden alle Saugventile durch Greifer *21* in den Zylindern über die Impulsleitung *22* betätigt.

3.10   Verdichter mit rotierendem Verdränger

Zu diesen Maschinen zählen die Rotations- und die Schraubenverdichter, von denen die letzten infolge der verbesserten Herstellungsverfahren weit verbreitet sind. Dies ist in ihrer kompakten Bauweise, dem Fehlen von Steuerorganen und oszillierenden Massenkräften, die einfachere Fundamente zulassen, begründet. Erhalten diese Maschinen eine Einspritzung, z. B. mit Öl, so wird aber der apparative Aufwand, insbesondere durch die Abscheider, bemerkenswert.

3.10.1   Schraubenverdichter

Schrauben- oder Lysholmverdichter haben Arbeitsräume, die in den Zähnen zweier Schraubenläufer entstehen und sich bei ihrer Drehung in axialer Richtung verringern. So arbeiten sie, wie die Kolbenverdichter nach dem Verdrängerprinzip, besitzen aber keine Ventile und Schadräume. Ihre Herstellung, meist durch Wälzfräsen, muß sehr genau sein, da die Leckverluste mit den Spielen ansteigen. Ihr Verschleiß und Wartungsaufwand ist gering, allerdings

sind Schallschutzmaßnahmen erforderlich. Ein Fundament entfällt, da keine freien Massenkräfte auftreten.

Verwendung. Diese Verdichter, mit Förderströmen 1 bis 750 m³/min, eignen sich für fast alle
Gase vom Wasserstoff bis zum feuchten Salzsäuregas und für Kältemittel aber nicht für
Sauerstoff. Die Läufer sind gegen verschmutzte und feuchte Medien relativ unempfindlich.
Am häufigsten aber wird Luft verdichtet, wobei mit vier Stufen Drücke bis zu 40 bar möglich
sind.

Arbeitsweise (243.1). Es drehen sich der Hauptläufer *1* und der Nebenläufer *2* im Gehäuse *3*.
An den Steuerkanten *4* der Saugseite kommen die Zähne außer Eingriff. Dabei erweitern sich
die Querschnitte A_1 und A_2 und damit die Volumina zum Ansaugen (Ans). Bei der weiteren
Drehung verringern sich Querschnitte und Volumina zum Transport und zur Kompression
(Ko). An den Auslaßkanten *5* kommen die Zähne wieder zum Eingriff und schieben das Medium aus (Aus). Der Eingriff an den Läufern soll eine lückenlose, schadraumfreie Verdichtung
ergeben.

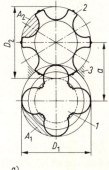
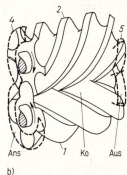

243.1
Arbeitsweise eines Schrauben-
verdichters   a)   b)

Läufer. Der Hauptläufer *1* hat meist vier, der Nebenläufer *2* sechs Zähne. Aber auch andere
Kombinationen sind möglich. Gegenüber dem symmetrischen Profil (243.2a und b) wurden
mit den asymmetrischen Formen und besonders durch Läufer mit den verschiedenen Durchmessern (243.2c) beachtliche Verbesserungen des Wirkungsgrades erzielt. So ist heute der
Schraubenverdichter ein ernsthafter Konkurrent des Hubkolbenkompressors.

Aufbau. Die Läufer werden für ölfreien und geschmierten Lauf ausgeführt und sind häufig
durch Gleichlaufzahnräder (*7* und *8* in Bild 248.2) verbunden, um einen Anlauf ihrer Kanten
zu vermeiden. Sie werden meist aus Vergütungsstählen hergestellt. Die Spiele betragen ≈ 0,01
bis 0,05 mm für Rotoren unter 100 mm und 0,03 bis 0,09 mm bis 250 mm Durchmesser. Dabei
verringert sich der Wirkungsgrad um ein Prozent bei einer Spielvergrößerung um 0,1 mm.

243.2
Querschnitte des Haupt- und
des Nebenläufers *1* und *2*
mit Zähnezahlen [MAN-GGH
Sterkrade]

a) symmetrisch   4,6
b) asymmetrisch   4,6
c) CF-Profil   5,6

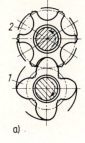
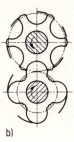
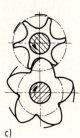

a)   b)   c)

Abmessungen. Die Durchmesser sind nach der Normreihe R 10 von $D = 80$ bis 400 mm gestuft, bei asymmetrischen Profilen kommen noch zwei Prozent für den vergrößerten Kopfkreisdurchmesser hinzu. Die Rotorlänge ist meist $L = 1,65\,D$, um Läuferdurchbiegungen klein zu halten und so ein Anlaufen zu vermeiden. Aus den zulässigen Umgangsgeschwindigkeiten $u = 50$ bis 150 m/s für kleine bzw. große Verdichter folgende Drehzahlen $n = 11\,000$ bis 700 min^{-1}. Für die Schraubenlinie gilt:

$$L = \pi D \tan \gamma_m (\alpha/360°)$$

Hierbei ist $\alpha = 300$ bis 350° der Verschraubungs- und $\gamma_m = 20$ bis 40° der mittlere Steigungswinkel. Für $\alpha = 318°$ und $\gamma_m = 30°$ wird dann $L/D = 1,6$.

Lagerung. Bei ihrer Auslegung ist zu beachten, daß der Hauptläufer etwa 90 % der Kupplungsleistung aufnimmt und in Wärme- und Druckenergie umsetzt. Weiterhin entsteht ein Schub zur Saugseite der Läufer infolge des Druckunterschiedes an ihren Stirnflächen. Ausgleichskolben nehmen etwa 40 % dieses Schubs auf, der Rest erfordert Längslager. Wälzlager werden wegen ihrer geringen Spiele bevorzugt, während große Belastungen Gleitlager erfordern.

Volumenkenngrößen. Die Volumenberechnung erfordert die freien Querschnitte A_1 und A_2 des Haupt- und Nebenläufers (243.1). Hierzu ist die genaue Kenntnis der Läuferprofile notwendig.

Hubvolumen. Mit der Läuferlänge L folgt

$$V_H = \delta (A_1 + A_2)\,L \tag{244.1}$$

Hierbei ist δ das Verhältnis vom tatsächlichen zum theoretischen Zahnlückenvolumen. Es ist eins bis zum Verschraubungswinkel $\alpha = 250°$ und nimmt dann auf 0,75 bei 450° ab.

Förderstrom. Mit der Antriebsdrehzahl n des Hauptläufers und dem Liefergrad λ_L beträgt er:

$$\dot{V}_{fa} = \lambda_L V_H n = \lambda_L \delta (A_1 + A_2)\,Ln \tag{244.1}$$

Liefergrad. Er ist $\lambda_L = 0,7$ bis 0,9 und steigt mit abnehmendem Druckverhältnis und mit zunehmender Umfangsgeschwindigkeit, da bei konstanter Leckage die auf die Zeit bezogenen Leckströme abnehmen.

Gegendruck. Da der Schraubenverdichter keine Ventile besitzt, wird er durch die Läufergeometrie (244.1) bestimmt. Ist der Druck in der Leitung p_L größer als der von der Maschine erzeugte p_2, so erfolgt die stoßartige Kompression 22″ des Mediums. Im umgekehrten Fall

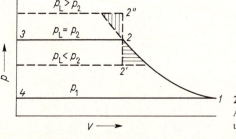

244.1
Arbeitsverluste bei unterschiedlichem Leitungs- und Verdichtungsenddruck

$p_L < p_2$ findet eine plötzliche Expansion *22'* statt. Die dabei entstehenden Verluste gegenüber der normalen Verdichtung sind senkrecht bzw. quer schraffiert.

Leistungen und Wirkungsgrade

Ideale Leistung. Hierfür wird bei Schraubenverdichtern meist die Isentrope zugrunde gelegt. Mit dem theoretischen Förderstrom $\dot{V}_H$, der Liefergrad λ_L und dem Saug- bzw. Förderdruck p_1 und p_2 folgt:

$$P_{it} = \lambda_L p_1 \dot{V}_H \frac{\kappa}{\kappa - 1} \left[\left(\frac{p_2}{p_1} \right)^{\frac{\kappa - 1}{\kappa}} - 1 \right] = \lambda_L p_1 \dot{V}_H v_{it} \tag{245.1}$$

Der Faktor v_{it} zeigt den Einfluß der Isentropen (**245**.1). Bei der Isothermen ergibt sich $v_{is} = \ln(p_1/p_2)$. Für reale Gase folgt mit dem isentropen Gefälle h_{it}, der Dichte beim Ansaugen ϱ_1 also mit $\dot{m}_f = \dot{V}_H \varrho_1$ der geförderten Masse:

$$P_{it} = \dot{m}_L h_{it} = \lambda_L \dot{V}_H \varrho_1 h_{it} \tag{245.2}$$

Dynamischer Wirkungsgrad. Er umfaßt die dynamischen Verluste (**245**.2) infolge der Strömung ΔP_{St} und der Leckagen ΔP_L bzw. ihre Summe ΔP_S in Bezug auf die indizierte Leistung:

$$\sigma = \frac{P_{it}}{\lambda_L P_i} = \frac{p_1 \dot{V}_H}{P_i} v_{it} \tag{245.3}$$

Isentroper Wirkungsgrad. Werden noch die Volumenverluste erfaßt, so folgt mit Gl. (245.3) und der inneren Leistung $P_i = P_{it} + \Delta P_S$ der innere isentrope Wirkungsgrad:

$$\eta_{iti} = \frac{P_{it}}{P_i} = \frac{1}{1 + \Delta P_S / P_{it}} = \lambda_L \sigma \tag{245.4}$$

Anhaltswerte s. Bild (**245**.2).

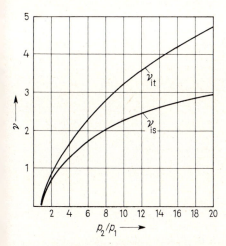

245.1 Die Beiwerte v_{it} und v_{is} als Funktion des Druckverhältnisses p_2/p_1

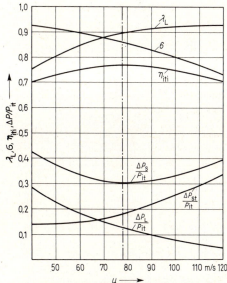

245.2 Verluste, Liefergrad und Wirkungsgrade eines Schraubenverdichters

strichpunktiert: Bestpunkt

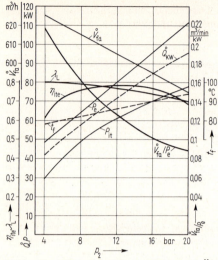

246.1 Einstufiger Schraubenverdichter mit Öleinspritzung ohne Gleichlaufzahnräder $n = 3000\ \text{min}^{-1}$

Wird noch die Lagerreibung durch den mechanischen Wirkungsgrad in Gl. (245.4) berücksichtigt, so gilt für den effektiven isentropen Wirkungsgrad:

$$\eta_\text{ite} = P_\text{it}/P_\text{e} = \eta_\text{m}\eta_\text{iti} = \eta_\text{m}\lambda_\text{L}\sigma \qquad (246.1)$$

Leistung pro Einheit des Förderstromes. Mit den Gl. (245.1, 246.1) folgt:

$$\frac{P_\text{e}}{\dot{V}_\text{fa}} = \frac{P_\text{it}}{\eta_\text{ite}\lambda_\text{L}\dot{V}_\text{H}} = \frac{p_1 v_\text{it}}{\eta_\text{ite}} = \frac{p_1 v_\text{it}}{\eta_\text{m}\lambda_\text{L}\sigma} \quad (246.2)$$

Sie hängt von den Verlusten und dem Druckverhältnis ab. Anhaltswerte sind:

$$\frac{P_\text{e}}{\dot{V}_\text{fa}} = 10\ \text{bis}\ 13\ \frac{\text{kW}}{\text{m}^3/\text{min}}$$

bei   24 bis 15 bar Gegendruck

Kennfeld. Der günstigste Betriebspunkt des einstufigen Verdichters (**246.**2) liegt beim besten Wirkungsgrad $\eta_\text{ite} = 0{,}83$, also bei dem Druckverhältnis $p_2/p_1 = 2{,}2$, bei dem Förderstrom $\dot{V}_\text{fa} = 0{,}26\ \text{m}^3/\text{s}$ und der Drehzahl $n = 10\,500\ \text{min}^{-1}$.

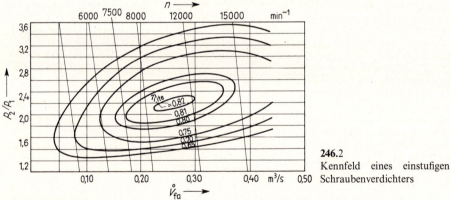

246.2
Kennfeld eines einstufigen Schraubenverdichters

Konstantes Druckverhältnis. Auf der Waagerechten steigt zunächst der Wirkungsgrad mit dem Volumenstrom und der Drehzahl an, um dann wieder abzunehmen. Maßgebend hierfür sind die Strömungs- und Leckverluste (**245.**2) mit ihrem Minimum bei einer bestimmten Umfangsgeschwindigkeit bzw. Drehzahl.

Konstanter Volumenstrom. Auf der Senkrechten nimmt der Wirkungsgrad mit dem Druckverhältnis zu, um dann wieder abzufallen. Als Ursache sind die Verluste infolge der Kantensteuerung (**243.**1) und die mit dem Gegendruck ansteigende Lagerreibung anzusehen.

Konstante Drehzahl. Die Neigung ihrer fast geraden Kennlinien zu den Senkrechten des konstanten Volumenstromes kennzeichnet die Kolbenmaschine. Danach nehmen also die Leckverluste zu und der Liefergrad ab, wenn der Gegendruck ansteigt. Die Drehzahlkennlinien werden mit Anwachsen des Volumenstromes und der Drehzahl immer steiler. Daraus folgt, daß die Leckströme mit wachsender Umfangsgeschwindigkeit $u = \pi D n$ bzw. Drehzahl n der Läufer mit dem Durchmesser D abnehmen.

Verdichter mit Öleinspritzung

Diese Ausführung ist in 75% aller Anlagen zu finden. Luft wird hierbei bis zu den Druckverhältnissen $\psi = 13$ in einer Stufe verdichtet, und Vakua bis zu 96% also Drücke bis zu 0,4 bar sind erreichbar.

Schmieröl. Das Öl wird am Ende des Saugvorganges in die Läufer eingespritzt. Dort erhöht sich auch sein Druck, so daß eine Ölpumpe entfallen kann. Der Öldruck liegt beim Einspritzen um die Strömungsverluste der Leitungen unter dem Verdichtungsenddruck. Das Öl soll die Läufer abdichten und ihr Anlaufen verhindern, die Geräusche mindern, das verdichtete Medium kühlen sowie Getriebe und Lager schmieren. Bis zu einer Leistung von $\approx 30\,\text{kW}$ ist auch durch die Schmierwirkung des Öles eine Drehmomentenübertragung möglich und ein Gleichlaufgetriebe kann dann entfallen.

Die erforderliche Ölmasse ist etwa das 5- bis 10fache der Luftmasse und steigt mit dem Gegendruck an. Bei etwa $z = 20\,\text{h}^{-1}$ Umwälzungen folgt das erforderliche Ölvolumen in l bei einem Luftstrom $\dot{V}_L$ in m^3/min zu $V = (20 \text{ bis } 25)\,\dot{V}_L$. So ergeben sich recht große Behälter und Kühler für das Öl. Dieses vermischt sich im Verdichter so intensiv mit der Luft, daß deren Temperatur nach der Förderung nur 90° beträgt. So sind Zwischen- und Nachkühler für die Luft entbehrlich und die von den Sicherheitsvorschriften geforderten 100 °C werden nicht erreicht. Durch Abscheider und Feinfilter wird der Ölgehalt der Luft bis auf 2 bis 3 ppm (parts per million) reduziert. Das zurücklaufende Öl wird im Kühler auf 50 bis 60 °C heruntergekühlt.

Anlagenaufbau (247.1). Der Verdichter *1* mit dem Antriebsmotor *2* saugt die Luft aus der Atmosphäre über den Filter *3* und das Ventil *4* an. Das Öl wird den Rotoren über den Stutzen *5*, den Lagern und dem Getriebe über die Leitungen *6* und *7* zugeführt. In der Förderleitung der stark verölten Luft schaltet der Temperaturwächter *8* den Motor *2* bei Temperaturen über 90° ab, um Ölexplosionen zu vermeiden. Im Ölbehälter *9* erfolgt die Grob-, im Abscheider *10* die Feinausscheidung des Öles. Die gereinigte Luft gelangt über das kombinierte Druckhalte- und Rückschlagventil *11* in den Förderbehälter *12*. Das Druckhalteventil unterbricht beim Anfahren die Förderung in den Kessel bis sich ein zur Schmierung und Steuerung ausreichender Vordruck in der Leitung aufgebaut hat. Das Rückschlagventil verhindert die Entleerung des Behälters beim Stillstand des Verdichters oder bei der Zweipunktregelung *13*. An die Förderleitung ist das Stellventil *14* der Regelung und das Sicherheitsventil *15* zum Schutz der Anlage gegen Überlastung angeschlossen. Das aus dem Ölbehälter *9* abgeschiedene Öl mit dem Verdichtungsenddruck gelangt über den Ölkühler *16* in den Filter *17*, dem Ölsperrventil *18* und die einstellbare Drossel *19* in den Verdichter. Das Ölsperrventil unterbricht beim Stillstand des Verdichters den Ölkreislauf, um ein Überfluten der Läufer mit Öl zu vermeiden. Das Öl aus dem Feinabscheider *10* wird dem Verdichter direkt zugeführt.

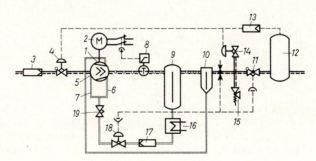

247.1
Anlagenschema eines einstufigen Schraubenverdichters mit Öleinspritzung

Ausführungsbeispiel. Beim Kälteverdichter (**248**.1) treibt der Motor den Hauptläufer *1* an und dieser den Nebenläufer *2*. Das Topfgehäuse *3* mit dem druckseitigen Lagerschild *4* und dem Deckel *5* nimmt die Läufer *1* und *2* auf. Das Medium tritt von oben über den Kanal *6* des Gehäuses *3* ein und verläßt den Verdichter über den Stutzen *7* des Lagerschildes *4*. Die Gleitlager *8* nehmen die Läufer auf. Der Schub wirkt auf die Schrägkugellager *9* und wird beim Hauptläufer durch den Ausgleichskolben *10* verringert. Das Öl fließt über Bohrungen *11* den Kolben *10* und den Läufern zu. Das freie Wellenende wird durch die Gleitringstopfbuchse *12* mit Ölsperrkammern abgedichtet. Der Schieber *13*, das Stellglied für die Regelung, wird über die Spindel *14* verstellt. Wird er aus seiner Grundstellung an der Kante *15* verschoben, so strömt das gerade angesaugte, in der Zahnlücke *16* befindliche Medium, zur Saugseite zurück. Hierbei entstehen nur geringe Verluste. Mit dem Schieber *13* ist der Förderstrom fast bis zur Nullmenge reduzierbar.

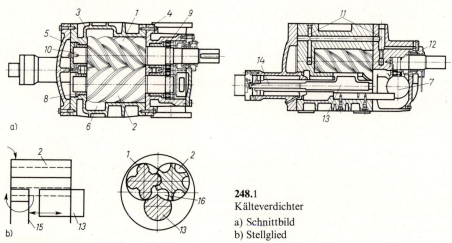

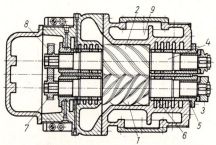

248.1
Kälteverdichter
a) Schnittbild
b) Stellglied

Trockenlaufverdichter

Sie fördern absolut ölfreie Luft für die Nahrungs- und Arzneimittelindustrie sowie für pneumatische Steuerungen. Das größte Druckverhältnis pro Stufe ist $\psi = 3{,}5$, um so die Temperaturen wegen der geringen Rotorspiele zu begrenzen. Der Förderstrom beträgt wegen der hohen Umfangsgeschwindigkeiten der Rotoren bis 150 m/s etwa 12 bis 250 m³/min. Aufgrund ihres kompakten Aufbaues durch Wegfall der viel Raum erfordernden Entölung, dienen sie häufig der normalen Drucklufterzeugung. Hierzu zählen die pneumatische Förderung staubförmiger Güter mit Drücken von 2,5 bar und zur allgemeinen Druckluftversorgung mit 6 bis 11 bar, die aber zwei Stufen erfordern.

248.2 Trockenlauf-Schraubenverdichter

Aufbau (**248**.2). Der Haupt- und Nebenläufer *1* und *2* werden von der Kupplung *3* angetrieben. Die starken Zapfen *4* in den Gleitlagern *5* sind mit den Läufern steif genug, um Durchbiegungen zu vermeiden. Die Lager werden von einer Umlaufschmierung mit Öl versorgt. Dabei trennen die Kohleringe *6* die Luft vom Öl. Die Gleichlaufzahnräder *7* und *8* synchronisieren die beiden Läufer *1* und *2*. Der Mantel *9* dient zur Wasserkühlung. Im Vergleich zu den Verdichtern mit Öleinspritzung ist die Maschine größer, die Gesamtanlage aber kleiner.

Schallabstrahlung. Sie beträgt in einem Meter Abstand 100 bis 105 dBA. Zur notwendigen Dämpfung auf 80 bis 85 dBA sind Schalldämpfer für die Saug- und Druckseite sowie leicht montierbare zur Wärmeabfuhr belüftete Schallschutzkabinen erforderlich (s. Abschn. 1.5.2).

Regelungen. Da Schraubenverdichter keine Ventile und Schadräume wie Kolbenkompressoren (Abschn. 3.6) besitzen, sind andere Stellglieder wie z.B. die Stellschieber (*13* in **248**.1) erforderlich. Eine Ausnahme bildet hierbei die Druckregelung durch Verändern der Antriebsdrehzahl und durch Ein- und Ausschalten des Antriebsmotors.

Zweipunktregelungen. Hier wird das am häufigsten benutzte Vollast-Leerlaufverfahren gezeigt.

Luftverdichter. Beim Ausschaltdruck p_{aus} (**249**.1) im Behälter *1* öffnet der Regler *2* das Bypassventil *3* und schließt die Klappe *4* bis auf einen kleinen Durchlaßquerschnitt. Hierdurch entsteht in der Saugleitung des Verdichters *5* der Unterdruck $\approx 0,1$ bar, so daß dieser als Vakuumpumpe arbeitet. So beträgt der Leistungsbedarf nur 15 bis 30 % der Vollast. Die Klappe *6* verhindert ein Entleeren des Behälters *1* über das Ventil *3*. Nachdem der Druck auf p_{ein} abgefallen ist, setzt die Förderung wieder ein.

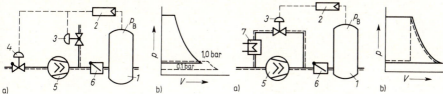

249.1 Zweipunktregelung eines Schraubenverdichters für Luft

a) Regelschema
b) Druckverlauf im Verdichter

ausgezogen:
Vollast p_B steigt von p_{ein} auf p_{aus}
gestrichelt:
Leerlauf p_B fällt von p_{aus} auf p_{ein}

249.2 Zweipunktregelung eines Schraubenverdichters für Gase

a) Regelschema
b) Druckverlauf im Verdichter

ausgezogen:
Vollast p_B steigt von p_{ein} auf p_{aus}
gestrichelt:
Leerlauf p_B fällt von p_{aus} auf p_{ein}

Gasverdichter (**249**.2). Hier muß das Gas hinter dem Ventil *3* in die Saugleitung zurückgeführt werden und der Verdichter *5* fördert es auf den vollen Druck. Das erhitzt umlaufende Gas muß also einen Kühler *7* durchströmen. Die Leerlaufleistung ist hier hoch. Sie beträgt etwa 60 % des Nennwertes, wenn nur 70 % des Förderstroms dem Behälter *1* entnommen werden.

3.10.2 Rotationsverdichter

Sie dienen zur Förderung von Luft und Gasen, haben kleine Abmessungen, also geringes Gewicht, außerdem fehlen die Steuerorgane und die oszillierenden Massenkräfte. Einstufig arbeiten sie mit Druckverhältnissen bis $\psi = 2,5$, zweistufig bis $\psi = 6$. Bei Drehzahlen $n = 1500\,\text{min}^{-1}$ fördern sie bei Luftkühlung in einer Stufe bis zu 150 m³/h, bei Wasserkühlung bis zu 300 m³/h in zwei Stufen. Vakua bis zu 98 % sind möglich. Flüssigkeitseinspritzung ermöglicht Förderströme von max. 4000 m³/h bei Drücken bis zu 9 bar in einer und von 1000 m³/h bis zu 16 bar in zwei Stufen. Hierbei darf aber die Verdampfungstemperatur der eingespritzten Flüssigkeit nicht überschritten werden.

Arbeitsweise (250.1). Im Gehäuse *1* dreht sich ein mit der Exzentrizität *e* gelagerter Rotor *2*, in dessen Nuten Schieber *3* liegen, die ihre Fliehkraft nach außen drückt. Dabei entstehen in dem sichelförmigen Raum zwischen Rotor und Gehäuse veränderliche Zellen. Sie fördern das Medium vom Saugkanal *4* mit den Steuerkanten *d* und *a* in den Förderkanal *5* mit den Kanten *b* und *c*. Eine Zelle hat ihr kleinstes Volumen V_{min}, wenn ihre Mittelebene durch die Gehäusekante *A*, ihr größtes Volumen V_{max}, wenn diese Ebene durch die Kante *B* geht.

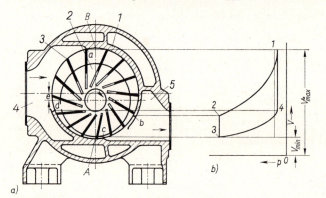

250.1
Arbeitsweise eines
Rotationsverdichters
a) Querschnitt
b) *p*, *V*-Diagramm

Bei einer Drehung einer Zelle im Uhrzeigersinn ergeben sich folgende Arbeitsvorgänge: Das Ansaugen *4–1* durch Raumvergrößerung zwischen den Kanten *d* und *a*, das Verdichten *1–2* zwischen *a* und *b* sowie das Ausschieben *2–3* zwischen *b* und *c* durch Volumenabnahme und die Rückexpansion *3–4* durch Volumenzunahme zwischen *c* und *d*. Der Gegendruck ist hierbei durch die Lage der Steuerkante *b* bestimmt. Die Steuerung übernehmen die beiden Schieber, die die Zelle begrenzen. Der Beginn der Verdichtung und der Rückexpansion (Kante *a* und *c*) wird von dem in der Drehrichtung nacheilenden, ihr Ende (Kante *b* und *d*) vom vorauseilenden Schieber bestimmt. Beim Vergleich mit dem Kolbenverdichter entspricht also eine Zelle dem Arbeitsraum, die Zellenzahl der Zylinderzahl, das Volumen V_{min} dem Schadraum V_S und $V_{max} - V_{min}$ dem Hubvolumen V_h. Mit der Zellenzahl wächst bei gleicher Schieberdicke das Hubvolumen[1]), da hiermit ihre relative Volumenänderung infolge des sichelförmigen Raumes zunimmt. Außerdem steigt der Liefergrad an, da die Druckdifferenz zweier benachbarter Zellen und damit ihre Leckverluste abnehmen.

Förderung. Bedeuten *D* und *d* die Durchmesser von Gehäuse und Läufer mit der Länge *L* und ist *z* die Zahl der Schieber und δ ihre Dicke, so ergibt sich der maximale Querschnitt bzw. das Fördervolumen

$$A_{max} = \pi D (D - d)/z - \delta (D - d) \qquad V_{max} = A_{max} L$$

Hubvolumen. Es beträgt angenähert $V_h = V_{max} - V_{min}$, wobei das Volumen V_{min} das praktisch nur von den Spielen abhängt, vernachlässigbar ist. Mit der relativen Exzentrizität $\varepsilon = (D - d)/D$ wird dann für *z* Schieber das Gesamthubvolumen

$$V_H = z A_{max} L = (D - d)(\pi D - \delta z) L = \varepsilon D (\pi D - \delta z) L \qquad (250.1)$$

Hierbei ist $\varepsilon = 0,10$ bis $0,15$ mit dem größeren Wert für Druckverhältnisse bis $\psi = 2,5$. Weiterhin gilt für die Verhältnisse: Schieberdicke zur Exzentrizität $\delta/\varepsilon = 3,8$ und Länge zum

---

[1]) Plank, R., und Kuprianoff, J.: Umlaufverdichter für Kältemaschinen. VDI-Z. **79** (1939) H. 12.

Durchmesser des Rotors ist $L/d = 2{,}0$ bis $3{,}0$ bei geschmierten und $L/D = 1{,}7$ bis $2{,}3$ bei ölfreien Maschinen.

Förderstrom. Mit dem Liefergrad $\lambda_L = 0{,}6$ bis $0{,}7$ der mit der Maschinengröße ansteigt, gilt nach Gl. (173.1)

$$\dot{V}_{fa} = \lambda_L \dot{V}_H$$

Er hängt stark von den Spielen, also vom Betriebszustand des Verdichters, ab.

Ausgeführter Verdichter. Er fördert 516 bis 462 m^3/h Luft von 1 bar auf 1,5 bis 3,5 bar bei der Drehzahl 1450 min^{-1} und der Antriebsleistung 9,2 bis 27 kW. Als Vakuumpumpe erzeugt er das Vakuum 60 bis 90 % bei der Drehzahl 1450 min^{-1}, dem Förderstrom 495 bis 305 m^3/h und der Antriebsleistung 10 bis 7,4 kW.

Aufbau (251.1). Im Gehäuse *1* nehmen die rotierenden Schieber *3* die beiden Laufringe *6* mit. Zu ihrem Einbau sind die beiden feststehenden Bordringe *7* erforderlich. Die seitliche Begrenzung des Arbeitsraumes bilden die beiden Gehäusedeckel *8* mit dem Abschluß- und Verschlußdeckel *9* und *10*.

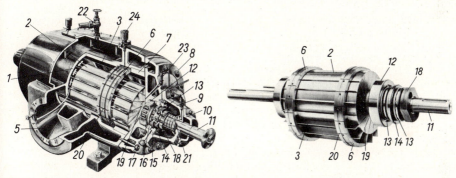

251.1 Rotationsverdichter bzw. Vakuumpumpe mit Rotor $n = 1450$ min^{-1} [DEMAG]

Verdichter: $p_1 = 1$ bar, $p_2 = 3{,}5$ bar, $\dot{V}_{fa} = 7{,}7$ m^3/min, $P_e = 27$ kW

$p_2 = 1{,}033$ bar, $\dot{V}_{fa} = 5{,}1$ m^3/min, $P_e = 7{,}4$ kW

Der Rotor *2* mit seiner Welle *11* ist in den Zylinderrollenlagern *12* in den beiden Gehäusedeckeln *8* gelagert. Als Festlager dienen die beiden Axialrillenkugellager *13*, die sich mit ihrer gemeinsamen Scheibe *14* gegen den Flansch *15*, das Distanzstück *16* und den Paßring *17* im Gehäusedeckel *8* abstützen. Die Lager *12* und *13* werden auf der Welle *11* mit dem Ring *18* befestigt. Die Schieber *3*, etwa 12 bis 18 Stahlplatten, sind etwas schräggestellt, damit sie bei ihrer Bewegung in den Nuten *19* des Rotors *2* nicht klemmen. Da die Schieber die Laufringe mitnehmen, also die Wand des Gehäuses nicht berühren, ist die Abnutzung gering. Sie entsteht durch die geringe Relativbewegung zwischen den Laufringen und Schiebern infolge des exzentrischen Rotors.

Abdichtung. Zwischen dem Gehäuse *1*, seinen Deckeln *8*, den Nuten *19* und den Schiebern *3* sind die Spiele ≈ 20 bis 30 µm vorhanden. Sie ermöglichen tragbare Leckverluste der Zellen, verhindern ein Anlaufen der Schieber, begrenzen aber das Druckverhältnis und erhöhen die Herstellungskosten. Die Laufringe werden mit kleinen Schiebern *20* gegen das Gehäuse *1* abgedichtet, und an der Welle befinden sich zwei Packungen *21* zur Abdichtung gegen die Atmosphäre.

Kühlung und Schmierung. Zur Kühlung sind am Gehäuse *1* große Kühlräume vorgesehen. Der Kühlwasserstrom, $\approx 0{,}7$ m^3/h bei 15 °C Temperaturerhöhung, wird durch das Ventil *22* zugeführt. Er muß das Gehäuse auf der Förderseite intensiv kühlen, um eine einseitige Erwärmung und ein Verziehen zu verhüten. Eine Entwässerung verhindert, daß die Schieber bei zu starkem Kondensatanfall zerstört werden. Zur Schmierung dient eine kleine Kolbenpumpe. Sie fördert das Öl über die

Tropfanzeiger *23* an die Laufringe *6*, die Stirnwände des Rotors *2*, die Lager *12* und *13* und die Pakkung *21*. Die Öler *24* werden mit einem Petroleum-Öl-Gemisch gefüllt. Es dient zum Spülen der Laufringe bei laufender Maschine und wird durch Hähne abgelassen.

Beispiel 25. Ein Schraubenverdichter mit Öleinspritzung hat zwei Rotoren mit dem Durchmesser $D = 200$ mm, der Länge $L = 320$ mm und vier bzw. sechs Zähnen. Ihr Lückenvolumen ist $A_1 + A_2 = 175$ cm^2 und der Korrekturfaktor $\delta = 0,85$. Die Antriebsdrehzahl des Hauptläufers ist $n = 3000$ min^{-1} und es wird Luft von $p_1 = 1$ bar und $t_a = 20°$ auf $p_2 = 20$ bar und $t_f = 75°$C mit dem Liefergrad $\lambda_L = 0,75$ und dem effektiven isentropen Wirkungsgrad $\eta_{ite} = 0,7$ gefördert. Das eingespritzte Kühlöl mit der Umwälzzahl $z = 15$ h^{-1} soll 90% der effektiven Leistung abführen, wenn es auf $t_{Öl} = 50°$C heruntergekühlt wird. Das hierzu nötige Kühlwasser wird um $\Delta t_w = 15°$C erwärmt. Das Öl habe die Dichte $\varrho_{Öl} = 0,85$ kg/l und die spezifische Wärmekapazität $c_{Öl} = 1,9$ kJ/(kg K). Für das Wasser gilt $c_w = 4,187$ kJ/(kg K).

G e s u c h t sind die Umfangsgeschwindigkeit der Läufer, der Förderstrom, die Endtemperatur bei isentroper Verdichtung und die Antriebsleistung des Verdichters sowie der Kühlwasserstrom und das benötigte Ölvolumen.

U m f a n g s g e s c h w i n d i g k e i t. Sie beträgt $u = \pi D n = \pi \cdot 0,2$ m $\cdot 3000$ min/(60 s/min) $= 31,41$ m/s

Da hier der Haupt- den Nebenläufer direkt, also ohne Gleichlaufzahnräder antreibt, wurde dieser geringe Wert gewählt.

F ö r d e r s t r o m u n d V e r d i c h t u n g s e n d t e m p e r a t u r. Nach Gl. (244.1) folgt für den Luftstrom:

$$\dot{V}_{fa} = \delta \lambda_L (A_1 + A_2) L n = 0,85 \cdot 0,75 \cdot 175 \text{ cm}^2 \cdot 32 \text{ cm } 3000 \text{ min } 10^{-6} \text{ m}^3/\text{cm}^3 = 10,71 \text{ m}^3/\text{min}$$

und für die Isentrope nach Gl. (44.8)

$$T_{2it} = T_a \left(\frac{p_1}{p_2}\right)^{\frac{\kappa-1}{\kappa}} = (273 + 20) \text{ K} \left(\frac{20 \text{ bar}}{1 \text{ bar}}\right)^{\frac{1,4-1}{1,4}} = 689,6 \text{ K} \qquad t_{2it} = 416,6°\text{C}$$

E f f e k t i v e L e i s t u n g. Sie ergibt sich mit dem Faktor v_{it} nach Gl. (245.1)

$$v_{it} = \frac{\kappa}{\kappa-1} \left[\left(\frac{p_2}{p_1}\right)^{\frac{\kappa-1}{\kappa}} - 1\right] = 4,737$$

und der isentropen Leistung

$$P_{it} = p_1 \dot{V}_{fa} v_{it} = \frac{10^5 \frac{\text{N}}{\text{m}^2} \cdot 10,71 \frac{\text{m}^3}{\text{min}} \cdot 4,737}{60 \text{ s/min } 10^3 \text{ Nm/(s kW)}} = 84,56 \text{ kW zu } P_e = P_{it}/\eta_e = 84,56 \text{ kW}/0,70 = 120,8 \text{ kW}$$

K ü h l w a s s e r s t r o m. Mit $\dot{Q}_{KW} = 0,9 P_e = \dot{V} \varrho c \Delta t_w$ wird

$$\dot{V}_{KW} = \frac{0,9 P_e}{\varrho c \Delta t_w} = \frac{0,9 \cdot 120,8 \text{ kW} \cdot 3600 \frac{\text{kJ}}{\text{kWh}}}{1000 \frac{\text{kg}}{\text{m}^3} \cdot 4,187 \frac{\text{kJ}}{\text{kg K}} \cdot 15 \text{ K}} = 6,23 \text{ m}^3/\text{h}$$

Ö l b e d a r f. Mit der Erwärmung $\Delta t_{Öl} = t_f - t_{Öl} = (75 - 50) \text{ K} = 25 \text{ K}$ ist

$$V_{Öl} = \frac{0,9 P_e}{\varrho_{Öl} c_{Öl} \Delta t_{Öl} z} = \frac{0,9 \cdot 120,8 \text{ kW} \cdot 3600 \frac{\text{kJ}}{\text{kWh}}}{850 \frac{\text{kg}}{\text{m}^3} \cdot 1,9 \frac{\text{kJ}}{\text{kg K}} \cdot 25 \text{ K} \cdot 15 \text{ h}^{-1}} = 0,646 \text{ m}^3$$

Der große Kühlwasserstrom- und Ölbedarf folgen aus den hohen isentropen Verdichtungsendtemperaturen.

4 Brennkraftmaschinen

4.1 Einteilung und Verwendung

Die Brennkraftmaschine oder der Verbrennungsmotor (**16.**1) ist eine Kolben-Wärmekraft-Maschine mit innerer Verbrennung. Ihr Arbeitsprozeß (**34.**2, **58.**1) ist offen und unterscheidet sich nach Abschn. 1.1.3.2 von den anderen Kolbenmaschinen durch die Gemischbildung, Zündung und Verbrennung sowie durch den Ladungswechsel im Zwei- oder Viertaktverfahren (**23.**1, **23.**2).

Einteilung. Hierfür sind nach DIN 1940 Arbeitsverfahren und Bauformen (s. Abschn. 1.3.4) maßgebend. Im Ottomotor leitet eine zeitlich gesteuerte Zündung die Verbrennung des Kraftstoff-Luft-Gemisches ein. Es wird bei Vergasermaschinen im Vergaser vor den Zylindern, beim Einspritzmotor durch Zuführen des Kraftstoffes in die Luftladung des Arbeitsraumes vor dem Ende der Verdichtung gebildet. Beim Dieselmotor wird die Luft auf eine zur Selbstzündung des Kraftstoffes ausreichende Temperatur verdichtet. Der Verbrennungsraum ist bei der Strahleinspritzung zusammenhängend, bei Vorkammer- und Wirbelkammer-motoren (s. Abschn. 4.5.1.3) unterteilt. Mehrstoffmotoren können mit Otto- oder Diesel-kraftstoff laufen. Viertaktmaschinen erfolgt der Ladungswechsel durch Selbstansaugen oder durch Aufladen, wobei ein Gebläse die Ladung vorverdichtet. Bei Zweitaktmotoren wird der Ladungswechsel durch Spülen mit einem Gebläse oder mit der Kolbenrückseite durchgeführt. Dieselmotoren werden nach der Drehzahl in Schnelläufer über 750 min^{-1}, in Mittelschnell- und in Langsamläufer unter 300 min^{-1} eingeteilt.

Verwendung. Verbrennungsmotoren treiben Straßen- und Schienenfahrzeuge, Schiffe und Flugzeuge an. Weiterhin liefern sie die Energie für Baumaschinen, Krananlagen und Notstromaggregate sowie für fahr- oder tragbare Arbeitsmaschinen wie Pumpen und Verdichter.

Ottomaschinen zeichnen sich durch geringe Preise, leichte Bauweise und ein mit der Drehzahl stark veränderliches Drehmoment aus. Sie werden daher als Kleinstmotoren und für Motorräder, Kraftwagen und Flugzeuge mit Leistungen von 0,3 bis 2500 kW und Drehzahlen von 7000 bis 2600 min^{-1} verwendet. Eine Sonderstellung nehmen die Rennwagenmotoren mit Drehzahlen von 9000 bis 12 000 min^{-1} und Leistungen bis 400 kW ein. Dieselmotoren sind wegen ihres höheren effektiven Wirkungsgrades und des preiswerteren Kraftstoffes für die übrigen Antriebe vorteilhafter. Sie werden für Leistungen von 1,5 bis 36 000 kW und Drehzahlen von 5000 bis 100 min^{-1} hergestellt.

Gasmaschinen gewinnen durch die Erdölindustrie wieder an Bedeutung, sie haben einen Leistungs-bzw. Drehzahlbereich von 20 bis 7500 kW und 1500 bis 95 min^{-1} [65]. Die Luftkühlung ist auf eine maximale Leistung von 260 kW begrenzt, weil sonst das Verhältnis von Oberfläche und Volumen des Arbeitsraumes zu ungünstig wird. Die Aufladung erfordert bei einer maximalen Leistungssteigerung um 100 % nur eine zusätzliche Motormasse von 8 bis 10 %. Sie ist aber bei Leistungen unter 25 kW nicht mehr lohnend, da dann die Wirkungsgrade der Lader wegen ihres geringen Förderstromes zu stark absinken.

4.2 Berechnungsgrundlagen

Hier werden die zur Berechnung der Motoren notwendigen Größen erläutert. Die hierfür angegebenen Erfahrungswerte sind, wenn nicht anders bemerkt, auf den Auslegungszustand des Motors bezogen.

4.2.1 Arbeitsraum

Er wird auch Verbrennungsraum genannt und umfaßt das vom Zylinder, seinem Deckel und der Kolbenfläche begrenzte Volumen einschließlich aller hiermit verbundenen Kammern. Sein Kleinstwert ist der Verdichtungsraum V_c, sein Größtwert beträgt, wenn V_h das Hubvolumen pro Zylinder ist, $V_h + V_c$. Die Drücke und Temperaturen im Arbeitsraum sind veränderlich. Der Höchstdruck p_{max} am Kolben und die Höchsttemperatur t_{max} treten bei der zündenden betriebswarmen Maschine auf, bei nicht zündender warmer Maschine entstehen der Verdichtungsenddruck p_2 und die Temperatur t_2. Die Zylinderdrücke p_1' und p_2'' gelten für das Ein- bzw. Ausbringen der Ladung.

Verdichtungsverhältnis ist der Quotient des größten und kleinsten Inhalts des Arbeitsraumes und beträgt

$$\varepsilon = \frac{V_c + V_h}{V_c} \tag{254.1}$$

Mit ihm steigen die Drücke und Temperaturen im Motor und damit die Wirkungsgrade (**268.**1), aber auch die thermischen und mechanischen Belastungen an. Seine Erhöhung von 6 auf 8 steigert z.B. die Leistung eines Ottomotors um 12% und verringert den Kraftstoffverbrauch um 8%. Seine Grenzen bestimmt beim Ottomotor die Klopfneigung und die Selbstentzündungstemperatur des Kraftstoffes, bei der Dieselmaschine die Wirtschaftlichkeit. Für Ottomotoren sind Verdichtungsverhältnisse von 6 bis 11 mit Enddrücken von 10 bis 18 bar und Temperaturen von 400 bis 600 °C üblich. Speziell gilt für Normal- und Superbenzin $\varepsilon < 8$ bzw. 9 bis 10, für Methanol und Erdgas $\varepsilon = 10$ bis 12. Bei Dieselmaschinen gilt: $\varepsilon = 14$ bis 21, $p_2 = 30$ bis 56 bar und $t_2 = 700$ bis 900 °C. Für Groß- bzw. Kleinmotoren mit direkter Einspritzung ist $\varepsilon = 12$ bzw. 16, für Motoren mit unterteiltem Brennraum liegt es unter 20.

4.2.2 Ladung

Die Ladung oder Füllung umfaßt bei Vergasermaschinen das Kraftstoff-Luft-Gemisch, bei Einspritzmotoren lediglich die Luft. Als Ansaugzustand gilt beim Saugmotor der atmosphärische, bei Zweitakt- und aufgeladenen Maschinen der Zustand hinter dem Gebläse bzw. vor dem Eintrittsstutzen.

4.2.2.1 Massen und ihre Verluste

Massen. Sie können auf einen Zylinder, auf das gesamte Arbeitsspiel und auf die Zeiteinheit bezogen werden. Bei der Ladung sind zu unterscheiden: Die theoretische Masse m_{th} nach Gl. (19.10), die das Hubvolumen beim Ansaugzustand ausfüllt. Die Ansaugmasse m_a, die durch den Eintrittsstutzen in den Zylinder beim Ansaugezustand strömt und die Frisch- oder Fördermasse m_f im Zylinder vor der Zündung. In Verbindung mit dem Verbrennungs- vorgang sind weiterhin zu beachten: Die Kraftstoffmasse B, die Restmasse m_r an Brenn- gas im Arbeitsraum nach Beendigung des Ladungswechsels, die Gesamtmasse $m_g = m_f + m_r$ an Ladung und Restgas im Zylinder vor der Zündung und der Luftbedarf.

Der Mindestluftbedarf L_{min} (s. Abschn. 4.6.2.3) gibt die für eine vollkommene Verbren- nung der Masseneinheit des Kraftstoffes (Kr) notwendige Luftmasse (L) an und beträgt 14 bis 15 kg L/kg Kr.

Verluste. Beim Ladungswechsel treten Strömungs-, Aufheizungs-, Spül- und Undichtigkeits- verluste auf. Bei Zweitaktmaschinen kann hierdurch bis über 50% der Ansaugemasse ver- loren gehen.

Strömungs- und Aufheizungsverluste ergeben sich aus der Differenz der theoretischen und der beim Abschluß der Steuerorgane im Zylinder befindlichen Masse. Die Strömungs- verluste nach Abschn. 1.2.5.2 sind von den Massenkräften der Ladung und den Widerstän- den der Rohrleitungen, Kanäle und Steuerorgane abhängig. Die Aufheizung der Ladung erfolgt an den heißen Wänden der Zylinderräume, insbesondere aber an den Auslaßventilen und Zündkerzen.

Undichtigkeitsverluste entsprechen dem Unterschied der im Zylinder nach dem Ab- schluß der Steuerorgane und vor der Zündung befindlichen Massen. Sie treten bei unzurei- chender Abdichtung der Arbeitsräume durch Kolbenringe, Stopfbuchsen und Ventile und an den Teilfugen der Zylinder und ihrer Köpfe auf.

Spülverluste sind die Differenz der angesaugten und der im Zylinder nach dem Abschluß der Steuerorgane befindlichen Massen. Sie entstehen bei Zweitaktmaschinen (Abschn. 4.4.2.1), in denen ein Teil der Ladung mit den Abgasen aus den Auspuffschlitzen entweicht und bei aufgeladenen Viertaktmaschinen mit Ventilüberschneidung, deren Ein- und Auslaßorgane während eines Teiles des Ladungswechsels gleichzeitig geöffnet sind. Durch eine Steigerung des Spülstromes erhöht sich die im Arbeitsraum verbleibende Luftmasse, da die Restmasse verringert und der Zylinder besser gekühlt wird, und die Motorleistung steigt auch an. Die Grenze ergibt sich aus dem zusätzlichen Arbeitsbedarf des Gebläses für den größeren Saug- strom, die der Motor aufbringen muß. Die Spülverluste sind meist so hoch, daß der vom Gebläse geförderte Massenstrom größer als der theoretische des Motors wird.

4.2.2.2 Kenngrößen

Wegen des unterschiedlichen Ladungswechsels beim Zwei- und Viertaktverfahren ergeben sich außer allgemeinen noch spezielle Kenngrößen, die für die Zweitaktmaschine in Abschn. 4.4.2.3 behandelt werden.

Luftverhältnis. Es dient zum Vergleich der geförderten und der für die vollkommene Ver- brennung bei idealer Gemischbildung notwendigen Ladungsmassen m_f und $B L_{min}$. Es gilt also

$$\lambda = \frac{m_f}{B L_{min}} = \frac{L_e}{L_{min}} \tag{255.1}$$

Hierbei stellt $L_e = m_f/B$ den effektiven Luftverbrauch der Masseneinheit des Kraftstoffes dar. Das Luftverhältnis ist von der Gemischbildung des Motors (s. Abschn. 4.5) abhängig ist. Ist diese ideal, so liegt bei $\lambda = 1$ die Grenze der vollkommenen Verbrennung vor.

Bei Vergasermaschinen, deren äußere Gemischbildung günstig ist, beträgt das Luftverhältnis $\approx 0{,}8$ bis $1{,}2$, es wird durch die Zündfähigkeit der Ladung begrenzt und durch Drosselung der angesaugten Luft eingehalten. In Dieselmaschinen nimmt das Luftverhältnis bei konstanter Drehzahl mit steigender Leistung ab, weil dabei der Kraftstoffstrom ansteigt und der ungedrosselte Luftstrom fast konstant bleibt. Ihre Höchstleistung ist daher durch das kleinste Luftverhältnis bestimmt, an dem die Rauchgrenze liegt. Wird es unterschritten, so verrußen der Arbeitsraum und die Kanäle infolge der unvollkommenen Verbrennung und die Auspuffgase werden geschwärzt. Das kleinste Luftverhältnis beträgt $1{,}3$ bis $1{,}6$, zeigt also die Schwierigkeiten bei der inneren Gemischbildung.

Liefergrad. Er ist das Verhältnis der geförderten Masse m_f und der theoretischen Masse m_{th} und dient zur Beurteilung der gesamten Ladungsverluste. Es gilt also mit Gl. (19.10) und der Zahl n_a der Arbeitstakte

$$\lambda_L = \frac{m_f}{m_{th}} = \frac{\dot{m}_f}{\varrho_a V_H n_a} \tag{256.1}$$

Der Liefergrad (**256.1**) sinkt beim Ansteigen der mittleren Kolbengeschwindigkeit c_m, mit der die Drosselverluste zunehmen. Bei Zweitaktmaschinen beträgt er wegen der Spülverluste $0{,}4$ bis $0{,}7$. Zur weiteren Untersuchung der Verluste wird er in den Luftaufwand und Durchsatzgrad aufgeteilt.

Luftaufwand. Als Quotient der angesaugten Masse m_a zur theoretischen m_{th} ist er das Maß für die Aufheizungs-, Strömungs- und Spülverluste. Es gilt

$$\lambda_a = m_a/m_{th} \tag{256.2}$$

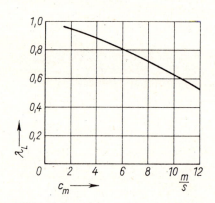

256.1 Liefergrad λ_L von Viertaktmaschinen als Funktion der mittleren Kolbengeschwindigkeit c_m

Durchsatzgrad. Er heißt auch Ladegrad und ist das Verhältnis der geförderten Masse m_f zur angesaugten m_a und erfaßt die Undichtigkeits- und Spülverluste. Damit wird

$$\lambda_D = m_f/m_a \tag{256.3}$$

Für den Liefergrad folgt dann aus den Gl. (256.1) bis (256.3)

$$\lambda_L = \frac{m_f \, m_a}{m_a \, m_{th}} = \lambda_D \lambda_a \tag{256.4}$$

Da in Viertaktmaschinen bei der üblichen Ventilüberschneidung nur vernachlässigbar kleine Spülverluste auftreten, können die Undichtigkeits-, Aufheizungs- und Strömungsverluste voneinander getrennt werden.

Füllungsgrad. Er erfaßt die Strömungsverluste durch Vergleich des im Indikatordiagramm (**257.1**) erscheinenden Volumens V_D mit dem Hubvolumen V_h und beträgt

$$\lambda_F = V_D/V_h \tag{256.5}$$

Der Füllungsgrad (**257.1**b) dient bei Ottomotoren zur Beurteilung der Füllungsverringerung (V_{Da} bis V_{Dc}) und der Leistungsabnahme, die infolge des absinkenden Zylindersaugdruckes

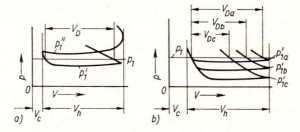

257.1
Füllungsgrad eines Viertaktmotors im p, V-Diagramm
a) Dieselmaschine
b) Leistungsherabsetzung durch
   Drosseln des Gemisches
   eines Ottomotors

$(p'_{1a}$ bis $p'_{1c})$ beim Schließen der Drosselklappe des Vergasers entsteht. Der Druck p'_1 sinkt dabei im Leerlauf auf 0,2 bis 0,3 bar ab.

Aufheizungsgrad ist das Verhältnis des angesaugten Volumens V_a und des Volumens V_D und erfaßt die Verluste des Mediums durch seine Erwärmung im Zylinder beim Ansaugen. Er beträgt

$$\lambda_A = V_a/V_D \tag{257.1}$$

Zwischen diesen Kenngrößen ergibt sich dann, da alle Volumina auf den Ansaugezustand bezogen sind mit den Gl. (256.3) bis (257.1) – ähnlich wie bei den Verdichtern in Gl. (175.2) – für einen Zylinder folgender Zusammenhang

$$\lambda_L = \lambda_F \lambda_A \lambda_D \tag{257.2}$$

Bei Schnelläufern, in denen praktisch keine Undichtigkeitsverluste auftreten, ist der Durchsatzgrad $\lambda_D \approx 1$. Dann stimmen auch nach Gl. (256.4) der Luftaufwand und der Liefergrad überein.

4.2.3   Leistungen und spezifische Größen

Sie sind vom Arbeitsverfahren, von der Konstruktion, der Kühlung und der Größe der Maschine, von ihrer Drehzahl und Belastung sowie vom Ansaugezustand abhängig.

4.2.3.1   Leistungen

Außer der Leistung P_{id} der Idealmaschine nach Abschn. 4.3 sind noch die indizierte Leistung $P_i = p_i n_a V_H$ nach Gl. (18.6) und die effektive oder Kupplungsleistung $P_e = p_e n_a V_H$ nach Gl. (18.7) zu unterscheiden. Hierbei sind die Drehzahl und der Ansaugezustand angegeben. Seine Umrechnung auf den Bezugszustand richtet sich nach DIN 6270 oder DIN 70020.

Nutzleistung. Sie ist nach DIN 1940 die an der Kupplung abgegebene Leistung, wenn der Motor seine Hilfseinrichtungen, wie Einspritzpumpe, Zündvorrichtung und Gebläse sowie die Kühlwasser- und Ölpumpe selbst antreibt. Im Gegensatz hierzu sind bei der SAE-Leistung nach der amerikanischen Norm die Hilfseinrichtungen nicht eingeschlossen. Sie ist daher 20 bis 25 % größer als die DIN-Leistung.

Bei Motoren für allgemeine Verwendung werden nach DIN 6270 unterschieden:

Dauerleistungen A und B. Sie werden vom Motor andauernd (A) bzw. während einer seinem Verwendungszweck entsprechenden Zeit (B) abgegeben. Ihre Begrenzung erfolgt durch die Einstellung des Vergasers bzw. der Einspritzpumpe.

Höchstleistung. Sie soll der Motor 15 min lang ohne thermische und mechanische Überbeanspruchung aufbringen. Mit ihr wird lediglich nachgewiesen, daß der Motor bei der Dauerleistung B nicht an seiner Belastungsgrenze arbeitet. Als Bezugszustand gilt hierfür 0,981 bar 20 °C bei einer relativen Feuchte (s. Abschn. 1.2.4) von 60 %.

Bei Kraftfahrzeugmotoren ist die größte Nutzleistung nach DIN 70020 die im thermischen Beharrungszustand abgegebene maximale Leistung beim Bezugszustand 1,0133 bar 20 °C.

Die Wirkungsgrade sind in Abschn. 1.2.6.2 in Verbindung mit der Energiebilanz behandelt. Die Verluste werden bei der Idealmaschine in Abschn. 4.3.4.2 besprochen.

4.2.3.2 Spezifische Größen

Sie dienen zur Beurteilung der Wirtschaftlichkeit der Motoren und zum Vergleich ihrer verschiedenen Ausführungen. Anhaltswerte für diese Größen s. Tafel **258**.1.

Tafel **258**.1   Anhaltswerte für die Kenngrößen von Verbrennungsmotoren

		Drehzahl n in min^{-1}	Verdichtungsverhältnis ε	Hubverhältnis s/D	Kolbengeschwindigkeit c_m in m/s	effektiver Druck p_e in bar	spezifischer Kraftstoffverbrauch b_e in g/kWh	Masse pro Leistungseinheit m/P_e in kg/kW
Ottomotoren								
Zweitakt	Kraftrad	4000 bis 8000	5,5 bis 7,5	0,9 bis 1,15	7,5 bis 12,5	5,4 bis 8,0	400 bis 620	4,1 bis 6,1
	Personenwagen	3700 bis 5500	6,4 bis 8,0	1,0 bis 1,08	8,0 bis 11,5	6,0 bis 10,0	400 bis 550	2,8 bis 5,2
Viertakt	Kraftrad	4800 bis 9000	6,3 bis 7,5	0,8 bis 1,0	9,5 bis 15	7,6 bis 9,6	280 bis 340	2,6 bis 5,0
	Personenwagen	3500 bis 6000	8 bis 11	0,8 bis 1,2	8,0 bis 15	8,0 bis 13	280 bis 380	3,5 bis 5,3
	Flugzeug	2600 bis 3300	6,5 bis 8,0	1,0 bis 1,2	14 bis 18	14 bis 19	270 bis 330	0,5 bis 0,8
Dieselmotoren (mit Aufladung)								
Zweitakt	Lastwagen	1700 bis 2800	14 bis 18	1,2 bis 1,3	8,0 bis 10	8 bis 12	240 bis 340	4,5 bis 5,0
	Schiffe	100 bis 180	12 bis 14	1,6 bis 1,9	6,0 bis 12	9 bis 12	200 bis 220	14 bis 140
Viertakt	Personenwagen	3000 bis 5000	19 bis 21	0,95 bis 1,2	9,0 bis 12	6,0 bis 8,0	300 bis 380	4,0 bis 5,0
	Lastwagen	2000 bis 3000	15 bis 20	1,2 bis 1,5	10	8 bis 12	240 bis 340	4 bis 6
	Schiffe	180 bis 600	12 bis 17	1,2 bis 1,5	5,5 bis 6,4	10 bis 12	210 bis 230	14 bis 40

Spezifischer Kraftstoff- und Wärmeverbrauch

Sie stellen den Kraftstoff- bzw. Wärmestrom pro Einheit der Nutzleistung $b_e = \dot{B}/P_e$ und $q_e = \dot{B}H_u/P_e$ dar, wenn H_u der untere Heizwert ist. Mit Gl. (60.3) folgt dann die Verbindung zum effektiven Wirkungsgrad η_e, und es gilt

$$b_e = \frac{\dot{B}}{P_e} = \frac{1}{\eta_e H_u} \qquad\qquad q_e = \frac{\dot{B}H_u}{P_e} = b_e H_u = \frac{1}{\eta_e} \qquad\qquad (258.1) \text{ und } (258.2)$$

Im wirtschaftlichsten Punkt mit dem größten effektiven Wirkungsgrad ist der spezifische Kraftstoff- und Wärmeverbrauch am kleinsten. Die günstigsten Werte werden bei Großdieselmaschinen mit $\eta_e = 0{,}42$, $b_e = 200$ g/kWh und $q_e = 8570$ kJ/kWh erreicht.

Hubraumleistung. Als Leistung pro Einheit des Hubvolumens ist sie ein Maß für die Ausnutzung der Zylinder und beträgt mit Gl. (18.7) und (17.6)

$$\frac{P_e}{V_H} = p_e n_a = \frac{p_e c_m}{a_T 2 s} \tag{259.1}$$

Hierbei gilt $a_T = 1$ für Zweitakt- und $a_T = 2$ für Viertaktmaschinen. Die Hubraumleistung wird nach Gl. (259.1) durch Steigerung der Drehzahlen und des effektiven Druckes p_e vergrößert, wobei kurzhubige Maschinen wegen der Begrenzung der mittleren Kolbengeschwindigkeit c_m im Vorteil sind. Diese Tendenz zeigt auch die Motorenentwicklung. Die Grenzen liegen hier bei 95 kW/l für Rennwagen- und 1,1 kW/l für Schiffsmotoren.

Masse pro Leistungseinheit. Sie ist auf die größte Nutzleistung bezogene Motormasse m/P_e und hängt von der Zylinderzahl der Bauart, dem Arbeitsverfahren und der Drehzahl ab. Ungünstig ist sie bei Einzylindermaschinen wegen der großen Schwungräder. Entsprechend dem Massenanteil des Gehäuses pro Zylinder ist sie bei Boxer- und V-Maschinen kleiner als bei Reihenmaschinen und am günstigsten bei der Sternbauart. Die größten und kleinsten Werte von 140 bzw. 0,5 kg/kW kommen bei Schiffs- und Flugmotoren vor.

Mitteldrücke

Es werden der indizierte, der effektive und der Reibungsdruck unterschieden. Aus Gl. (18.6) und (18.7) folgt hierfür

$$p_i = \frac{P_i}{V_H n_a} \qquad\qquad p_e = \frac{P_e}{V_H n_a} \qquad\qquad p_{RT} = \frac{P_{RT}}{V_H n_a} \tag{259.2 bis 259.4}$$

Sie stellen also die auf die Einheit des theoretischen Förderstromes $\dot{V}_H = V_H n_a$ bezogenen Leistungen oder die Arbeit w pro Einheit des Hubvolumens V_H nach Gl. (18.4) dar.

Indizierter Druck. Er kann aus dem Indikatordiagramm (**23.**1, **23.**2) ermittelt oder aus den Kenngrößen berechnet werden.

Berechnung aus den Kenngrößen. Die indizierte Leistung P_i wird durch den zugeführten Wärmestrom $\dot{B} H_u$ ausgedrückt und dabei der Kraftstoffstrom $\dot{B}$ durch das Luftverhältnis und die Liefergrad λ bzw. λ_L ersetzt. Dann ist nach Gl. (60.2) und (255.1) $P_i = \eta_i \dot{B} H_u$ und $\dot{B} = \dot{m}_f/(\lambda L_{min})$. Mit $\dot{m}_f = \lambda_L \dot{m}_{th} = \lambda_L \varrho_a V_H n_a$ aus Gl. (256.1), wobei ϱ_a die Dichte der Luft beim Ansaugzustand bedeutet, ergibt sich

$$\dot{B} = \frac{\lambda_L \varrho_a V_H n_a}{\lambda L_{min}} \qquad\qquad P_i = \eta_i \dot{B} H_u = \frac{\lambda_L \varrho_a H_u \eta_i V_H n_a}{\lambda L_{min}} \tag{259.5 und 259.6}$$

Mit $P_i = p_i n_a V_H$ aus Gl. (18.6) folgt aus Gl. (259.6)

$$p_i = \frac{\lambda_L \varrho_a H_u \eta_i}{\lambda L_{min}} \tag{259.7}$$

Effektiver Druck. Er dient neben dem Hubverhältnis s/D und der mittleren Kolbengeschwindigkeit c_m als Kenngröße für die Auslegung der Motoren (s. Abschn. 1.3.1). Mit Gl. (259.7) und mit $\eta_e = \eta_i \eta_m$ aus Gl. (60.5) ergibt sich

$$p_e = \eta_m p_i = \frac{\lambda_L \varrho_a H_u \eta_e}{\lambda L_{min}} \tag{259.8}$$

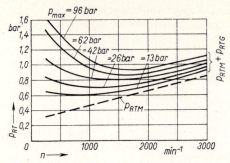

260.1 Reibungsdruck p_{RT} als Funktion der Drehzahl n und des Höchstdruckes p_{max} [nach Ullmann]

Reibungsdruck. Er setzt sich aus den Anteilen p_{RTM} und p_{RTG} der Triebwerksreibung infolge der Gas- bzw. Massenkräfte (**260.1**) zusammen, die von der Drehzahl und dem Höchstdruck p_{max} im Zylinder abhängig sind. Es gilt also

$$p_{RT} = p_{RTM} + p_{RTG} = p_i - p_e \qquad (260.1)$$

Leistungssteigerung

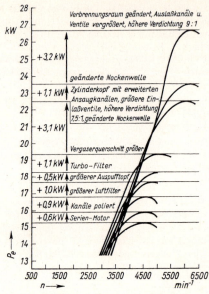

260.2 Leistungssteigerung am Prinz-Motor [NSU]
$z = 2$, $D = 76$ mm, $s = 66$ mm, $V_H = 598$ cm^3

Bei einer Maschine mit vorgegebenem Hubvolumen und konstanter Drehzahl ergeben sich aus Gl. (259.8) folgende Möglichkeiten zur Vergrößerung des effektiven Druckes:

Luftdichte. Ihre Steigerung durch Aufladen [64] bringt den größten Gewinn (s. Abschn. 4.4.3).

Kenngrößen. Der Liefergrad und das Luftverhältnis lassen sich durch Verringern der Ladungsverluste und Verbessern der Gemischbildung erhöhen bzw. herabsetzen. Bei Zweitaktmotoren haben die kleineren effektiven Drücke, die allerdings auch durch die höhere thermische Belastung bedingt sind, ihre Ursache in den Spülverlusten.

Effektiver Wirkungsgrad. Hier bestehen folgende Verbesserungsmöglichkeiten: Verringern der von der Kühlung abgeführten Wärme (**58.1**) durch warmfestere Werkstoffe, Ausnutzung der Abgasenergie (**58.1**) mit Wärmepumpen, mit Gasturbinen zur Energieerzeugung oder zum Laderantrieb, Verbessern des Verbrennungsablaufes und Erhöhen des Verdichtungsverhältnisses zur Steigerung des Spitzendruckes durch klopffestere Kraftstoffe bei Ottomotoren.

Stoffwerte. Der Heizwert und Luftbedarf sind durch die Zusammensetzung der Kraftstoffe bestimmt und weichen – abgesehen von gasförmigen Kraftstoffen – nur wenig voneinander ab. Durch Zufuhr von Sauerstoff mit der Ladung könnte der Luftbedarf verringert werden.

Praktische Durchführung. Am Viertakt-Otto-Motor (**260.2**) wurde – abgesehen von der Drehzahlzunahme – die Leistung durch folgende Maßnahmen erhöht: Verringern der Ladungswechselverluste zur Steigerung des Liefergrades durch Erweitern und Polieren der Kanäle, Vergrößern des Filters, des Auspufftopfes und der Vergaserquerschnitte sowie durch Ändern der Nockenwelle, Erhöhen des Gütegrades durch Ändern des Verbrennungsraumes und Vergrößern des Wirkungsgrades der Idealmaschine durch Steigern der Kompression.

Beispiel 26. Ein Viertakt-Dieselmotor mit der Masse $m = 420$ kg hat $z = 6$ Zylinder mit dem Durchmesser $D = 130$ mm und dem Hub $s = 170$ mm. Auf dem Prüfstand wurden bei der Drehzahl $n = 1200$ min^{-1}, dem Ansaugzustand $p_a = 1000$ mbar, $t_a = 20\,°C$ und der relativen Feuchte $\varphi = 60\%$ folgende Werte gemessen: Dauerleistung A $P_e = 80$ kW, Kraftstrom $\dot{B} = 20$ kg/h und Saugstrom der Luft $\dot{m}_a = 450$ kg/h. Der Kraftstoff hatte den unteren Heizwert $H_u = 4,2 \cdot 10^4$ kJ/kg, den Luftmindestbedarf $L_{min} = 14,35$ kg L/kg Kr, die Dichte $\varrho = 0,835$ kg/l und den Preis $k = 1,45$ DM/l (s. Beispiel 5).

Gesucht sind Liefergrad, Luftaufwand, Luftverhältnis, effektiver Wirkungsgrad, effektiver Druck, spezifischer Kraftstoff- und Wärmeverbrauch, Hubraumleistung, Motormasse pro Leistungseinheit und Betriebskosten für 1 kW h.

Liefergrad und Luftaufwand

Die Dichte der Luft beim Ansaugzustand beträgt nach Gl. (48.10) mit dem Siededruck $p_S = 23,37$ mbar bei der Temperatur $t_a = 20\,°C$ und mit 1 mbar $= 10^2$ N/m^2

$$\varrho_a = \frac{p_a - \varphi\, p_S}{R\, T_a} = \frac{(1000 - 0,6 \cdot 23,37) \cdot 10^2\ \dfrac{N}{m^2}}{287,1\ \dfrac{N\,m}{kg\,K}\ 293\ K} = 1,17\ \frac{kg}{m^3}$$

Mit dem Hubvolumen $V_H = 0,25\, z\, \pi\, D^2\, s = 0,25 \cdot 6 \cdot \pi \cdot 1,3^2$ dm$^2 \cdot 1,7$ dm $= 13,54$ l und der Zahl der Arbeitsspiele $n_a = n/2 = 600$ min$^{-1} = 10$ s^{-1} folgt der theoretische Massenstrom

$$\dot{m}_{th} = \varrho_a V_H n_a = 1,17\ \frac{kg}{m^3} \cdot 1,354 \cdot 10^{-2}\ m^3 \cdot 600\ min^{-1} \cdot 60\ \frac{min}{h} = 571\ \frac{kg}{h}$$

Da wegen der vernachlässigbaren Undichtigkeitsverluste der Saug- und Förderstrom gleich sind, gilt $\dot{m}_a = \dot{m}_f = 450$ kg/h. Damit ergeben die Gl. (256.1) und (256.2)

$$\lambda_L = \lambda_a = \frac{\dot{m}_a}{\dot{m}_{th}} = \frac{450\ kg/h}{571\ kg/h} = 0,788$$

Weitere Größen

Luftverhältnis nach Gl. (255.1)

$$\lambda = \frac{\dot{m}_a}{\dot{B}\, L_{min}} = \frac{450\ kg/h}{20\ \dfrac{kg}{h} \cdot 14,35\ \dfrac{kg}{kg}} = 1,57$$

Effektiver Wirkungsgrad nach Gl. (60.3)

$$\eta_e = \frac{P_e}{\dot{B}\, H_u} = \frac{80\ kW}{20\ kg/h} \cdot \frac{3600\ kJ/kW\,h}{4,2 \cdot 10^4\ kJ/kg} = 0,343$$

Effektiver Druck nach Gl. (18.7)

$$p_e = \frac{P_e}{n_a V_H} = \frac{80\ kW \cdot 1000\ N\,m\,s^{-1}/kW}{10\ s^{-1} \cdot 1,354\ 10^{-2}\ m^3} = 5,90 \cdot 10^5\ \frac{N}{m^2} = 5,90\ bar$$

und nach Gl. (259.8)

$$p_e = \frac{\lambda_L \varrho_a H_u}{\lambda\, L_{min}}\, \eta_e = \frac{0,79 \cdot 1,17\ \dfrac{kg}{m^3} \cdot 4,2 \cdot 10^4\ \dfrac{kJ}{kg} \cdot 1000\ \dfrac{N\,m}{kJ}}{1,57 \cdot 14,35\ kg/kg}\, 0,343 = 5,90 \cdot 10^5\ \frac{N}{m^2}$$

Spezifischer Kraftstoff- und Wärmeverbrauch nach Gl. (258.1) und (258.2)

$$b_e = \frac{\dot{B}}{P_e} = \frac{20 \cdot 10^3 \, \text{g/h}}{80 \, \text{kW}} = 250 \, \frac{\text{g}}{\text{kW h}} \qquad q_e = \frac{1}{\eta_e} = \frac{3600 \, \text{kJ/kW h}}{0{,}343} = 10\,500 \, \frac{\text{kJ}}{\text{kW h}}$$

Hubraumleistung nach Gl. (259.1) und Motormasse pro Leistungseinheit

$$\frac{P_e}{V_H} = \frac{80 \, \text{kW}}{13{,}54 \, \text{l}} = 5{,}9 \, \frac{\text{kW}}{\text{l}} \qquad \frac{m}{P_e} = \frac{420 \, \text{kg}}{80 \, \text{kW}} = 5{,}25 \, \frac{\text{kg}}{\text{kW}}$$

Betriebskosten

$$K = \frac{k \dot{B}}{\varrho \, P_e} = \frac{1{,}45 \, \dfrac{\text{DM}}{\text{l}} \cdot 20 \, \dfrac{\text{kg}}{\text{h}}}{0{,}835 \, \dfrac{\text{kg}}{\text{l}} \cdot 80 \, \text{kW}} = 0{,}43 \, \frac{\text{DM}}{\text{kW h}}$$

Beispiel 27. Für ein Moped mit der Geschwindigkeit $c = 50$ km/h ist ein Einzylinder-Zweitakt-Otto-motor mit der Nutzleistung $P_e = 1{,}25$ kW und der Drehzahl $n = 5250 \, \text{min}^{-1}$ auszulegen. An Erfahrungswerten sind bekannt: effektiver Wirkungsgrad $\eta_e = 0{,}16$, Liefergrad des Kurbelkastenladers $\lambda_{LK} = 0{,}6$, Durchsatzgrad $\lambda_D = 0{,}7$, Luftverhältnis $\lambda = 0{,}9$, Hubverlust infolge der Spülschlitze $\Delta s/s = 0{,}3$, Verdichtungsverhältnis $\varepsilon = 6$ und mittlere Kolbengeschwindigkeit $c_m = 7{,}5$ m/s. Der Zustand der Ladung vor den Spülschlitzen sei im Mittel $p_1 = 1{,}2$ bar und $t_1 = 30\,°\text{C}$. Der Kraftstoff hat den unteren Heizwert $H_u = 43\,000$ kJ/kg, den Mindestluftbedarf $L_{min} = 14{,}25$ kg L/kg Kr und die Dichte $\varrho = 0{,}73$ kg/l.

Gesucht sind die Abmessungen des Motors, sein Kompressionsraum und der Kraftstoffverbrauch für 100 km Fahrstrecke.

Effektiver Druck. Da die Hubvolumina vom Motor und Lader gleich sind, beträgt der Luftaufwand $\lambda_a = \lambda_{LK} = 0{,}6$. Der Liefergrad wird dann mit Gl. (256.4) $\lambda_L = \lambda_a \lambda_D = 0{,}6 \cdot 0{,}7 = 0{,}42$. Mit der Dichte der Ladung nach Gl. (32.15)

$$\varrho_1 \approx \frac{p_1}{R \, T_1} = \frac{1{,}2 \cdot 10^5 \, \dfrac{\text{N}}{\text{m}^2}}{287{,}1 \, \dfrac{\text{N m}}{\text{kg K}} \, 303 \, \text{K}} = 1{,}38 \, \frac{\text{kg}}{\text{m}^3}$$

folgt dann aus Gl. (259.8)

$$p_e = \frac{\lambda_L \varrho_1 H_u \eta_e}{\lambda \, L_{min}} = \frac{0{,}42 \cdot 1{,}38 \, \dfrac{\text{kg}}{\text{m}^3} \cdot 43\,000 \, \dfrac{\text{kJ}}{\text{kg}} \cdot 0{,}16 \cdot 1000 \, \dfrac{\text{N m}}{\text{kJ}}}{0{,}9 \cdot 14{,}25 \, \text{kg/kg}} = 3{,}10 \cdot 10^5 \, \frac{\text{N}}{\text{m}^2} = 3{,}10 \, \text{bar}$$

Abmessungen. Für das Hubvolumen gilt nach Gl. (18.7) und für den Hub nach Gl. (17.6)

$$V_H = \frac{P_e}{p_e n} = \frac{1{,}25 \, \text{kW} \cdot 1000 \, \dfrac{\text{N m}}{\text{s kW}} \cdot 100 \, \dfrac{\text{cm}}{\text{m}} \cdot 60 \, \dfrac{\text{s}}{\text{min}}}{31 \, \dfrac{\text{N}}{\text{cm}^2} \cdot 5250 \, \text{min}^{-1}} = 46{,}0 \, \text{cm}^3$$

$$s = \frac{c_m}{2 n} = \frac{7{,}5 \cdot 10^2 \, \text{cm/s} \cdot 60 \, \text{s/min}}{2 \cdot 5250 \, \text{min}^{-1}} = 4{,}28 \, \text{cm}$$

Der Zylinderdurchmesser wird mit Gl. (17.1), da $V_H = V_h$ für $z = 1$ ist,

$$D = \sqrt{\frac{4 \, V_h}{\pi s}} = \sqrt{\frac{4 \cdot 46{,}0 \, \text{cm}^3}{\pi \cdot 4{,}28 \, \text{cm}}} = 3{,}70 \, \text{cm}$$

Werden die Abmessungen $D = 38\,\text{mm}$ und $s = 40,5\,\text{mm}$ gewählt, dann beträgt das Hubvolumen $V_h = 45,93\,\text{cm}^3 \approx 46\,\text{cm}^3$.

Verdichtungsraum. Aus Gl. (254.1) folgt

$$V_c = \frac{V_h}{\varepsilon - 1} = \frac{46,0\,\text{cm}^3}{6 - 1} = 9,2\,\text{cm}^3$$

Reduziertes Verdichtungsverhältnis. Mit dem wirksamen Hubvolumen $V_h' = (1 - \Delta s/s)\,V_h$ $= (1 - 0,3) \cdot 46,0\,\text{cm}^3 = 32,2\,\text{cm}^3$ ergibt sich Gl. (254.1)

$$\varepsilon' = \frac{V_h' + V_c}{V_c} = \frac{(32,2 + 9,2)\,\text{cm}^3}{9,2\,\text{cm}^3} = 4,5$$

Kraftstoffverbrauch. Der Kraftstoffstrom beträgt nach Gl. (60.3)

$$\dot{B} = \frac{P_e}{\eta_e H_u} = \frac{1,25\,\text{kW} \cdot 3600\,\dfrac{\text{kJ}}{\text{kW}\,\text{h}}}{0,16 \cdot 43\,000\,\dfrac{\text{kJ}}{\text{kg}}} = 0,654\,\frac{\text{kg}}{\text{h}}$$

Für die Fahrstrecke $s = 100\,\text{km}$ gilt dann bei der Geschwindigkeit $c = 50\,\text{km/h}$

$$V = \frac{\dot{B}\,s}{\varrho\,c} = \frac{0,654\,\dfrac{\text{kg}}{\text{h}} \cdot 100\,\text{km}}{0,73\,\dfrac{\text{kg}}{\text{l}} \cdot 50\,\dfrac{\text{km}}{\text{h}}} = 1,8\,\text{l}$$

4.3 Idealprozesse

Diese Prozesse haben einen idealisierten Verlauf und dienen zur Beurteilung der Güte des wirklichen Arbeitsvorganges. Die Dieselmaschine arbeitet nach dem gemischten oder Seiligerprozeß. Für Ottomotoren gilt bei kompakten Brennräumen der Gleichraum- oder Ottoprozeß, bei länglich ausgestreckten Brennräumen, wie beim Wankelmotor (**383.**2) ist aber der Seiligerprozeß zu verwenden. Der Gleichdruck- oder klassische Dieselprozeß gilt nur angenähert für die heute nicht mehr hergestellten Dieselmotoren mit der Kraftstoffzufuhr durch Druckluft. Alle Idealprozesse sind im Seiligerprozeß als Sonderfälle enthalten.

4.3.1 Seiligerprozeß

Voraussetzungen. Die Ladung ist rein und frei von Restgasen und füllt den Arbeitsraum vollständig aus. Beim Ansaugen wird sie nicht aufgeheizt, und ihr Ansaugzustand gleicht dem der ausgeschobenen Brenngase. Gasreibungen treten im gesamten Prozeß nicht auf, und die Zylinder sind wärmedicht. Die Wärme wird nach der Zündung im OT zuerst bei konstantem Volumen, dann bei gleichbleibendem Druck durch den Kraftstoff zugeführt (**264.**1). Ihre Abfuhr erfolgt mit den entspannten Brenngasen bei konstantem Volumen im UT.

Verdichtungsverhältnis. Nach Bild **264.**1 gilt für die Volumina $V_1 = V_h + V_c$ und $V_2 = V_c$. Mit Gl. (254.1) folgt dann

$$\varepsilon = \frac{V_h + V_c}{V_c} = \frac{V_1}{V_2} = \frac{v_1}{v_2} \tag{263.1}$$

Prozeßablauf (264.1). Nach den Voraussetzungen ergibt sich: Die Verdichtung *1*, ist isentrop und erstreckt sich über den gesamten Hub. Bei der isochoren Verbrennung *23* im OT nach der Zündung und der isobaren Verbrennung *34* zu Beginn des Kolbenhinganges gibt der Kraftstoff seine Wärme an die Ladung ab. Die Dehnung *45* verläuft dann isentrop bis zum UT, wo die isochore Entspannung *51* auf den Ansaugezustand unter Wärmeabfuhr stattfindet.

4.3.1.1 Theoretische Grundlagen

Als Berechnungsgrundlagen dienen die Gl. (36.2) und (36.3). Sie lauten für das Arbeitsspiel, da keine Gasreibungsarbeiten W_R auftreten,

$$Q_{12} = H_2 - H_1 + W_t \qquad Q_{12} = U_2 - U_1 + W_g \qquad \text{(264.1) und (264.2)}$$

Die technischen und die Gasarbeiten betragen nach Gl. (25.5) und (25.2) für die Isochore und Isobare

$$W_t = V_1(p_1 - p_2) \text{ bzw. } W_t = 0 \qquad W_g = 0 \text{ bzw. } W_g = p_1(V_2 - V_1) \quad \text{(264.3)}$$

Als Indizes werden die Punkte der Diagramme (**264.**1) sowie L und B zur Unterscheidung von Luft und Brenngas verwendet.

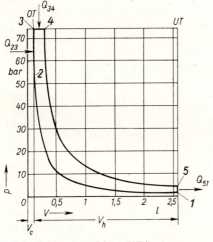

264.1 Seiligerprozeß im p, V-Diagramm
Dieselmaschine $\varepsilon = 20$, $V_h = 2{,}45$ l,
$p_3 = 75$ bar

Wärmen (264.1). Für die bei der Verbrennung 24 zugeführte Wärme folgt dann aus Gl. (264.1) und (264.2)

$$Q_{24} = H_{4B} - H_{2L} + W_{t24}$$
und
$$Q_{24} = U_{4B} - U_{2L} + W_{g24}.$$

Nach Gl. (264.3) ist dann

$$W_{t24} = W_{t23} = V_{2B}(p_2 - p_3)$$
und
$$W_{g24} = W_{g34} = p_3(V_{4B} - V_{3B}).$$

Hieraus ergibt sich
$$Q_{24} = H_{4B} - H_{2L} - V_{2B}(p_3 - p_2) \quad \text{(264.4)}$$
$$Q_{24} = U_{4B} - U_{2L} + p_3(V_{4B} - V_{3B}) \quad \text{(264.5)}$$

Die bei der Entspannung *51* abgeführte Wärme ist dann nach Gl. (264.1) bis (264.3) mit $W_{t51} = V_{5B}(p_1 - p_5)$ und $W_{g51} = 0$

$$|Q_{51}| = H_{5B} - H_{1L} - V_{5B}(p_5 - p_1) \quad \text{(264.6)}$$
$$|Q_{51}| = U_{5B} - U_{1L} \quad \text{(264.7)}$$

Arbeiten (264.1). Da keine Wärmeverluste auftreten, ist die beim Prozeß geleistete ideale Arbeit gleich der Differenz der zu- und abgeführten Wärmen, es gilt also $W_{id} = Q_{24} - |Q_{51}|$. Für die Isochoren *23* und *51* ist $V_{2B} = V_{3B} = V_{2L}$ bzw. $V_{5B} = V_{1B} = V_{1L}$.
Damit wird nach Gl. (264.4) bis (264.7)

$$W_{id} = H_{4B} - H_{5B} - (H_{2L} - H_{1L}) - V_{2B}(p_3 - p_2) + V_{5B}(p_5 - p_1) \quad \text{(264.8)}$$

$$W_{id} = U_{4B} - U_{5B} - (U_{2L} - U_{1L}) + p_3(V_{4B} - V_{3B}) \quad \text{(264.9)}$$

Die technischen Arbeiten $H_{4B} - H_{5B}$ beziehen sich auf die Dehnung und $H_{1L} - H_{2L}$ auf die Verdichtung. Bei den Gasarbeiten ist dann $U_{4B} - U_{5B}$ der Dehnung und $U_{1L} - U_{2L}$ der Verdichtung zugeordnet.

Wirkungsgrad der Idealmaschine. Er dient zum Vergleich der Arbeit der Idealmaschine $W_{id} = Q_{24} - |Q_{51}|$ mit der zugeführten Wärme $Q_{24} = BH_u$. Hierbei ist B der Kraftstoffverbrauch und H_u der untere Heizwert. Es gilt dann

$$\eta_{id} = \frac{W_{id}}{BH_u} = \frac{Q_{24} - |Q_{51}|}{Q_{24}} = 1 - \frac{|Q_{51}|}{Q_{24}} \tag{265.1}$$

4.3.1.2 Ermitteln des Wirkungsgrades der Idealmaschine

Sie soll nach DIN 1940 für reale Gase erfolgen[1]). Hierzu haben E. Schmidt [28] Tafeln der Differenzen der inneren Energien und Pflaum [56] H,s-Diagramme für Luft und Brenngase herausgegeben. Sie können mit den Gl. (264.5) und (264.7) bzw. (264.4) und (264.6) ausgewertet werden. Das übliche Näherungsverfahren für ideale Gase im nächsten Abschnitt ergibt zwar zu hohe Wirkungsgrade und Temperaturen, liefert aber geschlossene Formeln, die eine leichtere Diskussion der Einflüsse zulassen.

Verfahren für reale Gase

h,s-**Diagramme** wurden für Luft und Brenngase unter Berücksichtigung der Dissoziation entwickelt. Die spezifischen Volumina, Enthalpien und Entropien sind hierbei auf die Einheit der Molmenge n bezogen und erhalten die Bezeichnungen v, h und s. Als Einheit der Molmenge wird dabei 1 m^3 = 1 kmol/22,4, also die beim Normzustand nach DIN 1343 in 1 m^3 enthaltene Gasmenge gewählt, um für die Rechnung günstige Zahlenwerte zu erhalten. Bezeichnen die Indizes B und L das Brenngas bzw. die Luft und sind V ihre Volumina und H ihre Enthalpien (Einheiten m^3 bzw. kJ), so gilt hier für die entsprechenden spezifischen Größen (Einheit m^3/m^3 bzw. kJ/m^3)

$$v_L = \frac{V_L}{n_L} \qquad v_B = \frac{V_B}{n_B} \quad \text{bzw.} \quad h_L = \frac{H_L}{n_L} \qquad h_B = \frac{H_B}{n_B} \tag{265.2}$$

Das Verhältnis der Molmengen der feuchten Brenngase und der Luft folgt nach Gl. (338.2) und Gl. (337.6) $n_B/B = \lambda \mathfrak{L}_{min} + h/(2 M_{H2})$ und $n_L/B = \lambda \mathfrak{L}_{min} = \lambda L_{min}/M_L$

$$\delta = \frac{n_B}{n_L} = 1 + \frac{h M_L}{2 M_{H2} \lambda L_{min}} \tag{265.3}$$

Hierin bedeuten h Wasserstoffgehalt des Kraftstoffes, M_L und M_{H2} Molmassen der Luft und des Wasserstoffes, λ Luftverhältnis und L_{min} Mindestluftbedarf. Die Molmenge der Brenngase hängt, da $h M_L/(2 M_{H2} \lambda L_{min}) \ll 1$ ist, nur wenig vom Luftverhältnis ab. Die h,s-Diagramme der Brenngase sind daher für die Luftverhältnisse in weiten Sprüngen gestuft. Für die Luft, die als Brenngas ohne Kraftstoff ($B \to 0$) gelten kann, geht nach Gl. (255.1) $\lambda \to \infty$.

Die Zustandsgleichung und die allgemeine Gaskonstante betragen nach Gl. (32.18), wenn hier nach Gl. (265.2) $V/n = v$ gesetzt wird

$$p v = MRT \qquad MR = \frac{8315 \frac{\text{N m}}{\text{kmol K}}}{22,4 \frac{\text{m}^3}{\text{kmol}}} = 371,2 \frac{\text{N m}}{\text{m}^3 \text{ K}} \tag{265.4}$$

---

[1]) Woschni, G.: Elektronische Berechnung von Verbrennungsmotor-Kreisprozessen. MTZ **26** (1965) S. 429/439

Gl. (265.4) gilt bis zu den Temperaturen, bei denen das Medium noch ideales Verhalten zeigt, also praktisch bis zum Eintritt der Dissoziation.

In den Punkten *2* sowie *5* und *1* sind nach Bild **264**.1 die Volumina der Luft und Brenngase gleich, es ist also $V_L = V_B$. Nach Gl. (265.2) betragen dann die spezifischen Größen $v_L n_L = v_B n_B$. Für die einzelnen Punkte folgt mit $\delta = n_B/n_L$ aus Gl. (265.3) und mit $v_{5\,B} = v_{1\,B}$

$$v_{2\,B} = v_{2\,L}/\delta \qquad\qquad v_{5\,B} = v_{1\,L}/\delta \qquad\qquad \text{(266.1) und (266.2)}$$

Arbeiten, Wärmen und Heizwert. Sie werden zur Berechnung des Wirkungsgrades nach Gl. (265.1) auf die Einheit der Molmenge der Brenngase n_B bezogen.

Die Arbeit der Idealmaschine folgt dann aus Gl. (264.8)

$$w_{id} = \frac{W_{id}}{n_B} = h_{4\,B} - h_{5\,B} - \frac{H_{2\,L} - H_{1\,L}}{n_B} - v_{2\,B}(p_3 - p_2) + v_{5\,B}(p_5 - p_1) \qquad (266.3)$$

Für die Volumina und Enthalpien der Luft gilt mit Gl. (265.2) und (265.3) nach Erweitern mit n_L

$$\frac{V_L}{n_B} = \frac{V_L n_L}{n_L n_B} = \frac{v_L}{\delta} \qquad\qquad \frac{H_L}{n_B} = \frac{H_L n_L}{n_L n_B} = \frac{h_L}{\delta} \qquad\qquad \text{(266.4) und (266.5)}$$

Aus den Gl. (266.3) und (266.5) folgt dann

$$w_{id} = h_{4\,B} - h_{5\,B} - \frac{h_{2\,L} - h_{1\,L}}{\delta} - v_{2\,B}(p_3 - p_2) + v_{5\,B}(p_5 - p_1) \qquad (266.6)$$

Die zugeführte Wärme beträgt nach Gl. (264.4) und $H_{2\,L}/n_B = h_{2\,L}/\delta$ nach Gl. (265.3)

$$q_{24} = \frac{Q_{24}}{n_B} = h_{4\,B} - \frac{h_{2\,L}}{\delta} - v_{2\,B}(p_3 - p_2) = h_u \qquad (266.7)$$

Der untere Heizwert ergibt sich dann, da $Q_{24} = B H_u$ ist, mit $n_B = n_L \delta$ aus Gl. (265.3) und $n_L = \lambda L_{min} B/M_L$ nach Gl. (337.6)

$$h_u = \frac{B H_u}{n_B} = \frac{H_u M_L}{\delta \lambda L_{min}} \qquad (266.8)$$

Wirkungsgrad der Idealmaschine. Durch Einsetzen der Gl. (266.3) und Gl. (266.8) in Gl. (265.1) folgt:

$$\eta_{id} = w_{id}/h_u \qquad (266.9)$$

Auswertung. Der Wirkungsgrad nach Gl. (266.9) wird mit Hilfe der Gl. (266.6) und (266.7) berechnet. Hierzu sind aus dem h, s-Diagramm die Zustandsgrößen abzulesen und das Verhältnis der Molmengen und der Heizwert aus Gl. (265.3) und (266.8) zu ermitteln. Bekannt sein müssen dazu: der Zustand $p_1 t_1$ zu Beginn der Kompression, das Verdichtungs- und Luftverhältnis ε bzw. λ, der Höchstdruck p_3, der Heizwert H_u, der Luftbedarf L_{min} und der Wasserstoffgehalt h des Kraftstoffes.

Kompression *12* (**267**.1c). Aus dem Ansaugezustand p_1, t_1 der Luft folgt mit Gl. (265.4) das Volumen $v_{1\,L}$ und der Punkt *1* im h, s-Diagramm für Luft und daraus die Enthalpie $h_{1\,L}$. Der Schnitt der hier durchgehenden Senkrechten oder Isentropen mit der Isochoren $v_{2\,L} = v_{1\,L}/\varepsilon$ nach Gl. (263.1) ergibt den Punkt *2* und damit die Enthalpie $h_{2\,L}$ und den Druck p_2.

Verbrennung *24* (**267**.1d). Im h, s-Diagramm der Brenngase des vorgegebenen Luftverhältnisses liegt mit dem Volumen $v_{2\,B} = v_{2\,L}/\delta$ nach Gl. (266.1) und mit dem Druck p_2 Punkt *2* und die Enthalpie h_2 fest. Der Schnitt der Isochoren $v_{2\,B}$ und der Isobaren p_3 ergibt den Punkt *3*. Mit der aus Gl. (266.7) und (266.8) ermittelten Enthalpie $h_{4\,B}$ und der Isobaren p_3 ist Punkt *4* und damit die Temperatur t_4 bestimmt.

Expansion *45* (**267**.1d). Sie erfolgt isentrop vom Punkt *4* auf den senkrecht darunterliegenden Punkt *5* der Isochoren $v_{5\,B} = v_{1\,B} = v_{1\,L}/\delta$ nach Gl. (266.2), mit dem auch die Enthalpie $h_{5\,B}$, der Druck p_5 und die Temperatur t_5 gegeben sind.

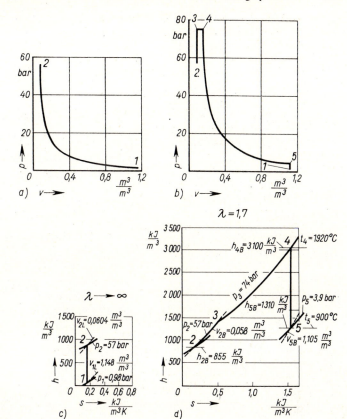

267.1
Seiligerprozeß

a), b) p, v-Diagramm

c), d) h, s-Diagramm
[nach Pflaum]

a), c) Luft

b), d) Brenngase

Verfahren für ideale Gase

Zu den Voraussetzungen in Abschn. 4.3.1 kommen noch folgende Annahmen hinzu: Die Ladung, also die im Zylinder eingeschlossene Masse, besteht nur aus Luft, deren spezifische Wärmen konstant sind, und der Kraftstoff führt seine Wärme nur von außen zu, ohne die Zusammensetzung und die Masse der Ladung zu ändern.

Kenngrößen (264.1). Zur Beurteilung der Versichtung sowie der Druck- und Volumenänderung bei der isochoren bzw. isobaren Verbrennung dient das Verdichtungs-, Druck- bzw. Einspritzverhältnis

$$\varepsilon = \frac{v_1}{v_2} \qquad \psi = \frac{p_3}{p_2} \qquad \varrho = \frac{v_4}{v_3} \qquad \text{(267.1) bis (267.3)}$$

Mit ihrer Zunahme steigen die abgegebene Arbeit und die thermische und mechanische Belastung des Motors an.

Wärmen. Die zugeführte Wärme ergibt sich aus Gl. (264.5) mit $u_4 - u_2 = c_v(T_4 - T_2)$, $p v = R T$ und $c_p - c_v = R$ nach Gl. (44.5)

$$q_{24} = u_4 - u_2 + p_3(v_4 - v_3) = c_v(T_3 - T_2) + c_p(T_4 - T_3) \qquad \text{(267.4)}$$

Die Wärmen $c_v(T_3 - T_2)$ und $c_p(T_4 - T_3)$ entstehen nach den Gl. (45.3) und (45.6) bei der isochoren bzw. isobaren Verbrennung. Für die **abgeführte Wärme** folgt dann entsprechend aus Gl. (264.7) oder aus Gl. (45.3)

$$q_{51} = u_5 - u_1 = c_v(T_5 - T_1) \tag{268.1}$$

Die unbekannten Temperaturen in Gl. (267.4) und (268.1) werden nun durch die Kenngrößen ε, ψ und ϱ ersetzt. Dabei folgt aus den aufgeführten Gleichungen mit $n = \kappa$ bei der Isentropen für die

Isentrope *12* $T_2 = T_1(v_1/v_2)^{\kappa-1} = T_1\,\varepsilon^{\kappa-1}$ nach Gl. (44.7) und (267.1)

Isochore *23* $T_3 = T_2(p_3/p_2) = \psi\,T_2$ nach Gl. (45.1) und (267.2)

Isobare *34* $T_4 = T_3(v_4/v_3) = \varrho\,T_3$ nach Gl. (45.4) und (267.3)

Isentrope *45* $T_5 = T_4(v_4/v_5)^{\kappa-1} = T_4(\varrho/\varepsilon)^{\kappa-1}$ nach Gl. (44.7)

Bei der letzten Gleichung gilt mit $v_5 = v_1$ und $v_3 = v_2$ nach Bild **264.**1 auch $\dfrac{v_4}{v_5} = \dfrac{v_4\,v_2}{v_3\,v_1} = \dfrac{\varrho}{\varepsilon}$.

Werden nun die Temperaturen T_2 bis T_4 durch die Ansaugetemperatur T_1 ersetzt, so ergibt sich

$$T_2 = T_1\,\varepsilon^{\kappa-1} \quad T_3 = T_1\,\psi\,\varepsilon^{\kappa-1} \quad T_4 = T_1\,\varrho\,\psi\,\varepsilon^{\kappa-1} \quad T_5 = T_1\,\psi\,\varrho^{\kappa} \tag{268.2}$$

Für die Wärmen folgt dann aus den Gl. (267.4) bis (268.2) und $\kappa = c_p/c_v$

$$q_{24} = c_v\,T_1\,\varepsilon^{\kappa-1}\left[\kappa\,\psi(\varrho-1) + \psi - 1\right] \quad q_{51} = c_v\,T_1(\psi\,\varrho^{\kappa} - 1) \tag{268.3 und 268.4}$$

Wirkungsgrad der Idealmaschine. Hieraus folgt mit der Gl. (265.1)

$$\eta_{id} = 1 - \frac{q_{51}}{q_{24}} = 1 - \frac{\psi\,\varrho^{\kappa} - 1}{\varepsilon^{\kappa-1}\left[\psi - 1 + \kappa\,\psi(\varrho - 1)\right]} \tag{268.5}$$

Er beträgt 0,5 bis 0,65. Seine Zunahme (**268.1**) wird mit steigendem Verdichtungsverhältnis ε geringer. Für die Dieselmaschine ist wegen der damit verbundenen Steigerung der höchsten Drücke und Temperaturen p_3 und t_4 bei $\varepsilon \approx 21$ die Grenze der Wirtschaftlichkeit erreicht. Bei wachsendem Einspritzverhältnis ϱ, also mit steigender Belastung, nimmt der Wirkungsgrad ab, weil dann nach Gl. (268.3) und (268.4) die abgeführte Wärme stärker als die zugeführte Wärme ansteigt.

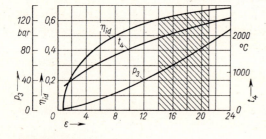

268.1
Wirkungsgrad η_{id}, Höchstdruck p_3 und Höchsttemperatur t_4 des vereinfachten Seiligerprozesses als Funktion des Verdichtungsverhältnisses ε (üblicher Bereich schraffiert)
$\psi = 1,3$, $\varrho = 2,0$, $p_1 = 1$ bar, $t_1 = 20\,°C$

Höchstdruck und -temperatur. Aus Gl. (268.2) und Gl. (267.1) und mit $p_2/p_1 = (v_1/v_2)^{\kappa} = \varepsilon^{\kappa}$ aus Gl. (44.6) folgt

$$T_4 = T_1\,\varrho\,\psi\,\varepsilon^{\kappa-1} \qquad\qquad p_3 = \psi\,p_2 = p_1\,\psi\,\varepsilon^{\kappa} \tag{268.6 und 268.7}$$

4.3.2 Ottoprozeß

Hier gelten die gleichen Voraussetzungen wie beim Seiligerprozeß. Da aber die isobare Wärmezufuhr *34* (**269**.1 a, b) fehlt, fallen die Punkte *3* und *4* zusammen. Bei **realen Gasen** ist dann in den Gl. (266.6) und (266.7) $h_{4B} = h_{3B}$ zu setzen. Für **ideale Gase** (**269**.1) wird nach Gl. (267.3) das Einspritzverhältnis $\varrho = 1$, da $v_3 = v_4$ ist. Damit folgen die zu- und abgeführten Wärmen $q_{23} = q_{24}$ und q_{51} aus Gl. (268.3) und (268.4), der Höchstdruck p_3 aus Gl. (268.7) und der Wirkungsgrad der Idealmaschine aus Gl. (268.5). Mit Bild **269**.1 b und dem Wärmemaßstab $\bar{m}_w$ gilt dann

$$q_{23} = c_v T_1 \varepsilon^{\kappa - 1} (\psi - 1) = \bar{m}_w \text{ Fläche } a\,2\,3\,d \tag{269.1}$$

$$q_{51} = c_v T_1 (\psi - 1) = \bar{m}_w \text{ Fläche } a\,1\,5\,d \tag{269.2}$$

$$T_3 = T_1 \psi \varepsilon^{\kappa - 1} \tag{269.3}$$

$$p_3 = p_1 \psi \varepsilon^{\kappa} \tag{269.4}$$

$$\eta_{id} = 1 - 1/\varepsilon^{\kappa - 1} \tag{269.5}$$

Der vom Druckverhältnis ψ unabhängige Wirkungsgrad (**269**.1c) steigt mit wachsendem Verdichtungsverhältnis ε an. Seine Verbesserung ist, wenn die Klopfgrenze erhöht werden kann, Ziel der Motorenhersteller.

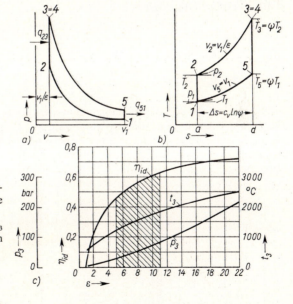

269.1
Der vereinfachte Ottoprozeß
a), b) Darstellung im p, v- und T, s-Diagramm, Arbeit der Idealmaschine $w_{id} = \bar{m}_w$ Fläche *1 2 3 5*
c) Wirkungsgrad η_{id}, Höchstdruck p_3 und Höchsttemperatur t_3 als Funktion des Kompressionsverhältnisses ε (üblicher Bereich schraffiert)
$\psi = 2,7$, $p_1 = 1$ bar, $t_1 = 20\,°C$

4.3.3 Dieselprozeß

Da gegenüber dem Seiligerprozeß die isochore Wärmezufuhr *23* fehlt, fallen die Punkte *2* und *3* der Diagramme zusammen. Für **reale Gase** ist dann in Gl. (266.6) und (266.7) $p_3 = p_2$ zu setzen. Für **ideale Gase** ist damit $\psi = 1$, und aus den Gl. (268.3) bis (268.5), (268.6) und (268.7) folgt mit $q_{34} = q_{24}$ und mit Bild **270**.1 b.

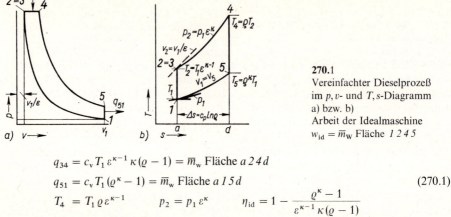

270.1
Vereinfachter Dieselprozeß
im p,v- und T,s-Diagramm
a) bzw. b)
Arbeit der Idealmaschine
$w_{\mathrm{id}} = \overline{m}_{\mathrm{w}}$ Fläche $1\,2\,4\,5$

$$q_{34} = c_{\mathrm{v}}\,T_1\,\varepsilon^{\kappa-1}\,\kappa\,(\varrho-1) = \overline{m}_{\mathrm{w}}\ \text{Fläche } a\,2\,4\,d$$

$$q_{51} = c_{\mathrm{v}}\,T_1\,(\varrho^{\kappa}-1) = \overline{m}_{\mathrm{w}}\ \text{Fläche } a\,1\,5\,d \qquad\qquad (270.1)$$

$$T_4 = T_1\,\varrho\,\varepsilon^{\kappa-1} \qquad p_2 = p_1\,\varepsilon^{\kappa} \qquad \eta_{\mathrm{id}} = 1 - \frac{\varrho^{\kappa}-1}{\varepsilon^{\kappa-1}\,\kappa\,(\varrho-1)}$$

Der Wirkungsgrad η_{id} wird durch ein größeres Verdichtungsverhältnis und ein kleines Einspritzverhältnis verbessert.

4.3.4   Vergleich der Prozesse

Hier werden die Verluste der einzelnen Arbeitsverfahren untersucht und Wege zu ihrer Verringerung aufgezeigt.

4.3.4.1   Idealprozesse

Der Vergleich erfolgt im T,s-Diagramm (**270.**2) für den Diesel-, Seiliger- und Ottoprozeß (D, S bzw. O), bei denen der Ansaugezustand $p_1 t_1$, der Höchstdruck p_3 und die zugeführte Wärme $q_{24} = \overline{m}_{\mathrm{w}}$ Fläche $a\,2\,4\,d$ übereinstimmen. Die Flächen $a\,2\,4\,d$ sind also für alle Prozesse gleich. Der größte W i r k u n g s g r a d ergibt sich dann nach Gl. (265.1) bei der geringsten Wärmeabfuhr $q_{51} = \overline{m}_{\mathrm{w}}$ Fläche $a\,1\,5\,d$. Hierbei wird dann die Temperatur T_4 am Ende der Verbrennung (**270.**2) am kleinsten. Danach ist der Dieselprozeß (D) am besten und der Ottoprozeß (O) am ungünstigsten, während der Seiligerprozeß (S) eine Mittelstellung einnimmt.

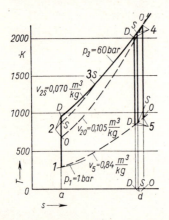

270.2
Vergleich der vereinfachten Idealprozesse der Motoren

$p_1 = 1$ bar, $t_1 = 20\,^{\circ}\mathrm{C}$, $p_3 = 60$ bar, $q_{24} = 1100\,\dfrac{\mathrm{kJ}}{\mathrm{kg}}$, $\kappa = 1{,}4$

	ε	ϱ	ψ	η_{id}	q_{51} in kJ/kg	T_4 in K
Dieselprozeß D	18,5	2,15	1	0,63	408	2024
Seiligerprozeß S	12	1,42	1,85	0,61	425	2080
Ottoprozeß O	8	1	3,26	0,57	479	2194

4.3.4.2   Tatsächliche und Idealprozesse

Die Differenz ihrer Arbeiten ist durch die Verluste im Zylinder bedingt, die im Gütegrad nach Gl. (59.4) berücksichtigt werden. An Verlusten, die zum Teil schwer voneinander zu trennen sind, treten auf:

Ladungswechsel. Massen- und Gasreibungsverluste nach Abschn. 1.2.5.2 verringern die Ausnutzung des Arbeitsraumes und erfordern zusätzliche Energien.

Verbrennungsvorgang. Er umfaßt Verluste durch ungenaue Steuerung und unvollkommenen Ablauf der Verbrennung und durch Wärmeabstrahlung. Die u n g e n a u e   S t e u e r u n g bedingt Arbeitsverluste, die sich in einer Abrundung der Ecken des Indikatordiagrammes (**23**.1) zeigen. Die Isochoren und Isobaren der Idealprozesse sind lediglich Tangenten an die tatsächlichen Zustandslinien. Ursache hierfür ist die endliche Verbrennungsgeschwindigkeit, die eine Zündung vor dem *OT* erfordert und das Nachbrennen des Kraftstoffes. Es erstreckt sich bei Dieselmaschinen wegen der endlichen Einspritzdauer bis weit in die Expansion hinein.

Die u n v o l l k o m m e n e V e r b r e n n u n g ist, abgesehen vom Luftmangel und schlechter Gemischbildung, durch explosionsartige Drucksteigerungen bedingt, die von einer bestimmten Stärke an als Klopfgeräusch zu hören sind. W ä r m e v e r l u s t e entstehen an der Oberfläche des Verbrennungsraumes, die möglichst klein zu halten ist [53].

Dehnung. Durch K ü h l v e r l u s t e wird die Expansionslinie steiler und die Gasarbeit geringer. Sie stellen mit 25 bis 30 % der zugeführten Wärme den größten Arbeitsverlust des Motors dar. Durch v o r z e i t i g e s Öffnen der Auslaßorgane (**277**.2), das die Drosselverluste beim Entfernen der entspannten Brenngase vermindern soll, entstehen weitere Arbeitsverluste.

Beispiel 28. Bei einer Dieselmaschine beträgt der Ansaugezustand $p_1 = 0{,}98$ bar, $t_1 = 30\,°C$, das Verdichtungs- und Luftverhältnis $\varepsilon = 19$ bzw. $\lambda = 1{,}7$ und der Höchstdruck $p_3 = 74$ bar. Der Kraftstoff hat den Luftbedarf $L_{min} = 14{,}35$ kg/kg, den Heizwert $H_u = 42\,000$ kJ/kg und den Wasserstoffgehalt $h = 0{,}13$ kg/kg.

G e s u c h t ist der Wirkungsgrad der Idealmaschine und die Höchsttemperatur in ihrem Arbeitsraum. Die Berechnung ist für reale und ideale Gase durchzuführen.

V e r f a h r e n   v o n   P f l a u m   f ü r   r e a l e   G a s e

H i l f s g r ö ß e n. Für das Verhältnis der Normvolumina gilt mit der Molmasse der Luft $M_L = 28{,}96$ kg L/kmol und Gl. (265.3)

$$\delta = 1 + \frac{h\,M_L}{2\,M_{H_2}\,\lambda\,L_{min}} = 1 + \frac{0{,}13\,\dfrac{\text{kg H}_2}{\text{kg Kr}} \cdot 28{,}96\,\dfrac{\text{kg L}}{\text{kmol}}}{2 \cdot 2\,\dfrac{\text{kg H}_2}{\text{kmol}} \cdot 1{,}7 \cdot 14{,}35\,\dfrac{\text{kg L}}{\text{kg Kr}}} = 1{,}039$$

Der H e i z w e r t beträgt nach Gl. (266.8) mit 1 kmol = 22,4 m³

$$h_u = \frac{H_u\,M_L}{\lambda\,\delta\,L_{min}} = \frac{42\,000\,\dfrac{\text{kJ}}{\text{kg}} \cdot 28{,}96\,\dfrac{\text{kg}}{\text{kmol}}}{1{,}7 \cdot 1{,}039 \cdot 22{,}4\,\dfrac{\text{m}^3}{\text{kmol}} \cdot 14{,}35\,\dfrac{\text{kg}}{\text{kg}}} = 2140\,\frac{\text{kJ}}{\text{m}^3}$$

h, s-D i a g r a m m für Luft (**267**.1c)

K o m p r e s s i o n *12*. Das V o l u m e n zu Beginn der Kompression ergibt sich mit Gl. (265.4)

$$v_{1L} = \frac{M\,R\,T_1}{p_1} = \frac{371{,}2\,\dfrac{\text{N m}}{\text{m}^3\,\text{K}} \cdot 303\,\text{K}}{98\,000\,\text{N/m}^2} = 1{,}148\,\frac{\text{m}^3}{\text{m}^3}$$

Aus dem Schnittpunkt *1* der Isothermen $t_1 = 30°$ und der Isobaren $p_1 = 0,98$ bar folgt im Diagramm die Enthalpie der Luft $h_{1L} = 40\,\text{kJ/m}^3$. Für Punkt *2*, in dem sich die Senkrechte durch Punkt *1* und die Isochore $v_{2L} = v_{1L}/\varepsilon = 0,0604\,\text{m}^3/\text{m}^3$ schneiden, beträgt der Druck $p_2 = 57$ bar, die Temperatur $t_2 = 650\,°\text{C}$ und die Enthalpie $h_{2L} = 890\,\text{kJ/m}^3$.

h, s-Diagramm der Brenngase für $\lambda = 1,7$ (**267.1 d**)

Verbrennung *24*. Der Punkt *2* ergibt sich aus der Isobaren $p_2 = 57$ bar und aus der Isochoren $v_{2B} = v_{2L}/\delta = 0,058\,\text{m}^3/\text{m}^3$. Der Punkt *4* ist durch die Isobare $p_3 = p_4 = 74$ bar und die Isenthalpe h_{4B} bestimmt. Sie folgt aus Gl. (266.7)

$$
\begin{aligned}
h_{4B} &= h_u + \frac{h_{2L}}{\delta} + v_{2B}(p_3 - p_2) \\
&= 2140\,\frac{\text{kJ}}{\text{m}^3} + \frac{890\,\text{kJ}}{1,039\,\text{m}^3} + \frac{0,058\,\frac{\text{m}^3}{\text{m}^3}\,(74-57)\cdot 10^5\,\frac{\text{N}}{\text{m}^2}}{1000\,\frac{\text{N m}}{\text{kJ}}} = 3100\,\frac{\text{kJ}}{\text{m}^3}
\end{aligned}
$$

Die Höchsttemperatur beträgt dann $t_4 = 1920\,\text{C}$.

Expansion *45*. Der Punkt *5* liegt mit der Senkrechten durch Punkt *4* und der Isochoren $v_{5B} = v_{1L}/\delta = 1,105\,\text{m}^3/\text{m}^3$ fest. Hier ist die Enthalpie $h_{5B} = 1310\,\text{kJ/m}^3$, der Druck $p_5 = 3,9$ bar und die Temperatur $t_5 = 900\,°\text{C}$.

Wirkungsgrad der Idealmaschine. Mit der Arbeit nach Gl. (266.6)

$$
\begin{aligned}
w_{\text{id}} &= h_{4B} - h_{5B} - \frac{h_{2L} - h_{1L}}{\delta} - v_{2B}(p_3 - p_2) + v_{5B}(p_5 - p_1) \\
&= (3100 - 1310)\,\frac{\text{kJ}}{\text{m}^3} - \frac{(890 - 40)\,\text{kJ}}{1,039\,\text{m}^3} - \frac{0,058\,\frac{\text{m}^3}{\text{m}^3}\,(74-57)\cdot 10^5\,\frac{\text{N}}{\text{m}^2}}{1000\,\frac{\text{N m}}{\text{kJ}}} + \\
&\quad + \frac{1,105\,\frac{\text{m}^3}{\text{m}^3}\,(3,9 - 0,98)\cdot 10^5\,\frac{\text{N}}{\text{m}^2}}{1000\,\frac{\text{N m}}{\text{kJ}}} = 1195\,\frac{\text{kJ}}{\text{m}^3}
\end{aligned}
$$

folgt dann aus Gl. (266.9)

$$
\eta_{\text{id}} = \frac{w_{\text{id}}}{h_u} = \frac{1195\,\text{kJ/m}^3}{2140\,\text{kJ/m}^3} = 0,559
$$

Ideale Gase

Kenngrößen. Das Druckverhältnis folgt aus Gl. (268.7) mit dem Verdichtungsenddruck $p_2 = p_1 \varepsilon^\kappa = 0,98$ bar $\cdot\ 19^{1,4} = 60,5$ bar und Gl. (267.2) $\psi = p_3/p_2 = 74$ bar$/60,5$ bar $= 1,22$.

Das Einspritzverhältnis ergibt sich, wen $q_{24} = B H_u/m = H_u/(\lambda L_{\min})$ nach Gl. (255.1) in Gl. (268.3) eingesetzt und dann nach ϱ aufgelöst wird. Es beträgt mit $c_p = 1,005\,\text{kJ/(kg K)}$ und $\varepsilon^{\kappa-1} = 19^{0,4} = 3,25$

$$
\varrho = 1 + \frac{H_u}{\psi\,c_p\,\lambda\,L_{\min}\,T_1\,\varepsilon^{\kappa-1}} - \frac{\psi - 1}{\kappa\,\psi}
$$

$$
\varrho = 1 + \frac{42\,000\,\text{kJ/kg}}{1,22\cdot 1,005\,\frac{\text{kJ}}{\text{kg K}}\cdot 1,7\cdot 14,35\,\frac{\text{kg}}{\text{kg}}\cdot 303\,\text{K}\cdot 3,25} - \frac{1,22 - 1}{1,4\cdot 1,22} = 2,29
$$

Wirkungsgrad der Idealmaschine. Aus Gl. (268.5) ergibt sich dann mit $\varrho^\kappa = 2,29^{1,4} = 3,20$

$$
\eta_{\text{id}} = 1 - \frac{\psi\,\varrho^\kappa - 1}{\varepsilon^{\kappa-1}\,[\psi - 1 + \kappa\,\psi\,(\varrho - 1)]} = 1 - \frac{1,22\cdot 3,20 - 1}{3,25\,[1,22 - 1 + 1,4\cdot 1,22\,(2,29 - 1)]} = 0,633
$$

Höchsttemperatur. Mit Gl. (268.6) wird

$$T_4 = T_1 \psi \varrho \varepsilon^{\kappa-1} = 303 \text{ K} \cdot 1{,}22 \cdot 2{,}29 \cdot 3{,}25 = 2751 \text{ K} \qquad t_4 = 2478\,°\text{C}$$

Der Vergleich zeigt hier einen etwa 13 % höheren Wirkungsgrad und eine um 558 °C oder etwa 30 % größere Höchsttemperatur für die idealen gegenüber den realen Gasen. Die Größe dieser Abweichungen ergibt sich aus den hohen Drücken und Temperaturen.

4.4 Ladungswechsel

Der Ladungs- oder Stoffwechsel umfaßt das Einbringen der frischen Ladung und das Entfernen der entspannten Brenngase. Bei Vier- und Zweitaktmaschinen bewirkt dies der Kolben oder ein Gebläse. Der Vorgang wird von der Steuerung eingeleitet und beendet. Von der Größe der Strömungsquerschnitte, von dem Öffnungs- und Schließzeitpunkt sowie von der Dichtheit der Steuerorgane hängt der Güte- und Liefergrad nach Gl. (59.4) bzw. (256.1) und damit die Nutzleistung des Motors ab.

Bauarten. Es gibt Schieber-, Ventil- und Schlitzsteuerungen. Schiebesteuerungen ermöglichen die größten Querschnitte, haben aber einen komplizierten Aufbau, da ihre Abdichtung wegen der Wärmedehnung schwierig ist [51]. Schlitzsteuerungen, bei denen der Kolben das Öffnen und Schließen übernimmt, haben keine weiteren beweglichen Teile. Sie sind daher am einfachsten, ergeben aber auch die größten Ladungsverluste.

Steuerdaten. Sie werden durch den Kurbelwinkel angegeben. Beim Ein- und Auslaßorgan (E und A) heißen der Beginn des Öffnens ($\ddot{o}$) und das Ende des Schließens (s), $E\ddot{o}$ und $A\ddot{o}$, As. Sie zählen vom nächsten Totpunkt und erhalten den Zusatz v (vor) oder n (nach). So gilt z. B. für einen selbstansaugenden Viertaktdieselmotor: $E\ddot{o} = 16°$ v. OT, $Es = 40°$ n. UT, $A\ddot{o} = 52°$ v. UT und $As = 16°$ n. OT. Diese Punkte liegen vor dem Einsetzen bzw. Abschluß des Ladevorganges, da beim Öffnen und Schließen der Steuerorgane der Strom des Mediums infolge der starken Strahleinschnürung ganz gering ist.

4.4.1 Viertaktmaschinen

Das Ansaugen der Ladung und Ausschieben der Brenngase durch den Kolben erstreckt sich über je einen Hub. Zur Steuerung dienen Ventile, die im Kompressionsraum liegen und daher hohen Wärme- sowie Stoßbeanspruchungen unterworfen sind. Sie werden über zwangläufige Getriebe mit Kraftschluß durch Federn von Nocken angetrieben. Diese sitzen auf der Nockenwelle, deren Drehwinkel und Drehzahl nur halb so groß wie bei der Kurbelwelle sind, da sich ein Arbeitsspiel auf zwei Umdrehungen verteilt.

4.4.1.1 Aufbau

Nach DIN 1940 werden oben- und untengesteuerte Maschinen unterschieden:

Obengesteuerte Motoren (274.1 a). Die Ventile und ihre Kanäle liegen oberhalb der durch den OT gehenden, zur Zylindermittellinie senkrechten Ebene. Die Ventile hängen hier mit dem Teller nach unten im Zylinderdeckel, der die Saug- und Auspuffkanäle aufnimmt. Der hierbei entstehende Kompressionsraum ist für die Verbrennung günstig. Zueinander geneigte Ventile

(**371.**1) ermöglichen eine einfachere Kanalführung, größere Ventilquerschnitte und günstigere Verbrennungsräume für Ottomotoren. Die Nockenwelle kann ober- und unterhalb des Zylinderdeckels liegen.

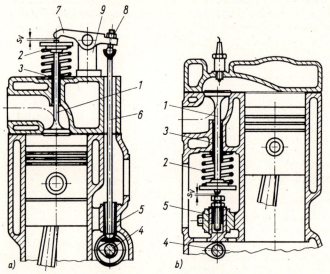

274.1
a) obengesteuerter Motor
   mit untenliegender
   Nockenwelle
b) untengesteuerter Motor
s_V Ventilspiel

Untenliegende Nockenwelle (**274.**1a). Das Ventil *1* mit der Schließfeder *2* wird von der Buchse *3* im Zylinderdeckel geführt. Der Antrieb erfolgt vom Nocken *4* über den Stößel *5*, die in Kugelpfannen bewegliche Stößelstange *6* und den Kipphebel *7*. Dieser trägt die Spielverstellung *8* und ist in dem mit dem Zylinderdeckel verschraubten Bock *9* gelagert. Der Vorteil dieser Anordnung liegt in ihrer einfachen Herstellung und im kurzen Abstand zwischen Nocken- und Kurbelwelle, der den Zahnradantrieb vereinfacht. Nachteile bringt die große Masse und Elastizität der Übertragungsteile *5* bis *7*, deren Massenkräfte die Motordrehzahl begrenzen.

Obenliegende Nockenwelle (**274.**2). Zwischen Ventil und Nocken liegen hier nur Schwinghebel, Kipphebel oder Stößel. Wegen ihres einfachen Aufbaus, der geringen Massen und der großen Steifigkeit ihrer Steuerungsteile ist sie bei Schnelläufern mit hoher Zylinderzahl häufig anzutreffen. Sie wird über Zahnriemen, Rollenketten, oder über Zahnräder angetrieben.

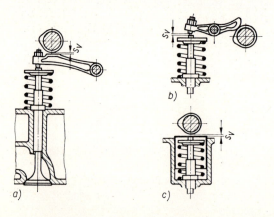

274.2
Ventilantrieb bei obenliegender
Nockenwelle

a) Schwinghebel, b) Kipphebel,
c) Stößel

s_V Ventilspiel

Untengesteuerter Motor (274.1 b). Die stehenden Ventile *1* mit ihrer Feder *2* werden in der Buchse *3* geführt. Zum Antrieb dient der Nocken *4* und der Stößel *5* mit der Spielverstellung. Die Ventile und Kanäle für den Ladungswechsel liegen hier im Zylinder, also unterhalb der durch den *OT* gehenden Ebene. Der Kompressionsraum befindet sich im Deckel. Sein Inhalt und seine Oberfläche werden durch den Verbindungskanal zwischen den Ventilen und dem Hubraum stark vergrößert. Dadurch entsteht eine erhöhte Wärmeabfuhr, die den Gütegrad des Motors wesentlich herabsetzt. Diese Steuerung ist daher nur bei einfachen Ottomaschinen zu finden.

Nocken. Ihre Form bestimmt die Steuerdaten, das Bewegungsgesetz der Ventile und die Massenkräfte der Steuerung.

Kreisbogennocken (275.1). Ihre Trägerkurve, die sich beim Schnitt durch die Lauffläche ergibt, ist nur aus Kreisbogen zusammengesetzt. Der Nocken (275.1a) besteht aus dem Grundkreis mit dem Radius R, dessen Mittelpunkt M_1 in der Nockenwellenachse liegt, den beiden Flankenkreisen (Radius ϱ, Mittelpunkt M_3 und M_3') sowie dem Spitzenkreis (Radius r, Mittelpunkt M_2). Die Abstände der Mittelpunkte betragen dann $\overline{M_1 M_2} = a$, $\overline{M_1 M_3} = \overline{M_1 M_3'} = \varrho - R$ und $\overline{M_2 M_3} = \overline{M_2 M_3'} = \varrho - r$ und die Gesamthöhe des Nockens ist $H = R + a + r$. Der Winkel $M_1 M_3 M_2$ heißt Übergangswinkel $\varphi_{ü}$, und φ ist der Drehwinkel des Nockens. Der Stößel steht bei seinem Eingriff am Grundkreis still und bewegt sich bei $0 \leqq \varphi \leqq 2\varphi_N$, wobei φ_N der Nockenwinkel ist, mit dem Hub h_S. Beim Rastnocken (275.1b) liegt zwischen den Hälften des Spitzenkreises der Rastkreis (Radius R', Mittelpunkt M_1). Greift dieser ein, so steht der Stößel bei seinem größten Hub $h_{S\,max}$ still. Dabei dreht sich der Nocken um den Winkel $2\varphi_R$, wobei φ_R der Rastwinkel ist. Beim Tangentnocken (275.1c) sind die Flankenkreise durch Tangenten an den Grund- und Spitzenkreis ersetzt. Die Stößel werden bei kleineren Maschinen mit Tellern, bei größeren mit Rollen versehen oder durch Schwinghebel ersetzt (275.1). Harmonische Nocken sind Kreisbogennocken mit geraden Tellerstößeln, da ihr Weg-Zeit-Gesetz der Stößelbewegung durch eine sin- bzw. cos-Funktion dargestellt wird. Kreisbogennocken lassen sich einfach

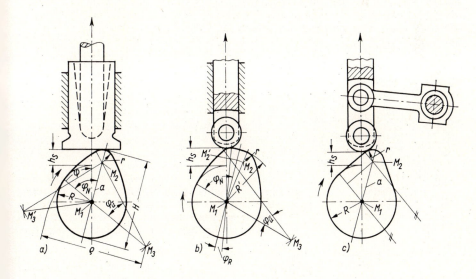

275.1 Ausbildung von Nocken und Stößeln

a) Kreisbogennocken mit Flachstößel, b) Kreisbogennocken mit Rastkreis und Rollenstößel, c) Tangentnocken mit Schwinghebel

berechnen und herstellen. Das Bewegungsgesetz stimmt für alle Kreisbogennocken im wesentlichen überein [19]. So gilt für den maximalen Hub aller Stößel nach Bild **275**.1 mit den dort angegebenen Bezeichnungen

$$h_{Smax} = a + r - R \tag{276.1}$$

Die Beschleunigung weist allerdings an den Übergangsstellen der Kreisbögen, an denen sich die Krümmungsradien ändern, Sprünge auf, die sich bei der Bewegung als Ruck bemerkbar machen. Ruckfreie Nocken haben Trägerkurven, deren Krümmungsradien sich ohne Sprünge ändern. Ihre Herstellung und Berechnung ist kompliziert. Sie werden aber mit der Weiterentwicklung der Rechen- und der Kopierschleifmaschinen immer häufiger verwendet.

Anordnung. Sie erfolgt paarweise für den Ein- und Auslaß auf der Nockenwelle (**287**.1 c) bei Sternmotoren auf Trommeln. Die Anordnung der Nocken oder der Versatz ihrer Mittellinien ist von Steuerdaten, Zündfolge, Bauart und Drehsinn des Motors abhängig. Umsteuerbare Schiffmotoren erhalten daher eine verschiebbare Nockenwelle mit einem zweiten Satz Rückwärtsnocken.

Ventile. Wegen der hohen Beanspruchung werden sie durch Schmieden hergestellt, damit sie einen dem Kraftfluß entsprechenden Faserverlauf erhalten. Der Werkstoff soll hohe Warmfestigkeit, Zähigkeit und Wärmeleitfähigkeit sowie großen Verschleißwiderstand vereinen. Diese Bedingungen erfüllt für Einlaßventile der Vergütungsstahl 41 Cr 4. Bei Auslaßventilen sind die warmfesteren hochlegierten Stähle X 45 SiCr 4 oder X 45 CrSi 9 erforderlich.

Aufbau (**276**.1a). Das Ventil besteht aus dem Teller *1* mit der Dichtfläche *2* für den Sitz und dem Schaft *3* zu seiner Führung in der geschmierten Buchse *4*. Der Schaft ist wegen der Kraftübertragung bei einer gleitenden Bewegung an der Stirnfläche *5* gehärtet oder gepanzert. Der Teller *6* für die Feder *7* wird mit dem Schaft *3* durch einen geteilten kegeligen Ring *8*, den Ventilkeil, verbunden. Auslaßventile mit besonders hoher Wärmebelastung (**276**.1 b) erhalten gepanzerte Sitzflächen und eine Pendelkühlung. Hierzu werden $\approx 2/5$ des hohlen Schaftes oder Tellers mit metallischem Natrium gefüllt,

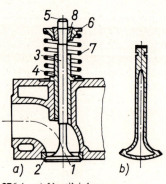

276.1 a) Ventileinbau
b) Hohltellerventil
(Panzerung geschwärzt)

das beim Betrieb schmilzt. Es überträgt dann die Wärme vom Teller zum Schaft, der sie an die Umgebung abgibt.

Ventilfedern bewirken das Schließen der Ventile und den Kraftschluß der Steuerung. Die größte Federkraft muß ein Abheben der Steuerungsteile, die kleinste ein Öffnen des Auslaßventils beim größten Unterdruck im Zylinder (Vergasermotor im Leerlauf) verhüten. Die Federn sind auf Schwingungen und auf Dauerfestigkeit nachzurechnen [19]. Wegen der hohen Beanspruchungen ist hierbei oft eine zweite innerhalb der ersten liegenden Feder erforderlich [13].

Ventilspiel. Bei geschlossenen Ventilen soll es den Kraftschluß in der Steuerung aufheben, damit deren Teller auf den Sitzen aufliegen und dichten können. Die Stelle, an der das Spiel s_V auftritt, hängt von der Anordnung der Steuerungsteile (**274**.1, **274**.2), seine Größe von den Abmessungen und der Bauart des Motors und der Steuerung, der Erwärmung und von den Werkstoffen ab. Für Kraftfahrzeugmotoren mit Steuerungen nach Bild **274**.1 a und Zylindern aus Grauguß beträgt es 0,1 bis 0,3 mm bei kalter Maschine.

4.4.1.2 Steuervorgang

Die Kurbelwelle (**277**.1 a, b) dreht sich beim Einlaß von *Eö* v. *OT* bis *Es* n. *UT* um den Winkel φ_E, beim Ausschieben von *Äö* v. *UT* bis *As*. n. *OT* um den Winkel φ_A und bei der Verdichtung, Verbrennung und Dehnung zwischen *Es* n. *UT* und *Aö* v. *UT* um den Winkel φ_V. Für die Nockenwelle (**277**.1c) gilt jeweils die Hälfte dieser Winkel.

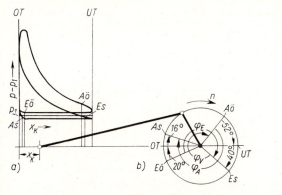 

277.1 Steuerpunkte einer Viertakt-Dieselmaschine

$n = 2000 \text{ min}^{-1}$, $E\ddot{o} = 20°$ v. OT, $Es = 40°$ n. UT, $A\ddot{o} = 52°$ v. UT, $As = 16°$ n. OT

a) Indikatordiagramm, b) Kurbelkreis, c) Nockenkreis

Einlaßvorgang (277.1 a). Das Öffnen $E\ddot{o}$ liegt 10 bis 30° vor dem OT, um mit dem Sog der ausströmenden Brenngase die Frischladung in Bewegung zu setzen. Das Schließen Es ist mit 20 bis 60° nach dem UT so gewählt, daß die Ladung infolge der Druckerhöhung (173.2) durch ihre Massenkräfte vergrößert, aber noch nicht vom Kolben ausgeschoben wird. Daher ist dieser Steuerpunkt – im Gegensatz zu den anderen – drehzahlabhängig. Er beeinflußt insbesondere den Drehmomentenverlauf (349.1) der Kraftfahrzeugmotoren.

Ausschubvorgang (277.1 a, b). Das Öffnen $A\ddot{o}$ liegt 40 bis 60° vor dem UT. Hier tritt bei der Temperatur 500 bis 700 °C und dem Druck 3 bis 5 bar, gegen den das Ventil geöffnet werden muß, die größte mechanische Belastung der Steuerung auf. Außerdem wird das Auslaßventil durch den Drosselvorgang, der bei seiner schleichenden Öffnung auftritt (s. Abschn. 1.2.3.2), stark erwärmt. Ein zu frühes Öffnen (277.2) verringert die Expansionsarbeit 1, ein zu spätes Öffnen erhöht die Ausschubarbeit 2, da die Entspannung der Brenngase entweder zu groß ist oder überhaupt verhindert wird. Das Schließen As (277.1 b) erfolgt 15 bis 10° nach dem OT, damit die frische Ladung das Restgas, das ihren Sauerstoffgehalt und ihre Zündwilligkeit verringert, besser ausspült.

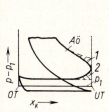 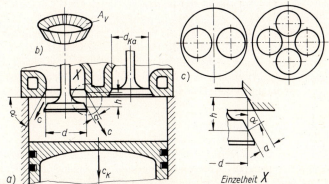

277.2
Austrittsverluste im
Schwachfeder-Indikator-
diagramm

1 Expansionsverluste
2 Drosselverluste

277.3 Ventilquerschnitte, a) Zylinderschnitt, b) Querschnitt A_V,
c) Anordnung von zwei bzw. vier Ventilen

Ventilüberschneidung (277.1 b, c) von *Eö* bis *As* bezeichnet das gleichzeitige Öffnen des Ein- und Auslaßventils und beträgt ≈ 35 bis $50°$. Werte bis zu $100°$ sind bei aufgeladenen Motoren üblich, um die Ausspülung der Restgase und die Kühlung der Ventile, ihren Sitz und deren Stege zu verbessern. Saugmotoren dürfen dabei nur einen eng begrenzten Drehzahlbereich haben, weil die Abgase bei kleinen Drehzahlen wegen ihrer geringeren kinetischen Energie in die Saugleitung zurückschlagen.

4.4.1.3 Berechnung

Grundlegend ist die Bestimmung der Ventilquerschnitte. Für die Auslegung der Steuerung werden außerdem ihre Gas-, Massen- und Reibungskräfte ermittelt. Sie dienen zur Berechnung der Linien- und Flächenpressungen an den Eingriffsstellen und Lagern, der Beanspruchung und der Eigenschwingungszahlen der Nockenwelle und zur Untersuchung des Kraftschlusses [43].

Ventilquerschnitte (277.3). Bedeuten h der Ventilhub und α der Sitzwinkel, so beträgt die wirksame Ventilöffnung $a = h\cos\alpha$. Mit dem mittleren Sitzdurchmesser d gilt dann für den Querschnitt

$$A_V \approx \pi d a = \pi d h \cos\alpha \tag{278.1}$$

Ventilerhebungskurve. Sie stellt den Ventilhub h als Funktion des Kurbelwinkels φ bei konstanter Geschwindigkeit c des Mediums im Sitzquerschnitt A_V dar und dient zur Beurteilung der tatsächlichen Ventilhübe. Mit der Ausflußzahl μ, der Fläche A_K und der Geschwindigkeit c_K des Kolbens folgt aus der Kontinuitätsgleichung $A_V = c_K A_K / (\mu c)$. Hierbei ist nach Gl. (88.2c) und Gl. (17.4) $c_K \approx 2\pi r n \sin\varphi$, wenn die endliche Länge der Schubstange vernachlässigt wird und r den Kurbelradius und n die Drehzahl darstellen. Mit Gl. (278.1) folgt dann

$$h \approx \frac{2 A_K r n}{\mu c d \cos\alpha} \sin\varphi = k \sin\varphi \tag{278.2}$$

Die Konstante k entspricht dem maximalen Ventilhub h_{max}.

Auslegung. Sie erfolgt nach den Gl. (278.1) und (278.2). Der Hub h soll bei der tatsächlichen Ventilbewegung nicht unterschritten werden. Der Sitzdurchmesser ist so groß zu wählen, wie es der Kühlsteg zwischen den Ventilen und der Zylinder zulassen. Die Ausflußzahl μ liegt bei 0,7 bis 0,8 und der Sitzwinkel α beträgt 45 bis $60°$.

Hubverhältnis h_{max}/d. Es beträgt 0,1 bis 0,25 und soll nicht größer als $0{,}25/\cos\alpha$ werden, da sonst die Geschwindigkeit im Kanal (**277.**3) mit der Weite $d_{Ka} \approx d$ nach Gl. (278.1) kleiner als im Sitz wird.

Geschwindigkeit im Sitz. Sie liegt mit der Konstruktion und dem Hubverhältnis fest. Übersteigt sie 80 m/s, wachsen die Drosselverluste so stark an, daß der Liefergrad und damit der effektive Druck nach Gl. (256.1) bzw. (259.8) absinken. Dann werden die Einlaß- gegenüber den Auslaßventilen vergrößert, die Ventile zueinander geneigt oder drei bis vier Ventile pro Zylinder ausgeführt. Heute wird die höhere Ventilzahl bevorzugt.

4.4.2 Zweitaktmaschinen

Für den Ladungswechsel stehen mit Rücksicht auf den Arbeitsvorgang nur 25 bis 36% des Hubes am Ende des Kolbenhinganges und am Anfang seines Rückganges zur Verfügung. Dabei muß der Spülstrom – Ladung oder Gemisch unter Überdruck – das Brenngas aus dem Arbeitsraum entfernen. Ein- und Austritt werden meist von der Kolbenkante in Verbindung mit den Spül- und Auspuffschlitzen gesteuert.

Spülgebläse. Zur Förderung des Spülstromes dienen Kolben-, Rotations- und Kreiselgebläse.

Kolbengebläse werden einfach- oder doppeltwirkend ausgeführt und von der Schubstange, dem Kreuzkopf oder der Kurbelwelle des Motors aus angetrieben. Ihr Raumbedarf ist relativ groß, ihr Liefergrad und Gütegrad liegen aber mit ≈ 95 und 80% günstig.

Rotations- und Kreiselgebläse. Hiervon werden Vielzellen-, Roots- und Radialgebläse benutzt. Sie sind wegen ihrer hohen Drehzahlen leicht und klein und haben ausreichende Liefer- und Gütegrade [63]. Die Anpassung ihres Förderstromes an den Motor bei Drehzahl- und Laständerungen [51] erfordern jedoch besondere Regelungsverfahren.

Kurbelkastenlader (**279.**1) werden bei Kleinmotoren verwendet. Die Kolbenrückseite dient dabei als Verdränger, das Kurbelgehäuse als Arbeitsraum. Der Ein- und Austritt der Ladung in das Kurbelgehäuse wird durch das Öffnen und Schließen $L\ddot{o}$ und Ls der Ladeschlitze sowie $E\ddot{o}$ und Es der Spülschlitze gesteuert, wobei größere Verluste entstehen. Ihr Liefergrad beträgt nur 50 bis 70% und von ihrem Förderstrom gehen 20 bis 25% in den Auspuff.

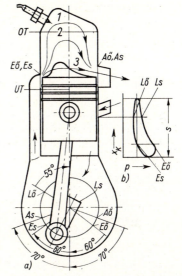

279.1 Ottomotor mit Nasenkolben
a) Kurbelkastenlader
b) Laderdiagramm

4.4.2.1 Spülvorgang

Er ist von der Gestaltung der Kanäle und Schlitze, der Spüldauer und den Drücken p_S im Spülkanal, p' im Zylinder und p_A im Auspuff abhängig. Durch einen Staudruck von 20 bis 120 mbar im Auspuff werden Gasschwingungen angeregt, die die Spülung wesentlich verbessern.

Kleinmotoren mit Kurbelkastenspülung

Der Spülvorgang (**279.**2) ist hier wegen des schwankenden Spüldruckes vom Lader und der kurzen Spüldauer infolge der hohen Drehzahlen schwierig.

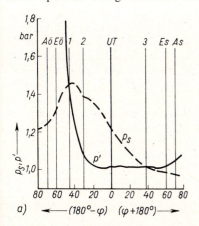

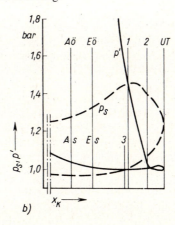

279.2 Druckverlauf im Zylinder und im Kurbelkasten eines Ottomotors von 300 cm³ Hubraum
a) über dem Kurbelwinkel, b) über dem Hub

Ausströmen. Da der Druck im Zylinder immer größer als im Auspuff ist, findet es während der gesamten Öffnungsdauer der Schlitze von $A\ddot{o}$ bis As statt. Am Anfang liegt die E n t s p a n - n u n g $A\ddot{o}$–$E\ddot{o}$ der Brenngase mit überkritischer Geschwindigkeit, die bei einem Druck von 4 bis 5 bar beginnt. Der Abschluß, das N a c h a u s s t r ö m e n Es–As, von Luft oder Gemisch und Brenngas bringt oft beachtliche Ladungsverluste.

Einströmen. Trotz der Öffnung der Spülschlitze von $E\ddot{o}$ bis Es, ist es nur zwischen *2* und *3* möglich, wo der Spül- den Zylinderdruck übersteigt. Davor liegt noch das R ü c k s c h l a g e n $E\ddot{o}$–*1* eines Teiles der Brenngase in die Spülkanäle, der erst beim R ü c k s t r ö m e n *1–2* wieder mit der Ladung in den Zylinder gelangt. Danach folgt ein weiteres R ü c k s c h l a g e n *3–Es* eines Teiles der Ladung in den Spülkanal. Der eigentliche S p ü l v o r g a n g *2–3* wird also er- heblich abgekürzt, die im Zylinder verbleibende Ladung ist gering und die Restmasse groß.

Motoren mit Gebläsespülung

Sie sind für Leistungen über 75 kW üblich. Der Spülvorgang verläuft hier wegen der kleineren Drehzahlen, der größeren Zylinderabmessungen und der Spülluftaufnehmer, die den Spül- druck nahezu konstant halten, wesentlich günstiger. Daher ist es möglich, die Gase beim $E\ddot{o}$ schon auf den Spüldruck zu entspannen und die beträchtlichen Ladungsverluste durch das Rückschlagen zu vermeiden. Der Ladungsstrom wird größer, die Kühlung der Zylinder besser und die Restmasse im Zylinder geringer, so daß die im Arbeitsraum verbleibende La- dung ansteigt.

Nachladung. Beim zentrischen Kurbeltrieb (**279.**1), dessen Mittellinie durch den Kurbelwellendreh- punkt geht, liegen die Steuerdaten symmetrisch zum *UT*. Da nun $A\ddot{o}$ vor $E\ddot{o}$ liegen muß, um ein zu starkes Rückschlagen der Brenngase in die Spülleitung zu verhindern, liegt auch Es vor As. Damit ergibt sich ein Ladungsverlust durch das Nachausströmen. Es wird durch Schieber und selbsttätige Ventile zum Nachladen, durch Vertauschen vom Es und As beim exzentrischen Kurbeltrieb (**282.**2) oder durch Auslaßventilsteuerungen nach Abschn. 4.4.2.2 vermieden.

4.4.2.2 Spülverfahren

Sie behandeln den Verlauf des Spülstromes im Zylinder, wobei Quer-, Umkehr- und Gleich- stromspülungen unterschieden werden.

Querspülungen

Als K e n n z e i c h e n dienen die sich gegenüberliegenden Spül- und Auspuffschlitze. Ihr V o r - t e i l liegt im einfachen Aufbau, N a c h t e i l e sind die ungleichmäßige Erwärmung des Kolbens und die schwierige Führung des Spülstromes, die aber auf Kosten der einfachen Konstruktion wesentlich verbessert werden kann. Hierbei sind folgende Verfahren üblich:

Spülung mit Flachkolben (**281.**1). Der S p ü l s t r o m (**281.**1a) geht bei $E\ddot{o}$ und kurz danach, wie er- wünscht, an den Zylinderwänden *1* entlang zum Auspuff. Beim weiteren Kolbenrückgang bildet sich eine noch tragbare Schleife *2* aus, und in der Nähe des *UT* entsteht ein Kurzschluß *3* ohne Spülwirkung. V e r b e s s e r u n g s m a ß n a h m e n. Der Spülstrom wird durch Leitflächen in den Spülschlitzen (**281.**1b) oder durch Absaugeschlitze (**281.**1e) aufgerichtet. Diese sind mit der Atmosphäre verbunden und liegen über den Spülschlitzen. Die F ü l l u n g wird beim Nachausströmen durch selbsttätige Nach- ladeventile (**281.**1d) oder durch zwangläufig gesteuerte Schieber (**281.**1c) gesteigert. Ihre Kanäle be- ginnen im Spülluftaufnehmer und enden oberhalb der Spülschlitze. Sie bleiben vor der Kompression solange geöffnet, wie der Druck im Spülluftaufnehmer höher als im Zylinder ist.

Spülung mit Nasenkolben (**279.**1). Der S p ü l s t r o m entspricht beim $E\ddot{o}$ dem erwarteten Bügel *1*. Mit dem weiteren Kolbenrückgang nimmt jedoch der Einfluß der Nase und damit die Höhe des Bügels *2*, der schließlich im *UT* zu einem Kurzschluß *3* entartet, ab. Der N a c h t e i l der wenig wirksamen Nase liegt in der komplizierten Form der Zylinderdeckel.

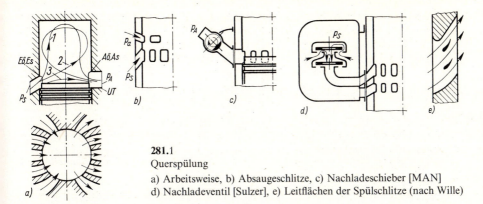

281.1
Querspülung

a) Arbeitsweise, b) Absaugeschlitze, c) Nachladeschieber [MAN]
d) Nachladeventil [Sulzer], e) Leitflächen der Spülschlitze (nach Wille)

Umkehrspülung

Ihr Merkmal sind die etwas über die Hälfte des Zylinderumfanges verteilten Schlitze. Hierdurch wird der Spülstrom im weiten Bogen an den Wänden des Arbeitsraumes entlanggeführt, wobei in der Zylindermitte ein Wirbelkern entstehen kann. Der Luftaufwand ist daher geringer als bei der Querspülung. An Verfahren werden hierbei unterschieden:

Ebene Umkehrspülung (282.1 a**).** Die Auspuffschlitze liegen hier über den Spülschlitzen. Bei der S p ü l u n g vereinigen sich die durch die Schlitze bedingten Teilströme zu einem stabilen Gesamtstrom, der sich an den Zylinderwänden entlang zum Auspuff bewegt. Zum Kolbenboden geneigte Spülschlitze verbessern die Kolbenkühlung und vermeiden Kurzschlüsse. Ihr N a c h t e i l ist der große Hubverlust infolge der übereinanderliegenden Schlitze. Zur V e r b e s s e r u n g der Füllung werden die Auspuffkanäle durch Nachladeschieber (**281.**1 c) nach *Es* abgeschlossen.

Schnürle-Spülung (282.1 b**).** Die Auspuffschlitze liegen hier zwischen den Spülschlitzen, um Hubverlust zu vermeiden. Die beiden S p ü l s t r ö m e werden durch die Neigung der Schlitze so gerichtet, daß sie sich nach ihrem Zusammenprall über dem Kolben aufrichten, gemeinsam zum Deckel aufsteigen und an der Zylinderwand in den Auspuff zurückfließen. Als N a c h t e i l ergibt sich eine ungleichmäßige Erwärmung der Kolben.

Gleichstromspülung

Die Ein- und Auslaßschlitze sind hier jeweils um den gesamten Zylinderumfang verteilt, haben also eine geringere Höhe und ergeben kleinere Hubverluste. Der Spülstrom bewegt sich gut geführt entlang der Zylinderwand, so daß sich eine günstige Spülung mit niedrigem Luftaufwand ergibt. Sie erfordert Doppelkolbenmotoren oder gesteuerte Auslaßventile.

Doppelkolbenmotoren. G l e i c h l ä u f i g e K o l b e n (**282.**2) werden bei kleineren Ottomaschinen ausgeführt. Der konstruktive Aufwand ist gering, aber der Spülstrom erfährt noch eine Umlenkung am Deckel. Die Steuerpunkte liegen, da sich die parallelen Zylindermittellinien nicht mit der Kurbelwellenachse schneiden, unsymmetrisch zum *UT*. Dadurch kann *As* vor *Es* gelegt und ein Nachausströmen in den Auspuff vermieden werden.

G e g e n l ä u f i g e K o l b e n (**282.**4) erfordern bei K r e u z k o p f m a s c h i n e n zwei weitere Kröpfungen *1* der Kurbelwelle, zwei Schubstangen *2*, Kreuzköpfe *3* und Zugstangen *4* sowie eine Traverse *5* für den oberen Kolben *6*. Bei T a u c h k o l b e n m a s c h i n e n sind zwei Kurbelwellen *7* und ein Getriebe *8* zu ihrer Verbindung mit der Abtriebswelle *9* notwendig. Dieser Aufwand wird durch die bessere Spülung (**282.**4c) nicht allein gerechtfertigt. Ihre weiteren V o r t e i l e sind: Günstiger Kraftstoffverbrauch, gute Regelbarkeit und ein nahezu vollständiger Massenausgleich. Der Spülstrom erhält durch eine geringe Exzentrizität der Schlitze (**282.**3) eine Drehung zur Verbesserung der Gemischbildung. Ein Nachaus-

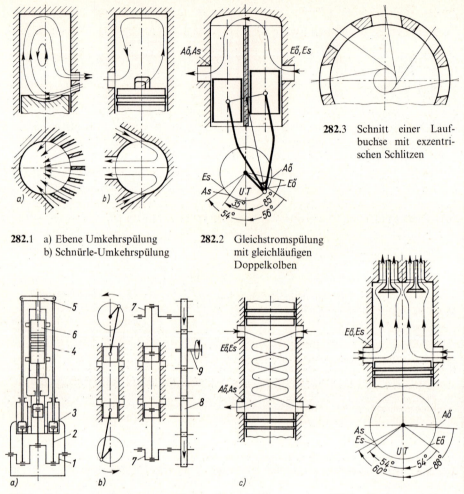

282.3 Schnitt einer Laufbuchse mit exzentri-
schen Schlitzen

282.1 a) Ebene Umkehrspülung
b) Schnürle-Umkehrspülung

282.2 Gleichstromspülung
mit gleichläufigen
Doppelkolben

282.4 Gleichstromspülung mit gegenläufigen Doppelkolben
a) Kreuzkopfmaschine, b) Tauchkolbenmaschine,
c) Verlauf des Spülstromes

282.5 Gleichstromspülung
mit Auslaßventilen

strömen kann durch Voreilen der Kurbeln, deren Kolben den Auslaß steuern, um ≈ 15° im Drehsinn des Motors vermieden werden.

Gesteuerte Auslaßventile (282.5). Der Spülstrom tritt durch die am gesamten Umfang verteilten Einlaßschlitze ein und kühlt den thermisch hochbelasteten Kolben gleichmäßig. Dadurch wird der Verbrauch an Zylinderschmieröl herabgesetzt. Das Abgas entweicht durch Auslaßventile, die hierbei einer hohen Wärmebelastung ausgesetzt sind. Ihre Nockenwellen dreht sich mit der Motordrehzahl. Hierbei ist es möglich, den Steuerpunkt As vor Es zu legen, so daß der Zylinder bis zum Spüldruck aufgeladen werden kann. Als es noch keine geeigneten Werkstoffe für die Auslaßventile gab, war die Anordnung Einlaßventil und Auslaßschlitze erforderlich, die aber die Vorteile des Nachladens und der Kolbenkühlung ausschließt.

4.4.2.3 Beurteilung der Spülung

Sie wird mit Hilfe von Vergleichsvorgängen und Kenngrößen für die Spülung durchgeführt.

Vergleichsvorgänge. Hierbei werden die Verdrängungs-, Vermischungs- und Kurzschlußspülung unterschieden.

Verdrängungsspülung (**283.**1a). Die Spülluft bzw. die Ladung der Masse m_a schiebt die Brenngase mit der Masse m_B, ohne sich mit ihnen zu vermischen – also wie durch eine Wand 1 getrennt – vor sich her. Sie ist als Gleichstromspülung mit Wasser vorstellbar. Aus dem Auspuff entweicht, solange das Spülvolumen noch kleiner als der Arbeitsraum ist, nur Brenngas, dann aber reine Ladung. Die ideale Spülung entspricht dem Grenzfall, bei dem das gesamte Restgas ohne Verschwendung an Ladung entfernt wird.

Verdünnungsspülung (**283.**1b). Hierbei vermischen sich Ladung und Brenngas vollständig. Im Auspuff geht mit dem Fortschreiten der Spülung ständig mehr Ladung verloren.

Kurzschlußspülung (**283.**1c). Der Spülstrom fließt hier, ohne im Arbeitsraum zu verbleiben, auf dem kürzesten Wege von den Spül- in die Auspuffschlitze.

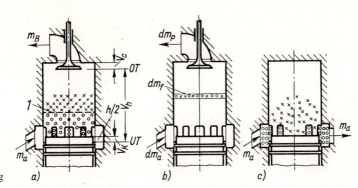

283.1
Vergleichsvorgänge
der Spülung

Kreuze: Brenngas
Kreise: Spülluft

a) Verdrängungs-,
b) Verdünnungs-,
c) Kurzschlußspülung

Kenngrößen. Der Luftaufwand λ_a nach Gl. (256.2) und der Spülgrad λ_S dienen zum Vergleich der Ansauge- und der Frischmasse m_a und m_f mit der theoretischen und der Gesamtmasse m_{th} und $m_g = m_f + m_r$, wobei m_r die Restmasse ist. Es gilt also

$$\lambda_a = \frac{m_a}{m_{th}} \qquad\qquad \lambda_S = \frac{m_f}{m_f + m_r} \qquad\qquad (283.1) \text{ und } (283.2)$$

Der optimale Luftaufwand liegt bei $\lambda_a = 1$ vor, wenn keine Undichtigkeits- und Aufheizungsverluste nach Abschn. 4.2.2.1 auftreten und keine Ladung durch die Auspuffschlitze entweicht. Dann sind die Ansauge- und die Frischmasse gleich. Der günstigste Spülgrad ($\lambda_S = 1$) ergibt sich bei der vollständigen Entfernung der Restgase ($m_r = 0$). Für die ideale Spülung gilt $\lambda_S = \lambda_a = 1$.

Spülkurven

Sie stellen den Spülgrad als Funktion des Luftaufwandes dar und werden bei Vergleichsvorgängen berechnet, bei wirklichen Spülvorgängen gemessen [50].

Berechnung. Zu ihrer Vereinfachung (**283.**1a) wird der Kolben in der halben Spülschlitzhöhe als stillstehend betrachtet. Enthält hierbei der vom Kolben bis zum UT noch freizugebende Raum V_K die gleiche Masse wie der Kompressionsraum V_c, so gilt für die Massen und deren Kenngrößen nach Gl. (283.1) und (283.2)

$$m_f + m_r \approx m_{th} \qquad \lambda_S \approx \frac{m_f}{m_{th}} \qquad \lambda_a = \frac{m_a}{m_{th}} \qquad\qquad (284.1)\text{ bis }(284.3)$$

Verdrängungsspülung (**283.**1 a). Bei Vernachlässigung der Undichtigkeiten ist $m_f = m_a$, also nach Gl. (284.2) und (284.3) $\lambda_S \approx \lambda_a$ (Kurve $1'$ in Bild **284.**1). Die Idealspülung (Punkt $0'$) liegt bei $m_f = m_{th} = m_a$, also für $\lambda_S = \lambda_a = 1$ vor. Ist $m_a > m_{th}$ (Gerade $1''$), so gilt $\lambda_S = 1$ und $\lambda_a > 1$. Hierbei wird die Masse $m_a - m_{th}$ nutzlos gefördert.

Verdünnungsspülung (**283.**1b). Ist m_P die aus dem Auspuff austretende Masse, so gilt für die Bilanz der Massenänderungen $dm_f = dm_a - dm_p$. Hieraus folgt, da für die Vermischung $dm_P/dm_a = m_f/(m_f + m_r) \approx m_f/m_{th}$ ist, $dm_f = dm_a - m_f dm_a/m_{th}$. Wird diese Gleichung durch m_{th} dividiert, so ergibt sich mit $d\lambda_S \approx dm_f/m_{th}$ und $d\lambda_a = dm_a/m_{th}$ nach Gl. (284.2) und (284.3)

$$\frac{dm_f}{m_{th}} \approx \frac{dm_a}{m_{th}} - \frac{m_f}{m_{th}} \cdot \frac{dm_a}{m_{th}} \qquad\qquad d\lambda_S \approx d\lambda_a(1 - \lambda_S)$$

Die Auflösung dieser Differentialgleichung durch Trennen der Veränderlichen ergibt dann bei Beachtung der Anfangsbedingung $\lambda_S = 0$ für $\lambda_a = 0$

$$\lambda_S \approx 1 - e^{-\lambda_a} \qquad\qquad\qquad\qquad\qquad\qquad\qquad (284.4)$$

Die Spülkurve (2 in Bild **284.**1) ist also eine Exponentialfunktion. Der Spülgrad Eins ist hierbei nur theoretisch mit einem unendlichen Luftaufwand erreichbar.

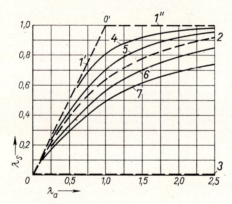

284.1   Spülkurven
Punkt $0'$ Idealspülung

Vergleichsverfahren: – – –
1 Verdrängungs-, 2 Verdünnungs-,
3 Kurzschlußspülung

wirkliche Verfahren: ——
4 Gleichstrom-, 5 Schnürle-, 6 Quer-,
7 Kurbelladerspülung

Kurzschlußspülung (**283.**1c). Da keine Frischladung in den Arbeitsraum gelangt, also $m_f = 0$ ist, wird der Spülgrad bei beliebigem Luftaufwand Null (Abszissenachse 3 in Bild **284.**1).

Vergleich und Anwendung der Spülverfahren

Die Spülkurven (**284.**1) zeigen die Überlegenheit des Gleichstromverfahrens 4 in das der Verdrängungsspülung 1 am nächsten liegt. Mit gesteuerten Auslaßventilen wird es immer häufiger verwendet. Die Schnürlespülung 5 ohne bewegte Teile noch besser als die Verdünnungsspülung 2, ist bei kleineren und mittleren Motorgrößen am weitesten verbreitet. Die Querspülung 6, obwohl der Verdünnungsspülung 2 unterlegen, wird bei Großmotoren verwendet und mit den Hilfsmitteln nach Abschn. 4.4.2.2 verbessert. Die Kurbelladerspülung 7, meist nach dem Schnürle-Verfahren ausgeführt, findet trotz ihrer ungünstigen Ergebnisse bei einfachen Kleinmotoren Verwendung.

4.4.2.4 Auslegung

Dazu sind die Steuerdaten nach Erfahrungs- oder Versuchswerten zu wählen und die Schlitzabmessungen durch Aufzeichnen festzulegen. Dann wird der Spülstrom zur Kontrolle des Luftaufwandes nach Gl. (283.1) berechnet.

Berechnung des Spülstromes

Hierzu dient das Verfahren von Hold. Der Einfluß der Schwingungen der Gassäulen [50] wird dabei nicht berücksichtigt.

Annahmen. Das Medium sei während des Spülvorganges inkompressibel. Seine Dichte ϱ ändert sich also nicht, und die durch die Spül- und Auspuffquerschnitte A_S und A_P strömenden Volumina V_A und V_P sind gleich. Weiterhin seien die Ausflußzahlen μ der Schlitze und die Drücke p_S im Spülluftaufnehmer, p' im Zylinder und p_A im Auspuff konstant.

Spülstrom. Für die Änderung des Spülvolumens folgt aus der Ausflußgleichung (51.1)

$$\frac{dV_a}{dt} = \mu\, A_S \sqrt{\frac{2}{\varrho}(p_S - p')} = \mu\, A_P \sqrt{\frac{2}{\varrho}(p' - p_A)}$$

Das Spülvolumen ergibt sich hieraus durch Eliminieren von p', Integration und Einführen des reduzierten Querschnittes

$$A_{\text{red}} = \frac{A_S\, A_P}{\sqrt{A_S^2 + A_P^2}} \qquad V_a = \mu \sqrt{\frac{2}{\varrho}(p_S - p_A)} \int A_{\text{red}}\, dt \qquad \text{(285.1) und (285.2)}$$

Mit $\omega = 2\pi n$, $\omega t = \varphi$ bzw. $dt = d\varphi/\omega = d\varphi/(2\pi n)$ beträgt der Spülstrom mit dem reduzierten Winkelquerschnitt

$$I_{\text{red}} = \int A_{\text{red}}\, d\varphi \qquad \dot V_a = V_a n = \frac{\mu\, I_{\text{red}}}{2\pi} \sqrt{\frac{2}{\varrho}(p_S - p_A)} \qquad \text{(285.3) und (285.4)}$$

Winkelquerschnitte. Wird in Gl. (285.3) das Integral durch eine Summe ersetzt, so folgt mit Gl. (285.1)

$$I_{\text{red}} = \int \frac{A_S\, A_P}{\sqrt{A_S^2 + A_P^2}}\, d\varphi = \sum_{k=1}^{n} \frac{A_{Sk}\, A_{Pk}}{\sqrt{A_{Sk}^2 + A_{Pk}^2}}\, \Delta\varphi = \sum_{k=1}^{n} I_{\text{red}\, k} \qquad (285.5)$$

Die Querschnitte A_{Sk} und A_{Pk} lassen sich hierzu am einfachsten mit dem Brixschen bizentrischen Kurbeldiagramm ermitteln [19].

Konstruktion (**286.**1a). Vom Mittelpunkt M des Kurbelkreises ist in Richtung UT die Strecke $\overline{MM'} = \lambda r/2$ abzutragen, wobei r der Kurbelradius und λ das Schubstangenverhältnis bedeuten. Nun wird der freie Schenkel des Kurbelwinkels φ in den Punkt M' gelegt, mit dem Kurbelkreis zum Schnitt gebracht und von hieraus das Lot auf die Zylindermittellinie gefällt. Der Kolbenweg x_K entspricht dem Abstand seines Lotes vom OT. Die Öffnung des Schlitzes, die von seiner Oberkante aus gemessen wird, beträgt mit der Schlitzhöhe h

$$y = h - (2r - x_K) \qquad (285.6)$$

Sie wird über dem Kurbelwinkel aufgetragen. Die mittleren Öffnungen y_{Sk} und y_{Pk} der Spül- und Auspuffschlitze gelten dabei für die Winkel $\Delta\varphi$ zwischen den Punkten k und $k+1$.

Die Schlitzquerschnitte (**286.**1a) betragen damit, wenn $\overline{m}_L$ der Längenmaßstab der Zeichnung, i die Anzahl und b die Breite der Schlitze ist,

$$A_{Sk} = i\, b\, y_{Sk}\, \overline{m}_L \qquad A_{Pk} = i\, b\, y_{Pk}\, \overline{m}_L \qquad (285.7)$$

Für die reduzierten Winkelquerschnitte ergibt sich dann aus Gl. (285.5) und (285.7) für konstantes $\Delta\varphi$

$$I_{\text{red}} = i\, b\, \overline{m}_L \sum_{k=1}^{n} \frac{y_{Sk}\, y_{Pk}}{\sqrt{y_{Sk}^2 + y_{Pk}^2}}\, \Delta\varphi = i\, b\, \overline{m}_L\, \Delta\varphi \sum_{k=1}^{n} y_{\text{red}\, k} \qquad (285.8)$$

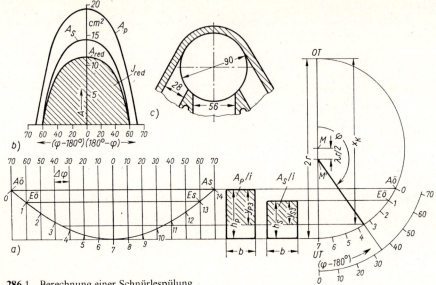

286.1 Berechnung einer Schnürlespülung

  a) Brixsches Diagramm und Schlitzhöhe, b) Winkelquerschnitte, c) Lage der Schlitze

Sie werden durch die Fläche (**286.1**b) unter der Kurve $A_{red} = f(\varphi)$ dargestellt. Bei symmetrischen Steuerpunkten genügt es, die Rechnung vom $A\ddot{o}$ und $E\ddot{o}$ bis zum UT durchzuführen und dann das Ergebnis zu verdoppeln.

Anhaltswerte: Die Ausflußzahlen betragen nach Versuchen $\mu = 0{,}5$ bis $0{,}7$ bei kleinen und $0{,}8$ bis $0{,}95$ bei großen Zylindern. Der Luftaufwand soll bei $\lambda_a = 1{,}2$ bis $1{,}4$ liegen. Werte über $1{,}6$ bringen bei unnötiger Erhöhung der Gebläseantriebsleistung keine wirksame Steigerung des Spülgrades (**284.1**). Der Spüldruck liegt bei $p_S \approx 1{,}2$ bis $1{,}3$ bar. Kleinere Werte verringern den Spülgrad zu stark, größere bedingen einen zu großen Luftaufwand. Hubverhältnisse $s/D = 0{,}8$ bis $1{,}5$ ergeben günstige Schlitzabmessungen.

Beispiel 29. Ein Viertakt-Ottomotor in Reihenbauart hat $z = 4$ Zylinder mit dem Durchmesser $D = 85$ mm, dem Hub $s = 84$ mm und der Drehzahl $n = 2500$ min^{-1} beim größten Drehmoment $M_{d\,max} = 142$ Nm. Bei der Kurbelanordnung (**100.1**) ist die Zündfolge *1–3–4–2*. Vom Entwurf der Steuerung (**274.1**a) liegen folgende Werte vor. Ventile: Sitzwinkel $\alpha = 45^\circ$, mittlerer Sitzdurchmesser für den Ein- bzw. Auslaß $d_E = 43$ mm und $d_A = 36$ mm, Steuerdaten $E\ddot{o} = 10^\circ$ v. OT, $Es = 46^\circ$ n. UT, $A\ddot{o} = 44^\circ$ v. UT und $As = 12^\circ$ n. OT. Nocken: Gesamthöhe $H = 43$ mm, Spitzenkreisradius $r = 5$mm und Drehwinkel der Nockenwelle zur Überwindung des Ventilspieles $\varphi_{Sp} = 6^\circ$. Kipphebel: Übersetzung $i = 1 : 1{,}23$. Die Ausflußzahl sei $\mu = 0{,}95$, die Geschwindigkeit im Sitz des Einlaßventils $c_E = 80$ m/s.

Gefordert sind der maximale Hub des Einlaßventils, die Geschwindigkeit im Sitz des Auslaßventils sowie die Zeichnung der Kreisbogennocken und ihrer Welle.

Ventilhub

Mit der Kolbenfläche $A_K = 0{,}25\,\pi D^2 = 0{,}25 \cdot \pi \cdot 8{,}5^2$ cm$^2 = 56{,}7$ cm^2 ergibt Gl. (278.2) mit $s = 2r$

$$h_{max} \approx \frac{A_K\, s\, n}{\mu\, c_E\, d_E \cos\alpha} = \frac{56{,}7\ \text{cm}^2 \cdot 8{,}4\ \text{cm} \cdot 2500\ \text{min}^{-1}}{0{,}95 \cdot 8000\ \dfrac{\text{cm}}{\text{s}} \cdot 4{,}3\ \text{cm} \cdot 0{,}707 \cdot 60\ \dfrac{\text{s}}{\text{min}}} = 0{,}86\ \text{cm}$$

Auslaßventil

Die Geschwindigkeit im Ventilsitz ergibt sich nach Gl. (278.1) aus $c_A d_A \approx c_E d_E$, da nur die mittleren Sitzdurchmesser der beiden Ventile verschieden sind. Es gilt also

$$c_A \approx c_E \frac{d_E}{d_A} = 80 \, \frac{m}{s} \cdot \frac{4,3 \, cm}{3,6 \, cm} = 95,5 \, \frac{m}{s}$$

Nocken (**275.**1a)

Für den Grundkreisradius folgt mit $r = s/2$, da die Gesamthöhe $H = a + r + R = 43$ mm und der maximale Stößelhub, der nach Gl. (276.1) $h_{S\,max} = a + r - R = h_{max} i = 8{,}6 \, mm/1{,}23 = 7 \, mm$ ist, $R = 0{,}5 \, (H - h_{S\,max}) = 0{,}5 \, (43 - 7) \, mm = 18 \, mm$.

Mittelpunktsabstand. Er wird dann $a = H - R - r = (43 - 18 - 5) \, mm = 20 \, mm$.

Öffnungswinkel (**277.**1b). Beim Ein- und Auslaß gilt bei Beachtung der Lage der Steuerpunkte zum OT und UT, zwischen denen der Kurbelwinkel 180° liegt

$$\varphi_E = E\ddot{o} + 180° + Es = 10° + 180° + 46° = 236° \qquad \varphi_A = A\ddot{o} + 180° + As = 44° + 180° + 12° = 236°$$

Nockenwinkel. Die Stößelbewegung wird durch den doppelten Nockenwinkel (**275.**1a) $2\varphi_N$ erfaßt. Dabei dreht sich der Nocken (**287.**1a, b) um den Winkel $\varphi_E/2 = \varphi_A/2 = 118°$, um das Ventil zu bewegen, und um den Winkel $2\varphi_{Sp} = 12°$, um das Ventilspiel beim Öffnen und Schließen zu überwinden. Es gilt dann

$$2\varphi_N = \varphi_E/2 + 2\varphi_{Sp} = 118° + 12° = 130° \qquad \varphi_N = 65°$$

Flankenkreisradius (**275.**1a). Aus dem Dreieck $\overline{M_1 M_2 M_3}$ folgt mit dem Kosinussatz

$$(\varrho - r)^2 = a^2 + (\varrho - R)^2 + 2a(\varrho - R)\cos\varphi_N$$
$$(\varrho - 0{,}5 \, cm)^2 = 2^2 \, cm^2 + (\varrho - 1{,}8 \, cm)^2 + 2 \cdot 2 \, cm (\varrho - 1{,}8 \, cm) \cdot 0{,}423 \quad daraus \ \varrho = 4{,}3 \, cm$$

Konstruktion (**275.**1a). Von den Endpunkten M_1 und M_2 des Mittelpunktsabstandes $a = 20$ mm aus werden der Grund- und Spitzenkreis mit den Radien $R = 18$ mm bzw. $r = 5$ mm aufgezeichnet. Die Kreise um M_1 und M_2 mit den Radien $\varrho - R = 25$ mm bzw. $\varrho - r = 38$ mm schneiden sich in den Punkten M_3 und M_3', von denen aus der Flankenkreisradius $\varrho = 43$ mm aufzutragen ist. Die Berührungspunkte der Nockenkreise liegen dabei auf den Geraden $\overline{M_3 M_1}$, $\overline{M_3' M_1}$, $\overline{M_3 M_2}$ und $\overline{M_3' M_2}$.

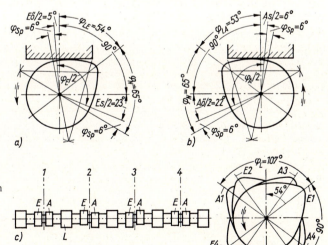

287.1
Nocken in der Stellung des Kolbens *1* im *OT* Ansaugen
a) Einlaßnocken *E 1* (Zylinder *1*)
b) Auslaßnocken *A 1* (Zylinder *1*)
c) Nockenwelle *L* Lagerzapfen

Aufkeilung (**287.**1a, b). Die Mittellinien der Ein- und Auslaßnocken eines im OT beim Saugbeginn stehenden Kolbens bilden mit der Senkrechten die Winkel $\varphi_{LE} = \varphi_N - \varphi_{Sp} - E\ddot{o}/2 = 65^\circ - 6^\circ - 5^\circ = 54^\circ$ und $\varphi_{LA} = \varphi_N - \varphi_{Sp} - As/2 = 65^\circ - 6^\circ - 6^\circ = 53^\circ$. Der Versatz ihrer Mittellinien oder der Aufkeilwinkel beträgt also $\varphi_L = \varphi_{LE} + \varphi_{LA} = 107^\circ$ bei beliebiger Kurbelstellung. Dabei eilt der Auslaß- dem Einlaßnocken im Drehsinn der Nockenwelle voraus. Dieser kann – je nach Wahl des Antriebes – der Kurbelwelle gleich- oder entgegengerichtet sein.

Nockenwelle (**287.**1c). Die Nocken der einzelnen Ventilsteuerungen sind nach der Zündfolge 1–3–4–2 um jeweils 90° entgegen dem Drehsinn der Nockenwelle gegeneinander versetzt.

Beispiel 30. Vom Entwurf der Schnürle-Umkehrspülung eines Dieselmotors mit dem Zylinderdurchmesser $D = 90$ mm, dem Hub $s = 120$ mm, der Leistung $P_e = 10$ kW und der Drehzahl $n = 1900$ min^{-1} liegen folgende Werte vor: Steuerdaten $A\ddot{o} = 70^\circ$ v. UT, $E\ddot{o} = 60^\circ$ v. UT, $Es = 60^\circ$ n. UT und $As = 70^\circ$ n. UT, Schlitzbreiten für den Ein- und Auslaß (**286.**1c), $ib = 56$ mm, Schubstangenverhältnis $\lambda = 1/4$. Die Dichte der Ladung beträgt $\varrho = 1{,}35$ kg/m^3, der Spül-, Auspuff- und atmosphärische Druck $p_S = 1{,}25$ bar, $p_A = 1{,}05$ bar und $p_a = 1$ bar. Das Gebläse hat den Gütegrad $\eta_g = 0{,}68$ und die Ausflußzahl ist $\mu = 0{,}7$.

Gesucht ist der Luftaufwand, die Antriebsleistung des Gebläses sowie die Höhe und Öffnungsdauer der Spül- und Auspuffschlitze.

Luftaufwand

Hierzu wird das Brixsche Diagramm im Maßstab $1:1$ ($1:2{,}5$ in Bild **286.**1a) mit dem Kurbelradius $r = 6$ cm und der Strecke $\overline{MM'} = r\lambda/2 = 0{,}75$ cm nach Abschn. 4.4.2.4 aufgezeichnet.

Die Schlitzöffnungen y als Funktion des Kurbelwinkels φ, der hier in $k = 14$ Teile geteilt ist, ergeben sich dann durch Projektion der Kolbenwege innerhalb der Steuerpunkte.

Öffnungsquerschnitte. Hier folgt mit den mittleren Öffnungen $y_{S3} = 16$ mm und $y_{P3} = 25$ mm zwischen den Punkten *3* und *4* für den reduzierten Wert nach Gl. (285.8)

$$y_{red3} = \frac{y_{S3}\, y_{P3}}{\sqrt{y_{S3}^2 + y_{P3}^2}} = \frac{16 \text{ mm} \cdot 25 \text{ mm}}{\sqrt{(16^2 + 25^2)\,\text{mm}^2}} = 13{,}5 \text{ mm}$$

Die Querschnitte betragen dann mit dem Winkel $\Delta\varphi = 10^\circ$ und mit dem Längenmaßstab $\overline{m}_L = 1 \text{ mm}/1 \text{ mm} = 1$ nach Gl. (285.7)

$$A_{S3} = i\,b\,y_{S3}\,\overline{m}_L = 56 \text{ mm} \cdot 16 \text{ mm} \cdot 1 = 895 \text{ mm}^2$$

$$A_{P3} = i\,b\,y_{P3}\,\overline{m} = 56 \text{ mm} \cdot 25 \text{ mm} \cdot 1 = 1400 \text{ mm}^2$$

$$A_{red3} = i\,b\,\overline{m}_L\,y_{red3} = 56 \text{ mm} \cdot 1 \cdot 13{,}5 \text{ mm} = 755 \text{ mm}^2$$

$$A_{red3} = \frac{A_{S3}\,A_{P3}}{\sqrt{A_{S3}^2 + A_{P3}^2}} = \frac{895 \text{ mm}^2 \cdot 1400 \text{ mm}^2}{\sqrt{(895^2 + 1400^2)\,\text{mm}^4}} = 755 \text{ mm}^2$$

Für die übrigen Punkte (**286.**1b) sind diese Werte in Tafel **288.**1 eingetragen

Tafel **288.**1   Reduzierter Querschnitt einer Schnürle-Umkehrspülung

Punkt k	y_S in mm	y_P in mm	y_{red} in mm	A_S in cm²	A_P in cm²	A_{red} in cm²
0		4,5			2,52	
1	4,25	13,25	4,05	2,5	7,4	2,25
2	10,5	19,5	9,2	5,85	10,9	5,15
3	16,0	25,0	13,5	8,95	14,0	7,55
4	20,5	29,5	16,8	11,5	16,5	9,4
5	23,0	32,0	18,6	12,9	17,9	10,4
6	24,5	33,5	19,8	13,7	18,7	11,1
Σ			81,95			45,85

Der reduzierte Winkelquerschnitt beträgt nach Gl. (285.8) mit $y_{\text{red}} = \sum\limits_{k=1}^{n} y_{\text{red k}} = 2 \sum\limits_{k=1}^{6} y_{\text{red k}}$
$= 2 \cdot 81{,}95 \text{ mm} = 163{,}9 \text{ mm}$, da $\pi = 180°$ ist

$$I_{\text{red}} = i\, b\, \overline{m}_{\text{L}}\, y_{\text{red}}\, \Delta\varphi = 5{,}6 \text{ cm} \cdot 1 \cdot 16{,}39 \text{ cm} \cdot 10° \,\frac{\pi}{180°} = 16{,}0 \text{ cm}^2$$

Aus Gl. (285.3) folgt mit $A_{\text{red}} = \sum\limits_{k=1}^{n} A_{\text{red k}} = 2 \sum\limits_{k=1}^{6} A_{\text{red k}} = 2 \cdot 45{,}85 \text{ cm}^2 = 91{,}7 \text{ cm}^2$

$$I_{\text{red}} = A_{\text{red}}\, \Delta\varphi = 91{,}7 \text{ cm}^2 \cdot 10° \,\frac{\pi}{180°} = 16{,}0 \text{ cm}^2$$

Der Spülstrom wird nach Gl. (285.4) mit 1 bar $= 10^5 \text{ kg/(m s}^2)$

$$\dot{V}_{\text{a}} = \frac{\mu\, I_{\text{red}}}{2\,\pi} \sqrt{\frac{2}{\varrho}(p_{\text{S}} - p_{\text{A}})}$$

$$= \frac{0{,}7 \cdot 16{,}0 \text{ cm}^2}{2\,\pi} \sqrt{\frac{2 \cdot (1{,}25 - 1{,}05) \cdot 10^5 \text{ kg/(m s}^2)}{1{,}35 \text{ kg/m}^3}} \, 100 \,\frac{\text{cm}}{\text{m}} = 30\,700 \,\frac{\text{cm}^3}{\text{s}}$$

Mit dem Hubvolumen $V_{\text{H}} = 0{,}25\, z\, \pi\, D^2\, s = 0{,}25 \cdot 1 \cdot \pi \cdot 9^2 \cdot 12 \text{ cm} = 763 \text{ cm}^3$ beträgt dann nach Gl. (283.1) der Luftaufwand wegen der konstanten Dichte

$$\lambda_{\text{a}} = \frac{\dot{V}_{\text{a}}}{\dot{V}_{\text{th}}} = \frac{\dot{V}_{\text{a}}}{V_{\text{H}} n} = \frac{30\,700 \,\dfrac{\text{cm}^3}{\text{s}} \cdot 60 \,\dfrac{\text{s}}{\text{min}}}{763 \text{ cm}^3 \cdot 1900 \text{ min}^{-1}} = 1{,}27$$

Antriebsleistung des Gebläses

Da die Luft bei den geringen Druckdifferenzen praktisch inkompressibel ist, folgt aus Gl. (212.2) mit $\dot{V}_{\text{G}} = \dot{V}_{\text{a}}$ und $\Delta p_{\text{K}} = p_{\text{S}} - p_{\text{a}}$ sowie 1 bar $= 10 \text{ N/cm}^2$

$$P_{\text{G}} = \frac{\dot{V}_{\text{G}}\, \Delta p_{\text{K}}}{\eta_{\text{g}}} = \frac{30\,700 \,\dfrac{\text{cm}^3}{\text{s}} \cdot (1{,}25 - 1) \cdot 10 \,\dfrac{\text{N}}{\text{cm}^2}}{0{,}68 \cdot 1000 \,\dfrac{\text{N m s}^{-1}}{\text{kW}} \cdot 100 \,\dfrac{\text{cm}}{\text{m}}} = 1{,}13 \text{ kW}$$

Die Leistung des Motors muß um diesen Wert bzw. um $\approx 11\%$ größer als die Leistung P_{e} an der Kupplung sein.

Schlitzhöhen (286.1 a)

Für die Spül- bzw. Auspuffschlitze folgt aus den Gl. (285.6) und (88.1) mit der Öffnung $y = 0$ und den Kurbelwinkeln $\varphi_{\text{S}} = 180° - E\ddot{o} = 120°$ und $\varphi_{\text{P}} = 180° - A\ddot{o} = 110°$

$$h_{\text{S}} = 2r - x_{\text{K}} = r\left(1 + \cos\varphi_{\text{S}} - \frac{\lambda}{2}\sin^2\varphi_{\text{S}}\right) = 60 \text{ mm}\left(1 + \cos120° - \frac{1}{8}\sin^2 120°\right) = 24{,}5 \text{ mm}$$

$$h_{\text{P}} = 60 \text{ mm}\left(1 + \cos110° - \frac{1}{8}\sin^2 110°\right) = 33 \text{ mm}$$

Öffnungsdauer der Schlitze

Für das Spülen und den Auspuff mit den Schlitzöffnungswinkeln

$$\varphi_{\ddot{o}\text{S}} = E\ddot{o} + Es = 120° = 120° \,\pi/180° = 2{,}1 \qquad \varphi_{\ddot{o}\text{P}} = A\ddot{o} + As = 140° = 140° \,\pi/180° = 2{,}45$$

$$t_{\ddot{o}\text{S}} = \frac{\varphi_{\ddot{o}\text{S}}}{\omega} = \frac{\varphi_{\ddot{o}\text{S}}}{2\,\pi\, n} = \frac{2{,}1 \cdot 60 \text{ s/min}}{2\,\pi \cdot 1900 \text{ min}^{-1}} = 0{,}0105 \text{ s} \qquad t_{\ddot{o}\text{P}} = 0{,}0123 \text{ s}$$

Diese sehr kurzen Zeiten zeigen die bei der Spülung entstehenden Schwierigkeiten.

4.4.3 Aufladung

Aufladung bedeutet eine Erhöhung der Ladung durch Vorverdichtung zur Leistungssteigerung. Nach den zur Druckerhöhung benutzten Verfahren werden Fremd- und Selbstaufladung, letztere mit und ohne Verdichter bzw. Ausnutzung der Abgase, unterschieden.

Leistungssteigerung. Aus den Gl. (259.6) ergibt sich mit der Dichte $\varrho_a = p_1/(RT_1)$ der angesaugten Luft

$$P_e = p_e\, n_a\, V_H = \eta_e\, \dot{B} H_u = \frac{\eta_e\, H_u \cdot \dot{m}_a}{\lambda\, L_{min}}$$

$$= \frac{p_1\, \lambda_L\, H_u}{T_1\, \lambda\, R\, L_{min}}\, \eta_e\, V_H\, n_a$$

Sind das Hubvolumen V_H, die Drehzahl n, der Heizwert H_u und der Mindestluftbedarf L_{min} gleich, so folgt:

$$P_e \sim p_e \sim \eta_e\, \dot{B} \sim \frac{\eta_e}{\lambda_L}\, \dot{m}_a \sim \frac{p_1\, \lambda_L}{T_1\, \lambda}\, \eta_e \qquad (290.1)$$

Gl. (290.1) zeigt die Einflußgrößen zur Steigerung des Ladungs- und damit des Kraftstoffstromes und der Leistung. Bei vorgegebener Lufttemperatur ist die Erhöhung von p_1 am wirksamsten, während der Liefergrad λ_L das Luftverhältnis λ und der effektive Wirkungsgrad η_e von dem zur Druckerhöhung benutzten Verfahren abhängen.

Druckverhältnis. Mit dem Saug- und Förderdruck des Laders p_1 und p_2 hat es den Wert $\psi_A = p_2/p_1$ und gilt als eine Kenngröße der Aufladung. Es beträgt maximal $\psi = 3{,}5$ für $p_1 - 1{,}0$ bar. Dabei steigt theoretisch der Höchstdruck p_{max} nach Gl. (268.7) für konstantes Verdichtungs- und Druckverhältnis ε und ψ von 100 auf 350 bar an. Dieser zu hohe Wert kann durch kleinere ε und ψ gesenkt werden. Da mit ε auch der effektive Wirkungsgrad η_e abfällt, wird lediglich durch Änderung der Einspritzung der Wert von ψ verringert.

Vergleich mit dem Saugmotor. Die erreichbaren Höchstdrücke von $p_{max} = 160$ bar erfordern gegenüber den 120 bar des Saugmotors dickere Wände und stärkere Lager. Da bei der Aufladung die im Zylinder umgesetzte Wärmemenge durch vermehrte Einspritzung ansteigt, ist die Kühlung durch sorgfältige Ausbildung der wärmeabführenden Querschnitte vom Kolben und Zylinder zu verbessern. So darf ein Saugmotor nicht aufgeladen werden.

Verfahren ohne Lader

Hierbei erhöht die Energie der pulsierenden Strömung in der Ansauge- oder Auspuffleitung den Druck der Frischladung. Beim Ansaugen (**291.**1 a und b) wird die Energie durch einen oder mehreren Verbindungsstutzen vom Saugrohr zu jedem Zylinder aufgefangen. Beim Ausschieben geben die Abgase über einen Druckwandler ihre Energie an die Saugseite ab.

Schwingrohraufladung. Hierbei (**291.**1 a) erhöhen die Luftschwingungen im Saugrohr den Druck, wozu Saugstutzen und Zylinder aufeinander abgestimmt sind. So ist dieses Verfahren nur für bestimmte Drehzahlen geeignet, bei denen auch höchstens das Druckverhältnis 1,3 erreicht wird, das lediglich bei kleineren Ottomotoren ausreicht.

Resonanzaufladung. Die Luft (**295.**1) strömt hierbei über Resonanzrohre und -behälter zu den Ventilen. Wird die Luft in den Rohren als Masse, in den Behältern als Feder angesehen, so entsteht ein schwingungsfähiges System, dessen Resonanz durch Bemessung dieser Teile zu erreichen ist. Die Resonanz- und die Abgasturboaufladung werden oft kombiniert.

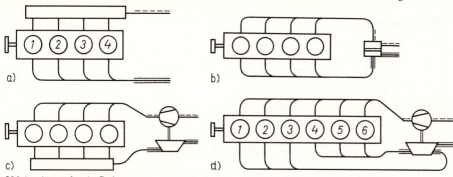

291.1   Arten der Aufladung
  a) und b) ohne Lader
  a) Schwingrohraufladung, b) Druckrohraufladung, c) und d) mit Abgasturbine, c) Stau- und
  d) Stoßaufladung mit der Zündfolge *1–4–2–6–3–5* oder *1–5–3–6–2–4*

Comprex-Verfahren. Es nutzt die Energie der Abgasdruckwellen aus, erreicht Ladedrücke bis
zu 2,5 bar und spricht sehr schnell auf Laständerungen an.

Druckwellenlader (291.2). Sein zellenförmig unterteiler Rotor *1*
läuft im Gehäuse *2* und wird über den Riementrieb *3* von der
Kurbelwelle *4* angetrieben. Das Gehäuse *2* verbindet den Rotor *1*
über die Steuerschlitze *5* und *6* mit dem Abgasrohr *7* und dem
Auspuffgehäuse *8*. In gleicher Weise verbinden die Schlitze *9*
und *10* über den Rotor *1* den Saugstutzen *11* und das Sauggehäuse *12*. Die Druckwelle der Abgase gelangt über das Rohr *7*
und die Schlitze *5* in die Lamellen des Rotors *1*. Dort kompri-
miert sie die über die Schlitze *10* aus dem Sauggehäuse *12* angesaugte Luft mit Schallgeschwindigkeit. Die verdichtete Luft
gelangt über die Schlitze *9* und den Saugstutzen *11* in den Zylinder. Das verbrauchte Abgas verschwindet durch die Schlitze *6*
in das Auspuffgehäuse *8*. Die Herstellung des Laders verlangt
hohe Präzision, da wegen der Spaltverluste die Spiele klein sein
müssen. Andererseits verursachen die großen Temperaturunter-
schiede größere Wärmedehnungen, die durch doppelte symmetrisch liegende Kanäle aufgefangen werden. So ist die Herstellung kostspielig, der Energiebedarf aber gering, da die
Kompressionsarbeit aus den Abgasen stammt.

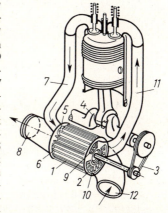

291.2   Comprex-Lader [BBC]

Mechanische Aufladung

Zur Vorverdichtung dienen Turbo-, Roots- oder Schraubengebläse. Bei großen Zweitaktmotoren werden auch die Unterseiten der Kolben oder Kolbenspülpumpen benutzt. Bei der
Selbst- bzw. Fremdaufladung erfolgt der Antrieb vom Verbrennungsmotor selbst bzw. von
einem Elektromotor. Nachteil dieser Aufladung ist der Energiebedarf der Lader, der den
effektiven Wirkungsgrad des Motors verschlechtert. Sie wurde daher, abgesehen von Großmotoren, durch die effektivere Abgasturboladung ersetzt.

4.4.3.1   Abgasturboaufladung

Beim Abgasturbolader treiben die Brenngase eine Turbine an, die mit einem Kreiselgebläse
zur Verdichtung der angesaugten Luft auf einer Welle sitzt. So wird die sonst in den Auspuff
gehende Energie der Brenngase ausgenutzt.

Stauaufladung. Die einzelnen Abgasrohre der Zylinder (**291**.1 c) werden in ein Sammelrohr geführt, wo sie zu einem konstanten Druck aufgestaut werden. Die im Gas enthaltene Geschwindigkeitsenergie setzt sich dabei in Wärme um. Die Turbine erhält, da der Eintrittsdruck sich nicht ändert, ein konstantes Gefälle. Hierbei vereinfacht sich der Aufbau der Abgasleitungen und beim Ausschieben des Kolbens treten keine Störungen auf.

Stoßaufladung. In den einzelnen möglichst kurz und eng ausgelegten Abgasleitungen (**291**.1 d) der Zylinder entstehen Druck- und Geschwindigkeitswellen. Dabei werden bis zu drei Zylinder mit einer Leitung versehen. Die Zündfolge ist hierbei zu beachten, damit sich die einzelnen Druckwellen nicht gegenseitig abschwächen bzw. den Ausschubvorgang der Kolben stören. Die vor der Turbine ankommenden Druckwellen haben oft ein vielfaches des Laderdruckes, so ist auch bei kleinen Turbinenwirkungsgraden noch eine Aufladung möglich. Außerdem spricht das Aggregat schnell auf Laständerungen an.

4.4.3.2 Berechnung

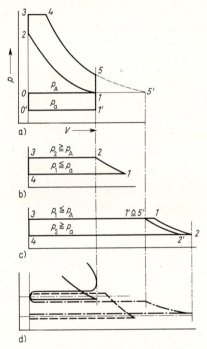

292.1   Abgasturboaufladung im p, v-Diagramm
a) bis c) Theoretischer Verlauf
a) Motor, b) Lader, c) Turbine
p_A Aufladedruck
p_a atmosphärischer Druck
d) wirklicher Verlauf
ausgezogen: Motor
gestrichelt: Lader
strichpunktiert: Turbine

Sie wird hier für den Lader, den Motor und die Turbine (Index L, M und T) unter vereinfachten Voraussetzungen durchgeführt. So sind die Drossel- und Wärmeverluste in den Leitungen nicht berücksichtigt.

Ladung. Für den Saugstrom des Laders und für den um den Kraftstoffstrom B vermehrten Abgasstrom, mit dem die Turbine beaufschlagt wird, ergibt sich:

$$\dot{m}_L = \frac{p_1}{R\,T_1}\,\lambda_L V_H n_a$$

$$\dot{m}_T = \dot{m}_L + \dot{B} \qquad (292.1)$$

Hierbei bezeichnet der Index 1 den Zustand vor den Ventilen. Oft wird auch der Liefergrad des aufgeladenen und des Saugmotors (Index A und S) verglichen. Dann gilt mit dem Druckverhältnis ψ_A mit Gl. (32.14)

$$\frac{\lambda_{LA}}{\lambda_{LS}} = \frac{\dot{m}_{LA}}{\dot{m}_{LS}} = \frac{p_{1A}\,T_{1S}}{p_{1S}\,T_{1A}} = \psi_A\,\frac{T_{1S}}{T_{1L}}$$

Hiernach verbessert die Rückkühlung der Ladeluft (Verringerung von T_{1S}) den Liefergrad, erhöht also die Ladung.

Motor. Hier gilt für die spezifische Arbeit mit dem Arbeitsmaßstab $\bar{m}_w$

$$w_i = \bar{m}_w\;\text{Fläche}\,(1\,0\,0'\,1'+1\,2\,3\,4\,5)$$

Sie ist in Bild **292**.1 a für die Idealmaschine gezeigt.

Unter Berücksichtigung der Gasreibungs- und Zusatzverluste folgt mit Gl. (57.1) der indizierte Druck p_i und die Leistung. Nach Abzug der Triebwerksreibungsverluste p_{RT} ergibt sich die effektive Leistung P_e. Bei mechanischer Aufladung ist hierbei noch die Leistung des Laders P_L abzuziehen.

Lader und Turbine. Sie werden als Strömungsmaschinen wie folgt berechnet.

Leistungen. Sind h ihre Gefälle und η ihre Gesamtwirkungsgrade, so gilt

$$P_L = \dot{m}_L h_L / \eta_L \qquad\qquad P_T = \eta_T \dot{m}_T h_T \qquad\qquad (293.1)$$

Hierbei betragen die Wirkungsgrade $\eta_L \sim 0{,}6$ bis $0{,}8$ bzw. $\eta_T = 0{,}5$ bis $0{,}7$ und nehmen mit der Größe der Aggregate zu und fallen bei Teillasten stark ab.

Gefälle. Sie werden Tabellen oder Diagrammen von den Enthalpien der Luft und der Brenngase entnommen. Liegen diese nicht vor, so gilt nach Gl. (44.10) und (44.11)

$$h = \frac{n}{n-1} R T_1 \left[(p_2/p_1)^{\frac{n-1}{n}} - 1 \right] \qquad\qquad (293.2)$$

Dabei betragen die Polytronexponenten für den Lader $n = \kappa = 1{,}4$ und für die Turbine $n = 1{,}3$, auch können sie verschiedene Druckverhältnisse ψ_{AL} und ψ_{AT} haben.

Eintrittstemperatur (292.1). Beim Lader ist sie gleich der Ansaugetemperatur der Luft. Bei der Stoßaufladung erfolgt die Dehnung vom Motoraustritt (Punkt 5) isentrop auf einen mittleren Austrittsdruck p_2 und es gilt mit $T_1 \equiv T_5$ nach Gl. (44.8)

$$T_1' = T_5 (p_1/p_5)^{\frac{\kappa-1}{\kappa}} \qquad\qquad (293.3)$$

Bei der Stauaufladung ist die innere Energie u_5 um die Überschubarbeit vom Motor zu Turbine $p_1(v_1 - v_5)$ größer als im Punkt 1, also ist $u_5 = u_1 + p_1(v_1 - v_5)$. Mit den Enthalpien $h = u + pv$ folgt $h_5 - h_1 = p_5 v_5 (1 - p_1/p_5)$.

Aus $h_5 - h_1 = c_p(T_5 - T_1)$ mit $p_5 v_5 = R T_5$ und $c_p/R = (\kappa - 1)/\kappa$ ergibt sich durch Auflösen nach T_1

$$T_1 = T_5 \left[1 - \frac{\kappa - 1}{\kappa} \left(1 - \frac{p_1}{p_5} \right) \right]$$

Für die Temperaturen ist $T_1 > T_1'$ weil die durch Drosselung verlorene Energie ($\bar{m}_w$ Fläche $5\,1\,5'$) wieder als Wärme dem Gas zugeführt wird ($\bar{m}_w$ Fläche $1\,2\,2'\,1'$) wie Bild **292.1** a und c zeigt.

4.4.3.3 Betrieb

Kennlinien. Sie dienen zur Anpassung des Motors an seine Aggregate und zur Beschreibung der Betriebszustände. Hierzu wird der Aufladedruck der Aggregate als Funktion ihres auf den Ansaugezustand bezogenen Volumens bei konstanter Drehzahl dargestellt (**294.1**).

Motor. Beim Viertaktverfahren steigt der Ansaugstrom $\dot{V}$ mit dem Aufladedruck p_2 leicht an. Grund hierfür ist die Verbesserung des Liefergrades infolge der Ventilüberschneidung und der geringeren Aufheizung. Der Volumenstrom wird mit steigender Ventilüberschneidung größer.

Verdrängerverdichter. Die Volumenkennlinien haben hier die entgegengesetzte Tendenz, weil der Liefergrad wegen des Anwachsens der Rückexpansion und der Aufheizung abfällt.

Kreiselverdichter. Von der Pumpgrenze an nimmt der Aufladedruck erst weniger, dann mehr mit wachsendem Volumenstrom ab, weil dabei Reibungs- und Stoßverluste anwachsen. Oberhalb der Pumpgrenze ist kein stabiler Betrieb mehr möglich.

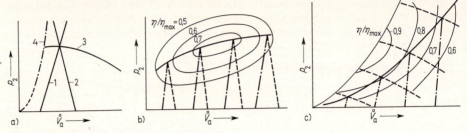

294.1 Kennlinien und -felder

a) Grundformen bei konstanter Drehzahl
  1 Motor, *2* Verdrängerlader, *3* Kreislader mit Pumpgrenze *4*
b) Kennfeld eines Verdrängerladers, c) Kennfeld eines Kreiselladers
strichpunktiert: Motor, gestrichelt: Lader, ausgezogen: Gesamtaggregat

Anlagenkennlinie. Sie entsteht, wenn zunächst die Kennlinien von Motor und Verdichter für bestimmte Drehzahlen aufgetragen und dann ihre Schnittpunkte verbunden werden. Einfach ist dies nur für Motor und Lader, bei Hinzutreten der Abgasturbine ist meist eine Abstimmung der Aggregate auf dem Versuchsstand notwendig.

Abgasturbolader (294.2). Die radialen Laufräder der Turbine *1* und des Laders *2* sind durch die Welle *3* verbunden. Diese läuft in den Gleitlagern *4* und *5*, wobei das letzte das Festlager ist. Die beiden Laufräder sind also fliegend gelagert und werden durch die Kohleringe *6* und *7* abgedichtet.

Abgasstrom. Er tritt über den Stutzen *8* in das Spiralgehäuse *9* der Turbine ein. Danach strömt er über den festen Düsenkranz *10* durch das Laufrad *1* und verläßt über den Stutzen *11* die Turbine zum Auspuff hin.

Luft. Sie wird vom Laufrad des Laders *2* durch den Stutzen *12* angesaugt und gelangt nach der Verdichtung über den Spiralkanal *13* und den Stutzen *14* in die Zylinder.

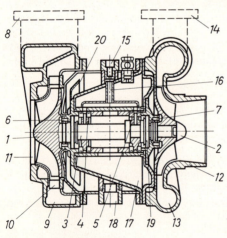

294.2 Abgasturbolader
[Kühnle, Kopp und Kausch]

Schmieröl. Den Gleitlagern fließt es über den Anschluß *15* zu und tropft über die Bohrung *16* und den Sammelraum *17* in den Abfluß *18*. Die Spitzringe *19* vermeiden Ölverluste und der Wärmeschutz *20* verhindert eine Aufheizung des Öles.

Regelung. Es sind die Drehzahl und der Gegendruck des Laders zu regeln. Als Stellglied für den Gegendruck des Laders dient ein Umführungs- bzw. Bypassventil für Luft. Zur Drehzahlregelung kann ein Umführungsventil für das Abgas benutzt werden.

Anwendung

Die Aufladung wird bei allen Motoren angewendet. Einen Sonderfall bilden hierbei die Flugmotoren, bei denen die Aufladung den Druckabfall der Luft mit der Höhe und den damit verbundenen Leistungsverlust ausgleicht.

Dieselmotoren. Sie sind meist aufgeladen und bei Leistungen über 250 kW wird auch die verdichtete Ladeluft zurückgekühlt. Eine Ausnahme bilden noch die Personenkraftwagen-motoren, aber auch hier dringt die Aufladung bis zu Leistungen von 50 kW vor. Große Zweitaktmotoren werden in zwei Stufen aufgeladen.

Lkw-Dieselmotor (295.1). Dieser Sechszylinder-Viertaktmotor mit dem Gesamthubvolumen 11,41 l wird mit und ohne Aufladung für die Drehzahlen 1000 bis 2100 min⁻¹ geliefert.

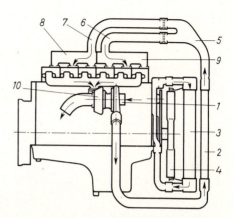

Aufgeladene Maschine. Gegenüber dem Saugmotor steigt die Leistung von 170 auf 230 kW bei der Drehzahl 1800 min⁻¹, der spezifische Kraftstoffverbrauch sinkt um 10% und das Verdichtungsverhältnis ist von 18 : 1 auf 17 : 1 verringert. Der Kolben wird gekühlt, die Ventilüberschneidung und die Kolben der Einspritzpumpe sind größer.

Luft. Sie wird vom Lader *1* über ein Filter mit 1 bar 25°C angesaugt und auf $\approx 2,5$ bar 120°C verdichtet. Im Kühler *2* hinter dem Wasserkühler *3*, die vom Lüfterrad *4* angeblasen werden, erfolgt die Rückkühlung auf ≈ 50°C. Nach Durchströmen des Ausgleichsbehälters *5* wird in den Rohren *6* und *7* sowie in den Behältern *8* und *9* der Druck vor den Zylindern *1 2 3* und *4 5 6* (s. Bild **291.**1 d) durch Resonanz weiter erhöht.

295.1 Kombinierte Aufladung eines LKW-Viertakt-Dieselmotors [MAN]

$z = 6$, $D = 125$ mm,
$s = 155$ mm, $p_e = 13,45$ bar,
$P_e = 230$ kW   bei $n = 1800$ min

Abgas. Es wird in den Auspuffkrümmern gesammelt, durchströmt die Turbine und geht mit ≈ 600°C in den Auspuff.

Ottomotoren. Hier ist die Aufladung weniger verbreitet. Infolge der Verstellung der Drosselklappe in der Saugleitung zur Laständerung sind die Ladedrücke starken Schwankungen unterworfen. Die Anpassung an das Laderkennfeld ist daher schwierig. Der Lader erreicht seine Nenndrehzahl schon bei kleinen Lasten. So darf bei höheren Lasten nur ein Teilstrom des Abgases durch die Turbine strömen damit sie nicht durchgeht. Das restliche Gas entweicht dann über ein Umführungsventil in den Auspuff. Liegt, wie meist üblich, der Lader vor der Drosselklappe, so öffnet sich bei kleiner Last ein Bypass. Er bewirkt, daß der Lader noch so viel Luft fördert, daß er seine Pumpgrenze nicht überschreitet.

Beispiel 31. Bei einem aufgeladenen Dieselmotor ist der Zustand am Expansionsende $p_5 = 8,2$ bar, $t_5 = 900$°C, der Ladedruck $p_A = 2$ bar und der atmosphärische Zustand der Luft $p_a = 1$ bar, $t_a = 10$°C. Für das Luftverhältnis gilt $\lambda = 1,3$, für den Luftmindestbedarf $L_{min} = 14,35$ kg/kg. Der Polytropenexponent ist für die Turbine $n = 1,3$ für den Verdichter $\kappa = 1,4$.

Gesucht sind die für die Aufladung des Motors notwendigen Wirkungsgrade vom Lader und der Turbine.

Grundgleichung: Aus den Gl. (293.1) folgt bei gleichen Leistungen von Turbine und Lader $\eta_T \eta_L = \dot{m}_L h_L / (\dot{m}_T h_T)$. Unter der Annahme, daß der Wirkungsgrad des Laders um fünf Prozent größer als der der Turbine ist, wird

$$\eta_L = 1{,}05\,\eta_T \quad \text{und} \quad \eta_T = \sqrt{\frac{\dot{m}_L\,h_L}{\dot{m}_T\,h_T \cdot 1{,}05}}$$

Massenströme. Mit Gl. (292.1) und $\dot{m}_L/\dot{B} = \lambda L_{min}$ wird

$$\frac{\dot{m}_T}{\dot{m}_L} = \frac{\dot{m}_L + \dot{B}}{\dot{m}_L} = 1 + \frac{1}{\lambda L_{min}} = 1 + \frac{1}{1,3 \cdot 14,35 \text{ kg/kg}} = 1,054$$

Turbinengefälle. Mit $p_1 = p_A$ ergibt die Gl. (293.3) mit $(\kappa - 1)/\kappa = 0,2857$

$$T_1' = T_5 (p_1/p_5)^{\frac{\kappa-1}{\kappa}} = 1173 \text{ K} \cdot \left(\frac{2 \text{ bar}}{8,2 \text{ bar}}\right)^{0,2857} = 783,8 \text{ K}$$

Mit $(n - 1)/n = 0,2308$, $T_1 = T_1'$ und $p_2 = 1$ bar folgt damit aus Gl. (293.2)

$$h_T = \frac{n}{n - 1} R T_1 \left[(p_2/p_1)^{\frac{n-1}{n}} - 1\right] = \frac{0,2871 \text{ (kJ/kg K) } 783,8 \text{ K}}{0,2308} \left[\left(\frac{2 \text{ bar}}{1 \text{ bar}}\right)^{0,2308} - 1\right]$$

$$= 169,15 \text{ kJ/kg}$$

Ladergefälle. Hier ist $p_2 = p_1$, $p_1 = p_a$ und $t_1 = t_a$ also

$$h_L = \frac{\kappa}{\kappa - 1} R T_1 \left[(p_2/p_1)^{\frac{\kappa-1}{\kappa}} - 1\right] = \frac{0,2871 \text{ kg/kg K } 293 \text{ K}}{0,2857} \left[\left(\frac{2 \text{ bar}}{1 \text{ bar}}\right)^{0,2857} - 1\right]$$

$$= 64,48 \text{ kJ/kg}$$

Wirkungsgrade. Mit der Grundgleichung folgt dann

$$\eta_T = \sqrt{\frac{\dot{m}_L h_L}{1,05 \dot{m}_T h_T}} = \sqrt{\frac{1,054 \cdot 64,48 \text{ kJ/kg}}{1,05 \cdot 169,15 \text{ kJ/kg}}} = 0,618, \quad \eta_V = 1,05 \cdot 0,618 = 0,650$$

Das sind die für den Betrieb erforderlichen Wirkungsgrade. Sie werden aber nicht mehr erreicht, wenn die Motorbelastung abfällt. Daher wird der Eintrittsdruck der Turbine auf 4 bar erhöht. Nach der gezeigten Berechnung ergibt sich dann, da h_L sich nicht ändert,

$$T_1' = 955 \text{ K}, \quad h_T = 448,16 \text{ kJ/kg}, \quad \eta_T = 0,38 \quad \text{und} \quad \eta_V = 0,40$$

Diese Werte genügen auch für den Teillastbetrieb.

4.5   Gemischbildung

Die Gemischbildung geht der Zündung, welche die Verbrennung einleitet, voraus und bewirkt eine Vermischung von Luft und Kraftstoff zu einem zündfähigen Medium. Die äußere Gemischbildung der Ottomotoren findet vor dem Zylinder statt. Bei gasförmigen Kraftstoffen dient hierzu ein Mischventil, bei flüssigen ein Vergaser oder eine Einspritzdüse in der Saugleitung. Zur inneren Gemischbildung im Zylinder wird der Kraftstoff bei Diesel- und Ottomotoren in den Arbeitsraum gespritzt.

4.5.1   Dieselmaschinen

Hier setzt die Gemischbildung beim Einspritzen des Kraftstoffes in den Arbeitsraum kurz vor dem Ende der Kompression ein. Das Einspritzen erfolgt dabei entweder in einen in sich geschlossenen Verbrennungsraum oder in Nebenkammern, in denen eine Teilverbrennung die Gemischbildung verbessert.

4.5.1.1 Motoren mit direkter Einspritzung

Bei der direkten Einspritzung oder Strahlzerstäubung wird der Kraftstoff in den nicht unterteilten Verbrennungsraum gefördert und an seiner Wand (s. MAN-M-Verfahren) oder in der Luft verteilt. Zur Gemischbildung ist dabei eine Abstimmung der Kraftstoffstrahlen, der Brennraumform und der Luftbewegung notwendig.

Kraftstoffstrahlen. Der meist luftverteilte Kraftstoff wird von der Pumpe über Lochdüsen mit maximal zwölf Bohrungen (kleinster Durchmesser 0,2 mm) eingespritzt. Im Strahl (**297.**1), der einem Stromlinienkörper entspricht, bilden sich Tröpfchen von 2 bis 50 μm Durchmesser, deren Oberfläche ≈ 650mal so groß, wie die des eingespritzten Kraftstoffes ist. Im Kern des Strahles sind die Tröpfchen ≈ 15mal so groß, wie an seinem Umfang, wo sie durch die Reibung besser zerteilt werden. Die Reichweite soll sich über den gesamten Verbrennungsraum erstrecken, damit sich der Strahl besser mit der Luft vermischt. Dies erfordert Einspritzdrücke von 80 bis 300 bar, die mit dem Brennraumdurchmesser zunehmen. Strahlen, die an der gekühlten Zylinderwand auftreffen, zünden schwer, bringen eine lange Nachverbrennung mit sich und zerstören den Schmierölfilm der Laufflächen bei Zylindertemperaturen über 200 °C.

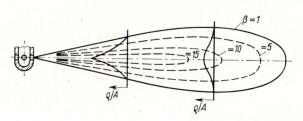

297.1
Aufbau eines Kraftstoffstrahls
(β Verhältnis der Tröpfchendurchmesser der einzelnen Schichten, ϱ/A Tropfendichte pro Einheit des Strahlquerschnitts)

Verbrennungsraum (297.2). Er wird von den Böden des Zylinderkopfes und des Kolbens sowie vom Zylindermantel eingeschlossen. Der Kolbenrand ist meist so hoch gezogen, wie es das axiale Kolbenspiel zuläßt. Hierdurch wird die Luft am Ende der Verdichtung verwirbelt und lenkt die Kraftstoffstrahlen von der Zylinderwand ab. Der Hesselman-Kolben (**297.**2a) paßt sich der Strahlform am besten an. Beim einfacheren Muldenkolben (**297.**2b) entsteht ein Luftwirbel mit hoher Geschwindigkeit, der den Wärmeübergang bei der Verbrennung verbessert.

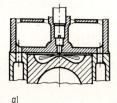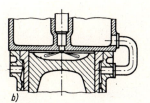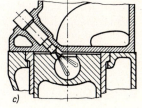

a)   b)   c)

297.2   Brennraumformen
a) Hesselman-Kolben, b) Mulden-Kolben, c) Kugelbrennraum

Luftbewegung. Die einströmende Luft wird so geführt, daß im Zylinder ein Wirbel zur Verbesserung der Gemischbildung entsteht. Dadurch sind Luftverhältnisse bis 1,4 herab möglich. Bei Viertaktmaschinen erhält das Einlaßventil (**298.**1a) einen Schirm oder der Einlaßkanal wird als Spirale (**298.**2a) ausgebildet bzw. tangential an den Arbeitsraum herangeführt.

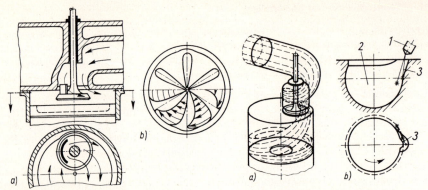

298.1   Direkte Einspritzung

   a) Schirmventil mit Luftbewegung

   b) Kraftstoffstrahlen oben ohne und unten

     mit Luftbewegung

298.2   Das MAN-M-Verfahren

   a) Spiralkanal (Luftbewegung– – –)

   b) Kraftstoffeinspritzung

Zweitaktmaschinen haben exzentrische Spülschlitze (**282.**3). Die Verwirbelung der Luft verbessert die Energieumwandlung und ermöglicht einfachere Verbrennungsräume, verschlechtert aber den Liefergrad und damit den Mitteldruck nach Gl. (259.8). Außerdem ist keine optimale Drallbildung im gesamten Drehzahlbereich möglich. Bei Großmaschinen kann der spezifische Kraftstoffverbrauch bis zu 200 g/kW h verringert werden.

4.5.1.2   MAN-M-Verfahren

Der Kraftstoff (**298.**2b) wird durch die Düse _1_ in den halbkugelförmigen Brennraum _2_ des Kolbens eingespritzt. Der Strahl _3_ soll möglichst kurz sein, damit $\approx 95\,\%$ seiner Masse an die Brennraumwand gelangt, wo ein Film von $\approx 12\,\mu$m Dicke entsteht. Die Luft (**298.**2a), durch den spiralförmigen Einlaßkanal in eine drehende Bewegung versetzt, kühlt den Brennraum soweit ab, daß der Kraftstoff verdampft, ohne sich zu entzünden. Durch die Verdampfung, deren Geschwindigkeit mit der Lufttemperatur ansteigt, vermischen sich Luft und Kraftstoff besonders innig. Die Zündung wird durch den Kraftstoffrest von 5 % eingeleitet. Er entzündet sich an der Luft von selbst und bildet dabei glühende Kohlenstoffteilchen, die die Fremdzündung des Kraftstoff-Luft-Gemisches bewirken. Dazu eignen sich alle Kraftstoffe, deren Siedebereich zwischen 40 und 400 °C und deren Zündwilligkeit zwischen Dieselöl und Benzin liegt. Die Verbrennung ist wegen der anfangs geringen Verdampfungsgeschwindigkeit sehr ruhig und die Brenngase sind rußfrei.

4.5.1.3   Motoren mit unterteiltem Brennraum

Die Aufteilung des Verbrennungsraumes bei Vorkammer- und Wirbelkammermotoren (**299.**1) verbessert die Gemischbildung. Hierbei werden der im Zylinderkopf bzw. der über dem Kolben liegende Neben- und Hauptbrennraum _1_ und _2_ unterschieden. Im Nebenraum verbrennt nur ein Teil des Kraftstoffes, wobei der Druck ansteigt. Die dabei entstandenen Brenngase strömen mit hoher Geschwindigkeit durch die Bohrungen. Im Hauptraum angelangt, bilden die Gasstrahlen Wirbel aus dem restlichen Kraftstoff und der Luft, die sich intensiv vermischen. Die Anwendung unterteilter Brennräume erfolgt, da

Zapfendüsen möglich sind, bei kleineren Motoren, deren Kraftstoffverbrauch so gering ist, daß die Bohrungen der Mehrlochdüsen zu klein werden und verstopfen oder zu hohe Einspritzdrücke erfordern. Vor- und Nachteile sind: Die effektiven Drücke liegen höher, da die bessere Gemischbildung Luftverhältnisse bis zu 1,2 herunter ermöglicht. Die Einspritzdrücke (150 bis 200 bar) und die Verdichtungsverhältnisse (unter 20) sind niedriger, weniger zündwillige Kraftstoffe können sich an den glühenden Teilen der Nebenbrennräume entzünden und die Stickstoffemission (s. Abschn. 1.5.1) ist geringer. Der spezifische Kraftstoffverbrauch (Bestwert $\approx 240\,\mathrm{g/kW\,h}$) ist aber ungünstig, da wegen der großen Oberfläche der Brennräume und der Wirbelbildung höhere Verluste an mechanischer und an Wärmeenergie entstehen. Die Temperaturen der Nebenräume sind sehr hoch und zum Anlassen sind besondere Hilfen notwendig.

Vorkammerverfahren (299.1a). Als Nebenbrennraum dient die zylindrische Kammer *1*, die 15 bis 35% des Verdichtungsraumes einnimmt. Mit dem Hauptbrennraum *2* ist sie durch mehrere enge Bohrungen *3* im Einsatz *4* verbunden. Der Kraftstoff wird durch die Düse *5* gegen den Boden des Einsatzes *4*, der eine Temperatur bis zu 800 °C hat, gespritzt und dabei verdampft. Wegen der geringen Luftmasse verbrennt dort nur ein Anteil, wobei in der Kammer eine Druckerhöhung von ≈ 20 bar auftritt. Das entstandene Brenngas drückt dabei den restlichen Kraftstoff mit einer Geschwindigkeit bis zu 500 m/s durch die Bohrungen in den Hauptbrennraum, wo er sich mit der Luft vermischt und verbrannt wird. Als Anfahrhilfe dient die Glühkerze *6*.

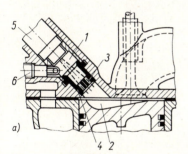 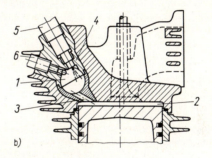

299.1 Unterteilte Brennräume

a) Vorkammer [Daimler-Benz], b) Wirbelkammer [Deutz]

Wirbelkammerverfahren (299.1b). Der Nebenbrennraum hat hier die Form einer scheiben- oder kugelförmigen Kammer *1*. Sie ist mit dem Hauptbrennraum *2* durch den düsenförmigen, tangential einmündenden Kanal *3* verbunden. Die Luft wird am Ende der Verdichtung größtenteils von der Kammer aufgenommen und bildet einen Wirbel, der mit der ≈ 15fachen Motordrehzahl umläuft. Der Kraftstoff wird kurz vor dem *OT* in die Kammer gespritzt, vermischt sich mit der Luft und entzündet sich am bis zu 860 °C vorgewärmten Kammerboden. Die Verbrennung in der Kammer ist unvollständig, wird aber im Hauptbrennraum fast vollkommen. Der geteilte Körper *4* aus Gußeisen für die Kammer ist in den Leichtmetallkopf eingegossen und nimmt die Einspritzdüse *5* und die Glühkerze *6* auf.

4.5.1.4 Einspritzausrüstung

Ihre Aufgabe ist es, den Kraftstoff in den Verbrennungsraum einzuspritzen und dabei das Volumen, den Druck, die Zerstäubung sowie den Beginn und die Dauer der Förderung zu steuern. Sie besteht aus der Einspritzpumpe, der Düse und den Verbindungsleitungen. Von den zahlreichen Konstruktionen sei hier eine Pumpe mit konstantem Hub und einer Schrägkantensteuerung beschrieben.

Einspritzpumpe

Wirkungsweise. Der Kraftstoff (**300**.1) wird von einem Hochbehälter aus oder mit einer Vorpumpe über ein Filter durch die in der Buchse *1* liegenden Bohrungen *2* und *3* zugeführt. Zur Steuerung des Förderstromes ist der von einem Nocken angetriebene Kolben *4* drehbar in der Buchse *1* gelagert. Sein Mantel deckt dadurch die Bohrungen *3* zwischen seiner Oberkante *5* und Steuerkante *6* auf verschiedenen Längen ab.

Fördervorgang (**300**.1). Steht der Kolben im *UT*, ist der Pumpenzylinder mit Kraftstoff gefüllt. Die Förderung beginnt nach dem Abdecken der Bohrungen *2* und *3* durch die Kolbenoberkante *5* und ist beendet, wenn die Bohrungen wieder von der Steuerkante *6* freigegeben werden. Dann sind nämlich der Saug- und Druckraum durch die Nut *7* verbunden. Das Einspritzen setzt wegen der Dehnung der Leitungen und der Zusammendrückung des Kraftstoffes später ein. Der wirksame Kolbenhub *h* verringert sich so auf den Weg *h'*. Sein Maximalwert h_{max} wird durch Verdrehen des Kolbens um den Winkel $\varphi = 120°$ eingestellt. Das Fördervolumen *V* ist dem Drehwinkel φ proportional, da die Abwicklungen der Steuerkanten Geraden ergeben. Der Förderbeginn ist konstant, während das Förderende mit zunehmendem Volumen später eintritt, weil die Kante *5* senkrecht und die Kante *6* schräg zur Kolbenachse liegt.

Förderstrom. Ist c_K die Geschwindigkeit des Kolbens mit der Fläche A_K und $c_m = h/t_E$ ihr Mittelwert während der Einspritzdauer t_E, so gilt mit dem Liefergrad λ_L für den Förderstrom eines Pumpenelementes bzw. für sein Fördervolumen pro Arbeitsspiel nach Gl.(53.1)

$$\dot{V}_f = \lambda_L c_K A_K \qquad\qquad V_F = \lambda_L A_K c_m t_E = \lambda_L A_K h \qquad\qquad (300.1)$$

Die Geschwindigkeit c_K beträgt maximal 2 m/s, und ihr Verlauf hängt von der Form des Antriebsnockens ab. Beim Förderbeginn liegt sie bei ≈ 1 m/s, damit die vor der Zündung eingespritzte Kraftstoffmasse nicht zu groß wird. Der Liefergrad ist 0,92 bis 0,95 und steigt bei höherer Drehzahl, bei der die Leckverluste abnehmen.

Bosch-Pumpe (300.2). Zum Antrieb des Kolbens *1*, der in der im Gehäuse *2* eingepreßten Buchse *3* läuft und auf der Schraube *4* des Rollenstößels *5* aufliegt, dient der Nocken *6* auf der Nockenwelle *7*. Die Feder *8* stellt dabei den Kraftschluß her. Die Drehzahl der Nockenwelle entspricht der Zahl der Arbeitsspiele und die Anordnung der Nocken hängt vom Einspritzbeginn und der Zündfolge ab. Der Kolben *1* hat unten eine Fahne *9*, die in der

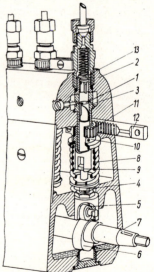

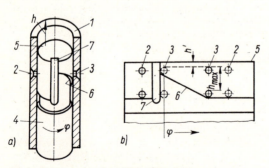

300.1 Arbeitsweise einer Einspritzpumpe
a) Pumpenelement, b) Abwicklung (Nullförderung ———)

300.2 Einspritzpumpe [Bosch]

Einstellhülse *10* gleitet. Beim Verstellen des Fördervolumens wird die Hülse *10* und damit der Kolben über das Zahnrad *11* und die Zahnstange *12* von Hand bzw. vom Regler verdreht. Am Ende der Förderung schließt das Druckventil *13* selbsttätig den Zylinder.

Spritzversteller. Er soll bei laufendem Motor den Einspritzbeginn mit zunehmender Drehzahl vorverlegen, um den hiermit ansteigenden Zündverzugswinkel nach Gl.(322.1) auszugleichen. Dazu wird an einer Kupplung die Nockenwelle bis zu einem Winkel von 12° im Drehsinn ihrer Antriebswelle von Hand oder durch Fliehkraftpendel verdreht.

Einspritzdüsen

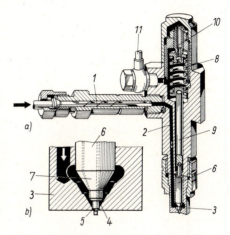

Sie bestimmen den Einspritzdruck sowie die Größe, die Form und die Lage der Strahlen und heißen geschlossen, wenn ihr Austritt nach dem Spritzvorgang abgesperrt wird. Der Kraftstoff fließt im Düsenhalter (**301**.1) über den Stabfilter *1* und die Bohrungen *2* in den Düsenkörper *3* mit dem Austritt *4* und dem Sitz *5* für die Düsennadel *6*. Beim Einspritzbeginn hebt der von der Kraftstoffpumpe erzeugte Druck die Schulter *7* der Nadel *6* an. Diese gibt den Austritt *4* frei und spannt die Feder *8* über den Bolzen *9*. Am Einspritzende sinkt der Druck ab, und die Feder *8* drückt die Nadel *6* auf ihren Sitz *5*. Der Einspritzdruck wird dabei durch Spannen der Feder *8* mit der Schraube *10* erhöht. Zur Führung und Dichtung ist die Nadel

301.1   Düsenhalter (a) mit Zapfendüse (b) [Bosch]

in den Düsenkörper mit einem Spiel bis zu 2 μm eingeläßt. Leckmengen, die am Schaft der Nadel *6* hindurchtreten, sind zur Schmierung notwendig und fließen durch die Leitung *11* ab.

Düsenformen. Bei den Lochdüsen (**301**.2a) für die direkte Einspritzung dient die Nadel nur zum Öffnen und Schließen des Kraftstoffaustritts. Die Strahlform und -Lage ist von der Weite der Bohrungen und dem Lochwinkel α (maximal 180°) abhängig. Zapfendüsen (**301**.2b bis d) sind für unterteilte Brennräume vorgesehen. Der Austritt hat nur eine Bohrung, aus der ein an die Düsenspitze angedrehter Zapfen hervorragt, der Verkokungsansätze beseitigen soll. Zylindrische bzw. kegelige Zapfen (**301**.2b, c) geben dem Strahl die Form eines Bündels bzw. eines Kegelmantels. Bei den Drosseldüsen (**301**.2d) gibt zuerst der zylindrische Ansatz einen kleinen und später der kegelige Zapfen einen größeren Querschnitt frei. So entsteht zunächst der kleinere Vorstrahl *1*, dann der größere Hauptstrahl *2*. Hierdurch tritt während des Zündverzuges zunächst wenig Kraftstoff in den Zylinder, so daß der Druckanstieg zum Verbrennungsbeginn klein und der Gang des Motors weich wird.

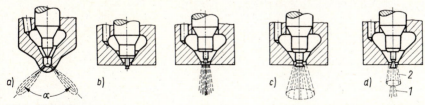

301.2   Düsenformen

a) Lochdüse, b) Zapfendüse mit zylindrischen Zapfen, geschlossen und offen, c) Zapfendüse mit kegeligem Zapfen, d) Zapfendüse mit Voreinspritzung

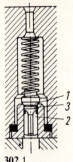

302.1
Druckventil
der Boschpumpe

Nachtropfen. Seine Ursache sind zu langsam schließende und undichte Düsen. Aus diesen tropft der Kraftstoff nach Abfall des Einspritzdruckes, weil er sich dann – begünstigt durch Lufteinschlüsse – ausdehnt und seine Leitungen sich zusammenziehen. Die Folge ist ein Verkoken der Düsen, wenn ihre kritische Temperatur ($\approx 275\,°$C bei Bohrungen von 0,23 mm) überschritten wird. Dadurch nimmt die Reichweite des Kraftstoffstrahles ab, seine Richtung ändert sich, die Verbrennung wird schlechter, und die Motorleistung sinkt. Zur Abhilfe sind die Leitungen so auszuführen, daß keine Lufteinschlüsse entstehen. Außerdem erhält das Druckventil *1* in Bild **302.**1 unter seinem Sitz den in die Bohrung *2* eingepaßten Bund *3*. Dessen Volumen ist etwas größer als die Dehnung der Leitungen und die Zusammendrückung des Öles beim Einspritzbeginn. Schließt das Druckventil, so fällt der Einspritzdruck plötzlich ab, und die Düsennadel wird von ihrer Feder ohne Verzögerung auf ihren Sitz gedrückt.

Kraftstoffleitungen

Sie verbinden die Einspritzpumpen mit den Düsenhaltern und bestehen aus nahtlos gezogenen Stahlrohren. Die Kraftstoffgeschwindigkeit beträgt das 10- bis 15fache der mittleren Geschwindigkeit der Pumpenkolben, so daß sich tragbare Drosselverluste und kleine Rohrinnendurchmesser ergeben, denen große Dicken zugeordnet sind. Dadurch soll die Dehnung der Rohre und die Zusammendrückung des Kraftstoffes ($\approx 1,5\,\%$ seines Volumens bei Einspritzdruck 300 bar) verringert werden, damit der wirksame Hub der Einspritzpumpe nicht zu stark abfällt. Die Leitungen sind meist gleich lang, damit sich gleiche Entlastungsvolumina für die Druckventile der Pumpe ergeben. Da Lufteinschlüsse den Einspritzbeginn unkontrollierbar verzögern, werden die Leitungen steigend verlegt und Sonderrohrverschraubungen benutzt. Druckschwingungen entstehen durch die beim Einspritzbeginn einsetzende Druckwelle, die zuerst von der Düse, dann vom Pumpenkolben reflektiert wird und danach zwischen diesen Teilen hin- und herschwingt [49].

4.5.2 Ottomaschinen

Die Gemischbildung erfolgt hier im Vergaser vor dem Motor oder durch Einspritzen des Kraftstoffes in die Saugleitung oder in den Zylinder. Sie ist wesentlich besser als bei der Dieselmaschine, da hierfür eine längere Zeit zur Verfügung steht und der Ottokraftstoff leichter verdampft. Daher sind Luftverhältnisse unter Eins noch wirtschaftlich vertretbar. Da aber eine zur Zündung (**305.**1) ausreichende Geschwindigkeit nur bei Luftverhältnissen $\lambda = 0,5$ bis 1,3 entsteht, sorgt eine Drosselklappe (**303.**1c) für die richtige Dosierung des Gemisches. Ihr Durchlaßquerschnitt beträgt $A_{K1} = A_R - A_e$, da ihre Projektion auf dem Rohrquerschnitt A_R eine Ellipse mit der Fläche $A_e = \pi a b$ ergibt. Ist D der Rohr- bzw. der Klappendurchmesser, so ist die Rohrfläche $A_R = \pi D^2/4$ und die Halbachsen der Ellipse betragen $a = D/2$ und $b = D \sin\varphi/2$. Damit folgt für die zentrische Klappe

$$A_{K1} = A_R - \frac{\pi}{4} D^2 \sin\varphi = \frac{\pi}{4} D^2 (1 - \sin\varphi)$$

Ihre relative Öffnung beträgt $A_{K1}/A_R = 1 - \sin\varphi$, für $A_{K1}/A_R = 1/4$ ist dann $\varphi = 48,6°$.

4.5.2.1 Vergasermotoren

Im heute üblichen Spritzvergaser, der im Saugrohr hinter dem Luftfilter liegt, wird der flüssige Kraftstoff in feine Teilchen zerstäubt und mit der Luft vermischt. Die Kraftstoffzufuhr erfolgt über ein Filter von einem Hochbehälter aus oder durch eine Pumpe. Im Saugrohr hinter dem

Vergaser erhält die Ladung eine höhere Geschwindigkeit, um die Gemischbildung zu verbessern. Häufig wird das Saugrohr auch mit Auspuffgasen beheizt, damit der Kraftstoff besser verdampft und sich nicht an den Wänden absetzt. Hierbei fällt aber der Liefergrad ab.

Bauarten der Vergaser

Bei Vergasern sind die verschiedensten Konstruktionen im Gebrauch, die dem Verwendungszweck des Motors angepaßt sind. So müssen z. B. Flugzeugvergaser auch beim Rückflug, also auf dem Kopf stehend, arbeiten. Die wichtigsten Formen sind:

Konstantquerschnitt-Vergaser (303.1). Hier haben der Lufttrichter, der ein Venturirohr ist, und die Kraftstoffdüse einen konstanten Querschnitt. Steigt der Durchsatz der Luft, z.B. durch Vergrößern des Klappenquerschnitts A_{Kl} (**303.**1 a) oder der Drehzahl (**303.**1 b), so wächst der Unterdruck $p_a - p$ wobei p_a der atmosphärische Druck ist. Dann steigt die Geschwindigkeit im Venturirohr an, es wird mehr Kraftstoff angesaugt und die Zerstäubung ist besser.

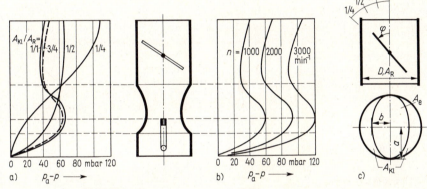

303.1   Konstantquerschnitt-Vergaser

a) und b) Verlauf des Unterdruckes im Vergaser

a) als Funktion der Klappenstellung, b) als Funktion der Drehzahl, c) zentrische Vergaserklappe

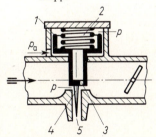

303.2   Konstantdruck-Vergaser

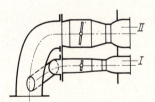

303.3   Register-Vergaser

Konstantdruck-Vergaser (303.2). Bei dieser Form wird der Druck und damit die Geschwindigkeit im engsten Querschnitt konstant gehalten. Hierzu dient der Kolben *1* mit der Feder *2*, der Bohrung *3* und der konischen Nadel *4* sowie die Düse *5*. Steigt der Durchsatz, so fällt der Druck *p* und die Druckdifferenz $p_a - p$ wird größer. Sie drückt den Kolben *1* gegen die Feder *2* nach oben. Damit wächst der Druck *p* und die Nadel *4* der Düse *5* vergrößert den Kraftstoffzufluß. Dies erfolgt bis der Druck p fast ausgeglichen ist. Diese Einrichtung wirkt als P-Regler mit dem Druck als Regelgröße, dem Querschnitt der Düse als Stellgröße und dem Durchsatz als Störgröße.

Stufen- oder Registervergaser (303.3). Sie bestehen aus zwei, in einem Gehäuse nebeneinander liegenden Vergasern, den beiden Stufen, die nacheinander wirken. Die erste Stufe I, die meist mit Abgasen beheizt ist, arbeitet im Leerlauf und bei Teillast, die zweite II bei Vollast. Zur Verstellung sind beide Vergaserklappen durch ein Gestänge oder eine Unterdruckverstellung so gekoppelt, daß erst die erste und dann die zweite Stufe geöffnet wird.

Doppelvergaser. Sie bestehen aus zwei Vergasern mit einem gemeinsamen Schwimmer in einem Gehäuse. Sie enthalten also je zwei Lufttrichter, Drosselklappen und Kraftstoffdüsen-systeme. Ihre Aufgabe ist es, die Gemischverteilung durch Zusammenfassung zweier Zylinder zu verbessern.

Grundform des Vergasers

Aufbau. Der Vergaser (**304.**1a) besteht aus dem als Diffusor ausgebildeten Lufttrichter *1*, der Kraftstoffdüse *2*, der Drosselklappe *3* und dem Kraftstoffbehälter *4*. Dieser enthält einen Schwimmer *5* zur Unterbrechung der Benzinzufuhr, wenn dessen Niveau über den Misch-querschnitt *6* ansteigt.

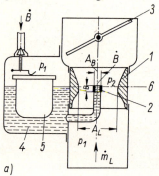
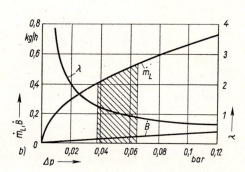

304.1 Vergaser ohne Zusatzeinrichtungen
a) Steigstromvergaser, b) Kraftstoff- und Luftstrom mit Luftverhältnis
(Betriebsbereich: schraffiert)

Wirkungsweise (304.1). Die Strömung der Luft (Index L) ist turbulent, des Benzins (Index B) laminar. Es bedeuten $\Delta p = p_1 - p_2$ die Differenz der Drücke p_1 und p_2 im Schwimmergehäuse *4* bzw. Luft-trichter *1* mit dem engsten Querschnitt A_L und der Durchflußzahl α, η_B die Zähigkeit des Benzins, das durch die Düse *2* mit der Länge l_B und dem Querschnitt A_B fließt und ϱ_B die Dichte. Für die M a s s e n - s t r ö m e der Luft bzw. des Kraftstoffes ergibt dann die Durchflußgleichung bzw. das Gesetz von H a g e n - P o i s e u i l l e

$$\dot m_L = \alpha\, A_L \sqrt{2\,\varrho_L\,\Delta p} \qquad\qquad \dot B = \frac{\varrho_B A_B^2}{8\,\pi\,\eta_B\,l_B}\,\Delta p \qquad\qquad (304.1) \text{ und } (304.2)$$

Das L u f t v e r h ä l t n i s folgt hieraus mit Gl. (255.1), wenn $\dot m_f = \dot m_L$ gesetzt wird

$$\lambda = \frac{\dot m_L}{\dot B\, L_{min}} = \frac{8\cdot\sqrt{2\cdot\pi}\,\alpha\, l_B\,\eta_B\sqrt{\varrho_L}}{\varrho_B\, L_{min}}\cdot\frac{A_L}{A_B^2}\cdot\frac{1}{\sqrt{\Delta p}} \qquad\qquad (304.3)$$

Hierbei ist die Durchflußzahl α und die Luftdichte von der Stellung der Drosselklappe *3* abhängig.

Betrieb. Durch auswechselbare Kraftstoffdüsen kann nach Gl. (304.3) der Vergaser einem bestimmten Lastpunkt, z. B. den Nennwert von Leistung und Drehzahl, angepaßt werden. Eine größere Düse verringert dabei das Luftverhältnis und macht das Gemisch reicher oder fetter.

Drehzahländerung. Fällt die Drehzahl bei konstanter Einstellung der Drosselklappe, so sinkt die Druckdifferenz Δp infolge des verringerten Luftstromes. Dann steigt nach Gl. (304.3) das Luftverhältnis an und das Gemisch wird ärmer oder magerer.

Laständerung. Wird die Leistung durch teilweises Schließen der Drosselklappe bei konstanter Drehzahl herabgesetzt, so steigt der Druck p_2 an, da sich das Gemisch vor der Klappe staut. Das Luftverhältnis steigt dann nach Gl. (304.3) an.

Zündgrenzen. Die Änderungen des Luftverhältnisses λ (**304.1**b) sind z. B. beim Fahrzeugbetrieb so groß, daß die Zündgeschwindigkeit c_Z (**305.**1) für eine ausreichende Zündung zu klein wird. Zur Abhilfe dienen Zusatzeinrichtungen.

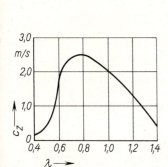

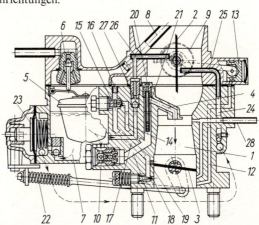

305.1 Zündgeschwindigkeit von Ottokraftstoffen als Funktion des Luftverhältnisses

305.2 Solex-Fallstromvergaser mit Startautomatik [DVG] (Weg des Benzins – – –)

Vergaser mit Zusatzeinrichtungen

Ihre Aufgabe ist es, das Luftverhältnis in den Zündgrenzen zu halten. Sie sind für den Start, Leerlauf, die Vollast und bei plötzlichen Laständerungen notwendig. Von den sehr verschiedenen Ausführungen sei eine am folgenden Vergaser erläutert [59]

Solex-Fallstromvergaser (305.2). Die Luft strömt durch den Trichter *1* an der Start- und Drosselklappe *2* und *3* sowie am Kraftstoffaustrittsarm *4* vorbei. Der Kraftstoff fließt über das vom Schwimmer *5* betätigte Nadelventil *6* in den Behälter *7*, der zum Druckausgleich durch das Rohr *8* mit der Saugleitung verbunden ist. Sein weiterer Weg hängt von den folgenden Betriebszuständen ab.

Start. Er erfolgt selbsttätig mit der Starterklappe *2*, die vorher von der Bimetallfeder *9*, der Außentemperatur entsprechend, etwas geöffnet wird. Beim Anlassen mit offener Drosselklappe *3* führt die Starterklappe *2*, die wegen ihrer exzentrischen Lagerung verschieden große Flügel hat, kurze, vom pulsierenden Luftstrom angeregte Schwingungen aus und drosselt den Druck vor dem Austrittsarm *4*. Aus diesem fließt jetzt der Kraftstrom über die Hauptdüse *10* und die Bohrung *11* und vermengt sich mit der Luft zu einem fetten Gemisch für das Anfahren des Motors. Bei geringer Öffnung der Drosselklappe *3* entsteht an dieser ein Druckabfall, der über die Bohrung *12* den Kolben *13* bewegt. Dieser zieht die Starterklappe *2* in die senkrechte Stellung.

Leerlauf. Der Kraftstoff gelangt jetzt über die Bohrungen *11* und *14* in die Leerlaufdüse *15* und vermischt sich dort mit der aus der Leerlaufbohrung *16* eintretenden Luft. Das entstandene Gemisch wird über die Bohrung *17* und Einstellschraube *18* für die Leerlaufdrehzahl durch den Unterdruck an der fast geschlossenen Drosselklappe *3* abgesaugt. Die Bohrung *19* dient zur Gemischverbesserung beim Übergang zur Belastung durch weiteres Öffnen der Drosselklappe *3*.

Belastung. Der Kraftstoff strömt durch den Austrittsarm *4*. Fällt der hier anliegende Druck durch Erhöhen der Drehzahl oder durch Öffnen der Drosselklappe *3*, dann sinkt das Kraftstoffniveau ab. Durch die Korrekturdüse *20* und das Mischrohr *21* gelangt zusätzlich Luft in den Kraftstoff, und das Gemisch magert ab.

Beschleunigung. Beim Öffnen der Drosselklappe *3* betätigt das Gestänge *22* die Membranpumpe *23*, die Kraftstoff über die Bohrung *24* und das Rohr *25* in den Lufttrichter *1* spritzt, damit der Motor schneller hochfährt.

Leistungssteigerung. Wird hierzu die Drehzahl weiter erhöht, dann magert das Gemisch durch das Mischrohr *21* zu stark ab. Zu seiner Anreicherung führt das Rohr *26* zusätzlich Kraftstoff zu. Dies beginnt bei einer Drehzahl, die durch den Unterdruck, der sich aus der Höhe und der Weite des Rohres *26*, sowie den Öffnungswiderstand des Ventils *27* ergibt, festgelegt ist. Am Rohr *28* wird der Druckversteller (**327**.2) zur Verbesserung des Kraftstoffverbrauchs bei teilweise geöffneter Drosselklappe *3* angeschlossen.

Elektronischer Vergaser

Die Aufgaben der Zusatzeinrichtungen für Start, Leerlauf, Belastung, Beschleunigung und Leistungssteigerung (s. Solexvergaser) übernimmt hier eine elektronische Steuerung.

Steuerung (**306**.1). Sie besteht aus digitalen Bausteinen, die auch zur Schadstoffreduktion durch Zuschalten einer Abgasrückführung und zur Regelung durch eine Lambda-Sonde (s. Abschn. 4.6.2.7) vorbereitet sind. Beeinflußt wird der Vergaser mit dem Lufttrichter *1*, der Drossel- und Stellklappe *2* und *3*, dem Kraftstoffaustrittsarm *4* mit der Nadel *5* der Leerlaufdüse. Hauptteile der Steuerung sind die Meßgeräte 6 bis 8 am Eingang des Rechners *9*, der Stellmotor *10* und der Schaltblock *11* an seinem Ausgang.

Meßgeräte. Es sind möglichst einfache Sensoren, wie der NTC-Widerstand mit großem negativen Beiwert für die Temperatur im Saugstutzen 6, ein Schiebepotentiometer 7 für die Stellung der Drosselklappe und der Zündspule 8 für die Drehzahl und zum An- und Abstellen der Steuerung.

Rechner. Er ist in Digitaltechnik mit einem Mikroprozessor aufgebaut. Aus den Meßwerten und mit den gespeicherten Programmen ermittelt er die Impulse für das Stellglied gemäß den Betriebsbedingungen.

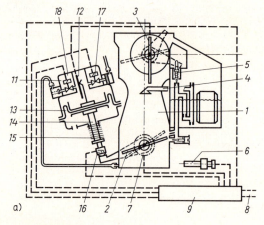

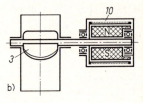

306.1
Elektronischer Vergaser
(System Pierburg-Bosch)
a) Aufbau
b) Stellglied

Stellglied. Die vom Drehmomentenmotor *10* angetriebene Stellklappe *3* beeinflußt das Luftverhältnis durch Ändern der Kraftstoffzufuhr solange das Gaspedal betätigt wird. Hierbei ist das Motormoment dem Strom proportional. Das Gegenmoment entsteht durch die Strömungskräfte an der exzentrischen Klappe *3* und durch die Kraft der Feder an der Düsennadel *5*. Ein kleinerer Querschnitt der Stellklappe bewirkt dabei einen höheren Benzinstrom, da die Druckdifferenz am Kraftstoffaustrittsarm und damit an der Düse ansteigt. Beim Leerlauf vergrößert die Düsennadel *5* den Kraftstoffstrom zur Gemischanreicherung.

Schaltblock. Er enthält das Schiebepotentiometer *12*, die Membran *13* mit dem Stößel *14*, der Feder *15* und dem Leerlaufschalter *16* sowie die beiden Magnetventile *17* und *18*. Diese verbinden den Raum über der Membran *13* mit dem Druck in der Atmosphäre bzw. mit der Lastklappe. Dagegen ist der Raum unter der Membran ständig mit dem Druck der Atmosphäre beaufschlagt. Beim Loslassen des Gaspedals berührt der Hebel der Lastklappe *2* den Leerlaufschalter *16*. Dann wird über das Schiebepotentiometer *12* als Meßglied und die beiden Magnetventile *17* und *18* als Stellglied der Stößel *14* in einer bestimmten Lage gehalten. Die Öffnung der Lastklappe *2* ist dann so gewählt, daß die Schadstoffemission im Leerlauf gering ist.

Vor- und Nachteile. Die elektronische Steuerung vereinfacht den Vergaser wesentlich und verringert seine Empfindlichkeit gegen Schmutz und Witterungseinflüsse, sie macht ihn also betriebssicherer. Weiterhin erfaßt sie besondere Betriebszustände wie die Schubabschaltung bei einer Talfahrt und die Nachstartanhebung. Gegenüber dem normalen Vergaser ist der Kraftstoffverbrauch um $\approx 10\%$ geringer und die Schadstoffemission fällt ab. Sein Preis ist aber um $\approx 40\%$ höher, liegt aber noch um $\approx 50\%$ unter dem der L-Jetronic.

Betrieb und Auslegung

Einstellung. Sie erfolgt für jeden Motortyp auf dem Prüfstand. Hierbei werden die Kraftstoffdüsen angepaßt und die Zusatzeinrichtungen eingestellt.

Kennlinien (307.1 a) werden für verschiedene Kraftstoffdüsen bei konstanter Drehzahl und gleicher Stellung der Drosselklappe aufgenommen. Ihr Anfang und Ende liegen an den Punkten zu kleiner Zündgeschwindigkeit, an denen der Motor stehenbleibt. Die beste Ausnutzung des Motors liegt dann in Punkt *A* mit dem höchsten effektiven Druck p_e bei dem Luftverhältnis $\lambda < 1$. Die größte Wirtschaftlichkeit wird in Punkt *B* mit dem geringsten spezifischen Kraftstoffverbrauch b_e und dem Luftverhältnis $\lambda < 1$ erreicht. Einstellgrenzen werden von den Punkten *A* und *B* gebildet. Ein ärmeres Gemisch verursacht Nachbrennen und zu heiße Auspuffgase und damit Ventilüberhitzung. Ein reicheres Gemisch bedingt Verrußungen und zu harten Motorgang.

Fischhakenkurven (307.1 b) entstehen, wenn aus den Kennlinien der spezifische Kraftstoffverbrauch über dem effektiven Druck bei veränderlichem Luftverhältnis aufgetragen wird. Die Punkte *A* und *B* liegen an ihrer senkrechten bzw. waagerechten Tangente. Die wirtschaftliche Verwendungsmöglichkeit

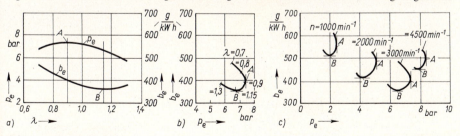

307.1 Vergaser-Ottomotor

a) Kennlinien und b) Fischhakenkurven bei $n = 3000\,\text{min}^{-1}$, c) Fischhakenkurven bei veränderlicher Drehzahl des Motors steigt mit der Breite der Haken. Für mehrere Drehzahlen aufgenommen zeigen sie das Teillastverhalten (307.1 c) des Motors.

Auslegung. Die Geschwindigkeit des Gemisches soll im Lufttrichter bis zu 100 m/s im Saugstutzen (20 bis 50) m/s betragen. Zum ersten Vorentwurf gilt für den Durchmesser des Lufttrichters die Zahlenwertgleichung

$$D_L = (0{,}4 \text{ bis } 0{,}5) \cdot \sqrt{V_H n_{max}/z_k} \text{ in mm,}$$

wenn das Gesamthubvolumen V_H in l, die maximale Drehzahl n_{max} in min^{-1} und die Kanalzahl z_k in 1 (ohne Einheit) gegeben sind. Der Durchmesser der Hauptdüse für den Brennstoff ist dann

$$d_B = (0{,}4 \text{ bis } 0{,}5) \, D_L$$

Bei Gemischgeschwindigkeiten unter 5 m/s und Temperaturen unter 10 °C besteht die Gefahr des Niederschlagens des Kraftstoffes in der Saugleitung. Dann kann der Motor wegen des zu mageren Gemisches nicht zünden, also nicht anfahren. Außerdem besteht die Möglichkeit späteren Ersaufens im Kraftstoff durch zu häufiges Starten. So werden im Leerlauf und bei Teillasten die Rohre beheizt. Hohe Geschwindigkeiten im Lufttrichter verbessern die Zerstäubung, erhöhen aber den Druckverlust und verringern damit, wie auch die Saugrohrvorwärmung, den Liefergrad. Bei Mehrzylindermaschinen setzt sich das Benzin in den Teilen des Saugkrümmers ab, deren Einlaßventile gerade geschlossen sind. Dadurch wird die Gemischbildung ungleichmäßig, weil die früher ansaugenden Zylinder ein fetteres, die späteren ein zu mageres Gemisch erhalten. Gegenmaßnahmen sind Abstimmung der Krümmer nach der Zündfolge, Doppelvergaser und sorgfältige Ausbildung der Saugrohre. Schwingungen, transversal oder longitudinal, werden durch die Kolben und Einlaßventile erregt und haben oft Schallgeschwindigkeit. Ihre Resonanzen und stehenden Wellen stören oder verhindern die Gemischbildung. Die beschriebenen Erscheinungen erfordern die sorgfältige Ausbildung der Saugrohre.

Beispiel 32. Ein Viertakt-Dieselmotor mit $z = 6$ Zylindern hat bei der Drehzahl $n = 2000 \text{ min}^{-1}$ den spezifischen Kraftstoffverbrauch $b_e = 250 \text{ g/kW h}$ bei der Höchstleistung $P_e = 85 \text{ kW}$. Der Kraftstoff von der Dichte $\varrho = 0{,}835 \text{ g/cm}^3$ wird von einer Pumpe mit dem Liefergrad $\lambda_L = 0{,}92$ und der mittleren Kolbengeschwindigkeit $c_m = 1{,}1 \text{ m/s}$ gefördert. Für die direkte Einspritzung während des Kurbelwinkels $\varphi_E = 30°$ mit dem Zündverzug $t_Z = 0{,}002 \text{ s}$ ist eine Düse mit $z_D = 4$ Bohrungen und der Ausflußzahl $\mu = 0{,}6$ vorzusehen. Der Zündbeginn liegt im OT und der Einspritz- bzw. Verdichtungsenddruck betragen $p_E = 200 \text{ bar}$ und $p_2 = 50 \text{ bar}$.

Gesucht sind der Durchmesser und der Förderweg eines Einspritzpumpenelementes, die Größe der Düsenbohrungen sowie Beginn und Ende der Einspritzung.

Einspritzpumpe
Das Fördervolumen beträgt, wenn $n_a = 1000 \text{ min}^{-1}$ die Zahl der Arbeitsspiele und $\dot B = b_e P_e$ der Kraftstoffstrom nach Gl. (258.1) ist,

$$V_f = \frac{\dot B}{z\, n_a \varrho} = \frac{P_e b_e}{z\, n_a \varrho} = \frac{85 \text{ kW} \cdot 250 \, \dfrac{\text{g}}{\text{kW h}} \cdot 1000 \, \dfrac{\text{mm}^3}{\text{cm}^3}}{6 \cdot 1000 \text{ min}^{-1} \cdot 0{,}835 \, \dfrac{\text{g}}{\text{cm}^3} \cdot 60 \, \dfrac{\text{min}}{\text{h}}} = 70{,}7 \text{ mm}^3$$

Die Einspritzdauer folgt dann nach Gl.(322.1), da sich der Winkel φ_E auf die Kurbelwelle bezieht,

$$t_E = \frac{\varphi_E}{2\,\pi\, n} = \frac{30°\, \pi \cdot 60 \text{ s/min}}{2\,\pi \cdot 180° \cdot 2000 \text{ min}^{-1}} = 0{,}0025 \text{ s}$$

Der Förderweg und der Durchmesser eines Elementes ergeben sich aus Gl. (300.1)

$$h = c_\text{m} t_\text{E} = 1{,}1 \, \frac{\text{m}}{\text{s}} \cdot 0{,}0025 \, \text{s} = 2{,}75 \, \text{mm}$$

$$d = \sqrt{\frac{4}{\pi} A_\text{K}} = \sqrt{\frac{4 V_\text{f}}{\pi \lambda_\text{L} h}} = \sqrt{\frac{4 \cdot 70{,}7 \, \text{mm}^3}{\pi \cdot 0{,}92 \cdot 2{,}75 \, \text{mm}}} = 6 \, \text{mm}$$

Einspritzdüse

Der Förderstrom einer Düsenbohrung ist

$$\dot{V} = \frac{V_\text{f}}{z_\text{D} t_\text{E}} = \frac{70{,}7 \, \text{mm}^3}{4 \cdot 0{,}0025 \, \text{s}} = 7070 \, \frac{\text{mm}^3}{\text{s}}$$

Die Geschwindigkeit des Kraftstoffes in der Düsenbohrung beträgt dann nach Gl. (36.7) mit $h_1 = h_2, c_1 = 0, c_2 = c, p_1 = p_\text{E}$ und $w_\text{R} = 0$ sowie mit 1 bar $= 10^5 \, \text{kg/(m s}^2)$

$$c = \sqrt{\frac{2(p_\text{E} - p_2)}{\varrho}} = \sqrt{\frac{2}{835 \, \text{kg/m}^3} (200 - 50) \cdot 10^5 \, \frac{\text{kg}}{\text{m s}^2}} = 190 \, \frac{\text{m}}{\text{s}} = 1{,}90 \cdot 10^5 \, \frac{\text{mm}}{\text{s}}$$

Für den Querschnitt einer Düsenbohrung gilt nach Gl. (51.1)

$$A_\text{D} = \frac{\dot{V}}{\mu c} = \frac{7070 \, \text{mm}^3/\text{s}}{0{,}6 \cdot 1{,}90 \cdot 10^5 \, \text{mm/s}} = 0{,}062 \, \text{mm}^2$$

Der Durchmesser einer Düsenbohrung wird damit

$$d = \sqrt{\frac{4}{\pi} A_\text{D}} = \sqrt{\frac{4}{\pi} \cdot 0{,}062 \, \text{mm}^2} = 0{,}281 \, \text{mm}$$

Praktisch wird er 0,28 mm ausgeführt.

Einspritzdaten

Der Zündverzugswinkel beträgt nach Gl. (322.1)

$$\varphi_\text{Z} = 2 \pi n t_\text{Z} = \frac{2 \pi \cdot 2000 \, \text{min}^{-1} \cdot 0{,}002 \, \text{s} \cdot 180°}{60 \, \text{s/min} \cdot \pi} = 24°$$

Für den Beginn und das Ende der Einspritzung folgt, da der Zündbeginn im OT liegt

$$\varphi_\text{EB} = 24° \text{ vor } OT$$

$$\varphi_\text{EE} = \varphi_\text{E} - \varphi_\text{EB} = 30° - 24° = 6° \text{ nach } OT$$

Beispiel 33. Für einen Viertakt-Ottomotor mit dem Gesamthubvolumen $V_\text{H} = 1{,}8 \, \text{l}$, der bei der Drehzahl $n = 3600 \, \text{min}^{-1}$ die Leistung $P_\text{e} = 30 \, \text{kW}$ abgeben soll, ist der Vergaser (**304.**1) auszulegen. Der Motor hat den Liefergrad $\lambda_\text{L} = 0{,}65$ und das Luftverhältnis $\lambda = 1{,}05$. Der Kraftstoff besitzt die Dichte $\varrho_\text{B} = 730 \, \text{kg/m}^3$, den Mindestluftbedarf $L_\text{min} = 14{,}6 \, \text{kg L/kg Kr}$ und die dynamische Zähigkeit $\eta_\text{B} = 6 \cdot 10^4 \, \text{Pas}$. Für den Lufttrichter sind die Durchflußzahl $\alpha_\text{L} = 0{,}9$ und die Druckdifferenz $\Delta p = 24 \, \text{mbar}$ anzunehmen. Die Dichte der Luft ist $\varrho_n = 1{,}2 \, \text{kg/m}^3$.
Gesucht sind der Durchmesser des Lufttrichters sowie die Länge und die lichte Weite der Kraftstoffdüse.

Trichterdurchmesser

Der Massenstrom der Luft beträgt nach Gl. (256.1) und (19.10) mit $\dot{m}_\text{a} = \dot{m}_\text{f}$ für Viertaktmotoren und mit der Zahl der Arbeitstakte $n_\text{a} = 1800 \, \text{min}^{-1} = 30 \, \text{s}^{-1}$

$$\dot{m}_\text{a} = \lambda_\text{L} \varrho_\text{L} V_\text{H} n_\text{a} = 0{,}65 \cdot 1{,}2 \, \frac{\text{kg}}{\text{m}^3} \cdot 1{,}8 \cdot 10^{-3} \, \text{m}^3 \cdot 30 \, \text{s}^{-1} = 4{,}21 \cdot 10^{-2} \, \frac{\text{kg}}{\text{s}}$$

Für den engsten Querschnitt des Lufttrichters ergibt sich aus Gl.(304.1) mit

$$1\ \text{mbar} = 100\ \frac{\text{kg}}{\text{m s}^2}$$

$$A_\text{L} = \frac{\dot{m}_\text{a}}{\alpha_\text{L}\sqrt{2\,\varrho_\text{L}\,\Delta p}} = \frac{4{,}21 \cdot 10^{-2}\ \dfrac{\text{kg}}{\text{s}}}{0{,}9\sqrt{2 \cdot 1{,}2\ \dfrac{\text{kg}}{\text{m}^3} \cdot 2500\ \dfrac{\text{kg}}{\text{m s}^2}}} = 6{,}1 \cdot 10^{-4}\ \text{m}^2 = 6{,}1\ \text{cm}^2$$

Der Durchmesser ist dann $D = \sqrt{4\,A_\text{L}/\pi} = 28$ mm.

Abmessungen der Kraftstoffdüse

Der Kraftstoffstrom beträgt nach Gl. (255.1) mit $\dot{m}_\text{f} = \dot{m}_\text{a}$

$$\dot{B} = \frac{\dot{m}_\text{a}}{\lambda\,L_\text{min}} = \frac{4{,}21 \cdot 10^{-2}\ \text{kg/s}}{1{,}05 \cdot 14{,}6\ \text{kg/kg}} = 2{,}75 \cdot 10^{-3}\ \frac{\text{kg}}{\text{s}} = 9{,}9\ \frac{\text{kg}}{\text{h}}$$

Für die kinematische Zähigkeit gilt mit $1\ \text{Pas} = 1\ \dfrac{\text{kg}}{\text{m s}} = 10\ \dfrac{\text{g}}{\text{cm s}}$

$$v_\text{B} = \frac{\eta_\text{B}}{\varrho_\text{B}} = \frac{6 \cdot 10^{-4} \cdot 10\ \dfrac{\text{g}}{\text{cm s}}}{0{,}73\ \dfrac{\text{g}}{\text{cm}^3}} = 8{,}22 \cdot 10^{-3}\ \frac{\text{cm}^2}{\text{s}} = 0{,}822\ \frac{\text{mm}^2}{\text{s}}$$

Bei der Düse wird zuerst die Länge l_B als Funktion des Querschnittes A_B ermittelt, da beide Größen unbekannt sind. Nach Annahme des Durchmessers d kann ihre Länge l_B berechnet werden. Hierfür gilt nach Gl.(304.2) mit $v_\text{B} = \eta_\text{B}/\varrho_\text{B}$ und $1\ \text{mbar} = 100\ \text{g/mm s}^2$

$$l_\text{B} = \frac{\Delta p\,A_\text{B}^2}{8\,\pi\,v_\text{B}\,\dot{B}} = \frac{25 \cdot 100\ \dfrac{\text{g}}{\text{mm s}^2} \cdot A_\text{B}^2}{8\,\pi \cdot 0{,}822\ \dfrac{\text{mm}^2}{\text{s}} \cdot 2{,}75\ \dfrac{\text{g}}{\text{s}}} = \frac{44{,}0}{\text{mm}^3}\,A_\text{B}^2$$

Für den Durchmesser $d = 1$ mm ist $A_\text{B} = 0{,}785\ \text{mm}^2$ und

$$l_\text{B} = \frac{44{,}0}{\text{mm}^3} \cdot 0{,}785^2\ \text{mm}^4 = 27\ \text{mm}$$

Für $d = 1{,}2$ und $0{,}8$ mm ergibt sich entsprechend $l_\text{B} = 56$ und 11 mm. Hiervon sei der letzte Wert gewählt.

Ausführung

Die Rechenergebnisse können wegen der vielen Vereinfachungen nur als Ausgangswerte dienen, die durch Versuche zu ergänzen sind. Außerdem treten rechnerisch nicht erfaßbare Einflüsse wie die Abmessungen der Saugleitung und die hierin auftretenden Schwingungen der Gassäule sowie die Bearbeitung der Düsenbohrung und ihre Ausrundungen auf.

4.5.2.2 Benzineinspritzung

Sie erfolgt mit einem Einspritzventil, das mechanisch oder elektronisch gesteuert, das Benzin kontinuierlich oder intermittierend einspritzt. Ihr Antrieb erfolgt durch die Kurbelwelle oder einen von der Batterie gespeisten Elektromotor.

Ausführung. Bei Viertaktmaschinen wird das Benzin in die Saugleitung vor die Einlaßventile oder in die Zylinder gespritzt. Dabei soll der Kraftstoff seine Verdampfungswärme (s. Tafel 330.1) der Luft entziehen, also ihre Masse bzw. den Liefergrad erhöhen. Bei Zweitaktmaschinen wird das Benzin erst nach dem Abdecken der Auspuffschlitze durch den Kolben eingespritzt, um Verluste beim Spülen zu vermeiden. Zur Laständerung dient, wie beim Vergaser, eine Drosselklappe in der Saugleitung, da die Zündwilligkeit des Ottokraftstoffes das Luftverhältnis 0,7 bis 1,3 erfordert.

Vor- und Nachteile. Günstig ist die genaue Dosierung des Kraftstoffes, die schnell auf Laständerungen reagiert. Außerdem ist ein höheres Kompressionsverhältnis möglich, so daß die Leistung ansteigt und der Kraftstoffverbrauch abnimmt. Auch ist die Schadstoffemission (s. Abschn. 1.5.1) geringer. Nachteilig ist der höhere Anschaffungspreis gegenüber dem Vergaser.

Einspritzkolbenpumpe. Sie ist ähnlich wie beim Dieselmotor aufgebaut (s. Abschn. 4.5.1.4), wird also von der Kurbelwelle aus angetrieben und spritzt gemäß dem Arbeitstakt ein. Die Pumpenkolben werden geschmiert, da sie bei einer Berührung mit Benzin zum Fressen neigen. Die Drücke sind niedriger ≈ 15 bzw. 50 bar bei Einspritzung in das Saugrohr bzw. in den Zylinder. Besondere Zusatzeinrichtungen für die einzelnen Fahrzustände sind aber notwendig. Dies erfolgt z.B. mit einem Raumnocken für die Pumpenelemente, dessen Verdrehung die Drehzahl und dessen axiale Verschiebung die Drosselklappenstellung berücksichtigt. Diese Pumpen wurden früher bei großen Rennwagen verwendet.

Einspritzgesetz

Hier wird der Einfluß des Saugdruckes und der Drehzahl, des Luftverhältnisses, des Liefergrades und des Spritzquerschnitts der Ventile auf die Einspritzung untersucht.

Luft. Ihr Massenstrom beträgt mit der Dichte ϱ_S, dem Volumenstrom $\dot{V}_S$ und dem Liefergrad λ_{LS} im Saugrohr vor dem Einlaßkanal sowie mit der Zahl n_a der Arbeitstakte und dem Gesamthubvolumen $V_H = z V_h$ bei z Zylindern

$$\dot{m}_a = \varrho_S \dot{V}_S = \lambda_{LS} \varrho_S V_H n_a \qquad (311.1)$$

Kraftstoff. Der Durchfluß eines geöffneten Einspritzventils ergibt sich mit dem Spritzquerschnitt A_B, dem Einschnürungsfaktor μ_B, dem Vordruck p_B und der Dichte ϱ_B des Benzins aus Gl. (51.1) mit $\dot{m} = \varrho \dot{V}$ zu

$$\dot{m}_B = \mu_B A_B \sqrt{2 \varrho_B (p_B - p_S)} \qquad (311.2)$$

Da das magnetische Einspritzventil nur die Stellungen auf und zu und den geringen Hub 0,15 mm hat, sind die Verzögerungen beim Öffnen und Schließen sehr klein, ≈ 1 ms. In Gl. (311.2) gelten daher die Größen μ_B und A_B neben ϱ_B und p_S als konstant.

Für den Kraftstoffstrom, der durch die Einspritzventile in die Zylinder fließt, gilt, da jedes Ventil bei einem Arbeitsspiel in der Zeit t_B die Masse $B = \dot{m}_B t_B$ einspritzt,

$$\dot{B} = z \dot{m}_B t_B n_a \qquad (311.3)$$

Das Luftverhältnis folgt aus Gl. (255.1) mit $\dot{m}_f = \dot{m}_a$, mit Gl. (311.1) und (311.3) sowie mit $V_H = z V_h$

$$\lambda = \frac{\dot{m}_a}{\dot{B} L_{min}} = \frac{\lambda_{LS} \varrho_S V_h}{\dot{m}_B t_B L_{min}} \qquad (311.4)$$

Die Einspritzzeit beträgt nach Gl. (311.4) mit dem Druck p_S und der Temperatur t_S, also mit der Dichte $\varrho_S = p_S/(R\,T_S)$ nach Gl. (32.15) und mit Gl. (311.2)

$$t_B = \frac{V_h}{\mu_B A_B R\,L_{min}\sqrt{2\,\varrho_B}}\;\frac{\lambda_{LS}\,p_S}{\lambda\,T_S\sqrt{p_B - p_S}} = c\;\frac{\lambda_{LS}\,p_S}{\lambda\,T_S\sqrt{p_B - p_S}} \tag{312.1}$$

Die Konstante c erfaßt hierbei alle im Betrieb unveränderlichen Größen. Die größte Einspritzzeit entspricht etwa der Öffnungsdauer der Einlaßventile bei der Höchstdrehzahl.

Der zeitliche Abstand des Öffnungsbeginns der Einspritzventile eines Zylinders ist

$$t_A = 1/n_a \tag{312.2}$$

Das Einspritzgesetz, die Gl. (312.1) und (312.2) bestimmt den Aufbau und den Betrieb der Steuerung. Hierbei beträgt die Einspritzzeit $t_B = 2$ bis $10\,ms$, die Zeit $t_A = 30\,ms$ für Viertaktmotoren bei der Drehzahl $n = 4000\,min^{-1}$. Der Spritzquerschnitt A_B hängt nach Gl. (312.1) hauptsächlich vom Hubvolumen V_h ab. Für den Motorbetrieb ist in Gl. (312.1) der Saugdruck $p_S = 400$ bis $950\,mbar$ maßgebend. Weiteren Einfluß haben: die Saugtemperatur $t_S = -30$ bis $+80\,°C$, der Liefergrad $\lambda_{LS} = 0,5$ bis $0,85$ und das Luftverhältnis. Dieses soll möglichst $\lambda = 1,0$ bis $1,1$ sein, damit bei der vorhandenen günstigen Gemischbildung die im Zylinder befindliche Luftmasse gut ausgenutzt wird, die Zylinderkopftemperaturen nicht zu hoch ansteigen und die Anteile an Kohlenmonoxid und Kohlenwasserstoffen der Abgase gering bleiben. Da in Gl. (312.1) die Größen λ und λ_{LS} wiederum vom Saugdruck p_S und der Drehzahl n abhängig sind, also sehr komplizierte Zusammenhänge vorliegen, wird die Steuerung auf dem Prüfstand an den Motor angeglichen.

Übergangszustände beim Motorbetrieb

Auf dem Prüfstand erfolgt die Angleichung nur für bestimmte Bereiche des Saugdruckes und der Drehzahl. Bei einigen Übergangszuständen mit extremen Saugdrücken, Motortemperaturen und Liefergraden sind die eingestellten Einspritzzeiten unzureichend. Diese Fälle erfordern Sondereinrichtungen, wie die Lambda-Sonde (s. Abschn. 4.6.2.7) mit Regler (**343.**1 b), um das Luftverhältnis $\lambda \approx 1$ einzuhalten. Hierfür gilt nach Gl. (311.4) und (312.1)

$$\lambda = \frac{\dot{m}_a}{\dot{B}\,L_{min}} = \frac{c\,\lambda_{LS}\,p_S}{t_B\,T_S\sqrt{p_B - p_S}} \tag{312.3}$$

Die wichtigsten Übergangszustände sind:

Kalter Motor. Beim Betrieb und besonders beim Starten ist die Lufttemperatur T_f im Saugstutzen kleiner als bei der Angleichung der Einspritzzeit t_B, und ein Teil des Kraftstoffes schlägt an den kalten Zylinderwänden nieder. Das Luftverhältnis wird also nach Gl. (312.3) zu groß. Daher ist mehr Kraftstoff bzw. eine Vergrößerung der Zeit t_B notwendig, auch um die erhöhte Reibungsleistung infolge des kalten und zähen Schmieröls aufzubringen. Beim Leerlauf muß mehr Kraftstoff zugeführt werden, damit die erhöhte Reibungsleistung den kalten Motor nicht zum Stillstand bringt. Da hierfür der Leerlaufkanal zu wenig Luft durchläßt, ist eine zusätzliche Luftzufuhr nach Gl. (312.3) notwendig.

Schiebebetrieb. Er tritt z.B. beim Bergabfahren eines Kraftfahrzeuges auf. Hierbei ist wie beim Leerlauf die Drosselklappe geschlossen. Der Saugdruck und das Luftverhältnis sinken aber wegen der höheren Drehzahlen schneller als beim Leerlauf ab, so daß die Abgase stark verschmutzen. Zur Abhilfe wird der Kraftstoff abgeschaltet, der ja überflüssig ist, wenn die dem Motor zugeführte Leistung seine Reibungsverluste übersteigt. Damit der Leerlauf erhalten bleibt, wird der Kraftstoff erst oberhalb der Leerlaufdrehzahl abgeschaltet.

Vollast. Da hierbei die Drosselklappe voll geöffnet ist, hat der Liefergrad höhere Werte als bei der Einstellung der Einspritzzeit. Das Luftverhältnis steigt also nach Gl.(312.3) an, und das Gemisch wird zu mager. Zur Abhilfe ist die Einspritzzeit zu vergrößern.

Beschleunigung. Um die Motorleistung hierfür zu steigern, wird die Einspritzzeit beim Gasgeben, also beim Öffnen der Drosselklappe, erhöht.

Mechanische Systeme

Hierbei erhöht zunächst eine stetig fördernde Kraftstoffpumpe den Druck des Benzins, das mechanisch gesteuert auf die kontinuierlich fördernden Einspritzventile verteilt wird.

Aufbau (313.1). Dieses System besteht aus der Luftführung, der Kraftstoffversorgung der Steuerung, den Einspritzventilen und der elektrischen Anlage. Außerdem sind Zusatzeinrichtungen für die besonderen Betriebszustände wie den Kaltstart, den Warm- und Leerlauf und die Vollast vorgesehen.

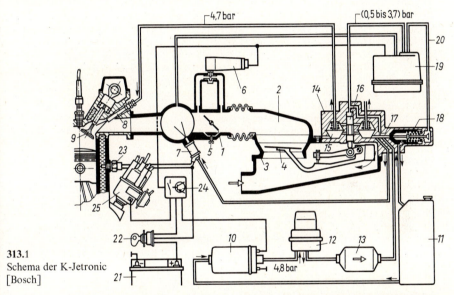

313.1
Schema der K-Jetronic
[Bosch]

Luftführung. Gesteuert von der Drosselklappe *1* strömt die Luft zunächst durch den Luftmengenmesser *2* mit dem Lufttrichter *3* und der Stauplatte *4*, deren Hub dem Durchfluß proportional ist. Dann fließt sie an der Leerlaufeinstellschraube *5* und an der Umführung für den Zusatzluftschieber *6* vorbei durch die Drosselklappe *1* in den Einspritzraum für das Kaltstartventil *7*. Von dort aus gelangt sie über das Einspritz- und das Einlaßventil *8* und *9* in den Zylinder.

Kraftstoffversorgung. Das Benzin wird von der elektrisch angetriebenen Rollenzellenpumpe *10* aus dem Tank *11* angesaugt und dann mit dem Systemdruck 4,8 bar durch den Speicher *12* und das Filter *13* gepumpt. Im Speicher befindet sich eine Membran mit Feder und Teller. Sie soll den Systemdruck auch beim Stillstand der Pumpe aufrechterhalten, um das Wiederanlassen des heißen Motors zu erleichtern.

Steuerung. Vom Filter *13* aus gelangt das Benzin in den Verteiler *14* mit den Differenzdruckventilen *15*, dem Steuerschieber *16* und der Entkoppelungsdrossel *17* für den Steuerdruck. Angeflanscht ist der Systemdruckregler *18*, ein Überströmventil, das den überflüssigen Kraftstoff in den Tank *11* abläßt. Beim Stillstand des Motors schließt das mit dem Regler verbundene Ventil, damit der Steuerdruck nicht absinkt. Weiterhin sind angeschlossen: Das Einspritzventil *8* und die Warmlaufeinrichtung *19* (**314**.1a), die den Steuerdruck auf 0,5 bar beim Kaltstart und auf 3,7 bar beim warmen Motor einstellt.

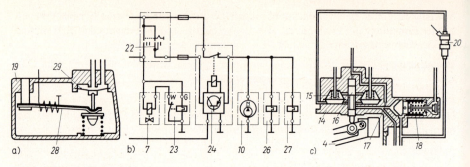

314.1   Teile der K-Jetronic

a) Warmlaufregler, b) elektrische Schaltung, c) Verteiler mit Taktventil

Das Ventil *8* spritzt kontinuierlich das Benzin auf den Teller des Einlaßventils *9*, womit die Gemisch-bildung beginnt. Die Leitung (**314.**1c) für das Taktventil *20*, das Stellglied des elektronischen Reglers mit der Lambdasonde (s. Abschn. 4.6.2.7) ist an die Zuleitung für die Einspritzventile angeschlossen.

Elektrische Anlage (**313.**1 und **314.**1b). Die Batterie *21* versorgt bei der Stellung des Zündschal-ters *22* auf „Starten" das Kaltstartventil *7* mit seinem Thermozeitschalter *23*, das elektronische Steuer-relais *24* und den Anlasser mit Spannung. Bei den ersten Umdrehungen des Anlassers erhält das Relais *24* Spannung vom Zündverteiler *25*. Es verbindet den Motor *10*, die Bimetallstreifen *26* und *27* des Zusatz-luftschiebers *6* mit der Warmlaufeinrichtung *19* unter Umgehung des Zündschalters *22* mit der Batte-rie *21*. Damit ist der Ottomotor einsatzbereit. Beim Stillstand schaltet das Zündrelais *24* den Motor *10* ab.

Wirkungsweise (**313.**1). Bei Öffnung der Drosselklappe *1* wird die Stauplatte *4* infolge der größeren Luftgeschwindigkeit angehoben. Über ihren Hebel wird der Steuerschieber *16* nach oben bewegt und erhöht den Zuflußquerschnitt und damit den Druck auf die Membranober-seite der Ventile *15*. Die Membran biegt sich, unterstützt durch ihre Feder, nach unten durch. Dadurch steigt ihr Durchflußquerschnitt und die eingespritzte Menge an.

Betriebszustände (**313.**1). Bei der Vollast und dem Leerlauf sowie für den Kaltstart und Warm-lauf verlangt der Motor verschiedene Gemische, die durch die Zusatzeinrichtungen aufbereitet werden.

Vollast und Leerlauf. Zur Gemischanpassung hierfür hat der Lufttrichter *3* drei kegel-stumpfförmige Ansätze mit verschiedenen Steigungswinkeln. Der untere und der obere, die am steilsten sind, bewirken bei gleicher Luftmengenänderung ein stärkeres Anheben der Stauplatte *4* und des Steuerschiebers *16*. Das Gemisch für Vollast und Leerlauf wird also fetter.

Kaltstart. Steht der Zündschalter *24* auf Starten, öffnet sich das Kaltstartventil *7*. Der Thermozeitschalter *23* in der Zylinderwand schließt nach 8 bis 15 s das Ventil *7*, damit der Motor nicht im Benzin ersäuft. Bei Zylindertemperaturen über 35 °C bleibt das Kaltstart-ventil geschlossen.

Warmlauf (**314.**1a). Da bei seinem Beginn ein Teil des Kraftstoffs kondensiert, wird das Ge-misch angereichert, damit die Verbrennung nicht aussetzt. So gibt die Warmlaufeinrichtung *19* (**314.**1a) durch die nach unten durchgebogene Bimetallfeder *28* an der Ventilmembran *29* einen großen Querschnitt frei. Damit fällt der Steuerdruck, der Steuerkolben *16* steigt nach oben und erhöht die Benzinzufuhr. Die größere Anfahrreibung des Motors erfordert mehr Gemisch. Dazu öffnet ein beheizter Bimetallstreifen den Zusatzluftschieber *6* und ein weiterer Luftstrom fließt an der fast geschlossenen Drosselklappe vorbei, der aber vom Luftmengen-messer mit erfaßt wird. Dieser erhöht die Einspritz- und damit die Gemischmenge. Bei heißem

Motor wird durch die abgestrahlte Wärme der Zusatzluftschieber *6* von seinem Bimetall-streifen geschlossen und der Steuerdruck durch Verringern des Querschnittes an der Membran *29* der Warmlaufeinrichtung *19* erhöht.

Elektronische Einspritzsysteme

Während eine elektrische Pumpe den Kraftstoff kontinuierlich fördert, wird er hier intermittierend auf die geöffneten Saugventile, dosiert von einer elektronischen Steuerung, gespritzt. So erhalten die Zylinder bei jeder Umdrehung die optimale Kraftstoffmenge.

Aufbau (**315**.1) Wegen der gleichen Aufgaben der elektronischen und der mechanischen Steuerung stimmen auch die Funktionen ihrer Teile überein. Diese haben daher in den Bildern **315**.1 und **313**.1 die gleichen Positionen (*1* bis *24*). Auch ähneln sich die Meßwerte und Stellbewegungen. Zusätzlich ist aber ein Geber für die Zündspannung oder ein induktiver Aufnehmer *27* und *28* am Schwungrad *26* nötig, um das magnetische Einspritzventil *8* zu betätigen und die Motordrehzahl zu messen.

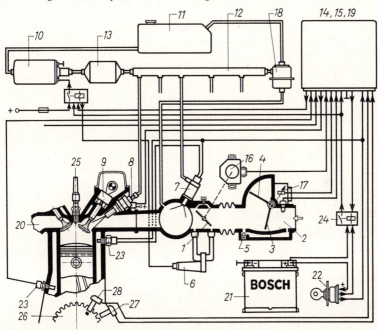

315.1   Schema der Motronic-Steuerung [Bosch]

1 Drosselklappe	*10* Kraftstoffpumpe	*20* Lambda-Sonde
2 Luftmengenmesser	*11* Tank	*21* Batterie
3 Meßklappe	*12* Verteilerrohr	*22* Zündschalter
4 Dämpfungsklappe	*13* Filter	*23* Thermofühler
5 Leerlaufeinstell-schraube	*14* Steuerung	*24* Schalter
	15 Elektronik	*25* Zündung
6 Zusatzluftschieber	*16* Drosselklappenschalter	*26* Schwungrad mit Verzahnung
7 Kaltstartventil	*17* Meßpotentiometer	
8 Einspritzventil	*18* Druckregler	*27* Bezugsmarkengeber
9 Einlaßventil	*19* Warmlaufeinrichtung	*28* Drehzahlgeber

Die Funktionen der Teile *1* bis *25* sind mit Bild **313**.1 abgestimmt.

Außerdem sind die mechanischen Ausgangsgrößen der Meßgeräte in elektrische zu verwandeln. So wird die Stellung der Drosselklappe *1* über den Schrittschalter *16* und diejenige des Luftmengenmessers *3* über das Potentiometer *17* an die Steuerung gemeldet.

Steuerungen. Aus der Motordrehzahl und dem Luftstrom berechnen sie die Luftmenge pro Arbeitsspiel als Belastungsgrundgröße. Mit Hilfe der Temperaturen von Luft und Motor erfolgt die Berücksichtigung der besonderen Betriebszustände wie Leerlauf und Vollast, während der Kaltstart und der Warmlauf ähnlich wie bei der mechanischen Steuerung erfolgt. Aus den Meßwerten berechnet die Steuerung die günstigste Kraftstoffmenge, die durch die Öffnungsdauer und den Hub des Einspritzventils bestimmt ist.

Steuergerät. Es ist aus integrierten Schaltkreisen mit hybriden (gemischten), also analogen und digitalen Schaltkreisen aufgebaut. Zur Berechnung der Öffnungszeit der Einspritzventile (**316**.1) liefert die Zündung den Ausgangsimpuls. Diese verwandelt ein Umformer in Rechtecke, die ein Frequenzteiler halbiert. Ein Steuermultivibrator bildet die berechnete Einspritzgrundzeit t_G. Hierzu ermittelt eine Multiplizierstufe Korrekturzeiten t_K wie z.B. bei einem Spannungsabfall der Batterie. Eine Endstufe addiert die Impulse zur Einspritzzeit $t_E = t_G + t_K$ und verstärkt sie. Hiermit sind dann alle Ventile gleichzeitig beaufschlagt. Sie öffnen bei einer Viertaktmaschine mit Abständen von 360° Kurbelwinkel und teilen zwei Zylindern die halbe Kraftstoffmenge zu. Diese wird dann z.B. auf die Einlaßventile der Zylinder *1* und *3* beim Öffnen, der Zylinder *2* und *4* ein halbes Arbeitsspiel danach eingespritzt.

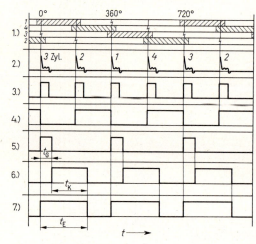

316.1
Entstehung der Spannungsimpulse zur Öffnung der Einspritzventile bei einem Vierzylinder-Viertaktmotor der Zündfolge *1–4–3–2* als Funktion des Kurbelwinkels bzw. der Zeit.

1. Zündung und Öffnung der Einlaßventile (schraffiert)
3. umgewandelter Rechteckimpuls durch den Impulsumformer
4. halbierte Impulsfolge durch Frequenzteiler
5. Einspritzgrundzeit t_G gebildet durch Divisionssteuermultivibrator
6. Korrekturzeiten t_K erzeugt durch die Multiplizierstufe
7. Spannungsimpulse durch Endstufe mit der Einspritzzeit t_E

Mikro-Computer. Als Bausteine der digitalen Steuerung verbindet er die Funktionen der Zündung und Benzineinspritzung und verringert so den Materialaufwand. Er speichert die Kennwerte des Motors sowie die Programme zur Berechnung der Einspritzdauer und zur Steuerung des Arbeitsablaufes. Bei jeder Motorumdrehung vergleicht er die berechneten und gemessenen Werte und führt Korrekturen aus. Weiterhin kann die Fliehkraft- und die Unterdruckverstellung entfallen, wenn ihr Kennfeld mit Verbesserungen gespeichert wird. Diese sind eine weitgehende Anpassung an den Motor und ihre Eingabe als Funktion des Schließwinkels der Zündung. Hierdurch kann der Zündzeitpunkt so gewählt werden, daß der Motor bei Vollast sein größtes Drehmoment unter Vermeidung der Klopfgrenze abgibt. Weiterhin ist es möglich, im Teillastbereich unter Einhaltung der Grenzwerte der Schadstoffemission den günstigsten Kraftstoffverbrauch zu programmieren. Bei den bekannten Einspritzsystemen von Bosch unterscheidet sich die L-Jetronic von der Motronic (**315**.1) durch eine einfachere Steuerung ohne Mikrocomputer und die Impulse für die Drehzahl werden der Zündung entnommen.

Beispiel 34. Ein Viertakt-Ottomotor mit $z = 4$ Zylindern vom Gesamthubvolumen $V_H = 1,5\,l$ soll bei der Drehzahl $n = 4000\,\text{min}^{-1}$ die Höchstleistung $P_e = 40\,\text{kW}$ mit dem spezifischen Kraftstoffverbrauch $b_e = 340\,\text{g/kW h}$ abgeben. Der Druck im Saugstutzen ist $p_S = 0,95\,\text{bar}$, die Kraftstoffdichte $\varrho_B = 0,73\,\text{kg/l}$. Die Einspritzventile haben den Vordruck $p_B = 3\,\text{bar}$ und den Einschnürungsfaktor $\mu = 0,6$. Für die Einlaßventile gelten die Steuerdaten $E\ddot{o} = 8°$ v. OT und $Es = 36°$ n. UT.

Gesucht sind: die Spritzdauer, der zeitliche Abstand des Öffnens und der Querschnitt der Einspritzventile. Der Kraftstoffstrom als Funktion der Drehzahl und der Einspritzdauer.

Die Kraftstoffmasse die in einem Zylinder pro Arbeitsspiel eingespritzt wird, folgt mit dem Kraftstoffstrom nach Gl. (258.1)

$$\dot{B} = b_e\,P_e = 0,34\,\frac{\text{kg}}{\text{kW h}} \cdot 40\,\text{kW} = 13,6\,\frac{\text{kg}}{\text{h}}$$

mit $n_a = n/2 = 2000\,\text{min}^{-1}$ für den Viertaktmotor zu

$$B = \frac{\dot{B}}{z\,n_a} = \frac{13,6\,\dfrac{\text{kg}}{\text{h}} \cdot 10^6\,\dfrac{\text{mg}}{\text{kg}}}{4 \cdot 2000\,\text{min}^{-1} \cdot 60\,\text{min/h}} = 28,3\,\text{mg}.$$

Die Öffnungszeit der Einlaßventile beträgt mit $\varphi_E = \omega t_E = 2\pi n\,t_E$ und mit ihrem Öffnungswinkel

$$\varphi_E = E\ddot{o} + 180° + Es = 8° + 180° + 36° = 224°$$

$$t_E = \frac{\varphi_E}{2\pi n} = \frac{224° \cdot \pi}{180°}\,\frac{60\,\text{s/min}}{2\pi \cdot 4000\,\text{min}^{-1}} = 9,33 \cdot 10^{-3}\,\text{s} = 9,33\,\text{ms}$$

Die größte Einspritzzeit wird mit $t_B = 9\,\text{ms}$ etwas kürzer als die Öffnungszeit der Ventile bei der Höchstleistung gewählt.

Der zeitliche Abstand des Öffnens der Einlaßventile ist nach Gl. (312.2)

$$t_A = \frac{1}{n_a} = \frac{60\,\text{s/min}}{2000\,\text{min}^{-1}} = 0,03\,\text{s} = 30\,\text{ms}$$

Der Spritzquerschnitt ergibt sich mit dem Durchfluß durch das Ventil

$$\dot{m}_B = \frac{B}{t_B} = \frac{28,3\,\text{mg}}{9\,\text{ms}} = 3,15\,\frac{\text{g}}{\text{s}}$$

mit Gl. (311.2) und mit 1 bar $= 10^6\,\text{g/(cm s}^2)$

$$A_B = \frac{\dot{m}_B}{\mu_B\sqrt{2\,\varrho_B(p_B - p_S)}} = \frac{3,15\,\dfrac{\text{g}}{\text{s}} \cdot 100\,\dfrac{\text{mm}^2}{\text{cm}^2}}{0,6\,\sqrt{2 \cdot 0,73\,\dfrac{\text{g}}{\text{cm}^3} \cdot (3 - 0,95) \cdot 10^6\,\dfrac{\text{g}}{\text{cm s}^2}}} = 0,303\,\text{mm}^2$$

Der Kraftstoffstrom beträgt bei konstant angenommenen Durchfluß $\dot{m}_B$ des Einspritzventils für den berechneten Motor nach Gl. (311.3)

$$\dot{B} = z\,\dot{m}_B\,t_B\,n_a = 4 \cdot 3,15\,\frac{\text{g}}{\text{s}}\,t_B\,\frac{n}{2} = 6,30\,\frac{\text{g}}{\text{s}}\,t_B\,n$$

Für die Spritzdauer $t_B = 5\,\text{ms}$ und die Drehzahl $n = 3000\,\text{min}^{-1}$ gilt dann

$$\dot{B} = 6,30\,\frac{\text{g}}{\text{s}} \cdot 5 \cdot 10^{-3}\,\text{s} \cdot 3000\,\text{min}^{-1} \cdot 60\,\frac{\text{min}}{\text{h}} = 5670\,\frac{\text{g}}{\text{h}} = 5,67\,\frac{\text{kg}}{\text{h}}$$

Bei diesen Berechnungen wurden die Verzögerungen von $\approx 1\,\text{ms}$ beim Öffnen und Schließen der Ventile vernachlässigt.

4.5.3 Hybridmotoren

Sie enthalten, wie der Name hybrid (gemischt) besagt, eine Kombination der Merkmale der Otto- und der Dieselmotoren, um deren Vorteile zu vereinigen. So ermöglicht der Ottomotor die größte Leistung bei gegebenem Bauaufwand bzw. Hubvolumen. Beim Dieselmotor ist aber der spezifische Kraftstoffverbrauch (**348.**2) bei Teillast günstiger. Hybridmotoren sind auch die Vielstoff- und Schichtlademotoren und die Maschinen mit der Benzineinspritzung (s. Abschn. 4.5.2.2) in den Zylinder, wie bei Flugzeugen und Rennwagen. Weiterhin rechnen hierzu Kleinstmotoren für Flugmodelle mit 0,5 bis 10 cm^3 Hubvolumen, deren Gemisch in einem Vergaser entsteht, die aber selbständig zünden. Dies ermöglicht ein Ethanolanteil im Kraftstoff. Eine begrenzte Leistungsanpassung erfolgt dabei über die Nadeldüse des Vergasers.

Grundlagen der Schichtlademotoren

Die Ladung wird hierbei so geschichtet, daß sich ein reiches leicht entflammbares Gemisch allein an der Zündquelle bildet. An den anderen Stellen hängt die Zusammensetzung des Gemisches von der Belastung ab, wobei aber überall die Verbrennung gesichert sein muß. Druck und Temperatur im Brennraum steigen bei der Zündung des reichen Gemisches so stark an, daß auch das arme restlos verbrennt.

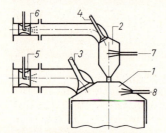

318.1 Allgemeiner Aufbau von Schichtlademotoren

Aufbau. Der Schichtlademotor (**318.**1) hat in seiner aufwendigsten Ausführung folgende Teile: Haupt- und Nebenbrennraum *1* und *2* mit ihren Einlaßventilen *3* und *4*. Die äußere Gemischbildung erfolgt durch Vergaser oder Einspritzventile *5* und *6*, die innere Gemischbildung durch die Einspritzdüsen *7* und *8*. Von diesen Teilen sind nur der Hauptbrennraum *1*, das Einlaßventil *3* und das Gemischbildungsorgan *5* zur Funktion des Motors notwendig und ein Einbau der weiteren Teile ist möglich. So ergeben sich für Schichtlademotoren etwa 25 funktionsfähige Kombinationen, von denen etwa zehn hergestellt werden.

Wirkungsweise. Schichtlademotoren arbeiten nach dem Otto- bzw. Dieselverfahren, also mit äußerer bzw. innerer Gemischbildung, mit Fremd- oder Selbstzündung sowie mit und ohne Nebenbrennraum bzw. Drosselung der angesaugten Luft. Gespülte Nebenbrennräume werden durch ein zusätzliches Ventil mit Luft versorgt, ungespülte sind hingegen nur durch einen Kanal mit dem Hauptbrennraum verbunden. Die Schichtung der Ladung wird um so stärker je höher der Anteil des in den Nebenbrennraum eingespritzten Benzins ist. Dabei bedeutet weniger Schichtung kleineren Verbrauch und geringere Schadstoffemission. Für den Betrieb gibt es noch weitere Verfahren. So wird für Teillasten die Saugluft gedrosselt, um Zündaussetzer und schleppende Verbrennung zu vermeiden. Auch sind Dieselgasmotoren möglich.

Vor- und Nachteile. Gegenüber den Ottomotoren erfolgt bei Schichtlademotoren meist keine Drosselung der angesaugten Luft. So haben sie höhere Wirkungsgrade bzw. einen kleineren Verbrauch und ein größeres Luftverhältnis. Hierdurch wird die CO- und NO$_x$-, aber nicht die HC-Emission verringert (s. Abschn. 1.5.1).

Schichtlademotoren mit ungeteiltem Brennraum

Sie stellen die einfachste Form der Schichtladung dar, benötigen aber besondere Hilfsmittel wie die Drallbewegung der Luft, wandverteilten Kraftstoff und eine Zünd- bzw. Glühkerze. Auch sind sie als Vielstoffmotoren einsetzbar.

Arbeitsweise (319.1 a und b). Der Kraftstoff wird direkt an die Wand des ungeteilten Brennraumes *1* durch eine Düse *2*, die in der Nähe der Zündkerze *3* liegt, gespritzt. Die Schichtung
der Ladung erfolgt durch den Einfluß der Drallbewegung der Luft auf den wandverteilten
Kraftstoff. Da die Einspritzung an der Kerze *3* erfolgt, entsteht dort das reichere zündfähige
Gemisch. Entscheidend sind dabei Einspritzdruck und -richtung des Kraftstoffes und die
Strömungsgeschwindigkeit der Luft. Da die Intensität des Luftdralles der Motordrehzahl
proportional ist, ergeben sich Schwierigkeiten bei großen Drehzahlen und Lastbereichen, wie
sie bei Fahrzeugen auftreten (s. Abschn. 4.4.2.5).

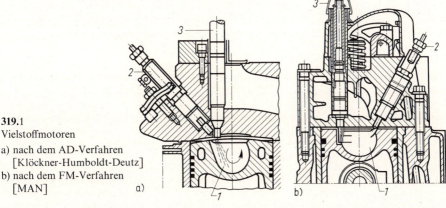

319.1
Vielstoffmotoren

a) nach dem AD-Verfahren
   [Klöckner-Humboldt-Deutz]
b) nach dem FM-Verfahren
   [MAN]

Vielstoffmotoren. Diese verbrennen neben Dieselöl auch zündunwillige Kraftstoffe wie Benzin,
Kerosin und Methanol mit Hilfe der Zündkerze. Dabei ist eine Temperatur- und Druckerhö-
hung des Gemisches zur Verringerung des Zündverzuges erforderlich. Mittel hierzu sind:
Steigerung des Kompressionsverhältnisses, Ansaugeluftvorwärmung und bei Aufladung der
Verzicht auf Ladeluftkühlung.

Schichtlademotoren mit unterteiltem Brennraum

Ihre Kammern (**319.**2) sind in Haupt- und Nebenbrennraum eingeteilt, wobei der letzte mit
und ohne Spülung hergestellt wird. Auch hier erfolgt eine Aufteilung nach Otto- und Dieselmotoren, die Gemisch bzw. Luft ansaugen.

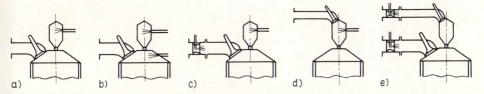

319.2   Aufbau von Schichtlademotoren mit unterteiltem Brennraum
a) bis c) ohne Spülung, d) und c) mit Spülung
a), b) und d) Dieselmotoren, c) und e) Ottomotoren

Ungespülter Nebenraum. Bei Dieselmotoren sind Einspritzungen in den Nebenbrennraum
(**319.**2a) aber auch in beide Brennräume (**319.**2b) bekannt. Für Ottomotoren hat sich nur
die Einspritzung in den Nebenbrennraum (**319.**2c) durchgesetzt, wird aber häufig ausgeführt
wie bei den Motoren Porsche SKS (**320.**1), VW-PCJ und andere.

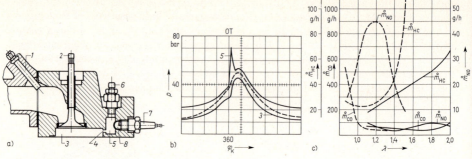

320.1   SKS-Schichtlademotor von Porsche

    a) Aufbau, b) Druckverlauf (ausgezogen SKS-Motor, gestrichelt Ottomotor)
      3 Hauptbrennraum, *5* Nebenbrennraum
    c) Schadstoffemission (ausgezogen SKS-Motor, gestrichelt Ottomotor) $n = 2000 \text{ min}^{-1}$

Porsche-SKS-Motor (320.1). Beim Ansaugen strömt das magere Gemisch (320.1 a) in den Zylinder.
Es wird von der Luft und dem von der Saugrohrdüse *1* auf den Teller des Ventils *2* gespritzten Benzin
gebildet. Am Ende der Kompression gelangt das Gemisch in den Hauptbrennraum *3*. Von dort aus
strömt es über den Schußkanal *4*, der es stark verwirbelt, in den Nebenbrennraum *5*. Hier liegt die
Einspritzdüse *6* mit der Zündkerze *7* und ihrer Kammer *8*, die hier die Verwirbelung mindert. Kurz vor
dem Zünden spritzt die Düse *6* das Benzin in die Nebenkammer *5* und das dort befindliche reiche
Gemisch entflammt und überträgt die Verbrennung auf das arme Gemisch im Hauptbrennraum *3*,
wobei der Druck (320.1b) absinkt. Die Form des Schußkanals *4* ist für die Strömung im Haupt- und
Nebenbrennraum *3* und *5* maßgebend. Dieser Motor hat im unteren Lastbereich ein Luftverhältnis
$\lambda = 0,8$ bis 2,2, die maximale Leistung gibt er wie der normale Ottomotor bei $\lambda = 0,9$ ab. Seine Schadstoffemission (320.1c) ist für $\lambda = 1,2$ am geringsten. Bei abmagerndem Gemisch steigen dann die
Kohlenwasserstoffe HC stark an.

Gespülter Nebenbrennraum. Von Dieselmaschinen ist nur eine Ausführung bekannt bei der
die Luft direkt in den Nebenraum (319.2d) über das Einlaßventil gelangt. Ein Teil der Luft
entzündet sich nach der Einspritzung selbst und die Verbrennung geht in den Hauptraum über.
Eine Ladungsschichtung ergibt sich, da im Nebenbrennraum nur ein Teil der Luft für den
gesamten eingespritzten Kraftstoff zur Vorverbrennung verfügbar ist. Ottomotoren (319.2e)
bilden ihr Gemisch getrennt vor den Ventilen der beiden Brennkammern im Vergaser oder
durch Einspritzung. So entsteht die Dreiventil-
maschine, bei der das Anlaßventil mitzählt. Der
hierbei größere Aufwand erlaubt eine zeit- und
räumlich getrennte Gemischbildung für die beiden
Kammern und damit eine stärkere Beeinflussung
der Ladungsschichtung und Verbrennung.

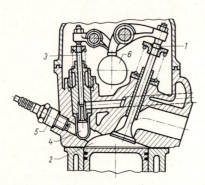

320.2   Honda-CVCC-Motor

Honda-CVCC-Motor (320.2). Als erster Fahrzeug-
Schichtladungsmotor ist er mit einer gespülten Nebenkammer ausgerüstet. In zwei, in einem Gehäuse zusammengefaßten, Vergasern wird das Gemisch gebildet. Sein
magerer Anteil gelangt über das Ventil *1* in den Hauptbrennraum *2*. Das fette Gemisch strömt über das Ventil *3*
in den Nebenbrennraum *4* in dem auch die Zündkerze *5*
liegt. Beide Ventile werden von Nocken *6* betätigt die
auf einer gemeinsamen Welle liegen.

4.6 Zündung und Verbrennung

Die Zündung leitet die Verbrennung des Kraftstoff-Luft-Gemisches ein, wobei sein Druck und seine Temperatur zusätzlich ansteigen. Das Klopfen des Motors entsteht bei zu starkem Druckanstieg, wodurch schlagartige Geräusche im Triebwerk und Zylinder sowie Leistungsverluste und Schäden auftreten.

4.6.1 Zündung

Sie wird als Selbst- und Fremdzündung ausgeführt. Der Zündpunkt Z (321.1), bei dem der Druckanstieg im Brennraum beginnt, liegt bei der Vorzündung vor dem OT, bei der Spätzündung dahinter.

Selbstzündung tritt ein, wenn die erhitzte Luft die Selbstzündungstemperatur des Kraftstoffes (321.2) überschreitet. Diese Temperatur soll möglichst niedrig liegen, um zu hohe Verdichtungsverhältnisse zu vermeiden. Zur Fremdzündung dienen Zündhilfen, wie elektrische Funken, Einspritzen eines Zündöles oder glühende Einsätze im Brennraum. Hierbei soll die Selbstzündungstemperatur möglichst hoch sein, damit keine Selbstzündungen auftreten, die das Klopfen verursachen.

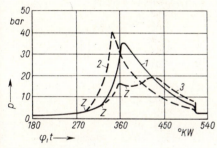

321.1 Druckverlauf in einem Viertakt-Ottomotor als Funktion des Kurbelwinkels
1 normaler Verlauf
2 Vorzündung
3 Spätzündung
Z Zündpunkt

321.2 Selbstzündungstemperatur t_{SZ} als Funktion des Luftdruckes p_L
1 Dieselkraftstoff
2 Benzin
3 Benzol

4.6.1.1 Dieselmaschinen

Der Zündpunkt Z (322.1) liegt hier hinter dem Selbstzündungspunkt SZ und dem Einspritzbeginn EB. Die Verbrennung beginnt also im Zündpunkt Z und hört hinter dem Einspritzende EE auf. Sie wird nach Ricardo in einen ungesteuerten Teil $Z-A$, einen durch die Einspritzdauer t_E beeinflußbaren Teil $A-EE$ und die Nachverbrennung $EE-B$ aufgeteilt [61].

Zündverzug. Hiermit wird die Zeit t_Z zwischen dem Einspritzbeginn und dem Zündpunkt (322.1) bezeichnet. Er wird mit fallender Differenz der Selbstzündungs- und der tatsächlichen Zündtemperatur größer, steigt also mit der Abnahme des Verdichtungsverhältnisses, der

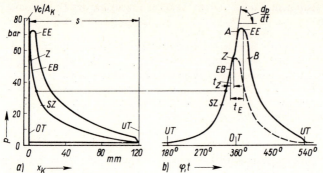

322.1
Diagramme einer Vier-
takt-Dieselmaschine
$P_e = 7,5$ kW
$n = 1000$ min^{-1}

a) Druck-Kolbenweg oder
   Indikatordiagramm
b) Druck-Zeitdiagramm
   oder Kathodenstrahl-
   oszillogramm (Druck-
   verlauf ohne Zün-
   dung ---)

Belastung und mit zunehmender Drehzahl. Der Druckanstieg dp/dt (322.1) und damit die Klopfneigung nehmen mit steigendem Zündverzug zu, da sich hierbei im Brennraum eine größere Kraftstoffmasse ansammelt, die sich fast gleichmäßig entzündet. Übersteigt der Druckanstieg 8 bis 10 bar/°, gemessen auf der Kurbelwelle, so beginnt der harte Gang des Motors. Weiteren Einfluß haben die Brennraumform und die chemische Zusammensetzung des Kraftstoffes. Der Zündverzug liegt zwischen 0,001 und 0,01 s. Der Winkel, um den der Einspritzbeginn wegen des Zündverzuges vor den Zündpunkt gelegt werden muß, beträgt auf dem Kurbelkreis gemessen $\varphi_Z = \omega t_Z$. Mit $\omega = 2\pi n$ aus Gl. (17.4) wird

$$\varphi_Z = 2\pi n t_Z \qquad\qquad (322.1)$$

Zündwilligkeit. Sie nimmt mit steigendem Zündverzug ab, kann aber durch Erhöhen der Kompression des Motors verbessert werden. Zu ihrer Bestimmung dienen daher nach DIN 51773 Prüfmotoren (BASF oder CFR) mit konstantem Einspritzbeginn (13 oder 20 °KW) und veränderlicher Kompression. Hiermit wird der Zündpunkt in den OT gelegt, also der Zündverzug 13 oder 20 °KW eingestellt. Die Höhe der Kompression entspricht dann der Zündwilligkeit. Ihr Maß ist die Cetanzahl CaZ. Sie gibt an, wieviel Volumenprozent Cetan eine Mischung aus Cetan (CaZ = 100) und α-Methylnaphthalin (CaZ = 0) enthalten muß, damit sie im Prüfmotor die gleiche Kompression wie der zu untersuchende Kraftstoff erreicht. Für einen klopffreien Kraftstoff muß die Cetanzahl CaZ > 40 sein.

Der BASF-Motor ist ein wassergekühlter Einzylinder-Viertakt-Dieselmotor mit der Bohrung 90 mm, dem Hub 120 mm und der Drehzahl 1000 min^{-1}. Die Kühlmitteltemperatur beträgt 100 °C, der Kraftstoffstrom 8 cm^3/min. Die Kompression wird hier durch Vermindern des angesaugten Luftstromes im Verhältnis 1 : 6 mit einer Drosselklappe, also durch Herabsetzen des Füllungsgrades geändert. Zur Kontrolle des Zündverzuges dient je ein induktiver Geber an der Düse für den Einspritzbeginn und im Zylinder für den Zündbeginn.

4.6.1.2   Ottomaschinen

Zur Fremdzündung des Gemisches dient meist ein elektrischer Funke. Die Verbrennung beginnt mit einer von der Zündkerze ausgehenden Flammenfront, die sich mit der mäßigen Geschwindigkeit von 20 bis 30 m/s durch den Brennraum bewegt. Dabei entsteht eine Druckwelle, die sich mit Schallgeschwindigkeit (ca. 850 m/s bei 1800 K) ausbreitet. Sie trifft auf das noch unverbrannte Gemisch auf, verdichtet und erwärmt es.

Zündanlagen

Sie haben die Aufgabe, den Zündfunken in den einzelnen Zylindern gemäß der Zündfolge bei einem bestimmten Kurbelwinkel zu erzeugen. Als Stromquelle dient meist eine Batterie.

Lediglich bei Motoren mit Hubräumen unter 500 cm^3 sind zur Erzeugung des Zündstromes und zu seiner Spannungserhöhung Schwungmagnetzünder üblich, die aus einem auf der Kurbelwelle sitzenden Polrad bestehen (*20* in Bild **371**.1)

Arten. Zündungen werden nach ihrer Steuerung benannt. So gibt es die mechanisch oder mit Transistoren gesteuerten Spulenzündungen sowie mit Thyristoren gesteuerte Hochspannungs-Kondensatorzündungen.   Als Energiequelle dient eine Batterie oder ein Schwungmagnet. Spulenzündungen werden bei Fahrzeugmotoren und großen Motorrädern, Kondensatorzündungen für Rennwagen- und Wankelmotoren verwendet, Magnetzündungen (*20* in Bild **371**.1) erhalten kleinere durch Muskelkraft angelassene Motoren bei Rasenmähern, Sägen, Booten und Mopeds. Elektronisch gesteuerte Systeme sind gegenüber mechanischen verschleißfester, zündsicherer und ändern ihre Einstellung während ihrer Lebensdauer kaum.

Kenngrößen (323.1). Die größte Spannung $U_z = (10$ bis $25)$ kV tritt an der Kerze zur Zeit t_z der Zündung auf. Diese erfolgt um den Winkel φ_v vor dem *OT*. Die Funkendauer beträgt, wenn das Schließen des Kontaktes zur Zeit t_s beginnt $T_F = T_z - T_s = (0,4$ bis $1,5)$ ms. Ist $\varphi_p = a_t \cdot 360°$ die Periode mit $a_T = 2$ bzw. 1 für Vier- bzw. Zweitaktmotoren, z die Zylinder- und n die Drehzahl, so folgt für den Zündabstand $T_z = \varphi_p / 2\pi n z$. An Funkenzahlen werden erzeugt $z = 1/T_z = (3000$ bis $6000)$ s^{-1}. Für die Schließzeit gilt angenähert die Zahlenwertgleichung

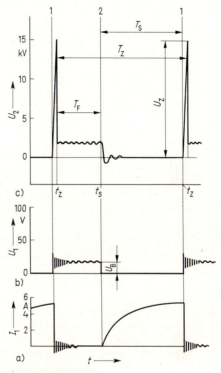

323.1   Zündverlauf
a) und b) Primärstrom und -spannung
c) Sekundärspannung
1 bis *2* geschlossener Kontakt
2 bis *1* offener Kontakt

$$T_s = 0,01\, T_z\,(0,3\,n + 45) \quad \text{in ms} \tag{323.1}$$

mit T_z in ms und n in s^{-1} für den Bereich $n = (33$ bis $100)$ s$^{-1} = (1000$ bis $6000)$ min^{-1}. Die Batterie gibt an die Zündung die Spannung $U_B = (14$ bis $16)$ V ab und der Primärstrom beträgt $I_1 = 4$ bis 6 A.

Spulenzündungen (324.1). Der Primärstrom I_1 baut in der Zündspule mit der Induktivität L_1 ein Magnetfeld bei geschlossenem Unterbrecher *6* auf. Wird dieser geöffnet, so entsteht auf der Sekundärseite der Spule *5* durch Induktion die Zündspannung U_z zur Erzeugung des Funkens in der Kerze. Sie werden nach dem Aufbau des Unterbrechers in Steuer- bzw. Leistungsschalter eingeteilt.

Mechanische Systeme. Hier stellt der Unterbrecher Leistungs- und Steuerschalter zugleich dar. Dadurch wird die Kontaktabnutzung stärker und die größte Funkenzahl beträgt nur 3000 1/s und die Funkendauer liegt bei 1,5 ms.

Aufbau (324.1). Der Primärstrom I_1 mit der Spannung $U_B = 12$ bis $14\,\text{V}$ fließt von der Batterie *1* über den Zündschalter *2* zum Vorwiderstand *3* mit dem Überbrückungsschalter *4* zur Primärwicklung der Zündspule *5*. Von hier aus gelangt er über den Unterbrecher *6*, dem ein Kondensator *7* parallel geschaltet ist, zur Batterie zurück. Die Sekundärseite der Zündspule gibt ihre Spannung $U_B = 24\,\text{kV}$ über den Verteiler *8* an die in der Zündfolge angeschlossenen und geerdeten Zündkerzen *9* ab. Der Unterbrecher *6* und der Läufer des Verteilers *8* sitzen auf einer gemeinsamen Welle *10*, die der Motor mit der Zahl der Arbeitstakte antreibt. Schutz gegen Funkenbildung und Abnutzung der Kontakte des Unterbrechers *6* bietet der Kondensator *7*. Der Widerstand *3* vermeidet eine Überlastung der Zündspule *6*. Beim Starten aber gibt die Batterie *1* einen starken Strom an den Anlasser ab. Dann schließt der Schalter *4* den Widerstand *3* kurz, damit die Spannung nicht zu stark absinkt und die Funkenbildung gefährdet. Kontaktprellungen treten hier bei Funkenzahlen über $600\,\text{s}^{-1}$ auf.

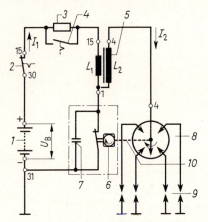

324.1   Schema der mechanischen Spulenzündung nach Bosch
(strichpunktiert eingerahmt: Steuerung)

324.2   Steuerung der kontaktgesteuerten Transistor-Spulenzündung

Kontaktgesteuerte Transistor-Spulenzündung (324.2). Der Unterbrecher *6* steuert hier einen NPN-Transistor *7* der am Spannungsteiler R_1 und R_2 liegt. Dabei fließt über den geschlossenen Unterbrecher nur noch der schwache Steuerstrom I_S zur Basis B des Transistors. Er bewirkt, daß der starke Primärstrom I_1 von Kollektor C zum Emitter E des Transistors fließt. Dieser schaltet also über den vom Unterbrecher gesteuerten geringen Basisstrom den Primärstrom kontaktlos ein und aus. So wird besonders der Kontaktabbrand, der den Zündzeitpunkt ändert, vermieden.

Transistor-Spulenzündung mit induktivem Geber (325.1a). Der induktive Geber *6*, von der Welle *10* angetrieben, ersetzt den Unterbrecher und ist mit dem Steuergerät *7* verbunden. Dieses besteht aus dem Impulsumformer *11*, der Schließwinkelsteuerung *12*, der Verstärkerstufe *13* und der Darlington-Stufe *14* mit zwei hintereinander geschalteten Transistoren. Der induktive Geber *6* (325.1 b) enthält den Dauermagneten *15*, die Induktionswicklung *16* und das Geberrad *17*. Durch den veränderlichen Luftspalt *18* wird wie bei einem Einphasengenerator eine Wechselspannung induziert. Er wird im Zündverteiler (327.2) auf der Welle *1* unter dem Finger *10* montiert. Der Signalfluß (325.1c) erfolgt dabei vom Geber *6* bis zur Zündspule *5*. Dabei wird die Steuerspannung in rechteckige Impulse umgewandelt, über den Schließwinkel an die Drehzahl angepaßt, verstärkt und in bogenförmige Stromimpulse für die Primärwicklung *5* verwandelt.

Kennlinien. Sie stellen den Zündwinkel (325.2) als Funktion der Drehzahl und Belastung dar und dienen zur Optimierung des Kraftstoffverbrauchs. Bei Vollast ist die gestrichelte Klopfgrenze zu beachten. Wird der schraffierte Bereich überschritten fällt die Leistung über ein

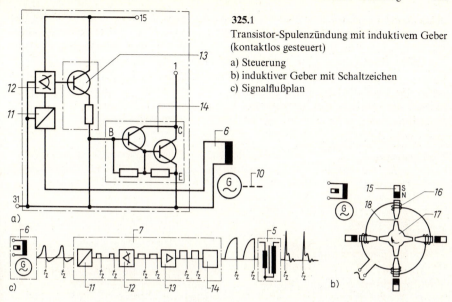

325.1

Transistor-Spulenzündung mit induktivem Geber (kontaktlos gesteuert)

a) Steuerung

b) induktiver Geber mit Schaltzeichen

c) Signalflußplan

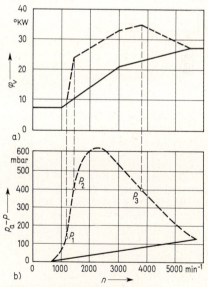

Prozent ab. Diese Grenzen hält der Fliehkraftversteller (**327.**2) durch Erhöhung der Vorzündung φ_V ein. Bei Teillasten (**325.**3) wird zur Verringerung der Leistung (P_1 nach P_2) die Klappe weniger geöffnet und der Unterdruck $p - p_a$ zwischen Vergaser und Zylinder steigt an.

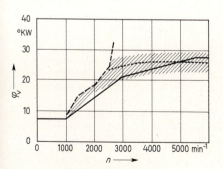

325.2 Zündkennlinie für Vollast

schraffiert: Bereich der Leistungsverluste unter 1 %
punktiert: Mittelwert hierzu
gestrichelt: Klopfgrenze

325.3 Allgemeine Zündkennlinie

a) Zündverstellwinkel
b) Unterdruck im Saugrohr
gestrichelt: Teillast
ausgezogen: Vollast

Da die Entflammbarkeit des hierbei abmagernden Gemisches abnimmt vergrößert der Unter-druckversteller(**327**.2) die Vorzündung. Ist beim Leerlauf und beim Schiebebetrieb die Drossel fast zu, verursacht das hierbei überfettete Gemisch einen starken Schadstoffanfall. Dieser verringert sich beträchlich wenn die Klappenstellung bzw. der Unterdruck z.B. auf $p - p_a = 400$ mbar zwischen den Punkten P_2 und P_3 in Bild **325**.3 begrenzt wird. Damit aber hierbei die Leerlaufdrehzahl nicht zu stark ansteigt, verringert eine im Unterdruckversteller liegende unabhängige Spätdose die Vorzündung φ_V. Bei Verwendung von Mikrocomputern zur elek-tronischen Steuerung der Zündung werden diese Kennlinien gespeichert.

Zündverstellung. Sie soll die Vorzündung erhöhen: Der Fliehkraftversteller mit zunehmender Drehzahl (**326**.1 a), um die Leistung zu steigern und der Druckversteller mit fallendem Saug-druck (**326**.1 b), um Kraftstoff bei Teillasten zu sparen.

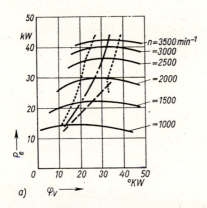
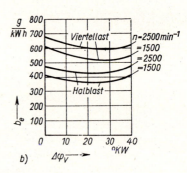

326.1   Einfluß der Vorzündung (nach Bosch)
   a) Leistung P_e als Funktion der Vorzündung φ_V und der Drehzahl (günstige Vorzündung –·–·–, Klopfgrenze – – –, Toleranzgrenze für 1% Leistungsabfall ....)
   b) Spezifischer Kraftstoffbedarf b_e als Funktion der zusätzlichen Vorzündung $\Delta\varphi_V$ und der Belastung

Fliehkraftversteller (**327**.2). Bei steigender Drehzahl gehen die mit der Antriebswelle *1* umlaufen-den Fliehkraftpendel *2*, in deren Nuten *3*, die Stifte des Mitnehmers *4* angreifen, nach außen. Der Mit-nehmer verdreht gegen den Zug der Federn *5* die Buchse *6* mit dem Nocken *7* im Drehsinn der An-triebswelle *1*. Dadurch löst sich der Unterbrecherhebel *8* früher von seinem Kontakt *9* und die vom Verteiler *10* übertragene Vorzündung steigt an.

Druckversteller (**327**.2). Er bewegt sich, wenn der Druck an der Klappe *11* fällt, die Membran *12* nach links. Der Hebel *13* verdreht dann die Platte *14* mit dem Unterbrecherhebel *8* und dem Kontakt *9* in den Lagern *15* entgegen dem Drehsinn der Antriebswelle *1* und erhöht die Vorzündung.

Zündkerzen (**327**.1). Der Zündstrom fließt über den Anschlußbolzen *1*, den Stopfen *2* und die Mittelelektrode *3*. Dann springt er als Zündfunke zur Masseelektrode *4*, die über den Kerzenkörper *5* leitend mit dem Motor verbunden ist. Der Stopfen *2*, aus einer gut leitenden Spezialschmelze, verankert den Anschlußbolzen *1* und die Mittelelektrode *3* im Isolierkörper *6* und dichtet diese Teile ab. Der keramische Isolierkörper *6* muß die Mittelelektrode *3* gegen

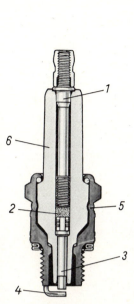

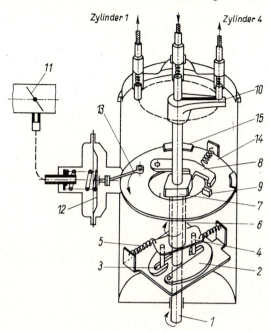

327.1   Zündkerze [Bosch]

327.2   Fliehkraft- und Druckversteller

die Höchstspannung 25 kV abschirmen. Außerdem hat er die vom Kerzenkörper *5*, der dem Höchstdruck 30 bis 50 bar und der Höchsttemperatur 2000 bis 3000 °C ausgesetzt ist, aufgenommene Wärme abzuführen.

Der Wärmewert ist ein Maß für die Wärmebelastbarkeit der Zündkerze. Je höher er liegt, desto geringer ist die Gefahr von Selbstzündungen, desto eher verschmutzt aber die Kerze. Während bei mittleren Temperaturen über 500 °C an den Elektroden Ruß und Ölkohle abbrennen, werden dabei auch die Niederschläge von Bleiverbindungen leitend und verursachen Fehlzündungen.

Zünddiagnose. Hierzu dient ein Kathodenstrahl-Oszillograph, der die Spannung im Primär- und im Sekundärkreis sowie den Primärstrom als Funktion der Zeit (**323.**1) aufzeichnet. Daraus ergeben sich Fehler an den Leitungen, Kontakten und Kerzen der Zündanlage. Die Fliehkraft- und Unterdruckverstellung wird mit der Zündlichtpistole, einer Stroboskoplampe, überprüft. Diese ist z.B. an die Zündung des ersten Zylinders des Motors, dessen *OT* am Schwungrad markiert ist, angeschlossen. Bei einer bestimmten Drehzahl mißt dann die Pistole den Winkel zwischen Zündzeitpunkt und Marke, also die Gesamtverstellung. Ist der Schlauch für den Unterdruck abgenommen, so wird nur der Einfluß der Fliehkraft gemessen. Die Differenz dieser beiden Werte ergibt dann die Unterdruckverstellung.

Beispiel 35. Die Zündanlage eines Viertakt-Ottomotors mit $z = 6$ Zylindern und der Drehzahl $n = 6000 \, \text{min}^{-1}$ liegt an der Spannung $U_1 = 14$ V der Batterie. Der Primärkreis hat den Widerstand $R_1 = 3 \, \Omega$ und die Induktivität der Zündspule $L = 5$ mH (Henry). Gesucht sind der Zündabstand und die Funkenzahl, der Schließwinkel als Funktion der Drehzahl und die Leistungen im Primärstromkreis.

Zündabstand und Funkenzahl. Mit der Drehzahl $n = 6000$ min$^{-1} = 100$ s^{-1} folgt aus Gl. (17.4)
$\omega = 2\pi n = 200\pi$ s$^{-1} = 628,3$ s^{-1}

Mit dem Winkel $\varphi = \varphi_p/z = 720°/6 = 120° = 2\pi/3$ ergibt sich der Zündabstand

$$T_z = \frac{\varphi}{\omega} = \frac{2\pi}{3 \cdot 200\pi \, \text{s}^{-1}} = 0,033 \, \text{s} = 3,333 \, \text{ms}$$

Die Funkenzahl ist dann

$$z_F = 1/T_z = z\,n/2 = 6 \cdot 100 \, \text{s}^{-1}/2 = 300 \, \text{s}^{-1}$$

Schließzeit. Nach Gl. (323.1) wird

$$T_s = 0,01 \, T_z\,(0,3\,n + 45) = 0,01 \cdot 3,333\,(0,3 \cdot n + 45) = 0,01\,n + 1,5 \quad \text{in ms, wenn } n \text{ in s}^{-1}$$

Für die Grenzwerte gilt: bei $n = 6000$ min$^{-1} = 100$ s^{-1} ist $T_s = 2,5$ ms und für $n = 2000$ min^{-1} $= 33,33$ s^{-1} wird $T_s = 1,833$ ms. Die zugeordneten Winkel betragen damit

$$\varphi_s = \omega \, T_s\,180°/\pi = 200\pi \, \text{s}^{-1} \cdot T_s 180/\pi = 36\,(\text{ms}^{-1})\,T_s$$

für $n = 6000$ min^{-1} und $T_s = 2,5$ ms ist $\varphi_s = 90°$ und für $n = 2000$ min^{-1} bzw. $T_s = 1,833$ ms wird $\varphi_s = 66°$.

Funkendauer. Für $n = 6000$ min^{-1} gilt $T_F = T_z - T_s = (3,333 - 2,5)$ ms $= 0,833$ ms bzw. $\varphi_F = 36\,(\text{ms})^{-1} \cdot 0,833$ ms $= 30°$.

Bei $n = 2000$ min^{-1} ist dann $T_F = 1,5$ s und $\varphi_F = 54°$.

Leistungen. Mit dem Primärstrom $J_1 = U_1/R_1 = 14$ V$/3\,\Omega = 4,66$ A wird

$$P_1 = U_1 J_1 = 4,66 \, \text{A} \cdot 14 \, \text{V} = 65,33 \, \text{W}$$

Diese Leistung hat u. a. die Batterie aufzubringen, die aber beim Betrieb von einem Generator (Lichtmaschine) aufgeladen wird. Die Zündspule speichert die mittlere Energie

$$W = L J^2/2 = 5 \, \text{mH} \cdot 4,666^2 \text{A}^2/2 = 54,43 \, \text{mJ}$$

Ihre Leistung ist dann während der Funkendauer $T_F = 0,833$ ms.

$$P = W/t = 54,43 \, \text{mJ}/(0,833 \, \text{ms}) = 65,36 \, \text{kW}$$

eine weitere Berechnung der Zündung erfordert die Kenntnis ihres elektrischen Schwingkreises.

Klopfen

Als Ursache gelten die Druckspitzen, die sich durch zusätzliche Selbstzündungen im Gemisch bilden, da die Temperaturen an den einzelnen Stellen des Brennraumes infolge der Druckwellen, die der Flammenfront vorauseilen, über den Selbstzündungspunkt ansteigen. Einfluß auf das Klopfen haben neben der Zusammensetzung des Kraftstoffes die Form und Kühlung des Brennraumes, der Aufbau und die Lage der Zündkerze. Steigen die Höchsttemperatur, das Verdichtungsverhältnis, der Zylinderdurchmesser und die Vorzündung an, dann wird die Klopfneigung größer. Sie erreicht ihren Maximalwert beim Luftverhältnis $\approx 1,05$ [58].

Klopfsensoren. Es sind meist Körperschallgeber mit Aufnehmern, die wegen der hohen Zylindertemperaturen aus Piezokeramik bestehen. Sie sprechen bei der Klopffrequenz ca. 6 bis 8 kHz an. Danach wird dann die Zündung auf einen Sicherheitsabstand zur Klopfgrenze von 8 bis 10° auf der Kurbelwelle gemessen, eingestellt.

Klopffestigkeit. Zu ihrer Bestimmung nach DIN 51 756 dient der BASF- oder der CFR-Einzylinder-Ottomotor, deren Verdichtungsverhältnis veränderlich ist. Bei der Motor-Methode wird zusätzlich die Vorzündung verstellt, beim Research-Verfahren bleibt sie konstant. Als Maß dienen dabei die Research- und Motoroktanzahl ROZ bzw. MOZ. Sie entsprechen dem Volumenanteil in % an Isooktan in einem Gemisch aus Isooktan (C_8H_{18} mit OZ = 100) und n-Heptan (C_7H_{16} mit OZ = 0), das den gleichen Druckanstieg wie der zu untersuchende Kraftstoff aufweist. Bei Oktanzahlen über 100 wird nach DIN 51 788 nur die ROZ benutzt.

Ihr Zahlenwert über 100 gibt dabei den Volumenanteil in $^0/_{00}$ an Bleitetraethyl (TEL bzw. $C_8H_{20}Pb$) bei einer Mischung dieses Stoffes mit Isooktan an. Für Gase ist die Methanzahl maßgebend. Sie ist zahlenmäßig gleich dem prozentualen Methangehalt eines Prüfgemisches aus Wasserstoff H_2 und Methan CH_4.

Der wassergekühlte BASF-Motor hat die Bohrung 65 mm und den Hub 100 mm. Das Verdichtungsverhältnis wird von 4 bis 12 durch Verschieben des Zylinders gegenüber dem Gestell mit einem Handrad über eine Schnecke und ein Schneckenrad geändert. Die Klopfintensität, die Größe der Druck-Beschleunigungsstöße wird mit einem Detonationsmeter bestimmt. Für die Prüfung gelten die Bedingungen nach Tafel **329.**1.

Tafel **329.**1 Betriebsbedingungen zur Bestimmung der Oktanzahl

	Motor- oder F-2-Methode		Research- oder F-1-Methode
Drehzahl	900 min^{-1}		600 min^{-1}
Vorzündung mit Kompressions-verhältnis	26 20° 14°	5 6,54 10	13°
Gemisch-temperatur	149 °C		nicht vorgewärmt
Lufttemperatur	38 °C		52 °C

4.6.2 Verbrennung

In den Zylindern der Motoren verbrennen flüssige oder gasförmige Kraftstoffe. Dabei geben sie ihre latent gebundene Wärmeenergie an das Brenngas ab. Sie wird bei der Dehnung zum Teil in mechanische Arbeit verwandelt.

4.6.2.1 Herkömmliche Kraftstoffe

Bestandteile. Außer geringen Beimengungen enthalten sie Kohlenwasserstoffe unterschiedlichen Aufbaus, die ihre recht verschiedenartigen physikalischen und chemischen Eigenschaften bestimmen (Tafel **330.**1). Von diesen sind die Energieausnutzung im Zylinder, der Betrieb des Motors und die Lagerfähigkeit abhängig. Die Zusammensetzung wird nach der Elementaranalyse in Massenanteilen an Kohlen- und Wasserstoff c und h mit der Einheit kg C/kg Kr und kg H_2/kg Kr angegeben.

Kenngrößen. Heizwerte (Tafel **330.**1 und **331.**1) sind für die Energieausnutzung maßgebend. Sie werden pro Massen- oder Volumeneinheit des zugeführten Kraftstoffes bzw. der angesaugten Luft angegeben, so gilt:

$$H_u \qquad H_u \varrho_{Kr} \qquad H_u/(\lambda L_{min}) \qquad H_u \varrho_0/(\lambda L_{min}) \qquad (329.1)$$

Die beiden letzten heißen auch Gemischheizwerte h_G und werden in Tabellen auf das stöchiometrische Luftverhältnis ($\lambda = 1$) und auf die Dichte beim Normzustand 1,0133 bar 0 °C also $\varrho_0 = 1,293$ kg/m^3 bezogen. Für große Werte $H_u \varrho_0/(\lambda L_{min})$ ist nach Gl. (259.8) der effektive Druck am größten und der Motor wird am besten ausgenutzt. Die Kraftstoffe (**331.**1) sollen

Tafel **330.1**   Stoffwerte von flüssigen Kraftstoffen

Stoff	Formel	Einheit	natürliche Kraftstoffe		Alkane C_nH_{2n+2}		Alkohole $C_nH_{2n+1}OH$		Aromat
			Diesel	Otto	Heptan	Oktan	Methanol	Ethanol	Benzol
Formel			Kohlenwasserstoffgemische		C_7H_{16}	C_8H_{18}	CH_3OH	C_2H_5OH	C_6H_6
Massenanteile	c h o	kg/kg	0,86 0,13 —	0,85 0,14 —	0,84 0,16 —	0,842 0,158 —	0,375 0,125 0,5	0,52 0,13 0,35	0,923 0,77 —
Dichte bei 20°C	ϱ	kg/l	0,86	0,73	0,683	0,692	0,795	0,79	0,875
unterer Heizwert	H_u	kJ/kg	42000	43000	44600	44560	19665	26779	40193
Mindestluftbedarf	L_{min}	kg/kg	14,35	14,60	15,2	15,2	6,4	9,0	13,3
max. CO_2-Gehalt	$n_{CO_2}/n_{tr'}$	m³/m³	0,155	0,147	0,144	0,145	0,153	0,15	0,176
Verdampfungswärme bei 1 bar	r	kJ/kg	800	420	310	297	1109	904	393
Zündwilligkeit	CaZ ROZ	—	50	90	56	100	>110	>100	>100
Siedegrenzen bei 1 bar	t	°C	210 bis 350	55 bis 200	98,5	99	65	78	80
Viskosität bei 20°C	η	m Pas	≈7,0	≈0,6	—	—	0,6	1,2	0,67

daher einen hohen Heizwert H_u und einen geringen Luftbedarf λL_{min} haben. Für Benzin folgt mit Tafel **330**.1 $H_u = 43000$ kJ/kg Kr und $H_u \varrho_{Kr} = 31900$ kJ/l Kr. Für $\lambda = 1$ gilt $H_u/(\lambda L_{min}) = 2945$ kJ/kg L und mit $\varrho_0 = 1{,}29$ kg/m³ wird sodann $H_u \varrho_0/(\lambda L_{min}) = 3800$ kJ/m³ L.

Verdampfungswärme. Der Kraftstoff $\dot{B}$ entzieht dem Luftstrom mit der spezifischen Wärmekapazität c_p bei der Temperaturerhöhung Δt die Wärme $\dot{B}r = \dot{m}_L c_p \Delta t$. Mit $\dot{m}_L/\dot{B} = \lambda L_{min}$ nach Gl.(255.1) folgt für die Erwärmung der Luft:

$$\Delta t = \frac{\dot{B}r}{\dot{m}_L c_p} = \frac{r}{\lambda L_{min} c_p} \quad (331.1)$$

Hierbei wird mit wachsendem Δt die Ladung stärker abgekühlt und damit der Liefergrad λ_L verbessert. Bei großen Verdampfungswärmen r und kleinem Luftbedarf λL_{min} ist der Kraftstoff vorzuheizen, wenn die Lufttemperatur so stark absinkt, daß die Luft den

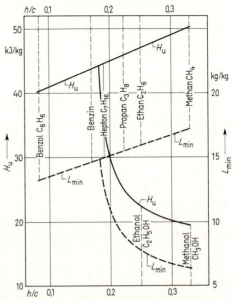

331.1 Heizwert H_u und Mindestluftbedarf L_{min} der wichtigsten Kohlenwasserstoffe

Tafel **331**.2 Stoffwerte von gasförmigen Kraftstoffen

Stoff	chem. Symbol	h/c-Verhältnis	Dichte ϱ kg/m³	unterer Heizwert H_u in kJ/m³	Mindest-Luftbedarf L_{min} in m³/m³	Siedepunkt t_S in °C	Zündwilligkeit Methanzahl
Wasserstoff	H_2		0,090	10800	2,38	−253	
Methan	CH_4	0,3300	0,717	36000	9,62	−164	100
Ethan	C_2H_6	0,2500	1,356	63500	16,70	−93	
Propan	C_3H_8	0,2222	2,020	92000	23,80	−42	35
Butan	C_4H_{10}	0,2083	2,691	120000	31,00	−0,6	10,5
Ethylen	C_2H_4	0,1667	1,261	60600	14,30	−104	
Propylen	C_3H_6	0,1667	1,875	87300	21,40	−48	20
Butylen	C_4H_8	0,1667	2,502	115000	28,60	12	26
Acetylen	C_2H_2	0,0833	1,171	56300	11,90	−105	

verdampften Kraftstoff nicht mehr aufnimmt. Für Benzin gilt mit Tafel **330.**1

$$\Delta t = \frac{420 \text{ kJ/kg}}{14{,}6 \text{ kg/kg} \; 1{,}01 \text{ kJ/kg K}} = 28{,}5 \text{ K} = 28{,}5 \text{ °C}$$

Betrieb und Lagerung. Im Betrieb sind neben den Zündeigenschaften, der Klopffestigkeit und dem Siedebereich, der sich aus den vielen Bestandteilen des Kraftstoffes ergibt, von Bedeutung: der Verschleiß im Zylinder, die Rückstände in den Düsen und Ventilen sowie die Korrosion im Motor und Auspuff. Diese Erscheinungen werden durch Filtern des Kraftstoffes und durch Entfernen von Harz- und Säurebildnern wie Schwefel und Phenol abgeschwächt. Für die Lagerung ist eine geringe Zähigkeit, die chemische Neutralität und Beständigkeit sowie die Dichte maßgebend. Eine höhere Dichte ermöglicht, wenn Masse und Heizwert des Kraftstoffes gleich sind, die Speicherung einer größeren Energie im gleichen Raum.

Mindestanforderungen

Sie sind für Otto- und Dieselkraftstoffe mit der Ausnahme von Flug- und Großmotoren in DIN 51600 und 51601 festgelegt. Dort sind auch die Normen für die Prüfverfahren aufgeführt.

Ottokraftstoffe. Die Klopffestigkeit ist erst bei Oktanzahlen über 85 ausreichend. Sie wird durch Spuren des giftigen Bleitetraethyls (TEL) erhöht, dessen Gehalt wegen der Korrosion und der Niederschläge an den Zündkerzen höchstens 0,15 g/l betragen darf. Außerdem wirkt es als Kontaktgift für die Katalysatoren zur Verringerung der Abgasemission (s. Abschn. 4.6.2.7). Daher soll ab 1988 das Benzin bleifrei sein. Die Siedekurven (**332.**1) sollen im niedrigen Temperaturbereich liegen, damit der Kraftstoff in der Saugleitung und im Zylinder verdampft und sich dort nicht niederschlägt. Beim atmosphärischen Druck und bei den Temperaturen 100 bzw. 200°C sollen 30 bzw. 95% des Volumens verdampft sein. Beim Druck 0,4 bar und der Temperatur 75°C dürfen aber höchstens 10% des Kraftstoffes dampfförmig sein, damit in der Vergaserdüe keine Dampfblasen entstehen und das Gemisch nicht zu mager wird.

Tafel **332.**2   Molmassen abgerundet

Stoff	chem. Symbol	Molmasse
Kohlenstoff	C	$M_C \quad = 12 \; \dfrac{\text{kg C}}{\text{kmol}}$
Wasserstoff	H_2	$M_{H_2} \quad = 2 \; \dfrac{\text{kg } H_2}{\text{kmol}}$
Sauerstoff	O_2	$M_{O_2} \quad = 32 \; \dfrac{\text{kg } O_2}{\text{kmol}}$
Stickstoff	N_2	$M_{N_2} \quad = 28 \; \dfrac{\text{kg } N_2}{\text{kmol}}$
Kohlendioxyd	CO_2	$M_{CO_2} = 44 \; \dfrac{\text{kg } CO_2}{\text{kmol}}$
Kohlenoxyd	CO	$M_{CO} \quad = 28 \; \dfrac{\text{kg CO}}{\text{kmol}}$
Wasser	H_2O	$M_{H_2O} = 18 \; \dfrac{\text{kg } H_2O}{\text{kmol}}$
Luft	—	$M = 28{,}96 \; \dfrac{\text{kg L}}{\text{kmol}}$

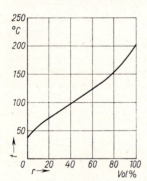

332.1   Siedekurve eines Ottokraftstoffes (Super)
r = Raumanteil des verdampften Kraftstoffes

ROZ = 100   MOZ = 92
ϱ = 0,776 kg/l p = 1 bar

Dieselkraftstoffe. Die Zündwilligkeit erfordert eine Cetanzahl über 40. Die Zähigkeit ist auf 10 mm^2/s begrenzt, um zu hohe Einspritzdrücke zu vermeiden. Der Koksrückstand soll nur 1,0 % der Kraftstoffmasse umfassen, damit die Düsen nicht verstopfen. Der Anteil an Schwefel darf höchstens 1 %, an Asche 0,02 % der Kraftstoffmasse betragen, um Abrieb und Korrosion zu vermeiden. Für den Siedeverlauf ist maßgebend, daß bei 360 °C mindestens 90 % des Kraftstoffvolumens verdampft sind. Das Filtrieren, das besonders für die Einspritzpumpen und Düsen notwendig ist, soll für im Freien betriebene Motoren nach dem Verfahren von Hagemann und Hammerich im Sommer bis zu 0 °C, im Winter bis zu −12 °C möglich sein.

4.6.2.2 Alternative Kraftstoffe

Die ständig abnehmenden Ölvorräte veranlaßten, ausgelöst durch die Ölkrise, ernsthafte Anstrengungen zur Ausnutzung von minderwertigen Vorkommen und Ölqualitäten, Streckung der vorhandenen Mengen durch Zusätze sowie synthetische und Ersatzkraftstoffe. So wurden schon im zweiten Weltkrieg synthetisches Benzin z. B. nach dem Fischer-Tropsch-Verfahren und Holzgasgeneratoren für Kraftfahrzeuge benutzt. Trotzdem zwang die ständig anwachsende Motorenzahl diese Probleme mit modernen Technologien zu lösen. Hierbei ergeben sich folgende Aufgaben: Anpassung der Motoren, Begrenzung der Abgasemission, Ausbau der chemischen Herstellungskapazitäten und des Versorgungsnetzes wie Raffinerien und Tankstellen, sowie die Preisgestaltung. So können bis 1990 etwa 10 % der Autos mit Flüssiggas versorgt werden.

Ersatzkraftstoffe. Hierzu zählen die Alkohole $C_nH_{2n+1}OH$, die Alkane C_nH_{2n+2} und die Alkene C_nH_{2n}, das Aromat Benzol CH_6 und das Acetylen C_2H_2 (Tafel **331**.2) mit ihren Verbindungen.

Methanol (CH_3OH). Auch als Methylalkohol bekannt, erlaubt es Verdichtungsverhältnisse bis zu $\varepsilon = 15$ bei Ottomotoren infolge seiner hohen Klopffestigkeit. Die Motorenleistung steigt um $\approx 10 \%$ an, da die hohe Verdampfungswärme den Liefergrad verbessert und der niedrige Heizwert durch den geringen Mindestluftbedarf nach Gl. (331.1) kompensiert wird. Die Luftverhältnisse betragen $\lambda = 0,7$ bis 1,4 ähnlich wie beim Benzin.

Der Start ist wegen der hohen Verdampfungswärme erst ab 10 °C möglich, so daß eine Saugrohrerwärmung nötig ist. Der Tankinhalt ist bei der gleichen Fahrstrecke gegenüber dem Benzin mehr als doppelt so hoch. Besondere Werkstoffe sind auch für alle vom Methanol berührten Teile notwendig. Die zur Deckung des Energiebedarfes erforderlichen Mengen sind noch nicht herstellbar.

Ethanol (CH_3OH). Nach Tafel **320**.1 zeigt es ähnliche Eigenschaften wie das Methanol, ist aber unter 20 °C nicht mehr startfähig. Bei Teillast sind 24 % mehr Leistung, bei 20 % Kraftstoffersparnis möglich.

Flüssiggas. Hierunter wird meist ein Gemisch verstanden, das im Sommer aus 30 % Propan C_3H_8 und 70 % Butan C_4H_{10} besteht. Im Winter ist das Mischungsverhältnis wegen des niedrigen Siedepunktes des Propans umgekehrt. Der Verbrauch ist um 10 % günstiger als beim Benzin. Die Maximallast um 10 % geringer. Die Tanks müssen den Druck 25 bar aufnehmen, da das Propan sich erst dann bei der Raumtemperatur verflüssigt. Propan und Butan sind heute mit geringem Aufwand trennbar. So ist das Propan trotz seines kleineren Gemischheizwerts nach Gl. (329.1) und Tafel **331**.2 wegen des geringeren Luftbedarfs und der besseren Zündeigenschaften vorzuziehen.

Kraftstoffbeimengungen. Zusätze an Alkoholen sollen den Kraftstoffverbrauch herabsetzen. So ist M 15 ein Superbenzin, dem 15 % Methanol beigemischt wird. Der Verbrauch steigt dabei um 5 bis 9 % wegen des geringen Heizwertes des Methanols an. Dabei wird der Ausstoß an Kohlenmonoxid CO um 30 % geringer, steigt aber bei den Aldehyden (HCHO und CH_3CHO Methanal und Ethanal) um 30 % an, während er sich bei den übrigen Kohlenwasserstoffen nicht ändert. Es besteht aber die Gefahr einer Dampfblasenbildung und Entmischung im Vergaser. Weiterhin wird dem Benzin auch bis zu 20 % Ethanol C_2H_5OH beigemengt. Hierbei ergibt sich eine Kraftstoffersparnis von 8 % und eine Reduktion der Schadstoffe im Auspuff.

Gasförmige Kraftstoffe. Hier werden neben dem natürlichen Erdgas auch Generator-, Stadt-, Gicht- und Wassergas benutzt, die industriell hergestellt werden. Angewendet werden neuerdings aber auch Biogase, wie Faul- und Klärgas, die durch Gären entstehen und Pyrolysegase, die durch Schwelen von Haushaltsmüll, Holzspäne oder Braunkohle erzeugt werden. Hierbei ist das Methan CH_4 der Hauptbestandteil vom Erd-, Bio- und Pyrolysegas. Da die Zusammensetzung dieser Gase stark schwankt, sind die folgenden Angaben nur Anhaltswerte. So hat Erdgas die Dichte $\varrho = 0{,}83 \, kg/m^3$, den Heizwert $H_u = 31\,300 \, kJ/m^3$ und den Mindestluftbedarf $L_{min} = 8{,}6 \, m^3/m^3$. Klärgas hat den Heizwert $23\,000 \, kJ/m^3$, Faulgas $5000 \, kJ/m^3$.

Gasmotoren dienen hauptsächlich der Energieversorgung auf Erdölfeldern und wegen der Abwärmeverwertung auch zum Antrieb von Wärmepumpen. Sie erhalten anstatt des Vergasers ein Mischventil für Gas- und Luft, das mit dem Einlaßventil verbunden ist.

Synthetische Kraftstoffe. Sie werden durch Verflüssigung von Stein- oder Braunkohle in Form von Benzin, leichten und schweren Ölen sowie Gasen erzeugt. Die benutzten Verfahren beruhen auf Hydrierung (Abspaltung von Wasserstoff mit Katalysatoren), Extraktion (Trennung durch Lösungsmittel) und Pyrolyse (thermische Trennung durch Verkokung bzw. Schwelung). So werden z. B. nach dem Hydrierverfahren der IG-Farben aus 3,60 t Kohle mit dem Heizwert $29\,000 \, kJ/kg$ eine Tonne Benzin mit $43\,500 \, kJ/kg$ erzeugt. Dabei dienen 38 % der Kohle zur Erzeugung des Wasserstoffes und 27 % zur Deckung des Energiebedarfes. Aus den anfallenden Schwerölen wird durch fraktionierte (stufenweise) Destillation Benzin, Diesel- und Schmieröl gewonnen. Beim Benzin wird dann durch Reforming-Prozesse die Oktanzahl erhöht.

Alle Kohleverflüssigungsverfahren sind abgesehen von den ungenügenden Erzeugungskapazitäten noch nicht gegenüber den natürlichen Kraftstoffen konkurrenzfähig.

Beispiel 36. Ein Viertakt-Ottomotor mit dem Gesamtvolumen $V_H = 4{,}5\,l$ soll bei der Drehzahl $n = 5000 \, min^{-1}$ zunächst mit Benzin, dann mit Methanol betrieben werden. Der effektive Wirkungsgrad $\eta_e = 0{,}28$, das Luftverhältnis $\lambda = 1$ und die Dichte der Luft $\varrho_a = 1{,}21 \, kg/m^3$. Beim Benzinbetrieb sei der Liefergrad $\lambda_L = 0{,}8$. Die Stoffwerte für Benzin und Methanol befinden sich in Tafel **330.1**.

Gesucht sind für Methanol und Benzin: die Temperaturerhöhung bei der Verdampfung, die Motorleistung, der Kraftstoffverbrauch und der Tankinhalt für fünf Stunden Betriebsdauer. Die einzelnen Maßnahmen sind zu erläutern, die Ergebnisse zu vergleichen.

Im folgenden erhalten die auf das Benzin bzw. das Methanol bezogenen Größen den Index B bzw. M.

M o t o r. Es wird von zwei gleichen Ausführungen ausgegangen. Gemäß der Zündwilligkeit der Kraftstoffe $ROZ_B = 90$ und $ROZ_M = 110$ werden die Verdichtungsverhältnisse $\varepsilon_B = 8{,}9$ und $\varepsilon_M = 11$ gewählt. Die Abkühlung im Zylinder beträgt dann nach Gl. (331.1)

$$\Delta t = \frac{r}{\lambda \, L_{min} \, c_p} \qquad \Delta t_B = \frac{420 \, kJ/kg}{1 \cdot 14{,}6 \, kg/kg \cdot 1{,}01 \, kJ/kg \, K} = 28{,}5 \, °C \qquad \Delta t_M = 172 \, °C$$

Wegen der starken Abkühlung des Methanols erhöht sich der Liefergrad auf $\lambda_{LM} = 0{,}85$, aber der Kaltstart ist nicht mehr möglich. Zur Abhilfe wird Superkraftstoff in das Saugrohr gespritzt.

L e i s t u n g. Mit den Gemischheizwerten nach Gl. (329.1)

$$h_G = \frac{H_u}{\lambda \, L_{min}}; \quad h_{GB} = \frac{43\,000 \, kJ/kg}{1 \cdot 14{,}6 \, kg/kg} = 2945 \, kJ/kg; \quad h_{GM} = 3072 \, kJ/kg$$

ergibt sich aus Gl. (259.8) für den effektiven Druck

$$p_e = \lambda_L \varrho_a h_G \eta_e; \quad p_{eB} = 0{,}8 \cdot 1{,}21 \, \frac{kg}{m^3} \cdot 2945 \, \frac{kJ}{kg} \cdot 10^{-2} \, \frac{bar}{kJ/m^3} \cdot 0{,}28 = 7{,}98 \, bar; \quad p_{eM} = 8{,}85 \, bar$$

Mit dem theoretischen Volumenstrom

$$\dot{V}_H = V_H n = 4{,}5 \cdot 10^{-3}\,\text{m}^3 \cdot 2500\,\text{min}^{-1}/(60\,\text{s/min}) = 0{,}1875\,\text{m}^3/\text{s}$$

folgt dann die effektive Leistung nach Gl. (18.7)

$$P_e = p_e n_a V_H \qquad P_{eB} = 7{,}98 \cdot 10^5\,\text{N/m}^2 \cdot 0{,}1875\,\text{m}^3/\text{s} = 149{,}6\,\text{kW}; \qquad P_{eM} = 165{,}9\,\text{kW}$$

Kraftstoffverbrauch. Mit $\dot{B} = \dot{m}_L/(\lambda\,L_{min})$ und $\dot{m}_L = \lambda_L V_H n_a \varrho_a$ nach den Gl. (255.1 und 256.1) wird

$$\dot{B} = \frac{\lambda_L \dot{V}_H \varrho_a}{\lambda\,L_{min}} \qquad \dot{B}_B = \frac{0{,}8 \cdot 0{,}1875\,\text{m}^3/\text{s} \cdot 1{,}21\,\text{kg/m}^3 \cdot 3600\,\text{s/h}}{1 \cdot 14{,}6\,\text{kg/kg}} = 44{,}76\,\frac{\text{kg}}{\text{h}} \qquad \dot{B}_M = 108{,}5\,\text{kg/h}$$

Damit folgen der spezifischen Kraftstoffverbrauch zu

$$b_e = \frac{\dot{B}}{P_e} \qquad b_{eB} = \frac{44{,}76 \cdot 10^3\,\text{g/h}}{149{,}6\,\text{kW}} = 299{,}2\,\frac{\text{g}}{\text{kWh}} \qquad b_{eM} = 654\,\frac{\text{g}}{\text{kWh}}$$

Tank. Für eine Betriebsdauer von 5 h bei Nennlast beträgt die von ihm aufzunehmende Masse, da $m = \dot{B}t$ ist, $m_B = 44{,}74\,\text{kg/h} \cdot 5\,\text{h} = 223{,}8\,\text{kg}$ und $m_M = 542{,}5\,\text{kg}$ und sein Volumen $V = m/\varrho_{Kr}$ also $V_B = 223{,}8\,\text{kg}/0{,}73\,\text{kg/l} = 306{,}6\,\text{l}$ und $V_M = 682{,}4\,\text{l}$.

Vergleich der Ergebnisse. Werden die Verhältnisse gebildet, so folgt für die Leistungen

$$\frac{P_{eM}}{P_{eB}} = \frac{p_{eM}}{p_{eB}} = \frac{\lambda_{LM} h_{GM} \eta_{eM}}{\lambda_{LB} h_{uB} \eta_{eB}} = \frac{\lambda_{LM} H_{uM} L_{minB} \eta_{eM}}{\lambda_{LB} H_{uB} L_{minM} \eta_{eB}} = 1{,}1085$$

Bei Verwendung von Methan wird die Leistung, da $\eta_{eM} = \eta_{eB}$ ist, um

$$\frac{\lambda_{LM} h_{GM}}{\lambda_{LB} h_{GB}} = \frac{0{,}85 \cdot 3072\,\text{kJ/kg}}{0{,}8 \cdot 2945\,\text{kJ/kg}} = 1{,}0625 \cdot 1{,}043 = 1{,}108$$

durch den Einfluß des Liefergrades und des Gemischheizwertes besser. Für den Kraftstoffverbrauch gilt

$$\frac{\dot{B}_M}{\dot{B}_B} = \frac{\lambda_{LM} \lambda_B L_{minB}}{\lambda_{LB} \lambda_M L_{minM}} = 2{,}42 \qquad \frac{b_{eM}}{b_{eB}} = \frac{H_{uM} \eta_{eB}}{H_{uB} \eta_{eM}} = 2{,}186$$

Den Einfluß des Kraftstoffes bestimmen mit $\lambda_M = \lambda_B$ die Verhältnisse

$$\frac{\lambda_{LM}}{\lambda_{LB}} \frac{L_{minB}}{L_{minM}} = 1{,}0625 \cdot 2{,}28 = 2{,}42 \quad \text{und} \quad \frac{H_{uM}}{H_{uB}} = 2{,}186$$

Für den Tankinhalt gilt

$$\frac{m_M}{m_B} = \frac{\dot{B}_M}{\dot{B}_B} = 2{,}42 \qquad \frac{V_M}{V_B} = \frac{m_M}{m_B} \frac{\varrho_M}{\varrho_B} = 2{,}42 \cdot \frac{0{,}73}{0{,}795} = 2{,}22$$

Das Methanol bringt dann gegenüber dem Benzin eine Leistungssteigerung von 10%, erfordert aber 59% mehr Kraftstoff und einen um 55% größeren Tank.

4.6.2.3 Verbrennungsgleichungen

Für die aus Kohlenstoff- und Wasserstoff bestehenden flüssigen Kraftstoffe, deren Anteil an Schwefel, Wasser, Sauerstoff und Asche meist unter einem Prozent liegt und hier vernachlässigt wird, gelten bei vollkommener Verbrennung die Reaktionsgleichungen

$$C + O_2 \rightarrow CO_2 + 407\,\frac{\text{MJ}}{\text{kmol}} \qquad H_2 + \frac{1}{2}O_2 \rightarrow H_2O + 242\,\frac{\text{MJ}}{\text{kmol}} \qquad \text{(335.1) und (335.2)}$$

Das erste Glied stellt den Kraftstoffanteil, das zweite dessen Bedarf an Sauerstoff und das dritte das nach der Verbrennung entstandene Gas dar. Als viertes Glied wird noch die bei der Verbrennung frei werdende Wärme angegeben. So zeigen die Verbrennungsgleichungen des Kohlenstoffes

$$C + \frac{1}{2} O_2 \rightarrow CO + 124 \frac{MJ}{kmol} \tag{336.1}$$

$$CO + \frac{1}{2} O_2 \rightarrow CO_2 + 283 \frac{MJ}{kmol} \tag{336.2}$$

den Wärmeverlust 283 MJ/kmol, also $\approx 70\%$, wenn bei der unvollkommenen Verbrennung nur das giftige Kohlenoxid entsteht.

Molmassen. Werden die chemischen Symbole der Verbrennungsgleichungen als Molmassen $M = m/n$ nach Gl. (32.16) des betreffenden Stoffes gedeutet, so folgt aus Gl. (335.1) und (335.2) und mit Tafel **332**.2

$$M_C + M_{O_2} \rightarrow M_{CO_2} \qquad 12 \frac{kg\,C}{kmol} + 32 \frac{kg\,O_2}{kmol} \rightarrow 44 \frac{kg\,CO_2}{kmol} \tag{336.3}$$

$$M_{H_2} + \frac{1}{2} M_{O_2} \rightarrow M_{H_2O} \qquad 2 \frac{kg\,H_2}{kmol} + 16 \frac{kg\,O_2}{kmol} \rightarrow 18 \frac{kg\,H_2O}{kmol} \tag{336.4}$$

Die Molmengen n (Einheit kmol) nehmen bei gleichem Zustand für alle idealen Gase die hier vorausgesetzt werden, den gleichen Raum ein. Für den physikalischen Normzustand gilt die Beziehung 1 kmol = 22,4 m³.

Massen. Werden mit $c = m_C/B$ die Anteile des Kohlenstoffs der Masse m_C und mit $h = m_{H_2}/B$ des Wasserstoffs der Masse m_{H_2} je Einheit der Kraftstoffmasse B bezeichnet, so folgt aus den Gl. (336.3) nach Division durch M_C bzw. M_{H_2} und Multiplikation mit c bzw. h mit Tafel **332**.2

$$c + \frac{M_{O_2}}{M_C} c \rightarrow \frac{M_{CO_2}}{M_C} \qquad h + \frac{1}{2} \frac{M_{O_2}}{M_{H_2}} h \rightarrow \frac{M_{H_2O}}{M_{H_2}} h \tag{336.5}$$

$$c + \frac{32\,kg\,O_2}{12\,kg\,C} c \rightarrow \frac{44\,kg\,CO_2}{12\,kg\,C} c \qquad h + \frac{32\,kg\,O_2}{2\cdot 2\,kg\,H_2} h \rightarrow \frac{18\,kg\,H_2O}{2\,kg\,H_2} h \tag{336.6}$$

Molmengen. Bedeuten n_i und m_i die Molmengen bzw. Massen eines Gases i, so gilt mit Gl. (32.16) für die Molmengen pro Masseneinheit des Kraftstoffes

$$\frac{n_i}{B} = \frac{m_i}{B\,M_i} \tag{336.7}$$

Für den Kohlen- bzw. Wasserstoff ist dann $n_C/B = c/M_C$ und $n_{H_2}/B = h/M_{H_2}$. Werden nun die einzelnen Glieder der Gl. (336.5) und (336.6) durch die Molmassen der betreffenden Stoffe dividiert, so folgt mit Tafel **332**.2

$$\frac{c}{M_C} + \frac{c}{M_C} \rightarrow \frac{c}{M_C} \qquad \frac{1}{12} \frac{kmol}{kg\,C} c + \frac{1}{12} \frac{kmol}{kg\,C} c \rightarrow \frac{1}{12} \frac{kmol}{kg\,C} c \tag{336.8}$$

$$\frac{h}{M_{H_2}} + \frac{1}{2} \frac{h}{M_{H_2}} \rightarrow \frac{h}{M_{H_2}} \qquad \frac{1}{2} \frac{kmol}{kg\,H_2} h + \frac{1}{4} \frac{kmol}{kg\,H_2} h \rightarrow \frac{1}{2} \frac{kmol}{kg\,H_2} h \tag{336.9}$$

4.6.2.4 Luftbedarf

Mindestsauerstoffbedarf. Aus den zweiten Gliedern der Gl. (336.5) und (336.6) und Gl. (336.8) und (336.9) ergibt sich für die Massen bzw. die Molmengen des zur vollkommenen Verbrennnung je Masseneinheit des Kraftstoffes notwendigen Sauerstoffs m/B und n/B

$$O_{min} = \frac{m_{O\,min}}{B} = M_{O2}\left(\frac{c}{M_C} + \frac{h}{2\,M_{H2}}\right) = \frac{8}{3}\frac{kg\,O_2}{kg\,C}\,c + 8\frac{kg\,O_2}{kg\,H_2}\,h \qquad (337.1)$$

$$\mathfrak{O}_{min} = \frac{n_{O\,min}}{B} = \frac{O_{min}}{M_{O2}} = \frac{c}{M_c} + \frac{h}{2\,M_{H2}} = \frac{1}{12}\frac{kmol}{kg\,C}\,c + \frac{1}{4}\frac{kmol}{kg\,H_2}\,h \qquad (337.2)$$

Mindestluftbedarf. Mit den Massen- bzw. den Molanteilen des Sauerstoffs in der Luft $\xi_{O_2} = 0{,}232\,kg\,O_2/kg\,L$ und $\psi_{O_2} = 0{,}21\,kmol\,O_2/kmol\,L$ ergibt sich:

$$L_{min} = \frac{O_{min}}{\xi_{O_2}} = \frac{O_{min}}{0{,}232\,kg\,O_2/kg\,L} \qquad \mathfrak{L}_{min} = \frac{\mathfrak{O}_{min}}{\psi_{O_2}} = \frac{L_{min}}{M_L} \qquad \text{(337.3) und (337.4)}$$

Wirklicher Luftverbrauch. Mit dem Luftverhältnis λ folgt dann hieraus mit Gl. (255.1) und $m_L = m_f$

$$L_e = \lambda\,L_{min} = \frac{m_L}{B} \qquad \mathfrak{L}_e = \lambda\,\mathfrak{L}_{min} = \frac{\lambda\,L_{min}}{M_L} = \frac{n_L}{B} \qquad \text{(337.5) und (337.6)}$$

4.6.2.5 Brenngase

Einzelgase. Das Brenngas enthält Kohlendioxid und Wasserdampf, die bei der Verbrennung entstehen und sich aus den dritten Gliedern der Gl. (336.5) und (336.6) sowie (336.8) und (336.9) ergeben, sowie den unverbrauchten Sauerstoff und den Stickstoff der Luft. Ihre Massen und Molmengen pro Maßeinheit des Kraftstoffes m_i/B und $n_i/B = m_i/(M_i\,B)$ nach Gl. (336.7) sind in Tafel **337.**1 zusammengefaßt. Hierbei werden die geringen Verluste durch Undichtigkeiten und Rückstände wie Asche vernachlässigt.

Tafel **337.**1   Verbrennungsprodukte von Kraftstoffen

Gas	m_i/B	n_i/B	Gleichung
Kohlendioxid	$\dfrac{M_{CO2}}{M_C}\,c = \dfrac{11\,kg\,CO_2}{3\,kg\,C}\,c$	$\dfrac{c}{M_C} = \dfrac{1}{12}\cdot\dfrac{kmol}{kg\,C}\,c$	(337.7) und (337.8)
Wasserdampf	$\dfrac{M_{H2O}}{M_{H2}}\,h = 9\,\dfrac{kg\,H_2O}{kg\,H_2}\,h$	$\dfrac{h}{M_{H2}} = \dfrac{1}{2}\cdot\dfrac{kmol}{kg\,H_2}\,h$	(337.9) und (337.10)
Sauerstoff	$(\lambda - 1)\,O_{min}$	$(\lambda - 1)\,\mathfrak{O}_{min}$	(337.11) und (337.12)
Stickstoff	$\xi_{N_2}\,\lambda\,L_{min}$	$\psi_{N_2}\,\lambda\,\mathfrak{L}_{min}$	(337.13) und (337.14)

Der Massen- bzw. Molanteil des Stickstoffes in der Luft beträgt dabei $\xi_{N_2} = 1 - \xi_{O_2}$ = 0,768 kg N_2/kg L und $\psi_{N_2} = 1 - \psi_{O_2} = 0,79$ kmol N_2/kmol L.

Feuchtes Brenngas. Die Summen der Massen bzw. der Molmengen m_i/B und n_i/B aus Tafel 337.1 ergeben die betreffenden Größen für das wegen seines Wasserdampfgehaltes feucht genannte Gas. Einfacher ist aber ihre Bestimmung aus der Bilanz:

Massen. Mit der zugeführten Gesamtmasse $m_B = m_a + B$ folgt aus der Bilanz mit Gl.(255.1)

$$\frac{m_B}{B} = \frac{m_a + B}{B} = 1 + \lambda\, L_{min} \tag{338.1}$$

Molmengen. Sie entsprechen der Molmenge der Luft $\lambda\,\mathfrak{L}_{min}$ nach Gl.(337.4). Nur beim Wasserdampf tritt nach Gl.(336.8) und (336.9) eine Vergrößerung und $h/(2\,M_{H_2})$ auf. Damit wird

$$\frac{n_B}{B} = \lambda\,\mathfrak{L}_{min} + \frac{h}{2\,M_{H_2}} = \lambda\,\mathfrak{L}_{min} + \frac{1}{4} \cdot \frac{kmol}{kg\,H_2}\,h \tag{338.2}$$

4.6.2.6 Gasanalyse

Hierzu dienen Geräte, die die Volumenänderung der aus dem Auspuff strömenden Brenngase infolge der Absorption von Einzelgasen, wie CO_2 und O_2, anzeigen. Da bereits vor der Messung der Wasserdampf ausgefallen ist, kann nur die Volumenänderung des trockenen Brenngases (Index tr) gemessen werden.

Trockenes Brenngas ist um die Molmenge des Wasserdampfes h/M_{H_2} nach Gl.(337.10) kleiner als das feuchte Brenngas nach Gl.(338.2). Damit ergibt sich dann

$$\frac{n_{tr}}{B} = \lambda\,\mathfrak{L}_{min} - \frac{h}{2\,M_{H_2}} = \lambda\,\mathfrak{L}_{min} - \frac{1}{4} \cdot \frac{kmol}{kg\,H_2}\,h \tag{338.3}$$

Luftverhältnis. Es wird aus den Analysewerten $\alpha = n/n_{tr}$ mit der Einheit cm^3/cm^3 bzw. % zur Beurteilung der Verbrennung berechnet.

CO_2-Analyse. Mit dem Analysewert $\alpha_{CO_2} = n_{CO_2}/n_{tr}$ folgt $n_{CO_2}/B = \alpha_{CO_2}\,n_{tr}/B$. Aus den Gl.(337.8) und (338.3) folgt damit $c/M_C = \alpha_{CO_2}(\lambda\,\mathfrak{L}_{min} - 0,5\,h/M_{H_2})$. Die Auflösung nach dem Luftverhältnis ergibt dann

$$\lambda = \frac{1}{\mathfrak{L}_{min}}\left(\frac{c}{\alpha_{CO_2}\,M_C} + \frac{h}{2\,M_{H_2}}\right) \tag{338.4}$$

O_2-Analyse. Mit dem Analysenwert $\alpha_{O_2} = n_{O_2}/n_{tr}$ folgt $n_{O_2}/B = \alpha_{O_2}\,n_{tr}/B$. Werden hierin Gl.(337.12) und (338.3) eingesetzt, so ergibt sich mit $\mathfrak{L}_{min} = \mathfrak{O}_{min}/\psi_{O_2}$, $\psi_{O_2}(\lambda - 1)\,\mathfrak{L}_{min}$ = $\alpha_{O_2}(\lambda\,\mathfrak{L}_{min} - 0,5\,h/M_{H_2})$ bzw.

$$\lambda = \frac{1}{\psi_{O_2} - \alpha_{O_2}}\left(\psi_{O_2} - \frac{\alpha_{O_2}\,h}{2\,M_{H_2}\,\mathfrak{L}_{min}}\right) \tag{338.5}$$

Deutung der Analyse (339.1). Für die Luftverhältnisse $\lambda \geqq 1$ (dicke Linien) ist die Verbrennung vollständig. Mit steigendem λ fällt α_{CO_2} ab, da der CO_2-Anteil nach Gl.(337.8) konstant bleibt und der Brenngasanteil nach Gl.(338.3) wächst. Der Wert α_{O_2} steigt dabei an, weil der nicht verbrannte Sauerstoff nach der Gl.(337.12) stärker als das Brenngas zunimmt. Für die Luftverhältnisse

$\lambda < 1$ (dünne Linien) ist die Verbrennung unvollständig und die hier abgeleiteten Gleichungen sind ungültig. Mit fallendem λ wird nach Gl. (336.1) die Wärmeenergie des Kraftstoffes schlechter ausgenutzt und der Analysenwert α_{CO} des giftigen Kohlenoxyds steigt an, während α_{CO_2} abfällt und $\alpha_{O_2} = 0$ ist. Die Kurve $\alpha_{CO_2} = f(\lambda)$ erhält also eine Spitze, ist also für $\lambda \neq 1$ doppeldeutig und gibt keine Aussage über die Vollständigkeit der Verbrennung. Zur Abhilfe wird α_{CO_2} und α_{O_2} gemessen. Bei unvollständiger Gemischbildung (gestrichelte Linien) entsteht Kohlenoxid schon bei $\lambda > 1$. Von dem betreffenden Wert ab (hier $\lambda = 1,5$) sinkt dann α_{CO_2} ab, und α_{O_2} steigt etwas an.

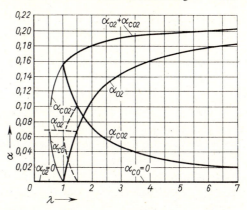

339.1 Analysenwerte α eines Dieselkraftstoffes als Funktion des Luftverhältnisses λ

$c = 0,86\ \mathrm{kg\,C/kg\,Kr},\ h = 0,13\ \mathrm{kg\,H_2/kg\,Kr},$
$\alpha_{CO_2\,max} = 0,156$

Beispiel 37. Der Abnahmeversuch an einer Viertakt-Dieselmaschine ergibt den Ansaugestrom der Luft $\dot m_a = 295\ \mathrm{kg/h}$ den Kraftstoffstrom $\dot B = 13,5\ \mathrm{kg/h}$ und den CO_2- bzw. O_2-Gehalt der Brenngase $\alpha_{CO_2} = 0,1\ \mathrm{m^3\ CO_2/m^3\ Bg}$ und $\alpha_{O_2} = 0,07\ \mathrm{m^3\ O_2/m^3\ Bg}$. Als Kraftstoff-Elementaranalyse ist gegeben: $c = 0,86\ \mathrm{kg\,C/kg\,Kr}$ und $h = 0,13\ \mathrm{kg\,H_2/kg\,Kr}$. Gesucht sind Luftverhältnis und Abgasstrom.

Luftbedarf

Der Mindestsauerstoffbedarf beträgt nach Gl. (337.1) und (337.2)

$$O_{min} = \frac{8}{3}\frac{\mathrm{kg\,O_2}}{\mathrm{kg\,C}} \cdot 0,86\ \frac{\mathrm{kg\,C}}{\mathrm{kg\,Kr}} + 8\ \frac{\mathrm{kg\,O_2}}{\mathrm{kg\,H_2}} \cdot 0,13\ \frac{\mathrm{kg\,H_2}}{\mathrm{kg\,Kr}} = 3,33\ \frac{\mathrm{kg\,O_2}}{\mathrm{kg\,Kr}}$$

bzw.
$$\mathfrak{O}_{min} = \frac{O_{min}}{M_{O_2}} = \frac{3,33\ \mathrm{kg\,O_2/kg\,Kr}}{32\ \mathrm{kg\,O_2/kmol}} = 0,1041\ \frac{\mathrm{kmol}}{\mathrm{kg\,Kr}}$$

Der Mindestluftbedarf ergibt sich dann aus Gl. (337.3) und (337.4)

$$L_{min} = \frac{O_{min}}{\xi_{O_2}} = \frac{3,33\ \mathrm{kg\,O_2/kg\,Kr}}{0,232\ \mathrm{kg\,O_2/kg\,L}} = 14,35\ \frac{\mathrm{kg\,L}}{\mathrm{kg\,Kr}}$$

und
$$\mathfrak{L}_{min} = \frac{\mathfrak{O}_{min}}{\psi_{O_2}} = \frac{0,1041\ \mathrm{kmol/kg\,Kr}}{0,21\ \mathrm{kmol\,O_2/kmol\,L}} = 0,496\ \frac{\mathrm{kmol}}{\mathrm{kg\,Kr}}$$

Luftverhältnis

Es läßt sich auf drei Wegen bestimmen, nämlich:

1. Zugeführte Stoffströme. Aus Gl. (255.1) folgt mit $\dot m_a = \dot m_L$

$$\lambda = \frac{\dot m_L}{\dot B\,L_{min}} = \frac{295\ \mathrm{kg\,L/h}}{13,5\ \dfrac{\mathrm{kg\,Kr}}{\mathrm{h}} \cdot 14,35\ \dfrac{\mathrm{kg\,L}}{\mathrm{kg\,Kr}}} = 1,52$$

2. CO_2-Analyse. Hier ergibt Gl. (338.4)

$$\lambda = \frac{1}{\mathfrak{L}_{min}}\left(\frac{c}{\alpha_{CO_2}M_C} + \frac{h}{2M_{H_2}}\right) = \frac{1}{0,496\ \dfrac{\mathrm{kmol}}{\mathrm{kg\,Kr}}}\left(\frac{0,86\ \mathrm{kg\,C/kg\,Kr}}{0,1 \cdot 12\ \mathrm{kg\,C/kmol}} + \frac{0,13\ \mathrm{kg\,H_2/kg\,Kr}}{2 \cdot 2\ \mathrm{kg\,H_2/kmol}}\right)$$

$$= \frac{(0,716 + 0,0325)\ \mathrm{kmol/kg\,Kr}}{0,496\ \mathrm{kmol/kg\,Kr}} = 1,51$$

3. O_2-Analyse. Mit Gl. (338.5) folgt

$$\lambda = \frac{1}{\psi_{O_2} - \alpha_{O_2}} \left(\psi_{O_2} - \frac{\alpha_{O_2} h}{2 M_{H2} \mathfrak{L}_{min}} \right)$$

$$= \frac{1}{0,21 - 0,07} \left(0,21 - \frac{0,07 \cdot 0,13 \, kg \, H_2/kg \, Kr}{2 \cdot 2 \, \dfrac{kg \, H_2}{kmol} \cdot 0,496 \, \dfrac{kmol}{kg \, Kr}} \right) = \frac{1}{0,14} (0,21 - 0,00458) = 1,47$$

Die unterschiedlichen Ergebnisse sind durch die Meßfehler, die abgerundeten Molmassen und die Vernachlässigung der restlichen Kraftstoffbestandteile begründet. Die weitere Rechnung erfolgt mit dem Mittelwert $\lambda = 1,5$.

Abgasstrom

Die Molmenge pro Masseneinheit des Kraftstoffes beträgt nach Gl. (338.3) für das trockene Brenngas

$$\frac{n_{tr}}{B} = \lambda \mathfrak{L}_{min} - \frac{1}{4} \cdot \frac{kmol}{kg \, H_2} h = 1,5 \cdot 0,496 \, \frac{kmol}{kg \, Kr} - \frac{1}{4} \cdot \frac{kmol}{kg \, H_2} \cdot 0,13 \, \frac{kg \, H_2}{kg \, Kr} = 0,711 \, \frac{kmol}{kg \, Kr}$$

Aus den Einzelgasen ergibt sich mit den Gl. (337.8), (337.12) und (337.14) in Tafel **337.1**

$$\frac{n_{tr}}{B} = \frac{c}{M_C} + (\lambda - 1) \mathfrak{O}_{min} + \psi_{N2} \lambda \mathfrak{L}_{min}$$

$$= \frac{0,86 \, kg \, C/kg \, Kr}{12 \, kg \, C/kmol} + (1,5 - 1) \cdot 0,1041 \, \frac{kmol}{kg \, Kr} + 0,79 \, \frac{kmol}{kmol} \, 1,5 \cdot 0,496 \, \frac{kmol}{kg \, Kr}$$

$$= (0,0717 + 0,0521 + 0,5878) \, \frac{kmol}{kg \, Kr} = 0,711 \, \frac{kmol}{kg \, Kr}$$

Die letzte Gleichung zeigt den großen Stickstoffanteil im Abgas 0,59 kmol/kg Kr, der an der Verbrennung nicht teilnimmt. Der Volumenstrom des Abgases beträgt mit 1 kmol = 22,4 m³ beim Normzustand 1,0133 bar, 0 °C

$$\dot{n}_{tr} = \frac{n_{tr}}{B} \dot{B} = 0,711 \, \frac{kmol}{kg \, Kr} \cdot 13,5 \, \frac{kg \, Kr}{h} \cdot 22,4 \, \frac{m^3}{kmol} = 215 \, \frac{m^3}{h}$$

Für den Massenstrom folgt dann mit Gl. (337.9) und (338.1)

$$\dot{m}_{tr} = \dot{m}_a + \dot{B} - 9 \, \frac{kg \, H_2O}{kg \, H_2} h \cdot \dot{B}$$

$$= 295 \, \frac{kg \, L}{h} + 13,5 \, \frac{kg \, Kr}{h} - 9 \, \frac{kg \, H_2O}{kg \, H_2} \cdot 0,13 \, \frac{kg \, H_2}{kg \, Kr} \cdot 13,5 \, \frac{kg \, Kr}{h} = 292,7 \, kg \, Bg/h$$

Die Dichte des Abgases beim Normzustand ist dann da $\dot{n}_{tr} = \dot{V}_0$ ist $\varrho_{otr} = \dot{m}_{tr}/\dot{n}_{tr} = 1,361$ kg/m³. Für die Luft ist sie $\varrho_0 = 1,293$ kg/m³.

4.6.2.7 Schadstoffreduktion

Sie umfaßt alle Maßnahmen zur Verringerung des Ausstoßes von Stickoxiden NO_x, von Kohlenwasserstoffen CH und von Kohlenmonoxid CO für Motoren auf gesetzlich festgelegte Werte, um eine Schädigung von Mensch und Umwelt zu verhindern (s. Abschn. 1.5.1). Dabei stehen die Maßnahmen zur Schadstoffbegrenzung und der Energieausnutzung oft im Gegensatz, so daß häufig Kompromisse nötig sind. Es gibt eine Vielzahl von Verfahren zur Schadstoffreduktion, die aber bei Otto- und Dieselmaschinen wegen ihrer abweichenden Arbeitsverfahren verschieden sind.

Dieselmotoren

In den USA bestehen z. B. Vorschriften für PKW-Dieselmotoren die den Ausstoß von CO auf 7, von HC auf 0,8 und von NO_x auf 1,5 g/mile begrenzen. Da der Dieselmotor mit Nebenbrennraum diese Forderungen ohne Nachbehandlung erfüllt und sparsam im Verbrauch ist, nimmt die Zahl der PKW-Dieselmotoren zu. Hier wirkt sich die Rußbildung und zeitweilige Geruchsbelästigung störend aus.

Schadstoffe. Da Dieselmotoren mit Luftverhältnissen $\lambda \geqq 1,3$ fahren, ist die CO- und CH-Emission gering, kann aber nicht Null werden, da sich immer etwas unverbrannter Kraftstoff an den Zylinderwänden befindet. Der NO_x-Ausstoß wird durch Annähern des Förderbeginns der Kraftstoffpumpe an den OT verringert.

Ruß. Entstanden durch ungenügende Oxidation des Kohlenstoffes bei niedrigen Temperaturen, setzt er sich an den Zylindern, Kolben und Leitungen ab und schwärzt den Auspuff. Die Rußbildung vermindert die Motorleistung und ist im Normalfall durch die Einstellung der Kraftstoffpumpe begrenzt (Kurve R in Bild **345.**1). So tritt sie dann nur bei Teillasten und im Leerlauf auf.

Geruch. Belästigungen hierdurch treten beim Leerlauf und Start sowie in der Warmlaufperiode auf. Sie werden vom Form- und Acetaldehyd HCHO und CH_3CHO ausgelöst, die sich aus unverbrannten Kohlenwasserstoffen bilden. Abhilfe bringt ein schnelles Durchlaufen der gefährdeten Betriebszustände, Abschalten einzelner Zylinder, um die übrigen stärker zu belasten und eine Verringerung des wandverteilten Kraftstoffes.

Ottomotoren

Ihre Schadstoffemission (**341.**1) ist relativ hoch, besonders aber beim höchsten effektiven Druck p_e, also bei der größten Leistung und beim günstigsten spezifischen Kraftstoffverbrauch b_e. Das Optimum liegt beim hohen Luftverhältnis $\lambda = 1,25$. Es genügt aber nicht den EG-Richtlinien gegen die Verunreinigung der Luft durch Kraftfahrzeuge. Sie begrenzen die Schadstoffemission für einen bestimmten Fahrzyklus und werden nach dem Entwicklungsstand ständig verschärft. Hierbei werden Maßnahmen am Motor und seiner Auspuffanlage unterschieden.

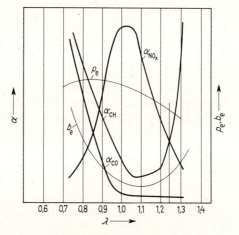

341.1   Schadstoffemission α der im Benzin enthaltenen Schadstoffe, effektiver Druck p_e und spezifischer Kraftstoffverbrauch b_e als Funktion des Luftverhältnisses (nach Bosch)

Motor. Die benutzten Verfahren beziehen sich meist auf besondere Betriebszustände wie Start, Beschleunigen, Teillast und Leerlauf. Ihre wichtigsten Anwendungsgebiete sind:

Gemischbildung. Hier sind viele Verfahren wie z. B. die Ladungsschichtung (s. Abschn. 4.5.3) üblich. Bei Vergasermaschinen wird die Luft im Saugrohr mit dem Kühlwasser oder den Abgasen beheizt. Dadurch wird das Niederschlagen von Kraftstofftröpfchen verhindert. Diese gelangen sonst beim plötzlichen Öffnen der Klappe in den Zylinder und erhöhen die CO- und CH-Emission. Durch Rückführung von Abgas in die Saugleitung hinter den Vergaser wird der NO_x-Gehalt bei einem Leistungsverlust von 20 % um 80 % reduziert. Die Benzineinspritzung kann durch Regelung das Luftverhältnis $\lambda = 1$ einhalten, bei dem die Schadstoffemission am geringsten ist (s. Abschn. Lambda-Sonde).

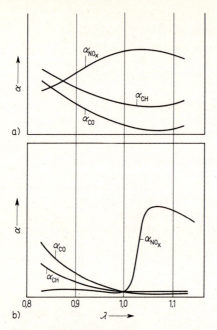

342.1 Schadstoffemission

a) vor (ohne) und b) hinter (mit) Einbettkatalysatoren (nach Bosch)

Zündung und Verbrennung. Eine Vorver-
legung der Zündung um den Kurbelwinkel 40°
vor *OT* reduziert den CH-Ausstoß um 150 ppm,
da die Vergaserklappe weiter geöffnet wird.
Durch Verbesserung der Verwirbelung wird die
CH- und die CO-Emission verringert. Eine Herabsetzung der Höchsttemperaturen im Zylinder
verringert die NO_x-Bildung, die bei $\approx 1500\,°C$
beginnt.

Auspuff. Die hier verwendeten Verfahren
haben nur geringe Rückwirkungen auf den
Motor.

Sekundärluft. Ein Gebläse führt sie dem Ab-
gasstutzen zu. Dort erfolgt eine teilweise Nachverbrennung der CO- und CH-Reste durch den
Luftsauerstoff.

Thermoreaktoren. Als am Motor ange-
flanschte einfache Stahlblechaufbauten bewirken
sie die Oxidation von CH und CO, die stark zeit-
und temperaturabhängig ist. So sind sie besonders
für die Teillasten, bei denen die Abgastemperatu-
ren absinken, zu isolieren. Das für die Oxidation
günstige fette Gemisch fördert aber gleichzeitig
die NO_x-Bildung.

Katalysatoren. Es sind Stoffe, die chemische Vorgänge, wie hier die Reduktion der Schadstoffe, beschleunigen, ohne sich selbst dabei zu verändern. Hierbei sind Edelmetalle und
Metalloxide nur bei bleifreiem Benzin wirksam, da das Blei sie verschmutzt.

Mehrfachkatalysatoren. Hierbei verringern Reduktionskatalysatoren zunächst unter Benutzung
von CO als Reduktionsmittel den NO_x-Gehalt. In Strömungsrichtung dahintergeschaltete Oxida-
tionskatalysatoren beseitigen dann die CH- und CO-Anteile.

Einbett- oder multifunktionelle Katalysatoren. Hiermit wird eine optimale Schadstoffreduktion erreicht, die selbst den strengen Vorschriften in den USA genügt. Voraussetzung hierfür ist
aber das strikte Einhalten der stöchiometrischen Verbrennung ($\lambda = 1$), das eine Regelung des Luftverhältnisses voraussetzt.

Abgasnachbehandlung

Sie erfolgt bei Ottomotoren durch Einbettkatalysatoren im Auspuff. Ihre Wirksamkeit
(**342.**1) ist aber nur bei Temperaturen über 300 °C und dem Luftverhältnis $\lambda = 0{,}98$ bis 1,0
optimal. Diesen genauen Wert hält ein elektronischer Regler ein, während die Grobregelung
mit $\lambda = 0{,}93$ das Einspritzsystem (s. Abschn. 4.5.2.2) übernimmt.

Lambda-Sonde. Als einer bei Temperaturen bis zu 800 °C thermisch höchstbelasteten elektronischen Meßfühler ist sie das Kernstück der Anlage. Sie mißt den Partialdruck des Sauerstoffes im Abgas, das 2 bis 3 Volumenprozent davon selbst bei fettem Gemisch enthält. Ihr
Ausgangssignal (**343.**1b) ist eine dem Luftverhältnis zugeordnete Spannung U_λ, die bei $\lambda = 1$
einen steilen Anstieg von 100 auf 800 mV aufweist.

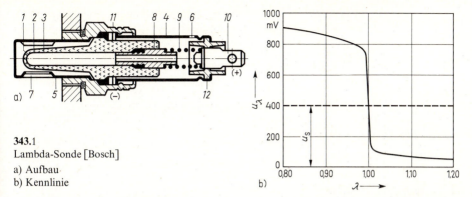

343.1
Lambda-Sonde [Bosch]
a) Aufbau
b) Kennlinie

Aufbau (**343.**1a). Zwischen der Anode *1* und der Kathode *2* liegt der Festelektrolyt *3*. Auf der Luft- und der Abgasseite befinden sich die Elektroden *1* und *2* in den Schutzrohren *4* und *5*. Diese haben Schlitze *6* und *7*, durch welche die Luft bzw. das Abgas strömt. Die Kontaktbuchse *8*, die zur Luft- zuführung durchbohrt ist, verbindet die Anode *1* über die Kontaktfeder *9* und den elektrischen An- schluß *10*. Das Ganze wird von dem mit der Kathode verbundenen Gehäuse *11* gehalten, das zum positiven Anschluß durch den Isolierring *12* getrennt ist.

Wirkungsweise, Die Elektronen des Sauerstoffes der Luft, deren Gehalt mit 21 Vol.-% hieran kon- stant ist, gelangen durch die positive Elektrode *1* der Anode über den Elektrolyten *3* aus Zirkonium- dioxid ZrO_2 an die im Abgas liegende negative Kathode *2*. Diese ist mit einer porösen Schicht aus Platin als Katalysator bedeckt. An ihrer Grenzschicht werden die H_2-, CO- und CH-Anteile des Ab- gases an den Restsauerstoff gebunden. Bei $\lambda = 1$ verarmt diese Schicht aber stark an Sauerstoff. Da- durch wandern eine große Anzahl von Sauerstoffelektronen von der Anode *1* an die Kathode *2* und erwirken den Spannungsanstieg.

Regelstrecke. Sie besteht aus dem Motor mit den Einspritzventilen als Stellglied und dem Abgasrohr als Meßort für die Regelgröße. Die wichtigste Störgröße ist die mit der Belastung veränderliche Durch- gangsfläche A_{Kl}, der Drosselklappe. Sie besitzt eine Totzeit, bis sich die Änderung des Kraftstoff- stromes $\dot{B}$ auf das Luftverhältnis λ des Abgasstromes $\dot{m}_{Abg}$ auswirkt.

Elektronischer Regler (**343.**2). Seine Eingangsgröße (**343.**2a) ist der Teildruck des Sauerstoffs p_{O_2} bzw. das Luftverhältnis gemessen von der Lambda-Sonde. Ihre Ausgangsgröße U_λ wird durch den Verstärker erhöht, der eine Rechteckspannung zur Veränderung der Kraftstoffzufuhr B ausgibt.

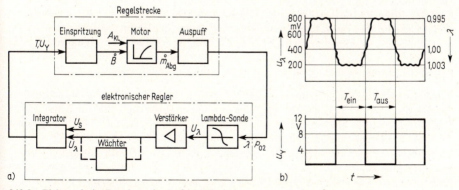

343.2 Elektronische Regelung des Luftverhältnisses
a) Signalflußplan, b) Ausgangsgröße als Funktion der Eingangsgröße

Integrator. Zum Ausgleich der Totzeit und des steilen Spannungsanstieges von U_λ von 100 auf 800 mV werden die Spannungen aufsummiert, also in längere Impulse umgewandelt. Dadurch wird verhindert, daß die Taktventile (s. Abschn. 4.5.2.2) für die Kraftstoffzufuhr bei der K-Jetronic flattern. Außerdem wird die Spannung U_λ mit ihrem Sollwert $U_S = 400$ mV verglichen. Für $U_\lambda > U_S$ bzw. $\lambda > 1{,}0$ ist das Gemisch zu mager. Der Regler (343.2b) gibt dann für die Zeit T_{ein} die Stellspannung $U_Y = 12$ V ab, um die Kraftstoffzufuhr zu erhöhen. Für $\lambda < 1{,}0$ wird für die Zeit T_{aus} die Spannung $U_Y = 0$.

Sondenüberwacher. Er schaltet einen konstanten Impuls auf den Regler, wenn die Sonde bei Temperaturen unter 300 °C ihre Kennlinie so ändert, daß der Regler entgegengesetzte Impulse erhält oder wenn die Leitung zwischen Sonde und Regler unterbrochen wird.

4.7 Betriebsverhalten

Zur Auswahl und für den Betrieb des Motors dient sein Kennfeld, das sein Verhalten bei den verschiedenen Betriebszuständen zeigt. Es wird auf dem Prüfstand an dem mit einer Wasserbremse oder mit einem Meßgenerator gekuppelten Motor aufgenommen. Meßgrößen sind dabei: Kupplungsleistung P_e, Drehzahl n, Kraftstoffstrom $\dot{B}$, Luftstrom $\dot{m}_a$ und die Abgasanalyse. Bei den Versuchen werden Kennlinien ermittelt. Hierzu wird eine Leitmeßgröße, wie die Kupplungsleistung oder die Drehzahl als unabhängige Veränderliche in Stufen verstellt. Dann werden die übrigen Meßgrößen, die abhängigen Veränderlichen, nach Erreichen des Beharrungszustandes gemessen. Die Kennlinien werden in Kennfelder zusammengefaßt [47].

Kennfelder enthalten in der üblichen Darstellung (345.1) die Linien konstanten spezifischen Kraftstoffverbrauchs b_e in Abhängigkeit vom effektiven Druck p_e und von der Drehzahl n. Hieraus ergeben sich die Kupplungsleistung nach Gl. (18.7), das Drehmoment nach Gl. (19.3) und der Kraftstoffstrom aus Gl. (258.1). Damit wird

$$P_e = p_e\, n_a\, V_H = \frac{p_e\, n\, V_H}{a_T} \qquad M_d = \frac{p_e\, V_H}{a_T\, 2\pi} \qquad \dot{B} = P_e\, b_e = \frac{b_e\, p_e\, n\, V_H}{a_T} \qquad \text{(344.1) bis (344.3)}$$

Hierbei ist $a_T = 1$ für Zweitakt- und $a_T = 2$ für Viertaktmotoren. Die Kennfelder ähneln einer Muschel, deren Spitze den geringsten Kraftstoffverbrauch b_e bzw. den wirtschaftlichsten Punkt darstellt. Ihre Form hängt vom Arbeitsverfahren, von der Brennraumgestaltung und der Kühlung ab. Sie enthalten noch die Kurven R für die Rauchgrenze, bei der die Schwärzung der Abgase (s. VDI 2281) eintritt und L für die Dauerleistung A oder B bzw. für die Kurzleistung (s. Abschn. 4.2.3.1), bei denen später die Kraftstoffzufuhr begrenzt wird.

Kennlinien (345.1) lassen sich dem Kennfeld für alle Betriebsfälle entnehmen. Die wichtigsten hiervon sind: Die Senkrechte 1, die Linie konstanter Drehzahl, gültig für Motoren, die Synchrongeneratoren am Netz antreiben [20]. Die Waagerechte 2, die Linie für konstanten effektiven Druck oder gleichbleibendes Drehmoment, die angenähert beim Antrieb von Kolbenmaschinen erforderlich ist. Die Parabel 3, $p_e = c_1\, n^{k-1}$, für die Kupplungsleistung $P_e = p_e\, n\, V_H/a_T = c_1\, n^k\, V_H/a_T = c\, n^k$, wobei die Konstante $c = c_1\, V_H/a_T$ ist. Sie gilt für den Antrieb von Kreiselmaschinen, Wasserbremsen, Propellern und Fahrzeugen, bei denen der Exponent $k \approx 3$ ist. Die Hyperbel 4, $p_e = c_1/n$, bei der $P_e = c_1\, V_H/a_T = c$ ist, stellt also eine Linie konstanter Leistung P_e dar.

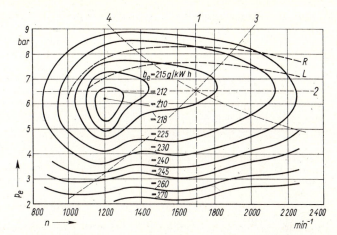

345.1
Kennfeld
eines MAN-M-Motors
(Viertakt)
$z = 6$
$D = 121$ mm
$s = 140$ mm
$\varepsilon = 17$

4.7.1 Belastungsänderung bei konstanter Drehzahl

Leitmeßgröße ist hier die Belastung, die durch die Kupplungsleistung, das Drehmoment oder den effektiven Druck gekennzeichnet ist, da diese Größen nach Gl. (344.1) bis (344.2) bei konstanter Drehzahl einander proportional sind. Da mit steigender Belastung die Drehzahl absinkt, muß dabei die Kraftstoffzufuhr erhöht werden, um die Drehzahl zu halten. Diese Aufgabe kann ein Drehzahlregler übernehmen (s. Abschn. 4.7.1.1).

4.7.1.1 Dieselmaschinen

Bei einer Belastungsänderung wird hier die Drehzahl durch Nachstellen der Kraftstoffzufuhr an der Zahnstange der Einspritzpumpe (*12* in Bild **300**.2) konstant gehalten. Der angesaugte Luftstrom bleibt, da keine zusätzliche Drosselung eintritt, bis auf einen geringen Abfall durch die Aufheizung bei hohen Lasten konstant.

Kraftstoffstrom (346.1). Der Versuch ergibt hierbei zwischen den Belastungen P_{eI} und P_{eII} eine Gerade. Unter der Voraussetzung konstanter Werte des inneren Wirkungsgrades η_i und der Reibungsleistung P_{RT} folgt dafür aus den Gl. (18.5) und (60.2)

$$\dot{B} = \frac{P_i}{\eta_i H_u} = \frac{P_e + P_{RT}}{\eta_i H_u} \qquad (345.1)$$

Der tatsächliche Kraftstoffstrom ist zwischen den Belastungen 0 und P_{eI} bzw. P_{eII} und $P_{e\,max}$ größer als sein theoretischer Wert nach Gl. (345.1). Der Grund hierfür liegt bei der kleineren Belastung in der relativ starken Kühlung des Zylinders, bei der höheren Last im Absinken des Luftverhältnisses unter den zur vollkommenen Verbrennung notwendigen Wert. Die Kraftstoffgerade schneidet auf der negativen Abszissenachse die Reibungsleistung P_{RT} ab, da für $\dot{B} = 0$ nach Gl. (345.1) $P_e = -P_{RT}$ ist. Sie wird steiler und rückt mehr nach links, wenn der Kraftstoffstrom nach Gl. (345.1) wegen eines kleineren inneren Wirkungsgrades oder infolge einer höheren Reibungsleistung ansteigt. Die Kurve $\dot{B} = f(p_e)$ wird auch Willans-Linie genannt.

Spezifischer Kraftstoffverbrauch. Er beträgt mit Gl. (345.1)

$$b_e = \frac{\dot{B}}{P_e} = \frac{1}{\eta_i H_u}\left(1 + \frac{P_{RT}}{P_e}\right) \tag{346.1}$$

Der theoretische Verlauf (**346**.1) wird also durch eine Hyperbel mit den Asymptoten $b_e \to \infty$ für $P_e = 0$ und $b_e = 1/(\eta_i H_u) \approx 190$ bis 220 kg/kW h für $P_e \to \infty$ dargestellt. Die tatsächlichen Werte steigen in den Lastbereichen 0 bis P_{eI} und P_{eII} bis $P_{e\,max}$ mit dem Kraftstoffstrom stärker an. Dadurch entsteht das Minimum $b_e \approx 200$ bis 275 g/kW h. Je flacher die Kurve in seiner Umgebung verläuft, um so größer ist der Bereich für den wirtschaftlichen Betrieb des Motors.

Liefergrad und Luftverhältnis. Der Liefergrad (**346**.1) bleibt nach Gl. (256.1) mit dem Luftstrom konstant. Das Luftverhältnis folgt dann aus den Gl. (255.1), (256.1) und (345.1) bzw. aus Gl. (259.8) mit $p_i = p_e + p_{RT}$

$$\lambda = \frac{\dot{m}_a}{\dot{B} L_{min}} = \frac{\lambda_L \dot{m}_{th} \eta_i H_u}{L_{min}} \cdot \frac{1}{P_e + P_{RT}} = \frac{\lambda_L \varrho_a \eta_i H_u}{L_{min}} \cdot \frac{1}{p_e + p_{RT}} \tag{346.2}$$

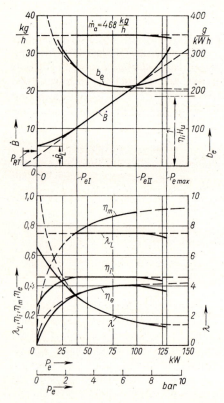

Für den theoretischen Verlauf (**346**.1) ergibt sich, da nur die Leistungen veränderlich sind, eine Hyperbel mit den Asymptoten $\lambda \to \infty$ für $P_e = -P_{RT}$ und $\lambda = 0$ für $P_e \to \infty$. Die tatsächlichen Werte sind außerhalb des Lastbereiches P_{eI} bis P_{eII} kleiner, weil hier der Kraftstoffstrom ansteigt. Das Luftverhältnis, von dem die Gemischbildung abhängt, beträgt beim Leerlauf $\lambda = 6$ bis 8 und bei der Vollast $\lambda = 1,2$ bis 1,8.

Wirkungsgrade. Der innere Wirkungsgrad (**346**.1) ist im Lastbereich P_{eI} bis P_{eII} konstant. Für den mechanischen und effektiven Wirkungsgrad gilt dann nach Gl. (18.5), (59.3) und (60.5)

$$\eta_m = \frac{P_e}{P_i} = \frac{P_e}{P_e + P_{RT}} \tag{346.3}$$

$$\eta_e = \eta_m \eta_i = \eta_i \frac{P_e}{P_e + P_{RT}} \tag{346.4}$$

Der theoretische Verlauf (**346**.1) wird durch Hyperbeln mit den Asymptoten $\eta_m = \eta_e = 0$ für $P_e = 0$ und $\eta_m = 1$ bzw. $\eta_e = \eta_i$ für $P_e \to \infty$ dargestellt. Die tatsächlichen Werte der Wirkungsgrade η_i und η_e sind außerhalb des Bereichs P_{eI} bis P_{eII} kleiner, so gilt nach Gl. (345.1) für den Leerlauf $\eta_i = P_{RT}/(\dot{B}_L H_u)$. Hierbei ist der Leerlaufkraftstrom $\dot{B}_L$ größer als die Kraftstoffgerade ergibt, während sich die Reibungsleistung P_{RT} nur geringfügig geändert hat. Der mechanische Wirkungsgrad beträgt $\eta_m = 0,86$ bis $0,92$ bei der Maximallast und der größte innere Wirkungsgrad liegt bei $\eta_i = 0,38$ bis $0,47$.

346.1 Kennlinien des Motors nach Bild **345**.1
bei $n = 1800$ min^{-1}
(theoretischer Verlauf ---)

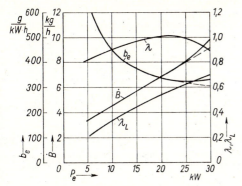

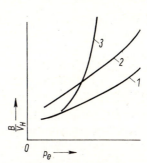

347.1   Viertakt-Ottomotor, $V_H = 1,77\,l$, $\varepsilon = 8$
Änderung der Vergaserklappenstellung
$n = 3500\,min^{-1}$
(theoretischer Verlauf ---)

347.2   Vergleich von Motoren mit konstanter Drehzahl
1 Dieselmotor
2 Viertakt-Ottomotor
3 Zweitakt-Ottomotor

4.7.1.2 Ottomaschinen

Bei abnehmender Belastung wird die Drosselklappe des Vergasers (*3* in Bild **305.**2) mehr geschlossen, damit die Drehzahl konstant bleibt. Der Kraftstoffstrom nimmt dabei ab, weil der Druck im Lufttrichter ansteigt. Da aber gleichzeitig der Druck im Saugrohr und im Zylinder (**257.**1b) abfällt, sinkt der Zünd- und Höchstdruck und damit der innere Wirkungs-grad. Hier liegt eine Drosselsteuerung vor, die höhere Verluste hat als die Füllungsänderung beim Dieselmotor. Diese ist aber hier nicht möglich, da die Fremdzündung (**305.**1) ein Luft-verhältnis von 0,6 bis 1,2 erfordert.

Der Kraftstrom $\dot{B}$ (**347.**1) steigt bis zur Belastung von $\approx 75\%$ nahezu geradlinig mit der Leistung an. Dann tritt ein Mehrverbrauch wegen des zu fetten Gemisches ein. Der Anstieg des Kraftstoff-stromes (**347.**2) ist steiler als beim Dieselmotor, da der innere Wirkungsgrad wegen der meist unvoll-kommenen Verbrennung schlechter ist. Der spezifische Kraftstoffverbrauch b_e (**347.**1) weist daher auch mit 285 bis 350 g/kW h ein höheres Minimum auf, das von der Art des Vergasers und seinen Düsen (**307.**1) abhängt. Der Liefergrad λ_L sinkt bei abnehmender Belastung wegen der zunehmen-den Drosselung ab. Das Luftverhältnis λ steigt bis zur Belastung von 75% durch die Hilfseinrich-tungen des Vergaser (*20* und *21* in Bild **305.**2) von $\approx 0,8$ auf 1,1 an und fällt dann infolge der Drosselung auf $\approx 0,9$ ab. Zur Ermittlung der Reibungsleistung, des Stromes und des spezifischen Verbrauchs an Kraftstoff gelten die Gl. (**345.**1) und (**346.**1) soweit der Kraftstoffstrom als Gerade dargestellt wird.

4.7.2   Drehzahländerung bei konstant eingestellter Kraftstoffzufuhr

Leitmeßgröße ist die Drehzahl. Die Kennlinie der Dauerleistung *A* oder *B* bzw. der Kurz-leistung, die für die größte Einstellung der Kraftstoffzufuhr gilt, zeigt die Leistungsgrenze des Motors als Funktion der Drehzahl. Für den effektiven Druck folgt aus Gl. (60.3), (258.1) und (344.1) für das Luftverhältnis aus Gl. (255.1), wenn $B = \dot{B}/n_a$ und $m_f = \lambda_L V_H \varrho_a$ die Kraftstoff- bzw. Luftmasse pro Arbeitsspiel und a_T die Taktzahl ist

$$p_e = \frac{\eta_e\,B\,H_u}{V_H} = \frac{B}{b_e\,V_H} = \frac{a_T\,2\,\pi\,M_d}{V_H} \qquad \lambda = \frac{\lambda_L\,V_H\,\varrho_a}{B\,L_{min}} \qquad \text{(347.1) und (347.2)}$$

Mit fallender Drehzahl nehmen die Wärme- und Undichtigkeitsverluste je Arbeitsspiel zu, da dieses länger dauert. Daher fällt der Höchstdruck im Zylinder sowie der indizierte und effektive Druck ab. Bei der Anlaßdrehzahl ist der effektive Druck $p_e = 0$, darunter steht der Motor still. Zum Anfahren müssen die Motoren daher auf die Anlaßdrehzahl gebracht werden. Dies erfolgt bei kleineren Motoren von Hand oder mit einem elektrischen Anlasser, bei größeren Maschinen mit Druckluft.

4.7.2.1 Dieselmaschinen

Bei einer Drehzahländerung bleibt der Hub der Einspritzpumpe und damit auch die Kraftstoffmasse pro Arbeitsspiel konstant. Hierbei ist dann die geringe Steigerung des Liefergrades der Einspritzpumpe mit der Drehzahl vernachlässigt. Aus Gl. (347.1) und (347.2) folgt dann, da die Größen B, ϱ_a, H_u und V_H konstant sind

$$p_e \sim M_d \sim \eta_e \sim 1/b_e \qquad\qquad \lambda \sim \lambda_L \qquad\qquad \text{(348.1) und (348.2)}$$

Der effektive Druck p_e (348.1) steigt zunächst mit der Drehzahl n an, da hiermit der Leckverlust der Kolbenringe und der Wärmeverlust des Arbeitsraumes je Arbeitsspiel abnehmen. Da aber die Drosselverluste mit dem Quadrat der Drehzahl und der Zündverzug mit der Drehzahl zunehmen, erreicht der effektive Druck sein Maximum $p_{e\,max}$ und fällt dann ab. Der Zündverzug kann nach Abschn. 4.5.1.4 durch einen Spritzversteller verringert werden. Der effektive Wirkungsgrad η_e und das Drehmoment M_d zeigen nach Gl. (348.1) das gleiche Verhalten. Die Kupplungsleistung $P_e \sim n\,p_e$ nach Gl. (344.1) steigt erst stärker dann schwächer an und hat bei $p_{e\,max}$ eine durch den Koordinatennullpunkt gehende Tangente. Der Kraftstoffstrom $\dot{B} = B\,n_a$ ist eine durch den Nullpunkt gehende Gerade. Der spezifische Kraftstoffverbrauch $b_e \sim 1/\eta_e$ hat sein Minimum bei $p_{e\,max}$ und wird bei der Anlaßdrehzahl unendlich groß. Für hohe Drehzahlen (348.2a) steigt er bei Verminderung der

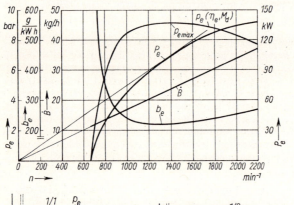

348.1
Kennlinien des Motors nach Bild **345**.1 mit Aufladung Dauerleistung B; Kraftstoffzufuhr konstant

$$B = 0{,}569\,\text{g}, \ \eta_e = 0{,}0404\,\frac{p_e}{\text{bar}},$$

$$M_d = 76{,}9\,\text{Nm}\,\frac{p_e}{\text{bar}}$$

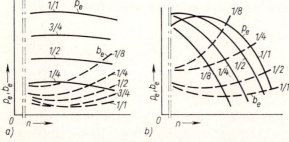

348.2
Teillastverhalten

a) Dieselmotoren bei voller 1/1, halber 1/2 usw. Kraftstoffmasse pro Arbeitsspiel
b) Ottomotoren bei voller 1/1, halber 1/2 usw. Öffnung der Drosselklappe

Belastung durch Drosselung der Kraftstoffzufuhr stark an. Das Luftverhältnis λ und der Liefergrad λ_L, die nach Gl.(348.2) proportional sind, sinken infolge der Drosselverluste mit steigender Drehzahl. Der mittlere Reibungsdruck p_{RT} steigt mit der Drehzahl (260.1) an.

4.7.2.2   Ottomaschinen

Im Vergaser (305.2) bleibt die Stellung der Drosselklappe *3* unverändert. Mit steigender Drehzahl sinkt wegen der zunehmenden Drosselung der Druck im Lufttrichter *1*, und das Luftverhältnis fällt nach Gl.(304.3) ab. Um die zur Zündung notwendigen Grenzen (305.1) einzuhalten, müssen die Zusatzeinrichtungen (*20* und *21* in Bild 305.2) die Kraftstoffmasse *B* nach Gl.(347.2) herabsetzen.

Der effektive Druck p_e und das Drehmoment M_d (349.1) steigen im Vergleich zum Dieselmotor mit wachsender Drehzahl *n* steiler an, da hier die Gemischbildung besser wird. Dann fallen sie stärker ab, weil zur besseren Gemischbildung größere Luftgeschwindigkeiten im Saugrohr notwendig sind. Die Leistung P_e und das Luftverhältnis λ haben ein ausgeprägtes Maximum, und der spezifische Kraftstoffverbrauch b_e weist wieder ein Minimum auf. Wird für Teillasten (348.2b) die Drosselklappe mehr geschlossen, so fällt bei höheren Drehzahlen der effektive Druck stark ab und der spezifische Kraftstoffverbrauch steigt hoch an.

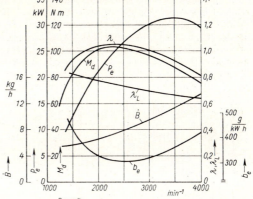

349.1
Viertakt-Ottomotor $V_H = 1{,}77\,l$, $\varepsilon = 8$.
Drehzahländerung bei der Dauerleistung *A*

4.7.3   Motor als Antriebsmaschine

Ein Motor *M* und eine Arbeitsmaschine *A* mit den Momentenkennlinien M_M und M_A sind starr gekuppelt, haben also gleiche Drehzahlen.

Zur Inbetriebnahme (350.1) wird der Maschinensatz mit dem Anlasser angelassen und dann vom Motor angefahren. Hierbei beschleunigt der Momentenüberschuß $M_M - M_A$ des Motors die Arbeitsmaschine bis zur Betriebsdrehzahl.

Betriebspunkt. Er ergibt sich, wenn die Momente M_M und M_A vom Motor und der Arbeitsmaschine gleich sind. Ist er stabil, dann bleiben auch die Drehzahlen konstant. Die Stabilität (350.1) setzt voraus, daß das Ansteigen der Drehzahl von der Arbeitsmaschine, ihr Absinken vom Motor verhindert wird. Der Beharrungszustand liegt vor, wenn der Betriebspunkt so lange besteht, daß keine Änderungen der Meßwerte – insbesondere der Temperaturen – mehr auftreten. Zum Lastwechsel oder zur Änderung des Betriebspunktes ist ein dem Anfahren ähnlicher Beschleunigungs- bzw. ein Verzögerungsvorgang erforderlich.

Momentenverlauf. Für den Diesel- bzw. Ottomotor ist er in den Bildern **348**.1 und **349**.1 als Funktion der Drehzahl gegeben. Da die Kraftstoffzufuhr stufenlos verstellbar ist, lassen sich alle Betriebspunkte erreichen, die unterhalb der Linie des maximalen Drehmomentes (**364**.1) liegen. In diesem Bereich kann der Motor sich den Kennlinien der Arbeitsmaschinen und seines Reglers anpassen. Bei Arbeitsmaschinen wie Kreiselpumpen und -verdichtern, Wasserbremsen, Schiffspropellern und Fahrzeugen ist das Moment angenähert dem Quadrat der Drehzahl proportional, während es bei Kolbenpumpen und -verdichtern nahezu konstant bleibt. Für elektrische Generatoren ist es je nach Bauart verschieden [20]. Beim Anlassen tritt zuerst ein relativ großes Haftreibungsmoment (*1* in Bild **350**.1 a, b) auf.

4.7.3.1 Anlaß- und Lastwechselvorgänge

Sie seien zur Erläuterung der Grundbegriffe an drei praktisch wichtigen Maschinensätzen behandelt.

Schiffsantrieb (**350**.1a). Zum Anlassen *1–2* wird der Motor zunächst mit Druckluft angetrieben. Im Anfahrpunkt *2* mit der Anlaßdrehzahl n_A ist das vom Motor abgegebene Moment M_{MO} gleich dem Moment des Propellers M_A (Warmlaufen des Motors). Für das Anfahren *3–4* wird – zunächst ruckartig angenommen – die Kraftstoffzufuhr erhöht, so daß sich die Motorkennlinie M_{M1} ergibt. Der Momentenüberschuß $M_{M1} - M_A$ des Motors beschleunigt nun den Motor und den Propeller vom Punkt *3* bis zum Betriebspunkt *4*, in dem $M_{M1} = M_A$ ist. Zur Drehzahlerhöhung *4–6* wird die Kraftstoffzufuhr vergrößert und damit die Motorkennlinie M_{M2} eingestellt. Dabei ergibt sich ein dem Anfahren ähnlicher Vorgang *5–6* mit dem Momentenüberschuß $M_{M2} - M_A$. Wird die Kraftstoffzufuhr zur Schonung des Motors stetig verstellt, so verläuft der Lastwechsel nahezu auf der Propellerkennlinie M_A, der sich der Motor angepaßt hat.

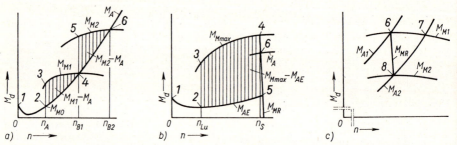

350.1   Anfahren und Lastwechsel

a) Schiffsmotor mit Propeller, b) Motor und Kompressor, c) Motor mit Wasserbremse

Motor und Kompressor (**350**.1 b). Der Motor sei mit einem Drehzahlregler (**366**.1) und der Kompressor mit einer Anfahrentlastung (*11* in Bild **221**.1) ausgerüstet. Nach dem Anlassen *1–2* laufen die beiden Maschinen im Anfahrpunkt *2* mit der vom Regler (**366**.1) bestimmten unteren Leerlaufdrehzahl n_{Lu}. Zum Anfahren *3–5* wird die Sollwertdrehzahl n_s eingestellt. Dabei verbleiben zunächst die Pendel *1* des Reglers (**366**.1) in ihrer inneren Lage und die Kraftstoffpumpe fördert die größte Masse. Der Motor gibt sein Maximalmoment $M_{M\,max}$ ab, der entlastete Verdichter nimmt nur das Moment M_{AE} auf. Die Momentendifferenz $M_{M\,max} - M_{AE}$ bewirkt die Beschleunigung *3–4* bis kurz vor der Sollwertdrehzahl n_s. Jetzt setzt der Regelvorgang *4–5* ein, da die Pendel des Reglers auseinandergehen und dem Motor die Kennlinie M_{MR} geben. In ihrem Schnittpunkt *5* mit der Verdichterkennlinie M_{AE} ist das Anfahren beendet. Es kann zur Schonung des Motors auch durch allmähliches Steigern der Drehzahl n_s am Verstellhebel (*4* in Bild **366**.1) ausgeführt werden. Bei der Belastung *5–6* des Verdichters, für den jetzt die Kennlinie M_A gilt, ergibt sich der Betriebspunkt *6*, wo sich die Kennlinien M_{MR} und M_A schneiden.

Motor mit Wasserbremse (350.1c). Das Anfahren verläuft wie bei der Schiffsmaschine (350.1a). Der Propellerkennlinie entspricht dabei die Linie M_{A1} der Wasserbremse für einen bestimmten Durchfluß, die sich im Betriebspunkt 6 mit der Motorkennlinie M_{M1} schneidet. Bei Verringerung des Wasserdurchflusses der Bremse bis zur Kennlinie M_{A2}, wandert der Betriebspunkt auf der Motorkennlinie M_{M1} bis zum Schnittpunkt 7, wobei die Drehzahl ansteigt. Zur Drehzahlabsenkung wird nun die Kraftstoffzufuhr des Motors bis zur Kennlinie M_{M2} verringert. Dabei bewegt sich der Betriebspunkt auf der Bremsenkennlinie M_{A2} bis zum Schnittpunkt 8 mit der Motorkennlinie M_{M2}. Hier wird die ursprüngliche Drehzahl fast erreicht, und das Moment ist abgefallen. Hat der Motor einen Drehzahlregler, dann wandert der Betriebspunkt bei Drosselung der Wasserzufuhr der Bremse direkt von 6 nach 8.

4.7.3.2 Berechnung des Anfahrvorganges

Bedeuten t die Zeit, n die Drehzahl bzw. ω die Winkelgeschwindigkeit und J das Trägheitsmoment der rotierenden Teile des Motors und der Arbeitsmaschine, so ergibt sich bei Vernachlässigen der Reibung aus dem Newtonschen Grundgesetz $J\,\mathrm{d}\omega/\mathrm{d}t = M_\mathrm{d}$ mit $\omega = 2\pi n$

$$2\pi J \frac{\mathrm{d}n}{\mathrm{d}t} = M_\mathrm{M} - M_\mathrm{A} \tag{351.1}$$

Das Moment $M_\mathrm{M} - M_\mathrm{A} = f(n)$ ist meist zwischen der Anlaß- und Betriebsdrehzahl n_A und n_B bzw. zwischen der unteren Leerlauf- und der Sollwertdrehzahl n_Lu und n_S in Kurvenform (350.1a, b) vorgegeben. Ist das Moment $M_\mathrm{A} = 0$, so liegt das Anfahren des unbelasteten Motors vor, bei $M_\mathrm{M} = 0$ handelt es sich um das Auslaufen des gesamten Maschinensatzes, für $M_\mathrm{M} = M_\mathrm{A}$ ist die Drehzahl konstant. Die Gl. (351.1) stellt in der Regeltechnik das Verhalten der Regelstrecke dar, die vom Maschinensatz gebildet wird (s. Abschn. 4.8.1).

Zur vereinfachten Berechnung des Anlaufvorganges werden in der Praxis folgende Annahmen gemacht: Der unbelastete Motor ($M_\mathrm{A} = 0$) läuft aus dem Stillstand ($n_\mathrm{A} = 0$) mit seinem konstanten Maximalmoment M_Mmax bis zur Betriebsdrehzahl n_B hoch. Damit lautet Gl. (351.1)

$$t = 2\pi J n / M_\mathrm{Mmax}.$$

Für die Drehzahl und für die Leistung folgt hieraus mit $n = P_\mathrm{e}/(2\pi M_\mathrm{Mmax})$

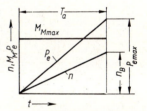

351.1 Angenäherter Verlauf des Anfahrvorganges

$$n = \frac{M_\mathrm{Mmax}}{2\pi J} t \qquad P_\mathrm{e} = \frac{M_\mathrm{Mmax}^2}{J} t \tag{351.2 und 351.3}$$

Diese Größen sind also beim Anlaufvorgang (351.1) der Zeit proportional.

Anlaufzeit. Sie folgt aus Gl. (351.2) für $n = n_\mathrm{B}$ mit $M_\mathrm{Mmax} = P_\mathrm{emax}/(2\pi n_\mathrm{B})$

$$T_\mathrm{a} = \frac{2\pi J n_\mathrm{B}}{M_\mathrm{Mmax}} = \frac{4\pi^2 J n_\mathrm{B}^2}{P_\mathrm{emax}} \tag{351.4}$$

Bei der Regelung gilt die Anlaufzeit als Kenngröße der Regelstrecke. Bei plötzlicher Entlastung eines Motors mit dem größten Moment M_Mmax sei Δt die Zeit, nach deren Ablauf die zulässige Drehzahlerhöhung Δn auftritt, in der also der verzögerte Regler eingegriffen haben muß. Mit Gl. (351.2) folgt dann $\Delta n = M_\mathrm{Mmax}\,\Delta t/(2\pi J)$ und $n_\mathrm{B} = M_\mathrm{Mmax}\,T_\mathrm{a}/(2\pi J)$ bzw.

$$\Delta t = \frac{\Delta n}{n_\mathrm{B}} T_\mathrm{a} \qquad \frac{\Delta n}{n_\mathrm{B}} = \frac{\Delta t}{T_\mathrm{a}} \tag{351.5}$$

Eine größere Anlaufzeit bedeutet hiernach, daß der Regler mehr Zeit für den Eingriff hat, oder daß er schon bei einer kleineren Drehzahlabweichung eingreift. Dadurch wird der Regelvorgang verbessert, aber nach Gl. (351.4) ist für den Motor ein höheres Trägheitsmoment und damit ein größeres Schwungrad erforderlich. Die Anlaufzeit beträgt ≈ 2 bis 3 s, wenn höhere Anforderungen an die Regelung wie beim Generatorantrieb gestellt werden.

4.7.3.3 Fahrzeugantrieb

Der Verbrennungsmotor wird hauptsächlich zum Fahrzeugantrieb verwendet. Hierbei zeichnet sich die Ottomaschine durch ihre geringe Masse und ihr Beschleunigungsvermögen, der Dieselmotor durch seine Wirtschaftlichkeit aus. Am wichtigsten ist der Kraftwagenantrieb, dessen Berechnung, die hier vereinfacht gezeigt wird, auch die Elemente für die übrigen Fahrzeuge enthält.

Beim Kraftfahrzeug (**352.**1a) werden vom Motor *1*, der an seiner Kupplung *2* die Leistung P_e bei der Drehzahl n abgibt, über das Getriebe *3* mit k Gängen und dem Hinterachsantrieb *4* die Räder *5* mit dem Radius r und der Winkelgeschwindigkeit ω_R angetrieben. Die Fahrzeuggeschwindigkeit und die Antriebskraft betragen dann im k-ten Gang, wenn i_k und i_H bzw. η_k und η_H die Übersetzungen bzw. die Wirkungsgrade des Getriebes und des Hinterachsantriebes sind,

$$c_k = r\,\omega_R = \frac{2\pi n r}{i_k i_H} \qquad\qquad F_k = \frac{P_e \eta_k \eta_H}{c_k} = \frac{P_e i_k i_H \eta_k \eta_H}{2\pi n r} \qquad (352.1)\text{ und }(352.2)$$

Als Übersetzung gilt dabei nach DIN 868 das Verhältnis der Drehzahlen der An- und Abtriebswelle.

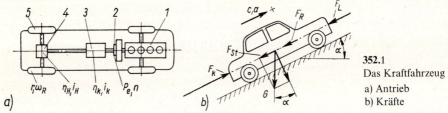

352.1
Das Kraftfahrzeug
a) Antrieb
b) Kräfte

Die Antriebskraft (**352.**1b) hat dabei die von den folgenden Widerständen erzeugten Kräfte zu überwinden.

Luftwiderstand. Bedeuten ϱ die Dichte der Luft und $c_W = 0,5$ bis $0,3$ ihr von der Karosserieform abhängiger Widerstandsbeiwert, so gilt, wenn $p - p_a$ der Überdruck der Luft an der Frontalfläche A des Wagens infolge seiner Geschwindigkeit c ist,

$$F_L = (p - p_a)A = c_W \frac{\varrho}{2} c^2 A \tag{352.3}$$

Reibungs- und Steigungswiderstand. Bezeichnen G die Gewichtskraft des Wagens mit Inhalt und α den Steigungswinkel der Straße, auf der die Reifen bei einer Betondecke den Rollreibungsbeiwert $f = 0,015$ haben, so wird

$$F_R = f\,G\cos\alpha \qquad\qquad F_{St} = G\sin\alpha \qquad (352.4)\text{ und }(352.5)$$

Der Gesamtwiderstand des Wagens beträgt dann bei Windstille

$$F_W = F_L + F_R + F_{St} = c_W \frac{\varrho}{2} c^2 A + G(f\cos\alpha + \sin\alpha) \tag{352.6}$$

Die Antriebskraft, die ein Wagen mit der Masse $m = G/g$ und der Beschleunigung a erfordert, folgt aus den Gleichgewichtsbedingungen (352.1 b) und beträgt im k-ten Gang

$$F_k = F_W + ma \qquad (353.1)$$

Bei konstanter Geschwindigkeit des Wagens ($a = 0$) gilt dann

$$F_k = F_W \qquad (353.2)$$

Fahrschaubild (353.1 a). Hier sind die Antriebskräfte F_k der einzelnen Gänge für die größte Öffnung der Drosselklappe des Motors und die Widerstandskräfte F_W für verschiedene Steigungen über der Wagengeschwindigkeit c aufgetragen. Die Schnittpunkte dieser Kurven zeigen nach Gl. (353.2) die jeweils erreichbaren Wagengeschwindigkeiten (Punkt *1* die Höchstgeschwindigkeit auf ebener Straße, Punkt *2* die Geschwindigkeit bei der größten Steigung). Ihre senkrechten Abstände ergeben die Kraftreserven zum Überwinden des Gegenwindes, zum Ziehen eines Anhängers oder nach Gl. (353.1) zum Beschleunigen des Wagens (Abstand *2–3* maximale Kraftreserve des Wagens in der Ebene beim 1. Gang). Die Einhüllende E der Kurven der Antriebskräfte heißt Zugkrafthyperbel. Die zwischen diesen Kurven liegenden schraffierten Flächen, die ein stufenloses Getriebe ausfüllen kann, heißen Getriebelücken [46].

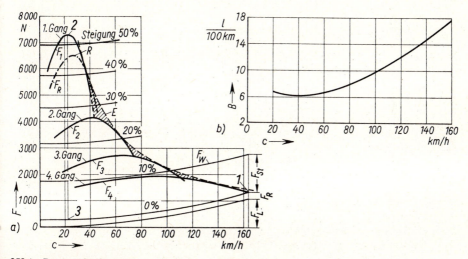

353.1 Personenkraftwagen

a) Fahrschaubild, b) Kraftstoffverbrauch in der Ebene beim 4. Gang

Kraftstoffverbrauch. Zu seiner Ermittlung sind die Gesamtwiderstandskräfte F_W für den gewählten Gang k, die vorhandene Steigung bei den Geschwindigkeiten c dem Fahrschaubild zu entnehmen oder zu berechnen. Damit beträgt der effektive Druck nach Gl. (344.1) und (352.2) mit $F_k = F_W$ nach Gl. (353.2) und die ihm zugeordnete Drehzahl nach Gl. (352.1)

$$p_e = \frac{a_T P_e}{n V_H} = \frac{a_T F_W c}{n V_H \eta_k \eta_H} = \frac{a_T 2\pi r F_W}{i_k i_H \eta_k \eta_H V_H} \qquad n = \frac{i_k i_H c}{2\pi r} \qquad (353.3) \text{ und } (353.4)$$

Diese Werte werden in das Kennfeld eingetragen (Linie *3* in Bild **345.1**), aus dem dann der spezifische Kraftstoffverbrauch zu entnehmen ist.

Beispiel 38. Für ein Drehstromaggregat ist eine Viertakt-Dieselmaschine mit dem Hubvolumen $V_H = 8,724\,\text{l}$ und dem Kennfeld nach Bild **355**.2 vorgesehen. Der Synchrongenerator mit $p = 2$ Polpaaren ist in Dreieck geschaltet und hat die Scheinleistung $P_S = 75\,\text{kVA}$ und den Wirkungsgrad $\eta_G = 0,9$. Das Netz hat die Frequenz $f = 60\,\text{Hz}$, die Spannung $U = 380\,\text{V}$ und den Leistungsfaktor $\cos\varphi = 0,8$. Das Trägheitsmoment der beweglichen Teile der Dieselmaschine beträgt $J_D = 3,5\,\text{kg}\,\text{m}^2$, des Generators $J_G = 1,75\,\text{kg}\,\text{m}^2$. Der Kraftstoffpreis sei $k_B = 1,60\,\text{DM/kg}$.

Gesucht sind die Stromabgabe des Generators und die Kraftstoffkosten pro kWh für den Auslegungspunkt, die Reibungsleistung der Dieselmaschine, ihre Höchstbelastung und ihre Anlaufzeit.

Auslegungspunkt
Der Strom des Generators beträgt

$$I = \frac{P_S}{\sqrt{3}\,U} = \frac{75 \cdot 10^3\,\text{VA}}{\sqrt{3} \cdot 380\,\text{V}} = 114\,\text{A}$$

Die Kupplungsleistung der Dieselmaschine, die nur die Wirkleistung $P_W = P_S \cos\varphi$ des Generators aufzubringen hat, wird also

$$P_e = \frac{P_W}{\eta_G} = \frac{P_S \cos\varphi}{\eta_G} = \frac{75\,\text{kVA} \cdot 0,8}{0,9} = 66,7\,\text{kW}$$

Die Drehzahl des Aggregates ergibt sich aus Gl. (63.1) mit $1\,\text{Hz} = 1\,\text{s}^{-1}$

$$n = \frac{f}{p} = \frac{60\,\text{s}^{-1} \cdot 60\,\text{s/min}}{2} = 1800\,\text{min}^{-1}$$

Der effektive Druck ist dann nach Gl. (344.1) für den Viertaktmotor

$$p_e = \frac{2\,P_e}{n\,V_H} = \frac{2 \cdot 66,7\,\text{kW} \cdot 1000\,\dfrac{\text{N}\,\text{m}}{\text{kW}\,\text{s}} \cdot 60\,\dfrac{\text{s}}{\text{min}}}{1800\,\text{min}^{-1} \cdot 8,724 \cdot 10^{-3}\,\text{m}^3} = 5,1 \cdot 10^5\,\frac{\text{N}}{\text{m}^2} = 5,1\,\text{bar}$$

Der spezifische Kraftstoffverbrauch wird für $n = 1800\,\text{min}^{-1}$ und $p_e = 5,1\,\text{bar}$ nach Bild **355**.2 $b_e = 224,5\,\text{g/kW}\,\text{h}$, und der Kraftstoffstrom ist nach Gl. (344.3)

$$\dot{B} = b_e P_e = 0,2245\,\frac{\text{kg}}{\text{kW}\,\text{h}} \cdot 66,7\,\text{kW} = 15,0\,\frac{\text{kg}}{\text{h}}$$

Die Kraftstoffkosten betragen

$$K = \frac{\dot{B}}{P_e}\,k = \frac{15,0\,\dfrac{\text{kg}}{\text{h}} \cdot 1,60\,\dfrac{\text{DM}}{\text{kg}}}{66,7\,\text{kW}} = 0,360\,\frac{\text{DM}}{\text{kW}\,\text{h}}$$

Reibungsleistung
Sie ergibt sich nach Abschn. 4.7.1.1 aus der Kraftstoffgeraden. Da die Drehzahl vom Netz gehalten wird, folgt aus Gl. (344.1), daß $P_e/p_e = n\,V_H/2$ konstant ist. Mit den Werten des Auslegungspunktes gilt dann

$$\frac{P_e}{p_e} = \frac{66,7\,\text{kW}}{5,1\,\text{bar}} \quad \text{bzw.} \quad P_e = 13,1\,\frac{\text{kW}}{\text{bar}}\,p_e \quad \text{und} \quad \dot{B} = b_e P_e = 13,1\,\frac{\text{kW}}{\text{bar}}\,b_e p_e$$

Nun werden aus dem Kennfeld **355**.2 die bei $n = 1800\,\text{min}^{-1}$ zugeordneten p_e- und b_e-Werte abgelesen und der Kraftstoffstrom bestimmt. Für $b_e = 0,245\,\text{kg/kW}\,\text{h}$ und $p_e = 3,4\,\text{bar}$ gilt

$$\dot{B} = 13,1\,\frac{\text{kW}}{\text{bar}}\,b_e p_e = 13,1\,\frac{\text{kW}}{\text{bar}} \cdot 0,245\,\frac{\text{kg}}{\text{kW}\,\text{h}} \cdot 3,4\,\text{bar} = 10,9\,\frac{\text{kg}}{\text{h}}$$

Mit den übrigen in Tafel **355**.1 zusammengefaßten Werten wird dann die Kraftstoffgerade (**355**.3) aufgezeichnet, die für die dort aufgeführten Belastungen, die letzte ausgenommen, exakt gilt. Sie ergibt den Reibungsdruck $p_{RT} = 1{,}2$ bar.

Die Reibungsleistung ist damit

$$P_{RT} = 13{,}1\,\frac{kW}{bar}\,p_{RT} = 13{,}1\,\frac{kW}{bar}\cdot 1{,}2\,\text{bar} = 15{,}7\,kW$$

Tafel **355**.1 Kraftstoffgerade

b_e	in kg/kW h	0,255	0,245	0,240	0,235	0,225	0,225
p_e	in bar	3,0	3,4	3,75	4,35	5,0	6,8
$\dot{B}$	in kg/h	10,0	10,9	11,8	13,4	14,7	20,0

Höchstleistung

Sie entspricht hier der Dauerleistung B, bei der die Kraftstoffpumpe blockiert ist, und die nach Bild **355**.2 für $n = 1800\,\text{min}^{-1}$, bei $p_{e\,max} = 6{,}5$ bar liegt. Damit beträgt die Kupplungsleistung des Dieselmotors und die Scheinleistung des Generators

$$P_{e\,max} = 13{,}1\,\frac{kW}{bar}\,p_{e\,max} = 13{,}1\,\frac{kW}{bar}\cdot 6{,}5\,\text{bar} = 85{,}1\,kW$$

$$P_S = \frac{P_{e\,max}\,\eta_G}{\cos\varphi} = \frac{85{,}1\,kW\cdot 0{,}9}{0{,}8} = 95{,}7\,kVA$$

Anlaufzeit. Das Trägheitsmoment der beweglichen Teile des Motors und Generators beträgt:

$$J = J_D + J_G = (3{,}5 + 1{,}75)\,\text{kg m}^2 = 5{,}25\,\text{kg m}^2$$

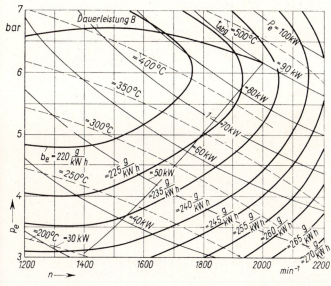

355.2 Kennfeld einer Viertakt-Dieselmaschine
$V_H = 8{,}724\,l,\ \varepsilon = 18{,}5,\ z = 6,\ D = 115\,\text{mm},\ s = 140\,\text{mm}$

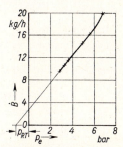

355.3 Ermittlung der Reibungsleistung

Damit folgt aus Gl.(351.4), da $n_B = 1800 \text{ min}^{-1} = 30 \text{ s}^{-1}$ und $1 \text{ kW} = 1000 \text{ kg m}^2/\text{s}^3$ ist,

$$T_a = \frac{4\pi^2 J n_B^2}{P_{e\,max}} = \frac{4\pi^2 \cdot 5{,}25 \text{ kg m}^2 \cdot 30^2 \text{ s}^{-2}}{85{,}1 \text{ kW} \cdot 1000 \dfrac{\text{kg m}^2}{\text{kW s}^3}} = 2{,}20 \text{ s}$$

Beispiel 39. Zum Antrieb eines Fischereiaufsichtsbootes ist ein Viertakt-Dieselmotor mit dem Gesamthubvolumen $V_H = 8{,}724 \text{ l}$ und dem Kennfeld (**355**.2) vorgesehen. Das Boot mit der Wasserverdrängung 13 t und der Länge bzw. Breite 13,5 m und 3,5 m hat bei der Propellerdrehzahl $n_P = 1000 \text{ min}^{-1}$ die Geschwindigkeit $c = 10 \text{ kn (Knoten)}$. Der Propeller nimmt die Leistung $P_P = 8{,}6 \cdot 10^{-8} \text{ kW min}^3\, n_P^3$ auf und ist mit dem Motor über ein Getriebe mit dem Übersetzungsverhältnis $i_g = 2$ und dem Wirkungsgrad $\eta_g = 0{,}95$ verbunden.

Gesucht sind die Kennlinien der Leistung, des Drehmoments, des Kraftstoffstromes und des spezifischen Kraftstoffverbrauchs als Funktion der Motordrehzahl sowie die größte Schubkraft des Propellers.

Berechnungsgrundlagen

Zunächst werden für die gesuchten Größen die zugeschnittenen Größengleichungen als Funktion der Drehzahl aufgestellt. Für die effektive Leistung des Motors mit der Drehzahl $n = i_g n_P$ folgt

$$P_e = \frac{P_P}{\eta_g} = \frac{8{,}6 \cdot 10^{-8} \text{ kW min}^3}{\eta_g} \left(\frac{n}{i_g}\right)^3 = \frac{8{,}6 \cdot 10^{-8} \text{ kW min}^3}{0{,}95 \cdot 2^3} n^3 = 11{,}3 \cdot 10^{-9} \text{ kW min}^3 \cdot n^3$$

$$= 11{,}3 \text{ kW min}^3 \left(\frac{n}{1000}\right)^3$$

Der effektive Druck beträgt nach Gl.(344.1) für den Viertaktmotor mit $1 \text{ kW} = 6 \cdot 10^4 \text{ N m min}^{-1}$

$$p_e = \frac{2 P_e}{n V_H} = \frac{2 \cdot 11{,}3 \cdot 10^{-9} \text{ kW min}^3 \cdot n^3 \cdot 6 \cdot 10^4 \dfrac{\text{N m}}{\text{kW min}}}{n \cdot 8{,}724 \cdot 10^{-3} \text{ m}^3 \cdot 10^5 \dfrac{\text{N}}{\text{m}^2 \text{ bar}}} = 1{,}56 \cdot 10^{-6} \text{ bar min}^2 \cdot n^2$$

$$= 1{,}56 \text{ bar min}^2 \cdot \left(\frac{n}{1000}\right)^2$$

Der spezifische Kraftstoffverbrauch b_e wird mit Hilfe der Drehzahl und dem ihr zugeordneten effektiven Druck dem Kennfeld (**355**.2) entnommen. Der Kraftstoffstrom folgt dann aus $\dot{B} = b_e P_e$ nach Gl.(344.3), und für das Drehmoment gilt mit Gl.(344.2)

$$M_d = \frac{p_e V_H}{4\pi} = \frac{p_e \cdot 10^5 \dfrac{\text{N/m}^2}{\text{bar}} \cdot 8{,}724 \cdot 10^{-3} \text{ m}^3}{4\pi} = 69{,}4 \text{ N m} \frac{p_e}{\text{bar}}$$

Maximalwerte

Zu ihrer Ermittlung wird die Kurve $p_e = f(n^2)$ berechnet und in das Kennfeld (*1* in Bild **355**.2) eingetragen. Ihr Schnittpunkt mit der Kurve der Dauerleistung B, bei der die Kraftstoffzufuhr begrenzt ist, liegt dann bei $n = 2000 \text{ min}^{-1}$. Dabei ergeben sich die Maximalwerte

$$P_e = 11{,}3 \text{ kW min}^3 \left(\frac{n}{1000}\right)^3 = 11{,}3 \text{ kW min}^3 \left(\frac{2000 \text{ min}^{-1}}{1000}\right)^3 = 90{,}4 \text{ kW}$$

$$p_e = 1{,}56 \text{ bar min}^2 \left(\frac{n}{1000}\right)^2 = 1{,}56 \text{ bar min}^2 \cdot 2^2 \text{ min}^{-2} = 6{,}23 \text{ bar}$$

$$M_d = 69{,}4 \text{ N m} \frac{p_e}{\text{bar}} = 69{,}4 \text{ N m} \frac{6{,}23 \text{ bar}}{\text{bar}} = 432 \text{ N m}$$

$$b_e = 323 \frac{g}{kW\,h}$$

und

$$\dot{B} = b_e\,P_e = 0{,}232\,\frac{kg}{kW\,h} \cdot 90{,}4\,kW = 21{,}0\,\frac{kg}{h}$$

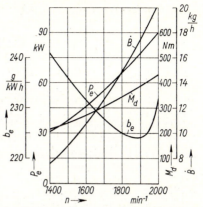

Kennlinien

Die zu ihrer Aufzeichnung notwendigen Größen sind mit den abgeleiteten Gleichungen berechnet und in Tafel **357.**2 zusammengestellt.

Die Kennlinien (**357.**1) sind durch den parabolischen Verlauf der Leistung ($P_e \sim n^3$) und des Drehmoments ($M_d \sim n^2$) bestimmt. Für den Kraftstoffstrom $\dot{B}$ ergibt sich eine konvex zur Abszissenachse gekrümmte Kurve, und der spezifische Kraftstoffverbrauch hat das Minimum $b_e = 224$ g/kW h bei der Kupplungsleistung $P_e = 77{,}6$ kW und der Drehzahl des Motors $n = 1900$ min^{-1} bzw. des Propellers $n_p = 950$ min^{-1}.

357.1 Kennlinien eines Schiffsdieselmotors nach Bild **355.**2

Tafel **357.**2 Kennwerte eines Bootsmotors

n	in min^{-1}	1400	1500	1600	1700	1800	1900	2000
$(n/1000)^2$	in min^{-2}	1,96	2,25	2,56	2,89	3,24	3,61	4,0
$(n/1000)^3$	in min^{-3}	2,74	3,38	4,10	4,91	5,83	6,86	8,0
p_e	in bar	3,05	3,50	3,98	4,50	5,04	5,62	6,23
M_d	in N m	212	243	277	312	350	390	432
P_e	in kW	31,05	38,20	46,35	55,60	66,00	77,60	90,40
b_e	in g/kW h	241	236,5	232	228	225	224	232
$\dot{B}$	in kg/h	7,48	9,03	10,75	12,68	14,85	17,39	21,00

Schubkraft

Mit 1 kn = 1 sm/h und 1 sm = 1,852 km gilt 1 kn = 0,514 m/s. Damit wird

$$F = \frac{P_p}{c} = \frac{P_e\,\eta_g}{c} = \frac{90{,}4\,kW \cdot 1000\,\dfrac{N\,m}{kW\,s} \cdot 0{,}95}{10\,kn \cdot 0{,}514\,\dfrac{m}{kn\,s}} = 16710\,N$$

Diese Kraft wird von einem Drucklager, das vor dem Getriebe liegt, aufgenommen und auf das Boot übertragen.

Beispiel 40. Um die Fahreigenschaften eines Kraftwagens festzustellen, wurde ein Viertakt-Ottomotor mit dem Gesamthubvolumen $V_H = 2$ l an einer Wasserbremse untersucht. Bei vollgeöffneter Drosselklappe ergaben sich dabei die folgenden Werte der Bremskraft F_{Br} als Funktion der Motordrehzahl n bei der Luftdichte $\varrho = 1{,}2$ kg/m^3.

Messung		1	2	3	4	5	6
F_{BR}	in N	110	140	160	160	150	130
n	in min^{-1}	6000	5000	4000	3000	2000	1000

Für die Leistung des Motors an der Wasserbremse mit den Hebelarm 0,9549 m gilt nach Gl. (19.7)

$$P_e = 10^{-4} \, \frac{\text{kW min}}{\text{N}} \, F_{Br} \, n$$

k	1	2	3	4	R
i	4,09	2,25	1,42	1,0	3,62
η	0,90	0,92	0,94	0,96	0,90

Der Wagen hat den Widerstandsbeiwert $c_W = 0,4$, die Frontfläche $A = 2,05 \, \text{m}^2$ und die Gesamtgewichtskraft $G = 15\,000 \, \text{N}$. Die Reifen haben den wirksamen Halbmesser $r = 300$ mm und den Rollreibungsbeiwert $f = 0,015$ bei glatter Fahrbahn. Die Übersetzung des Hinterachsantriebes beträgt $i_H = 4,08$, sein Wirkungsgrad $\eta_H = 0,92$. Für die $k = 4$ Vorwärts- und den Rückwärtsgang R des Getriebes gilt entsprechend

Gesucht ist das Fahrschaubild des Wagens, seine größte Geschwindigkeit auf ebener Straße und seine maximale Steigfähigkeit.

Kennlinien der Antriebskraft

Die Wagengeschwindigkeit im k-ten Gang beträgt nach Gl. (352.1)

$$c_k = \frac{2\pi n r}{i_k \, i_H} = \frac{2\pi n \cdot 0,3 \, \text{m} \cdot 60 \, \frac{\text{min}}{\text{h}} \cdot 10^{-3} \, \frac{\text{km}}{\text{m}}}{i_k \cdot 4,08} = 0,0278 \, \frac{\text{km}}{\text{h}} \, \text{min} \, \frac{n}{i_k}$$

Für den 1. Gang gilt mit $i_1 = 4,09$

$$c_1 = 0,0278 \, \frac{\text{km}}{\text{h}} \, \text{min} \, \frac{n}{4,09} = 6,8 \cdot 10^{-3} \, \frac{\text{km}}{\text{h}} \, \text{min} \, n = 6,8 \, \frac{\text{km}}{\text{h}} \, \text{min} \, \frac{n}{1000} = a_1 \, \frac{n}{1000}$$

wobei die Konstante $a_1 = 6,8$ km min/h ist.

Die Antriebskraft der Räder im k-ten Gang ist dann nach Gl. (352.2) mit 1 kW $= 6 \cdot 10^4$ N m min^{-1}

$$F_k = \frac{P_e \, i_k \, i_H \, \eta_k \, \eta_H}{2\pi n r} = \frac{10^{-4} \, \frac{\text{kW min}}{\text{N}} \, n \, F_{Br} \, i_k \cdot 4,08 \, \eta_k \cdot 0,92 \cdot 6 \cdot 10^4 \, \frac{\text{N m}}{\text{kW min}}}{2\pi n \cdot 0,3 \, \text{m}} = 11,95 \, F_{Br} \, i_k \, \eta_k$$

Für den 1. Gang gilt dann mit der Konstanten b_1

$$F_1 = 11,95 \, F_{Br} \cdot 4,09 \cdot 0,9 = 44,0 \, F_{Br} = b_1 \, F_{Br}$$

Tafel **358**.1   Fahrzeugkonstanten

Gang	1	2	3	4	R
a_k in $\dfrac{\text{km min}}{\text{h}}$	6,8	12,3	19,5	27,7	7,66
b_k	44,0	24,7	15,9	11,5	38,9

Für die weiteren Gänge sind in Tafel **358**.1 die Konstanten a_k und b_k für die Gleichungen $c_k = a_k \, n/1000$ und $F_k = b_k \, F_{Br}$ angegeben.

Hiermit werden die Zugkräfte und die ihnen zugeordneten Geschwindigkeiten der einzelnen Gänge für die Messungen 1 bis 6 berechnet. Für den 2. Gang gilt dann bei der 3. Messung

$$c_{23} = a_2 \, \frac{n_3}{1000} = 12,3 \, \frac{\text{km}}{\text{h}} \, \text{min} \cdot 4 \, \text{min}^{-1} = 49,2 \, \frac{\text{km}}{\text{h}} \quad \text{und} \quad F_{23} = b_2 \, F_{Br3} = 24,7 \cdot 160 \, \text{N} = 3960 \, \text{N}$$

Kennlinien der Widerstandskräfte

Für den Luftwiderstand ergibt sich aus Gl. (352.3) mit 1 m/s $= 3,6$ km/h

$$F_L = c_W \frac{\varrho}{2} c^2 A = \frac{0,4 \cdot 1,2 \, \frac{\text{kg}}{\text{m}^3} \cdot c^2 \cdot 2,05 \, \text{m}^2}{2 \cdot 1 \, \frac{\text{kg m}}{\text{N s}^2} \cdot 3,6^2 \, \frac{\text{km}^2 \, \text{s}^2}{\text{h}^2 \, \text{m}^2}} = 3,80 \cdot 10^{-2} \, \frac{\text{N}}{(\text{km/h})^2} \, c^2 = 380 \cdot \frac{\text{N}}{(\text{km/h})^2} \left(\frac{c}{100} \right.$$

Der Luftwiderstand wird hiernach für die Geschwindigkeiten 0, 20, 40 bis 160 km/h berechnet. Für $c = 120$ km/h gilt

$$F_L = 380 \, \frac{N}{(km/h)^2} \left(\frac{120}{100} \, km/h\right)^2 = 380 \, N \cdot 1,2^2 = 547 \, N$$

Der Reibungs- und Steigungswiderstand beträgt nach Gl. (352.4) und (352.5)

$$F_R = f \, G \cos\alpha = 0,015 \cdot 15\,000 \, N \cos\alpha = 225 \, N \cos\alpha \text{ bzw. } F_{St} = G \sin\alpha = 15\,000 \, N \sin\alpha$$

Diese Kräfte werden für die Steigungen $\tan\alpha = 0,1$; 0,2 bis 0,5 berechnet und zum Luftwiderstand addiert, womit sich der Gesamtwiderstand F_W nach Gl. (352.6) ergibt.

Betriebspunkte (353.1). Sie liegen in den Schnittpunkten der für die Antriebs- und Gesamtwiderstandskräfte über der Geschwindigkeit aufgezeichneten Kurven. Die höchste Geschwindigkeit (Punkt 1) beträgt 162 km/h im 4. Gang auf ebener Straße, und die größte Steigfähigkeit von 54 % (Punkt 2) ergibt sich beim maximalen Drehmoment im 1. Gang bei 21 km/h. Hier liegt die größte Kraftreserve ≈ 7000 N (Abstand 2–3) bei der Fahrt in der Ebene. Die Geschwindigkeiten 15 bis 110 km/h sind mit mehreren Gängen erreichbar.

4.8 Regelung

Brennkraftmaschinen sind mit Fliehkraft- oder pneumatischen Reglern ausgerüstet, die die Drehzahl oder den von ihrem Quadrat abhängigen Saugdruckregeln.

4.8.1 Regelungstechnische Grundbegriffe

Regelstrecke (359.1). Hierzu zählen der Motor und die angetriebene Arbeitsmaschine. Das Eingangssignal, die Stellgröße y, sei hier die Kraftstoffmasse B je Arbeitsspiel des Motors, von der sein Drehmoment M_M abhängt. Das Ausgangssignal, die Regelgröße x, ist die Drehzahl n bzw. der Druck p' in der Saugleitung, der mit steigender Drehzahl abfällt. Als Störgröße z tritt die Änderung des elektrischen Widerstandes beim Generatorbetrieb, die Änderung des Entnahmestromes des Verbrauchers beim Verdichter- bzw. Pumpenantrieb auf, die das Moment M_A beeinflussen. Der unbelastete Motor hat keinen Ausgleich und keine Verzögerung. Bei einer Stellgrößenänderung steigt die Drehzahl in der für die Regelung maßgebenden Zeit linear nach Gl. (351.5) an. Beim belasteten Motor tritt aber durch die Arbeitsmaschine ein Ausgleich bei einer Änderung der Stell- oder Störgröße auf.

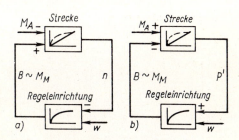

359.1 Signalflußplan (Strecke mit – – – und ohne Belastung ——)
a) Drehzahlregelung
b) Saugdruckregelung

Regeleinrichtung (359.1). Sie besteht aus dem Regler und dem Stellglied, die den Regelvorgang an der Strecke bewirken. Die Regler formen ihre Eingangs-, die Regelgröße, meist mechanisch in den Hub s bzw. den Drehwinkel φ der Regelstange um. Stellglieder sind die Einspritzpumpen oder Drosselklappen der Motoren. Ihr Eingangssignal ist die Stellung der Regelstange. Sie werden meist vom Regler direkt betätigt, da ihre Verstellkräfte gering sind. Ausgangssignal ist die Stellgröße, die Kraftstoffmasse B.

Regelkreis. Er besteht aus der Regelstrecke und der Regeleinrichtung. Da der unbelastete Motor keinen Ausgleich hat, sind aus Stabilitätsgründen P-Regler (s. Abschn. 3.8.3) erforderlich, die eine Regelabweichung bewirken [27]. Ist diese nicht tragbar, wie bei einem Synchrongenerator, der die Netzfrequenz konstant halten soll, so werden hydraulische PI-Regler benutzt.

Signalfluß. Die Vorzeichen der Signalflußpläne sind in Abschnitt 3.8.1 erklärt. Bei der Drehzahlregelung (**359**.1a) bewirkt z. B. eine Vergrößerung des Verbraucherwiderstandes einen Abfall des Drehmomentes M_A an der Kupplung des Generators. Da nun der Motor von der überschüssigen Kraftstoffmasse B beschleunigt wird, steigt die Drehzahl n an. Daraufhin verringert der P-Regler die Kraftstoffzufuhr B, bis die Drehmomente M_M und M_A vom Motor bzw. Generator gleich sind. Die Drehzahl n ist dabei geringfügig angestiegen. Die Führungsgröße w bestimmt den Sollwert der Drehzahl $x_K = n_K$ und wird am Sollwerteinsteller aufgegeben.

Bei der Saugdruckregelung (**359**.1b) fällt nach Heraufsetzen des Verbraucherwiderstandes der Saugdruck p' ab, da wegen der Drehzahlerhöhung der Saugstrom ansteigt. Der P-Regler verringert dann die Kraftstoffmasse B bis zum Ausgleich der Momente des Motors und des Generators. Der Saugdruck p' ist danach abgesunken und die Drehzahl angestiegen.

4.8.2   Drehzahlregler

Wirkungsweise (**360**.1). Die umlaufenden Fliehkraftpendel *1* sind mit den Federn *2* und der Regelstange *3* durch Gelenk- oder Kurvengetriebe [19] über die Hebel *4* zwangsläufig verbunden. Im Beharrungszustand, also bei konstanter Drehzahl n, befinden sich die Flieh- und Federkräfte F und F_F im Gleichgewicht. Da hier jeder Drehzahl eine Fliehkraft und eine Stellung der Regelstange zugeordnet ist, liegt ein P-Regler vor. Bei einer Drehzahl-

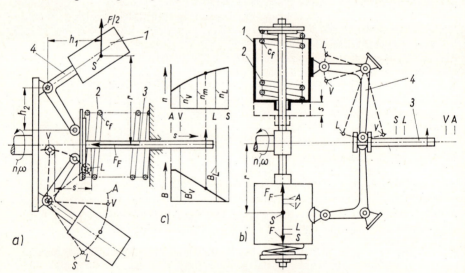

360.1   Fliehkraftregler (a und b) mit Drehzahl- und Kraftstoffkennlinien (c).
(Lage der Getriebepunkte beim Leerlauf und der Vollast – – –)

erhöhung ändern die Schwerpunkte S der Pendel 1 ihren Abstand r von der Drehachse nicht, bis durch die angestiegene Fliehkraft die Reibungskräfte des Reglers und die Verstellkräfte des Stellgliedes überwunden sind. Dann gehen die Pendel 1 wegen ihrer Masse verzögert auseinander, bis ein neuer Gleichgewichtszustand erreicht wird. Wegen der Reibung und der Trägheit der Pendelmassen ist der P-Regler gedämpft und verzögert.

4.8.2.1 Kenngrößen

Beim Fliehkraftregler (**360**.1c) sind der Vollast V die Innenlage der Pendel, die Vollastdrehzahl n_V und die Kraftstoffmasse B_V zugeordnet. Zum Leerlauf L gehört dann die Pendelaußenlage, die Leerlaufdrehzahl n_L und die Kraftstoffmasse B_L. Hierbei ist $n_L > n_V$ und $B_L < B_V$, so daß bei einer Entlastung des Motors, bei der die Drehzahl ansteigt, der Regler die Kraftstoffmasse verringert. Für den S o l l w e r t $X_K = n_K$ d e r D r e h z a h l oder ihren Mittelwert n_m, für den P r o p o r t i o n a l b e r e i c h $X_P = n_P$ und für den S t e l l b e r e i c h $Y_h = B_h$ gilt damit nach DIN 19226

$$X_K = n_K = n_m = \frac{n_V + n_L}{2} \qquad X_P = n_P = n_L - n_V \qquad Y_h = B_h = B_V - B_L \qquad \text{(361.1) bis (361.3)}$$

Die D r e h z a h l a b w e i c h u n g ist dann $n - n_m$.

Die B e g r e n z u n g e n des Reglers (**360**.1c) liegen bei den Stellungen Anlassen A und Stop S mit der maximalen bzw. der Nullförderung der Einspritzpumpe. Hierdurch wird eine Regelung der Vollast V und des Leerlaufes L möglich, und beim Anlassen wird die größte Kraftstoffmasse eingespritzt. Diese stellt sich von selbst ein, da die Pendel beim Stillstand des Motors durch die Feder den kleinsten Abstand r erhalten.

Ungleichförmigkeitsgrad δ. Nach DIN 1940 stellt er den auf den Sollwert n_K der Drehzahl bezogenen Proportionalbereich n_P dar. Mit Gl. (361.1) und (361.2) und nach Erweitern mit $n_L + n_V$ ergibt sich dann

$$\delta = \frac{n_P}{n_K} = \frac{n_L - n_V}{n_m} = 2\,\frac{n_L - n_V}{n_L + n_V} \qquad \delta = 2\,\frac{n_L^2 - n_V^2}{(n_L + n_V)^2} \qquad \text{(361.4) und (361.5)}$$

Bei ausgeführten Reglern beträgt $\delta = 0{,}04$ bis $0{,}07$. Für die L e e r l a u f - und V o l l a s t d r e h z a h l folgt dann aus $\delta n_m = n_L - n_V$ nach Gl. (361.4) und aus $2 n_m = n_L + n_V$ nach Gl. (361.1)

$$n_L = n_m\left(1 + \frac{\delta}{2}\right) \qquad\qquad n_V = n_m\left(1 - \frac{\delta}{2}\right) \qquad\qquad\qquad \text{(361.6)}$$

Hieraus ergibt sich, da $(1 + \delta/2)/(1 - \delta/2) \approx 1 + \delta$ ist

$$n_L/n_V \approx 1 + \delta \qquad\qquad\qquad\qquad\qquad\qquad\qquad\qquad \text{(361.7)}$$

Unempfindlichkeitsgrad ε. Bei fallender Belastung muß die Drehzahl von n auf n'' erhöht, bei steigender Last von n auf n' herabgesetzt werden, damit der Regler die Verstellkräfte erzeugt. Mit $\Delta n = n'' - n'$ und $n = (n'' + n')/2$ gilt dann $\varepsilon = \Delta n/n$. Nach Erweitern mit $n'' + n' = 2 n$ folgt

$$\varepsilon = \frac{\Delta n}{n} = \frac{n'' - n'}{n} = 2\,\frac{n'' - n'}{n'' + n'} = 2\,\frac{n''^2 - n'^2}{(n'' + n')^2} \qquad\qquad \text{(361.8)}$$

Er beträgt $\varepsilon = 0{,}01$ bis $0{,}03$ und wird mit steigender Reibung des Reglers, die vom Aufbau seines Getriebes, seiner Lager und von der Schmierung abhängt, größer. Daher haben Regler meist Wälz- oder Schneidenlager. Da die Reibungs- und Verstellkräfte von der Lage der Pendel abhängen, sind die Angaben auf die mittlere Drehzahl bezogen.

Gesamtungleichförmigkeitsgrad ist die Summe des Ungleichförmigkeits- und Unempfindlichkeitsgrades und beträgt $\delta_g = \varepsilon + \delta = 0{,}05$ bis $0{,}1$.

4.8.2.2 Kräfte und Arbeiten

Zur Auslegung eines Reglers werden die Flieh-, Feder- und Verstellkräfte sowie die Stellenergie des Reglers berechnet. Aus dem Verlauf der Fliehkraft läßt sich außerdem die Stabilität bestimmen.

Fliehkräfte (**360**.1). Ist r der Radius des Kreises, auf dem die Schwerpunkte S der Pendel von der Masse m mit der Winkelgeschwindigkeit $\omega = 2\pi n$ um ihre Drehachse laufen, dann betragen die Fliehkräfte $F = m r \omega^2$. Für die Federkräfte (**363**.2) gilt, wenn F_0 die Vorspannkraft bei der Vollastdrehzahl n_V bzw. beim Radius r_V ist und c die Steife der Feder und s deren Auslenkung bedeuten, $F_F = F_0 + c s$. Stellt $i = h_2/h_1$ das Übersetzungsverhältnis (**360**.1a) dar, so folgt aus dem Momentengleichgewicht

$$F = m r \omega^2 = (F_0 + c s)\, i \qquad (362.1)$$

Reduktion der Federkraft. Zum Vergleich mit den Fliehkräften werden die Federkräfte, die als Funktion des Hubes s eine Gerade (**363**.2) ergeben, auf den Pendelschwerpunkt reduziert. Sie betragen dann $F_{F\,red} = (F_0 + c s)\,i$ und werden über dem Radius r aufgetragen (**363**.1). Dabei wird das Übersetzungsverhältnis i, das sich mit der Stellung der Fliehgewichte ändert, meist graphisch ermittelt. Für einige Getriebe gelten einfache Gleichungen. So gilt für den Regler nach Bild **360**.1a mit konstantem Übersetzungsverhältnis i, bei dem $s = i(r - r_v)$ ist, die Gerade

$$F_{F\,red} = i\left[F_0 + i c (r - r_v)\right] \qquad (362.2)$$

Beim Regler nach Bild **360**.1b ist $i = 1$.

Stabilität. Zu ihrer Untersuchung (**363**.1) werden über dem Radius r die Kurven der reduzierten Federkräfte $F_{F\,red}$ und die Geraden der Fliehkräfte $F = m r \omega^2$ für konstante Drehzahlen aufgezeichnet. In ihren Schnittpunkten besteht dann ein Gleichgewicht der Kräfte F und $F_{F\,red}$, wie z. B. in Punkt P_1 bei der Drehzahl n_1 und beim Radius r_1. Ist φ der Winkel zwischen der Verbindungsgeraden eines Punktes der Federkraftkurve mit ihrem Koordinatennullpunkt und ihrer Abszissenachse und stellt $k = \overline{m}_F/\overline{m}_L$ den Quotienten ihres Kraft- und Längenmaßstabes dar, dann gilt

$$k \tan\varphi = \frac{F_{F\,red}}{r} = \frac{F}{r} = m \omega^2 \qquad\qquad \omega = \sqrt{\frac{k \tan\varphi}{m}} \qquad (362.3)\ \text{und}\ (362.4)$$

Hiernach wächst also der Winkel φ mit der Drehzahl n. Daraus folgt: Im stabilen Fall 1 (**363**.1) verlaufen die Kurven der reduzierten Federkräfte so, daß mit dem Radius r der Winkel φ und damit die Drehzahl n zunimmt. Ein Gleichgewicht liegt hier in allen Punkten vor und nach Gl. (361.4) wird der Ungleichförmigkeitsgrad $\delta > 0$, da $n_L > n_V$ ist. Beim Grenzfall 2 sind die reduzierte Feder- und die Fliehkraft nur bei einer Drehzahl n bzw. einem Winkel φ gleich, da sich diese Größen hier nicht ändern. Wird diese Drehzahl nur geringfügig über- bzw. unterschritten, so gehen die Pendel in ihre Grenzlagen, so daß eine Zweipunktregelung möglich ist. Der Ungleichförmigkeitsgrad wird dann Null. Im labilen Fall 3 wird mit steigendem Radius r der Winkel φ und damit die Drehzahl n kleiner. Daher gehen die Pendel schon beim Hochfahren des Motors bei einer Drehzahl $n < n_v$ in ihre äußerste Lage und bleiben dort stehen, so daß eine Regelung unmöglich ist. Für den Ungleichförmigkeitsgrad gilt dann $\delta < 0$.

Beim Regler nach Bild **360**.1a tritt der Grenzfall 2 ein, wenn die durch die Gl. (362.2) gegebene Gerade der reduzierten Federkraft (**363**.1b) durch den Nullpunkt geht, wenn als $F_{F\,red} = 0$ für $t = 0$ also

$F_o = i\,c\,r_V$ ist. Ist $F_o < i\,c\,r_V$, dann liegt der Schnittpunkt der Geraden *1* mit der Abszissenachse vor dem Nullpunkt und der Regler ist stabil. Für $F_o > i\,c\,r_V$, also für die Gerade *3*, wird er labil oder unbrauchbar. Die Stabilität kann also durch Verringern der Vorspannkraft der Federn oder der Pendelmassen erhöht werden.

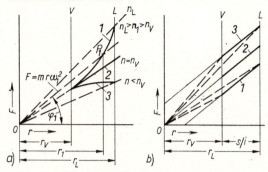 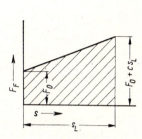

363.1 Stabilitätsuntersuchung
(reduzierte Federkraft $F_{\mathrm{F\,red}}$ ———, Fliehkraft F — —)

a) bei verschiedenen Getriebeformen und konstanter Leerlauf-Fliehkraft

b) beim Regler nach Bild **360.**1 a mit veränderlicher Federvorspannung

363.2 Federkraft als Funktion des Regelstangenhubes (Stellenergie schraffiert)

Verstellkraft ist die Summe $\Delta F_{\mathrm{St}} = \Delta F_S + \Delta F_R$ aus den auf die Regelstange bezogenen Kräften ΔF_S zur Betätigung des Stellgliedes und ΔF_R zur Überwindung der Reibung des Reglers. Um sie aufzubringen, muß die Reglerdrehzahl n bei unverändertem Radius r der Pendel auf n'' ansteigen bzw. auf n' abfallen. Die für die Verstellkraft $\Delta F = i\,F_{\mathrm{St}}$ von den Pendeln aufzubringende Fliehkraftänderung beträgt $\Delta F = 2\,\pi^2\,m\,r\,(n''^2 - n'^2)$. Mit der Fliehkraft der mittleren Drehzahl $n = (n'' + n')/2$, die $F = 4\,\pi^2\,m\,r\,n^2 = \pi^2\,m\,r\,(n'' + n')^2$ bzw. $F = i\,F_F$ ist, folgt dann mit Gl.(361.8)

$$\frac{\Delta F}{F} = \frac{\Delta F_{\mathrm{St}}}{F_F} = \frac{2\,(n''^2 - n'^2)}{(n'' + n')^2} = \varepsilon \tag{363.1}$$

Stellenergie. Auch mit Arbeitsvermögen bezeichnet stellt sie die von der Reglerfeder innerhalb des Stellbereiches, also bei der Verschiebung s_L zwischen der Vollast und dem Leerlauf, an das Stellglied abgegebene Arbeit W_S dar. Diese ist um die Reibungsverluste W_R kleiner als die von den Pendeln bei der Drehzahl- bzw. Abstandsänderung $n_L - n_V$ bzw. $r_L - r_V$ erzeugte Energie W_P. Für die Arbeiten bzw. den Wirkungsgrad des Regler gilt dann mit der Federkraft (**363.2**), die $F_F = F_0 + c\,s$ ist,

$$W_P = \int_{r_V}^{r_L} F\,dr \qquad W_S = W_P - W_R = \int_0^s F_F\,ds = F_0\,s + c\,\frac{s^2}{2} \qquad \eta = \frac{W_S}{W_P} \qquad \text{(363.2) bis (363.4)}$$

Zur Steigerung der Stellenergie wird nach Gl.(363.3) die Vorspannung oder die Steife der Feder vergrößert. Um die mittlere Drehzahl einzuhalten, ist dabei nach Gl.(362.1) eine Erhöhung der Pendelmassen notwendig.

4.8.2.3 Drehzahlverstellung

Ihre Aufgabe nach DIN 1940 ist es, den Sollwert der Regelgröße n_m bei laufendem Motor innerhalb des belastbaren Drehzahlverstellbereiches (**364.**1) zu verändern. Es wird durch die obere und untere Drehzahl n_o und n_u begrenzt. Da mit steigender Drehzahl der Ungleichförmigkeitsgrad abfällt, ist der Drehzahlbereich im Vollastbetrieb $n_{Vo} - n_{Vu}$ größer als im Leerlaufbetrieb $n_{Lo} - n_{Lu}$. Die Ausführung der Drehzahlverstellung folgt aus Gl. (362.1). Danach wird die Drehzahl durch Federn mit stärkerer Vorspannung F_0 und Steife c sowie durch größere Übersetzungsverhältnisse i erhöht. Auch eine stufenlose Veränderung der Umlaufzahl der Pendel ist möglich. Bei ihrer Erhöhung fällt dann die Drehzahl des Motors ab.

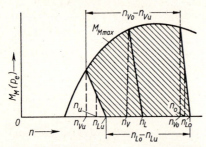

364.1 Maximales Moment und Regel-Kenn-   **364.**2 Angleichung
      linien eines Motors
      (Einstellbereich: schraffiert)

Änderung des Ungleichförmigkeitsgrades. Nach Gl. (362.1) gilt für den Leerlauf (L) $F_L = mr_L\omega_L = i_L(F_0 + cs)$ und für die Vollast (V), bei der $s = 0$ ist, $F_V = mr_V\omega_V^2 = i_V F_0$. Aus dem Quotienten F_L/F_V ergibt sich dann $\omega_L^2/\omega_V^2 = i_g(1 + cs/F_0)$, wobei $i_g = r_L i_L/(r_L i_V)$ die Gesamtübersetzung ist. Mit $\omega_L^2/\omega_V^2 \approx (1 + \delta)^2 \approx 1 + 2\delta$ aus Gl. (361.7) folgt dann

$$2\delta \approx i_g\left(1 + \frac{cs}{F_0}\right) - 1 \tag{364.1}$$

Bei einer Drehzahlerhöhung durch Vergrößerung der Federvorspannung nimmt der Ungleichförmigkeitsgrad nach Gl. (364.1) ab. Wird aber hierfür eine steifere Feder oder eine größere Gesamtübersetzung gewählt, dann steigt er an.

Angleichung. Ihre Aufgabe (**364.**2) ist es, den mit der Drehzahl n geringfügig ansteigenden Kennlinien B_1 und B_2 der Kraftstoffmasse der Einspritzpumpe eine fallende Tendenz (B) zu geben. Die Einstellung wird dann so vorgenommen, daß der Dieselmotor bei der oberen Vollastdrehzahl n_{Vo} nur soviel Kraftstoff erhält, daß sein Luftverhältnis nach Gl. (255.1) ausreicht, um das Rauchen (s. VDI 2281) zu verhüten. Bei der unteren Vollastdrehzahl n_{Vu}, bei der das Luftverhältnis wegen der geringeren Drosselung der angesaugten Luftmasse ansteigt, erhält der Motor dann mehr Kraftstoff und wird besser ausgenutzt. Die Ausführung (**366.**1a) erfolgt mit Zusatzfedern, die mit steigender Drehzahl die Regelstange stärker zum Leerlauf hin verschieben und so die Kraftstoffmasse verringern.

4.8.2.4 Einstellung der Regler

Der Regelkreis des unbelasteten Motors besteht meist aus einem verzögerten und gedämpften P-Regler (s. Abschn. 4.8.2.5) mit einer Strecke ohne Ausgleich. Hierin können nach Störgrößenänderung Schwingungen der Regel- und Stellgröße mit ansteigender und fallender Amplitude und Kriechbewegungen auftreten [27].

Stabilität. Ihre Grenze liegt beim Gesamtungleichförmigkeitsgrad δ_{gr}, der erfahrungsgemäß $\approx 0,04$ ist. Hierbei entstehen dann ungedämpfte Schwingungen, deren Amplitude konstant ist. Für den stabilen Regelkreis muß $\delta_g > \delta_{gr}$ sein, wobei sich gedämpfte Schwingungen mit fallender Amplitude oder

Kriechbewegungen ergeben. Beim instabilen Regelkreis ist $\delta_g < \delta_{gr}$. Dabei entstehen Schwingungen mit zunehmender Amplitude, die nach Erreichen einer bestimmten Größe von der Reibung der Maschine gedämpft werden und dann wieder ansteigen. Hierbei tritt dann ein lautes auf- und abschwellendes Geräusch auf.

Einstellung der Regler. Sie ist so vorzunehmen, daß eine gedämpfte Schwingung (**365**.1) entsteht. Wird ein vollbelasteter Generator und damit der Motor plötzlich entlastet, so soll die größte Drehzahlüberschreitung $n_3 - n_L$ und die Zeit t_R bis zu einer vereinbarten Drehzahlabweichung Δn von der Leerlaufdrehzahl n_L (s. DIN 1940) möglichst klein sein. Eine Verbesserung der Dämpfung des Regelvorganges erfolgt durch Erhöhen des Ungleichförmigkeitsgrades. Ist die damit verbundene Drehzahlabweichung nicht tragbar, so werden die Massen und die Reibung des Regler verringert oder das Trägheitsmoment des Schwungrades wird erhöht.

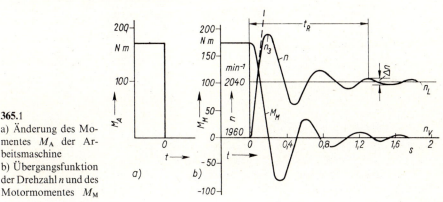

365.1
a) Änderung des Momentes M_A der Arbeitsmaschine
b) Übergangsfunktion der Drehzahl n und des Motormomentes M_M

4.8.2.5 Ausgeführte Regler

Bei dem Regler nach Bild **366**.1 sind die Pendel *1* mit der Zahnstange *2* der Kraftstoffpumpe (*12* in Bild **300**.2) und der Reglerfeder *3* durch zwei voneinander unabhängige Gelenkgetriebe verbunden. Beim Getriebe der Feder *3* wird durch den Verstellhebel *4* die Vorspannung F_0, das Übersetzungsverhältnis $i = h_2 h_4/(h_1 h_3)$ und damit nach Gl. (362.1) der Sollwert der Drehzahl im Verhältnis 1 : 5 geändert.

Regelvorgang. Er sei für eine Entlastung des Motors, also bei steigender Drehzahl und nach außen gehenden Pendeln beschrieben. Die Zahnstange *2* (**366**.1a, b) wird dabei über den Bolzen *5*, den Führungshebel *6*, den Regelhebel *7* und die Stange *8* so verschoben, daß die Kraftstoffmasse abnimmt. Führungs- und Regelhebel *6* bzw. *7* drehen sich dabei in den Lagern *9* und *10*. Die Reglerfeder *3* (**366**.1a, c), eine Zugfeder, wird vom Bolzen *5* über den im Lager *9* drehbaren Spannhebel *11* mit der Federöse *12* gespannt. Nach Gl. (362.1) steigt dabei die Drehzahl des Motors an.

Drehzahlverstellung (**366**.1a, d). Hierzu dient der mit dem Verstellhebel *4* starr verbundene Schwenkhebel *13*. Er nimmt an seiner Wippe *14* die Feder *3* auf und ist im Lager *15* drehbar. Wird nun der Verstellhebel *4* nach rechts bewegt, so nehmen die Vorspannung F_0 der Feder *3*, der Hebelarm h_4, das Übersetzungsverhältnis i und nach Gl. (362.1) die Drehzahl n ab. Der Ungleichförmigkeitsgrad steigt dabei nach Gl. (364.1) an, da sich das Übersetzungsverhältnis stärker als die Vorspannkraft ändert. Er kann durch Hereindrehen der Schraube *16*, also durch Vergrößern der Vorspannung, wieder herabgesetzt werden.

Angleichung (**366**.1a). Hierzu ist die Vorspannung der im Spannhebel *11* liegenden Feder *17* mit der Buchse *18* so bemessen, daß sie erst bei höheren Drehzahlen zusammengedrückt wird. Dabei geht dann der Führungshebel *6* nach rechts und verringert die Kraftstoffzufuhr, um das Rauchen zu verhüten.

Anfahren und Abstellen (366.1 a). Zum Anfahren ist die größte Kraftstoffmasse eingestellt, da beim Stillstand die Pendel *1* am Anschlag des Bolzens *5* liegen. Um den Motor zu schonen, wird am Verstellhebel *4* die kleinste Drehzahl gewählt. Beim Abstellen wird der Verstellhebel *4* ganz nach rechts gezogen. Dabei greift die Nase *19* des Schwenkhebels *13* unter den Führungshebel *6*, der über den Regelhebel *7* die Zahnstange soweit herauszieht, bis die Kraftstoffzufuhr unterbrochen wird. Der Abstellhebel *20* kann mit einer Sicherungseinrichtung – wie ein Öldruckwächter – verbunden werden, die den Motor im Gefahrenfall abschaltet.

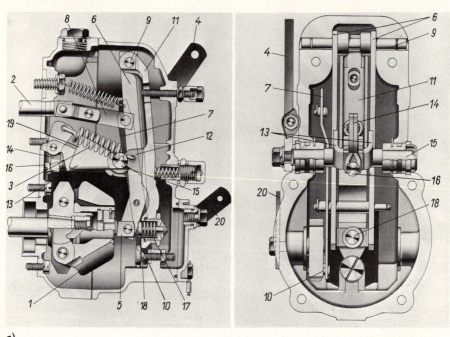

a)

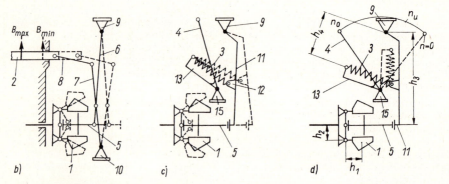

366.1   Drehzahl-Regler [Bosch]

    a) Aufbau, b), c) Verstellung der Zahnstange und der Feder, d) Drehzahlverstellung
    (Vollast ——, Leerlauf – – –)

4.8.3 Pneumatische Regler

Als Saugdruckregler werden sie wegen ihres einfachen Aufbaus bei kleineren Dieselmaschinen für Kraftfahrzeuge, in denen größere Drehzahlabweichungen zulässig sind, verwendet.

Wirkungsweise (367.1). Durch das Venturirohr *1* im Saugstutzen mit dem engsten Querschnitt A und der Durchflußzahl α wird der Volumenstrom $\dot{V}_a$ des Motors angesaugt. Er beträgt mit Gl. (19.12), wenn ϱ_a die Dichte der Luft und p' bzw. p_a ihre Drücke im Venturirohr bzw. in der Atmosphäre sind, $\dot{V}_a = \alpha A \sqrt{2(p_a - p')/\varrho_a} = \lambda_L V_H n_a$. Für den Unterdruck im Venturirohr gilt dann

$$p_a - p' = \frac{\varrho_a}{2}\left(\frac{\lambda_L V_H}{\alpha A}\right)^2 n_a^2 \tag{367.1}$$

Die Druckkammer *2* wird von der Membran *3* mit der wirksamen Fläche A_M, an der die Regelstange *4* mit dem Hub *s* befestigt ist, abgeschlossen. Sie nimmt die Feder *5* mit der Vorspannung F_0 und der Steife *c* auf und ist durch den Schlauch *6* mit dem Venturirohr *1* verbunden. Die Membran- und Federkraft betragen mit Gl. (367.1)

$$F = A_M(p_a - p') = F_0 + c\,s = \frac{\varrho_a}{2}\left(\frac{\lambda_L V_H}{\alpha A}\right)^2 n_a^2 A_M = k\,n^2 \tag{367.2}$$

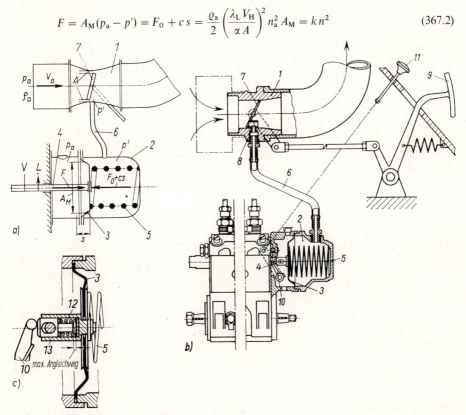

367.1 Pneumatischer Regler [Bosch]

   a) Wirkungsweise, b) Aufbau, c) Angleichung

Der Faktor k ist bei den geringen Drehzahländerungen konstant. Da nach Gl. (367.2) e i n e m Unterdruck e i n Regelstangenhub zugeordnet ist, liegt ein P-Regler vor.

Regelvorgang (367.1). Wird der Motor von der Vollast V bis zum Leerlauf L entlastet, so steigt die Drehzahl n von n_V auf n_L an und der Saugdruck p' sinkt von p_V auf p_L ab. Die Kraft-änderung an der Regelstange und die Kraft in ihrer Mittelstellung (Index m) betragen dann mit Gl. (367.2)

$$\Delta F_S = A_M(p_V - p_L) = k(n_L^2 - n_V^2) = c\,s \tag{368.1}$$

$$F_M = A_M(p_a - p_m) = k\,n_m^2 = F_0 + \frac{c\,s}{2} \tag{368.2}$$

Die Regelstange wird dabei um den Hub s verschoben und verringert die Kraftstoffmasse. Für den Ungleichförmigkeitsgrad ergibt sich dann hieraus mit der Gl. (361.5)

$$\delta = \frac{n_L^2 - n_V^2}{2\,n_m^2} = \frac{p_V - p_L}{2\,(p_a - p_m)} = \frac{c\,s}{2\,F_0 + c\,s} \tag{368.3}$$

Drehzahlverstellung (367.1). Wird mit der Klappe 7 der Querschnitt im Venturirohr verklei-nert, dann sinkt zunächst der Druck p' ab, die Regelstange verringert die Kraftstoffmasse und die Drehzahl sinkt. Mit der Drehzahl fällt aber auch der Volumenstrom im Venturirohr ab. Dadurch steigt der Druck p' wieder an bis der Bereich p_L bis p_V im Beharrungszustand erreicht ist. Der U n g l e i c h f ö r m i g k e i t s g r a d (**368.**1) ändert sich dabei nicht, da die Federkenn-werte s, c und F_0 festliegen und nach Gl. (367.1) den Bereich des Druckes p' bestimmen.

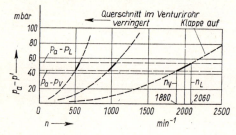

368.1
Der Unterdruck im Venturirohr $p_a - p'$ als Funk-tion der Drehzahl n bei verschiedenen Stellungen der Klappe im Venturirohr
(vom Regler ausgenutzt ——, nicht ausgenutzt ---)

Ausgeführter Regler

Hier sind folgende Sondereinrichtungen (**367.**1 b) zu finden. Die Z u s a t z d ü s e 8 soll während des Abstellens des Motors, bei dem Druckschwingungen in der Saugleitung entstehen, verhindern, daß sich bei Drucksteigerungen die Kraftstoffzufuhr unzulässig erhöht und der Motor durchgeht. Mit dem Fahrpedal 9 wird die Drosselklappe 7 verstellt. Der Abstellhebel 10 drückt beim Ziehen des Knopfes 11 die Regelstange nach rechts und unterbricht die Kraftstoffzufuhr. Zur A n g l e i c h u n g **367.**1 c) dient die Feder 12 in der Buchse 13 an der Membran 3.

Beispiel 41. Eine Viertakt-Dieselmaschine mit der Dauerleistung $A\,P_e = 90\,kW$ bei der Vollastdreh-zahl $n_V = 1960\,min^{-1}$ hat ein Gesamtträgheitsmoment $J = 3{,}5\,kg\,m^2$. Von dem mit der Nockenwelle der Kraftstoffpumpe umlaufenden Regler (**360.**1, **369.**1a) sind folgende Werte bekannt: Masse der beiden Pendel $m = 1{,}6\,kg$ und ihr Schwerpunktradius bei der Vollast $r_V = 30\,mm$ und beim Leerlauf $r_L = 50\,mm$, Längen des Winkelhebels $a = 42\,mm$ und $b = 30\,mm$, Verstellkraft $\Delta F_{St} = 10\,N$ und Ungleichförmigkeitsgrad $\delta = 0{,}04$.

G e s u c h t sind der Proportionalbereich, der Hub der Regelstange, die Kennwerte der Feder, das Arbeitsvermögen, die Drehzahlerhöhung und die Zeit bis zum Eingriff des Reglers bei einer vollstän-digen Entlastung des Motors sowie die Stabilitätsgrenze.

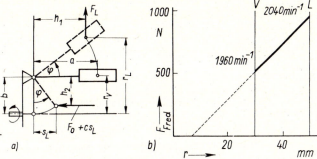

369.1
Aufbau des Reglers (a) mit
Kurve der reduzierten Feder-
kraft (b)   a)

Proportionalbereich

Mit der Vollast- und der Leerlaufdrehzahl $n_V = 1960\ \mathrm{min}^{-1}$ und $n_L \approx (1 + \delta)\, n_V \approx 2040\ \mathrm{min}^{-1}$ nach Gl. (361.7) ergibt sich für den Motor mit Gl. (361.2) $n_P = n_L - n_V = 80\ \mathrm{min}^{-1}$.

Hub der Regelstange

Für das Übersetzungsverhältnis (**369.1**a) folgt mit $h_1 = a\cos\varphi$, $h_2 = b\cos\varphi$, $r_L - r_V = a\sin\varphi$ und $s_L = b\sin\varphi$ der konstante Wert

$$i = \frac{h_2}{h_1} = \frac{s_L}{r_L - r_V} = \frac{b}{a} = \frac{30\ \mathrm{mm}}{42\ \mathrm{mm}} = 0{,}715$$

Damit gilt für den Hub

$$s_L = (r_L - r_V)\, i = (50 - 30)\,\mathrm{mm} \cdot 0{,}715 = 14{,}3\ \mathrm{mm}$$

Federkennwerte

Die Winkelgeschwindigkeit des Reglers, der mit der Zahl der Arbeitsspiele umläuft, beträgt $\omega = 2\pi n_a = \pi n$. Für Vollast und Leerlauf gilt dann $\omega_V = 102{,}6\ \mathrm{s}^{-1}$ und $\omega_L = 106{,}7\ \mathrm{s}^{-1}$. Die Flieh- und Federkräfte folgen damit aus Gl. (362.1)

$$F_L = m\, r_L\, \omega_L^2 = \frac{1{,}6\ \mathrm{kg} \cdot 0{,}05\ \mathrm{m} \cdot 106{,}7^2\ \mathrm{s}^{-2}}{1\ \mathrm{kg\,m\,s^{-2}/N}} = 911\ \mathrm{N}$$

$$F_V = m\, r_V\, \omega_V^2 = \frac{1{,}6\ \mathrm{kg} \cdot 0{,}03\ \mathrm{m} \cdot 102{,}6^2\ \mathrm{s}^{-2}}{1\ \mathrm{kg\,m\,s^{-2}/N}} = 505\ \mathrm{N}$$

$$F_0 = \frac{F_V}{i} = \frac{505\ \mathrm{N}}{0{,}715} = 708\ \mathrm{N} \qquad\qquad F_F = \frac{F_L}{i} = \frac{911\ \mathrm{N}}{0{,}715} = 1275\ \mathrm{N}$$

Die Federsteife ergibt sich damit aus Gl. (362.1)

$$c = \frac{F_F - F_0}{s_L} = \frac{(1275 - 708)\ \mathrm{N}}{14{,}3\ \mathrm{mm}} = 39{,}8\ \frac{\mathrm{N}}{\mathrm{mm}} = 398\ \frac{\mathrm{N}}{\mathrm{cm}}$$

Arbeitsvermögen (Stellenergie)

Mit Gl. (363.3) wird

$$W = F_0\, s_L + \frac{c\, s_L^2}{2} = 708\ \mathrm{N} \cdot 1{,}43\ \mathrm{cm} + \frac{398\ \dfrac{\mathrm{N}}{\mathrm{cm}} \cdot 1{,}43^2\ \mathrm{cm}^2}{2} = 1420\ \mathrm{N\,cm} = 14{,}20\ \mathrm{J}$$

Drehzahländerung

Für den Unempfindlichkeitsgrad gilt nach Gl.(363.1), da bei Vollast $F_F = F_0$ ist, $\varepsilon = \Delta F_{St}/F_F$ = 10 N/708 N = 0,0141, und aus Gl.(361.8) folgt mit $n = n_V = (n'' + n')/2$

$$n'' - n' = \varepsilon n = 0,0141 \cdot 1960 \text{ min}^{-1} = 28 \text{ min}^{-1}$$

Verzögerung

Aus dem maximalen Drehmoment nach Gl.(19.2) und der Anlaufzeit nach Gl.(351.4) folgt mit $n_V = n_B$

$$M_{M\,max} = \frac{P_e}{2\pi n} = \frac{90 \text{ kW} \cdot 1000 \frac{\text{N m s}^{-1}}{\text{kW}} \cdot 60 \frac{\text{s}}{\text{min}}}{2\pi \cdot 1960 \text{ min}^{-1}} = 438 \text{ N m}$$

$$T_a = \frac{2\pi n J}{M_{M\,max}} = \frac{2\pi \cdot 1960 \text{ min}^{-1} \cdot 3,5 \text{ kg m}^2}{438 \text{ N m} \cdot 60 \frac{\text{s}}{\text{min}} \cdot 1 \frac{\text{kg m s}^{-2}}{\text{N}}} = 1,64 \text{ s}$$

und aus Gl.(351.5) für die Zeit bis zum Eingriff des Reglers, da hier $n_B = n_V$ und $\Delta n = n'' - n$ ist,

$$\Delta t = \frac{\Delta n}{n_B} T_a = \frac{28 \text{ min}^{-1}}{1960 \text{ min}^{-1}} \cdot 1,64 \text{ s} = 0,0234 \text{ s}$$

Stabilität

Der Regler ist stabil, wenn die Gerade der reduzierten Federkraft (**363.1**b, **369.**1b) die Abszissenachse vor dem Nullpunkt schneidet. Dann gilt nach Gl.(362.2) $F_0 < F_{0\,gr} = i\,c\,r_V$ oder

$$F_0 < F_{0\,gr} = 0,715 \cdot 398 \frac{\text{N}}{\text{cm}} \cdot 3 \text{ cm} = 852 \text{ N}$$

Diese Bedingung ist mit $F_0 = 708$ N erfüllt.

Die theoretische Stabilitätsgrenze liegt dann bei der Motordrehzahl

$$n_{gr} = n_V \sqrt{\frac{F_{0\,gr}}{F_0}} = 1960 \text{ min}^{-1} \cdot \sqrt{\frac{852 \text{ N}}{708 \text{ N}}} = 2150 \text{ min}^{-1}$$

Die Drehzahl ist hierbei konstant und es gilt $n_{gr} = n_L = n_V$ sowie $\delta = 0$.

Die tatsächliche Stabilitätsgrenze liegt wegen der Reibungen und Spiele beim Gesamtungleichförmigkeitsgrad $\delta_{gr} = \delta + \varepsilon = 0,05$ bzw. bei $\delta = 0,05 - 0,0282 = 0,0218$, also noch etwas über der vorgegebenen Drehzahl n_V.

4.9   Ausgeführte Motoren

4.9.1   Viertakt-Ottomotor

Der luftgekühlte Viertakt-Vergasermotor (**371.**1) mit zwei Zylindern in Boxeranordnung dient als Fahrzeug und Industrieantrieb und hat die Höchstdrehzahl 4000 min^{-1}. Die Dauerleistungen A und B betragen 13,6 bzw. 15,3 kW. Das größte Drehmoment 45 N m liegt bei 2000 min^{-1}.

Aufbau. Das Kurbelgehäuse *1* aus Leichtmetall in Tunnelbauart nimmt alle Motorteile auf. Es wird mit dem Flansch *2* an der Arbeitsmaschine befestigt und trägt die Graugußzylinder *3* mit den Leichtmetallköpfen *4* (**80.**1), den Räderkasten *5* und die Ölwanne *6*. Der Kurbeltrieb besteht aus

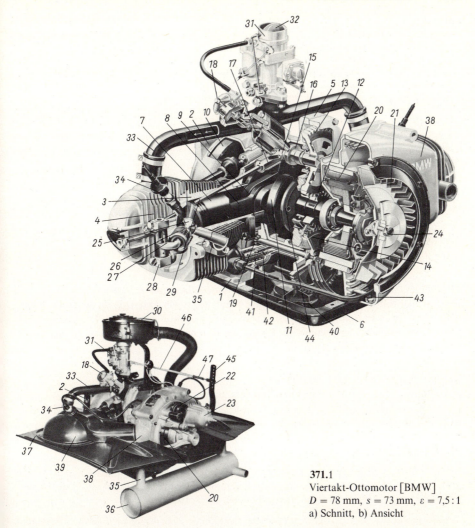

371.1
Viertakt-Ottomotor [BMW]
$D = 78$ mm, $s = 73$ mm, $\varepsilon = 7{,}5 : 1$
a) Schnitt, b) Ansicht

dem Leichtmetallkolben 7 mit je einem Ölabstreif- und zwei Kompressionsringen, der ungeteilten Schubstange 8, der gebauten Kurbelwelle 9 mit Wälzlagern und dem Schwungrad 10. Die Gegengewichte 11 an den Kurbelwangen gleichen die rotierenden Momente aus. Die Antriebe werden vom Schrägzahnrad 12 mit den Rädern 13 und 14 und vom Kurbelwellenende abgenommen. Das Rad 13 treibt die Nockenwelle mit den Nocken 15 und 16 für die Stößel 17 und die Kraftstoffpumpe 18 an. Das Rad 14 ist mit der Zahnradölpumpe 19 verbunden. Vom Kurbelwellenende werden der Schwungmagnetzünder 20, der Lüfter 21 und über ein Reibradgetriebe 22 der Regler 23 angetrieben. Der Schlitz 24 ist für die Andrehkurbel vorgesehen. Die öldicht gekapselte Ventilsteuerung umfaßt die Ventile 25 mit je zwei Federn 26, die Kipphebel 27 mit den Böcken 28, die Stößelstangen 29 und die Stößel 17. Die obengesteuerten Ventile mit der untenliegenden Nockenwelle sind wegen des halbkugelförmigen Brennraumes geneigt angeordnet. Ihre Steuerdaten sind: $E\ddot{o} = 35°$ v. OT, $Es = 85°$ n. UT, $A\ddot{o} = 85°$ v. UT und $As = 35°$ n. OT gemessen an der Kurbelwelle für das Ventilspiel 0,15 bzw. 0,20 mm am Ein- bzw. Auslaß des kalten Motors.

Arbeitsweise. Der Kraftstoff und die Luft gelangen über die Pumpe *18* bzw. den Naßfilter *30* in den Fallstromvergaser *31* mit der Startklappe *32*. Von dort aus strömt das Gemisch durch die Saugrohre *33* und die Einlaßventile in die Zylinder. Die Zündung erfolgt 6° *KW* v. *OT* durch den Magnetzünder *20* über die Zündkerzen *34* mit dem Elektrodenabstand ≈ 0,5 mm. Das Abgas tritt über die Auslaßventile *25*, die Auspuffleitung *35* und den Schalldämpfer *36* ins Freie. Zum Wärmeschutz des Motors dient dabei das umlaufende Blech *37*. Die Kühlluft, ≈ 260 l/s, wird vom Lüfter *21* über den Gebläsedeckel *38* und die Luftführungsbleche *39* an die Rippen der Zylinder *3* und der Köpfe *4* gedrückt. Sie strömt dann ins Freie, oder kann, vom Abgas weiter erwärmt, zur Heizung dienen. Bei der Druckumlaufschmierung saugt die Zahnradpumpe *19* das Öl über ein Sieb *40* an und drückt es über das Hauptstromfilter *41*, dessen Überströmventil *42* bei 3 bar öffnet, und den Ölkühler *43* am Lüfter *21* zu den Zahnrädern *12* bis *14* und zum Schleuderring *44*. Durch das Schleuder- und Rücklauföl werden dann die Zylinder, Lager und die Steuerung geschmiert. Die Einfüllmenge und der Verbrauch an Öl betragen ≈ 2,25 l bzw. 30 bis 40 cm³/h. Zur Drehzahlregelung dient der Fliehkraftregler *23*, der über einen Hebel *45* und die Stange *46* die Drosselklappe des Vergasers verstellt. Der Sollwert der Drehzahl ist am Reibradgetriebe *22* auf 3000 oder 3600 min⁻¹ einstellbar. Durch Verlängern der Stange *46* mit dem Spannschloß *47* um 7 mm ist eine weitere Änderung um 120 min⁻¹ möglich.

4.9.2 Zweitakt-Dieselmotor

Der luftgekühlte Einzylinder-Zweitakt-Dieselmotor (**373**.1) mit Kurbelkastenspülung wird wegen seiner robusten Bauart und einfachen Bedienung in der Landwirtschaft und für Kleintraktoren verwendet. Seine Dauerleistung *B* als Industriemotor beträgt 7,4 kW bei 2000 min⁻¹, seine Kurzleistung als Fahrzeugmotor 8,8 kW bei 2200 min⁻¹. Dabei ist der spezifische Kraftstoffverbrauch 270 g/kW h.

Aufbau. Das Gerüst des Motors bildet das Kurbelgehäuse *1* mit dem Sockel *2*, dem Geräteträger *3*, dem Zylinder *4* (**83**.1) und dem Deckel *5*. Beim Triebwerk hat der mit zwei Fenstern versehene Kolben *6* vier Ringe, die wegen der Schlitze im Zylinder gegen Verdrehen gesichert sind. Die Schubstange *7*, deren unterer Kopf senkrecht zu ihrer Mittellinie geteilt ist, besitzt Gleitlager. Die einteilige Kurbelwelle *8* mit den Gegengewichten *9* läuft in Zylinderrollenlagern. Der Durchmesser des Kurbelzapfens beträgt 60 mm, des Wellenzapfens 45 mm. Sie trägt das Schwungrad *10*, das eine elastische, ausrückbare oder eine Fliehkraftkupplung aufnehmen kann [19]. Die Hilfsaggregate sitzen am Geräteträger *3* und werden von der Verlängerung *11* der Kurbelwelle, die durch ein Rillenkugellager abgestützt ist, angetrieben. Diese Welle trägt den Nocken *12* zur Betätigung der Einspritzpumpe *13* und das Schraubenrad *14* zum Antrieb der Zentralschmierölpumpe *15*, den Drehzahlregler *16*, die Riemenscheibe *17* für den Lüfter *18* und den Ansatz für die Andrehkurbel *19*.

Wirkungsweise. Die Spülluft gelangt über zwei Ladeschlitze *20* in den unteren Teil des Zylinders *4* und in den Kurbelraum, der den Schadraum des von der Rückseite des Kolbens betätigten und gesteuerten Spülpumpe bildet. Er muß möglichst klein sein, um den geforderten Spüldruck von ≈ 1,4 bar zu erreichen. Daher liegt das mit zwei Simmerringen an den Wellenzapfen abgedichtete Gehäuse *1* dicht an den Wangen der Kurbelwelle *8*, die als Scheiben mit innenliegenden Gegengewichten *9* ausgebildet sind, um es auszufüllen. Nach der Kompression gelangt die Luft über die beiden Spülkanäle *21* in den oberen Teil des Zylinders. Dort spült sie die Restgase aus, die über den Auspuffkanal *22* und den Schalldämpfer *23* ins Freie gelangen. Hier liegt eine Schnürle-Umkehrspülung (**282**.1b) vor. Für das Öffnen und Schließen der Schlitze gilt: Laden ≈ 55° vor und nach *OT*, Spülen ≈ 60° vor und nach *UT*, Auspuff ≈ 72° vor und nach *UT*. Beim Laden sind die Spülkanäle durch die beiden Fenster im Kolbenmantel mit dem Innenraum des Kolbens verbunden. Hierdurch soll die Druckschwingung im Einlaßkanal abgebaut und der Kolben gekühlt werden.

Der Kraftstoff fließt vom Behälter, der in je einen Raum für das Diesel- und Schmieröl eingeteilt ist, über ein Filter in die Einspritzpumpe *13* (Stempeldurchmesser 5 mm, Hub 8 mm). Die Einspritz-

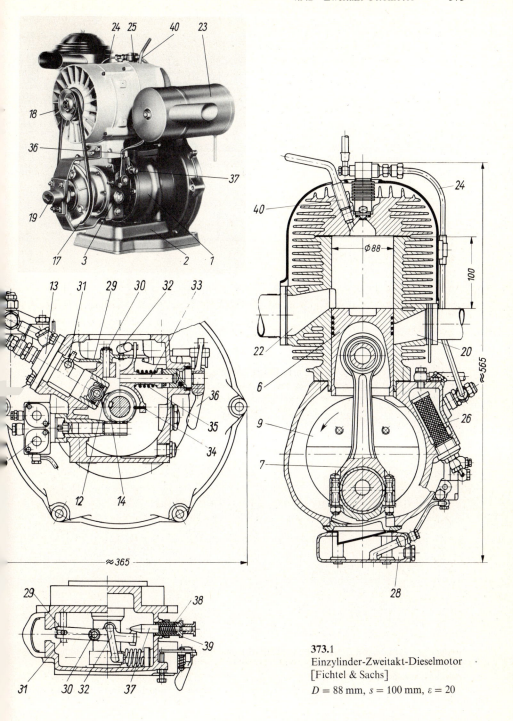

373.1
Einzylinder-Zweitakt-Dieselmotor
[Fichtel & Sachs]
$D = 88$ mm, $s = 100$ mm, $\varepsilon = 20$

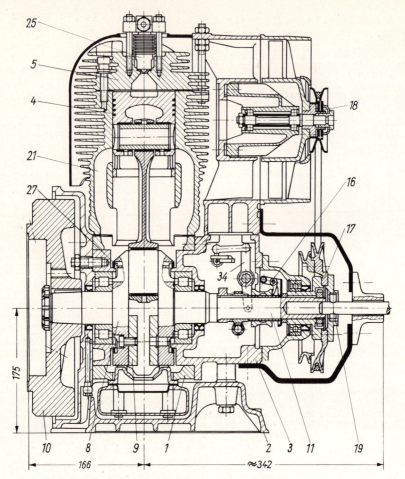

Fortsetzung
Bild **373**.1

pumpe fördert den Kraftstoff über die Druckleitung 24 (Dicke und lichte Weite 2 mm) und den Düsenhalter durch die Düse 25. Die Düse hat fünf Bohrungen (Durchmesser 0,3 mm, Länge 0,4 mm) und
spritzt den Kraftstoff mit dem Strahlwinkel 90° in den Brennraum ein. Der Druck ist hierbei 180 bar,
und der Beginn liegt bei $\approx 25°$ vor OT. Zur Triebwerkschmierung dient die Pumpe 15 mit zwei
Kolben. Das Öl fließt vom Behälter über das Filter 26 einem Kolben zu, der es durch die Zylinderrollenlager in die Fangrillen 27 der Kurbelwangen fördert. Durch seine Fliehkraft gelangt es von dort
aus über die Kurbelzapfenbohrung in das untere Lager der Pleuelstange 7. Das hierbei weggeschleu-
derte Öl schmiert den Kolben 6 und läuft dann in den Ölfangbehälter 28 zurück. Da dieser wegen des
Schadraumes der Spülpumpe sehr klein sein muß, wird das Öl vom zweiten Kolben der Pumpe in den
Behälter zurückgefördert. Zur Schmierung der übrigen Teile ist der Geräteträger 3 mit 0,6 l Öl gefüllt.

Betrieb. Zur Steuerung der Kraftstoffzufuhr dient der Doppelhebel 29 mit dem Drehpunkt 30,
der die Zahnstange 31 der Einspritzpumpe 13 verstellt. Die Spindel 32 verbindet den Doppelhebel 29
mit dem um den Bolzen 33 drehbaren Reglerhebel 34, der in die Muffe des Reglers 16 eingreift und
über die Reglerfelder 35 vom Fahrhebel 36 verdreht wird. An der schrägen Kante des Doppelhebels 29

liegt die Spindel *37* des Anfahrknopfes mit der Feder *38* an. Durch die Gewindebuchse *39* kann die Spindel *37* in ihrer Längsrichtung verschoben werden.

Beim A n l a s s e n mit der Handkurbel wird zunächst die Brennkammer mit einer Lunte in der Bohrung *40* vorgewärmt. Dabei ist die Spindel *37* des Anlassers herausgezogen, und sein Stift berührt die Rundung des Doppelhebels *29*. Da der Fahrhebel *36* auf Halblast steht, zieht der Regler die Zahnstange *31* der Einspritzpumpe *13* über den Regler- und Doppelhebel *34* und *29* auf die größte Kraftstoffzufuhr. Für den L e e r l a u f wird die Reglerfeder *35* mit dem Fahrhebel *36* entspannt, und die Zahnstange *31* wird auf die Leerlaufförderung gezogen. Außerdem gleitet die Spindel *37* von der Rundung des Doppelhebels *29* ab und die Feder *38* drückt den Anlaßknopf zurück. Bei B e l a s t u n g wird am Fahrhebel *36* die Spannung der Reglerfeder *35* und damit die Kraftstoffmasse erhöht. Um das R a u c h e n des Motors zu verhüten, begrenzt der Kegel der Spindel *37* den Doppelhebel *29*. Durch die Gewindebuchse *39* wird der Anschlag und damit die Rauchgrenze verändert. Der P r o p o r t i o n a l - r e g l e r *16* (Ungleichförmigkeitsgrad $\approx 8,5\%$) greift bei 2200 min^{-1} ein. Er dient nur als Grenzregler zum Verhüten von Überdrehzahlen.

4.9.3 Viertakt-Dieselmotor

Der luftgekühlte Viertakt-Dieselmotor (**375**.1) hat zwei Zylinder in Reihenanordnung. Er wird auch für Wasserkühlung nach Austausch der Zylinderbuchsen und der Köpfe und nach Ersatz des Gebläses durch eine Rückkühleinrichtung geliefert. Er dient als Bootsmotor und zum Antrieb von Generatoren. Seine D a u e r l e i s t u n g *B* beträgt 30 kW bei der Drehzahl 2000 min^{-1} und dem spezifischen Kraftstoffverbrauch 245 g/kWh. Das maximale Drehmoment 150 N liegt bei der Drehzahl 1400 min^{-1}. Bei der Anlaßdrehzahl 150 min^{-1} ist der Verdichtungsenddruck 26 bar, die niedrigste Drehzahl für den Leerlauf- bzw. den Dauerbetrieb ist 600 und 1000 min^{-1}.

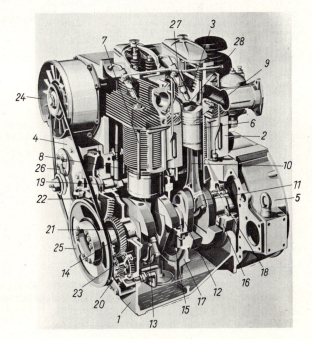

375.1
Viertakt-Dieselmotor
[Mercedes-Benz]
$z = 2$, $D = 115$ mm,
$s = 140$ mm, $\varepsilon = 18,5:1$

Aufbau. Das Tunnelgehäuse *1* aus Grauguß nimmt die Zwischenstücke *2*, die Zylinderköpfe *3*, den Räderkasten *4* und die Haube *5* für das Schwungrad (Trägheitsmoment 3 kg m²) auf. Der Zylinderkopf *3* ist mit der Laufbuchse *6*, die an ihrem Umfang Kühlrippen trägt, gasdicht verschraubt. Er liegt auf den Zwischenstücken *2*, die die Kühlluft führen, und ist durch vier Dehnschrauben *7* (Anzugsmoment 50 N) mit dem Gehäuse *1* verbunden. Die Laufbuchsen *6* sind in ihren Gehäusebohrungen axial verschiebbar und mit zwei Gummiringen *8* gegen den Triebwerksraum abgedichtet. Durch diese Konstruktion werden die Laufbuchsen, Zwischenstücke und Dehnschrauben von der Wärmedehnung entlastet. Beim Triebwerk besitzt der Leichtmetallkolben *9* drei Kompressions- und zwei Ölabstreifringe, von denen der oberste ein Doppeltrapezring ist. Der hohlgebohrte Kolbenbolzen ist schwimmend gelagert und seitlich durch zwei Seegerringe gesichert. Die Schubstange *10* hat einen Doppel-T-Querschnitt und ist im Gelenk geschmiedet. Im oberen Kopf ist eine Bronzebuchse eingepreßt, im unteren Kopf sitzt ein zweiteiliges Mehrstofflager. Sein Deckel *11* ist mit Dehnschrauben an der Schubstange befestigt. Die Teilfuge wird zur Montage der Stange schräg angeordnet und ist verzahnt, um die Dehnschrauben von Querkräften zu entlasten. Die geschmiedete Kurbelwelle *12* hat zwei um 180° versetzte Kröpfungen mit je zwei Gegengewichten *13* zum Ausgleich der rotierenden Momente und von 50% der Momente I. Ordnung. Zur Lagerung ihrer gehörteten Wellenzapfen dienen drei Mehrstofflager, von denen das Lager *14* in der Gehäusestirnwand liegt. Die Lager *15* und *16* sitzen zum Ausbau der Kurbelwelle in Schilden, die im Gehäuse zentriert sind. Das Lager *15* ist geteilt und mit der Gehäusebrücke *17* verschraubt, das Lager *16* dient als Festlager und sein Schild ist von außen an das Gehäuse *1* geschraubt. Die Führung übernimmt hierbei der Ring *18* der Kurbelwelle *12*. Der Antrieb der Nockenwelle *19* und der Zahnradpumpe *20* erfolgt durch das schrägverzahnte Rad *21* über die Räder *22* bzw. *23*. Das Rad *22* hat die doppelte Zähnezahl des Rades *21* und treibt über ein Ritzel den Regler an. Die dreifach gelagerte Nockenwelle *19* besitzt je zwei Nocken für die Ein- und Auslaßventile und für die Einspritzpumpe. Das Axialgebläse *24* und die Lichtmaschine werden über je einen Keilriemen von der Riemenscheibe *25* aus angetrieben. Zum Spannen des Riemens dient eine im Lager des Riemenspanners *26* befindliche Feder. Reißt der Riemen, dann dreht die Feder die Spannrolle in die senkrechte Lage. Dabei stellt ein Nocken die Kraftstoffzufuhr ab, um eine Zerstörung des jetzt ungekühlten Motors zu verhüten. Das Gebläse (Übersetzung 1 : 2,88) liefert bei der Drehzahl 5000 min⁻¹, der Leistungsaufnahme 1,1 kW, der Druck- und Temperaturerhöhung der Kühlluft um 12 mbar bzw. 45 °C den Förderstrom 0,46 m³/s. Dieser führt bei der Dauerleistung *B* etwa 22% der im Kraftstoff zugeführten Wärme ab.

Gemischbildung. Der Kraftstoff wird mit dem Druck 175 bar durch die Düse *27* mit vier Bohrungen von ≈ 0,28 mm lichter Weite unter dem Strahlwinkel 150° ab 28° *KW* vor OT in den exzentrischen ω-förmigen Brennraum *28* eingespritzt. Die Luft, die hier infolge des tangential in den Zylinder mündenden Einlaßkanals in Form eines Potentialwirbels kreist, drückt einen Teil des Kraftstoffes an die Wand. Dieser verdampft und bildet mit der Luft ein brennbares Gemisch, das sich kurz vor dem OT entzündet. Die mittleren Temperaturen, die nach der Verbrennung entstehen, sind niedrig und betragen bei der Dauerleistung *B* an der Düse ≈ 250 °C, so daß deren Bohrungen nicht verkoken, am Zylinderkopf nahe der Düse ≈ 200 °C und an der Laufbuchse ≈ 165 °C, für das Abgas ≈ 530 °C und für die Kühlluft ≈ 55 °C.

4.10   Sonderformen der Motoren

4.10.1   Philips-Stirling-Motor

Er wurde im Jahre 1816 als Heißluftmotor von dem schottischen Geistlichen Stirling, etwa 70 Jahre vor dem Otto- bzw. Dieselmotor, zum Patent angemeldet. Seine moderne Entwicklung, zunächst als Kältemaschine und dann als Bootsmotor, begann im Jahre 1938 bei der Firma Philips in den Niederlanden.

Aufbau (377.1). Der Motor besteht aus dem Zylinder *1* mit dem Plunger *2* und dem Kolben *3*, die über das Rhombengetriebe *4* angetrieben werden. Im Zylinder *1* liegt der kalte und der warme Arbeitsraum *5* und *6*, darunter der Pufferraum *7*, die gegeneinander abgedichtet sind. Weitere Teile sind: der Erhitzer *8*, der Regenerator *9* und der Kühler *10*. Die Zahnräder *11* bewirken den Gleichlauf im Rhombengetriebe *4*. Dieses besteht aus den beiden Kurbeln *12* mit den vier Pleuelstangen *13* und *14*, welche die Traversen *17* und *18* für die Stangen *15* und *16* des Plungers *2* und des Kolbens *3* antreiben.

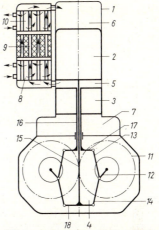

377.1   Aufbau eines Philips-Stirling-Motors

Arbeitsweise. Der Stirlingmotor enthält das Arbeitsmedium, dessen Wärme in mechanische Arbeit verwandelt wird und das Brenngas, das die im Kraftstoff enthaltene Wärme aufnimmt und an das Arbeitsmittel abgibt.

Arbeitsmittel. Es fließt im geschlossenen Prozeß zwischen den Wärmetauschern *8* bis *10* und dem kalten und warmen Raum V_k und V_w bzw. *5* und *6* hin und her. Dabei ergeben sich die folgenden Arbeitsgänge (377.2 und 379.2):

Kompression *1–2*: Der Kolben *3* geht nach oben und verringert den kalten Raum V_k von V_1 auf V_2. Dabei nimmt der Kolben Arbeit vom Triebwerk auf.

Überschieben *2–3*: Der Plunger *2* bewegt sich nach unten und vergrößert den warmen Raum V_w auf V_3. Das Arbeitsmittel nimmt hierbei Wärme aus dem Regenerator *9* und Erhitzer *8* auf.

Expansion *3–4*: Der Plunger *2* und der Kolben *3* bewegen sich nach unten und vergrößern den Raum V_w von V_3 auf V_4. Der Plunger gibt hierbei Arbeit an das Triebwerk ab.

Rückschieben *4–1*: Der Plunger *2* steigt nach oben und vergrößert den Raum V_k auf V_1. Das Arbeitsmittel gibt dabei Wärme an den Regenerator *9* und im Kühler *10* ab.

Das bei den Arbeitsvorgängen entstehende maximale Volumen $V_{max} = V_{k\,max} = V_{w\,max}$ entspricht dem Hubvolumen der üblichen Kolbenmaschine.

Brenngas. Die Luft wird in einem Vorwärmer für die Zündung angewärmt und in einem Brenner mit dem Kraftstoff vermischt, gezündet und verbrannt. Dabei heizt es im Erhitzer *8* das Arbeitsmittel auf und gibt den Rest seiner Wärme im Vorwärmer wieder an die Luft ab. Hier liegt eine äußere Verbrennung bei kontinuierlicher Strömung vor.

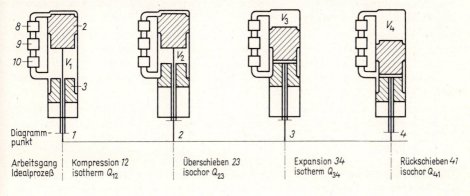

377.2   Arbeitsgänge des Stirlingmotors

Theoretischer Prozeß. Für den Prozeß (**378**.1) werden die Kompression *12* und die Expansion *34* isotherm, das Über- und Rückschieben *23* und *41* isochor angesehen. Damit folgt: Arbeiten und Wärmen. Da bei der isothermen Zustandsänderung eines idealen Gases die Arbeit jeweils in Wärme verwandelt wird (s. Gl. 45.8), so gilt mit Gl. (45.9), wenn m die Masse des Mediums und $pv = RT$, sowie $p_1 v_1 = p_2 v_2$ ist allgemein

$$Q_{12} = m w_g = m w_t = m p_1 v_1 \ln \frac{p_1}{p_2} = m R T_1 \ln \frac{v_2}{v_1}$$

Daraus folgt speziell für die Expansion bzw. Kompression:

$$Q_{34} = m R T_3 \ln \frac{p_3}{p_4} \qquad |Q_{12}| = m R T_1 \ln \frac{p_2}{p_1} \tag{378.1}$$

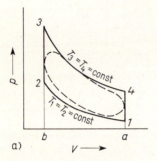 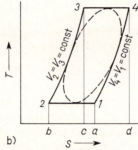

378.1
Prozeß des Stirlingmotors
a) p, v- und
b) T, s-Diagramm
ausgezogen: Idealprozeß
gestrichelt: tatsächlicher Prozeß

Im T, s-Diagramm (**378**.1 b) gilt, wenn $\bar{m}_w$ der Wärmemaßstab ist: Arbeitsaufnahme bzw. Wärmeabgabe bei der Kompression $|w_{12}| = |q_{12}| = \bar{m}_w$ Fläche *a 1 2 b*, Wärmeaufnahme beim Überschieben $q_{23} = \bar{m}_w$ Fläche *b 2 3 c* Arbeitsabgabe bzw. Wärmeaufnahme bei der Expansion $w_{34} = q_{34} = \bar{m}_w$ Fläche *c 3 4 d* Wärmeabgabe beim Rückschieben $w_{41} = \bar{m}_w$ Fläche *a 1 4 d*. Wirkungsgrad. Mit dem Arbeitsgewinn $W = Q_{34} - |Q_{12}| = m R (T_3 - T_1) \ln v_2/v_1$, da $v_4 = v_1$ und $v_3 = v_2$ sind. Damit wird

$$\eta = W/Q_{34} = 1 - T_1/T_3 \tag{378.2}$$

Dieser Wert stimmt mit dem Carnot-Prozeß nach Gl. (39.4) überein, wenn dort die Temperaturen T_1 und T_2 durch T_3 und T_1 ersetzt werden.

Tatsächlicher Prozeß. Infolge von Strömungs- und Wärmeverlusten weicht er stark vom theoretischen Verlauf (**378**.1) ab.

Arbeitsmedium. Hierbei sind zunächst der Wasserstoff, dann das Helium am günstigsten. Ihre geringen Dichten verringern nach Gl. (36.1) die Strömungsverluste, ihre günstige Wärmekapazität pro Masseneinheit verbessern den Wärmeaustausch im Erhitzer. Der Betriebsdruck beträgt ≈ 220 bar, die Betriebstemperatur 900 K, um brauchbare Wirkungsgrade zu erreichen (**380**.1).

Verbrennung. Da sie außerhalb des Zylinders und Erhitzers durchgeführt wird, ermöglicht sie eine freie Kraftstoffwahl, eine bessere Brennraumgestaltung und ein höheres Luftverhältnis als beim Diesel- bzw. Ottomotor. Insbesondere sind schädliche Abgase durch kurze Verweilzeit im Brenner und geringe Gastemperaturen von ≈ 1000 K vermeidbar.

Triebwerk. Der Rhombentrieb (**377**.1 und **379**.1) besteht, um Verkantungen zu vermeiden, aus zwei symmetrischen Teilen, die durch ein Zahnradpaar *11* synchronisiert werden. Jeder Teil (**377**.1) enthält zwei exzentrische Kurbeltriebe mit gemeinsamer Kurbel *12* aber getrennten Schubstangen *13* und *14* sowie Kolbenstangen *15* und *16* für den Plunger *2* und den Kolben *3*. Die Kolbenstangen und Pleuele sind durch Traversen *17* und *18* miteinander verbunden. Bild **379**.1 und **379**.2 zeigen den getriebetechnischen Aufbau und den Bewegungsablauf mit den einzelnen Arbeitsvorgängen.

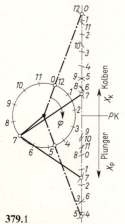

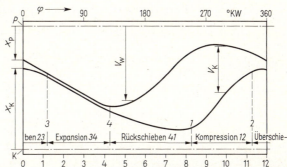

379.2   Kaltes und warmes Volumen V_W und V_K des Stirling-motors als Funktion des Drehwinkels φ des Rhomben-getriebes

0 bis 12 Zählung am Kurbelkreis

379.1

Kinematik des Rhombengetriebes
strichpunktiert: Totlagen

P und K Zählbeginn des Plunger bzw. Kolbenweges X_p bzw. X_K (s. Bild **379**.1)

Verwendung und Betrieb

Der Stirling-Motor verlangt einen großen Materialaufwand (etwa das siebenfache des Otto-motors). Eine Minderung ergibt sich bei der doppelt wirkenden Ausführung. Hierbei wird der Arbeitskolben als Verdränger des folgenden Zylinders benutzt und die Bewegung wird über eine Taumelscheibe umgewandelt. So gelingt es, die Masse pro Leistungseinheit m/P_e in den üblichen Grenzen zu halten. Auch ist die Kühlleistung etwa das Doppelte des Dieselmotors. Besonders durch Erhöhung der Temperatur des Erhitzers gelang es, diesen Motor auch für Fahrzeuge zu entwickeln.

Be trieb. Trotz der erwähnten Nachteile zeigt dieser Motor doch einige für Fahrzeuge besonders günstige Eigenschaften aus wie: hoher Teillastwirkungsgrad, großer Drehzahlbereich, günstiger Momentenverlauf und ausgeglichenes Drehkraftdiagramm, leichter Start sowie geringer Ölverbrauch. Die äußere Verbrennung ermöglicht freie Kraftstoffwahl, Verringerung der Abgasemission und geräuscharmen Lauf (20 bis 40 dB weniger als beim Dieselmotor).

Wirkungsgrad (**380**.1). Er nimmt bei steigender Last pro Einheit des Arbeitsraumes P_e/V und mit wachsender Drehzahl ab. Die beste Ausnutzung des Arbeitsraumes ergibt sich beim Wasserstoff, die ungünstigste bei Luft als Arbeitsmittel.

Gaskältemaschine. Sie ergibt sich, wenn der Kreisprozeß (**378**.1) in entgegengesetzter Richtung durchlaufen wird. Sie hat besonders an Bedeutung gewonnen, da hiermit tiefe Temperaturen bis etwa $-250\,°C$ erreichbar sind.

Ausgeführter Motor (**380**.2). Im Zylinder *1* laufen der Plunger *2* und der Kolben *3*, die vom Rhombengetriebe *4* angetrieben werden.

Arbeitsmittel. Es fließt im geschlossenen Kreislauf vom warmen Arbeitsraum *5* über den Erhitzer *8*, den diskontinuierlich durchströmten Wärmetauscher oder den Regenerator *9* und den Kühler *10* in den kalten Raum *6* und zurück. Der Pufferraum **377**.2 verhindert einen Druckanstieg unter dem Arbeitskolben *3*. Die Arbeitsvorgänge erfolgen nach Bild **377**.2.

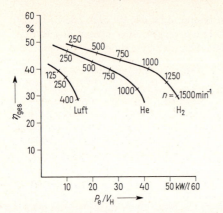

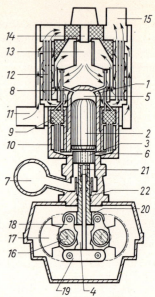

380.1   Gesamtwirkungsgrad als Funktion der Leistung pro Einheit des Hubvolumens für verschiedene Arbeitsmittel

Leistung 16 kW Arbeitsdruck 110 bar, Temperatur im Erhitzer 700 °C, vom Kühlwasser 25 °C

380.2   Stirling-Motor [Philips, Eindhoven]

Verbrennung. Die angesaugte Luft tritt in den Stutzen *11* ein und umströmt nach einer Umlenkung die Rohre des Wärmetauschers *12* und wird dabei vorgewärmt. Im Brenner *13* wird dann der aus dem Zerstäuber *14* kommende Kraftstoff mit der Luft vermischt und verbrannt. Das entstandene Brenngas erwärmt dann das Arbeitsmittel im Erhitzer *8* und strömt dann durch die Rohre des Wärmetauschers. Hier gibt es seine Restwärme an die Luft ab und verschwindet im Auspuff *15*.

Rhombengetriebe. Es treibt die im Zylinder *1* laufenden Plunger *2* und Kolben *3* an und steuert den Arbeitsverlauf. Die Kurbeln *16* mit den Gegengewichten *17* bewegen die Schubstangen *18* und hiermit die Traversen *19* und *20*. Diese treiben die Plunger- und die hohle Kolbenstange *21* bzw. *22* an. Die gegenläufigen Gegengewichte *17* gleichen die rotierenden Massenkräfte und diejenigen I. Ordnung aus.

4.10.2   Wankelmotor

Nach dem Erfinder wird die nach dem Ottoverfahren arbeitende Kreiskolbenkraftmaschine als Wankelmotor bezeichnet. Es gibt Einfach- und Doppel-Wankelmotoren mit einem bzw. zwei Kreiskolben, dem Kammervolumen 125 bis 660 cm³, der Höchstdrehzahl 11 000 bis

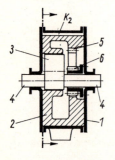

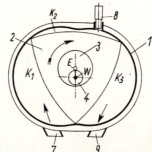

380.3
Aufbau des Wankelmotors

6000 min^{-1}, der Größtleistung 19 bis 92 kW und der Gesamtmasse 11 bis 145 kg. Er dient zum Antrieb von Pumpen, Verdichtern, Booten und Kraftfahrzeugen. Seine Vorteile sind die geringe Masse, der kleine Raumbedarf und das Fehlen der oszillierenden Massenkräfte.

Aufbau (380.3). Im stillstehenden Gehäuse *1* dreht sich der Läufer *2* auf dem Exzenter *3* der Abtriebswelle *4*. Die Drehachse des Läufers geht durch den Exzentermittelpunkt E, der Abtriebswelle und des Exzenters durch den Punkt W. Die Exzentrizität ist $e = \overline{EW}$. Im Läufer *2* sitzt der Zahnkranz *5*, der in das am Gehäuse befestigte Ritzel *6* eingreift. Ihr Übersetzungsverhältnis ist 2:3. Das Profil des Gehäuses besteht aus zwei, des Läufers aus drei Bögen, deren theoretische Form so berechnet ist, daß die Läuferecken die Gehäusewände ständig berühren. Dadurch entstehen drei umlaufende Kammern K_1, K_2 und K_3, die die Arbeitsräume bilden. Das Gemisch tritt durch den Kanal *7* ein, wird von Kerze *8* gezündet und strömt über den Kanal *9* ab. Die S t e u e r u n g führen die Dichtleisten an den Läuferecken (*31* in Bild **384**.1) aus.

Profilform. Das G e h ä u s e p r o f i l (**381**.1) wird von einem am Zahnkranz *5* befestigten Stift mit der Spitze P aufgezeichnet, wenn sich der Kranz um das feste Ritzel *6* dreht. Bewegt sich dabei der Zahnkranz auf dem Exzenter *3* von seiner Ausgangslage *5* in die Lage *5'* so wandert sein Mittelpunkt E nach E' und dreht sich um den Winkel α. Der Wälzpunkt B bewegt sich dabei auf dem Bogen BC des Ritzel *6* nach C (Drehwinkel α). Der ursprüngliche Wälzpunkt B wandert auf dem Zahnkranz *5* nach D. Seine Lage ist durch den Bogen CD (Drehwinkel β) bestimmt. Da die beiden Bögen BC und CD wegen des Zahneingriffs gleich sind und die Übersetzung 2:3 beträgt, ist $\beta = 2\alpha/3$. Der Punkt P' liegt also auf der Geraden $\overline{E'D}$ mit dem Abstand $\overline{E'P'} = R + e$ vom Punkt E'. Die Strecke $\overline{EP}$ hat sich dabei um den Winkel $\gamma = \alpha - \beta = \alpha - 2\alpha/3 = \alpha/3$ gedreht. Die Bahn des Punktes P, das Gehäuseprofil, ist eine Rollkurve, die Epitrochoide mit der Kennzahl R/e. Das L ä u f e r p r o f i l[1] ist dann die innere Hüllkurve dieser Epitrochoide, die aus drei Bögen mit drei Ecken besteht. Da der Läufer fest auf dem Zahnkranz sitzt, entspricht ein Eckpunkt dem Punkt P (**383**.1a). Für die Drehzahl n_L des Läufers (Drehwinkel γ) und n der Abtriebswelle (Drehwinkel α) gilt dann, da $\gamma = \alpha/3$ ist, $n_L = n/3$.

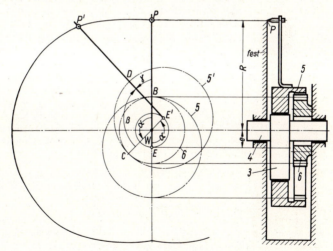

381.1
Ermittlung
des Gehäuseprofils
des Wankelmotors

Arbeitsweise (382.1). In einer Kammer K_1 wird bei einer Umdrehung im Uhrzeigersinn zunächst das Gemisch aus dem Vergaser über den Einlaßkanal *7* angesaugt (**382**.1a), da das Volumen der Kammer

---

[1] W a n k e l, F. und F r o e d e, W.: Bauart und gegenwärtiger Entwicklungsstand einer Trochoiden-Rotationskolbenmaschine. MTZ **21** (1960) H. 2.

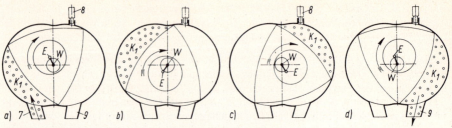

382.1 Arbeitstakte des Wankelmotors (Kammer K_1, Medium .....)
a) Ansaugen, b) Verdichten, c) Dehnen, d) Ausschieben

zunimmt, und dann verdichtet (**382.1**b), weil das Volumen abnimmt. Nach Zündung durch die Kerze 8 vergrößert sich das Kammervolumen und das Gas expandiert (**382.1**c); schließlich verringert sich das Volumen wieder zum Ausschieben (**382.1**d) des Gases in den Kanal 9. Das Kammervolumen verändert sich also bei einer Drehung zweimal vom Kleinstwert V_{min}, dem Verdichtungsraum bei senkrechter, auf den Größtwert V_{max} bei waagerechter Lage der Exzentrizität EW. Es liegt also ein Viertakt-Otto-motor mit einem ausgeprägten Gleichdruckanteil bei der Verbrennung (**383.1**b) vor.

Hubvolumen. Pro Kammer beträgt es mit der Exzentrizität e, dem erzeugenden Radius R und der Läuferbreite b

$$V_h = V_{max} - V_{min} = 3\sqrt{3}\,R\,e\,b \qquad (382.1)$$

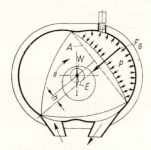

382.2 Drehmoment einer Kammer des Wankelmotors

Leistung. Für die Zahl der Arbeitsspiele gilt, wenn n_L die Läuferdrehzahl ist $n_a = n_L$. Mit der Abtriebswellendrehzahl $n = 3 n_L$ wird dann $n_a = n/3$. Aus Gl. (344.1) folgt mit dem Ge-samthubvolumen $V_H = 3\,V_h$

$$P_e = p_e n_a V_H = p_e \frac{n}{3}\,3\,V_h = p_e n V_h \qquad (382.2)$$

Drehmoment. In einer Kammer (**382.2**) mit dem Gasdruck p und der Projektion ihrer Bogenfläche $A = \sqrt{3}\,R\,b$ beträgt es, wenn h der veränderliche Hebelarm der wechselnden Stoffkraft $F_G = p\,A$ ist, $M_d = F_G h = p\,A\,h$. Die Wirkungslinie der Stoff-kraft F_G geht dabei wegen der Symmetrie des Läufers durch den Exzentermittelpunkt E und der hierzu senkrechte Hebelarm $h = e\sin(2\alpha/3)$ zählt vom Drehpunkt W der Abtriebswelle.

Einfach-Wankelmotor. Der Motor (**383.2**) hat die Trochoidenkennzahl $R/e = 7{,}6$, die Exzentrizität $e = 11$ mm, die Läuferbreite $b = 52{,}2$ mm und das Hubvolumen $V_h = 250\,\text{cm}^3$.

Aufbau. Im Gehäuse 1 aus Sphäroguß, dessen Laufflächen nitriert sind, liegen die Kanäle 7 für den Ein- und 9 für den Auslaß sowie die Zündkerze 8. An seine Seitenwände werden die beiden Deckel 10 zum Abschluß des Arbeitsraumes mit Dehnschrauben 11 angepreßt. Die Deckel nehmen die Lager 12 und 13 für die Abtriebswelle 4 und das feste Ritzel 6 auf. Der Läufer 2, aus Leichtmetall, trägt die Dich-tungen 14 und den Zahnkranz 5 und ist mit dem Nadellager 15 auf dem Exzenter 3 gelagert. Die Aus-nehmungen 16 vermindern das sich aus der Profilform ergebende Verdichtungsverhältnis 15,5 auf 8,5. Die Abtriebswelle 4 mit dem Exzenter 3 und dem Kupplungsanschluß 17 trägt die beiden Schwung-massen 18. Sie sind mit Ringspannelementen 19 befestigt und zum Unfallschutz mit Blechhauben, 20 abgedeckt. Ihre Bohrungen 21 gleichen die Unwucht der umlaufenden Teile aus, deren Ungleich-förmigkeitsgrad unter 2% liegt.

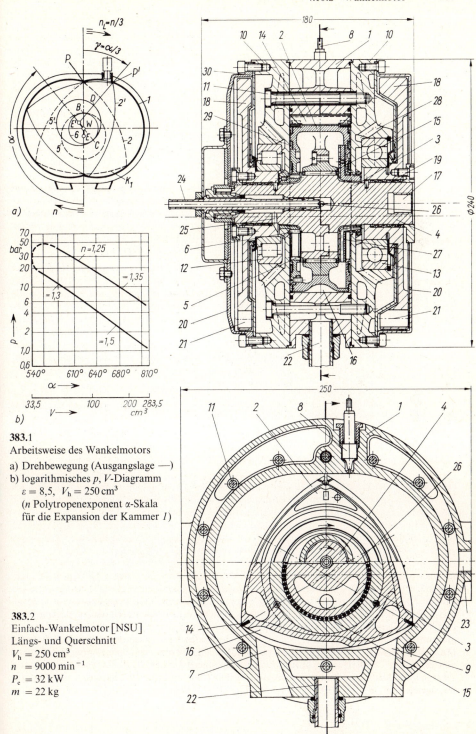

383.1
Arbeitsweise des Wankelmotors

a) Drehbewegung (Ausgangslage —)

b) logarithmisches p, V-Diagramm

$\varepsilon = 8,5$, $V_h = 250 \, \text{cm}^3$

(*n* Polytropenexponent *α*-Skala
für die Expansion der Kammer *1*)

383.2
Einfach-Wankelmotor [NSU]
Längs- und Querschnitt

$V_h = 250 \, \text{cm}^3$

$n = 9000 \, \text{min}^{-1}$

$P_e = 32 \, \text{kW}$

$m = 22 \, \text{kg}$

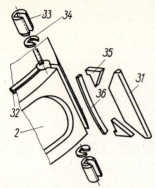

384.1   Dichtungen des Wankelmotors [NSU]

Kühlung und Schmierung. Das Gehäuse wird mit Wasser, der Läufer mit Schmieröl gekühlt. Das Kühlwasser tritt durch den Einlaß 22 in die Kühlmäntel des Gehäuses 1 und der Deckel 10 ein und fließt über den Auslaß 23 ab. Dabei werden die heißesten Stellen der Laufbahn zwischen der Zündkerze 8 und dem Auslaß 9 intensiv gekühlt, um ein Verziehen des Gehäuses und ein Klemmen des Läufers zu verhüten. Das Schmieröl wird durch das feste Rohr 24 in der Mitte der Abtriebswelle 4 bis zum Exzenter 3 geführt. Ein gedrosselter Teilstrom fließt von dort aus über die Bohrung 25 zum Lager 12, zum Ritzel 6 und an die Seitenflächen des Läufers 2. Der Hauptstrom gelangt durch die radialen Exzenterbohrungen 26 über das Nadellager 15 in den Läufer, an dessen Umfang es die Kühlfüllung bildet. Diese wird durch die feste Rückführscheibe 27 begrenzt. Die Scheibe fördert, sobald sie in die Füllung eintaucht, das überflüssige Öl durch Lager 13 und Bohrungen 28 zum Abfluß. Die Lippendichtungen 29 dichten dabei den Arbeitsraum und die Hauben 30 die Schwungmassen gegen das Schmieröl ab.

Abdichtung (384.1). Die Dichtungen 14 bestehen aus den Leisten 31 zur radialen, den Bändern 32 zur axialen Abdichtung und den Bolzen 33. Die Stirnflächen der Bänder liegen an den Bolzen 33 an. Dadurch werden die schrägen Stöße der Bänder, die größere Leckverluste haben, vermieden. In den senkrechten Nuten liegen die Leisten 31 mit den Keilen 35 und die Blattfedern 36. Im Stillstand des Motors drücken die Federscheiben 34 die Bolzen 33 an die Deckel 10, und die Federn 36 drücken die Keile 35 an die Deckel, die Leisten 31 an die Wände des Gehäuses 1. Beim Betrieb wird der Anpreßdruck bei den Bändern 32 durch die Stoffkräfte, bei den Leisten 31 und den Keilen 35 durch die Flieh- und Stoffkräfte erhöht. Damit die Dichtkante der Leisten zur Verminderung der Abnutzung eine Schwenkung von $\approx 23°$ ausführt, ist das tatsächliche Gehäuseprofil gegenüber dem theoretischen um 1 mm nach außen verschoben worden, und die Leisten 31 erhalten eine Kuppe mit dem Radius 1 mm.

Doppel-Wankelmotor

Der Motor (385.1) hat das Hubvolumen pro Kammer $V_h = 498$ cm³, die Exzentrizität $e = 14$ mm, die Trochoidenkennzahl $R/e = 7,14$ und die Läuferbreite $b = 68,5$ mm. Die Höchstleistung beträgt $P_e = 85$ kW bei der Drehzahl $n = 5500$ min⁻¹, das größte Drehmoment $M_d = 162$ Nm bei $n = 4500$ min⁻¹. Seine Hauptabmessungen sind Höhe 515 mm, Breite 750 mm und Länge 475 mm, seine Masse einschließlich Zubehör ist 130 kg.

Aufbau. In den beiden Gehäusen 1 bewegen sich die Läufer 2 auf den um 180° versetzten Exzentern 3 der zweifach gelagerten Abtriebswelle 4. Zur Bewegungsübertragung sind die Zahnkränze 5 mit den Läufern 2 verschraubt und die Ritzel 6 an den Gehäusen 1 befestigt. Die Gehäuse 1, zur besseren Wärmeabfuhr aus einer Aluminiumlegierung, nehmen die Einlaßkanäle 7, je zwei Zündkerzen 8 und die Auslaßkanäle 9 auf. Ihre Laufflächen besitzen eine 0,1 mm dicke Schutzschicht aus Nickel mit Einschlüssen aus Siliciumcarbid. Den Abschluß der Gehäuse bilden der Seitendeckel 10 mit dem Aggregatträger 11 aus Aluminium und der Enddeckel 12, in ihrer Mitte liegt der Zwischendeckel 13. Die Deckel 10, 12 und 13 bestehen aus Grauguß, haben induktionsgehärtete Laufflächen und sind mit den Gehäusen 1 durch die Zuganker 14 verbunden. Die Abtriebswelle 4 läuft in den Schildlagern 15 und 16, die an den Deckel 10 und 12 befestigt sind. Ihre Wange 17 verbindet die Exzenter 3, an denen die Dichtungsträger 18 sitzen. Ihre Stirnseite trägt das Zahnrad 19 und die Riemenscheibe 20 mit dem Gegengewicht 21 zum Antrieb der Hilfseinrichtungen. An ihrer Abtriebsseite sitzt der Kuppelflansch 22 mit dem Gegengewicht 23. Die Läufer 2, aus Grauguß in Zellenbauweise tragen die Zahnkränze 5 und laufen in den Lagern 24 der Exzenter 3. Die Aussparungen 25 verringern das theoretische Verdichtungsverhältnis $\varepsilon_{th} = 19$ auf $\varepsilon = 9$. Die Dichtleisten 26 und -bänder 27 dichten das Arbeitsmedium ab. Die Kolbenringe 28, 29 und 30 an den Läufern 2, Exzentern 3 und Dichtungsträgern 18 verhindern Kühlölverluste. Die Hilfseinrichtungen sitzen im Aggregatträger 11. Das Zahnrad 19 treibt den Zündverteiler 31 und die Zahnradölpumpe 32 an. Die Riemenscheibe 20 treibt neben der Lichtmaschine über die Scheibe 33 den Ventilator 34 für den Wasserkühler und die Kühlwasserpumpe 35 an.

Schnitt A-B

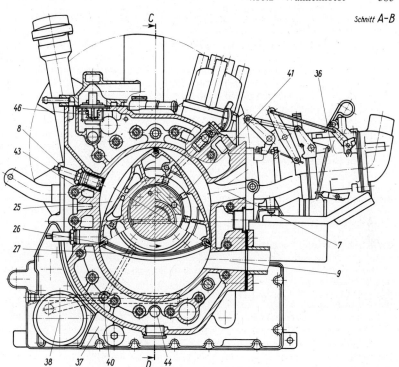

Schnitt C-D

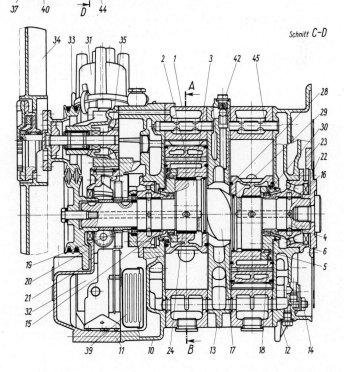

385.1
Doppel-Wankelmotor
KKM 612 des Kraft-
wagens Ro 80 [NSU]

Arbeitsweise. Das Gemisch wird durch die beiden in einem Gehäuse *36* liegenden Horizontal-Registervergaser aufbereitet und über die Kanäle *7* angesaugt. Seine Zündung erfolgt im langgestreckten Verbrennungsraum gleichzeitig durch zwei Kerzen *8*, um deren Temperatur und Wärmewert klein zu halten. Sie wird vom last- und drehzahlabhängigen Zweikreisverteiler *31* gesteuert. Das Schmier- und Kühlöl saugt die Zahnradpumpe *32*, die 20 l/min bei der Drehzahl 6000 min^{-1} fördert, aus dem Ölsumpf *37* über das Filter *38* und den Ölkühler *39* an. Die Pumpe drückt es dann durch die Hauptölbohrung *40* in die Lager *15* und *16* und durch die Abtriebswelle *4* in die Exzenterlager *24*. Das hier austretende Öl kühlt die Läufer *2* und wird durch die Radialnuten *41* am Zahnkranz *5* über die Seitenflächen der Deckel *10* und *12* in den Ölsumpf *37* zurückgefördert. Das Überdruckventil *42* begrenzt den Öldruck an den Seitenflächen der Läufer *2* und Exzenter *3*, damit diese sich nicht axial verschieben. Das Kühlwasser wird von der Kreiselpumpe *35*, die 110 l/min bei der Drehzahl 6000 min^{-1} liefert, aus dem Wasserkühler angesaugt und durch Kanäle im Seitendeckel *10* in den Ölkühler *39* gefördert. Von hier aus gelangt es über die Kanäle *43* zur Kühlung des Verbrennungsraumes und über den Kanal *44* in den Zwischendeckel *13*, in das nächste Gehäuse *1* und in den Enddeckel *12*. Diese Teile werden dabei von Teilströmen des Wassers umflossen, die sich in den Rückflußrohren *45* sammeln und zum Thermostaten *46* fließen. Dieser lenkt das Wasser im Normalbetrieb zum Kühler und bei niedrigen Temperaturen zum Saugstutzen der Pumpe *35*.

Kräfte und Momente. Rotierende Massenkräfte sind wegen des Versatzes der Exzenter um 180° nicht vorhanden. Die rotierenden Momente gleichen die Gegengewichte *21* und *23* aus. Das Drehmoment ist immer positiv gerichtet und entspricht etwa demjenigen eines Sechszylinder-Viertakt-Hubkolbenmotors.

Beispiel 42. Ein Einfach-Wankelmotor (**383**.2) besitzt die Läuferbreite $b = 52,5$ mm, die Exzentrizität $e = 11$ mm und die Trochoidenkennzahl $R/e = 7,6$. Das theoretische Verdichtungsverhältnis ist $\varepsilon_{th} = 15,5$, das tatsächliche $\varepsilon = 8,5$ und das Druckverhältnis $\psi = 2,5$. Die Wellendrehzahl beträgt $n = 9000$ min^{-1}, der effektive Druck $p_e = 8,5$ bar und der Saugdruck $p_1 = 1$ bar.

Gesucht sind: das Hubvolumen, die Wellenleistung, der Verdichtungsend- und der Höchstdruck und die Läuferausnehmung für die tatsächliche Verdichtung.

Das Hubvolumen einer Kammer folgt mit Gl. (382.1) und dem erzeugenden Radius

$$R = e(R/e) = 11 \text{ mm} \cdot 7,6 = 83,6 \text{ mm}$$

$$V_h = 3\sqrt{3}\,Reb = 3\sqrt{3} \cdot 8,36 \text{ cm} \cdot 1,1 \text{ cm} \cdot 5,25 \text{ cm} = 250 \text{ cm}^3$$

Die Wellenleistung ergibt sich damit aus Gl. (382.2)

$$P_e = p_e n V_h = \frac{8,5 \cdot 10^5 \dfrac{N}{m^2} \cdot 9000 \text{ min}^{-1} \cdot 2,5 \cdot 10^{-4} \text{ m}^3}{60 \dfrac{s}{min} \cdot 1000 \dfrac{Nm}{kWs}} = 32 \text{ kW}$$

Der Kompressionsend- und der Höchstdruck sind nach Gl. (268.7)

$$p_2 = \varepsilon^{\kappa} p_1 = 8,5^{1,4} \cdot 1 \text{ bar} = 20 \text{ bar} \qquad p_3 = \psi\, p_2 = 2,5 \cdot 20 \text{ bar} = 50 \text{ bar}$$

Die Läuferausnehmung (*16* in Bild **383**.2) beträgt mit dem tatsächlichen und theoretischen Verdichtungsraum aus Gl. (254.1)

$$V_c = \frac{V_h}{\varepsilon - 1} = \frac{250 \text{ cm}^3}{7,5} = 33,3 \text{ cm}^3 \quad \text{und} \quad V_{cth} = \frac{V_h}{\varepsilon_{th} - 1} = \frac{250 \text{ cm}^3}{14,5} = 17,2 \text{ cm}^3$$

$$V_L = V_c - V_{cth} = 16,1 \text{ cm}^3$$

Sinnbilder

Häufig auftretende Bauelemente werden durch Sinnbilder bzw. graphische Symbole oder Schaltzeichen vereinfacht dargestellt, um Zeichnungen, insbesondere Bau- und Schaltpläne, leichter zeichnen und lesen zu können. Außer den hier auszugsweise gezeigten genormten Sinnbildern sind im Maschinenbau noch folgende Sinnbilder von Bedeutung

DIN 27 Gewinde, Schrauben, Muttern		DIN 1912 Schweißnähte
DIN 29 Federn	DIN 612 Wälzlager	DIN 3966 Verzahnungen
DIN 37 Zahnräder	DIN 991 Transmissionsteile	DIN 19227 Regeltechnik

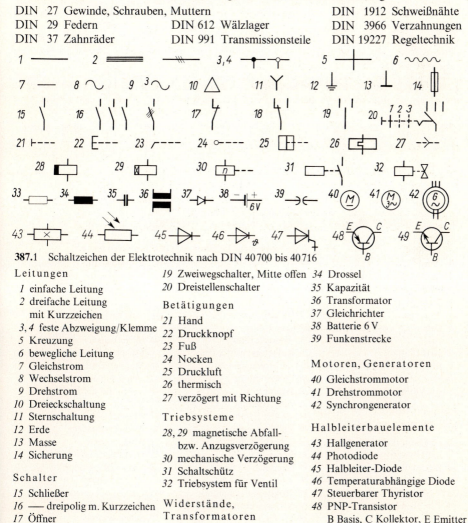

387.1 Schaltzeichen der Elektrotechnik nach DIN 40700 bis 40716

Leitungen

1 einfache Leitung
2 dreifache Leitung
   mit Kurzzeichen
3, 4 feste Abzweigung/Klemme
5 Kreuzung
6 bewegliche Leitung
7 Gleichstrom
8 Wechselstrom
9 Drehstrom
10 Dreieckschaltung
11 Sternschaltung
12 Erde
13 Masse
14 Sicherung

Schalter

15 Schließer
16 —— dreipolig m. Kurzzeichen
17 Öffner
18 Wechsler

19 Zweiwegschalter, Mitte offen
20 Dreistellenschalter

Betätigungen

21 Hand
22 Druckknopf
23 Fuß
24 Nocken
25 Druckluft
26 thermisch
27 verzögert mit Richtung

Triebsysteme

28, 29 magnetische Abfall-
   bzw. Anzugsverzögerung
30 mechanische Verzögerung
31 Schaltschütz
32 Triebsystem für Ventil

Widerstände,
Transformatoren

33 Ohmscher Widerstand

34 Drossel
35 Kapazität
36 Transformator
37 Gleichrichter
38 Batterie 6 V
39 Funkenstrecke

Motoren, Generatoren

40 Gleichstrommotor
41 Drehstrommotor
42 Synchrongenerator

Halbleiterbauelemente

43 Hallgenerator
44 Photodiode
45 Halbleiter-Diode
46 Temperaturabhängige Diode
47 Steuerbarer Thyristor
48 PNP-Transistor
   B Basis, C Kollektor, E Emitter
49 NPN-Transistor

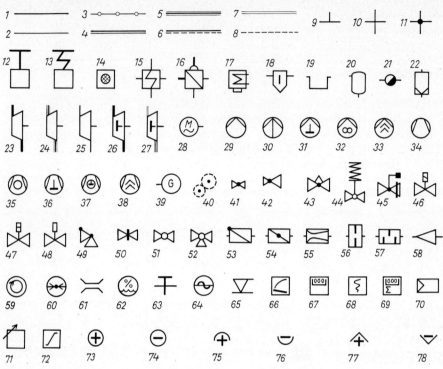

388.1   Graphische Symbole für Wärmekraftanlagen nach DIN 2481

Leitungen

1 Dampf
2 Speisewasser, Kondensat
3 ölhaltiges Kondensat
4 Brenngas
5 Rauchgas
6 Luft
7 Öl
8 Steuerleitung
9 Abzweigstelle
10, 11 Kreuzung ohne bzw.
  mit Verbindung

Kessel und Apparate

12, 13 Dampfkessel ohne bzw.
  mit Überhitzer
14 Brennkammer
15 Wärmeaustauscher
16 Verdampfer
17 Kondensator
18 Abscheider
19 offener Behälter

20 geschlossener Behälter
21 Kondenstopf
22 Filter

Maschinen

23 Dampfturbine
24 Gasturbine
25 Wasserturbine
26 Kolbendampfmaschine
27 Verbrennungsmotor
28 Elektromotor
29 Pumpe allg.
30 Kreiselpumpe
31 Kolbenpumpe
32 Zahnradpumpe
33 Schraubenpumpe
34 Verdichter allg.
35 Kreiselverdichter
36 Kolbenverdichter
37 Rotationsverdichter
38 Schraubenverdichter
39 Generator
40 Getriebe

Absperrorgane

41 Absperrventil
42 Drosselventil
43 Absperrventil mit
  stetigem Stellverhalten
44 Sicherheitsventil,
  federbelastet
45 Sicherheitsventil,
  gewichtsbelastet
46 Magnetventil
47 Ventil mit Kraftkolben
48 Ventil mit fluidischem
  Antrieb
49 Rückschlageckventil
50 Absperrschieber
51 Absperrhahn
52 Dreiwegehahn
53 Rückschlagklappe
54 Absperrklappe
55 Durchflußbegrenzer
56 Drosselscheibe
57 Schalldämpfer
58 Reduzierstück

388.1, Fortsetzung

Messung und Regelung
59 Drehzahlmessung
60 Druckmessung
61 Durchflußmessung
62 Feuchtemessung
63 Temperaturmessung
64 Schwingungsmessung
65 Niveaumessung
66 Meßgerät analog
67 Meßgerät digital

68 Schreiber
69 Zähler
70 Regler[1])
71 Sollwerteinsteller
72 Begrenzer

Wirkungshinweise
73 Hauptimpuls öffnet bei
   steigender Regelgröße

74 Hauptimpuls öffnet bei
   fallender Regelgröße
75 Grenzimpuls öffnet beim
   oberen Grenzwert
76 Grenzimpuls öffnet beim
   unteren Grenzwert
77 Grenzimpuls schließt beim
   oberen Grenzwert
78 Grenzimpuls schließt beim
   unteren Grenzwert

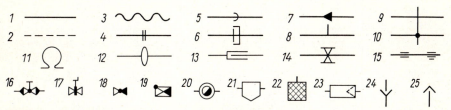

389.1   Sinnbilder für Rohrleitungsanlagen nach DIN 2429 und 2430

Rohrleitungen und ihre
Verbindungen
 1 Grundleitung
 2 Impulsleitung
 3 bewegliche Leitung
 4 Flanschverbindung
 5 Muffenverbindung
 6 Schraubenverbindung
 7 Schweiß-, Lötverbindung
 8 Abzweigstelle
 9 Kreuzung ohne Verbindung
10 — mit Verbindung

Ausgleicher und Lagerung

11 Lyra-Ausgleicher
12 Linsen-Ausgleicher
13 Stopfbuchs-Ausgleicher
14 Festpunkt
15 Gleit- und Rollenlager

Ventile und Zubehör
16 eingeschweißtes Durch-
   gangsventil
17 Schieber mit Handkurbel

18 Durchgangsrückschlag-
   ventil, absperrbar
19 Rückschlagventil, nicht
   absperrbar
20 Kondensatsammler und
   Ableiter
21 Wasserabscheider
22 Filter
23 Sieb
24 Abflußtrichter
25 Regenhaube
   Ventile s. a. DIN 2481

---

[1]) Eingangsseite ist die Basis des gleichschenkligen Dreiecks. Schrift und Symbole können hinzugefügt
werden.

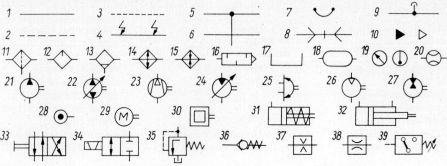

390.1   Sinnbilder für ölhydraulische und pneumatische Anlagen nach DIN 24 300

Leitungen

1 Arbeitsleitung
2 Steuerleitung
3 Leckleitung
4 elektrische Leitung
5 feste Abzweigung
6 Kreuzung
7 biegsame Leitung
8 Schnellkupplung
9 Entlüftung
10 Strömungsrichtung mit
   Druckmittelkennzeichnung:
   hydraulisch, pneumatisch

Apparate, Meßgeräte

11 Filter
12 Öler
13 Wasserabscheider
14 Ölkühler

15 Ölvorwärmer
16 Schalldämpfer
17 offener Behälter
18 Speicher
19 Manometer u. Thermometer
20 Durchflußmesser

Pumpen und Motoren

21 Konstantpumpe
22 Verstellpumpe mit zwei
   Fördereinrichtungen
23 Verdichter
24 Verstellmotor
25 Schwenkmotor
26 Konstant-Druckluftmotor
27 Konstantpumpe und Motor
28 Hydroquelle
29 Elektromotor
30 Verbrennungsmotor

Zylinder

31 einfachwirkend mit Feder
32 doppeltwirkend für
   schnellen Rücklauf

Ventile

33 handbetätigtes 4/2-Wege
   ventil (4 Anschlüsse
   2 Stellungen)
34 magnetisch betätigtes
   2/2-Wegeventil als
   Abschaltventil
35 Überströmventil
36 Rückschlagventil
37 Blendenventil, viskositäts-
   unabhängig
38 Drosselventil
39 Druckschalter

Literaturverzeichnis

Allgemeines

[1] Dubbel, H.: Taschenbuch für den Maschinenbau. 15. Aufl. Berlin–Heidelberg–New York 1983
[2] Hütte: Des Ingenieurs Taschenbuch. 28. Aufl. Nachdruck Berlin 1963. Bd. 1. Theoretische Grundlagen. Bd. 2 Maschinenbau
[3] Klein, M.: Einführung in die DIN-Normen. Stuttgart 1980
[4] Taschenbuch Maschinenbau. 3. Bd. Berlin

zu Abschnitt 1

[5] AWF-Getriebeblätter. Ausschuß für wirtschaftliche Fertigung. Berlin
[6] Auer Technikum. Berlin 1979
[7] Baehr, H. D.: Thermodynamik. 5. Aufl. Berlin–Göttingen–Heidelberg 1981
[8] Bargel, H. J., Schulze, G.: Werkstoffkunde. Berlin 1978
[9] Biezeno, C. B.; Grammel, R.: Technische Dynamik. 2. Bd. 3. Aufl. Berlin–Göttingen–Heidelberg 1971
[10] Cap, F.: Energieversorgung. Stuttgart 1981
[11] DFG, Maximale Arbeitsplatzkonzentrationen und Biologische Arbeitsstofftoleranzwerte, Weinheim 1982
[12] Gramberg, A.: Technische Messungen bei Maschinenuntersuchungen und zur Betriebskontrolle. 7. Aufl. 4. Neudr. Berlin–Göttingen–Heidelberg 1967
[13] Groß, S.: Berechnung und Gestaltung von Metallfedern. 3. Aufl. Berlin–Göttingen–Heidelberg 1960
[14] Hahnemann, H. W.: Die Umstellung auf das Internationale Einheitensystem in Mechanik und Wärmetechnik. 2. Aufl. Düsseldorf 1964
[15] Haug, K.: Die Drehschwingungen in Kolbenmaschinen. Berlin–Göttingen–Heidelberg 1952
[16] Klotter, K.: Technische Schwingungslehre. Berlin–Göttingen–Heidelberg. Bd. 1: Einfache Schwinger und Schwingungsmeßgeräte. 3. Aufl. 1981. Bd. 2: Schwinger von mehreren Freiheitsgraden. 2. Aufl. 1960
[17] Kraemer, O.: Getriebelehre. 5. Aufl. Karlsruhe 1971
[18] Köhler, G., Rögnitz, H.: Maschinenteile. Stuttgart. Teil 1. 6. Aufl. 1981
[19] Dsgl.: Teil 2. 6. Aufl. 1981
[19] Linse, H.: Elektrotechnik für Maschinenbauer. 7. Aufl. Stuttgart 1983
[21] Maas, H., Klier, H.: Kräfte, Momente und deren Ausgleich in der Verbrennungskraftmaschine. Wien–New York 1979
[22] Neugebauer, G. H.: Kräfte in den Triebwerken schnellaufender Kolbenkraftmaschinen. 2. Aufl. Berlin–Göttingen–Heidelberg 1952
[23] Prandtl, L. u. a.: Führer durch die Strömungslehre. 7. Aufl. Braunschweig 1969
[24] Rausch, E.: Maschinenfundamente und andere dynamisch beanspruchte Baukonstruktionen. 3. Aufl. Düsseldorf 1959
[25] Rögnitz, H., Köhler, G.: Fertigungsgerechtes Gestalten. 4. Aufl. Stuttgart 1968
[26] Schack, A.: Der industrielle Wärmeübergang. 7. Aufl. Düsseldorf 1969
[27] Schäfer, O.: Grundlagen der selbsttätigen Regelung. 6. Aufl. München 1970
[28] Schmidt, E.: Einführung in die technische Thermodynamik und in die Grundlagen der chemischen Thermodynamik. 11. Aufl. Berlin–Göttingen–Heidelberg 1975
[29] Taschenbuch der Technischen Akustik. Berlin–Heidelberg–New York 1975
[30] VDI-Wasserdampftafel. 7. Aufl. Berlin–München 1969

zu Abschnitt 2

[31] KSB-Amag: Handbuch. Band 1: Pumpen. 2. Aufl. Frankenthal (Pfalz) 1959
[32] Pfleiderer, C.: Die Kreiselpumpen für Flüssigkeiten und Gase. 5. Aufl. Berlin–Göttingen–Heidelberg 1961
[33] Pohlenz, W.: Pumpen für Flüssigkeiten, 3. Aufl. Berlin 1975
[34] Schulz, H.: Die Pumpen. 13. Aufl. Berlin–Göttingen–Heidelberg 1977.

zu Abschnitt 3

[35] Bouché, C.; Wintterlin, K.: Kolbenverdichter. 4. Aufl. Berlin–Heidelberg–New York 1968
[36] FMA-Pokorny: Taschenbuch für den Druckluftbetrieb. 7. Aufl. Berlin–Göttingen–Heidelberg 1954
[37] Fraenkel, M.J.: Kolbenverdichter. Berlin 1969
[38] Fraunberger, F.: Regelungstechnik. Stuttgart 1967
[39] Fröhlich, F.: Kolbenverdichter. Berlin–Göttingen–Heidelberg 1961
[40] Pohlenz, W.: Pumpen für Gase. 2. Aufl. Berlin 1977
[41] Rinder, L.: Schraubenverdichter. Wien–New York 1979
[42] Technisches Handbuch Verdichter. Berlin 1969

zu Abschnitt 4

[43] Bensinger, W.D.: Die Steuerung des Gaswechsels bei schnellaufenden Verbrennungsmotoren. 2. Aufl. Berlin–Heidelberg–New York 1968
[44] Bensinger, W.D.: Rotationskolben-Verbrennungsmotoren. Berlin–Heidelberg–New York 1973
[45] Bosch: Kraftfahrtechnisches Taschenbuch. 17. Aufl. Düsseldorf 1970
[46] Bussien, R.: Automobiltechnisches Handbuch. 18. Aufl. Stuttgart 1965
[47] Englisch, C.: Verschleiß, Betriebszahlen und Wirtschaftlichkeit von Verbrennungskraftmaschinen. 2. Aufl. Wien 1952
[48] Illgen, H.: Vergaserhandbuch, Berlin 1977
[49] Kraemer, O., Jungbluth, G.: Bau und Berechnung der Verbrennungsmotoren. 5. Aufl. Berlin–Göttingen–Heidelberg 1983
[50] List, H.: Der Ladungswechsel der Verbrennungskraftmaschine = List, H.: Die Verbrennungskraftmaschine. Bd. IV. Wien. Teil 1: Grundlagen. 1949. Teil 2: Der Zweitakt. 1950. Teil 3: Der Viertakt. 1952
[51] Löhner, K.: Die Brennkraftmaschine. 2. Aufl. Düsseldorf 1963
[52] Löhner, K., Müller, K.H.: Gemischbildung und Verbrennung im Ottomotor = List, H.: Die Verbrennungskraftmaschine. Bd. XII. Wien 1967
[53] Mackerle, J.: Luftgekühlte Fahrzeugmotoren. Stuttgart 1964
[54] Mass, H.: Gestaltung und Hauptabmessungen der Verbrennungskraftmaschine. Wien–New York 1979
[55] Mayr, F.: Ortsfeste Dieselmotoren und Schiffsdieselmotoren. 3. Aufl. = List, H.: Die Verbrennungskraftmaschine. Bd. XII. Wien 1960
[56] Pflaum, W.: Mollier-Diagramme für Verbrennungsgase. 2. Aufl. Düsseldorf 1960
[57] Pflaum, W., Mollenhauer, K.: Wärmeübergang in der Verbrennungskraftmaschine = List, H.: Die Verbrennungskraftamschine. Bd. 3. Wien 1977
[58] Philippovich, A.: Die Betriebsstoffe der Verbrennungskraftmaschinen. 2. Aufl. = List, H.: Die Verbrennungskraftmaschine. Bd. I, Tl. 1. Wien 1949
[59] Pierburg/Lenz: Vergaser für Kraftfahrzeugmotoren. 4. Aufl. Neuss 1970
[60] Pischinger, A.: Gemischbildung und Verbrennung im Dieselmotor. 2. Aufl. 1957
[61] Ricardo, H.R.: Der schnellaufende Verbrennungsmotor. 3. Aufl. Berlin–Göttingen–Heidelberg 1954
[62] Sass, F.: Bau und Betrieb von Dieselmaschinen. Berlin–Göttingen–Heidelberg. Bd. 1: Grundlagen und Maschinenelemente. 2. Aufl. 1948. Bd. 2: Die Maschinen und ihr Betrieb. 2. Aufl. 1957
[63] Scheiterlein, A.: Der Aufbau der raschlaufenden Verbrennungskraftmaschine. 2. Aufl. Berlin–Göttingen–Heidelberg 1964

[64] Schmidt, F.A.F.: Verbrennungskraftmaschinen. 4.Aufl. Berlin–Göttingen–Heidelberg 1967
[65] VDMA: Deutsche Verbrennungsmotoren. 18.Aufl. Frankfurt/Main 1981
[66] Zinner, K.: Aufladung von Verbrennungsmotoren. Berlin–Göttingen–Heidelberg. 2.Aufl. 1980

DIN-Normen (Auswahl)

DIN Normblattverzeichnis
DIN Taschenbücher 1 bis 46

Einheiten, Formelzeichen und Begriffe

DIN 1301	Einheiten; Kurzzeichen
DIN 1302	Mathematische Zeichen
DIN 1304	Allgemeine Formelzeichen
DIN 1305	Masse, Gewicht; Begriffe
DIN 1306	Dichte; Begriffe
DIN 1313	Schreibweise physikalischer Gleichungen in Naturwissenschaft und Technik
DIN 1314	Druck; Begriffe, Einheiten
DIN 1341	Wärmeübertragung; Grundbegriffe, Einheiten, Kenngrößen
DIN 1342	Viskosität bei Newtonschen Flüssigkeiten
DIN 1343	Normzustand, Normvolumen
DIN 1345	Technische Thermodynamik; Größen, Formelzeichen, Einheiten
DIN 5450	Norm-Atmosphäre
DIN 5492	Formelzeichen der Strömungsmechanik

Meß- und Regelungstechnik, Schaltzeichen

DIN 1319	Grundbegriffe der Meßtechnik
DIN 1952	VDI-Durchflußmeßregeln; Regeln für die Durchflußmessung mit genormten Düsen, Blenden und Venturidüsen
DIN 2429	Sinnbilder für Rohrleitungsanlagen
DIN 2481	Graphische Symbole für Wärmekraftanlagen
DIN 19226	Regelungstechnik; Benennungen, Begriffe
DIN 19227	Bildzeichen und Kennbuchstaben für Messen, Steuern und Regeln in der Verfahrenstechnik
DIN 24300	Ölhydraulik und Pneumatik; Benennungen und Sinnbilder
DIN 40700 bis 40719	Schaltzeichen und Schaltpläne der Elektrotechnik
VDE 0410	Sinnbilder für Meßgeräte und ihre Verwendung
VDI/VDE 2179	Beschreibung und Untersuchung pneumatischer Einheitsregelgeräte

Auslegung und Konstruktion

DIN 3	Normmaße
DIN 112	Lastdrehzahlen
DIN 323	Normzahlen; Hauptwerte, Genauwerte, Rundwerte
DIN 529	Steinschrauben
DIN 747	Achshöhen für Maschinen
DIN 748 bis 750	Wellenenden für die Aufnahme von Riemenscheiben, Zahnrädern und Kupplungen
DIN 868	Zahnräder; Begriffe, Bezeichnungen und Kurzzeichen
DIN 2401	Rohrleitungen; Druckstufen, Begriffe, Nenndrücke
DIN 2628 bis 2638	Vorschweißflansche für verschiedene Nenndrücke
DIN 7150	ISO-Toleranzen und ISA-Passungen für Längenmaße von 1 bis 500 mm; Einführung
DIN 7182	Toleranzen und Passungen
DIN 24909	Kolbenringe für den Maschinenbau; Übersicht, Allgemeines
DIN 24910 bis 24915	Rechteck-, Minuten- und Trapezringe; Abmessungen bis 200 mm Nenndurchmesser

DIN 73025   Zylinderlaufbuchsen aus Gußeisen (Grauguß)
DIN 73124, 73125   Kolbenbolzen für Diesel- und Ottomotoren im Kraftfahrzeugbau

Schmier- und Kraftstoffe

DIN 51500   Schmierstoffe, Ermittlung des Bedarfs und Verbrauchs; Begriffe
DIN 51501   Schmierstoffe, Normalschmieröle N; Mindestanforderungen
DIN 51504   Schmierstoffe, Schmieröle D; Mindestanforderungen
DIN 51511   Schmierstoffe, SAE-Viskositätsklassen für Motoren-Schmieröle
DIN 51551   Bestimmung des Koksrückstandes nach Conradson (Verkokungsneigung)
DIN 51600 bis 51602   Mindestanforderungen an Otto-, Diesel- und Traktorenkraftstoff
DIN 51750 bis 51788   Prüfverfahren für flüssige Kraftstoffe

Kompressoren und Pumpen

DIN 1945   Verdichter; Regeln für Abnahme und Leistungsversuche
DIN 24260E, 24261E   Pumpen und Pumpenanlagen; Begriffe, Zeichen, Einheiten, Benennung
                      nach der Wirkungsweise
DIN 74272, 74273   Ein- und Zweizylinder-Luftpresser für Druckluftbremsen
VDI 2031   Feinheitsbestimmungen an technischen Stäuben

Brennkraftmaschinen

DIN 1940   Verbrennungsmotoren; Begriffe, Zeichen, Einheiten
DIN 1941   Verbrennungsmotoren; Abnahmeprüfung (VDI-Verbrennungsmotorenregeln)
DIN 6260   Teile für Hubkolbenmotoren
DIN 6262   Arten der Aufladung
DIN 6265   Verbrennungsmotoren für allgemeine Verwendung; Bezeichnung der Zylinder,
            des Drehsinns, der Zündfolge und der Zündleitungen, Benennungen, Linksmotor
            und Rechtsmotor
DIN 6270   Verbrennungsmotoren; Leistungsbegriffe, -angaben, Verbrauchsangaben, Bezugszustand
DIN 70020   Allgemeine Begriffe im Kraftfahrzeugbau; Bl. 3: Leistungen, Geschwindigkeiten,
            Beschleunigung, Verschiedenes
DIN 73021   Kraftfahrzeugmotoren, Bezeichnung der Drehrichtung, Zylinder und Zündleitungen
VDI 2281   Begrenzung der Rauchgasentwicklung von Dieselkraftfahrzeugen

Gesetze und Vorschriften

Technische Anleitung zum Schutz gegen Lärm TA-Lärm (1968) (s. VDI 2058 Bl. 1)
Unfallverhütungsvorschrift Lärm UVV Lärm (s. VDI 2058 Bl. 2)
Bundes-Immissionsschutzgesetz BImSchG vom 15.3.1974
Verordnung über gefährliche Arbeitsstoffe ArbStoff V vom 11.2.1982
Technische Regeln für gefährliche Arbeitsstoffe TRgA.
Unfallverhütungsvorschriften des Hauptverbandes der gewerblichen Berufsgenossenschaften (VGB)

VGB 4   Elektrische Anlagen
VGB 5   Kraftmaschinen
VGB 7a   Arbeitsmaschinen
VGB 16   Verdichter
VGB 17 bis 19 Druckbehälter
VGB 20   Kälteanlagen
VGB 61   Verdichtung und Verflüssigung von Gasen
Hierzu Merkblätter der Arbeitsgemeinschaft Druckbehälter AD mit Richtlinien zur Ausrüstung (A),
Berechnung (B), Herstellung (H) und für die Werkstoffe (W) von Druckbehältern
AD A1   Sicherheitsventile – Bauart und Größenbemessung
AD B3   Gewölbte Böden
AD B11   Rohre unter innerem und äußeren Überdruck
AD H1   Schweißen von Druckbehältern aus Stahl
AD W1   Unlegierte und legierte Stähle für Bleche

Formelzeichen (Auswahl)

A	Fläche	K	Konstante
A_κ	Kolbenfläche	k	Maßstabsfaktor
a	Abstand, Hebelarm	k	Rauhigkeit
a	Beschleunigung	k	Wärmedurchgangskoeffizient
a_T	Beiwert für Taktzahl	L	Schallpegel
B	Kraftstoffmasse je Arbeitsspiel	L	Rohrlänge
$\dot B$	Kraftstoffstrom	L	Induktion
b	Kranzbreite	L_{min}	Mindestbedarf je Masseneinheit
b	Schwerpunktsabstand	$\mathfrak{L}$	Mindestluftbedarf in Moleinheiten
b_e	spezifischer Kraftstoffverbrauch		je Masseneinheit
C	Konzentration	l	Länge
CaZ	Cetanzahl	M_d	Drehmoment
c	Geschwindigkeit	M	Molmasse
c	Konstante	M_I, M_{II}	Momente I. und II. Ordnung
c	Massenanteil des Kohlenstoffs im Kraftstoff	MOZ	Motoroktanzahl
		m	Masse
c	spezifische Wärmekapazität	$\bar m$	Maßstab
c_m	mittlere Kolbengeschwindigkeit	m_o	oszillierende Masse
c_W	Widerstandsbeiwert	m_r	rotierende Masse
D_I, D_{II}	Amplituden der Massenmomente I. bzw. II. Ordnung	n	Drehzahl
		n	Molmenge
D	Außendurchmesser	n	Polytropenexponent
d	Innendurchmesser	n_S	Synchrondrehzahl
E	Elastizitätsmodul	n_a	Zahl der Arbeitsspiele
F	Kraft	O_{min}	Mindestsauerstoffbedarf je Massen-
F_M	Massenkraft		einheit
F_r	rotierende Massenkraft	$\mathfrak{O}_{min}$	Mindestsauerstoffbedarf in Molein-
F_S	Stoffkraft		heiten je Masseneinheit
F_I, F_{II}	Massenkraft I. bzw. II. Ordnung	P	Leistung
f	Frequenz	P_e	effektive Leistung
G	Gewichtskraft	P_I, P_{II}	Amplituden der Massenkräfte I. und
g	Fallbeschleunigung		II. Ordnung
H	Enthalpie	p	Druck
H_u	unterer Heizwert	p	Polpaarzahl
h	Hebelarm, Höhe	p_a	atmosphärischer Druck
h	Kolben- und Ventilhub	p_s	Siededruck
h	Massenanteil des Wasserstoffs am Kraftstoff	p_1	Saugdruck
		p_2	Gegendruck
h	spezifische Enthalpie	p'_1	Zylindersaugdruck
J	Schallintensität	p''_2	Zylindergegendruck
I	Stromstärke	Q	Wärmeenergie
I	Winkelquerschnitt	$\dot Q$	Wärmestrom
i	Stufenzahl des Verdichters	Q_{Rg}	Restglied der Wärmebilanz
i	Übersetzungsverhältnis	q	spezifische Wärmeenergie
J	Massenträgheitsmoment	q_e	spezifischer Wärmeverbrauch

R	Gaskonstante	α	Wärmedehnzahl
R	Schalldämmaß	α	Wärmeübergangskoeffizient
Re	Reynoldssche Zahl	α	Winkel
ROZ	Research Oktanzahl	β	Schubstangenwinkel
r	Radius, Kurbelradius	γ	Steigungswinkel
r_H	hydraulischer Radius	Δ	Differenz, Änderung
r	Verdampfungswärme	δ	Schieberdicke
s	Kolbenhub	δ	Ungleichförmigkeitsgrad
s	Kranzdicke	δ	Verhältnis der Volumina
s	spezifische Entropie	ε	Verdichtungsverhältnis
s/D	Hubverhältnis	ε	Unempfindlichkeitsgrad
T	absolute Temperatur	ε_0	Schadraumanteil am Hubvolumen
T	Umlaufzeit	ζ	Widerstandszahl
t	Temperatur	ζ	p,v-Abweichung; Verdichtbarkeitszahl
t_a	Austrittstemperatur	η	dynamische Zähigkeit
t_e	Einspritzdauer	η	Wirkungsgrad
t_e	Eintrittstemperatur	η_e	effektiver Wirkungsgrad
t_S	Siedetemperatur	η_g	Gütegrad
t_Z	Zündverzug	η_m	mechanischer Wirkungsgrad
U	innere Energie	κ	Isentropenexponent
u	spezifische innere Energie	λ	Luftverhältnis
u	Umfangsgeschwindigkeit	λ	Rohrreibungszahl
$\ddot{u}$	Übermaß	λ	Schubstangenverhältnis
V	Volumen	λ	Wärmeleitfähigkeit
$\dot{V}$	Volumenstrom	λ_A	Aufheizungsgrad
V'	Totraum	λ_a	Luftaufwand
V_c	Kompressionsraum	λ_F	Füllungsgrad
V_H	Hubvolumen der Maschine	λ_L	Liefergrad
V_h	Hubvolumen je Zylinder	λ_S	Spülgrad
V_S	Schadraum	μ	Ausflußzahl
v	spezifisches Volumen	ν	Einflußfaktor
W	Arbeit	ν	kinematische Zähigkeit
W_S	Arbeitsvermögen	ν	Schaltfrequenz
W_g	Gasarbeit	ν	Vergrößerungsfunktion
W_t	technische Arbeit	ξ	Massenanteil
w	spezifische Arbeit	ϱ	Dichte
w	spezifische Ventilbelastung	ϱ	Einspritzverhältnis
x	Dampfgehalt	σ	dynamischer Wirkungsgrad
x	Regelgröße	σ	Spannung
x_h	Sollwert der Regelgröße	τ	Torsionsspannung
x_K	Kolbenweg	φ	äußere Verdampfungswärme
x_p	Proportionalabweichung	φ	Federmaßstab
Y_h	Bereich der Stellgröße	φ	Kurbelwinkel
y	Stellgröße	φ	Querschnittsverhältnis
y	Öffnung der Schlitze der Steuerung	φ	relative Feuchte
z	Höhe	φ_P	Periode
z	Störgröße	ψ	Druckverhältnis
z	Zylinderzahl	ψ	innere Verdampfungswärme
α	Anteil	ψ	Molanteil
α	Durchflußzahl	ψ	Sättigungsgrad
α	Lagewinkel	ω	Winkelgeschwindigkeit

Indizes

A	Arbeitsmaschine oder Ausschieben	L	Leerlauf
A	Aufladung	M	Motor
a	angesaugt oder atmosphärisch	m	Mittel
a_k	akustisch	n	Nutz
B	Behälter	P	Pumpe
b	Biegung	p	konstanten Druck
D	Durchsatz oder Diagramm	R	Gasreibung
E	Einströmen	RT	Triebwerksreibung
e	effektiv	r	Rest
F	Füllung	red	reduziert
f	gefördert oder feucht	S	Schwerpunkt- oder Ventilspalt
G	Gegengewicht oder Gebläse	t	technisch
g	gesamt	th	theoretisch
i	indiziert	tr	trocken
id	ideal	V	Ventilsitz oder Vollast
is	isotherm	v	konstantes Volumen
it	isentrop	W	Windkessel
K	Kolben oder Sollwert	z	Zylinder

Bildquellenverzeichnis

Alcan, Aluminiumwerke GmbH, 8500 Nürnberg

BBC Brown, Boveri & Cie., 6800 Mannheim

BMW, Bayerische Motoren-Werke AG, 8000 München

Borsig AG, 1000 Berlin-Tegel

Robert Bosch GmbH, 7000 Stuttgart

Daimler-Benz AG, 1000 Berlin-Marienfelde

Demag AG, 4100 Duisburg

Deutz, Klöckner-Humboldt-Deutz AG, 5000 Köln-Deutz

H. Dewers, Maschinen- und Armaturenfabrik, 2800 Bremen-Rönnebeck

Dienes, Werke für Maschinenteile GmbH, 5063 Overath, Bezirk Köln

DVG, Deutsche Vergasergesellschaft, 4040 Neuss am Rhein

Fichtel & Sachs AG, 8720 Schweinfurt

Flottmann-Werke GmbH, 4630 Bochum

Freudenberg, Carl, 6940 Weinheim/Bergstr.

Halberg, Werk der Halbergerhütte GmbH, 6700 Ludwigshafen

Hoerbiger & Co., Ventile für Kompressoren, Pumpen und Gebläse, 8920 Schongau/Lech

A. Ibach & Co., Remscheider Werkzeugfabrik, 5630 Remscheid-Vieringhausen

Knecht GmbH, Filterwerk, 7000 Stuttgart-Bad Cannstatt

Knorr-Bremse GmbH, 8000 München

KSB, Klein, Schanzlin & Becker AG, 6710 Frankenthal (Pfalz)

Kühnle, Kopp und Kausch AG, 6710 Frankenthal (Pfalz)

Längerer & Reich, Kühlerfabrik, 7000 Stuttgart

MAN, Maschinenfabrik Augsburg-Nürnberg AG, 8500 Nürnberg
  und Bereich GGH-Sterkrade, 4200 Oberhausen

Mannesmann-Demag AG
  Pokorny, 6000 Frankfurt am Main
  Wittig, 7860 Schopfheim

Martin Merkel KG, Asbest- und Gummiwerke, 2000 Hamburg-Wilhelmsburg

MWM, Motorenwerke Mannheim AG, vorm. Benz, Abt. stat. Motorenbau, 6800 Mannheim

Neumann und Esser, Maschinenfabrik, 5732 Übach-Pahlenberg

NSU, Motorenwerke AG, 7107 Neckarsulm

OSNA, J. Hartlage, Maschinenfabrik, 4500 Osnabrück

Philips GmbH, Eindhoven/Holland

Pierburg KG, 4040 Neuss

Porsche AG, 7000 Stuttgart-Zuffenhausen

Ruhrpumpen GmbH, 5810 Witten-Annen

Gebr. Sulzer AG, Winterthur/Schweiz

Sachverzeichnis

Weitere Teubner-Fachbücher für den Maschinenbauer

Doering/Schedwill
Grundlagen der technischen Thermodynamik
2., neubearbeitete Auflage. 348 Seiten mit 206 Bildern, 46 Tafeln, 107 Beispielen und 41 Aufgaben. Kart. DM 38,–.

Becker/Dreyer/Haacke/Nabert
Numerische Mathematik für Ingenieure
349 Seiten mit 112 Bildern, 108 Beispielen und 52 Aufgaben. Kart. DM 46,–.

Böttcher/Forberg
Technisches Zeichnen
Herausgegeben vom Normenausschuß Zeichnungswesen im DIN Deutsches Institut für Normung e. V.
19., überarbeitete Auflage. 304 Seiten mit 1698 Bildern und Tabellen, 52 Beispielen und 209 Übungsaufgaben. Kart. DM 23,80

Brauch/Dreyer/Haacke
Mathematik für Ingenieure
des Maschinenbaus und der Elektrotechnik
6., überarbeitete Auflage. 767 Seiten mit 490 Bildern, 540 Beispielen, 381 Aufgaben und einer Formelsammlung im Anhang. Geb. DM 64,–.

Dobrinski/Krakau/Vogel
Physik für Ingenieure
6., neubearbeitete und erweiterte Auflage. XII, 587 Seiten mit 509 Bildern, 50 Tafeln, 145 Versuchen, 54 Beispielen, 307 Aufgaben und einer mehrfarbigen Spektraltafel. Geb. DM 48,–.

Klein
Einführung in die DIN-Normen
Herausgegeben vom DIN Deutsches Institut für Normung e. V.
8., neubearbeitete und erweiterte Auflage. 1208 Seiten mit 2119 Bildern, 877 Tabellen und 245 Beispielen. Sichtregister. Geb. DM 88,–.

Fortsetzung siehe nächste Seite

Weitere Teubner-Fachbücher für den Maschinenbauer

Krieg/Heller/Hunecke
Leitfaden der DIN-Normen
Entwicklung — Konstruktion — Fertigung
Herausgegeben vom DIN Deutsches Institut für Normung
e. V.
292 Seiten mit 291 Bildern, 233 Tabellen und 60 Beispielen.
Kart. DM 38,—.

Holzmann/Meyer/Schumpich
Technische Mechanik

Teil 1 Statik
6., durchgesehene Auflage. VIII, 182 Seiten mit 262 Bildern,
64 Beispielen und 81 Aufgaben. Kart. DM 34,—.

Teil 2 Kinematik und Kinetik
5., durchgesehene Auflage. X, 365 Seiten mit 373 Bildern,
147 Beispielen und 179 Aufgaben. Kart. DM 46,—.

Teil 3 Festigkeitslehre
5., durchgesehene Auflage. XII, 336 Seiten mit 297 Bildern,
139 Beispielen und 108 Aufgaben. Kart. DM 46,—.

Köhler/Rögnitz
Maschinenteile

Teil 1 6., neubearbeitete und erweiterte Auflage. VIII, 232
Seiten mit 286 Bildern und 2 Tafeln mit weiteren 7 Bildern.
Beilage: 93 Seiten Arbeitsblätter mit 22 Bildern und 103 Ta-
feln mit weiteren 151 Bildern. Geb. DM 48,—.

Teil 2 6., neubearbeitete und erweiterte Auflage. VIII, 356
Seiten mit 300 Bildern und 10 Tafeln mit weiteren 44 Bildern. Beilage: 100 Seiten Arbeitsblätter mit 39 Bildern und
87 Tafeln mit weiteren 23 Bildern. Geb. DM 58,—.

Linse
Elektrotechnik für Maschinenbauer
7., neubearbeitete und erweiterte Auflage. IX, 410 Seiten
mit 380 Bildern und 26 Tafeln. Kart. DM 48,—.

Preisänderungen vorbehalten

B. G. Teubner Stuttgart